高等教育学校教材

市政与环境工程系列丛书

Principle and Technology of Water Treatment

给水处理理论与工艺

马玉新　贾学斌　许铁夫　马维超　史风梅　编著

哈爾濱工業大學出版社
HARBIN INSTITUTE OF TECHNOLOGY PRESS

内 容 简 介

本书是为配合《生活饮用水卫生标准》(GB 5749—2022)和《室外给水设计标准》(GB 50013—2018)的推广实施,在综合国内《水质工程学:给水处理》和国外 *Water and Wastewater Engineering* 教材基础上撰写的。本书注重给水处理理论与工程技术体系的系统性和完整性,增加了给水处理领域在理论、工程技术等方面的新成果和新工艺,对于主要的工艺单元还提供了设计实例或相关参数,便于设计过程参考。全书共 13 章,主要内容包括:给水处理概论,混凝,重力固液分离,过滤,氧化还原与消毒,吸附,地下水处理,离子交换,膜分离技术,给水厂设计,特种水源水处理,应急供水,给水厂生产废水和污泥处理。

本书理论性和实践性较强,内容深入浅出,适合作为高等学校给排水科学与工程、环境工程等相关专业的"水质工程学Ⅰ"课程教材,也可供有关专业的工程技术人员和决策、管理人员自学或参考。

图书在版编目(CIP)数据

给水处理理论与工艺/马玉新等编著. —哈尔滨:哈尔滨工业大学出版社,2022.6

ISBN 978-7-5603-9948-5

Ⅰ.①给… Ⅱ.①马… Ⅲ.①给水处理 Ⅳ.①TU991.2

中国版本图书馆 CIP 数据核字(2022)第 017451 号

策划编辑 王桂芝 贾学斌
责任编辑 陈雪巍
出版发行 哈尔滨工业大学出版社
社 址 哈尔滨市南岗区复华四道街 10 号 邮编 150006
传 真 0451-86414749
网 址 http://hitpress.hit.edu.cn
印 刷 黑龙江艺德印刷有限责任公司
开 本 787 mm×1 092 mm 1/16 印张 33.5 字数 794 千字
版 次 2022 年 6 月第 1 版 2022 年 6 月第 1 次印刷
书 号 ISBN 978-7-5603-9948-5
定 价 88.00 元

前　言

本书是给排水科学与工程专业的“水质工程学Ⅰ”课程教材，以《高等学校给排水科学与工程本科指导性专业规范》为指导，以给排水科学与工程专业的基本概念、基本理论为出发点，以培养学生的专业素质和能力为目标而撰写。

“水质工程学”是给排水科学与工程专业的一门主干课程，该课程实现了“给水处理”和“污水处理”的理论统一，避免了基础理论重复授课，精简了学时，同时淡化了给水与污水处理的界限，以适应水质工程学技术发展的需要。但在实际教学过程中，一般按照传统方式分为给水、污水、工业水处理三部分，本书主要为“水质工程学Ⅰ”(给水)部分。本书共13章，主要内容包括：给水处理概论，混凝，重力固液分离，过滤，氧化还原与消毒，吸附，地下水处理，离子交换，膜分离技术，给水厂设计，特种水源水处理，应急供水，给水厂生产废水和污泥处理。

本书是为配合2022年发布的强制性国家标准《生活饮用水卫生标准》(GB 5749—2022)和2019年8月1日开始实施的《室外给水设计标准》(GB 50013—2018)进行撰写的，重视基本理论和基本概念的严谨性，理论联系实际，吸收了国内外给水处理新理论、新技术和新设备的相关信息，内容深入浅出，系统性、逻辑性、实践性和创新性较强。本书重点强调了饮水安全的关键技术和工程技术，注重给水处理理论与工程技术体系的系统性和完整性，力求把最近的研究成果和水处理的经验纳入教学体系中，并把相关内容拓展到污水处理和资源化利用领域，为主要的工艺单元提供了设计实例或相关参数，便于设计过程参考，从而提高学生和水处理科研与工程技术人员应对新标准和面向实际工作进行开发、研究和创新所需要的能力。

本书的撰写分工如下：马玉新负责第1～5章和第7、9章；马维超负责编写第6章；史风梅负责第8、13章；贾学斌负责第10章；许铁夫负责第11、12章。全书由马玉新统稿。

本书为黑龙江省高等教育教学改革项目(SJGY20200530)和黑龙江大学新世纪教育

教学改革工程重点项目(2013B37、2020B07)资助项目,在此表示衷心的感谢。本书书末列出引用的主要参考文献,还有一些未能一一列出,特作声明,并向这些文献作者表示感谢。

由于水处理技术的发展日新月异及作者水平所限,恳请使用者和读者对本书存在的不足之处给予批评指正。

作　者

2022 年 3 月

目　　录

第1章　给水处理概论

1.1　我国水资源现状及特点

我国是一个水资源贫乏的国家。我国水资源的主要特点是地区分布不均衡,水量年内、年际变化大,但开发利用情况却相当可观。

1. 水资源地区分布不均衡

从地区上看,全国90%的地表径流、70%的地下径流分布在占全国面积50%的南方地区。南方水资源总量占全国水资源总量的81%,人口数量占全国人口数量的54.7%,耕地面积却只占全国耕地的35.9%。而占全国面积50%的北方地区只占10%的地表径流和30%的地下径流。北方地区(不含内陆区)水资源总量只占全国水资源总量的14.4%,人口数量占全国人口数量的43.2%(不含西北内陆区),耕地面积占全国耕地面积的58.3%。我国地表水资源形成了东部、南部地区丰富,而西部、北部地区缺乏的地区分布不均衡局面。

2. 水量年内、年际变化大

南方地区受东南季风影响时间长,雨季一般长达半年之久,降水量多的月份在3~6月或4~7月,其雨量占全年降水量的50%~60%。华北及东北地区,降水期相对集中,多雨季节在6~9月,降水量占全年降水量的70%~80%。我国不少地区和流域,降水量年际之间相差高达几十倍。我国河流水量受降水量控制,因此地表水量与降水量分布大致相同。

我国年平均水资源总量为28 124亿 m^3,其中地表水为27 115亿 m^3,约占世界第6位。虽然我国水资源在总体上并不少,但我国人口众多,2018年人均占有水资源量约1 968.1 m^3,为世界人均水量的1/4,名列世界110位,属贫水国家。且由于水资源分布极不均衡,洪涝及干旱频频发生,造成我国部分地区缺水极为严重。

我国是世界13个缺水国家之一,水污染的恶化更使水短缺现象雪上加霜:我国江河湖泊普遍遭受污染,全国75%的湖泊出现了不同程度的富营养化;90%的城市水域污染严重,南方城市总缺水量的60%~70%是由水污染造成的;对我国118个大中城市的地下水调查显示,有115个城市地下水受到污染,其中重度污染约占40%。水污染降低了水体的使用功能,加剧了水资源短缺现象,对我国可持续发展战略的实施带来了负面影响。

饮水不安全不仅仅是所面临的缺水问题，更严峻的是所面临的水源污染问题，虽然我国采取了许多措施，但饮用水源的污染状况并没有得到根本改善。水源污染问题主要表现在：水中污染物的构成发生变化，部分流域排污量大于环境自净能力；部分地区水生态脆弱，水环境遭到破坏后难以恢复。经过多年的环境治理和调控，水源水质已取得了良好的效果。根据中华人民共和国生态环境部 2021 年公布的《2020 中国生态环境状况公报》：①全国地表水监测的 1 937 个水质断面（点位）中，Ⅰ～Ⅲ类占 83.4%，比 2019 年上升 8.5%；劣Ⅴ类占 0.6%，比 2019 年下降 2.8%。主要污染指标为化学需氧量、总磷和高锰酸盐指数。②2020 年，长江、黄河、珠江、松花江、淮河、海河、辽河七大流域和浙闽片河流、西北诸河、西南诸河监测的 1 614 个水质断面中，Ⅰ～Ⅲ类占 87.4%，比 2019 年上升 8.3%；劣Ⅴ类占 0.2%，比 2019 年下降 2.8%。主要污染指标为化学需氧量，高锰酸盐指数和五日生化需氧量。③2020 年，监测水质的 112 个重要湖泊（水库）中，Ⅰ～Ⅲ类湖泊（水库）占 76.8%，比 2019 年上升 7.7%；劣Ⅴ类占 5.4%，比 2019 年下降 1.9%。主要污染指标为总磷、化学需氧量和高锰酸盐指数。④开展监测营养状态的 110 个湖泊（水库）中，贫营养状态的占 9.1%；中营养状态的占 61.8%；轻度富营养状态的占 23.6%；中度富营养状态的占 4.5%；重度富营养状态的占 0.9%。

由于水源地污染导致饮用水安全受到威胁的突发环境事件频频发生，引起社会对饮用水安全的广泛关注。如 2004 年四川沱江特大水污染事件、2005 年松花江重大水污染事件、湖南岳阳砷污染事件、2007 年太湖水污染事件、2009 年江苏省盐城市饮用水水源酚污染事件、2011 年杭州苯酚槽罐车泄漏事件、2012 年广西龙江镉污染事件和江苏镇江水污染事件、2014 年富春江四氯乙烷泄漏水污染事件、2015 年广东练江水质恶化污染和湖北宜昌长阳化工排污水污染事件等，对饮用水水源都造成了极大破坏。

由于水体的富营养化，太湖、巢湖、滇池经常暴发蓝藻，藻类的过量繁殖，不但造成水质异臭、水生生物死亡，影响常规水处理的处理效果，降低水体使用价值，而且藻类在代谢过程中，还会产生藻毒素，直接危害人体健康。水传播病原微生物（WPMs）、氯化消毒副产物（DBPs）、内分泌干扰物（EDCs）及持久性有机污染物（POPs）等都是造成饮用水不安全的主要隐患。此外，在很多农村地区，存在由于饮用高氟水、高砷水和苦咸水而导致的各种地方病，并且有高发趋势。

我国饮用水水源污染的主要特征是有机污染，并由此引发水源藻类污染和饮用水消毒副产物的风险。水中有机物主要包括腐殖质等天然有机物及人工合成的有机物，如 EDCs、POPs 及酚类、苯胺、硝基苯类等有毒有害化学品。藻类污染是伴随水环境的有机污染形成的，水体的富营养化导致藻类大量繁殖，出现“水华”，使水体出现异味、浊度增加，直接威胁人们的饮水安全。净水消毒过程中会产生大量的 DBPs，主要有三卤甲烷（THMs）和卤代乙酸（HAAs）等，具有潜在的致癌、致畸、致突变性。2006 年和 2022 年修订的《生活饮用水卫生标准》（GB 5749—2006 和 GB 5749—2022）增加了 71 项，从保护人体健康、保证人类生活质量的角度出发，加强了对水质有机物、微生物和水质消毒等方面的要求。

1.2　水质与水质标准

1.2.1　天然水中杂质的种类与性质

水是溶解能力很强的溶剂,在与自然环境中的空气、土壤等相接触的过程中,不可避免地会有各种杂质进入水中。在人类使用水的过程中,如生活、工农业生产等用水过程中,更会带入水中众多的污染物质。因此在研究水处理技术之前,首先要了解天然水中的各种杂质(图 1.1)。

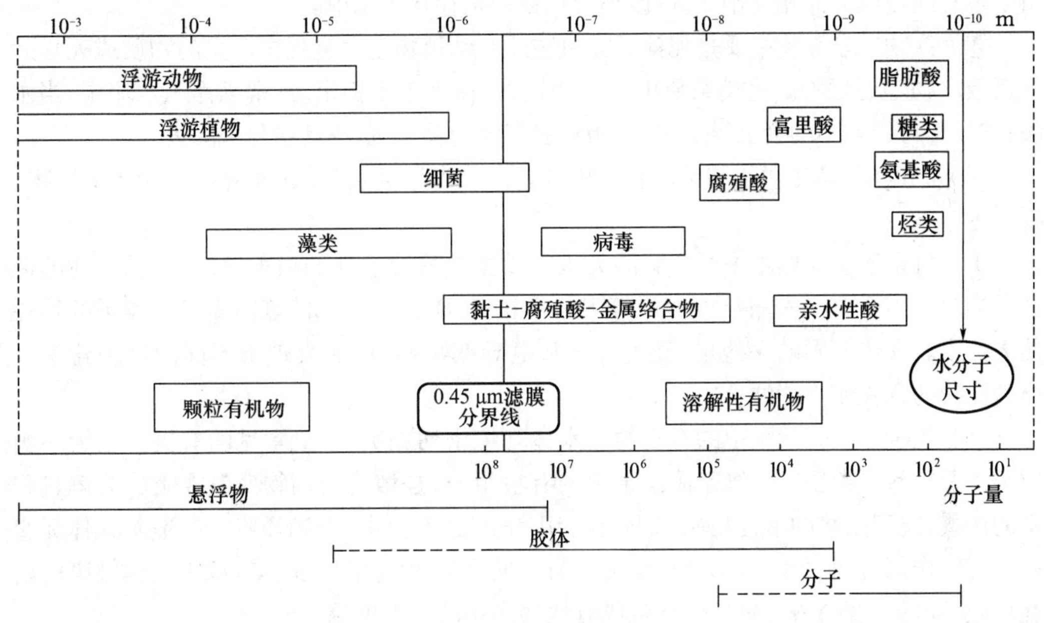

图 1.1　天然水体中的杂质

1. 天然水体中的杂质

天然水体是指河流、湖泊、水库等水域环境。天然水体中存在的杂质主要来源于所接触的大气、土壤等自然环境,同时人类活动产生的各种污染物也会进入天然水体。按不同的原则,可以对天然水体中的杂质进行不同的分类。

(1)按尺寸可以将天然水体中的杂质分为溶解物、液体颗粒、悬浮物。

水中杂质的尺寸与外观特征见表 1.1。表中杂质的颗粒尺寸只是大体的概念,不是严格的界限。杂质在水中所呈现的性质往往还与其形状、密度等有关。

表1.1 水中杂质的尺寸与外观特征

杂质类型	溶解物	胶体颗粒	悬浮物
颗粒尺寸	0.1 ~ 1 nm	1 ~ 100 nm	100 nm ~ 1 mm
外观特征	透明	光照下浑浊	浑浊甚至肉眼可见

①溶解物。溶解物主要是呈真溶液状态的离子和分子，如 Ca^{2+}、Mg^{2+}、Cl^- 等离子，HCO_3^-、SO_4^{2-} 等酸根，O_2、CO_2、H_2S、SO_2、NH_3 等溶解气体分子。从外观看，含有这些杂质的水与无杂质的清水没有区别。

②胶体颗粒。胶体颗粒主要是细小的泥沙、矿物质等无机物和腐殖质等有机物。胶体颗粒由于比表面积很大，显示出明显的表面活性，常吸附有较多离子而带电，从而胶体由于带有同性电荷而相互排斥，以微小的颗粒稳定存在于水中。

③悬浮物。悬浮物主要是泥沙类无机物质和动植物生存过程中产生的物质或死亡后的腐败产物等有机物。这类杂质由于尺寸较大、在水中不稳定，常常悬浮于水流中，当水静置时，相对密度小的会上浮于水面，相对密度大的会下沉，因此容易被除去。

(2)从化学结构上可以将天然水体中的杂质分为无机杂质、有机杂质、生物(微生物)杂质等。

①无机杂质。天然水中所含有的无机杂质主要是溶解性的离子、气体及悬浮性的泥沙。溶解性离子有 Ca^{2+}、Mg^{2+}、Na^+等阳离子和 HCO_3^-、SO_4^{2-}、Cl^-等阴离子。离子的存在使天然水表现出不同的含盐量、硬度、pH 和电导率特性，进而表现出不同的物理化学性质。泥沙的存在使水浑浊。

②有机杂质。天然水中的有机物与水体环境密切相关，一般常见的有机杂质为腐殖质类以及一些蛋白质等。腐殖质是土壤的有机组分，是植物与动物残骸在土壤分解过程中的产物，属于亲水的酸性物质，分子量在几百到数万之间。腐殖质本身一般对人体无直接的毒害作用，但其中的大部分种类可以与其他化合物作用，因而具有危害人体健康的潜在危险。例如，腐殖酸与氯反应会生成有致癌作用的三氯甲烷。

③生物(微生物)杂质。这类杂质包括原生动物、藻类、细菌、病毒等，会使水产生异臭异味，增加水的色度、浊度，导致各种疾病等。

(3)按杂质的来源可以将天然水体中的杂质分为天然杂质和污染性杂质。

随着人类活动的不断拓展和人类社会生产种类及规模的不断扩大，天然水体中的污染物的种类和数量不断增加，其中数量最多的是人工合成的有机物，以农药、杀虫剂和有机溶剂为主，如多氯联苯、滴滴涕、六六六、四氯化碳等。目前，全世界已在水中检测出2 200多种有机污染物。

2. 各种典型水体的水质特点

一般可以将天然水分为地下水和地表水两类，地表水又可以分为江河水、湖泊及水库水、海水等。

下面主要就未受污染的自然环境下各种水源水质特点并结合我国水源情况作简要叙述。

(1)地下水。

水在地层渗滤过程中，悬浮物和胶体物质已基本或大部分去除，水质清澈且水源不易受外界污染和气温影响，因而水质、水温较稳定，一般宜作为饮用水和工业冷却用水的水源。

由于地下水流经岩层时溶解了各种可溶性矿物质，因而水的含盐量通常高于地表水(海水除外)。至于含盐量多少及盐类成分，则取决于地下水流经地层的矿物质成分、地下水埋深和与岩层接触时间等。我国水文地质条件比较复杂，各地区地下水中含盐量相差很大，但大部分地下水的盐含量[①]在 200 ~ 500 mg/L 之间。一般情况下，多雨地区，如东南沿海及西南地区，由于地下水受到大量雨水补给，故含盐量较低；干旱地区，如西北、内蒙古等地，地下水含盐量较高。

我国含铁地下水分布较广，比较集中的地区是松花江流域和长江中下游地区，黄河流域、珠江流域等地也有含铁地下水。我国地下水的铁含量通常在 10 mg/L 以下，个别地区可高达 30 mg/L。

地下水中的锰常与铁共存，但含量比铁少。我国地下水锰含量一般不超过 3 mg/L，个别地区高达 10 mg/L。

地下水硬度高于地表水。我国地下水总硬度通常在 60 ~ 300 mg/L(以 CaO 计)之间，少数地区有时高达 300 ~ 700 mg/L。由于地下水含盐量和硬度较高，故用作某些工业用水水源未必经济。地下水含铁、锰量超过饮用水标准时，需经处理方可使用。

(2)江河水。

江河水易受自然条件影响。其水中悬浮物和胶态杂质含量较多，浊度高于地下水。由于我国幅员辽阔，大小河流纵横交错，自然地理条件相差悬殊，因而各地区江河水的浊度也相差很大。甚至同一条河流，上游和下游、夏季和冬季、晴天和雨天，浑浊度也相差悬殊。我国是世界上高浊度水河流众多的国家之一。西北及华北地区流经黄土高原的黄河水系、海河水系及长江中、上游等，河水含砂量很大。暴雨时，少则几千克每立方米，多则几十乃至数百千克每立方米，个别甚至达数吨每立方米。江河水浊度变化幅度也很大：冬季浊度有时仅几度至几十度；暴雨时，几小时内浊度就会突然增加。凡土质、植被和气候条件较好地区，如华东、东北和西南地区的大部分河流，浊度均较低。一年中大部分时间内河水较清，只是雨季河水较浑，一般年平均浑浊度在 50 ~ 400 度之间。

江河水的含盐量和硬度较低。江河水含盐量和硬度与地质、植被、气候条件及地下水补给情况有关。我国西北黄土高原及华北平原大部分地区，江河水含盐量较高，300 ~ 400 mg/L；秦岭及黄河以南次之；东北松黑流域及东南沿海地区最低，含盐量大多低于 100 mg/L。我国西北及内蒙古高原大部分河流，江河水硬度较高，可达 100 ~ 150 mg/L(以 CaO 计)甚至更高；黄河流域、华北平原及东北辽河流域次之；松黑流域和东南沿海地

① 本书中无特殊解释的“含量”均指质量浓度。

区，江河水硬度较低，一般均在 15 ~ 30 mg/L（以 CaO 计）之间。总体来说，我国大部分江河水的含盐量和硬度一般均无碍于生活饮用。

江河水最大缺点：易受工业废水、生活污水及其他各种人为活动污染，因而水的色、臭、味变化较大，有毒或有害物质易进入水体；水温不稳定，夏季常不能满足工业冷却用水要求。

（3）湖泊及水库水。

湖泊及水库水主要由河水供给，水质与河水类似。但由于湖泊（或水库）水流动性小，贮存时间长，经过长期自然沉淀，浊度较低。只有在风浪时及暴雨季节，由于湖底沉积物或泥沙泛起，才产生浑浊现象。水的流动性小和透明度高又给水中浮游生物特别是藻类的繁殖创造了良好条件。因而，湖泊水一般含藻类较多。同时，水生物死亡残骸沉积湖底，使湖底泥中积存了大量腐殖质，一经风浪泛起，便使水质恶化。湖泊水也易受废水污染。

由于湖泊水不断得到补给又不断蒸发浓缩，故含盐量往往比河水高。按含盐量分类，有淡水湖、微咸水湖和咸水湖 3 种。这与湖泊的形成历史、水的补给来源及气候条件有关。干旱地区内陆湖由于换水条件差，蒸发量大，含盐量往往很高。微咸水湖和咸水湖含盐量在1 000 mg/L 以上直至数万毫克每升。咸水湖的水不宜生活饮用。我国大的淡水湖主要集中在雨水丰富的东南地区。

（4）海水。

海水含盐量高，而且所含各种盐类或离子的质量比例基本上一定，这是与其他天然水源所不同的一个显著特点。海水中氯化物含量最高，约占总含盐量 89%；硫化物次之；再次为碳酸盐；其他盐类含量极少。海水一般须经淡化处理才可作为居民生活用水。

3. 受污染水源中的杂质

水源污染是当今世界范围所面临的普遍问题。特别是有机物的污染是当今更严重的问题。目前已知的有机化合物种类多达 400 万种，其中人工合成化学物质已超过 4 万种，每年还有许多新品种不断出现。这些化学物质中相当大一部分通过人类活动（例如生活污水和工业废水的排放，农业上使用的化肥、除草剂和杀虫剂的流失）等进入水体，使水源中杂质种类和数量不断增加，水质不断恶化。在进入水体的品种繁多的化学物质中，有机物种类和数量最多，还有一些重金属离子等。20 世纪 60 年代和 70 年代初，大家比较重视重金属离子的污染；20 世纪 80 年代后，水源中的有机污染物成为人类最关注的问题。不少有机污染物对人体有急性或慢性、直接或间接的毒害作用，其中包括致癌、致畸和致突变作用。根据现有检测技术，已发现给水水源中有 2 210 种有机物，饮用水中有 785 种有机物，并确认其中 20 种为致癌物、23 种为可疑致癌物、18 种为促癌物、56 种为致突变物，总计 117 种有机物成为优先控制的污染物。世界上许多国家特别是工业发达国家，都根据本国情况编制了有毒有机污染物名单。我国在有机污染物方面也进行了大量调查研究工作。中国环境监测总站在调查研究基础上，参考国内外文献资料，提出了反映我国环境特点的优先控制污染物名单，其中优先控制的有毒有机物有 12 类、58 种，包括：10 种卤代（烷/烯）烃类、6 种苯系物、4 种氯代苯类、1 种多氯联苯、6 种酚类、6 种硝基苯、4 种胺、

7 种多环芳烃、3 种酞酸酯、8 种农药、1 种丙烯腈和 2 种亚硝胺。优先控制的无机物10 种,包括:氰化物,砷、铍、镉、铬、铜、铅、汞、镍、铊等元素及其化合物。值得注意的是有些有毒有机污染物是在传统的氯消毒或预氯化过程中产生的。例如,腐殖酸等在加氯过程中会形成有致癌作用的三卤甲烷等氯化有机物。我国上海、北京、武汉、哈尔滨、新疆塔什库尔干等地均发现饮用水致突变阳性反应。随着科学技术的进步和医学研究的进展,有机污染物的毒性和浓度限值将愈来愈明确。

水源污染给人类健康带来了严重威胁。解决的办法一是保护水源,控制污染源;二是强化水处理工艺。

1.2.2　水体的污染与自净

1. 水中常见污染物及来源

随着工业化的发展和人类物质生活水平的提高,水环境的污染已是当今世界普遍存在的问题。我国的七大水系,许多湖泊、水库,部分地区地下水,以及近岸海域均受到不同程度的污染。

由于污染源的不同,污染物的种类和性质可能会有很大差异。同研究天然水体中的杂质类似,通常对水中常见污染物按化学性质和物理性质来分类:按化学性质,可以分为无机污染物和有机污染物;按物理性质,可以分为悬浮性物质、胶体物质和溶解性物质。另外,人们还常用污染物的污染特征来分类,下面对此进行简单介绍。

(1)可生物降解的有机污染物——耗氧有机污染物。

这一类物质包括碳水化合物、蛋白质、脂肪等自然生成的有机物。这类物质性质极不稳定,可以在有氧或无氧的情况下,通过微生物的代谢作用降解成为无机物。耗氧有机污染物是生活污水中的主要杂质,在微生物的降解过程中会消耗大量的氧,影响水体质量,是污水处理中优先考虑去除的污染物,通常用 COD(化学需氧量)、BOD(生化需氧量)、TOD(总需氧量)、TOC(总有机碳)来表征该类物质在水中的含量。

(2)难生物降解的有机污染物。

这类物质化学性质稳定,不易被微生物降解,主要包括一些人工合成化合物及纤维素、木质素等植物残体。人工合成化合物包括农药、脂类化合物、芳香族氨基化合物、杀虫剂、除草剂等。这些物质化学稳定性极强,可在生物体内富集,多数具有很强的"三致(致癌、致畸、致突变)"特性,对水体环境和人类有很大的毒害作用。这些物质采用常规的处理方法去除效果不明显,去除较为困难。

(3)无直接毒害作用的无机污染物。

这类杂质虽然一般无直接毒害作用,但是其在水体中的存在严重地影响了水体的使用功能。其分类及性质如下:

①颗粒状无机杂质,包括泥沙、矿渣等,无毒害作用,但影响水体的透明度、流态等物理性质。

②酸、碱,一般用 pH 表示酸碱度。水体的 pH 对水的使用功能及处理过程影响极大。

生活污水一般呈中性或弱碱性，而工业废水则既有酸性也有碱性，甚至具有强酸性、强碱性。

③氮、磷等营养杂质，污水中的氮、磷主要来源于人体及动物的排泄物及化肥等，是导致湖泊、水库、海湾等水体富营养化的主要物质。

(4)有直接毒害作用的无机污染物。

这类物质主要有氯化物、砷化物和重金属离子，如汞、铬、锌、铜、钴、镍及锡等离子。重金属离子以汞的毒性最大，其次是镉、铅、铬、砷，被称为“五毒”，加上氰化物，被公认为“六大毒性物质”。

上述的毒性物质在水中多以离子或络合态存在，在低浓度即表现出毒性；可以在人体大量积累，形成慢性危害。这类杂质危害最大，也最难处理。

水中污染物的来源会因用水过程(生活用水、各种工业用水)的不同而有很大差异。

2. 水体的富营养化

水体的富营养化是指富含磷酸盐和某些形式氮素的水，在光照和其他环境条件适宜的情况下，水中所含的这些营养物质足以使水体中的藻类过量生长，在随后的藻类死亡和随之而来的异养微生物代谢活动中，水体中的溶解氧很可能被耗尽，造成水体质量恶化和水生态环境结构破坏的现象。

大多数水体的富营养化是水体受到氮和磷污染的结果。进入水体的氮和磷来源是多方面的，其中由人类活动造成水体中的氮、磷来源主要有：工业和生活污水未经处理直接进入水体；污水处理厂出水，采用常规处理工艺的污水处理厂的排放水都含有相当数量的氮和磷；面源性的农业污染，包括肥料、农药和动物粪便等；城市来源，除了人类的粪便、工业污水外，大量使用的高磷洗涤剂是重要的磷素来源。

水体的富营养化危害很大，对人类健康、水体功能等都有损害，具体如下。

(1)使水味变得腥臭难闻。

藻类的过度繁殖使水体产生腥味和臭味。特别是藻类死亡分解腐烂时，放线菌等微生物的分解作用使水藻发出浓烈的腥臭。

(2)降低水的透明度。

在富营养化水体中，大量的水藻浮在水面，形成一层浮渣，使水质变得浑浊、透明度降低，水体的感官性状大大下降。

(3)消耗水中的溶解氧。

一方面，水体表层密集的藻类使阳光难以透射进入水体的深层，所以深层水体的光合作用受到限制而减弱，溶解氧的来源随之减少；另一方面，藻类死亡后不断向水体底部淤积、腐烂分解，消耗大量的溶解氧，严重时可使深层水体的溶解氧消耗殆尽而呈厌氧状态。

(4)向水体中释放有毒物质。

许多藻类能分泌、释放有毒有害物质，称藻毒素，不仅危害动物，而且对人类健康产生影响。若牲畜饮用含藻毒素的水可引起肠道炎症；若人饮用会发生消化道炎症。典型的是蓝藻所产生的藻毒素。

(5)影响供水水质并增加供水成本。

富营养水作为水源,会给水处理带来一系列问题,增加处理难度,不仅增加了制水费用,而且还可能减少产水量、降低供水水质。

(6)影响水生生态。

当水体受到污染而呈现富营养状态时,水体正常的生态平衡就会受到扰动,引起水生生物种群数量的波动,使某些生物种类减少、另一些生物种类增加等,导致水生生物的稳定性和多样性降低。

水体富营养化所带来的众多问题已引起人们的高度关注。从保护水资源的角度,不仅要对发生富营养化的水体进行修复,恢复其水体功能;而且要强化污水处理工艺和控制面源污染,减少营养物质的排放量;同时还要强化给水处理工艺,有效地去除富营养化所产生的藻类等物质,保证饮水卫生及安全。

1.2.3　水体的自净

当污染物质排入天然水体后,水中的物质组成发生了变化,破坏了原有的物质平衡。同时污染物质也参与水体中的物质转化和循环。通过一系列水体的物理、化学和生物作用,经过相当长的时间和距离,污染物质自然而然被分离分解,水体又基本上或完全恢复到原来未被污染的生态平衡状态。这个过程体现了水体有自然净化污染物的能力。因此,水体的自净作用指水体在流动中或随着时间的推移,其中的污染物自然减少的现象。

水体中的污染物可以在随水流扩散、迁移、吸附沉降等物理作用下,稀释其浓度。污染物的扩散过程包括:竖向混合,在水体深度方向上达到浓度分布均匀;横向混合,在整个水体断面上达到浓度分布均匀。

通过化学作用和生物作用对水体中有机物氧化分解,使污染物浓度衰减,这是水体自净的主要过程。进入水体的污染物中有相当大量的易氧化分解的有机物。

有机物在生化分解过程中需要消耗水中的氧。因此可以用两个相关的水质指标来描述水体的自净过程。一个是生化需氧量(BOD),该值越高说明有机物含量越多,水体受污染程度越严重;另一个是水中溶解氧(DO),它是维持水生物生态平衡和有机物进行生化分解的条件,该值越高说明水中有机污染物越少。正常情况下,清洁水中 DO 值接近饱和状态。水体中 BOD 值与 DO 值呈高低反差关系。一般在单一污染源的情况下,BOD 值与 DO 值变化曲线如图 1.2 所示。

1.2.4　饮用水水质与健康

水是构成人体的重要成分,人体内各种生理、生化活动绝大多数是在水的参与下完成的。为了维持人体内环境的稳定,除有充足的水量外,还需有良好的水质。水中溶解的许多物质对人类的健康有重要作用,水是最重要的营养素。水质不良可引发多种疾病,严重威胁着人类的健康。研究表明,水质与心脑血管疾病、高血压、癌症等都有关系。例如水的硬度与心脏病死亡率有明确的关系;饮用含大约 300 mg/L TDS(总溶解性固体)、有硬度、偏碱性的水会降低癌症致死的危险性。世界卫生组织认为,80% 的成人疾病和 50%

的儿童死亡都与饮用水水质不良有关。

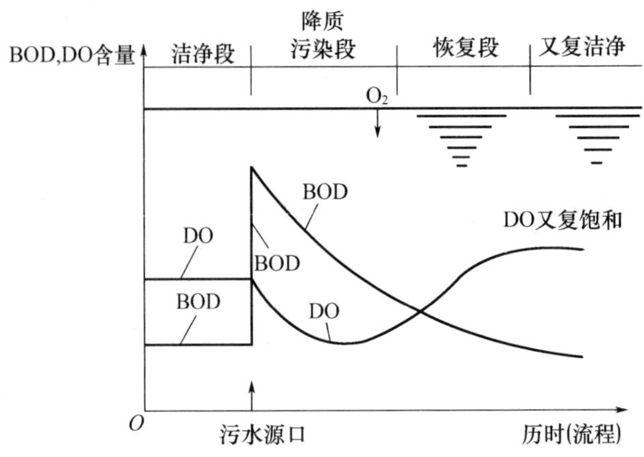

图 1.2　BOD 值和 DO 值变化曲线

1. 生物性污染对人体健康的影响

水中的生物(主要是微生物)与人体健康关系密切,影响比较大的主要有细菌、病毒、致病原生动物,此外还有藻类、真菌、寄生虫、蠕虫等。

水体受到生物性污染后,最常见的危害是居民通过饮用、接触等途径而引起介水传染病的暴发流行。这类疾病包括霍乱、伤寒、痢疾、肝炎等肠道传染病,血吸虫病、贾第虫病等寄生虫病及钩端螺旋体病等。水体生物性污染主要来源于人畜粪便和排放的生活污水。

被寄生虫、病毒或其他致病菌污染的水,会引起多种传染病和寄生虫病。含有大量氮、磷、钾的生活污水在排放时,大量有机物在水中降解放出营养元素,促进水中藻类丛生、植物疯长,使水体通气不良、溶解氧下降,甚至出现无氧层,以致使水生植物大量死亡、水面发黑、水体发臭,形成“死湖”“死河”“死海”,进而变成沼泽。这种现象称为水的富营养化。富营养化的水臭味大、颜色深、细菌多、水质差,不能直接利用,水中鱼类大量死亡。

2. 物理性污染对人体健康的影响

物理性污染指污染物进入水体后改变了水的物理特性,产生如热污染,放射性污染,油、泡沫等污染。其中放射性污染危害最大,但一般只存在于局部地区。核试验的沉降物会造成全球地表水的放射性物质含量升高。核企业排放的放射性废水及冲刷放射性污染物的用水,容易造成附近水域的放射性污染。地下水受到放射性污染的主要途径有:放射性废水直接注入地下含水层,放射性废水排往地面渗透池,放射性废物埋入地下等。地下水中的放射性物质也可以迁移和扩散到地表水中,造成地表水的污染。放射性物质污染了地表水和地下水,影响饮水水质,并且污染水生生物和土壤,又通过食物链对人产生内照射。

物理性污染包括悬浮物质污染、热污染和放射性污染。

(1)悬浮物质污染。

悬浮物质污染是指水中含有的不溶性物质,包括固体物质和泡沫塑料等。它们是由生活污水,垃圾,采矿、采石、建筑、食品加工、造纸等行业产生的废物泄入水中或农田的水土流失所引起的。悬浮物质污染影响水体外观,妨碍水中植物的光合作用,减少氧气的溶入,对水生生物不利。

(2)热污染。

热污染来自各种工业过程的冷却水,若不采取措施直接排入水体,可能引起水温升高、溶解氧含量降低、水中存在的某些有毒物质的毒性增加等现象,从而危及鱼类和水生生物的生长。

(3)放射性污染。

放射性污染是由于原子能工业的发展,放射性矿藏的开采,核试验和核电站的建立及同位素在医学、工业、研究等领域的应用,使放射性废水、废物显著增加,造成的污染。防止放射性污染的主要措施有:①核电站(包括其他核企业)一般应选址在周围人口密度较低,气象和水文条件有利于废水和废气扩散稀释,以及地震强度较低的地区,以保证在正常运行和出现事故时,居民所受的辐射剂量最低。②工艺流程的选择和设备选型要考虑废物产生量和运行安全。③废气和废水需做净化处理,并严格控制放射性元素的排放浓度和排放量,含有 α 射线的废物和放射强度大的废物要进行最终处置和永久贮存。④在核企业周围和可能遭受放射性污染的地区建立监测机构。

3. 化学性污染对人体健康的影响

化学性污染指污染物排入水体后改变了水的化学特征,如酸碱盐、有毒物质、农药等造成的污染。化学性污染包括有机化合物污染和无机化合物污染,根据具体污染杂质可将水中化学物质分为无机污染物质、无机有毒物质、有机有毒物质、需氧污染物质、植物营养物质和油类污染物质 6 类。

(1)无机污染物质。

污染水体的无机污染物质有酸、碱和一些无机盐类。酸碱污染使水体的 pH 发生变化,妨碍水体自净作用,还会腐蚀船舶和水下建筑物,影响渔业。

(2)无机有毒物质。

污染水体的无机有毒物质主要是重金属等有潜在长期影响的物质,主要有汞、镉、铅、砷等元素。

(3)有机有毒物质。

污染水体的有机有毒物质主要是各种有机农药、多环芳烃、芳香烃等。它们大多是人工合成的物质,化学性质很稳定,很难被生物分解。

(4)需氧污染物质。

污染水体的需氧污染物质是指生活污水和某些工业废水中所含的碳水化合物、蛋白质、脂肪和酚、醇等有机物质,可在微生物的作用下进行分解。因在分解过程中需要大量氧气,故称之为需氧污染物质。

(5)植物营养物质。

污染水体的植物营养物质主要是生活与工业污水中的含氮、磷等植物营养物质,以及农田排水中残余的氮和磷。

(6)油类污染物质。

污染水体的油类污染物质主要指石油,尤其以海洋采油和油轮事故污染最甚。

生物性污染、物理性污染和化学性污染这三种污染所引起的危害,是人们不得不注意的。生物性污染主要会导致一些传染病:饮用不洁净水会引起伤寒、霍乱、细菌性痢疾、甲型肝炎等传染性疾病;在不洁净水中活动,水中的病原体会通过皮肤、黏膜侵入人体,引起如血吸虫病、钩端螺旋体病等疾病。物理性污染和化学性污染则会导致人体遗传物质突变,诱发肿瘤和造成胎儿畸形。被污染的水体中如果含有丙烯腈,则会导致人体遗传物质突变;如果含有砷、镍、铬等无机物和亚硝胺等有机污染物,则会诱发肿瘤;甲基汞等污染物会通过母体干扰胚胎的正常发育过程,使胚胎发育异常而出现先天性畸形。因此,在日常生活中,要养成良好的卫生习惯和生活习惯,在自己的能力范围内保持水体不受污染;在生活中使用洁净水,增强节水意识和环保意识,不浪费一滴水资源,也不污染一滴水资源。

1.2.5 用水水质标准

用水水质标准是用水对象(包括饮用和工业用水对象等)所要求的各项水质参数应达到的限值,可分为国际标准、国家标准(国标)、地区标准、行业标准和企业标准等不同等级。

生活饮用水水质标准的制定主要是根据人们终生用水的安全来考虑的:水中不得含有病原微生物;水中所含化学物质及放射性物质不得危害人体健康;水的感官性状良好。

1. 感官性状和一般化学指标

(1) 色度。

饮用水的颜色是由带色有机物、金属或高色度的工业废水造成的。水色的存在使饮用者不快甚至感到厌恶。衡量水的色度用铂钴标准比色法,规定相当于 1 mg 铂在 1 L 水中所具有的颜色称为 1 度。《生活饮用水卫生标准》(GB/T 5749—2022,后文简写为“国标”)规定饮用水色度不超过 15 度,并不得呈现其他异色。

(2)浑浊度。

浑浊度本身并不直接代表水的性质,而是综合性地反映水的浑浊程度,属于感官性质。浑浊度大小与水中的悬浮物质、胶体物质的含量有关。浑浊度用白陶土标准比浊法测定,相当于 1 mg 白陶土在 1 L 水中所产生的浑浊程度作为一个浑浊度单位,用度表示。国标规定饮用水浑浊度不超过 1 度,特殊情况下不超过 3 度。

(3)臭和味。

国标规定饮用水不应有异臭、异味。测定水中臭气没有标准的单位表示,一般常以水样在 40 ℃及 60 ℃时测者的感觉用文字定性描述并以臭气强度表示。描述臭气强度分为

6 级,味在强度上也分为 6 级。

(4)肉眼可见物。

国标规定饮用水中不应含有肉眼可见物。

(5)pH。

pH 是水中氢离子浓度倒数的对数值,是衡量水中酸碱度的一项重要指标。国标规定生活饮用水的 pH 在 6.5 ~8.5 之间。

(6)总硬度。

含有钙与镁离子的水为具有“硬度”的水。水中钙离子与镁离子含量的综合称为水的总硬度。水的硬度分为暂时硬度和永久硬度两种,总硬度是这两种硬度之和。国标规定生活饮用水的总硬度不能大于 450 mg/L(以碳酸钙计)。

(7)铁。

铁在天然水中普遍存在,是人体不可缺少的营养素。水中铁含量在0.3 ~0.5 mg/L 时无任何异味,达 1 mg/L 时便有明显的金属味,在 0.5 mg/L 时色度可大于 30 度。国标规定生活饮用水中铁含量不应超过 0.3 mg/L。

(8)锰。

锰也是人体需要的微量元素之一。水中锰含量如超过 0.15 mg/L 时,水就会产生金属涩味。锰的毒性较小,国标规定饮用水中锰含量不应超过 0.1 mg/L,这是从感官和危害角度提出的。

(9)铜。

水中铜含量达 1.5 mg/L 时就会有明显的金属味;铜含量超过 1 mg/L 的水,可以使衣服器皿及白瓷器染成绿色。但铜也是人体需要的微量元素之一。国标规定主要从感官出发,饮用水中铜含量不应超过 1.0 mg/L。

(10)锌。

当水中锌含量达 10 mg/L 时,水是浑浊的;当水中的锌含量达到 5 mg/L 时,水有金属涩味。国标规定饮用水中锌含量不应超过 1.0 mg/L,也是根据感官性状要求制定的。

(11)挥发酚类。

酚分为挥发酚与不挥发酚。水中含酚主要来自工业废水污染,特别是炼焦和石油的工业废水,其中以苯酚为主要成分。根据感官要求,国标规定饮用水中挥发酚类含量不应超过 0.002 mg/L。

(12)阴离子合成洗涤剂。

阴离子合成洗涤剂的化学性质稳定,较难分解和消除,毒性极低。国标规定在饮用水中其含量不应超过 0.3 mg/L。

(13)硫酸盐。

硫酸盐在天然水中普遍存在,但含量过高就会使水具有苦涩味,且能使人腹痛、腹泻、甚至便血。国标规定饮用水中硫酸盐含量不应超过 250 mg/L。

(14)氯化物。

若水中氯化物含量过高,可使水产生令人厌恶的味道,长期饮用氯化物含量过高的水还会引起高血压、心脏病和婴儿猝死。国标主要基于味觉考虑，规定其含量不应超过 250 mg/L。

(15)溶解性总固体。

水中溶解性总固体的主要成分为钙、镁、钠的重碳酸盐、氯化物和硫酸盐等无机物。国标规定溶解性总固体含量不应超过 1 000 mg/L。

2. 毒理性指标

(1)氟化物。

氟化物在自然界广泛存在，是人体正常组织成分之一。国标综合考虑饮用水氟含量对牙齿的轻度影响和氟的防龋作用，以及对广大高氟区饮水进行除氟或更换水源所付出的经济代价，规定饮用水中氟含量不得超过 1.0 mg/L。

(2)氰化物。

水中的氰化物有剧毒，氰化物使水呈杏仁气味，其嗅觉阈浓度为 0.1 mg/L。国标采用一定安全系数，规定饮用水中氰化物含量不得超过 0.05 mg/L(以游离氰根计)。

(3)砷。

水中的砷化物有毒，国标规定饮用水中砷含量不得超过 0.01 mg/L。

(4)硒。

硒是人体必需的元素之一。但硒的化合物有毒，在人体内有明显的蓄积作用。国标规定饮用水中硒含量不得超过 0.01 mg/L。

(5)汞。

汞是剧毒物质。汞化合物分为有机汞与无机汞，无机汞中的氯化汞和硝酸汞的毒性较高。汞在人体内蓄积性高、残毒性久、浓缩性大。国标规定饮用水中汞含量不得超过 0.001 mg/L。

(6)镉。

镉是有毒元素，食用镉污染的食物可能会蓄积于体内造成慢性中毒。国标规定饮用水中镉含量不得超过 0.005 mg/L。

(7)铬。

铬的化合物有二价、三价和六价，其中六价铬毒性最大，可引起皮肤、黏膜、肝、胃、肾、口腔、血液部分的疾患，并有导致肺癌的可能。国标规定饮用水中铬含量不得超过 0.05 mg/L。

(8)铅。

铅常随饮水和食物进入人体，摄入量过多可引起中毒。世界卫生组织于 1972 年规定每人每周摄入铅的总耐受量为 3 mg。当饮用水中铅含量为 0.1 mg/L 时，可能引起儿童血铅浓度的增高。国标规定饮用水中铅的质量浓度不得超过 0.01 mg/L。

(9)银。

银的主要毒性表现为皮肤、眼和黏膜着色，称为银质沉着症。由于银一旦被吸收，就能长期保存在组织中。国标规定饮水中银的质量浓度不得超过 0.05 mg/L。

(10)硝酸盐。

硝酸盐含量过高可引起婴儿的变性血红蛋白血症,还可能引发癌症。国标规定饮用水中硝酸盐含量不得超过 10 mg/L,地下水源限制时为 20 mg/L。

(11)氯仿。

当水源被污染,原水中含有机物或腐殖质时,加氯消毒就可能生成许多有机氯化合物,其中氯仿最常见。世界卫生组织《饮用水水质准则》(第 4 版)中推荐氯仿在饮用水中的建议值为 30 μg/L,考虑到我国国情,国标规定饮用水中氯仿含量不得超过 0.06 mg/L。

(12)四氯化碳。

四氯化碳也是致癌物质,国标根据世界卫生组织《饮用水水质准则》(第 4 版)的建议值,规定饮用水中四氯化碳含量不得超过 0.002 mg/L。

(13)苯并(α)芘。

凡是含碳物质在燃烧(特别是 400 ~ 900 ℃)时都能产生苯并芘等多环芳烃。国标规定饮用水中苯并(α)芘含量不得超过 0.000 01 mg/L。

3. 细菌学指标

(1)菌落总数。

菌落总数是指 1 mL 水样在普通琼脂培养基中经 37 ℃、24 h 培养,生长所得各种细菌菌落总数。国标规定每毫升饮用水中菌落总数不超过 100 个。

(2)大肠菌群。

水中所含大肠杆菌的数量,通常用大肠杆菌群来表示,其意义为 1 L 水中所含的大肠杆菌数。国标规定在饮用水中不应检出大肠杆菌。

(3)游离性余氯。

自来水必须经过消毒,因此有适量的余氯在水中,以保持持续的杀菌能力,防止外来的再污染。国标规定,用氯消毒时出厂水游离性余氯含量在 0.3 ~ 2 mg/L 之间,管网末梢水游离性余氯不低于 0.05 mg/L。

4. 放射性指标

世界卫生组织《饮用水水质准则》(第 4 版)规定饮用水中放射性物质总 α 放射性为 0.5 Bq/L(Bq 为放射性活度单位,放射性元素每秒有 1 个原子发生衰变时,其放射性活度即为 1 Bq),总 β 放射性为 1.0 Bq/L。这是基于假设每人每天摄入 2 L 水时所摄入的放射性物质,按成年人的生物代谢参数估算出一年内对成年人产生的剂量确定的。因为有较大的安全系数,故可以不考虑年龄的差异和饮水量的不同。国标据此确定的放射性指标限值是世界卫生组织的推荐值。

5.《生活饮用水卫生标准》(GB 5749—2022)

与 GB 5749—2006 相比,GB 5749—2022 水质指标由原来的 106 项调整为 97 项,包括

常规指标43项和扩展指标54项，将指标分类由原来的“常规指标、非常规指标”，改为“常规指标、扩展指标”。常规指标为反映生活饮用水水质基本状况的指标。扩展指标为反映地区生活饮用水水质特征及在一定时间内或特殊情况下水质状况的指标。

常规指标由原来的42项指标，增加为43项指标。删除了耐热大肠杆菌、甲醛2项指标；硒、四氯化碳、挥发酚类（以苯酚计）、阴离子合成洗涤剂4项常规指标转为扩展指标；一氯二溴甲烷、二氯一溴甲烷、三溴甲烷、三卤甲烷、二氯乙酸、三氯乙酸、氨（以N计）7项非常规指标转为常规指标。

扩展指标由原来的64项指标，减少到54项指标。增加了高氯酸盐、乙草胺、2-甲基异莰醇和土臭素4项指标；删除了三氯乙醛、硫化物等11项指标。耗氧量（COD_{Mn}法，以O_2计）调整为高锰酸盐指数（以O_2计）；氨氮（以N计）调整为氨（以N计）。调整了硝酸盐（以N计）、浑浊度、高锰酸盐指数（以O_2计）、游离氯、硼、氯乙烯、三氯乙烯、乐果8项指标的限值，增加了总β放射性指标进行核素分析评价的具体要求，将微囊藻毒素-LR表达的形式调整为微囊藻毒素-LR（藻类暴发情况发生时）。删除了小型集中式供水和分散式供水部分水质指标及限值的暂行规定，完善了对饮用水水源水质的要求，删除了涉及饮用水管理和“水质监测”的相关内容。

水质参考指标由原来的28项指标，调整为55项指标。增加了钒、六六六（总量）等29项指标；删除了2-甲基异莰醇和土臭素2项指标；将二溴乙烯名称修改为1,2-二溴乙烷，亚硝酸盐名称修改为亚硝酸盐（以N计）；调整了石油类（总量）指标的限值。

1.2.6 生活饮用水卫生标准的发展

我国的生活饮用水卫生标准始于1955年5月，由卫生部发布了北京、天津、上海等12个城市试行的《自来水水质暂行标准》，这是中华人民共和国成立后的第一部管理生活饮用水的水质标准。此标准经试行后，1956年12月由国家建设委员会和卫生部共同审查批准了《饮用水水质标准（草案）》，此标准共制定了15项水质指标，主要是感官性状、微生物指标和一般化学类指标。

1959年建筑工程部和卫生部批准发布《生活饮用水卫生规程》，其中的生活饮用水水质标准由15项增至17项，并首次设置了浑浊度的指标（浑浊度不超过5 mg/L，特殊情况下个别水样的浑浊度可允许到10 mg/L），新增的另一指标是水中不得含有肉眼可见物。

1976年国家建设委员会和卫生部共同批准了《生活饮用水卫生标准（试行）》（CTJ 20—76），自1976年12月1日起实施。其中的生活饮用水水质标准由17项增至23项，新增项目主要是毒理学指标。

1985年8月16日卫生部批准发布了《生活饮用水卫生标准》（GB 5749—85），自1986年10月1日起实施，适用于我国城乡供生活饮用的集中式给水（包括各单位自备的生活饮用水）和分散式给水。

2001年6月国家卫生部颁布了《生活饮用水水质卫生规范》（2001），其中总指标共96项。

2005年国家建设部颁布了《城市供水水质标准》（CJ/T 206—2005），自2005年6月

1 日起执行。

我国生活饮用水卫生标准(GB 5749—85)检测项目少,特别是有机物、农药和消毒剂及消毒副产物项目较少,与水源水污染、水质控制的要求不相适应;卫生部颁布的《生活饮用水水质卫生规范》(2001)检测项目较多,但其中常规检测项目仅有 34 项,非常规检验有 62 项,对检验频率及合格率没有具体要求。

从指标值本身来看,生活饮用水卫生标准(GB 5749—85)与世界卫生组织和欧盟、美国标准相比存在一定的差距,主要表现在:感官性状指标数量偏少,标准偏低;微生物学指标和有毒有害物指标偏少。

2007 年 7 月 1 日,由国家标准委和卫生部联合发布的《生活饮用水卫生标准》(GB 5749—2006)强制性国家标准和 13 项生活饮用水卫生检验国家标准正式实施。这是国家 21 年来首次对 1985 年发布的《生活饮用水卫生标准》进行修订。该标准具有以下 3 个特点:①加强了对水质有机物、微生物和水质消毒等方面的要求。饮用水水质指标由原标准的 35 项增至 106 项,增加了 71 项。其中,微生物指标由 2 项增至 6 项;饮用水消毒剂指标由 1 项增至 4 项;毒理指标中无机化合物由 10 项增至 21 项;毒理指标中有机化合物由 5 项增至 53 项;感官性状和一般理化指标由 15 项增至 20 项;放射性指标仍为 2 项。②统一了城镇和农村饮用水卫生标准。③实现了饮用水标准与国际接轨。

2022 年 3 月 15 日,国家市场监督管理总局正式批准国家卫生健康委员会修订的《生活饮用水卫生标准》(GB 5749—2022),2023 年 4 月 1 日起正式实行。新标准从保护人们身体健康、保证人类生活质量的角度出发,对饮用水中与人体健康相关的各种因素,以法律的形式进行量值规定。新标准的发布,意味着国家对于居民生活质量的高度重视。只有严格把控生活饮用水,才能保障居民的用水安全,促进居民生活健康发展。

1.2.7　饮用水处理工艺的发展

随着社会与经济的发展,水资源短缺,饮用水源大多受到污染,生活饮用水的水质标准大幅提高,城市供水行业面临着十分严峻的问题和前所未有的技术挑战,饮用水处理技术不断发展。

1. 第一代城市饮用水净化工艺——常规水处理工艺

20 世纪以前,城市饮用水安全得不到保障,致使水介烈性细菌性传染病(如霍乱、痢疾、伤寒等)流行,给城市居民的生命健康构成了重大威胁,这使人类面临着一个重大的生存问题,即生物安全性问题。为了解决这个问题,20 世纪初,研发出了混凝、沉淀、过滤、氯消毒工艺,人们把这些工艺称之为常规水处理工艺。常规水处理工艺使传染病流行得到控制,可称之为第一代城市饮用水净化工艺。20 世纪 50 年代又发现了水介病毒性疾病(如甲型肝炎、小儿脊髓灰质炎等)的流行问题。这是人类社会面临的又一个重大饮用水生物安全性问题。研究发现水中的病毒浓度与水的浊度有关。为了控制流行病的传播,人们展开相应研究并发现这些病毒在水中不是单独存在的,而是吸附在颗粒物表面,如果能够把水中颗粒物和浑浊度大大降低,就可以显著降低水中病毒的浓度,再经过第一代工艺处理后则能够有效地控制病毒。浊度原来是作为生活饮用水感官性状指标考虑的，现在具有了生物安全性的作用，所以被世界各国高度关注，例如美国将浊度列为微生物学指标。只要将水的浊度降至0.5 NTU以下，再经氯消毒，就可以控制病毒性传染病的流行，从而推动了第一代城市饮用水净化工艺的发展。

2. 第二代城市饮用水净化工艺——以臭氧－活性炭工艺为核心技术的组合工艺

20世纪70年代，在城市饮用水中发现了众多对人体有毒害的微量有机污染物和氯化消毒副产物，而第一代工艺又不能对其有效地去除和控制。这次遇到的是化学安全性问题，这些物质能够致癌，长期饮用对人体有害，人类又一次面临饮水安全问题。为了解决这个问题，人们在第一代工艺基础上增加了臭氧颗粒活性炭的工艺，称作第二代城市饮用水净化工艺。国外把它作为通用工艺来推广，国内也在推广此类工艺。第二代城市饮用水净化工艺用颗粒活性炭把水中有毒害的有机物、氯化消毒副产物有效地去除了，但是在运用颗粒活性炭过程中繁殖了大量微生物，这些微生物随水流出，导致细菌抗氯性增强，且出水中的细炭粒对微生物起保护作用，使得水的生物安全性又有所降低。据报道，在颗粒活性炭层出水中，发现剑水蚤、红虫等生物增多，所以第二代工艺还不是很理想。由于水中含有溴化物，溴化物经臭氧氧化能生成溴酸盐，所以新国标中溴酸盐限值为10 μg/L。2006年美国国家环保局(USEPA)颁布的《国家一级饮用水规程》(NPDWRs)指出，溴酸盐是强致癌物，含量应愈少愈好，最好降至零，故在沿海地区宜慎用。第二代工艺去除了水中有机污染物，提高了水的化学安全性，但又由于臭氧氧化生成了溴酸盐而使水的化学安全性又降低了。

之后又出现了一系列新的水的安全性问题，水中有毒有害有机物日益增多。例如，每年由于化学的发展，合成了成千上万种新的有机物，它们中的一部分进入水体，对水体造成污染；现在发现的消毒副产物有几百种，绝大部分对人体有害；人们用的一些氧化剂，如臭氧、二氧化氯等也会生成一些有毒害的氧化物。此外还有复合型污染物。

过去人们只了解单独的毒性，对复合毒性的了解很有限，另外还出现了一些重大的生物安全性问题，这些都是新的水的安全性问题。例如以“两虫”为代表的生物安全性问题。所谓“两虫”就是能够致病的原生动物，即贾第鞭毛虫和隐孢子虫。“两虫”致病性非常强且具有较强的抗氯性，一旦进入饮用水中，水体就受到污染，饮用受污染水的人们因此患上“两虫病”。贾第鞭毛虫是一种对人类致病的原生动物，广泛分布在自然界。贾第鞭毛虫的生活史，一是寄生于动物体内有繁殖能力的滋养体阶段，二是有环境抗性的包囊阶段。在包囊阶段，包囊随粪便排出，一旦受包囊污染的物质接触人口，便会使人感染。贾第鞭毛虫包囊为卵圆形，长8.12 μm，宽7.10 μm，能够通过混凝沉淀和过滤除去。当水处理工艺故障时，包囊便能穿透滤层。贾第鞭毛虫的包囊具有比较强的抗氯性且致病性很强，因此标准限值为1个/10 L。隐孢子虫分布很广，是能使人致病的原生动物。其虫体发育成卵囊随粪便排出，当人或动物的口接触到被污染的物体便可受到感染。隐孢子虫卵囊为球形，尺寸为4.6 μm，可经混凝沉淀和过滤除去，但水处理事故时可穿透滤层。隐孢子虫的卵囊具有很强的抗氯性且致病性很强，因此标准限值为 1 个/10 L。1993 年美国由于"两虫"病的爆发，感染了 40 多万人，从此各国对"两虫"问题高度重视。由于水环境污染，蓝藻水华、藻毒素及其他有害生物也频繁出现，比如太湖藻类暴发产生的臭味问题，多个国家和城市都曾经遇到过这个问题。

另外，还有水的生物稳定性问题。出厂水虽然控制住了致病的细菌或者病毒，但是水中仍然存在相当数量的没有被完全消灭的微生物。这些微生物本身就存在一些还没有被认识的新的致病因子，如果这些微生物在输水和储存过程中不断增殖，水中微生物增多，水的生物安全性就会相应降低。水中的微生物愈多，水的生物安全性便愈低，这是又一个重大生物安全性问题。水的微生物学指标，如大肠菌群、粪大肠杆菌等，主要是针对水介烈性细菌性传染病的控制指标。水介烈性传染病菌只适宜于在人的肠胃中繁殖，不会在饮用水的输配和贮存过程中增殖。若微生物学指标中的"菌落总数"在 1 mL 水中不超过 100 CFU，则认为饮用水仍是安全的。但这些细菌中包括许多条件致病菌，即这些细菌对某些敏感人群是可以致病的，如军团菌属、气单胞菌属、铜绿假单胞菌、分枝杆菌属等。条件致病菌在水输配和贮存过程中能进行繁殖，从而使致病的可能性增大。所以符合标准的饮用水的生物安全性只是相对的。

3. 第三代城市饮用水净化工艺——以超滤(UF)为核心技术的组合工艺

针对上述生物安全性问题，第一代或者第二代城市饮用水净化工艺都不能完全使这些生物安全性问题得到解决和控制，所以有待发展新的、更有效的技术和工艺。对水来说，生物安全性问题对人类危害是最大的，保证水的生物安全性应是首要的。从目前技术来看，膜技术能够非常有效地提高水的生物安全性，例如超滤膜，孔径只有几纳米，原则上可将水中一切微生物截留下来，使得水的安全性提高。我国城市绝大多数以Ⅲ类水体为水源，净化工艺组成如下：

Ⅲ类水源水—安全预氧化/强化混凝—生物活性炭/超滤—安全消毒—饮用水

但超滤这样的技术，基本上还是物理截留技术，对溶解性或者小分子的物质效果比较差，所以说它单独用于去除微生物可能是非常有效的，但对于其他一些有毒害的溶解性物质去除率比较差。新一代工艺应该是以超滤为核心技术的组合工艺，不仅对颗粒物和细菌有很好的去除效果，对有机物及其他有毒害的物质也能够起到很好的控制作用。以超滤为核心技术的组合工艺基本内容：混凝去除颗粒物、微生物及大分子有机物，使颗粒物、微生物、大分子有机物及部分溶解物质变成可超滤去除的颗粒物；吸附去除中等分子的有机物；生物氧化和吸附去除小分子有机物。化学氧化能提高混凝、吸附、生物处理的去除效率。对于水中的致病微生物和水生生物、浊质、有机物等，都设置了多级屏障，使其含量逐级削减，从而减少超滤的负荷。采用的多种处理单元具有互补性和协同效应，从而使整体得到优化。膜后处理，使水保持生物稳定性和化学稳定性。第三代城市饮用水净化工艺有望提高生物安全性和化学安全性，使水质达到新国标要求，但尚有待完善和发展。

饮用水处理工艺进展及存在的问题如图 1.3 所示。

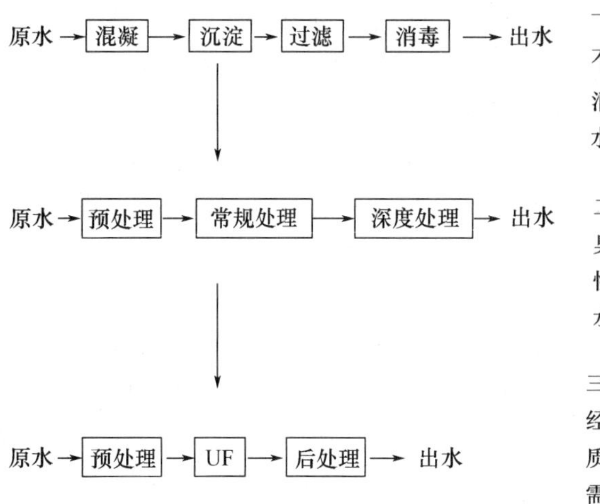

一代城市饮用水净化工艺存在的问题：不能有效地去除和控制有机污染物和氯化消毒副产物（THMs）；水源污染后的产水水质不能达标。

二代城市饮用水净化工艺存在的问题：臭氧、二氧化氯消毒副产物问题；颗粒活性炭出水中生物及微生物增多及控制问题；水源污染加剧后的产水水质达标问题。

三代城市饮用水净化工艺存在的问题：经济、绿色，减少了药剂的使用量，产水水质高，水质稳定，但国内运用案例较少，还需积累经验。

图 1.3　饮用水处理工艺进展及存在的问题

1.3　城市水源的保护和受污染水体的恢复

1.3.1　城市水源的保护

水是生命之源。城市饮用水的安全直接影响国计民生，其水源的水质尤为关键。我国早已在相关文件中对饮用水水源的水质提出明确要求，2008 年修订的《中华人民共和国水污染防治法》还专门增加了“饮用水水源和其他特殊水体保护”一章，保障了城市饮用水水源的安全。可见，国家对饮用水水源的水质非常重视。但是相关研究表明，近年来我国的城镇化保持相对较快的增长速度，用水水量不断增加，保护饮用水水源水质的工作任重而道远。

水源地保护是指为防治水源地污染、保证水源地环境质量而要求的特殊保护。一般水源地保护应当遵循保护优先、防治污染、保障水质安全的原则。

1. 我国城市饮用水水源的现状

如前所述，我国城市饮用水水源不足，水源污染严重。

(1) 水源不足。

我国人均水资源占有量仅为世界人均水资源占有量的 1/4。据统计，我国城市日缺水量达 1 600 万 m^3。经常闹水荒的城市每日高峰供水保证率仅为65% ~70%。目前，我国大多数城市的饮用水水源都比较单一，或来自江河，或来自水库和地下水。这些饮用水水源单一的城市一旦发生突发事件，其饮用水供水系统就不能正常发挥作用，甚至瘫痪，如2007年太湖爆发的饮用水危机。当城市供水水源地受到污染时，城市被迫停水，当地市民只能排队按需领取饮用水。

(2)水源污染严重。

除水源不足外，近年来饮用水水源污染也越来越严重。随着工业和农业生产的飞速发展，一些超标的废水、废气、废渣等有害物质的排放越来越多，严重威胁着城市饮用水水源的安全。污染源多和污染物质量大是当前饮用水水源受污染的特点。

(3)农用化学制品流失造成的污染。

我国是农业生产大国，城市饮用水水源地的上游通常是主要的农业耕作区，农业生产所用到的农药、化肥等势必会对流经的水体产生污染。

(4)中小企业污染物排放造成的污染。

我国的中小企业日渐增多，部分中小企业存在偷排暗排超标废水、废气、废渣的现象。这些乱排现象使城市饮用水水源受到较大程度的威胁。

(5)城乡生活污水排放造成的污染。

由于部分城市经济发展水平不高，其普遍缺乏排水设施，大量生活污水未经处理就直接排放。这些生活污水造成的有机污染十分严重，当饮用水水源受到有机物污染时，耗氧就会严重，溶解氧得不到及时补充，厌氧菌就会快速繁殖，有机物会因腐败而使水变黑、发臭。

2.城市饮用水水源保护的对策

要保护城市饮用水水源，保障城市饮用水的安全，就应该从增加水源地、立法管理、加强监测、普及教育等几个方面入手。

(1)开辟备用水源地。

中华人民共和国生态环境部一直强调每个城市都应该有自己的备用水源地，双水源地正成为各地避免饮用水水源污染的关键举措。在过去的10余年间，诸多省会城市的原有水源地因供水不足或遭污染而被迫废弃。目前，这些城市都已开辟了新的水源地。比如，江苏省无锡市在2007年之前都是用太湖水作为饮用水水源，2007年之后就将长江作为备用水源地了。如果每个城市都开辟备用水源地以应对突发事件，那么城市供水系统就不会因为偶发事故而瘫痪。

(2)完善法律法规体系。

我国目前保护饮用水水源的相关法律法规主要有《中华人民共和国环境保护法》《中华人民共和国水污染防治法》《中华人民共和国水法》等。这些法律法规明确了城市饮用水水源的保护范围，要求不得在饮用水水源保护范围内新建、改建、扩建排污项目。对已建成的排污项目，应责令相关单位将其拆除。这些法律法规虽然明确了对饮用水水源地进行保护，拆除已建成的违规排污项目，但没有明确处罚力度。很多违规排污项目仍在建设，排放的污染物依旧污染着饮用水水源。要解决污染问题，就要从法律层面上加大处罚力度，明确相关责任人的法律责任。

(3)加大对饮用水水源污染物的监测力度。

按照相关城市供水管理条例，中国地表水环境质量标准共有109项，但很多地方还不能实现全部监测。目前,供水企业面临专业人员紧缺、监测仪器落后等问题。要解决这些问题,首先得落实经费。如果这些经费全部由企业承担,那么无疑会加重企业的负担。因此,当地财政应适当给予一定的支持。

(4)加大对饮用水水源保护的宣传教育力度。

虽然相关法律法规明确规定,饮用水水源的一级保护区范围为上游 1 000 m 至下游 100 m,二级保护区范围为上游 2 000 m 至下游 200 m,但是这些相关法律法规并没有得到广泛宣传。许多直接排污的单位和个人也许是因为无知而直接在保护区范围内设置排污口。所以,应该加大对饮用水水源保护的宣传教育力度,以期达到人们自觉减排、保护饮用水水源的目的。

如果政府和企业都能积极落实以上 4 个方面的保护对策,减少排污,那么饮用水水源的质量将得到更大的提高,城市供水安全将得到更大的保障。

3. 城市饮用水水源保护与控制措施

所谓饮用水水源保护区,是指国家为防止饮用水水源地污染、保证水源地环境质量而划定,并要求加以特殊保护的一定面积的水域和陆域。按照《中华人民共和国水污染防治法》的要求,饮用水水源保护区分为一级和二级保护区,必要时还可以在饮用水水源保护区外围划定一定的区域作为准保护区。划分不同级别的保护区应当按照不同的水质标准和防护要求,不同级别的饮用水水源保护区将采取不同的保护管理措施。

(1)按照水资源综合规划、水功能区划及取水工程建设情况,确定地表水源地的具体位置。在地表饮用水源地和工业集中取水水源地设立保护区。保护区范围应包括地表水源、水源地的设计蓄水水域、主要汇流河道、沿岸陆域及汇水区域的耕地、林地等。

(2)地表水源地主要水体水质应满足《地表水环境质量标准》(GB 3838—2002)相应标准:饮用水水源地水质应符合Ⅱ类水质以上标准;农业供水水源地应符合Ⅴ类水质以上标准;工业供水水源地应符合Ⅳ类水质以上标准。

(3)批准的一级、二级饮用水水源保护区,应设置明确的地理界标和明显的警示标志及防护设施。

(4)在地表饮用水水源地准保护区和二级保护区内,禁止下列行为:

①设置排污口;

②直接或间接向水体排放工业废水和生活污水;

③建设向水体或河道排放污染物的项目;

④非法采矿、毁林开荒、破坏植被;

⑤使用炸药、高残留农药及其他有毒物质;

⑥堆放、存储、填埋或向水体倾倒废渣、垃圾、污染物;

⑦对水体造成污染的其他行为。

(5)在饮用水水源地一级保护区内,除进行水利工程建设和保护水源地水质安全的建设项目外,禁止任何污染水体或可能造成水体污染的各类活动。

城市饮用水水源主要控制措施如下。

(1)控制点源污染(工业与城市污水)。

《中国水资源保护法》第三十四条:禁止在饮用水水源保护区内设置排污口。《中国水资源保护法》第五十七条:在饮用水水源保护区内,禁止设置排污口。《中华人民共和国水污染防治法》第五十八条:禁止在饮用水水源一级保护区内新建、改建、扩建与供水设施和保护水源无关的建设项目;已建成的与供水设施和保护水源无关的建设项目,由县级以上人民政府责令拆除或者关闭。禁止在饮用水水源一级保护区内从事网箱养殖、旅游、游泳、垂钓或者其他可能污染饮用水水体的活动。《中华人民共和国水污染防治法》第五十九条:禁止在饮用水水源二级保护区内新建、改建、扩建排放污染物的建设项目;已建成的排放污染物的建设项目,由县级以上人民政府责令拆除或者关闭。在饮用水水源二级保护区内从事网箱养殖、旅游等活动的,应当按照规定采取措施,防止污染饮用水水体。《中华人民共和国水污染防治法》第六十条:禁止在饮用水水源准保护区内新建、扩建对水体污染严重的建设项目;改建建设项目,不得增加排污量。

(2)控制面源污染(农药、化肥、大气污染、降雨等)。

《中华人民共和国水污染防治法》第六十条:禁止在饮用水水源准保护区内新建、扩建对水体污染严重的建设项目;改建建设项目,不得增加排污量。《中华人民共和国水污染防治法》第六十一条:县级以上地方人民政府应当根据保护饮用水水源的实际需要,在准保护区内采取工程措施或者建造湿地、水源涵养林等生态保护措施,防止水污染物直接排入饮用水水体,确保饮用水安全。《中华人民共和国水污染防治法》第六十二条:饮用水水源受到污染可能威胁供水安全的,环境保护主管部门应当责令有关企业事业单位采取停止或者减少排放水污染物等措施。《中华人民共和国水污染防治法》第六十三条:国务院和省、自治区、直辖市人民政府根据水环境保护的需要,可以规定在饮用水水源保护区内,采取禁止或者限制使用含磷洗涤剂、化肥、农药以及限制种植养殖等措施。

(3)饮用水水源保护(饮用水源设保护区,严格控制人类和牲畜对水源的污染)。

《中华人民共和国水法》第三十三条:国家建立饮用水水源保护区制度。省、自治区、直辖市人民政府应当划定饮用水水源保护区,并采取措施,防止水源枯竭和水体污染,保证城乡居民饮用水安全。《中华人民共和国水污染防治法》第五十六条:国家建立饮用水水源保护区制度。饮用水水源保护区分为一级保护区和二级保护区;必要时,可以在饮用水水源保护区外围划定一定的区域作为准保护区。

(4)清除水体底部污染沉积物。

长期的外源输入和水生生物残渣的沉积,使河流、湖泊等水体的沉积物中富集了大量的有机质、N、P等营养物质,这些营养物质为水生生物提供了丰富的食物来源,但如果沉积物中营养物质含量过高,则可能会大量释放到水体中,使上覆水体处于富营养化状态,引起水生生态系统的退化。更重要的是,当水体养分的外源得到有效控制后,沉积物中养分的季节性再悬浮仍能使水体的富营养化持续数十年。通过各种途径进入水体的重金属很容易被水体悬浮物或沉积物所吸附、络合或共沉淀,从而在水底的沉积物中富集,致使沉积物中重金属浓度相对于水中的要高得多。人类排放的大量有机有毒物质也有相当一部分进入水体而沉积在水底沉积物中,从而对水生生态系统构成长期的威胁。因此,改善地表水体的水质,必须对这些水底沉积物的污染释放进行有效控制,采用各种水体修复技术,如复氧、化学剂处理、生物修复技术等。

(5)加强对水源水质的监测,设立水质预警系统。

水质在线监测预警系统一般包括样品采集设备、水质在线监测仪器、数据采集设备、数据传输设备和终端接收设备等(图1.4)。将采集的各种监测数据传输至环保系统有多种传输方式,如电话线、GPRS、GSM短消息、局域网、无线电台等。在线预警常用指标有:化学需氧量(COD)、生化需氧量(BOD)、总有机碳(TOC)、氨氮(NH_3-N)、总氮(TN)、总磷(TP)。

以全过程管理监测预警为目标,设计了集数据监测系统、数据传输系统、视频监控系统、预警系统于一体的饮用水水源地水质监测预警系统,为饮用水安全保障提供全过程分层次的决策方案,如图1.4所示。

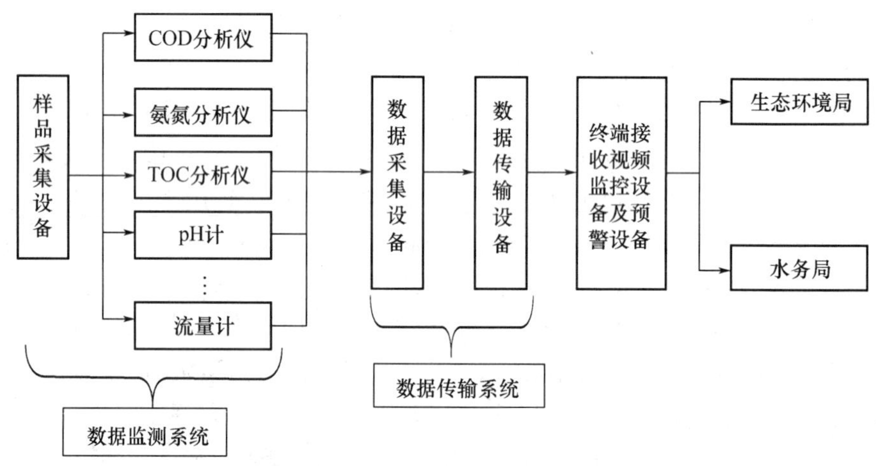

图1.4　水质在线监测预警系统示意图

1.3.2　受污染水体的恢复

恢复河流、湖泊等受污染水体的策略是削减水体中的污染物总量。通过物理、化学和生物等方法,控制水体外源性和内源性污染物的排入量,人工强化水体自身的净化能力,以降低水体中污染物的浓度、提高溶解氧浓度、恢复水生生物的多样性。水体的恢复是一个长期的过程,具体方法现归纳分析如下。

物理方法,包括截污治污、挖泥法、换水稀释法;化学方法,包括投加除藻剂、投加沉磷剂;生物方法,包括水体曝气、投放微生物、种植水生植物、养殖水生动物等,以及设置净化湖、水系综合整治等其他处理方法。

(1)饮用水水源水质改善——河流为水源。

河流为饮用水水源存在的主要问题为:水的浊度高,天然有机物浓度高,水质变化大,污染严重,地下水与地表水互灌(存在矿物质及铁锰等)。主要对策包括:设立水库调节水质,通过预沉、岸边渗滤等措施降低悬浮物浓度。

(2)饮用水水源水质改善——湖泊为水源。

湖泊为饮用水水源存在的主要问题为:富营养化,有机物、氮、磷等营养物质积累(总磷(TP)含量大于0.02 mg/L,总氮(TN)含量大于0.2 mg/L),藻类在水体表层接受足够阳光,引起藻类过量繁殖;存在水力分层现象,引起底部水体缺氧,有机物厌氧分解,产生有机酸、甲烷等中间产物,有些有机物会产生臭味;pH 下降及缺氧条件导致含氮有机物分解释放氨氮;磷酸盐沉淀溶解释放 PO_4^{3-},极易被藻类和浮游生物吸收;厌氧或缺氧环境会导致释放 Fe、Mn,水体色度提高。主要处理对策包括:

①控制水体污染,特别是磷污染;

②采用曝气充氧技术改善底部缺氧环境;

③破坏水层分层、强化混合技术,如使用空气扬水筒;

④微生物预处理,采用软性填料接触氧化或曝气生物滤池等除氨、氮;

⑤对水源水体进行化学预处理,如通过投加 $CuSO_4$ 杀藻。

1.4　水的单元处理方法

水处理过程是改变水的性质,即改变水中杂质组成的过程。水处理过程可以是去除某些杂质的过程,如去除水中的胶体杂质、致病微生物等;也可以是增加某些化学成分的过程,如向水中添加有益人体健康的一些矿物质;还可以是改变某些物理化学性质的过程,如调节水的 pH。一般常见的水处理过程以去除杂质为主。

一个水处理过程可以由若干基本工艺环节组成,每个基本工艺环节就是一个单元过程。各个单元过程所采用的技术方法可能是多种多样的,按技术原理可以分为两大类:物理化学处理方法和生物处理方法。

1. 水的物理化学处理方法

水的物理、化学和物理化学处理方法种类繁多,主要有以下几种。

(1)混凝,包括凝聚和絮凝过程。通过投加化学药剂,使水中的悬浮固体和胶体聚集成易于沉淀的絮凝体。

(2)沉淀和澄清。通过重力作用,使水中的悬浮颗粒、絮凝体等物质被分离去除。若向水中投加适当的化学物质,它们与水中待去除的离子换位或化合,生成难溶化合物而发生沉淀,则称为化学沉淀,可以用于去除某些溶解盐类物质。

(3)浮选。浮选是指利用固体或液滴与它们在其中悬浮的液体之间的密度差,实现固液或液液分离的方法。

(4)过滤。过滤是指使固液混合物通过多孔材料(过滤介质),从而截留固体并使液体(滤液)通过的过程。如果悬浮固体颗粒的尺寸大于过滤介质的孔隙,则固体截留在过滤介质的表面,这种类型的过滤称为表面过滤。表面过滤的介质可以是筛网、厚的多孔载体、预膜的载体等。如果悬浮固体颗粒是通过多孔物质构成的单层或多层滤床被去除,则称为体积过滤或滤层过滤。

(5)膜分离。利用膜的孔径或半渗透性质实现物质的分离。按分离的物质尺寸由大至小,可以将膜分离分为微滤、超滤、纳滤和反渗透。

(6)吸附。当两相构成一个体系时,其组成在两相界面与相内部是不同的,处在两相界面处的成分产生了积蓄,这种现象称为吸附。通常在水处理中是指固相材料浸没在液相或气相中,液相或气相物质固着到固相表面的传质现象。

(7)离子交换。离子交换物质是在分子结构上具有可交换的酸性或碱性基团的不溶性颗粒物质,固着在这些基团上的正、负离子能和基团所接触的液体中的同符号离子交换而对物质的物理外观毫无明显的改变,也不引起变质或增溶作用,这种过程称为离子交换。它可改变所处理液体的离子成分,但不改变交换前液体中离子的总当量数。

(8)中和。中和是指把水的 pH 调整到接近中性或是调整到平衡 pH 的任何处理。水最初可以是酸性的,也可以是碱性的。

(9)氧化与还原。通过氧化或还原反应可改变某些金属或化合物的状态,使它们变成不溶解的或无毒的。氧化还原反应广泛用于从生活给水和工业废水中去除铁、锰,含氰或含铬废水的去毒处理,各种有机物的去除等。

2. 水的生物处理方法

生物现象涉及的领域非常广阔。在水处理中,利用细菌作用于起营养介质(底物)作用的有机污染物质,生物化学反应的全部过程由细菌分泌的酶所催化,细菌同时还作为它们的载体,细菌的发育过程就是有机污染物质的分解过程。

按对氧的需求不同,将生物处理过程分为好氧处理和厌氧处理。好氧处理是指可生物降解的有机物质在有氧介质中被微生物所消耗的过程。微生物为满足其能量的要求而耗氧,通过细胞分裂而繁殖(活性物质的合成),通过内源呼吸(微生物细胞物质的逐渐自身氧化)而消耗自身的储藏物。厌氧处理又称为消化,指在无氧条件下利用厌氧微生物的生命活动,把有机物转化为甲烷和二氧化碳的过程。

生物处理是水处理中应用广泛的一类方法,不仅应用于含有大量有机污染物的各种生活污水和工业废水处理,也可用于去除饮用水中的微量有机污染物。

1.5 反应器及其在水处理中的应用

水处理的许多单元环节是由化学工程移植、发展而来的,因此化学工程中的反应器理论也常常被用来研究水处理单元过程的特性。因此,本节对反应器基本理论进行简要的介绍。

1.5.1 反应器的类型

在化工生产过程中,都有一个发生化学反应的生产核心部分,发生化学反应的容器称为反应器。

化工生产中的反应器是多种多样的,按反应器内物料的形态可以分为均相反应器

(Homogeneous Reactor)及多相反应器(Heterogeneous Reactor)。均相反应器的特点是反应只在一个相内进行,通常在一种气体或液体内进行。当反应器内必须有两相以上才能进行反应时,则称为多相反应器。

按操作情况,反应器可以分为间歇式反应器(Batch Reactor)和连续式反应器(Continuous Flow Reactor)两大类。间歇式反应器是按反应物"一罐一罐"地进行反应的,反应完成卸料后,再进行下一批的生产,这是一种完全混合式的反应器。当进料与出料都是连续不断地进行时,这类反应器则称为连续式反应器。连续式反应器是一种稳定流的反应器。

连续式反应器有两种完全对立的理想类型,分别称为活塞流反应器(Plug Flow Reactor,PF)和恒流搅拌反应器(Continuous Stirred Tank Reactor,CSTR)。理想反应器如图 1.5 所示,图中 CMB 指间歇式反应器(Complete-mix Batch Reactor)。恒流搅拌反应器属于完全混合式的反应器。

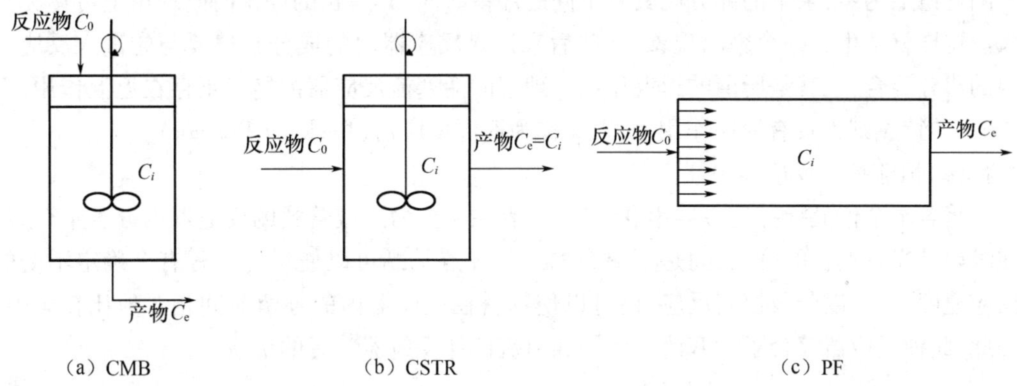

C_0—进水质量浓度,mg/L;C_i—反应物在反应器中 i 时刻的质量浓度,mg/L;

C_e—反应物出水质量浓度,mg/L

图 1.5　理想反应器图示

为了有利于反应,反应器还具有其他操作类型,如流化床反应器、滴洒床反应器等。

(1)间歇式反应器。

间歇式反应器是在非稳态条件下操作的,所有物料一起加进去,反应结束后物料同时放出来,所有物料反应的时间是相同的;反应物浓度随时间而变化,因此化学反应速度也随时间而变化;但是反应器内的成分却永远是均匀的。这是最早的一种反应器,与实验室里所用的烧瓶在本质上没有差别,对于小批量生产的单一液相反应较为适宜。

(2)活塞流反应器。

活塞流反应器通常由管段构成,因此也称管式反应器(Tubular Reactor),其特征是流体以列队形式通过反应器,液体元素在流动的方向上绝无混合现象(但在垂直于流动的方向上可能有混合)。构成活塞流反应器的必要且充分条件是:反应器中每一流体元素的停留时间都是相等的。由于管内水流较接近于这种理想状态,所以常用管子构成这种反应器,反应时间是管长的函数,反应物的浓度、反应速度沿管长有变化;但是沿管长各点上反应物浓度、反应速度有一个确定不变的值,不随时间而变化。在间歇式反应器中,最快的反应速度出现在操作过程中的某一个时刻;而在活塞流反应器中,最快的反应速度出现在管长中的某一点。

随着化工生产越来越趋向于大型化、连续化,连续操作的活塞流反应器在生产中使用得越来越多。

(3)恒流搅拌反应器。

恒流搅拌反应器也称为连续搅拌罐反应器,物料不断进出,连续流动。其特点是:反应物受到了极好的搅拌因此反应器内各点的浓度是完全均匀的,而且不随时间而变化,因此反应速度也是确定不变的,这是该反应器的最大优点。这种反应器必然要设置搅拌器,当反应物进入后,立即被均匀分散到整个反应器容积内,从反应器连续流出的产物流,其成分必然与反应器内的成分一样。从理论上说,由于在某一时刻进到反应器内的反应物立即被分散到整个反应器内,因此其中一部分反应物会立即流出来,这部分反应物的停留时间理论上为零;余下的部分则具有不同的停留时间,其最长的停留时间理论上可达无穷大。这样就产生了一个突出现象:某些后来进入反应器内的成分必然要与先进入反应器内的成分混合,这就是所谓的返混作用。理想的活塞流反应器内绝对不存在返混作用,而CSTR 的特点则为具有返混作用,所以又称为返混反应器(Backmix Reactor)。

(4)恒流搅拌反应器串联。

将若干个恒流搅拌反应器串联起来,或者在一个塔式或管式的反应器内分若干个级,在级内是充分混合的,而级间是不混合的。其优点是既可以使反应过程有个确定不变的反应速度,又可以分段控制反应,还可以使物料在反应器内的停留时间相对地比较集中。因此,此种反应器综合了活塞流反应器和恒流搅拌反应器二者的优点。

1.5.2 物料在反应器内的流动模型

利用流体力学知识,可以用两组偏微分方程描述物料在设备里的流动情况,但是这种数学表达式解起来十分困难,使用起来并不方便。通常可以对物料在反应器里的流动情况进行合理的简化,提出一个既能反映实际情况,又便于计算的流动模型,用对流动模型的计算来代替对实际过程的计算。物料在反应器内的流动情况,可以分成基本上没有混合、基本上均匀混合或是介于这两者之间的三种情况。针对这三种情况,可以建立如下几种流动模型。

(1)理想混合流动模型。

在理想混合流动模型中,进入反应器的物料立即均匀分散在整个反应器里。其特点是反应器内浓度完全均匀一致。

对于理想的 CMB 反应器,物料衡算式为

$$\frac{\mathrm{d}C_i}{\mathrm{d}t} = r(C_i) \tag{1.1}$$

$t=0, C=C_0; t=i, C=C_i$,积分上式得

$$t = \int_{C_0}^{C_i} \frac{\mathrm{d}C_i}{r(C_i)} \tag{1.2}$$

设为一级反应，$r(C_i) = -kC_i$，则

$$t = \int_{C_0}^{C_i} \frac{dC_i}{-kC_i} = \frac{1}{k}\ln\frac{C_0}{C_i} \tag{1.3}$$

设为二级反应，$r(C_i) = -kC_i^2$，则

$$t = \int_{C_0}^{C_i} \frac{dC_i}{-kC_i^2} = \frac{1}{k}\left(\frac{1}{C_i} - \frac{1}{C_0}\right) \tag{1.4}$$

对于理想的 CSTR 反应器，物料衡算式为

$$V = \frac{dC_i}{dt} = QC_0 - QC_i + Vr(C_i) \tag{1.5}$$

按稳态考虑，即$\frac{dC_i}{dt}=0$，于是

$$QC_0 - QC_i + Vr(C_i) = 0 \tag{1.6}$$

设为一级反应，$r(C_i) = -kC_i$，则 $QC_0 - QC_i - VkC_i = 0$。

因 $V=\overline{Qt}$，故

$$\bar{t} = \frac{1}{k}\left(\frac{C_0}{C_i} - 1\right) \tag{1.7}$$

理想的 CSTR 反应器浓度为一常数，如图 1.6 所示。

(2)活塞流流动模型。

活塞流流动模型又可称为理想排挤，是根据物料在管式反应器内高速流动情况提出来的一种流动模型，认为物料的断面速度分布完全是齐头并进的。其特点是物料在管式反应器的各个断面上流速是均匀一致的；物料经过轴向一定距离所需要的时间完全一样，即物料在反应器内的停留时间是管长的函数。活塞流反应器内物料浓度变化如图 1.7 所示。理想 PF 反应器中浓度分布如图 1.6 所示。

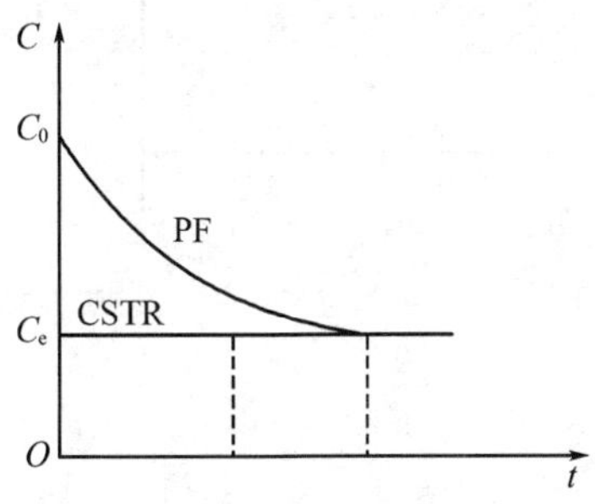

图 1.6　理想反应器中浓度分布

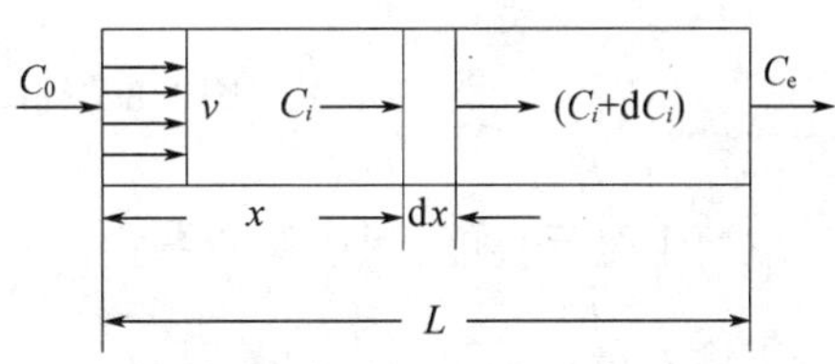

图 1.7　活塞流反应器内物料浓度变化

现取长为 dx 的微元体积，列物料平衡式：

$$w\mathrm{d}x\frac{dC_i}{dt} = w \cdot v \cdot C_i - w \cdot v(C_i + dC_i) + r(C_i) \cdot w \cdot dx \tag{1.8}$$

稳态时，$\frac{dC_i}{dt}=0$，则

$$v\frac{\mathrm{d}C_i}{\mathrm{d}x}=r(C_i)$$

$x=0,C=C_0;x=t,C=C_i$,积分上式得

$$t=\frac{x}{v}=\int_{C_0}^{C_i}\frac{\mathrm{d}C_i}{r(C_i)} \tag{1.9}$$

(3)轴向扩散流动模型和多级串联流动模型。

在管式反应器里,有时流动情况介于活塞流和理想混合之间,对于这种类型的流动情况有若干种流动模型,其中最常用的是活塞流叠加轴向扩散的流动模型和理想反应器多级串联的流动模型。

活塞流叠加轴向扩散的流动模型又简称轴向扩散流动模型,这种模型认为在流动体系中物料之所以偏离了活塞流,是由于在活塞流的主体上叠加了一个轴向扩散,这种流动模型的示意图如图 1.8 所示。轴向混合可以用轴向扩散系数 D_i 来表征它的特性:

$$N=-D_i\frac{\mathrm{d}C_i}{\mathrm{d}x} \tag{1.10}$$

式中 N——单位时间、单位横截面上轴向返混的量;

D_i——轴向扩散系数,负号表示扩散方向与物料流动方向相反;

$\mathrm{d}C/\mathrm{d}x$——轴向的浓度梯度。

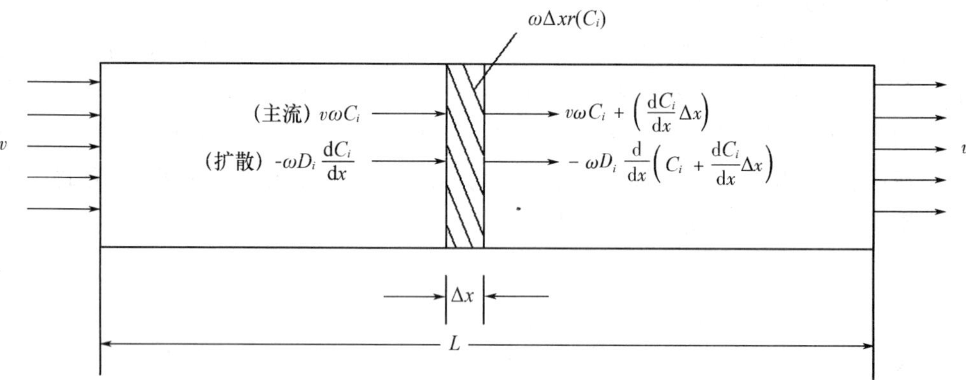

图 1.8　轴向扩散流动模型示意图

取一个微元长度,列物料衡算式:

①输入量: $vwC_i+w\left(-D_i\frac{\partial C_i}{\partial x}\right)$。

②输出量:$vw\left(C_i+\frac{\partial C_i}{\partial x}\cdot\Delta x\right)+w\cdot\left[-D_i\cdot\frac{\partial}{\partial x}\left(C_i+\frac{\partial C_i}{\partial x}\cdot\Delta x\right)\right]$。

③反应量:$w\Delta x r(C_i)$。

④物料变化量:$w\Delta x\frac{\partial C_i}{\partial t}$,则

$$\frac{\partial C_i}{\partial t}=D_i\cdot\frac{\partial^2 C_i}{\partial x^2}-v\frac{\partial C_i}{\partial x}+r(C_i) \tag{1.11}$$

稳态时，$\frac{\partial C_i}{\partial t}=0$，故

$$v\frac{\partial C_i}{\partial x}=D_i\cdot\frac{\partial^2 C_i}{\partial x^2}+r(C_i) \tag{1.12}$$

轴向扩散流动模型的特点是：它将物料在流动体系中流动情况偏离活塞流的程度，通过轴向扩散系数 D_i 表示出来，一旦知道了物料在该流动体系中的轴向扩散系数 D_i，物料的流动情况就可以用一个偏微分方程表示，便于计算。但是，用轴向扩散模型描述物料在反应器中的流动情况不够直观。

多级串联流动模型是把一个连续操作的管式反应器看成是 N 个理想混合的反应器串联的结果。多级串联模型用串联的级数 N 来反映实际流动情况偏离活塞流或偏离理想反应器的程度。其优点是用它来描述物料在反应器里的流动情况比较直观，停留时间分布情况可以用一个以 N 为参数的代数式表达，所以这个模型中表示流动特征的参数 N 比较容易由实验来决定。

如果将多个体积相等的 CSTR 型反应器串联使用，则第二只反应器的输入物料浓度即为第1只反应器的输出物料浓度，以此类推。设为一级反应，每只反应器可写出如下公式：

$$\frac{C_1}{C_0}=\frac{C_2}{C_1}=\frac{C_3}{C_2}=\cdots=\frac{C_n}{C_{n-1}}=\frac{1}{1+k\bar{t}} \tag{1.13}$$

所有公式左边和右边分别相乘：

$$\frac{C_1}{C_0}\cdot\frac{C_2}{C_1}\cdot\frac{C_3}{C_2}\cdot\cdots\cdot\frac{C_n}{C_n-1}=\frac{1}{1+k\bar{t}}\cdot\frac{1}{1+k\bar{t}}\cdot\frac{1}{1+k\bar{t}}\cdot\cdots\cdot\frac{1}{1+k\bar{t}} \tag{1.14}$$

式中　$\bar{t}$——单个反应器的反应时间，总反应时间 $T=n\bar{t}$。

1.5.3　物料在反应器内的停留时间和停留时间分布

通常把反应器的容积 V 除以流量 Q 所得的值称为停留时间，但这是一种平均停留时间的概念。实际上，在连续操作的反应器里，由于可能存在死角、短流等情况，在某一时刻进入反应器的物料所含的无数微元中，每一微元的停留时间都是不相同的（只有理想的活塞流反应器是例外）。如果用一个函数 $E(t)$ 来描述物料的停留时间分布情况，则该函数称为停留时间分布函数。

停留时间分布函数可以通过实验测定得到。一般采用的方法是在流动体系的入口加入一定量的示踪物，测定出口物料流内示踪物浓度随时间的变化。有色颜料、放射性同位素或其他不参加化学反应而又可以很方便地分析其浓度的惰性物质，都可以作为示踪物。

通过研究物料在反应器内的停留时间分布函数，可以判断反应器内的流动情况属于哪种模型；也可以通过分析停留时间分布函数来研究一般反应器偏离理想反应器的情况。

下面介绍几种典型反应器的停留时间分布函数。

(1)间歇式反应器。

间歇式反应器内物料的停留时间是完全一样的。若物料在反应器里的停留时间是

τ,则停留时间小于或大于 τ 的物料的分率都是 0,停留时间等于 τ 的物料的分率为 1。

(2)活塞流反应器。

活塞流反应器内的物料没有回混,物料在反应器内的停留时间是管长的函数,若物料的体积流量(F)和反应器的体积(V)一定,则物料的停留时间完全一样,都是 $\bar{\tau} = V/F$。停留时间大于或小于 $\bar{\tau}$ 的物料的分率都是 0,停留时间等于 $\bar{\tau}$ 的物料的分率为 1。

(3)恒流搅拌反应器。

在理想的恒流搅拌反应器中瞬时注入一定量(M)的示踪物后,与反应器中的物料发生理想混合,进入反应器中的示踪物会立即分散到各处,即注入示踪物的同时,反应器内示踪物浓度 $C_0 = M_0/V$;同样,因为反应器中物料流动情况属于理想混合,所以该流动体系出口示踪物浓度应与反应器内示踪物浓度相等。

在理想情况下恒流搅拌反应器中示踪物浓度和停留时间的关系为

$$Ct = C_0 e^{-\frac{t}{\tau}}$$

停留时间分布函数为

$$E(t) = \frac{1}{\bar{\tau}} e^{-\frac{t}{\bar{\tau}}} \tag{1.15}$$

(4)恒流搅拌反应器串联。

若几个串联反应器的体积相同,则物料在每一级中的平均停留时间也相同,都是 $\bar{\tau}$。

对于第 1 级,示踪物浓度和停留时间的关系:$C_1(t) = C_0 e^{-\frac{t}{\bar{\tau}}}$;

对于第 2 级,示踪物浓度和停留时间的关系:$C_2(t) = C_0\left(\frac{t}{\bar{\tau}}\right) e^{-\frac{t}{\bar{\tau}}}$;

对于第 N 级,示踪物浓度和停留时间的关系:$C_N(t) = \frac{1}{(N-1)!} C_0\left(\frac{t}{\bar{\tau}}\right)^{N-1} e^{-\frac{t}{\bar{\tau}}}$。

N 个恒流搅拌反应器串联时,测定示踪物随时间变化关系的计算式,则物料在此种类型反应器里的停留时间分布函数为

$$E(t) = \frac{1}{(N-1)!} \frac{1}{\bar{\tau}} \left(\frac{t}{\bar{\tau}}\right)^{N-1} e^{-\frac{t}{\bar{\tau}}} \tag{1.16}$$

即 N 个恒流搅拌反应器串联时 $E(t)$ 的计算公式,其中的 $\bar{\tau}$ 是指物料经过每一级反应器时的平均停留时间。

1.5.4 反应器概念在水处理中的应用

从 20 世纪 70 年代起,反应器的概念被引入水处理工程中。但是有些水处理中的过程与化工过程类似,也有些则完全不同。因此对化工过程反应器的概念应加以拓展,将水处理中进行过程处理的一切池子和设备都称为反应器,这不仅包括发生化学反应和生物化学反应的设备,也包括了发生物理过程的设备,如沉淀池、冷却塔等设备。

按照上述反应器的定义,水处理反应器与传统的化学工程反应器存在多种差别,如化学工程反应器有很多是在高温高压下工作,水处理反应器则较多在常温常压下工作;化学工程反应器多是以稳态为基础设计的,而水处理反应器的进料则多是动态的(如处理水的

水质、投加的各种药剂量等），因此各种装置的操作通常不能在稳态下工作，必须考虑可能遇到的随机输入，应把反应器设计成能在动态范围内进行操作的形式；在化学工程中，采用间歇式和连续式两种反应器，而在水处理工程中通常都是采用连续式反应器。因此，在水处理工程中，既要借鉴化学工程反应器的理论，又要结合自身的特点进行应用。

在表 1.2 中，列出了一些水处理过程所对应的典型反应器类型。

表 1.2　水处理过程所对应的典型反应器类型

反应器	期望的反应器设计	反应器	期望的反应器设计
快速混合反应器	完全混合	软化反应器	完全混合
絮凝反应器	局部完全混合的活塞流	加氯反应器	活塞流
沉淀水池	活塞流	污泥反应器	局部完全混合的活塞流
砂滤池	活塞流	生物滤池	活塞流
吸附柱	活塞流	化学澄清反应器	完全混合
离子交换柱	活塞流	活性污泥反应器	完全混合及活塞流

应用反应器理论，能够确定水处理装置的最佳形式，估算所需尺寸，确定最佳的操作条件。利用反应器的停留时间分布函数，可以判断物料在反应器里的流动模型，也可以计算化学反应的转化率。这里仅进行一些简单的概念性介绍。

（1）判断物料在反应器里的流动模型。用示踪法很容易测出物料在反应器中停留时间分布函数的图形，可以定性地判断出物料在反应器中的流动情况是属于理想混合，还是属于活塞流或是介于两者之间；另外，由所得到的停留时间分布函数图形相对平均停留时间的分散情况，还可以大致估计该物料的流动情况偏离活塞流或理想混合的程度。

（2）计算化学反应的转化率。所谓化学反应的转化率，是指经过一定的反应时间以后，已反应的反应物分子数与起始的反应物分子数之比。对于反应前后总体积没有变化的化学反应（如液相反应）和反应前后分子数没有变化的气相反应，其转化率可以用反应物浓度的变化来计算，即

$$x_A = \frac{(C_{A_0} - C_A)V}{C_{A_0}/V} = \frac{C_{A_0} - C_A}{C_{A_0}} \tag{1.17}$$

式中　x_A——转化率；

V——反应前后的总体积，L；

C_{A_0}——$t=0$ 时 A 的质量浓度，mg/L；

C_A——$t=t$ 时 A 的质量浓度，mg/L。

由此可见，化学反应的转化率与反应时间有很大关系，因为反应时间直接影响反应物的量。

在反应器中，物料的停留时间不均匀一致。设停留时间为 t 的那部分物料的转化率是 $x(t)$，而在此反应器内的转化率应为平均值，即

$$\bar{x} = \frac{\sum x(t)\Delta N}{N} = \sum x(t)\frac{\Delta N}{N} \tag{1.18}$$

式中 $x(t)$——停留时间为 t 的物料的转化率；

$\Delta N/N$——停留时间为 t 的物料在进料总量中所占的百分率。

若停留时间间隔取得足够小，停留时间为 $t \to t+\Delta t$ 的物料占 $\mathrm{d}N/N$，则 $\bar{x} = \int_0^\infty x(t)\frac{\mathrm{d}N}{N}$，因为$\frac{\mathrm{d}N}{N} = E(t)\mathrm{d}t$，所以

$$\bar{x} = \int_0^\infty x(t)E(t)\mathrm{d}t \tag{1.19}$$

式中，$x(t)$由化学反应动力学模型所决定；$E(t)$由反应器中物料的流动模型所决定。式(1.19)建立了转化率与停留时间分布函数的关系，原则上可以通过该式计算任何反应器内的转化率。

1.6 水处理工艺流程

1. 水处理工艺流程的概念

前述的每种水处理单元方法都有一定的局限性，只能去除某类特定的物质，如沉淀只能去除部分悬浮物和胶体杂质，氧化还原只能去除部分可氧化的物质。然而水中的杂质组成是多种多样的，需要通过水处理去除不需要的各种杂质、添加需要的各种元素，并调节各项水质参数达到规定的指标。显然单一的水处理单元方法是难以满足上述需要的。为此，通常将多种基本单元过程互相配合，组成一个水处理工艺过程，称为水处理工艺流程。

经过某个特定的水处理流程处理后，待处理的水中杂质的种类与数量就会发生相应的变化，即水质发生变化，满足某种特定的要求，如作为饮用水、工业用水使用，向水体排放等。

选择水处理工艺流程的基本出发点是以较低的成本、安全稳定的运行过程，获得满足水质要求的水。针对不同的原水水质及不同的水质要求，会形成不同的水处理工艺流程；水处理设施所在的地区气候、地形地质、技术经济条件的差异，也会影响到水处理工艺流程的选择。

一般情况下，一个水处理工艺流程中会有一个主体处理工艺（简称主工艺），如以去除有机污染物为主的生活污水生物处理过程会以活性污泥法为主工艺；通常在进入主工艺之前，会有一些预处理环节，其目的在于尽量去除那些在性质上或大小上不利于主处理工艺过程的物质，如污水处理中的筛除、给水处理和污水处理中的除砂等。针对主要去除对象不同，有的单元环节在一个系统中可能是主处理工艺，在另一个系统中又可能是预处理工艺，如混凝沉淀环节在以澄清除浊为主要目的的生活给水处理系统中是主工艺，而在锅炉给水处理中则成为预处理工艺（软化除盐为主工艺）。另外，与主体处理工艺配合，还会有若干辅助工艺系统，如向水中投加混凝剂等药剂，要有药剂的配制、投加系统；水处

理过程中产生的排泥水、反冲洗废水要回收利用,要有废水处理回收系统;对水处理产生的污泥进行处置,要有污泥脱水系统等。

为了保证水处理系统正常运转,还要有变配电及电力供应系统、工艺过程自动监控系统、通风和供热系统等。

2. 典型给水处理流程

给水处理的主要水源有地表水和地下水两大类。常规的地表水处理以去除水中的浑浊物质和细菌、病毒为主,水处理系统主要由澄清工艺和消毒工艺组成,典型地表水处理流程如图1.9所示,其中混凝、沉淀或澄清和过滤的主要作用是去除浑浊物质,称为澄清工艺。

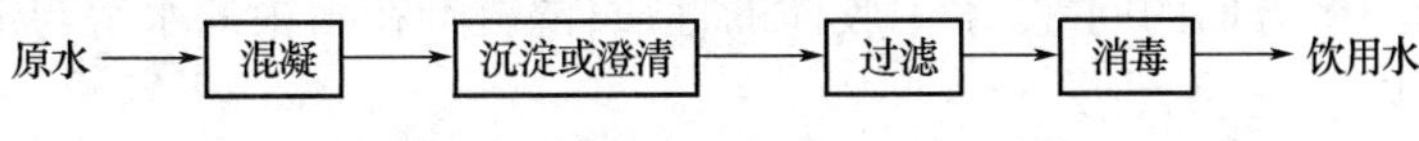

图1.9　典型地表水处理流程

当水源受到有机污染较严重时,需要增加预处理或深度处理工艺,图1.10所示为典型除污染给水处理流程。

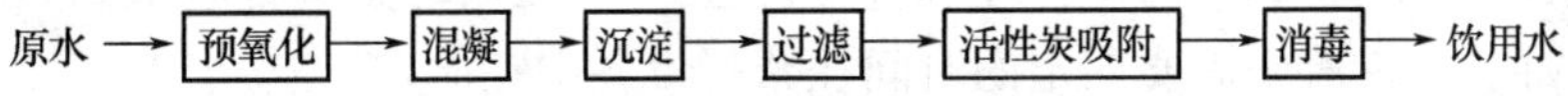

图1.10　典型除污染给水处理流程

第 2 章　混　　凝

混凝是指通过某种方法(如投加化学药剂)使水中胶体粒子和微小悬浮物聚集的过程,是水处理工艺的一种单元操作。混凝包括凝聚与絮凝两个过程。起凝聚(Coagulation)与絮凝(Flocculation)作用的药剂统称为混凝剂(Coagulant)。凝聚主要指胶体脱稳并生成微小聚集体的过程,絮凝主要指脱稳的胶体或微小悬浮物聚结成大的絮凝体的过程。混凝涉及三个方面的问题:水中胶体的性质;混凝剂在水中的水解与形态;胶体与混凝剂的相互作用。

混凝一直是水处理与化学工作者关注的课题。在现有文献中,对凝聚和絮凝的含义有多种不同的理解:①把两者作为同义语考虑,可以通用;②把凝聚理解为胶体被压缩双电层而脱稳的过程,而絮凝则理解为胶体脱稳后(或由于高分子物质的吸附架桥作用)结成大颗粒絮体的过程;③将凝聚理解为胶体脱稳和结成絮体的整个过程,而絮凝仅指结成絮体这一阶段。相对来说,第 2 种理解较为普遍,并将凝聚与絮凝合起来称为混凝。凝聚是瞬时完成的,而絮凝则需要一定的时间在絮凝设备中完成。

混凝可去除的颗粒是胶体及部分细小的悬浮物,是一种化学方法。在给水处理中,混凝主要去除水中的杂质如黏土(50 nm ~ 4 μm)、细菌(0.2 ~ 80 μm)、病毒(10 ~ 300 nm)、蛋白质(1 ~ 50 nm)、腐殖酸,提高后续处理如沉淀、过滤、消毒等的效果;在废水处理中,混凝主要用于去除水中的胶体、悬浮物、色度等。混凝技术在我国有悠久的历史,1637 年便开始使用明矾净水;直到 1884 年,西方国家才开始使用铝盐净水。

2.1　水中胶体的稳定性

1. 胶体表面电化学

所谓胶体稳定性,是指胶体粒子在水中长期保持分散悬浮状态的特性。从胶体化学角度而言,高分子溶液可说是稳定系统,黏土类胶体及其他憎水胶体都并非真正的稳定系统。但从水处理角度而言,凡沉降速度十分缓慢的胶体粒子以至微小悬浮物,均被认为是稳定的。例如,粒径为 1 μm 的黏土悬浮粒子,沉降 10 cm 约需 20 h 之久,在停留时间有限的水处理构筑物内不可能沉降下来,它们的沉降性可忽略不计。这样的悬浮体系在水处理领域即被认为是"稳定体系"。

对于胶体系统的研究应该包括两个方面:一方面集中于材料表面特性研究,属于表面化学的内容;另一方面集中于胶体微粒的整体行为特性研究,属于胶体化学的内容。与废水处理有关的主要是由水和胶体颗粒构成的体系。按胶体带电的性质，水中的胶体可分为带正电的和带负电的两类。废水中的无机物胶体一般都是带正电的，如氢氧化铝、氢氧化铁等微晶体；而有机物胶体通常带负电，如细菌、病毒等；黏土胶粒也是带负电的。水中胶体颗粒表面带电机理主要包括以下5个方面。

(1)同晶置换。

某些离子型晶体物质的Schottky缺陷(指某种离子可以在晶体内自由运动)，使得在晶体表面产生过量的阳离子或阴离子，从而使表面带正电或负电。黏土表面带负电就是典型例子。

黏土是土壤中的最细组分，一般由高岭石、蒙脱石和伊利石等矿物组成。这些矿物都是一些片状结晶，Si^{4+}和Al^{3+}是其中两种主要阳离子。当矿物晶格中的Si^{4+}被水中的大小大致一样的Al^{3+}或Ca^{2+}置换时，并不影响晶体的结构。同样Al^{3+}也可能被Ca^{2+}置换，这就是同晶置换。黏土矿物发生同晶置换后，表面带负电。

(2)难溶物质与其溶解于水中的离子间的平衡。

在水中难溶于水的离子型晶体与它溶解于水中的离子产物间有一个平衡关系，这个平衡关系由溶度积来确定，当其中的阴、阳离子不等当量溶解时就会使颗粒表面带电。AgI溶度积$[Ag^+][I^-]=10^{-16}$。按溶度积原理，当水中I^-浓度低时，Ag^+浓度就要升高，以保持溶度积，这就使AgI颗粒上的Ag^+进入水中，使颗粒表面带负电。反之，当水中I^-浓度高时，水中Ag^+就要回到AgI颗粒上，使颗粒表面带正电。

(3)离子的特性吸附作用。

固体颗粒表面对水中某种离子的特性吸附，可以使其表面带正电或负电。如表面活性剂，其分子一端为憎水性的，另一端为亲水性的。憎水一端牢固地吸附在固体颗粒表面，亲水的一端则伸入水中，颗粒表面则随表面活性剂的不同离子形式而带同样的电荷。阳离子型的表面活性剂使颗粒表面带正电，阴离子型的表面活性剂使颗粒表面带负电。

(4)有机物表面的基团离解。

有机物颗粒表面离子化官能团的离解，特别是高分子有机物因其极性官能团的酸碱离解而使颗粒表面带上电荷，因此这类胶体表面电荷和电势受溶液pH控制。例如树脂表面的基团可以离解如下式：

$$R—COOH \rightleftharpoons R—COO^- + H^+$$

当pH较高时，反应向右进行，树脂表面因此带负电；当pH较低时，羧基不离解，树脂表面不带电。

对于两性物质的颗粒，如蛋白质，其表面存在—COOH和—NH_2基团。羧基(—COOH)在碱作用下离解H^+后变成—COO^-，产生带负电荷的部位，氨基(—NH_2)在酸的作用下变成—NH_3^+，产生带正电荷的部位。蛋白质颗粒总的表面电荷可表示为

$$\sigma_0 = F(\Gamma_{H^+} - \Gamma_{COO^-}) \tag{2.1}$$

式中　σ_0——颗粒表面电荷，C/cm^2；

Γ_{H^+}——每cm^2表面上所吸附的H^+摩尔数，mol/cm^2；

Γ_{COO^-}——每cm^2表面上所产生的COO^-摩尔数，mol/cm^2；

F——法拉第常数,96 500 C/mol。

由式(2.1)可知,两种电荷的代数和使蛋白质宏观上表现为带正电或负电,但一般为带负电。

(5)不溶氧化物摄入 H^+ 或 OH^-。

石英砂表面的带电即是不溶氧化物摄入 H^+ 或 OH^- 的典型例子。石英砂表面的硅原子水合后产生硅烷醇基团 ≡SiOH,硅烷醇基团可以通过摄入 H^+ 而带正电,可表示为

$$\equiv SiOH + H_3O^+ = SiOH_2^+ + H_2O$$

如果摄入 OH^-,则带负电,可表示为

$$\equiv SiOH + OH^- = SiO^- + H_2O$$

总的表面电荷为

$$\sigma_0 = F(\Gamma_{H^+} - \Gamma_{OH^-}) \tag{2.2}$$

式中 σ_0——表面总电荷量,C/cm^2;

Γ_{H^+}——每 cm^2 表面上所吸附的 H^+ 摩尔数,mol/cm^2;

Γ_{OH^-}——每 cm^2 表面上所产生的 OH^- 摩尔数,mol/cm^2;

F——法拉第常数,96 500 C/mol。

由式(2.2)可知,当 pH 较低时,水中 H^+ 浓度增加,Γ_{H^+} 值增大而 Γ_{OH^-} 值减小,氧化物表面带正电;反之,当 pH 较高时,氧化物表面带负电。当 pH 合适时会出现 $\Gamma_{H^+} - \Gamma_{OH^-} = 0$,此时表面处于零电荷点(Point of Zero Charge,PZC),零电荷点的位置取决于氧化物表面对 H^+ 和 OH^- 的相对亲和性。SiO_2 相对是酸性的,因此式(2.2)比式(2.1)更占优势,零电荷点值低,所以 SiO_2 微粒一般带负电。

2. 胶体的稳定性

亲水胶体是单相液体的胶体体系,能自动形成真溶液,在没有化学变化和温度变化的条件下,溶液将是永远稳定的。而憎水胶体属于两相的胶体体系,与水不能自发形成胶体溶液。对于已形成的憎水胶体溶液,在静止足够长时间后,胶体能从水中自发地分离出来。憎水胶体的这一性质称为热力学不稳定性,但在相对不长的时间内,憎水胶体仍能保持在分散状态,这称为憎水胶体的动力学稳定性。

胶体稳定性分为动力学稳定性和聚集稳定性两种。

动力学稳定性是指颗粒布朗运动对抗重力影响的能力。大颗粒悬浮物如泥沙等,在水中的布朗运动很微弱甚至不存在,在重力作用下会很快下沉,因此被认为是动力学不稳定的。胶体粒子很小,布朗运动剧烈,本身质量小而所受重力作用小,布朗运动足以抵抗重力影响,故而能长期悬浮于水中,被认为是动力学稳定的。粒子愈小,动力学稳定性愈高。

聚集稳定性是指胶体粒子之间不能相互聚集的特性。胶体粒子很小,比表面积大,从而表面能很大,在布朗运动作用下,有自发地相互聚集的倾向,但由于粒子表面同性电荷的斥力作用或水化膜的阻碍导致自发聚集不能发生。如果胶体粒子表面电荷或水化膜消除,便失去聚集稳定性,小颗粒便可相互聚集成大的颗粒,从而动力学稳定性也随之破坏,

沉淀就会发生。因此，胶体稳定性的关键在于聚集稳定性。

(1)胶体双电层结构。

憎水胶体的稳定性可由它的双电层结构得到解释。由于颗粒表面电荷的作用，使在固液界面处存在一静电场，从而使靠近表面处的液相离子发生不均衡分布，即与表面电荷相反的离子因受到吸引而高于主体溶液中的浓度，而与表面电荷相同的离子则因受到排斥而低于主体溶液中的浓度，这样就在颗粒表面附近形成一个离子扩散双电层。由于双电层的存在使两个粒子不能足够靠近，这是憎水胶体颗粒稳定的重要原因。

憎水胶体稳定性的双电层理论是由 Derjaguin、Landon、Verwey 和 Overbeek 共同发展的，因此也称为 DLVO 理论。如图 2.1 所示，在靠近胶核表面的地方，因离子间吸引力较大，正电荷紧密地吸附在胶核表面，称为吸附层。吸附层的厚度较薄且较固定，一般不随外界条件的变化而变化。在吸附层之外还吸有一层正电离子，其受到的静电吸引力因屏蔽作用而逐渐减弱，且受极性分子热运动的干扰，使电层内正电荷与胶核的结合力较小，离子扩散游动在吸附层之外，故称为扩散层。扩散层厚度较吸附层大许多，并随外界条件如水温、水中离子种类和浓度等的影响而变化。带负电的胶核和依靠静电引力在外围吸附等量正电离子构成的双电层，整体形成电中性结构。

由于扩散层内正电离子与胶核的结合力已经减弱，不如吸附层内正电离子与胶核那样结合紧密，因此胶粒在水中运动时受剪切力的作用。部分外扩散层会脱离胶核的吸引而留在原处，其余部分的扩散层则随吸附层和胶核一起运动，脱离后的界面称为滑动面。胶体双电层结构示意如图 2.1 所示。

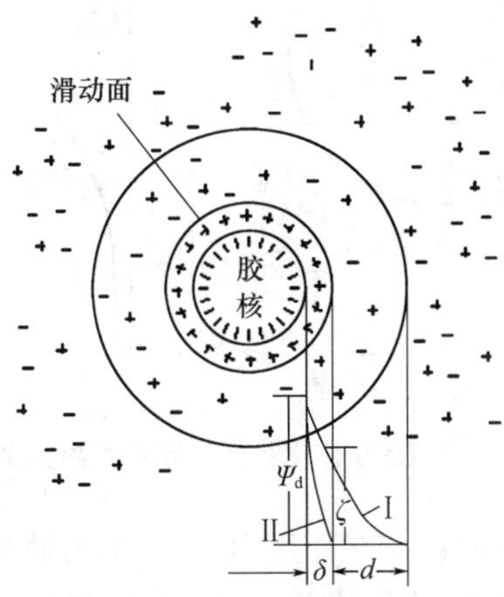

图 2.1　胶体双电层结构示意

(2)ζ 电位。

固液界面处静电场受到吸附层和扩散层中离子的屏蔽作用，吸附层内电位呈线性降低，扩散层的电位则呈指数函数降低。影响胶体颗粒稳定性的主要因素是扩散层电位 Ψ_d 和厚度 d。而扩散层电位 Ψ_d 为热力学电势，不易直接测定。通常可以测定的是颗粒表面的电动势，即 ζ 电位，可以用微电泳仪测定。ζ 电位是双电层内滑动面处的电势，如图 2.1 所示。在直流电场内产生电泳时，滑动面以内的胶核、吸附层和部分扩散层整体上带负电荷，向正极移动；滑动面以外的扩散层，带有等量的正电荷，向负极移动，两者的带电差值即为 ζ 电位值。

由此可知，ζ 电位的概念很明确，但是滑动面的位置却一直是争论的问题，许多研究者认为滑动面即位于吸附层与扩散层边界处，即 $\zeta = \Psi_d$。

ζ 电位比起其他双电层电位来，有两个明显的优点：一是能够测定；二是它与胶体的稳定性具有很好的相关性。当 ζ 电位接近于 0 时，胶体即失去稳定性，此时，相当于扩散层厚度退化接近于 0。

(3) 排斥能峰。

两个带有同性电荷的颗粒间，存在着静电斥力，其大小与颗粒间距离的平方成反比；另外，颗粒间还存在范德瓦耳斯力，其大小与分子间距的六次方成反比。显然，当距离较远时，静电斥力占优势，合力为斥力，两胶粒将分开；当距离较近时，范德瓦耳斯力占优势，合力为吸力，两胶粒可能吸附在一起。由此可知，合力的性质与大小随微粒间的间距而变化，相互作用势能与颗粒距离关系如图 2.2 所示。

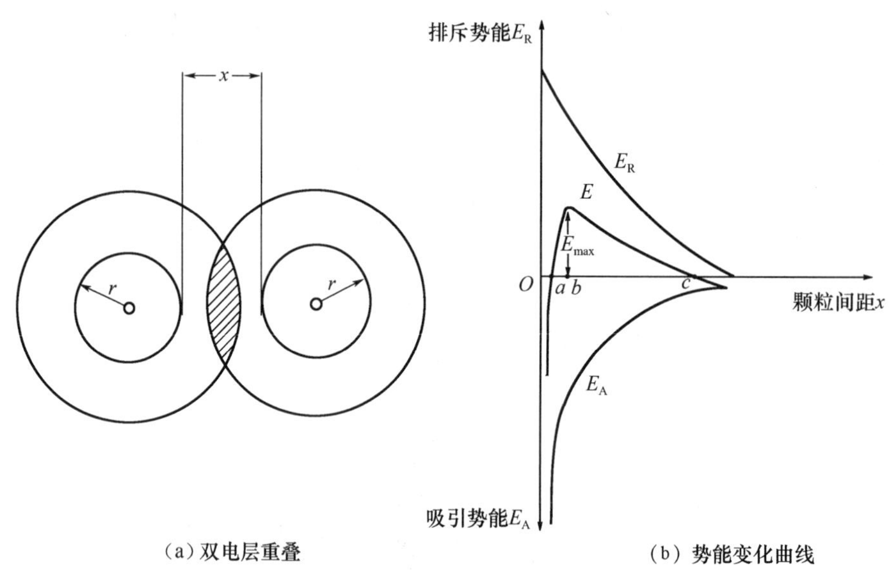

(a) 双电层重叠　　(b) 势能变化曲线

图 2.2　相互作用势能与颗粒距离关系

图 2.2 中以势能表示颗粒间的相互作用力，横坐标为颗粒间距，单位为 nm；纵坐标为势能坐标，单位为 erg。由图可知，在距离为 *ob* 处，合力表现为最大排斥势能，通常称为排斥能峰(E_{max})。胶粒在水中做布朗运动时，具有一定的速度或相应的动能，其数值只与水温有关。设此动能为 E_K，则

$$E_K = \frac{1}{2}mv^2 = \frac{3}{2}KT \tag{2.3}$$

式中　m——胶粒质量；

v——胶粒平均速度；

K——玻尔兹曼常数；

T——水的绝对温度。

当水温为 25 ℃时，E_K 远小于排斥能峰，所以，可能因碰撞结合在一起的两个胶粒会再次分开。可以认为，一般 $E_K < E_{max}$，即胶粒因布朗运动所获得的动能不足以克服排斥能峰，是胶粒稳定的另一个重要原因。

胶体的聚集稳定性并非都是由静电斥力引起的，胶体表面的水化作用往往也是重要因素。某些胶体（如黏土胶体）的水化作用一般是由胶粒表面电荷引起的且水化作用较弱，因而，黏土胶体的水化作用对聚集稳定性影响不大。因为，一旦胶体 ζ 电位降至一定程度或完全消失，水化膜也随之消失。但对于典型亲水胶体（如有机胶体或高分子物质）而言，水化作用却是胶体聚集稳定性的主要原因。它们的水化作用往往来源于粒子表面极性基团对水分子的强烈吸附，使粒子周围包裹一层较厚的水化膜而阻碍胶粒相互靠近，从而使范德瓦耳斯力不能发挥作用。实践证明，虽然亲水胶体也存在双电层结构，但 ζ 电位对胶体稳定性的影响远小于水化膜的影响。因此，亲水胶体的稳定性尚不能用 DLVO 理论予以描述。

2.2　混凝机理

水处理中的混凝现象比较复杂。不同种类混凝剂及不同的水质条件，混凝剂作用机理有所不同。许多年来，水处理专家们从铝盐和铁盐混凝现象开始，不断对混凝剂作用机理进行研究，在理论上获得不断发展。DLVO 理论的提出使胶体稳定性及在一定条件下的胶体凝聚的研究取得了巨大进展。但 DLVO 理论并不能全面解释水处理中的一切混凝现象。如前所述，混凝是指水中胶体粒子及微小悬浮物的聚集过程，是凝聚和絮凝的总称；凝聚是胶体失去稳定性的过程；絮凝是指脱稳胶体相互聚集的过程。混凝剂对水中胶体粒子的凝聚机理有 4 种：压缩双电层作用、吸附 - 电中和作用、吸附架桥作用和网捕 - 卷扫作用。这 4 种作用究竟以何者为主，取决于混凝剂种类和投加量、水中胶体粒子性质、含量及水的 pH 等。这 4 种作用有时会同时发生，有时仅其中 1 ~ 3 种起作用。絮凝机理主要包括异向絮凝和同向絮凝。

2.2.1　凝聚机理

(1)压缩双电层作用。

根据 DLVO 理论，比较薄的双电层能降低胶体颗粒的排斥能，如果能使胶体颗粒的电层变薄，排斥能降到相当小，那么当两胶体颗粒接近时，就可以由原来的排斥力为主变成吸引力为主，胶体颗粒间就会发生凝集。水中胶体颗粒通常带有负电荷，使胶体颗粒间相互排斥而稳定，当加入含有高价态正电荷离子的电解质时，高价态正离子通过静电引力进入胶体颗粒表面，置换出原来的低价正离子，这样双电层中仍然保持电中性，但正离子的数量却减少了，也就是双电层的厚度变薄了，胶体颗粒滑动面上的 ζ 电位降低（图 2.3(b)）。当 ζ 电位降至 0 时，称为等电状态，此时排斥势能完全消失。其实，在实际生产

中只要将 ζ 电位降至某一数值使胶体颗粒总势能曲线上的势垒处 $E_{max}=0$,胶体颗粒即可发生凝集作用,此时的 ζ 电位称为临界电位 ζ_k。

叔采(Schulze)(1882 年)和哈代(Hardy)(1990 年)曾分别对电解质价数和浓度对胶体聚沉的影响进行研究,得出结论:起聚沉作用的主要是反离子,反离子的价数越高,其聚沉效率也越高,这就是叔采哈代(Schulze - Hardy)规则。Schulze - Hardy 规则也可从 Stern 双电层模型得到定性的说明。

在进一步的研究中,为了定量地说明不同价数和浓度的反离子对胶体颗粒的聚沉效率,引入了聚沉值的概念。所谓聚沉值,是在指定情形下使一定量的胶体颗粒聚沉所需的电解质的最低浓度,以 mmol/dm^3 为单位。一般情况下,聚沉值与反离子价数的六次方成反比,即一、二和三价反离子的聚沉值大致符合 $[M^+]:[M^{2+}]:[M^{3+}]=\left(\frac{1}{1}\right)^6:\left(\frac{1}{2}\right)^6:\left(\frac{1}{3}\right)^6=100:1.6:0.14$ 的规律。这一规律对于估算电解质的聚沉作用很有用,但对少数情况也有例外。

根据压缩双电层机理,任何时候通过静电引力进入胶体颗粒表面的高价反离子都会置换出等量电荷的低价反离子,双电层被压缩但始终保持电中性,这可以很好地解释胶体颗粒在加入一定量的高价反离子电解质后脱稳产生凝聚的实验现象,但却不能解释加入过量高价反离子电解质引起胶体颗粒电性改变符号而重新稳定的现象,也解释不了与胶体颗粒带相同电荷的聚合物或高分子有机物也有好的凝聚效果的现象,因此新的凝聚机理得到了发展和应用,与压缩双电层作用机理结合起来能更好地解释更多的实验现象。

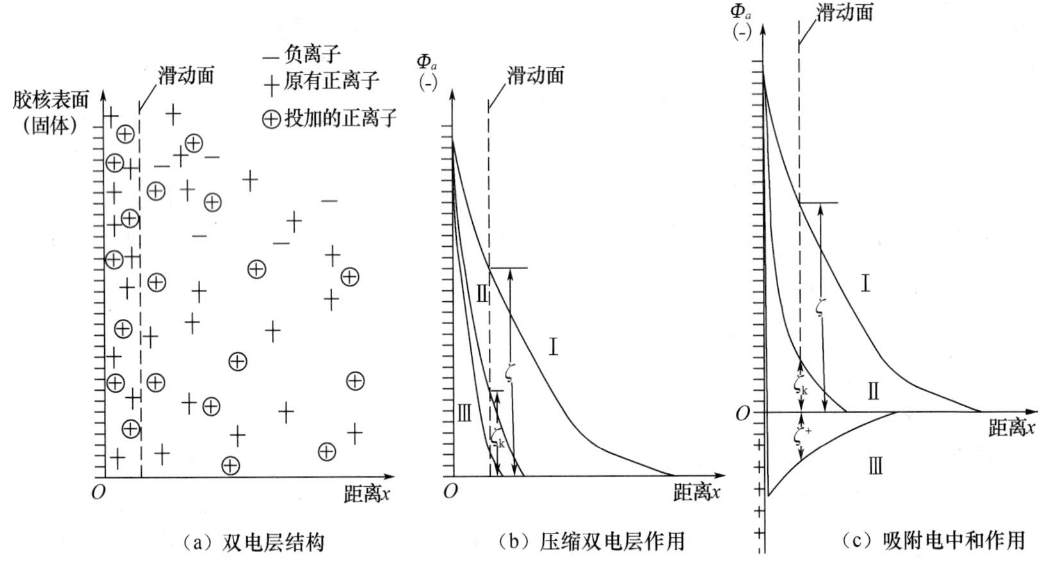

图 2.3 压缩双电层和吸附 - 电中和作用

(2)吸附－电中和作用。

吸附－电中和作用是指胶体颗粒表面吸附异号离子、异号胶体颗粒或带异号电荷的高分子,从而中和了胶体颗粒本身所带部分电荷,减少了胶体颗粒间的静电斥力,使胶体颗粒更易于聚沉(图2.3(c))。这种吸附作用的驱动力包括静电引力、氢键、配位键和范德瓦耳斯力等,具体何种作用为主要驱动力,由胶体特性和被吸附物质本身的结构决定。

由吸附－电中和作用的机理可知,胶体颗粒与异号离子的作用,首先是吸附,然后才是电中和,由此可以推知,胶体颗粒表面电荷不但可能被降为0,而且还可能带上相反的电荷,即使胶体颗粒反号,发生再稳定的现象。例如,当带负电的胶体颗粒表面吸附上一个正电荷数比胶体颗粒自身电荷数高的反离子异号胶体颗粒或大分子物质时,电中和的结果是胶体颗粒表面由原来的负电性变成了正电性,胶体颗粒电性发生反转。实际水处理过程中,当混凝剂投加量适中时,胶体脱稳效果较好,混凝除浊效果也较好,而当混凝剂投加量过量时,处理效果反而变差,用吸附－电中和作用机理能很好地解释这种胶体颗粒的再稳定现象。

(3)吸附架桥作用。

吸附架桥作用是指分散体系中的胶体粒通过吸附有机或无机高分子物质架桥连接,凝集为大的聚集体而脱稳聚沉,此时胶体粒之间并不直接接触,高分子物质在两个胶体粒之间像一座桥一样将它们连接起来,如图2.4所示。吸附架桥作用又可分为以下3种情况来讨论:①胶体颗粒与不带电荷的高分子物质发生吸附架桥作用,由于高分子物质与胶体颗粒表面产生如范德瓦耳斯力、氢键、配位键等吸附力,促使胶体颗粒与高分子物质结合,从而胶体颗粒尺寸增大产生脱稳现象;②胶体颗粒与带异号电荷的高分子物质发生吸附桥连,如水中带负电荷的胶体颗粒与带正电荷的阳离子高分子物质发生吸附架桥脱稳,此时除了范德瓦耳斯力、氢键、配位键等吸附力外,还涉及电中和作用机理;③胶体与同号电荷的高分子物质发生吸附架桥作用,此时胶体颗粒表面带有负电荷,同时也带有一定量的正电荷,虽然总的负电荷多于总的正电荷使胶体总体上表现出负电性,但胶体颗粒表面仍然存在只带正电荷的局部区域,这些正电区域成为吸引与胶体颗粒带同号电荷的高分子物质的某些官能团,使胶体颗粒与高分子物质结合而脱稳。

值得注意的是,当高分子物质投加量过多时,胶体颗粒表面被高分子所覆盖,两个胶体颗粒接近时,受到胶粒与胶粒之间因高分子压缩变形产生的反弹力和带电高分子之间的静电排斥力,使胶体颗粒不能凝集(图2.5为胶体保护示意)。

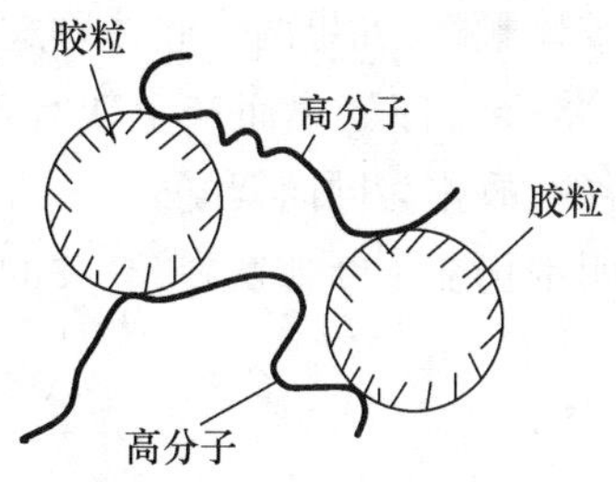

图2.4 吸附架桥作用示意

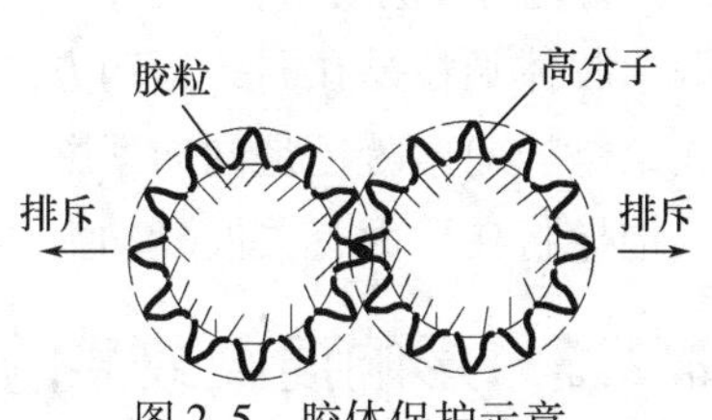

图2.5 胶体保护示意

(4)网捕-卷扫作用。

网捕-卷扫作用是指投加到水中的铝、铁盐等混凝剂水解后形成较大量的具有三维立体结构的水合金属氧化物沉淀。当这些水合金属氧化物体积收缩沉降时,会像多孔的网一样,将水中胶体颗粒和悬浮浊质颗粒捕获卷扫下来。网捕-卷扫作用主要是一种机械作用,其混凝除浊效率不高。水中胶体颗粒杂质的多少决定所需混凝剂的量的大小:水中胶体颗粒杂质少时,所需混凝剂多;水中胶体颗粒杂质多时,所需混凝剂反而减少。

值得指出的是,由于水处理工程中原水是一个很复杂的分散体系,根据原水水质不同,上述4种作用机理可能在同一原水混凝过程中同时发生,也可能仅有其中1种、2种或3种机理起作用。无论是哪一种作用机理都不是十全十美的,都需要在新的试验研究基础上不断发展和完善。

2.2.2 絮凝机理

根据前文对絮凝的定义,絮凝主要指脱稳的胶体或微小悬浮物聚集成大的絮凝体的过程。要使两个完全脱稳的胶体颗粒聚集成大颗粒的絮体,需要给胶体颗粒创造相互碰撞的机会。能够使脱稳的胶体颗粒之间发生碰撞的动力有两个方面:一是颗粒在水中的热运动,即布朗运动;二是颗粒受外力(水力或机械力)推动产生的运动,这两种运动对应胶体颗粒的两种絮凝机理,即由布朗运动所引起的胶体颗粒碰撞聚集称为异向絮凝(Perikinetic Flocculation),由外力推动所引起的胶体颗粒碰撞聚集称为同向絮凝(Orthokinetic Flocculation)。

(1)异向絮凝。

胶体颗粒的布朗运动是无规则的,每一个脱稳的胶体颗粒可能不规则地向各个方向运动,可能同时受到来自各个方向的颗粒的碰撞,两个胶体颗粒向不同的方向运动而发生碰撞聚集的情况,即为异向絮凝。经脱稳的胶体颗粒发生碰撞后使颗粒由小变大,布朗运动随着颗粒粒径增大而逐渐减弱,当颗粒粒径增长到一定尺寸后,布朗运动不再起作用,此时如果要使颗粒进一步碰撞聚集,则需要外力来推动流体运动,流体再将动力传递给失去布朗运动的颗粒,使颗粒间产生同向絮凝。

(2)同向絮凝。

同向絮凝是相对于异向絮凝而言的,是指在如机械搅拌、水力等外力作用下产生的流体运动推动脱稳的胶体颗粒,使所有胶体颗粒向某一方向运动。但由于不同胶体颗粒存在速度快慢的差异,速度快的胶体颗粒将遇上速度慢的胶体颗粒,如果两个胶体颗粒在垂直方向的球心距离小于它们的半径之和,两个胶体颗粒将会碰撞聚集而产生絮凝现象。由于两个胶体颗粒是在同一运动方向上发生碰撞而絮凝的,故称为同向絮凝。

无论是异向絮凝还是同向絮凝,对其理论的定量说明都仍在不断地发展,有关的定量公式及推导将在后面有关混凝动力学一节(2.4节)详细讨论。

2.2.3 影响混凝效果的主要因素

影响混凝效果的因素较多也很复杂,但总体上可以分为两类:一类是客观因素,主要是指所处理的对象即原水所具有的一些特性因素，如水温、水的pH、水中各种化学成分的含量及性质等；另一类是主观因素，即可以通过人为改变的一些混凝条件，如投加混凝剂的种类及投加方式、水力条件等。尽管影响混凝效果的因素较复杂，但人们经过长期的研究和探索，对某些主要影响因素有了一定规律性的认识。

(1)水温的影响。

水温对混凝效果有较大的影响，水温过高或过低都对混凝不利，最适宜的混凝水温在20~30 ℃之间。水温低时，絮凝体形成缓慢、絮凝颗粒细小、混凝效果较差，主要有几方面的原因：①无机盐混凝剂水解反应是吸热反应，当水温低时，混凝剂水解缓慢，影响胶体颗粒脱稳。根据范特荷甫近似规则，在常温附近，水温每降低10 ℃，混凝剂水解反应速度常数将降低2~4倍。例如，当硫酸铝做混凝剂、水温低于5 ℃时，其水解速度已经非常缓慢。②当水温低时，水的黏度变大，胶体颗粒运动的阻力增大，影响胶体颗粒间的有效碰撞和絮凝。③当水温低时，水中胶体颗粒的布朗运动减弱，不利于已脱稳胶体颗粒的异向絮凝。当水温过高时，混凝效果也会变差，主要由于水温高时混凝剂水解反应速度过快，形成的絮凝体水合作用增强、松散不易沉降；在处理污水时，产生的污泥体积大，含水量高，不易处理。

(2)水的pH的影响。

水的pH对混凝效果的影响很大，主要有两方面：一方面是水的pH直接与水中胶体颗粒的表面电荷和电位有关，不同的pH下胶体颗粒的表面电荷和电位不同，所需要的混凝剂量也不同；另一方面，水的pH对混凝剂的水解反应有显著影响，不同混凝剂的最佳水解反应所需要的pH范围不同，因此水的pH对混凝效果的影响也因混凝剂种类而异。例如，用硫酸铝做混凝剂去除水中浊度时，最佳的pH范围为6.5~7.5，而用于去除水中色度时，最佳pH范围为4.5~5.5。用三价铁盐做混凝剂去除水中浊度时，最佳pH范围比硫酸铝有所拓宽，为6.0~8.4；而用于去除水中色度时，最佳pH范围为3.5~5.0。当用硫酸亚铁做混凝剂时，只有当水的pH大于8.5而且水中有足够的溶解氧时，才能充分使二价铁离子氧化成三价铁离子而迅速水解，促使胶体颗粒脱稳并絮凝沉淀。为了促进亚铁离子的氧化，通常将硫酸亚铁与氯配合使用。当采用有机或无机高分子物质做混凝剂时，混凝效果受水的pH影响较小。例如，聚合氯化铝的最佳混凝除浊pH范围为5~9。

(3)水的碱度的影响。

由于混凝剂加入原水后发生水解反应，反应过程中要消耗水中的碱度，特别是无机盐类混凝剂，消耗的碱度更多。当原水中碱度很低时，投入混凝剂因消耗水中的碱度而使水的pH降低，如果水的pH超出混凝剂最佳混凝pH范围，将使混凝效果受到显著影响。当原水碱度低或混凝剂投量较大时，通常需要加入一定量的碱性药剂如石灰等来提高混凝效果。

(4)水中浊质颗粒浓度的影响。

水中浊质颗粒浓度对混凝效果有明显影响，当浊质颗粒浓度过低时，颗粒之间的碰撞概率大大减小，混凝效果变差。如果原水浊度低而且水温也低，则通常称其为低温低浊水，混凝处理难度更大，为提高混凝效果，可在投加混凝剂的同时，投加高分子助凝剂，或是在水中投加矿物颗粒如黏土等增加水中颗粒数量，从而提高颗粒碰撞概率，增加混凝剂水解产物的凝结中心。如果原水中浊质颗粒浓度过高,则要使胶体颗粒脱稳所需的混凝剂量也将大幅度增加。如我国一些以黄河水为饮用水源的城市,通常将原水经过预沉或先投加高分子絮凝剂如聚丙烯酰胺等,将原水浊度降到一定程度以后再投加混凝剂进行常规处理。

(5)水中有机污染物的影响。

随着水环境污染加剧,饮用水源中有机污染物的量也在逐渐增加,水中有机物对胶体有保护稳定作用,即水中溶解性的有机物分子吸附在胶体颗粒表面好像形成一层有机涂层(Organic Coating)一样,将胶体颗粒保护起来,阻碍胶体颗粒之间的碰撞,阻碍混凝剂与胶体颗粒之间的脱稳凝集作用,因此在有机物存在条件下胶体颗粒比没有有机物时更难以脱稳,需要增加混凝剂投量才能获得较好的混凝效果,混凝剂投量大幅度增加。通常可以通过投加预氧化剂如高锰酸钾、臭氧、氯等氧化破坏有机物对胶体的保护作用,从而改善混凝效果,降低混凝剂的消耗量。但在选用预氧化剂时,应考虑是否产生有毒害作用的副产物。

(6)混凝剂种类与投加量的影响。

由于不同种类的混凝剂其水解特性和适用的水质情况不完全相同,因此应根据原水水质情况优选适当的混凝剂种类。对于无机盐类混凝剂,要求形成能有效压缩双电层或产生强烈电中和作用的形态,对于有机高分子絮凝剂,则要求有适量的官能团和聚合结构,有较高的分子量。一般情况下,混凝效果随混凝剂投量的增加而提高,但当混凝剂的用量达到一定值后,混凝效果达到顶峰,再增加混凝剂用量时混凝效果反而下降,所以要控制混凝剂的量为最佳投量。理论上的最佳混凝剂投量是使混凝沉淀后的水浊度最低,胶体滴定电荷与 ζ 电位值都趋于零的投加量,但由于该投加量高、成本高、不经济、不易控制,实际生产中的最佳混凝剂投量通常兼顾净化后水质达到国家标准和使混凝剂投量最低。

(7)混凝剂投加方式的影响。

混凝剂的投加方式有干投和湿投两种。干投就是指把固态混凝剂不经水溶直接投加到要处理的原水中。湿投是指将混凝剂先溶解配制成一定浓度的水溶液,然后再投加到要处理的原水中。由于固体混凝剂与液体混凝剂甚至不同浓度的液体混凝剂之间,其中能压缩双电层或具有电中和能力的混凝剂水解形态不完全一样,因此投加到水中后产生的混凝效果也不一样。对硫酸铝、三氯化铁不同浓度水溶液中水解产物及其混凝效果的研究结果表明,硫酸铝以稀溶液形式投加较好,而三氯化铁则以干投或浓溶液形式投加较好。如果除投加混凝剂之外还投加其他助凝剂,则各种药剂之间的投加先后顺序对混凝效果也有很大影响,必须通过模拟实验和实际生产实践确定适宜的投加方式和投加顺序。

(8)水力条件的影响。

水力条件对混凝效果的影响是显著的,此处所指的水力条件包括水力强度和作用时间两方面的因素。投加混凝剂之后,混凝过程可以分为快速混合与絮凝反应两个阶段,但在实际水处理工艺中,两个阶段是连续不可分割的,在水力条件上也要求具有连续性。由于混凝剂投加到水中之后,其水解形态可能快速发生变化,通常快速混合阶段要使投入的混凝剂迅速均匀地分散到原水中,这样混凝剂能均匀地在水中水解聚合并使胶体颗粒脱稳凝集,快速混合要求有快速而剧烈的水力或机械搅拌作用,而且要在短时间内完成,一般在几秒或 1 min 内完成,至多不超过 2 min。快速混合完成后,进入絮凝反应阶段,此时要使已脱稳的胶体颗粒通过异向絮凝和同向絮凝的方式逐渐增大成具有良好沉降性能的絮凝体，因此絮凝反应阶段搅拌强度和水流速度应随着絮凝体的增大而逐渐降低，避免已聚集的絮凝体被打碎而影响混凝沉淀效果。同时，由于絮凝反应是一个絮凝体逐渐增长的慢速过程，如果混凝反应后需要絮凝体增长到足够大的颗粒尺寸才能通过沉淀去除，则需要保证一定的絮凝作用时间；如果混凝反应后是采用气浮或直接过滤的工艺，则反应时间可以大大缩短。

2.3　混　凝　剂

混凝剂是混凝过程中不可缺少的，在混凝过程中占有十分重要的地位。为了获得理想的混凝效果，应根据不同原水水质选用适当的混凝剂。在选用混凝剂时，可以通过模拟实验的方法进行优选，同时也需要对各类混凝剂的特性有初步的了解。

混凝剂的种类繁多，有研究报道的可能多达数百种，但真正得到一定规模应用的仅有数十种（表 2.1 列举了一些常用的混凝剂）。混凝剂的分类方法有多种，按其作用可分为凝聚剂、絮凝剂、助凝剂；按其化学组成可分为无机盐类混凝剂、有机高分子混凝剂；按其分子量大小可分为低分子混凝剂、高分子混凝剂；按其来源可分为天然混凝剂、合成混凝剂。其实各种分类方法相互交叉包容，目前通常使用的是前两种分类方法，即按作用分类和按化学组成分类。

表 2.1　常用的混凝剂

<table>
<tr><th colspan="3">混凝剂</th><th>使用</th></tr>
<tr><td rowspan="2">无机</td><td>铝系</td><td>硫酸铝
明矾
聚合氯化铝（PAC）
聚合硫酸铝（PAS）</td><td>适宜 pH 为 5.5 ~ 8</td></tr>
<tr><td>铁系</td><td>三氯化铁
硫酸亚铁
硫酸铁（国内生产少）
聚合硫酸铁
聚合氯化铁</td><td>适宜 pH 为 5 ~ 11，但腐蚀性强</td></tr>
<tr><td rowspan="6">有机</td><td rowspan="4">人工合成</td><td>阳离子型：含氨基、亚氨基的聚合物</td><td>国外开始增多，国内尚少</td></tr>
<tr><td>阴离子型：水解聚丙烯酰胺（HPAM）</td><td>—</td></tr>
<tr><td>非离子型：聚丙烯酰胺（PAM），聚氧化乙烯（PEO）</td><td>—</td></tr>
<tr><td>两性型</td><td>使用极少</td></tr>
<tr><td rowspan="2">天然</td><td>淀粉、动物胶、树胶、甲壳素等</td><td>—</td></tr>
<tr><td>微生物絮凝剂</td><td>—</td></tr>
</table>

1. 无机盐类混凝剂

无机盐类混凝剂品种较少,但在水处理中应用较普遍,主要是水溶性的两价或三价金属盐,如铁盐和铝盐及其水解聚合物。可以选用的无机盐类混凝剂有硫酸铝、三氯化铁、硫酸亚铁、钛盐混凝剂、硫酸铝钾(明矾)、铝酸钠和硫酸铁等。

(1)硫酸铝。

硫酸铝为白色有光泽结晶,分子式为 $Al_2(SO_4)_3 \cdot nH_2O$,根据干燥失水情况不同,其中 $n=6$、10、14、16、18 和 37 不等,常用的为有 18 个结晶水的 $Al_2(SO_4)_3 \cdot 18H_2O$,分子量为 666.41,相对密度为 1.61。硫酸铝易溶于水,水溶液呈酸性,常温下溶解度约为 50%,沸水中溶解度提高至 90% 以上。

根据其不溶杂质含量,将硫酸铝分为精制和粗制两种。精制硫酸铝的价格较高,杂质质量分数不大于 0.5%,Al_2O_3 质量分数不小于 15%;粗制硫酸铝的价格较低,杂质质量分数不大于2.4%,Al_2O_3 质量分数不小于 14%。

固体硫酸铝需溶解投加,一般配制成 10% 左右质量分数的溶液使用。对于附近有硫酸铝生产厂的水厂,可以考虑直接采用未经浓缩结晶的液态硫酸铝,可以节省由于结晶增加的生产成本。

硫酸铝在我国使用较普遍。采用硫酸铝做混凝剂时,运输方便,操作简单,混凝效果较好,但水温低时,硫酸铝水解困难,形成的凝聚体较松散,混凝效果变差。硫酸铝由于不溶性杂质含量高,使用时废渣较多,带来排除废渣方面的操作麻烦,而且因酸度较高而腐蚀性强,溶解与投加设备需考虑防腐。

(2)三氯化铁。

三氯化铁为黑褐色有光泽结晶,分子式为 $FeCl_3 \cdot H_2O$,有强烈吸水性,极易溶于水,溶解度随温度上升而增大。市售无水三氯化铁产品中 $FeCl_3$ 质量分数可达 92% 以上,不溶性杂质质量分数小于 4%。

三氯化铁适合于干投或浓溶液投加,但配制和投加设备均需采用耐腐蚀器材。

采用三氯化铁作为混凝剂时,其优点是易溶解,形成的絮凝体比铝盐絮凝体密实,沉降速度快,处理低温、低浊水时效果优于硫酸铝,适用的 pH 范围较宽,投加量比硫酸铝小;其缺点是三氯化铁固体产品极易吸水潮解,不易保管,腐蚀性较强,对金属、混凝土、塑料等均有腐蚀性,处理后水色度比铝盐处理水高,最佳投加量范围较窄,不易控制等。

(3)硫酸亚铁。

硫酸亚铁为半透明绿色结晶,俗称绿矾,分子式为 $FeSO_4 \cdot 7H_2O$,易溶于水,20 ℃时溶解度为 21%。

硫酸亚铁通常是生产其他化工产品的副产品,价格低廉,但应检测其重金属含量,保证在其最大投量时处理后水中重金属含量不超过国家有关水质标准的限量。

固体硫酸亚铁需溶解投加,一般配制成质量分数在 10% 左右的溶液使用。

当硫酸亚铁投加到水中时,离解出的二价铁离子只能水解形成单核配合物,混凝效果不如三价铁离子,而且未水解的二价铁离子残留在水中使处理后的水带色,若二价铁离子与水中有色物质发生反应后会生成颜色更深的溶解性物质，使处理后水的色度更大。若能使投加到水中的二价铁离子迅速氧化成三价铁离子，则可克服以上缺点。通常情况下，可采用调节 pH、加入氯气等方法使二价铁快速氧化。

当水的 pH 大于 8.0 时，加入水中的亚铁易被水中溶解的氧氧化成三价铁；当原水的 pH 较低时，可将硫酸亚铁与石灰、碱性条件下活化的活化硅酸等碱性药剂一起使用，可促进二价铁离子氧化；当原水 pH 较低而且溶解氧不足时，可通过加氯来氧化二价铁：

$$6FeSO_4 + 3Cl_2 = 2Fe_2(SO_4)_3 + 2FeCl_3$$

根据以上反应式，理论上硫酸亚铁（$FeSO_4 \cdot 7H_2O$）与氯的投量之比约为 8∶1（质量比），但实际生产中，为使亚铁氧化迅速充分氧化，可根据实际情况略增加氯的投加量。

(4)钛盐混凝剂。

钛被认为是地球上最富足的元素之一。近年来，随着钛矿工业的发展，钛盐混凝剂作为新型的混凝剂越来越多地应用于水处理工艺中。钛盐与人体组织及血液有良好的相溶性，没有毒性。在水质净化效果方面，钛盐混凝剂不仅在去氟、去有机物和脱色效果上与传统铝、铁盐絮凝剂效果相当，而且其相比于传统的铝盐和铁盐混凝剂具有更好的絮凝性能。钛盐混凝剂形成的絮体具有较大的絮体尺寸和较快的生长速度，能有效缩短混凝时间及絮体沉降时间。更明显的优势是，运用钛盐混凝剂能有效解决污泥堆积问题。

TiO_2 纳米粒子被广泛应用于光催化剂、化妆品、油漆、电子板和太阳能电池中。通过焚烧经钛盐处理的污泥可以制备 TiO_2 纳米粒子。作为可重复使用的材料，回收的 TiO_2 的光催化活性优于市面上销售的 TiO_2。因此，采用钛盐混凝剂不仅保证了出水水质，而且利用污泥的循环再利用，也提供了环境和经济双重效益。

钛盐混凝剂采用的药剂为 $TiCl_4$。$TiCl_4$ 在处理天然有机物（NOM）过程中对溶解性有机碳（DOC）的去除率达到 78.4%。在浊度、UV_{254}和 DOC 去除方面，钛盐的去除效果优于铝盐和铁盐。此外，钛盐具有较强的混凝性能和优良的絮凝性能，混凝过程、水力停留时间明显缩短。钛盐混凝剂作为一种高效、绿色的水处理混凝产品，这些问题的解决将使钛盐在取得高效水质净化效率、实现污泥的资源化中具有广阔的应用前景。

其他无机盐混凝剂如硫酸铝钾（明矾）、铝酸钠和硫酸铁等应用范围较小，在此不做详细介绍。

2. 高分子混凝剂

高分子混凝剂又可分为无机高分子混凝剂和有机高分子混凝剂。无机高分子混凝剂主要有聚合氯化铝、聚合硫酸铝、聚合硫酸铁、聚合氯化铁、聚硅酸金属盐等。有机高分子混凝剂则可分为人工合成有机高分子混凝剂和天然有机高分子混凝剂，人工合成有机高分子混凝剂又可分为阳离子型合成高分子混凝剂（如乙烯吡啶共聚物类）、阴离子型合成高分子混凝剂（如聚丙烯酸盐类）和非离子型合成高分子混凝剂（如聚丙烯酰胺类）。天然有机高分子混凝剂主要有淀粉、树胶、动物胶等。

(1)聚合氯化铝。

聚合氯化铝（PAC）又名碱式氯化铝或羟基氯化铝，化学式为$[Al_2(OH)_nCl_{6-n}]_m$，其中

m 为聚合度,通常 $m\leqslant10$;聚合单体为铝的羟基配合物 $Al_2(OH)_nCl_{6-n}$,通常 $n=1\sim5$,聚合物分子量在 1 000 左右;有时也写作 $Al_n(OH)_mCl_{3n-m}$,但都是聚合氯化铝的不同表达式,其中 OH 与 Al 的比值代表了水解和聚合反应的程度,与混凝效果密切相关,因此定义碱化度(盐基度)$B=[OH]/3[Al]\times100\%=n/(3\times2)\times100\%=n/6\times100\%$,$n$ 为单体铝羟基配合物中羟基的摩尔数,例如当 $n=3$ 时,碱化度 $B=3/6\times100\%=50\%$;当 $n=5$ 时,碱化度 $B=5/6\times100\%=83.3\%$。行业标准要求生产的聚合氯化铝碱化度在 50% ~ 80%,也即 $n=3\sim5$。

聚合氯化铝是 20 世纪 60 年代后期正式投入工业生产应用的一种新型无机高分子混凝剂,我国是研制和应用聚合氯化铝较早的国家之一,从 1971 年采用酸溶铝灰一步法生产聚合氯化铝成功之后,逐渐得到推广应用。发展到现在,生产聚合氯化铝的原料虽多种多样,但主要还是以价廉易得的铝渣、铝灰或含铝矿物等作为原料,经酸溶、水解、聚合三个步骤制得。

①酸溶。用盐酸将原料中的 Al 和 Al_2O_3 从原料中溶出得到三氯化铝六水配合物:

$$2Al+6HCl+12H_2O=\!=\!=2[Al(H_2O)_6]Cl_3+3H_2\uparrow$$

$$Al_2O_3+6HCl+9H_2O=\!=\!=2[Al(H_2O)_6]Cl_3$$

②水解。随着溶出反应的进行,反应液的 pH 逐渐升高,三氯化铝六水配合物逐渐发生水解:

$$[Al(H_2O)_6]Cl_3=\!=\!=[Al(H_2O)_5(OH)]Cl_2+HCl$$

$$[Al(H_2O)_5(OH)]Cl_2=\!=\!=[Al(H_2O)_4(OH)_2]Cl+HCl$$

③聚合。水解反应产生的盐酸进一步促进溶出反应,当 pH 继续升高时,水解中间产物的两个羟基间发生架桥缩合,产生多核配合物:

$$2[Al(H_2O)_5(OH)]Cl_2=\!=\!=[Al_2(H_2O)_8(OH)_2]Cl_4+2H_2O$$

$$2[Al(H_2O)_4(OH)_2]Cl=\!=\!=[Al_2(H_2O)_6(OH)_4]Cl_2+2H_2O$$

缩合反应降低了水解产物浓度使水解反应继续进行,最终促使反应向高铝浓度、高碱化度、高聚合度方向进行。

采用聚合氯化铝作为混凝剂时,与无机盐类混凝剂相比,具有很多优点:①形成絮凝体速度快,絮凝体大而密实,沉降性能好;②投加量比无机盐类混凝剂低;③对原水水质适应性好,对低温、低浊、高浊、高色度、有机污染等原水均保持较稳定的处理效果;④最佳混凝 pH 范围较宽,最佳投量范围宽,一定范围内过量投加不会造成水的 pH 大幅度下降,不会突然出现混凝效果很差的现象;⑤由于聚合氯化铝的碱化度比无机盐类的碱化度高,因此在配制和投加过程中药液对设备的腐蚀程度小,处理后水的 pH 碱度变化也较小。

聚合氯化铝的混凝机理主要是利用水解缩合过程中产生的高价多核配合物的压缩双电层作用及吸附电中和作用。

目前有关聚合氯化铝的研究仍在不断发展,通过某些特殊制备手段提高其高价多核配合物如 $[Al_{13}O_4(OH)_{24}]^{7+}$ 等的百分含量,将使混凝效果得到大幅度提高。

(2)聚合硫酸铝。

聚合硫酸铝(PAS)是利用其中的硫酸根离子(SO_4^{2-})起到类似羟基架桥的作用,把简单铝盐水解产物桥联起来,促进铝的水解反应形成高价多核配合物以提高混凝效果。目前聚合硫酸铝还没有得到广泛应用。

(3)聚合硫酸铁。

聚合硫酸铁(PFS)是碱式硫酸铁的聚合物,化学式为$[Fe_2(OH)_n(SO_4)_{3-0.5n}]_m$[其中$m$为聚合度,通常$n<2,m>10$],是一种红褐色的黏性液体。

日本于20世纪70年代开始研究聚合硫酸铁,目前已取得良好的应用效果。聚合硫酸铁的制备方法有很多,但主要还是以硫酸亚铁为原料,采用不同的氧化法将硫酸亚铁氧化成硫酸铁,通过控制总硫酸根与总铁的摩尔比,使氧化过程中部分硫酸根被羟基所取代,从而形成碱式硫酸铁,再经过聚合形成聚合硫酸铁。

采用聚合硫酸铁做混凝剂时,其优点主要有:混凝剂用量少;絮凝体形成速度快、沉降速度也快;有效的pH范围宽;与三氯化铁相比腐蚀性大大降低;处理后水的色度和铁离子含量均较低。

(4)聚合氯化铁。

聚合氯化铁(PFC)目前尚处于研究阶段,在实际生产中的应用还比较少。

(5)聚硅酸金属盐。

聚硅酸金属盐主要包括聚硅酸铝(PASi)和聚硅酸铁(PFSi)及二者的复合物。由日本开始研究,之后我国在这方面也做了大量的研究工作,制备出了稳定周期较长的液体混凝剂。活化硅酸作为硫酸亚铁、硫酸铝等无机盐类混凝剂的助凝剂分别投加,曾经发挥过很好的作用,聚硅酸金属盐混凝剂的研究意图就是将助凝剂与混凝剂结合在一起,简化水处理厂的操作。尽管目前对聚硅酸金属盐的化学组成还不十分明了,但在国内已经有生产应用。对其化学组成的确定、聚合反应机理及混凝机理的深入研究将推动其更广泛的应用。

(6)人工合成有机高分子混凝剂。

人工合成有机高分子混凝剂可以分为离子型聚合物和非离子型聚合物两类,离子型聚合物也称为聚电解质,按其大分子结构中重复单元带电基团的电性不同,又可以分为阳离子型聚电解质、阴离子型聚电解质和两性聚电解质。

阳离子型聚电解质是指大分子结构重复单元中带有正电荷基团如氨基($—NH_3^+$)、亚氨基($—CH_2—NH_2^+—CH_2—$)或季铵基(N^+R_4)的水溶性聚合物,主要产品有聚乙烯胺、聚乙烯亚胺、聚二甲基-烯丙基氯化铵、聚二甲胺基-丙甲基丙烯酰胺、阳离子单体与丙烯酰胺共聚物等。由于水中胶体一般带有负电荷,所以阳离子聚电解质兼有吸附电中和、吸附架桥等多重作用,在水处理中占有较重要的位置。

阴离子型聚电解质是指大分子结构重复单元中带有负电荷基如羧基($—COO^-$)或磺酸基($—SO_3^{2-}$)等的水溶性共聚物,如丙烯酸盐的均聚物、丙烯酸与丙烯酰胺的共聚物。

两性聚电解质是大分子重复单元中既包含带正电基团又有带负电基团的高分子聚合物。这类聚电解质比较适合在各种不同性质的废水处理中使用,除了具有吸附电中和、吸附架桥作用外,还具有分子间缠绕包裹作用,特别适合于污泥脱水处理。

非离子型有机高分子聚合物的主要产品有聚丙烯酰胺(PAM)和聚氧化乙烯(PEO),

其中 PAM 是使用最普遍的人工合成有机高分子混凝剂。此外聚乙烯醇、聚乙烯吡咯烷酮、聚乙烯基醚等也属此类。

(7)天然有机高分子混凝剂。

天然高分子化合物主要分为淀粉类、半乳甘露聚糖类、纤维素衍生物类、微生物多糖类和动物骨胶类等。与合成高分子絮凝剂相比,天然高分子物质分子量较低,电荷密度较小,易生物降解而失去活性,因此实际应用不多。目前这方面的研究受到关注,主要是因为这类高分子聚合物为天然产品,其毒性可能比合成高分子要小,而且易生物降解,不会引起环境污染问题。

3. 复合混凝剂

复合混凝剂是指将两种以上特性互补的混凝剂复合在一起而得到的混凝剂。由于各种混凝剂水解机理不同而且有各自的优缺点和适用范围,为了发挥各单一混凝剂的优点,弥补其不足,因此出现将两种以上混凝剂复合使用的情况,以达到扬长避短、拓宽最佳混凝范围、提高混凝效率的目的。例如某些铁铝复合混凝剂,可以利用铁和铝水解特性的差异及形成的絮体特性不同而获得最佳的混凝效果。不同铁铝比对混凝效果有显著影响,须通过混凝实验确定。将适当的无机和有机混凝剂复合使用可以发挥各自在电中和及吸附架桥方面的优势作用而提高混凝效率。

4. 助凝剂

广义上讲,凡是不能在某一特定的水处理工艺中单独用作混凝剂、但可以与混凝剂配合使用而提高或改善凝聚和絮凝效果的化学药剂均可称为助凝剂。由于原水水质千差万别,没有一种混凝药剂是在任何水质条件下都适用的万能药剂,因此无论是混凝剂还是助凝剂,都需要根据所要处理的原水水质情况和所要达到的处理后水质来进行优选。

从以上的定义出发,助凝剂可以按其投加目的划分为以下几类:①以吸附架桥改善已形成的絮体结构为目的的助凝剂;②以调节原水酸碱度来促进混凝剂水解为目的的助凝剂;③以破坏水中有机污染物对胶体颗粒的稳定作用来改善混凝效果的助凝剂;④以改变混凝剂化学形态来促进混凝效果的助凝剂。

以吸附架桥改善已形成的絮体结构为目的的助凝剂是一类传统意义上的助凝剂,通常是高分子物质,而且有时可以单独作为混凝剂使用,此类物质种类很多,如聚丙烯酰胺及其水解产物、骨胶、活化硅酸、海藻酸钠等。

(1)聚丙烯酰胺。

聚丙烯酰胺(PAM)分子结构式为

$$\left[CH_2CH(CONH_2) \right]_n$$

其中,n 为聚合度,可为 2 000 ~ 9 000,相应的 PAM 分子量可为 150 万~600 万。聚丙烯酰胺的混凝机理是吸附架桥,它对胶体颗粒表面具有强烈的吸附作用,在胶体颗粒之间形成桥联。由于 PAM 每个聚合单元中均有一个酰胺基($—CONH_2$),酰胺基之间存在氢键作用,致使 PAM 的线性分子发生卷曲,不能充分伸展,使其架桥作用大大减弱,因此通常将

PAM 在 $pH>10$ 的碱性条件下进行部分水解，使一部分酰胺基水解成羧基（$—COO^-$），此时生成了阴离子型 PAM 水解产物，用 HPAM 表示。利用 HPAM 中羧基所带负电荷的静电斥力，使其线性分子充分伸展，充分发挥其吸附架桥作用。其中酰胺基转化为羧基的百分数称为水解度，水解度过高，分子的电负性太强，静电排斥力大，对絮凝不利，因此需要适当控制其水解度，一般水解度控制在 30%～40% 较为适宜。

（2）骨胶。

骨胶是一种动物胶，为链状天然高分子物质，主要成分是蛋白质，其分子量在 3 000～80 000 之间，能溶于水，投加到水中后主要靠吸附架桥促进脱稳胶体颗粒聚集。骨胶与铝盐或铁盐配合使用可以获得很好的混凝效果，我国南京一自来水公司曾于 1966 年首次用骨胶作为助凝剂与三氯化铁配合使用，获得了很好的处理效果。骨胶无毒、无腐蚀性，但价格比铝盐和铁盐高，使用时需通过模拟实验确定经济合理的投加量。由于骨胶通常为粒状或片状产品，使用时需采用适当方法溶解配制成适当浓度，不宜久存，最好即配即用，否则骨胶变质会失去助凝作用。

（3）活化硅酸。

活化硅酸是一种无机高分子助凝剂，由硅酸钠（俗称水玻璃）加酸水解聚合而得。当向硅酸钠中加入酸性物质时，中和掉其中的碱，游离出硅酸分子，硅酸分子中的羟基发生分子间缩聚形成阴离子型无机高分子，这一过程称为活化，加入的酸性物质称为活化剂。常用的活化剂有硫酸、盐酸、氯、二氧化碳、硫酸铝、硫酸铵、三氯化铁等。

活化硅酸的化学结构形态和特征与活化反应条件如活化剂的种类及用量、pH、硅酸浓度、活化时间等密切相关。因此，活化硅酸助凝效果取决于活化过程中对其聚合度的控制：若聚合不足，则分子链较短，助凝效果不好；若聚合过度，则分子量过大，形成凝胶，失去助凝作用。

活化硅酸作为助凝剂，在我国有较长的应用历史。1952 年，天津一自来水公司首次在生产中应用活化硅酸作为助凝剂，取得很好的效果，之后活化硅酸相继在北京、上海、长春、哈尔滨等地的自来水公司得到应用，对低温、低浊水的处理效果良好。

（4）海藻酸钠。

海藻酸钠是由海生植物用碱液处理后得到的多糖类天然有机高分子物质，分子量可达数万以上，助凝效果较好，但其价格昂贵限制了推广应用。

（5）酸碱性物质。

以调节原水酸碱度来促进混凝剂水解为目的的助凝剂主要是酸碱性物质。当原水 pH 较高，超出混凝剂最佳混凝范围时，可以向水中加酸（如硫酸等）来适当降低水的 pH。但通常情况下，需要加酸的情形较少，而需要加碱提高 pH 以改善混凝反应条件的情况较多。简单无机铝盐或铁盐做混凝剂时，铁离子或铝离子在水解反应中产生 H^+ 使水的 pH 下降，如果原水碱度较低，混凝剂水解反应缓慢，此时若加入一定量的碱性物质来中和 H^+，则可使水解反应继续快速进行，保证较好的混凝效果。理论上许多碱性物质都可以用作此类助凝剂，但实际生产中一般用石灰较多，主要考虑石灰除了可调节 pH 外，由于一些钙盐的溶解度较小，加入石灰后可增加水中悬浮颗粒浓度，也可促进混凝效果。其他碱性物质如氢氧化钠、碳酸钠等由于价格较贵等原因,应用不多。

石灰投量按下式估算:

$$[CaO] = 3[a] - [x] + [\delta] \tag{2.4}$$

式中 [CaO]——纯石灰 CaO 投量,mmol/L;

[a]——混凝剂投量,mmol/L;

[x]——原水碱度,按 mmol/L(CaO)计;

[δ]——保证反应顺利进行的剩余碱度,一般取 0.25 ~0.5 mmol/L(CaO)。一般石灰投加量通过试验决定。

(6)氧化剂。

以破坏水中有机污染物对胶体颗粒的稳定作用来改善混凝效果的助凝剂主要是一些氧化剂。当原水中有机物含量较高时,胶体颗粒受到有机物的包裹作用而变得更加稳定,由于有机物的保护作用使混凝剂阳离子不能靠近胶体颗粒而使其脱稳,此时就需要加入某种氧化剂,先破坏胶体颗粒表面的有机物涂层,混凝剂才能发挥脱稳作用。可以起到氧化助凝作用的氧化剂有高锰酸盐、高铁酸盐、氯、臭氧等,应根据水质情况及水厂工艺来合理选用。由于预投加氯会生成较多的氯化副产物,所以不提倡采用预氯化助凝。

以改变混凝剂化学形态来促进混凝效果的助凝剂是针对硫酸亚铁做混凝剂时而言的。由于硫酸亚铁做混凝剂时,其氧化水解反应很慢,通常同时投加氯作为氧化剂,促使亚铁离子快速氧化成三价铁,可显著改善混凝效果。

5.混凝药剂选用原则

如前文所述,混凝药剂种类繁多,如何根据水处理厂工艺条件、原水水质情况和处理后水质目标选用合适的混凝药剂,是十分重要的。混凝药剂种类的选择一般应遵循以下原则:

(1)混凝效果好。在特定的原水水质、处理后水质要求和特定的处理工艺条件下,可以获得满意的混凝效果。

(2)无毒害作用。当用于处理生活饮用水时,所选用混凝药剂不得含有对人体健康有害的成分;当用于工业生产时,所选用混凝药剂不得含有对生产有害的成分。

(3)货源充足。应对所要选用的混凝剂货源和生产厂家进行调研考察,了解货源是否充足、是否能长期稳定供货、产品质量如何等。

(4)成本低。当有多种混凝药剂品种可供选择时,应综合考虑药剂价格、运输成本与投加量等,进行经济分析比较,在保证处理后水质前提下尽可能降低使用成本。

(5)新型药剂的卫生许可。对于未推广应用的新型药剂品种,应取得当地卫生部门的卫生许可。

(6)借鉴已有经验。查阅相关文献并考察具有相同或类似水质的水处理厂,借鉴其运行经验,为选择混凝药剂提供参考。

对于各种混凝药剂混凝效果的比较及混凝剂投加量优化,混凝实验是最有效的方法之一,将在2.7节介绍。

6. 硫酸铝在水中的化学反应

硫酸铝 $Al_2(SO_4)_3 \cdot 18H_2O$ 溶于水后，立即离解出铝离子，通常以$[Al(H_2O)_6]^{3+}$形式存在，但接着会发生水解与缩聚反应，形成不同的产物。水解产物结构形态主要决定于羟铝比($\frac{n(OH)}{n(Al)}$指每摩尔铝所结合的羟基摩尔数)。产物包括：未水解的水合铝离子、单核羟基络合物、多核羟基络合物、氢氧化铝沉淀等。各种产物的比例多少与水解条件(水温 pH、铝盐投加量)有关，如图2.6所示。不同pH条件下，铝盐可能产生的混凝机理不同。以何种作用机理为主，决定于铝盐的投加量、pH、温度等。实际上，几种可能同时存在。pH<3时，水中的铝离子以$[Al(H_2O)_6]^{3+}$]形态存在，即不发生水解反应。随着pH的提高，羟基配合物及聚合物相继发生，但各种组分的相对含量与总的铝盐浓度有关。例如，当pH=5时，在铝的总浓度为0.1 mol/L（图2.6(a)）时，$[Al_{13}(OH)_{32}]^{7+}$为主要产物，而在铝的总浓度为10^{-5}mol/L时(图2.6(b))，主要产物为Al^{3+}及$[Al(OH)_2]^+$。按照给水处理中一般铝盐的投加量，在pH=4～5时，水中将产生较多的多核羟基配合，如$[Al_2(OH)_2]^{4+}$、$[Al_3(OH)_4]^{5+}$等。当pH在6.5～7.5的中性范围内时，水解产物将以$Al(OH)_3$沉淀物为主。在碱性条件(pH>8.5)下，水解产物将以负离子形态$[A1(OH)_4]^-$出现。除此之外，还可能存在其他形态。随着研究的不断深入，新的水解、聚合产物将不断被发现，并由此而推动混凝理论和混凝技术的发展。

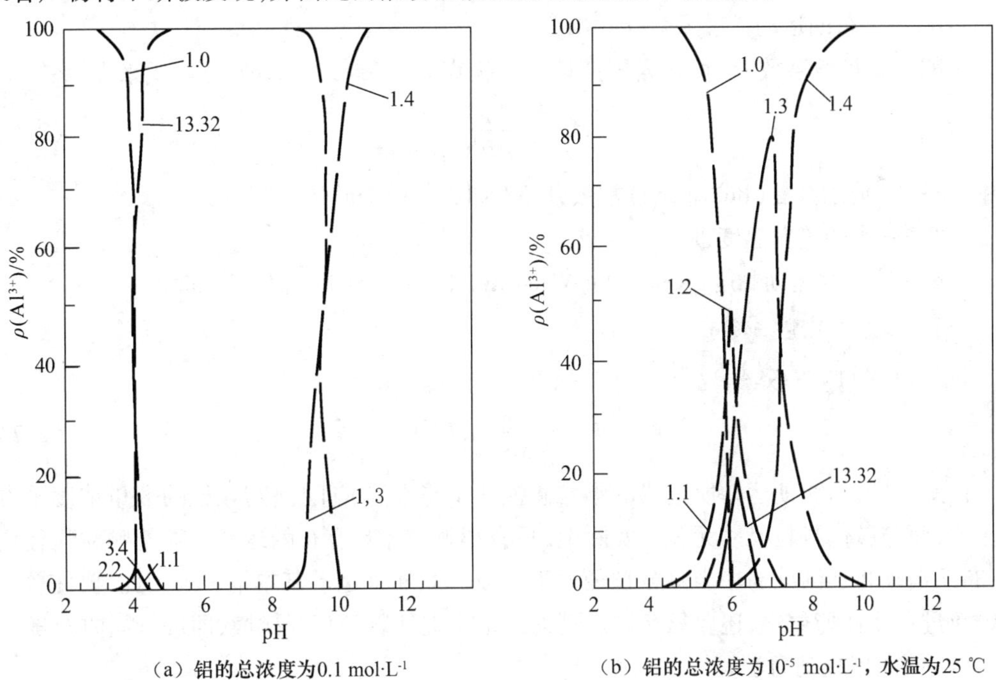

（a）铝的总浓度为0.1 mol·L⁻¹

（b）铝的总浓度为10⁻⁵ mol·L⁻¹，水温为25 ℃

图2.6 在不同pH下，铝离子水解产物$[Al_x(OH)_y]^{(3x-y)+}$的相对含量

((a)(b)两图中曲线旁数字分别表示x和y)

2.4 混凝动力学

混凝动力学主要解决颗粒碰撞速率和混凝速率的问题,应包括混合过程和絮凝过程中的动力学,即凝集动力学和絮凝动力学,但由于混合时间很短,絮凝时间则较长,因此此处主要讨论絮凝动力学。由前文可知,絮凝过程包括由布朗运动引起的异向絮凝和由水力或机械搅拌推动水流运动引起的同向絮凝,下面将分别讨论。

(1)异向絮凝动力学。

已完全脱稳的胶体颗粒在水分子热运动的撞击下做布朗运动,这种运动是随机的、无规则的,将导致颗粒间相互碰撞聚集,产生絮凝,由小颗粒聚集成大颗粒。在这一絮凝过程中,水中颗粒数量浓度或单位体积水中颗粒数减少,而颗粒总质量不变,颗粒的絮凝速率取决于颗粒的碰撞速率。假定胶体颗粒为均匀球体,根据费克(Fick)定律,可导出颗粒碰撞速率为

$$N_p = 8\pi d D_B n^2 \tag{2.5}$$

式中 N_p——单位体积中的颗粒在异向絮凝中的碰撞速率,$1/(cm^3 \cdot s)$;

n——颗粒数量浓度,cm^{-3};

d——颗粒直径,cm;

D_B——布朗运动扩散系数,cm^2/s。

布朗运动扩散系数 D_B 可用爱因斯坦-斯托克斯(Einstein-Stokes)公式来表示:

$$D_B = \frac{KT}{3\pi d \nu_s \rho} \tag{2.6}$$

式中 K——玻尔兹曼(Boltzmann)常数,$1.38\times10^{-16} g\cdot cm^2/(s^2\cdot K)$;

T——水的绝对温度,K;

ν_s——水的运动黏度(Kinematic Viscosity,由 G. G. Stokes 命名),cm^2/s;

ρ——水的密度,g/cm^3。

将式(2.6)代入式(2.5)得

$$N_p = \frac{8}{3\nu_s \rho} KTn^2 \tag{2.7}$$

由此可知,由布朗运动所造成的颗粒碰撞速率与水温成正比,与颗粒的数量浓度平方成正比,而与胶体颗粒尺寸无关。实际上,只有小颗粒才具有布朗运动。随着颗粒粒径增大,布朗运动将逐渐减弱。当颗粒粒径大于1 μm时,布朗运动基本消失。因此,要使较大的颗粒进一步碰撞聚集,还要靠流体运动的推动来促使颗粒相互碰撞,即进行同向絮凝。

(2)同向絮凝动力学。

由上文可知,当颗粒粒径大于1 μm时,布朗运动基本消失,异向絮凝速度十分慢,在实际水处理过程中必须通过水力或机械搅拌来增强胶体颗粒的同向絮凝以改善混凝效果。因此,同向絮凝在整个混凝过程中具有十分重要的地位。有关同向絮凝的动力学理

论研究经历了不断完善的过程，目前也仍处于不断的发展之中。

最初的同向絮凝动力学理论公式是假设水流处于层流状态下而推导出来的，处于层流状态下的胶体颗粒 i 和 j 均随水流前进，如图 2.7 所示，但由于它们之间存在速度差异，例如颗粒 i 的前进速度大于颗粒 j 的前进速度，则在某一时刻，颗粒 i 必然会追上颗粒 j 并与之碰撞。假设水中颗粒均为球体，颗粒半径 $r = r_i = r_j$，则在以颗粒 j 中心为圆心以 R_{ij} 为半径的范围内的所有颗粒 i 和颗粒 j 均会发生碰撞。可推导出其碰撞速率 N_0 为

$$N_0 = \frac{4}{3} n^2 d^3 G \tag{2.8}$$

$$G = \frac{\Delta u}{\Delta z} \tag{2.9}$$

式中 n——颗粒数量浓度，个/cm^3；

d——颗粒直径，cm；

G——速度梯度，s^{-1}；

Δu——相邻两流层的流速增量，cm/s；

Δx——垂直于水流方向的两层流之间的距离，cm。

公式(2.8)中，n 和 d 均属于原水的杂质特性，而 G 是控制混凝效果的水力条件，在絮凝设计中，速度梯度 G 是重要的控制参数之一。

上述公式(2.8)和公式(2.9)是在层流条件下推导出的，而在实际絮凝过程中，水流条件并非层流，而总是处于紊流状态，流体内部存在着不同大小尺度的涡旋，除具有前进方向的速度外，还具有纵向和横向的脉动速度。因此，上述公式不可能准确地对絮凝过程中的颗粒碰撞动因进行描述。

为了获得与实际絮凝过程更为接近的定量描述公式，甘布(T. R. Camp)和斯泰因(P. C. Stein)通过一个瞬间受剪力作用而扭转的单位体积水流所消耗的功率来计算 G 值，假设在被搅动的水流中有一个瞬间受剪力作用而扭转的隔离体，若在 Δt 时间内隔离体扭转了 $\Delta\theta$ 角度，如图 2.8 所示，则其角速度 $\Delta\omega$ 为

$$\Delta\omega = \frac{\Delta\theta}{\Delta t} = \frac{\Delta l}{\Delta t} \cdot \frac{1}{\Delta z} = \frac{\Delta u}{\Delta z} = G \tag{2.10}$$

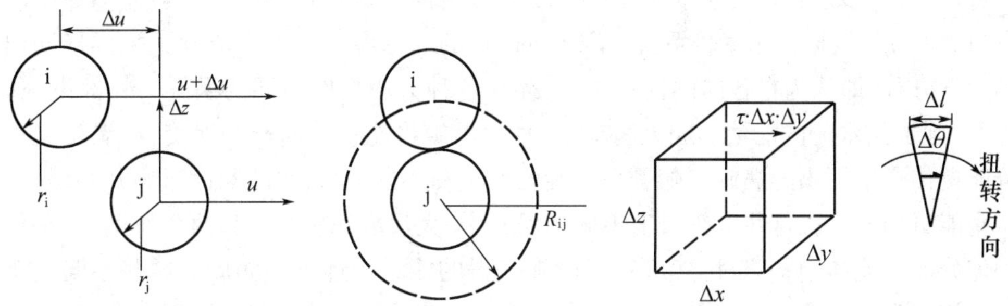

图 2.7 层流条件下颗粒碰撞示意图　　图 2.8 速度梯度计算图示

转矩 ΔJ 为

$$\Delta J = (\tau \Delta x \Delta y)\Delta z \tag{2.11}$$

于是单位体积水所耗功率 P 为

$$P = \frac{\Delta J \cdot \Delta\omega}{\Delta x \cdot \Delta y \cdot \Delta z} = \frac{\tau \Delta x \Delta y \Delta z \cdot G}{\Delta x \Delta y \Delta z} = \tau G \tag{2.12}$$

根据牛顿内摩擦定律，$\tau = \mu G$，故

$$G = \left(\frac{P}{\mu}\right)^{\frac{1}{2}} \tag{2.13}$$

式中　μ——水的动力黏度(Dynamic Viscosity，由 J L M Poiseuille 命名)，Pa・s；

P——单位体积流体所耗功率，W/m^3；

G——速度梯度，s^{-1}。

当采用机械搅拌时，P 由机械搅拌器提供。当采用水力絮凝池时，P 应为水流本身所消耗的能量，由下式决定：

$$PV = \rho g Q h \tag{2.14}$$

$$V = QT \tag{2.15}$$

式中　V——水流体积，m^3；

g——重力加速度，9.8 m/s^2；

h——絮凝过程中的水头损失，m；

T——水流在絮凝设施中的停留时间，s。

则采用水力絮凝池时，

$$G = \sqrt{\frac{gh}{\nu_s T}} \tag{2.16}$$

式中符号同式(2.6)、式(2.14)和式(2.15)。

式(2.13)和式(2.16)即是著名的甘布公式，其中的 G 值虽然反映了能量消耗的概念，但仍沿用了与式(2.9)相同的“速度梯度”这一术语，并沿用至今。

将甘布公式用于式(2.5)来计算颗粒碰撞速率，此方法以层流为假设，仍未从紊流的角度推导和阐述颗粒碰撞速率。

近年来，许多学者直接从紊流理论出发来探讨同向絮凝过程中的颗粒碰撞速率。列维奇(Levich)等根据科尔摩哥罗夫(Kolmogoroff)的局部各向同性紊流理论来推导同向絮凝动力学方程，即认为在各向同性紊流中，存在各种大小尺度不同的涡旋。外部设施(如搅拌器)施加给水流的能量形成大涡旋，一些大涡旋将能量传递给小涡旋，小涡旋又将一部分能量传递给更小的涡旋。随着小涡旋的产生和逐渐增多，水的黏性影响开始增强，从而产生能量损耗。在这些大小尺度不同的涡旋中，大尺度涡旋主要起两个作用：一是使颗粒均匀分散于流体中；二是将其从外部设施获得的能量传递给小涡旋。这些不同大小尺度的涡旋对颗粒碰撞的贡献也不一样，大涡旋往往使颗粒做整体移动而不会相互碰撞，过小的涡旋强度又往往不足以推动颗粒碰撞，只有大小尺度与颗粒尺寸相近(或碰撞半径相近)的涡旋才能引起颗粒之间相互碰撞。众多这样的小涡旋在水流中做无规则的脉动，由其引起的颗粒间碰撞类似于异向絮凝中布朗运动所造成的颗粒碰撞。因此，可以导出各

向同性紊流条件下颗粒碰撞速率 N_0：

$$N_0 = 8\pi dDn^2 \tag{2.17}$$

式中 D——紊流扩散和布朗运动扩散系数之和，但由于紊流的布朗运动扩散远小于紊流扩散，可将 D 近似作为紊流扩散系数。紊流扩散系数可表示为

$$D = \lambda u_\lambda \tag{2.18}$$

式中 λ——涡旋尺度（或脉动尺度）；

u_λ——相应于 λ 尺度的脉动速度。

从流体力学知，在各向同性紊流中，脉动流速表示为

$$u_\lambda = \left(\frac{\varepsilon}{15\nu_s}\right)^{\frac{1}{2}} \cdot d^3 \cdot n^2 \tag{2.19}$$

式中 ε——单位时间、单位体积流体的有效能耗；

ν_s——水的运动黏度，m^2/s；

λ——涡旋尺度。

设涡旋尺度与颗粒直径相等，即 $\lambda = d$，将式（2.18）和式（2.19）代入式（2.17）得

$$N_0 = 8\pi\left(\frac{\varepsilon}{15\nu_s}\right)^{\frac{1}{2}} \cdot d^3 \cdot n^2 \tag{2.20}$$

若将紊流颗粒碰撞速率公式（2.20）与层流颗粒碰撞速率公式(2.5)比较，可以看出，如果令 $G = (\varepsilon/\nu_s)^{1/2}$，两式仅是系数不同。

$G = (\varepsilon/\nu_s)^{1/2}$ 和 $G = (P/\mu)^{1/2}$ 均称为速度梯度，但可以看出，两式非常相似，不同点在于 P 是单位体积流体所消耗功率，其中包括平均流速和脉动流速所消耗功率；而 ε 表示脉动流速所消耗功率。因此，在紊流条件下，甘布公式仍可应用，而紊流条件下推导出的颗粒碰撞速率公式(2.20)虽有理论依据，但有效功率消耗 ε 很难确定。

值得指出的是，虽然紊流条件下推导出的颗粒碰撞速率公式(2.20)在理论上更趋于合理，但在实际应用时也存在一些问题，因为水中颗粒尺寸大小不等且在絮凝过程中逐渐增大，涡旋尺度也大小不等且随机变化，而公式(2.19)仅适用于处于“黏性区域”(受水的黏性影响的所有小涡旋群)的小涡旋，因此公式(2.20)的应用受到局限，一些水处理专家学者仍在这方面进行研究和探讨。

如前所述，水中只有涡旋尺寸与颗粒相近的微涡旋才能引起颗粒的相互碰撞，所以有人认为如能产生更多的微涡旋，就能提高絮凝的效率，这被称为絮凝的微涡旋理论。

根据公式(2.5)或公式(2.20)可以得出，在絮凝过程中，所施功率或 G 值愈大，颗粒碰撞速率愈大，絮凝效果愈好，但实际絮凝过程中，G 值增大时，水流的剪切力也随之增大，已形成的絮体有破碎的可能，如何计算或控制一个最佳 G 值，使其达到最佳的絮凝效果又不致使絮凝体破碎，仍有待进一步研究。由于絮凝体破碎问题很复杂，涉及絮凝体自身的物化特性、形状、尺寸和结构密度及破碎机理等，所以虽有一些学者提出了一些理论或数学方程，但并未获得统一的认识。

目前有关混凝动力学的研究仍然十分活跃，不同的理论观点相继出现，将会使原有的混凝动力学理论不断得到完善，更好地指导实际应用。

(3)理想絮凝反应器。

絮凝反应是在反应器中完成的,在此简单讨论一下将絮凝动力学理论应用于不同类型反应器的情况。

在絮凝过程中,水中颗粒数逐渐减少,颗粒总质量不变。若按照球形颗粒计算,颗粒直径为 d 且粒径均匀,则每个颗粒的体积为$(\pi/6)d^3$。单位体积水中颗粒总数为 n,则单位体积水中所含颗粒总体积,即体积浓度 φ 为

$$\varphi = \left(\frac{\pi}{6}\right)d^3 \cdot n \tag{2.21}$$

将式(2.21)代入公式(2.17)得

$$N_0 = 8G\varphi n/\pi \tag{2.22}$$

由于[碰撞速率] = -2[絮凝速率],则絮凝速率为

$$\mathrm{d}n/\mathrm{d}t = -N_0/2 = -4G\varphi n/\pi \tag{2.23}$$

由式(2.23)可知,絮凝速率与颗粒数量浓度的一次方成正比,属于一级反应。令$K = 4\varphi/\pi$,上式可改写为

$$\mathrm{d}n/\mathrm{d}t = -KGn \tag{2.24}$$

对于特定的原水水质,式中 K 为常数。

考虑到在实际水处理过程中,采用连续流反应器,如推流式反应器(PF)和完全混合连续式反应器(CSTR),可以对式(2.24)积分并得出不同类型反应器在达到一定处理程度后的水质时的停留时间 t。

采用 PF 型反应器时,稳态条件下的絮凝时间为

$$t = (KG)^{-1}\ln(n_0/n) \tag{2.25}$$

采用 CSTR 型反应器(如机械搅拌絮凝池)时,稳态条件下的絮凝时间为

$$t = (KG)^{-1}(n_0 - n)/n \tag{2.26}$$

采用 m 个絮凝池串联时,单个絮凝池的平均絮凝时间为

$$t = (KG)^{-1}[(n_0/n)^{1/m} - 1] \tag{2.27}$$

式中 n_0——原水颗粒数量浓度;

n——第 m 个絮凝池出水颗粒浓度;

t——单个絮凝池平均絮凝时间。

总絮凝时间 $T = mt$。

(4)混凝过程的控制指标。

如何利用混凝动力学理论基础做指导,在实际水处理工艺过程中控制某些动力学指标,从而达到控制最佳絮凝效果,一直是水处理领域一些专家学者的研究方向。

在混合阶段,主要目的是使混凝药剂快速、均匀地分散到水中,以利于混凝剂的快速水解、聚合及胶体颗粒凝集,因此需要对水流进行快速剧烈搅拌。混合过程通常在 10 ~ 30 s 内(至多不超过 2 min)完成。搅拌速度按速度梯度计,一般控制 G 值在 70 ~ 100 s^{-1} 之内。由于在此阶段水中颗粒尺寸很小,未超出布朗运动颗粒的尺寸范围,因此存在颗粒间的异向絮凝。

在絮凝阶段主要靠机械或水力搅拌促使颗粒碰撞凝聚，同向絮凝起主要作用。由前可知，若絮凝反应器中的平均颗粒碰撞速率为 N_0，絮凝时间为 T，则 N_0T 就是水中颗粒在絮凝反应器中碰撞的总次数，它可以作为反映絮凝效果的一个参数。由式(2.5)和式(2.20)可知，N_0 与 G 有正比例关系，所以 GT(无因次数)也是反映絮凝效果的一个参数。在设计中，平均 G 值控制在 $20 \sim 70\ s^{-1}$ 范围之内，平均 GT 值控制在 $1 \times 10^4 \sim 1 \times 10^5$ 范围内。

在絮凝反应过程中，絮凝体尺寸逐渐增大，粒径变化可从微米级增大到毫米级，变化幅度达到几个数量级，但大尺寸絮凝体在强的剪切力作用下容易破碎，若为了不使生成的大絮凝体破碎而采用很小的 G 值，就需要很长的絮凝时间，这就会加大絮凝池的容积，增大建设费用。为了使絮凝池容积不致过大，工程中在絮凝开始颗粒很小时采用大的 G 值，并随着絮凝体尺寸增大逐渐减小 G 值，最后絮凝体增至最大时采用最小的 G 值，这样既保证了絮凝体不被打碎，又能使絮凝池容积较小，这是计算絮凝池时普遍采用的一种设计原理。

还有一些学者将颗粒浓度及有效碰撞等因素考虑进去，提出用 GCT 或 aGCT 值作为絮凝控制指标。其中 C 表示水中颗粒体积浓度；a 表示有效碰撞系数，若脱稳颗粒每次碰撞都可以导致凝聚，则 $a=1$，但实际絮凝过程中总是 $a<1$。采用 GCT 或 aGCT 值作为絮凝控制指标虽然更合理，但由于其数值较难确定，有待进一步研究。此外，一些学者根据絮凝过程中絮凝体尺寸变化和紊流能谱分析，提出在絮凝阶段以 $\varepsilon^{1/3}$ 或 $p^{1/3}$ 代替 G 值作为控制指标。

有关混凝动力学及混凝控制指标方面的研究仍有待进一步深入，不同的理论观点相互包容和补充，如何将理论推导进行完善并与实际应用相结合，建立一个完善的理论模型并在实际应用中具有可操作性，是今后研究的方向。

2.5 混凝过程

水处理中混凝过程包括混凝剂的配制、计量、投加(包含投加量自动控制)、快速混合、絮凝反应等环节，下面分别讨论。

1. 混凝剂的配制

(1)混凝剂的配制。

混凝剂的配制一般包括药剂溶解和溶液稀释两个步骤，或只需一步，根据具体情况而定。如液体混凝剂，可能只需加水稀释一步甚至连加水稀释都不需要而直接投加。对于固体混凝剂，配制过程至少需要溶解这一环节，通常溶解后配成较高浓度的储备液，投加前再加水稀释至一定的投加浓度。

(2)药剂溶解。

药剂溶解需设置溶解池，溶解池大小规格决定于水厂生产规模和混凝剂种类。设计和选用的一般原则:溶药快速效率高,溶药彻底残渣少,操作方便易控制,坚固耐腐低能耗。一般大、中型水厂通常建造混凝土溶解池并配置搅拌装置,搅拌方式有水力搅拌、机械搅拌和压缩空气搅拌等。

水力搅拌溶解可分为两种情况。一是利用水厂压力水直接对药剂进行冲溶和淋溶,优点是节省机电设备,缺点是效率低、溶药不充分,仅适合于小型水厂和极易溶解的药剂。二是专设水泵自溶解池抽水再从底部送回溶解池,形成循环水力搅拌,此种方式较前一种效率高,但溶解速度仍不够快。

机械搅拌是使用较多的搅拌方式,适用于各种规模的水厂和各种药剂的溶解,通常以电动机驱动桨板或涡轮搅动溶液,溶解效率高。搅拌机可根据需要自行设计或直接选用某些定型产品。搅拌机在溶解池上的设置有旁入式和中心式两种,对于尺寸较小的溶解池可选用旁入式,对于大尺寸的溶解池则通常选用中心式。

压缩空气搅拌溶解一般是在溶解池底部设置环形穿孔布气管,由空压机供给压缩空气,通过布气管通入对溶液进行搅拌。压缩空气搅拌的优点是没有与溶液直接接触的机械设备,便于维修;但与机械搅拌相比,其动力消耗较大,溶解速度较慢。压缩空气搅拌适用于各种规模的水厂和各种药剂的溶解,若水处理厂附近有其他工厂提供的气源则更好,否则需要专设空气压缩机或鼓风机。

值得注意的是,对于某些有特殊性质的药剂可能需要特殊的溶解装置。如三氯化铁腐蚀性强且溶解过程中大量放热,需要特别注意;骨胶在溶解过程中需先以水热蒸溶再搅拌溶解。

(3)溶液稀释。

溶液稀释是指将已溶解好的混凝剂浓溶液稀释成生产投加时所需要的浓度,通常直接在溶液池中进行,溶液池至少需两个,交替使用。为了保证溶液稀释过程中混合均匀,溶液池与溶解池一样需要设置搅拌装置。

2. 混凝剂的计量

混凝剂投加到原水中之前,必须对其进行准确计量,并且要能根据原水或处理后水质变化情况适时调整投药量,保证稳定良好的混凝效果。

为了保证混凝药剂投加准确而且易于实现自动控制,计量泵是首选的计量投加装置。

3. 混凝剂的投加

混凝剂的投加方式有多种分类,按混凝剂的状态有固体投加(干投)和溶液投加(湿投)之分;按混凝剂投加到原水中的位置有泵前投加和泵后投加之分;在溶液投加中按药液加注到原水中的动力来源有重力投加和压力投加之分。

固体投加方式需要专门的干投机,而且要求固体药剂颗粒细小而且均匀,易溶于水,投加到水中后能迅速溶解。

泵前投加是指将药剂投加到原水泵的吸水管或吸水喇叭口处,此种投加方式安全可靠,可借助水泵进行混凝剂快速混合,一般适用于取水泵房离水处理厂较近的情况。

溶液投加在我国普遍使用。对于溶液投加,重力投加和压力投加都有采用,下面分别进行介绍。

(1)重力投加是指利用混凝剂溶液的重力,使混凝剂溶液从较高的溶液池自动流向并加注到原水中的一种投加方式,虽然节省了动力,但仅适合于溶液池位置较高的情况。这种投加方式常与孔口计量法、苗嘴计量法等配合使用,难以实现自动化。

(2)压力投加是利用水力或电动力来将混凝药液加注到原水中的投加方式,有水射器投加和泵投加。

①水射器投加是利用高压水通过水射器喷嘴和喉管之间形成的真空抽吸作用将药液吸入,借助水的余压将药液加注到原水中,设备简单、使用方便,对溶液池高度无特殊要求,但水射器效率较低且易磨损。

②泵投加是利用泵将电能转变成动能将药液加注到原水中的一种投加方法,根据所选泵类型不同有计量泵(柱塞泵或隔膜泵)投加和离心泵投加两种。离心泵投加需要配置相应的计量设施,计量泵投加则不用另配计量装置,并可通过改变计量泵冲程或变频调速来改变药液的投加量,很适合于混凝剂投加自动控制系统。目前新建和改建水厂大多数采用计量泵投加方式。

4. 混凝剂投加量自动控制

混凝剂投加量与处理后水质密切相关,同时也与水厂制水经济成本紧密相连,通常需要使混凝剂投加量处于经济合理状态,即处于最佳投加量。混凝剂最佳投加量有两种含义:一种是指处理后水质达到最优时的混凝剂投加量,是理想状态值;另一种是指达到某一特定水质指标时的最小混凝剂投加量,这在生产中更具有实际意义。由于影响混凝效果的因素复杂多样,某些因素(如水质水量)的波动势必影响混凝效果,在水厂生产运行中如何根据这些变化因素及时准确地调整混凝剂的投加量,使之适应这些因素的变化而保持混凝效果稳定、保持处理后水质稳定,一直是水处理技术人员研究的方向。

我国大多数水厂一直是根据实验室的混凝搅拌试验来确定混凝剂最佳投加量,然后在实际生产中根据原水变化因素进行人工调节,往往试验结果与生产运行结果不一致,而且人工手动调节通常有滞后、误差大、水质波动大等缺点。随着对处理后水质要求越来越高,为了达到提高混凝效果、保障处理后水质、节省混凝剂的目的,混凝剂投加量自动控制技术逐渐得到发展,并在水处理厂逐步推广应用。

自 20 世纪 60 年代以来,我国就开始了混凝剂投加量自动控制方面的研究,特别是 20 世纪 90 年代初引进一大批国外的检测、自控和投药设备后,促进了国内水厂自动控制研究的发展,混凝剂投加量自动控制方面也开展了大量的研究和开发工作,使我国的混凝剂自动控制投加技术水平有了很大提高。归纳起来,混凝剂投加量自动控制的主要方法有以下几种。

(1)数学模型法。

数学模型法是以原水水质参数(如浊度、水温、pH、碱度、溶解氧、COD 等)和原水流量等影响混凝效果的主要参数作为前馈值,以处理后的水质参数(通常为沉淀后水浊度)作为后馈值,建立起相关的数学模型,编写出程序,再通过控制单元和执行单元来实现自动调节混凝药剂投加量的一种自动控制加药方法。早期仅考虑原水水质和水量参数称为前馈法,目前则同时考虑原水参数和处理后水质参数形成闭环控制。建立数学模型需要前期大量可靠的生产运行数据,数学模型建立后往往只适用于特定原水条件,而且需要多种在线水质监测仪表,投资大。因此,数学模型法一直难以推广应用。

(2)现场模拟试验法。

现场模拟试验法是在生产现场建造一套小型装置模拟水厂水处理构筑物的实际生产运行条件,找出模拟试验装置出水与生产构筑物出水之间的水质和加药量的关系,从而得出实际生产混凝药剂的最佳投药量的一种自控投药方法。常用的有模拟沉淀法和模拟滤池法两种。当原水浊度较低时,常用模拟滤池法;当原水浊度较高时,常用模拟沉淀法或模拟沉淀法与模拟滤池法并用。模拟沉淀法是在水厂絮凝池后设一模拟小型沉淀池,连续测定沉淀池出水浊度以判断投药量是否适当,然后反馈于生产进行投药量的调控。模拟滤池法是模拟水厂混凝沉淀过滤全部净水工艺的一种方法,连续监测滤后水浊度并判断投药量是否适当,然后反馈给生产投药控制单元来进行投药量调控。现场模拟试验法大大缩短了由实验室模拟实验带来的反馈控制滞后的时间,其运行关键是模拟装置与实际生产水处理构筑物之间的相关程度。

(3)流动电流检测法。

流动电流检测(SCD)法原理是从胶体颗粒稳定的本质出发,通过在线测定胶体扩散层中反离子在外力作用下随着流体运动(胶粒固定不动)而产生的电流,此电流与胶体 ζ 电位有正相关关系,而 ζ 电位与投加混凝剂的量有负相关关系。因此,混凝后胶体电位变化反映了胶体脱稳程度,混凝后流动电流变化也同样反映了胶体脱稳程度,从而可以通过测定投加混凝剂快速混合后水的流动电流变化情况,判断混凝剂投加量是否适当,然后通过控制执行单元来调节混凝剂投加量。可以看出,流动电流检测法是通过检测电解质使胶体凝聚过程中电学特性参数的变化来实现混凝剂的投加控制的。

流动电流－混凝剂投加量控制系统主要包括流动电流检测器、控制器和执行装置3部分。流动电流检测器是整套系统的核心部分,由检测水样的传感器和信号放大处理器组成。

传感器由圆筒形检测室、可以在圆筒内做往复运动的活塞及一个环形电极组成。当被测水样进入活塞与圆筒之间的环形空间后,水中胶体颗粒附着于活塞表面和圆筒内壁,形成一层非常薄的胶体颗粒膜,如果活塞静止不动,这层胶体颗粒膜也静止不动,胶体颗粒的双电层中反离子也静止不动,当活塞在电机驱动下做往复运动时,环形空间中的水也做往复流动,其双电层中反离子也一起运动,从而在活塞与圆筒之间的环形空间的壁表面上产生交变电流,此电流即为流动电流,由检测室两端环形电极收集传给信号放大处理器。信号经放大处理后传输给控制器,控制器将检测值与设定值比较后发出改变投药量的信号给执行装置(如计量泵),最后由执行装置调节混凝剂投加量。设定值通常是在安装调试过程中根据沉淀池出水浊度要求设定的,即当沉淀池出水浊度达到预期要求时,相对应的流动电流检测值便作为控制系统设定值。当原水水质在一定范围内发生变化时,自控系统就围绕设定值进行调控,使沉淀池出水浊度始终保持在预定要求范围。但当原水水质有了大幅度变化或传感器用久而受污染时,应对原先的设定值进行适当调整。

流动电流自控投药技术的优点是控制因子单一、投资较低、操作简便,对于以压缩双电层和吸附电中和为主的混凝过程,控制精度较高;其不足之处在于对以吸附架桥为主的高分子(特别是非离子型或阴离子型絮凝剂)絮凝过程,控制效果不理想。

(4)透光率脉动检测法。

透光率脉动检测法是利用光电原理检测水中絮凝颗粒尺寸和数量变化从而达到混凝在线连续控制的一种新技术。当一束光线透过流动的水样并照射到光电检测器时,便产生电流成为输出信号。透光率与水中悬浮颗粒浓度有关,从而由光电检测器输出的电流也与水中悬浮颗粒浓度有关。如果光线照射的水样体积很小,水中悬浮颗粒数也很少,则水中颗粒数的随机变化便表现得明显,从而引起透光率的波动,此时输出电流值可看成两部分:一部分为平均值,一部分为脉动值(瞬时脉冲波动值)。絮凝前,由于胶体颗粒凝聚脱稳后尺寸还未增大,进入光照体积的水中颗粒数量多而尺寸小,因此其脉动值很小。絮凝后,颗粒尺寸增大而数量减少,其脉动值增大。将输出的脉动值与平均值之比称为相对脉动值,因此相对脉动值的大小便反映了颗粒絮凝程度,是透光率脉动检测技术的特性参数。絮凝愈充分,相对脉动值愈大。由此,可根据投药混凝后水相对脉动值的变化与沉淀池出水浊度之间的关系,确定一个可使沉淀池出水浊度达到要求的相对脉动值作为控制过程的设定值,如果在线检测的相对脉动值偏离设定值,则控制器发出改变投药量的信号给执行装置(如计量泵),最后由执行装置调节混凝剂投加量,使检测值向设定值接近,从而使沉淀池出水浊度始终保持在预定要求范围。

透光率脉动检测自控方法的优点:控制因子单一、操作简便,不受原水水质限制,适用于给水处理和污水处理;不受混凝作用机理限制,适用于压缩双电层、吸附电中和机理及吸附架桥机理的混凝过程;不受混凝剂品种限制,适用于无机混凝剂和有机高分子混凝剂。

(5)絮凝颗粒影像检测控制法。

絮凝颗粒影像检测控制法是由絮体图像采集传感器获得絮凝体图像数据,输入计算机进行图像处理,并根据絮凝体图像判断混凝药剂投加量是否适当,然后反馈给投药控制单元调节混凝剂投量的一种自动控制投药方法。图像采集传感器通常安装在絮凝池出口水流较稳定处,水样经取样窗由高分辨CCD摄像头摄像和LED发光管照明以获得清晰的絮凝体图像。絮凝颗粒影像检测控制法目前还是一种比较新的控制混凝剂投加量的方法,已在个别水厂得到应用。

5. 混凝剂的快速混合

混凝剂快速混合的目的是使胶体颗粒凝聚脱稳。根据混凝凝聚机理,在混合过程中,必须使混凝剂水解产物中具有压缩双电层和吸附电中和作用的高价正离子等有效成分迅速均匀地与水中胶体颗粒接触产生凝聚作用,像铝盐和铁盐混凝剂的水解反应速度便非常快,如形成单氢氧化物所需时间约为 10^{-10}s,形成聚合物也只需 10^{-2}s。超过水解反应时间后,水解产物自身将会聚合产生沉淀物,压缩双电层和吸附电中和作用效能降低。胶体颗粒吸附水解产物所需时间也很短,对铝盐约为 10^{-4}s;对分子量为几百万的高分子聚合物,形成吸附的时间也仅为 1 s 到数秒。因此,从理论分析得出结论:混合过程需要强烈、快速、短时。在尽可能短的时间内使混凝剂均匀分散到原水中,是混合过程追求的目标。

6. 混凝剂的絮凝反应

经过快速混合脱稳后的胶体颗粒已产生初步凝聚现象,颗粒尺寸可达 5 μm 以上,比水分子大得多,已失去了胶体的特性,不再有布朗运动,但又不能达到完全靠重力沉降的尺寸(如粒径在 0.6 mm 以上)。絮凝反应的目的就是要创造促使细小颗粒有效碰撞逐渐增长成大颗粒最终使颗粒能重力沉降,实现固液分离。

既然脱稳颗粒的布朗运动已经不存在,那么絮凝反应中异向絮凝所起的作用微乎其微,主要靠人为创造适当的水力条件促进同向絮凝。要完成有效的同向絮凝,需要满足两个条件:①要使细小颗粒之间产生速度梯度,这有两层含义。a. 各细小颗粒之间运动速度有差异,当后面速度较快者追赶上前面速度较慢者时,才能发生有效碰撞而絮凝。b. 整个絮凝池中颗粒运动速度必须由快到慢逐级递减,才能保证已经发生有效碰撞而絮凝增大的颗粒不会破碎,保证絮凝效果。②要有足够的反应时间,使颗粒逐渐增长到可以重力沉降的颗粒尺寸。根据资料,絮凝 30 s,颗粒尺寸可增长到 40 μm;絮凝 1 min,颗粒尺寸可增长到 80 μm;絮凝 5 min,颗粒尺寸可增长到约 0.3 mm;絮凝 10 min,颗粒尺寸约可增长到 0.5 mm;絮凝 25 ~ 35 min,颗粒尺寸可增长到 0.6 mm。也就是说,絮凝 20 ~ 30 min 后,颗粒尺寸才能增大到可以靠重力沉降的尺寸,通过沉淀实现固液分离。

不同类型的混凝剂或不同水质条件(如水温、pH、含有机物等)下形成的絮凝体颗粒密度是不一样的,对应的靠重力沉降的颗粒尺寸也就不一样。絮凝体较松散、絮凝体颗粒尺寸较大时才能达到重力沉降;相反,若形成的絮凝体颗粒较密实,则较小的絮凝体颗粒尺寸就可达到重力沉降。因此,需要促使脱稳的胶体颗粒通过絮凝反应过程增长成密实而颗粒尺寸较大的絮凝体。

以上各种因素是絮凝反应设施及工艺设计需要首先考虑的。

2.6 混凝设施

根据前文对混凝的定义,混凝过程可分为凝聚和絮凝两个阶段。与之对应,将水处理工艺中的混凝设施也分为两种:将与凝聚相对应的设施称为混合设施,将与絮凝相对应的设施称为絮凝设施。

2.6.1 混合设施

根据快速混合的原理,实际生产中设计开发了各种各样的混合设施,主要可以分为以下 4 类:水力混合设施、水泵混合设施、管式混合设施、机械混合设施。

1. 水力混合设施

水力混合设施是建设专用的不同形式的构筑物来达到特定的水力条件以完成药剂与原水的混合。常用的水力混合设施有平流的穿孔板式混合池、竖流的涡流式混合池和来回流动的隔板式混合池等,虽然构造简单,但难以适应水质、水量等条件的变化,占地面积较大,目前已很少采用。

2. 水泵混合设施

水泵混合设施是将混凝药剂投加到原水泵之前的吸水管或吸水喇叭口处,利用水泵叶轮高速旋转产生的涡流而达到混合目的的一种混合方式。水泵混合效果好,不需另建混合设施,节省动力,适合于大、中、小型水厂,曾是我国许多水厂常用的混合方式。以下情况不宜采用水泵混合设施:一种情况是当所用混凝药剂具有较强的腐蚀性时,长期运行可能对水泵叶轮有腐蚀作用;另一种情况是当取水泵房离水厂处理构筑物较远时,水泵混合后的原水中胶体颗粒已经脱稳,在长距离输水管道中可能过早形成絮凝体,已形成的絮凝体若在管道中破碎,很难重新聚集,不利于后续的絮凝反应,若管道中流速很低,还可能发生絮凝体沉积在管中的现象。因此,水泵混合通常用于取水泵房靠近水厂处理构筑物的场合,两者间距不宜大于 150 m。

3. 管式混合设施

管式混合设施是利用从原水泵后到絮凝反应设施之间的这一段压水管使药剂与原水混合的一种混合方式。管式混合设施已发展出很多形式,主要原理是在管道中增加一些各种结构的、能改变水流水力条件的附件,从而产生不同的混合效果。目前使用较为广泛的管式混合设施是管道静态混合器,如图 2.9(a)所示。其原理是在管道内设置多节按一定角度交叉的固定叶片,使水流经多次分流,同时产生涡旋反向旋转及交叉流动,达到混合的目的。这种混合设施能同时产生分流、交流和涡旋三种混合作用,混合快速、均匀、效果好,构造简单,无活动部件,安装方便。

最简单的管式混合是将药剂加入原水泵后压水管中,仅借助管中水流进行混合,此时管中流速应不小于 1 m/s,投药点后管内水头损失应不小于 0.3 m,投药点至末端出口距离应不小于 50 倍管道直径,否则混合效果较差。在管道中增设孔板、文丘里管等可以提高混合效果,但总体来讲,此类管道混合方式简单易行,无须另建混合设施,但随管中水量、流速等变化而使混合效果波动较大,影响后续处理效果。

另一种管式混合设施是扩散混合器,如图 2.9(b)所示。其结构原理是在管式孔板混合器前加上一个锥形配药帽(锥帽),药剂和水流冲到锥帽后扩散形成剧烈紊流,从而使混凝药剂与原水快速混合。其设计参数:锥帽的夹角为 90°,锥帽顺水流方向的投影面积为进水管总截面积的 1/4,孔板开孔面积为进水管总截面积的 3/4,混合器管节长度 L 应不小于 500 m,混合器直径在 DN 200 mm ~ DN 1 200 mm 范围内,孔板处流速一般采用

1.0 ~ 2.0 m/s，混合时间为 2 ~ 3 s，G 值为 700 ~ 1 000 s^{-1}。

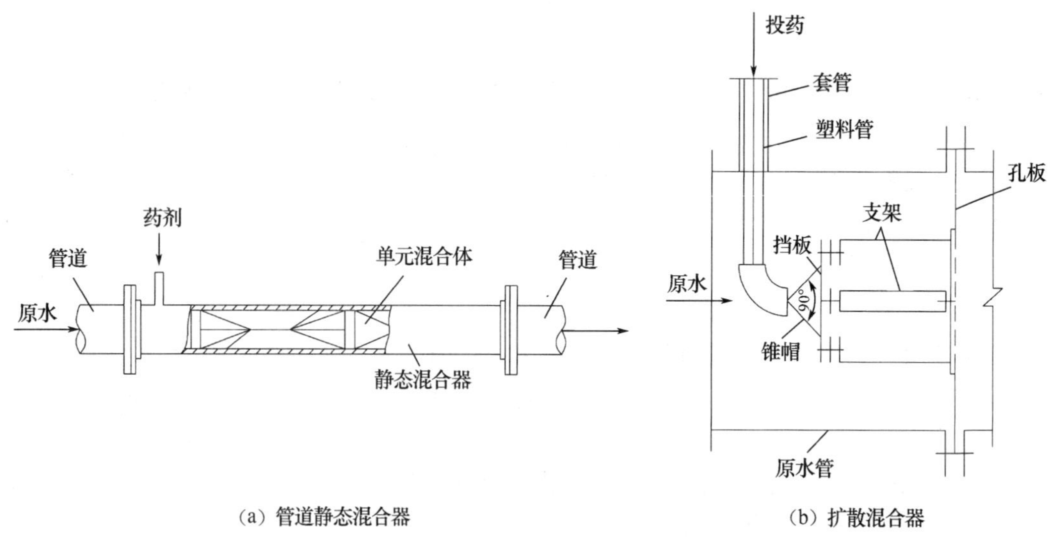

(a) 管道静态混合器　　(b) 扩散混合器

图 2.9　管式混合设施示意图

由于管式混合器的混合效果受管内流速影响较大，在此基础上又发展出外加动力管式混合器、水泵提升扩散管式混合器等。

4. 机械混合设施

机械混合是建一个混合池并在混合池内安装搅拌装置，以电动机驱动搅拌装置使药剂与原水混合的一种混合方式。搅拌器可采用桨板式、螺旋桨式、推进式等多种形式。桨板式结构简单，加工制造容易，但效能比推进式的低；推进式则相反，效能较高，但制造较复杂。搅拌器一般采用立式安装，为避免水流同步旋转而降低混合效果，可将搅拌器轴心适当偏离混合池中心。机械搅拌混合池的优点是可以在要求的时间内达到需要的搅拌强度，满足快速均匀的混合要求，而且不受水量水质变化的影响，适用于各种规模的水厂，混合池可根据工艺要求采用单格或多格串联；缺点是增加了机械设备成本及相应的机电维修工作量。

2.6.2　絮凝设施

根据前文所述絮凝机理开发出了各种絮凝反应设施，但主要可分为两大类，即水力絮凝反应设施和机械絮凝反应设施。

水力絮凝反应设施是改变不同的絮凝构筑物结构，利用水流自身能量，通过流动过程中的阻力将能量传递给絮凝体，使其增加颗粒接触碰撞和吸附机会的一种设施，反映在絮凝过程中产生一定的水头损失。我国在水力絮凝池方面的研究水平较高，开发的水力絮凝反应设施种类很多，主要有隔板絮凝池、折板絮凝池、栅条（网格）池和穿孔旋流絮凝池等。

机械絮凝反应设施是通过电机或其他动力带动叶片进行搅拌,使水流产生一定的速度梯度,并将能量传递给絮凝体,增加其颗粒接触碰撞和吸附机会的一种设施。机械搅拌絮凝反应设施(机械絮凝池)主要分为水平轴搅拌絮凝池和垂直轴搅拌絮凝池。

1. 机械絮凝池

机械絮凝池是利用电动机经减速装置驱动搅拌器使水中絮凝体由于存在不同速度梯度而产生同向絮凝的絮凝构筑物,水流的动能来源于搅拌机的功率输入。搅拌器叶片可以做旋转运动或上下往复运动,目前我国常采用旋转运动方式的搅拌叶片。根据搅拌轴的安装位置,又分水平轴式和垂直轴式,水平轴式通常用于大型水厂,垂直轴式一般用于中、小型水厂。为适应过程 G 值变化的要求,絮凝池通常采用多格串联,第一格内搅拌强度最大,而后逐格减小,速度梯度 G 值也相应地由大到小。搅拌强度决定于搅拌器转速和桨板面积,由计算决定。图 2.10 为机械絮凝池示意图(侧面)。

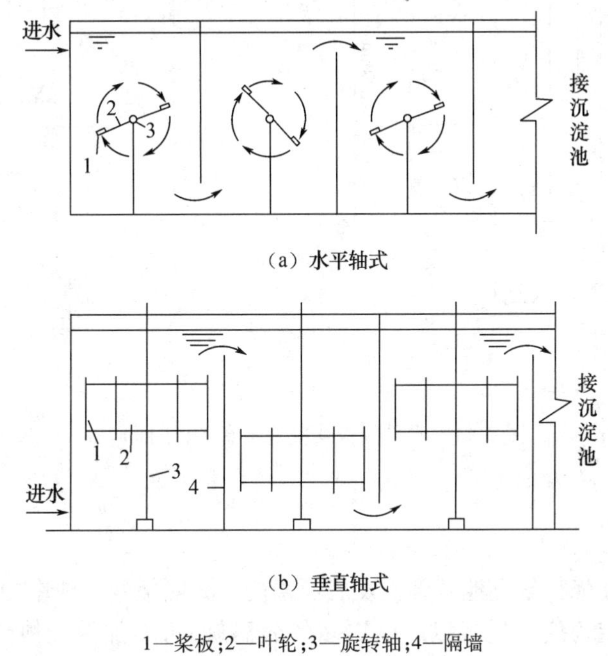

1—桨板;2—叶轮;3—旋转轴;4—隔墙

图 2.10 机械絮凝池示意图(侧面)

2. 隔板絮凝池

隔板絮凝池是指经快速混合后的水在隔板之间流动,由于水在隔板间流动存在阻力,从而使絮凝体发生同向絮凝作用的水处理构筑物。根据水流方向不同有水平隔板絮凝池(水流水平流动)和垂直隔板絮凝池(水流上下流动),其中水平隔板絮凝池是最早而且较普遍应用的一种絮凝池。水平隔板絮凝池又有多种形式,水流来回往复前进的称为往复式隔板絮凝池,其特点是在转折处消耗较大能量,絮凝颗粒碰撞机会增加,但容易引起絮凝体破碎。为克服往复式隔板絮凝池的以上不足,发展了回转式隔板絮凝池,把180°急剧转折改为90°转折,通常由池中间进水,逐渐回流转向外侧,其最高水位在絮凝池中间,其特点是避免了絮凝体破碎,但减少了颗粒碰撞机会,影响了絮凝速度。此后又出现了往复式隔板与回转式隔板相结合的絮凝池,即开始为往复式絮凝池(以增加颗粒的碰撞机会),后段为回转式絮凝池(以避免已经长大的絮凝体再破碎)。图2.11为水平隔板絮凝池示意图(平面)。

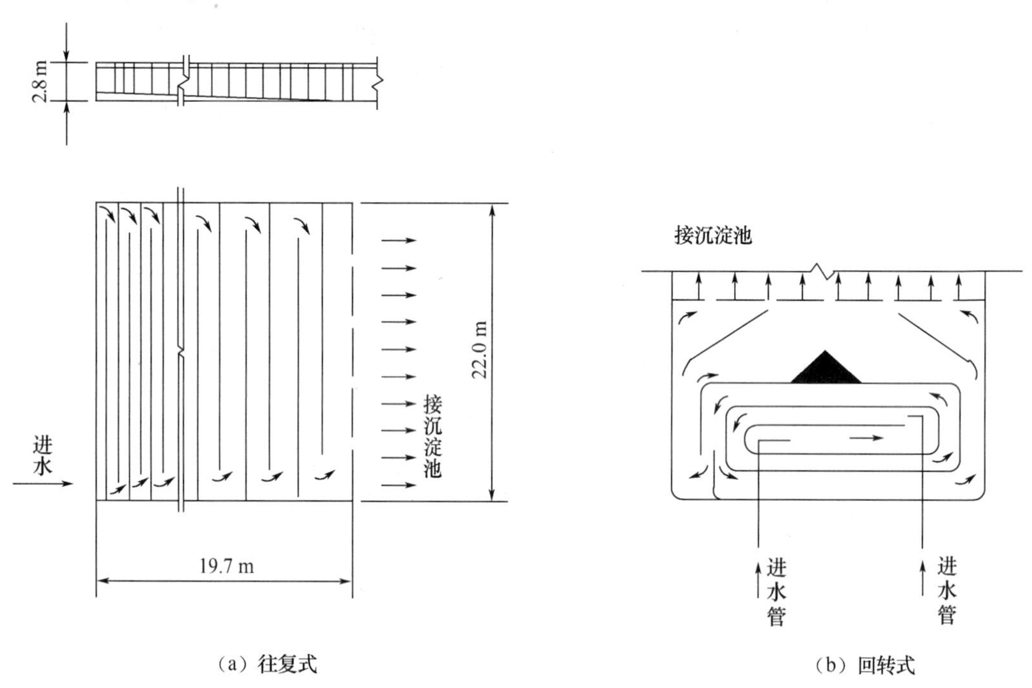

图2.11 水平隔板絮凝池示意图(平面)

3. 折板絮凝池

折板絮凝池是在隔板絮凝池基础上发展而来的。将隔板絮凝池中的平直隔板改变成间距较小的具有一定角度的折板以产生更多的微涡旋,可增加絮凝体颗粒碰撞的机会。按照水流方向可将折板絮凝池分为竖流式和平流式两种,目前采用较多的是竖流式。根据折板布置方式不同又可将折板絮凝池分为同波折板和异波折板两种形式,其剖面如图2.12所示。同波折板是将折板波峰对波谷平行安装,水的流速变化比较平稳;异波折板是将折板波峰相对而波峰与波谷交错安装,水的流速时而在两波谷处变小,时而在两波峰处变大,从而产生紊动,有利于絮凝体颗粒碰撞。

按水流通过折板间隙数,折板絮凝池又分为单通道折板絮凝池和多通道折板絮凝池(图2.13)。单通道折板絮凝池是指水流沿二折板间不断循序前行,水流速度逐渐变小。多通道折板絮凝池是指将絮凝池分若干格子,每一格内安装若干折板,水流沿着格子依次上、下流动,在每一个格子内,水流平行通过若干个由折板构成的并联通道,然后流入下一格。无论单通道或多通道,同波、异波折板均可组合应用,还可前面采用异波、中部采用同

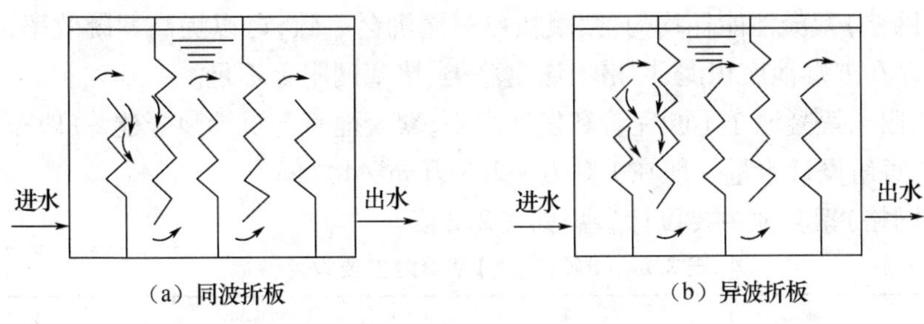

(a) 同波折板　　(b) 异波折板

图2.12 折板絮凝池示意图(剖面)

波、后面采用平板,这些组合有利于絮凝体逐步成长而不易破碎。与隔板絮凝池相比,折板絮凝池可以缩短总絮凝时间,絮凝效果良好。

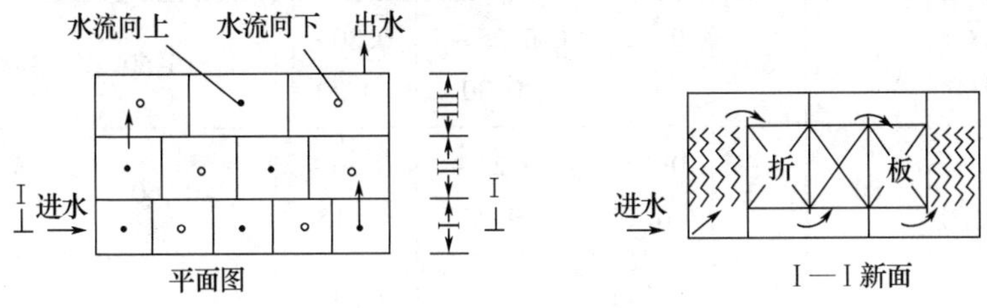

图2.13 多通道折板絮凝池示意图(剖面)

4. 栅条(网格)絮凝池

栅条(网格)絮凝池是在水流前进方向间隔一定距离(通常为0.6~0.7 m)的过水断面上设置栅条或网格,通过水流经栅条或网格的能量消耗,产生更多的微涡旋,来完成絮凝的一类絮凝池,如图2.14所示。一般由上下翻越多格竖井组成,各竖井之间的隔墙上下交错开孔。每个竖井安装若干层网格或栅条,可在絮凝前段采用较密的栅条或网格,中段设置较疏散的条或网格,末段可不设置网格,这样可较好地控制絮凝过程中速度梯度的变化。栅条或网格可用扁钢、铸铁、水泥预制件或木材等材质。

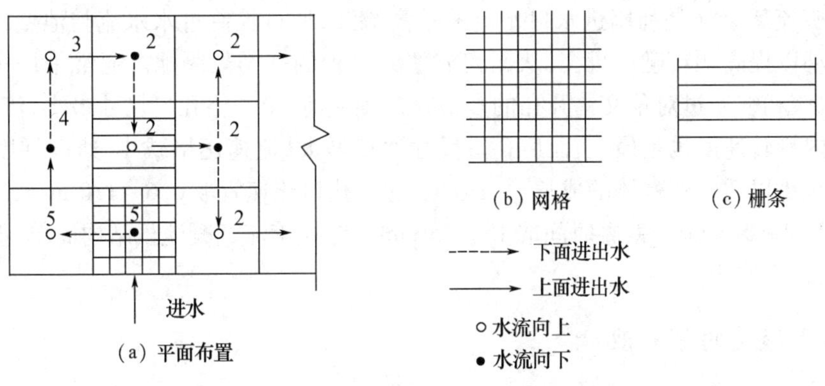

图2.14 网格(栅条)絮凝池示意图(平面;图中数字表示网格层数)

栅条(网格)絮凝池能耗均匀,絮凝颗粒碰撞机会一致,可以提高絮凝效率,缩短絮凝时间,但也存在末端池底积泥、网格上滋生藻类、堵塞网眼等不足。

网格和栅条絮凝池在不断完善和发展之中,絮凝池宜与沉淀池合建,一般布置成两组并联形式。每组设计水量一般在 1.0 万 ~2.5 万 m^3/d 之间。

栅条(网格)絮凝池主要设计参数见表 2.2。

表 2.2　栅条(网格)絮凝池主要设计参数

絮凝池型	絮凝池分段	栅条缝隙或网格孔眼尺寸/mm	板条宽度/mm	竖井平均流速/($m\cdot s^{-1}$)	过栅或过网流速/($m\cdot s^{-1}$)	竖井之间孔洞流速/($m\cdot s^{-1}$)	栅条或间格构件布设层数,层距/(层,cm)	絮凝时间/mm	流速梯度/s^{-1}
栅条	前段(安放密栅格)	50	50	0.12 ~ 0.14	0.25 ~ 0.30	0.30 ~ 0.20	≥16,60	3 ~ 5	70 ~ 100
	中段(安装疏栅条)	80	—	0.12 ~ 0.14	0.22 ~ 0.25	0.20 ~ 0.15	≥8,60	3 ~ 5	40 ~ 60
	末段(不安放栅条)	—	—	0.10 ~ 0.14	—	0.10 ~ 0.14	—	4 ~ 5	10 ~ 20
网格	前段(安放密网格)	80 × 80	35	0.12 ~ 0.14	0.25 ~ 0.30	0.30 ~ 0.20	≥16,60 ~ 70	3 ~ 5	70 ~ 100
	中段(安装疏网格)	100 × 100	35	0.12 ~ 0.14	0.22 ~ 0.35	0.20 ~ 0.15	≥16,60 ~ 70	3 ~ 5	40 ~ 50
	末段(不安放网格)	—	—	0.10 ~ 0.14	—	0.10 ~ 0.14	—	4 ~ 5	10 ~ 20

5. 穿孔旋流絮凝池

穿孔旋流絮凝池是利用进水口水流的较高流速,通过控制进水水流与池壁的角度形成旋流运动以提高颗粒碰撞机会,从而完成絮凝过程的一类絮凝池。通常采用多格串联的形式,水流相继通过对角交错开孔的多格孔口旋流池,第一格孔口尺寸最小,流速最大,水流在池内旋转速度也是最大;而后孔口尺寸逐格增大,流速逐格减小,速度梯度 G 值也相应逐格减小以适应絮凝体的成长。一般地,起点孔口流速宜取 0.6 ~1.0 m/s,末端孔口流速宜取 0.2 ~0.3 m/s,絮凝时间取 15 ~25 min。穿孔旋流絮凝池虽结构简单,但絮凝效果较差,已较少使用。

6. 其他形式的絮凝池

除了上述已较成熟而常用的絮凝池之外,有关絮凝池的研究仍在不断发展,不断有新的絮凝池形式出现,如以波形板为填料的波形板絮凝池、采用搅拌器前后摇摆推动水流的摇摆式搅拌机械絮凝池、通过粗砂介质强化颗粒碰撞提高絮凝效率的接触式絮凝池及结合多种絮凝池优点的组合式絮凝池等。

2.7 混凝实验

在什么样的条件下能够产生混凝作用,这一问题可以在理论上进行阐述,但实际应用过程中在什么样的 pH 范围及加入多少药剂比较好,到目前为止尚无理论上的确定方法。对于将要处理的水来说,各净水厂必需事先确定最佳的混凝条件,这种最佳混凝条件的确定多采用烧杯搅拌混凝实验的方法。

正确的混凝实验方法可以确定混凝剂的最佳投加量及合适的混凝 pH。其原因如前所述,铝盐等混凝剂在不同的 pH 时性质有很大的变化,同时由于水中杂质的性质和数量不同,混凝剂投量和 pH 也有较大幅度的变化。无视这些而一味加大混凝剂投加量,不仅会导致污泥量的增加,甚至有时会使混凝效果恶化。为了确定最佳混凝条件,通常要进行反复的烧杯搅拌混凝实验。

综上所述,混凝实验是水处理生产中根据不同原水水质和水厂工艺条件对混凝剂混凝效果进行比较和评价,对混凝工艺参数进行优化的一种方法和手段,是选用混凝剂和确定混凝剂投加量的最主要方法。

1. 混凝实验的目的

混凝实验的目的在于评价特定原水水质和水厂工艺条件下的混凝过程,指导实际水处理厂的生产运行和管理。一般在以下情形下需要进行混凝实验:需要比较多种混凝剂对特定原水的混凝处理效果;需要确定某种混凝药剂的最佳投加量;需要优化生产中快速混合条件参数;需要优化生产处理工艺中的絮凝条件参数;进行快速混合、絮凝反应、沉淀之间的优化组合等。

2. 混凝实验的技术要求

为了保证混凝实验具有重复性、重现性和可比性,要求混凝实验所用实验设备和仪器及操作严格规范,按照相关标准进行。

(1)对混凝实验搅拌器的技术要求。

通常采用可同时搅拌多个搅拌杯的多联搅拌器来进行混凝实验。搅拌器装置底部应有观察絮凝体的照明装置且照明装置不会引起水样温度升高,搅拌器应带有加注混凝药剂的加药试管和试管支架,能手动或自动完成对各个搅拌杯同时加注药剂。搅拌桨宜采用无级调速或不少于5挡的调速,转速应能控制且有指示,精度在2%以内,当一个或多个搅拌桨停止或启动搅拌时,应不影响其他搅拌桨的转速,搅拌产生的速度梯度 G 值应在 100~200 s^{-1}的范围内可调。搅拌时间应能控制且有指示,精度控制在1%以内。搅拌桨叶的材质应具有化学稳定性和耐腐蚀性,对实验不产生不利影响,各个桨叶材质相同且均匀，浆叶的形状和尺寸也应相同。各桨叶轴中心线应铅垂，各桨叶在搅拌杯中的几何位置应相同，即桨叶上缘距水面、边缘距杯壁、下缘距杯底的距离应相同。在搅拌实验过程中，桨叶应全部淹没入水中，桨叶能自由提升或放下，整套装置应保持平稳，转动时桨叶不能摇摆颤动或扭曲，同时防止搅拌杯有横向移位。

(2) 对搅拌杯的技术要求。

搅拌杯材质应具有化学稳定性，耐腐蚀，对试验不产生不利影响；各搅拌杯材质、尺寸、形状应相同，如采用透明的有机玻璃或塑料或玻璃，有效容积不小于 100 mL；应在相同位置设取样口，杯壁上有体积刻度且误差应小于 2。

(3) 对其他方面的技术要求。

要求温度计测量偏差应小于 1 ℃，浊度仪灵敏度高，水质检验方法应符合相应的国家标准。原水水样和测定水样取样时应准确量取。

量取体积误差应小于 2%。混凝药剂通常应使用分析纯试剂，混凝药液均用普通蒸馏水配制后投加，应用移液管或刻度吸管准确量取后加到投药试管中。药液浓度用质量/体积百分比表示，所用药液放置时间不宜超过 8 h。

3. 混凝试验的方法

混凝试验通常可分为准备、混凝沉淀、测定与数据记录、混凝效果总体评价 4 个阶段。

(1) 准备阶段。

准备阶段通常首先要对原水的某些简单易测的水质指标进行测定，如水温、pH、浊度、色度等，某些测定步骤稍复杂的指标可以在混凝实验结束后与处理后水样一起测定。用量筒量取原水水样倒入搅拌杯中，将搅拌杯放置于搅拌器的设定位置，并把搅拌浆放入搅拌杯，对准中心位置。根据实验需要计算好各杯的加药量，用移液管或刻度吸管将相应量的药液加注到与各搅拌杯对应的试管内，为保证加到各搅拌杯中的药液体积一致，需要在药液体积少的各试管中补加适量蒸馏水使各加药试管中药液体积相等并摇匀。设定搅拌器的各试验参数：快速混合、絮凝反应的搅拌转速和时间。根据前文所述，混合阶段的速度梯度 G 值一般设在 500 ~ 1 000 s^{-1}，时间在 2 min 以内；絮凝阶段的 G 值一般设在 20 ~ 100 s^{-1}，时间为 5 ~ 20 min，絮凝 G 值应逐时递减。同时需要设定沉淀时间。

(2) 混凝沉淀阶段。

准备工作完成以后，先启动搅拌器开始搅拌，稍等片刻待搅拌器转速稳定后，转动加药试管架，迅速将混凝药剂同步加注到搅拌杯中，注意观察混合及絮凝过程中絮凝体的形成速度及大小等混凝现象并做记录。絮凝反应完成后开始记录沉淀时间，注意观察沉淀过程中絮凝体与水的分离状况并做好记录。

(3) 测定与数据记录阶段。

达到预设沉淀时间后，需要从搅拌杯中取水样测定 pH、浊度、色度、COD 等水质指标并记录测定结果，取样前应从取样口先排掉少许水样再取样测定。在进行多个搅拌杯混凝效果比较时，为了避免取样时间差对各搅拌杯水样测定结果（特别是浊度）的影响，应尽量缩短各搅拌杯取样的时间差，操作尽可能平行一致。

(4)混凝效果总体评价阶段。

混凝实验完成后,需对所实验的各种混凝剂或同一混凝剂不同投加量的混凝效果进行总体讨论、评价及描述,给出优化的混凝剂投加量和混凝条件参数。

4.混凝实验对实际水厂混凝工艺的模拟

建立实验室混凝实验与实际生产工艺的相关性,对指导生产运行和管理是很有意义的。要建立实验室搅拌混凝实验与生产工艺的相关性,通常需要确定3方面的参数:需根据水厂实际混合过程中的速度梯度来确定实验室混合搅拌转速和搅拌时间;需根据水厂实际絮凝池结构来确定实验室絮凝搅拌转速、时间及搅拌速度分挡;需根据水厂实际沉淀池沉淀效果来确定与之对应的实验室混凝实验的沉淀时间。

(1)实验室混合搅拌转速和搅拌时间的确定。

首先要测定水厂混合过程中的速度梯度,并计算出实验室混合实验所需混合搅拌转速,然后取水厂混合末端的混合后水样,立即置于搅拌器设定位置,将絮凝速度梯度设为某一定值(在20~100 s^{-1}范围内),搅拌时间设为某一定值(在5~10 min范围内),絮凝反应完成后静止沉淀5 min后取样测定水的浊度并记录数据。再取一组相同量的原水置于搅拌器的设定位置,按前面计算出的结果设定混合搅拌转速,各杯设定不同的混合搅拌时间,各杯按照第一组实验设定絮凝反应搅拌转速和时间,启动搅拌器,并在各实验搅拌杯中加入与实际生产相同的混凝剂,完成絮凝反应后,各杯均静止沉淀5 min,取样测定水的浊度。该组实验结果中,若某一杯的沉后水浊度与水厂混合后水样试验所得沉后水浊度相同或相近,则该搅拌杯的混合搅拌转速和时间即为模拟实际水厂试验的混合参数。若未找到与水厂水样试验所得沉后水浊度相同或相近者,则改变混合时间重复试验,直至找到为止。

(2)实验室絮凝反应搅拌转速、时间及搅拌速度分挡的确定。

首先测定水厂絮凝池第一挡的速度梯度,计算第一挡絮凝搅拌速度,然后在絮凝池第一挡末端取水样,立即置于搅拌器上设定位置,用比第一挡转速小的转速搅拌絮凝反应5 min,静止沉淀5 min后取水样测定沉淀后浊度。再取一组原水水样置于搅拌器设定位置,按上文(1)确定的混合搅拌转速和搅拌时间设定混合参数,按计算出的第一挡絮凝搅拌速度设置第一挡搅拌速度,各杯设置不同的搅拌时间,用比第一挡转速小的转速(与取混凝池第一挡末端水絮凝反应时数值相同)搅拌絮凝反应5 min,静止沉淀5 min后取水样测定沉淀后浊度。找到沉淀后水浊度与取混凝池第一挡末端水絮凝反应时测得浊度相同或相近的一杯,其絮凝反应转速和时间即为模拟水厂实际絮凝的搅拌实验中絮凝反应第一挡的搅拌转速和时间。若找不到浊度与取混凝池第一挡末端水絮凝反应时相同的试验杯,可调整絮凝搅拌时间重复实验直到找到为止。

重复以上实验,用相似的方法确定搅拌实验中絮凝反应第二挡、第三挡的模拟絮凝搅拌转速和时间。

(3)实验室混凝实验沉淀时间的确定。

首先测定水厂沉淀池出水浊度,然后取一组原水样置于搅拌器设定位置,按上文(2)

确定的混合搅拌转速和搅拌时间设定混合参数，按上文(1)确定的絮凝反应搅拌转速，时间及搅拌速度分挡设定絮凝参数，启动搅拌器并加入与实际生产相同的混凝剂，搅拌至设定时间后分别测定不同静止沉淀时间后水的浊度，找到某一杯水样的沉淀后水浊度与水厂沉淀池出水浊度相同或相近，则该搅拌杯对应的沉淀时间即可作为模拟生产实验的沉淀时间。

2.8 混凝装置及设计计算

2.8.1 混凝剂投配装置

1. 技术规范

(1)用于生活饮用水处理的混凝剂或助凝剂产品必须符合卫生要求。

(2)混凝剂和助凝剂品种的选择及其用量，应根据原水混凝沉淀试验结果或参照相似条件下的水厂运行经验等，经综合比较确定。

(3)混凝剂的投配宜采用液体投加方式。当采用液体投加方式时，混凝剂的溶解和稀释应按投加量的大小、混凝剂性质，选用水力、机械或压缩空气等搅拌、稀释方式。有条件的水厂，应直接采用液体原料的混凝剂。聚丙烯酰胺的投配，应符合国家现行标准《高浊度水给水设计规范》(CJJ 40—2011)的规定。

(4)液体投加混凝剂时，溶解次数应根据混凝剂投加量和配制条件等因素确定，每日不宜超过3次。混凝剂投加量较大时，宜设机械运输设备或将固体溶解池设在地下。混凝剂投加量较小时，溶解池可兼作投药池。投药池应设备用池。

(5)混凝剂投配的溶液质量分数，可采用5% ~20%(按固体质量计算)。

(6)石灰应制成石灰乳投加。

(7)投加混凝剂应采用计量泵加注且应设置计量设备并采取稳定加注量的措施。混凝剂或助凝剂宜采用自动控制投加。

(8)与混凝剂和助凝剂接触的池内壁、设备、管道和地坪，应根据混凝剂或助凝剂性质采取相应的防腐措施。

(9)加药间应尽量设置在通风良好的地段。室内必须安置通风设备及具有保障工作人员卫生安全的劳动保护措施。

(10)加药间宜靠近投药点。

(11)加药间的地坪应有排水坡度。

(12)药剂仓库及加药间应根据具体情况，设置计量工具和搬运设备。

(13)混凝剂的固定储备量，应按当地供应、运输等条件确定，宜按7 ~15 d的最大投加量计算。其周转储备量应根据当地具体条件确定。

(14)计算固体混凝剂和石灰贮藏仓库面积时，其堆放高度：当采用混凝剂时可为

1.5 ~2.0 m;当采用石灰时可为 1.5 m;当采用机械搬运设备时,堆放高度可适当增加。

2. 混凝剂溶解和溶液配制

混凝剂投加分固体投加和液体投加两种方式。我国很少应用前者,而通常将固体溶解后配成一定浓度的溶液投入水中。

溶解设备往往决定于水厂规模和混凝剂品种。大、中型水厂通常建造混凝土溶解池并配以搅拌装置。搅拌是为了加速药剂溶解。搅拌装置有机械搅拌、压缩空气搅拌及水力搅拌等,其中机械搅拌用得较多。机械搅拌以电动机驱动桨板或涡轮搅动溶液。压缩空气搅拌常用于大型水厂,它是向溶解池内通入压缩空气进行搅拌,优点是没有与溶液直接接触的机械设备,使用维修方便,但与机械搅拌相比,动力消耗较大,溶解速度稍慢。压缩空气最好来自水厂附近其他工厂的气源,否则需专设压缩空气机或鼓风机。用水泵自溶解池抽水再送回溶解池,是一种水力搅拌。水力搅拌也可用水厂二级泵站高压水冲动药剂,此方式一般仅用于中、小型水厂和易溶混凝剂。

溶解池、搅拌设备及管配件等,均应有防腐措施或采用防腐材料,使用 $FeCl_3$ 时尤需注意。而且 $FeCl_3$ 溶解时放出大量热,当溶液质量分数为 20% 时,溶液温度可达 70 ℃,这一点也应注意。当直接使用液态混凝剂时,溶解池不必要。

溶解池一般建于地面以下以便于操作,池顶一般高出地面约 0.2 m。溶解池的容积 W_1 按下式计算:

$$W_1 = (0.2 \sim 0.3) W_2 \tag{2.28}$$

式中　W_1——溶解池的容积,m^3;

W_2——溶液池的容积,m^3。

溶液池是配制一定浓度溶液的设施。通常用耐腐泵或射流泵将溶解池内的浓药液送入溶液池,同时用自来水稀释到所需浓度以备投加。溶液池容积按下式计算:

$$W_2 = \frac{24aQ_h}{1\,000 \times 1\,000cn} = \frac{aQ_h}{41\,700cn} \tag{2.29}$$

式中　a——混凝剂的投加量,mg/L;

Q_h——需要处理的水量,m^3/h;

c——溶液质量分数,一般取 5% ~20%;

n——每天调制的次数,一般不超过 3 次。

溶解池常采用方形池子,高度包括超高 0.3 m。

混凝剂的储备量 N' 按下式计算:

$$N' = \frac{Q_d q}{10^6} \tag{2.30}$$

式中　N'——混凝剂储备量,T/d;

q——混凝剂的投加量,mg/L;

Q_d——水厂设计水量,m^3/d。

混凝剂的有效堆放面积 A' 按下式计算:

$$A' = \frac{1.15 \times N't}{H} \tag{2.31}$$

式中 A'——混凝剂有效堆放面积，m^2；

t——堆放的天数，7～15 d；

H——堆放高度，当采用混凝剂时可为 1.5～2.0 m。

3. 混凝剂投加和计量设备

混凝剂投加设备包括计量设备、药液提升设备、投药箱、必要的水封箱及注入设备等。根据不同投药方式或投药量控制系统，所用设备也有所不同。

(1)计量设备。

药液投入原水中必须有计量或定量设备，并能随时调节。计量设备多种多样，应根据具体情况选用。计量设备有转子流量计、电磁流量计、苗嘴的计量泵等。采用苗嘴计量仅适用人工控制，其他计量设备既可人工控制，也可自动控制。

苗嘴是最简单的计量设备。其原理是：液位一定时，一定口径的苗嘴的出流量为定值。当需要调整投药量时，只要更换苗嘴即可。图 2.15 所示泵前投加的计量设备即采用了苗嘴。图中液位 h 一定，苗嘴流量也就确定了。使用中要防止苗嘴堵塞。

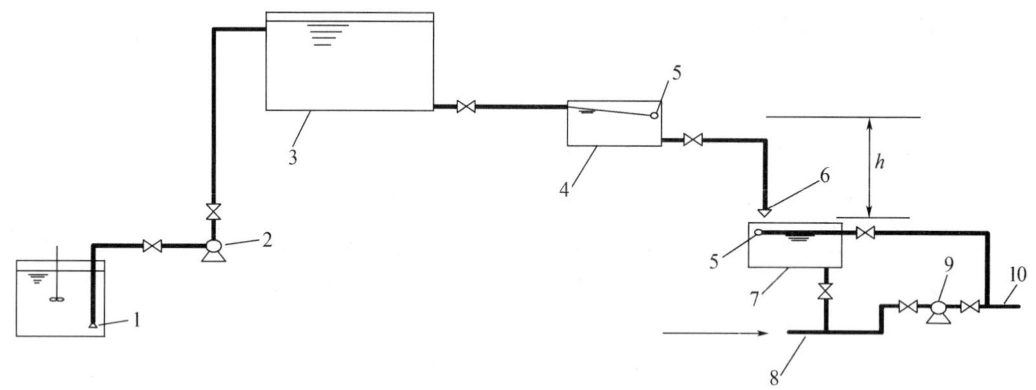

1—溶解池；2—提升泵；3—溶液池；4—恒位水箱；5—浮球阀；6—投药苗嘴；7—水封箱；8—吸水管；9—水泵；10—压水管

图 2.15　泵前投加

(2)投加方式。

常用的投加方式有以下 4 种。

①泵前投加。

药液投加在水泵吸水管或吸水喇叭口处，如图 2.15 所示。这种投加方式安全可靠，一般适用于取水泵房距水厂较近者。图 2.15 中水封箱是为防止空气进入而设的。

②高位溶液池重力投加。

当取水泵房距水厂较远时，应建造高架溶液池利用重力将药液投入水泵压水管上(图

2.16)或投加在混合池入口处。这种投加方式安全可靠,但溶液池位置较高。

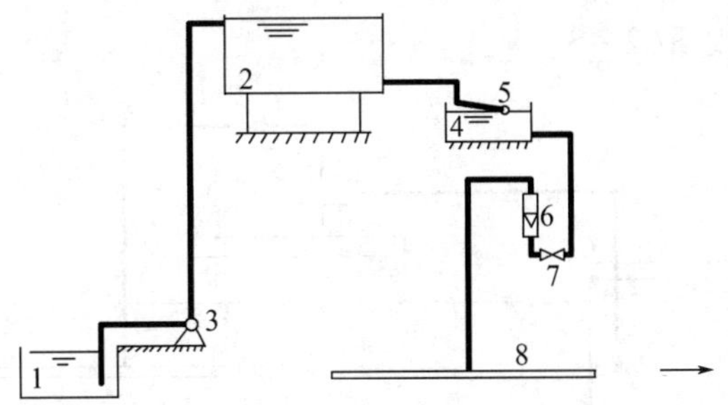

1—溶解池;2—溶液池;3—提升泵; 4—水封箱;
5—浮球阀;6—流量计; 7—调节阀;8—压水管

图 2.16　高位溶液池重力投加

③水射器投加。

利用高压水通过水射器喷嘴和喉管之间真空抽吸作用将药液吸入,同时随水的余压注入原水管中,如图 2.17 所示。这种投加方式设备简单,使用方便,溶液池高度不会受太大限制,但水射器效率低、易磨损。

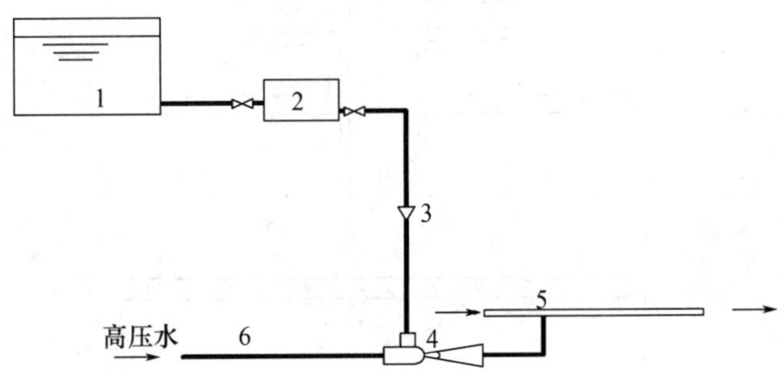

1—溶液池;2—投药箱;3—漏斗;4—水射器;5—压水管;6—高压水管

图 2.17　水射器投加

④泵投加。

泵投加有两种方式:一是采用计量泵(柱塞泵或隔膜泵),二是采用离心泵配上流量计。采用计量泵不必另备计量设备,泵上有计量标志,可通过改变计量泵行程或变频调速改变药液投量,最适合用于混凝剂自动控制系统。图 2.18 所示为计量泵投加,不必另设计量设备,适合混凝剂自动控制系统。图 2.19 所示为药剂注入管道方式,有利于药剂与水的混合。

计量泵每小时投加药量 q 为

$$q = \frac{W_2}{12n} \tag{2.32}$$

式中 q——计量泵每小时投加药量,m^3/h;

W_2——溶液池的容积,m^3;

n——调剂次数,取 2 ~ 3。

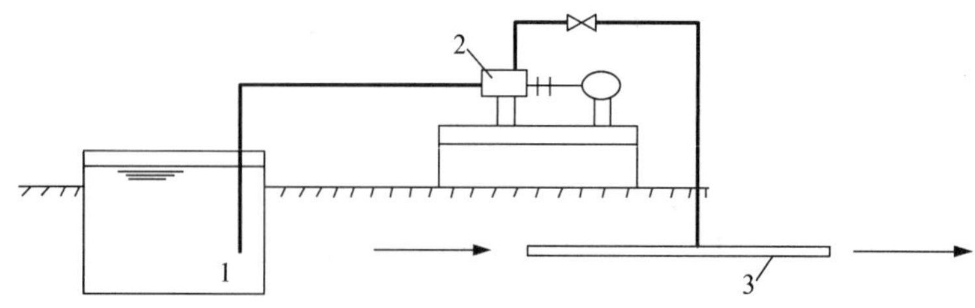

1—溶液池;2—计量泵;3—压水管

图 2.18 计量泵投加

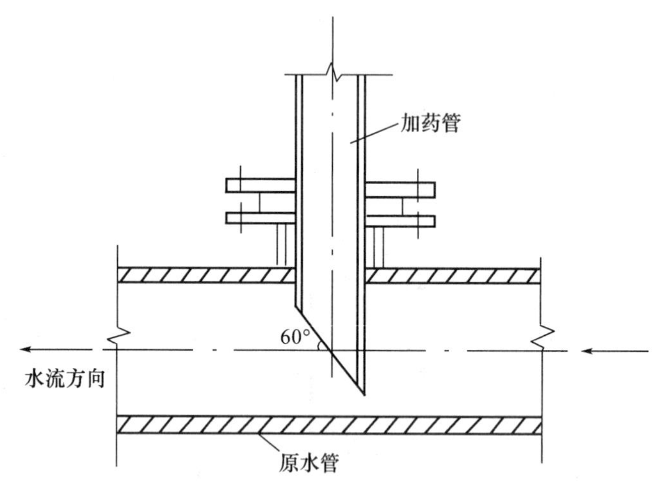

图 2.19 药剂注入管道方式

2.8.2 混合装置

混合装置的基本要求是药剂与水的混合必须快速均匀。混合装置种类较多,我国常用的归纳起来有 3 类:水泵混合、管式混合、机械混合。

1. 技术规范

(1)混合设备的设计应根据所采用的混凝剂品种,使药剂与水进行恰当、急剧、充分的混合。

(2)混合方式的选择应考虑处理水量的变化,可采用机械混合或水力混合。

2. 水泵混合

水泵混合需注意如下要点：

(1)将药剂溶液加于每一水泵的吸水管中，越靠近水泵效果越好，通过水泵叶轮的高速转动以达到混合效果。

(2)为了防止空气进入水泵吸水管内，需加设一个装有浮球的水封箱，如图 2.15 所示。

(3)对于投加腐蚀性强的药剂，应注意避免腐蚀水泵叶轮及管道。

(4)一级泵房距净水构筑物的距离不宜过长。

3. 管式混合

(1)管式静态混合器。

管式静态混合器是在管内设置多节固定叶片，使水流成对分流，同时产生涡旋反向旋转及交叉流动，从而获得混合效果。这种混合器的总分流数将按单体的数量成几何级数增加，这一作用称为成对分流。此外，因单体具有特殊的孔穴，可使水流产生撞击而将混凝剂向各向扩散，这称为交流混合，它有助于增强成对分流的效果。在紊流状态下，各个单体的两端产生旋涡，这种旋涡反向旋流更增强了混合效果。因此，这种混合器的每一单体同时发生分流、交流和旋涡 3 种混合作用，混合效果较好。管式静态混合器构造示意如图 2.20 所示。

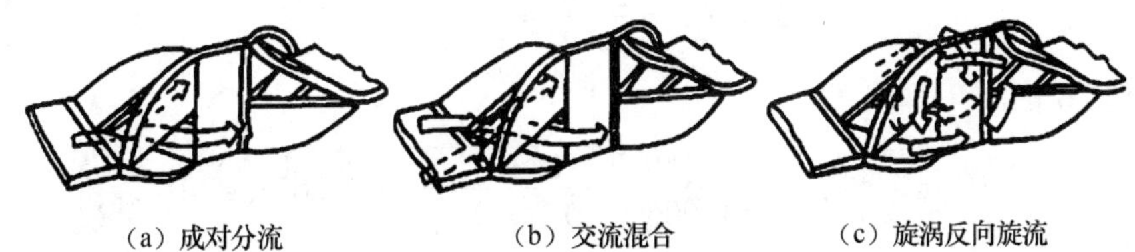

(a) 成对分流　　(b) 交流混合　　(c) 旋涡反向旋流

图 2.20　管式静态混合器构造示意

该混合器的水头损失与管道流速、分流板节数及角度等有关。实测损失往往与理论计算有较大出入，一般当管道流速为 1.0～1.5 m/s、分节数为 2～3 段时的水头损失为 0.5～1.5 m。

混合效果与分节数有关，一般取 2～3 段。

管式静态混合器设计计算举例如下。

【设计计算举例 2.1】设计总进水量为 $Q=105\ 000\ m^3/d$，水厂进水管投药口靠近水流方向的第一个混合单元，投药管插入管径的 1/3 处且投药管上多处开孔，使药液均匀分布，进水管采用两条，流速 $v=1.5\ m/s$。

【设计计算过程】

①设计管径。

静态混合器设在絮凝池进水管中，设计流量：

$$q = \frac{Q}{n} = \frac{105\ 000}{2} = 52\ 500\ (\mathrm{m^3/d}) \approx 0.608\ (\mathrm{m^3/s})$$

则静态混合器管径：

$$D = \sqrt{\frac{4q}{\pi v}} \approx \sqrt{\frac{4 \times 0.608}{3.14 \times 1.5}} \approx 0.72\ (\mathrm{m})$$

本设计采用 $D=800$ mm。

实际流速：

$$v = \frac{4q}{\pi D^2} = \frac{4 \times 0.608}{\pi \times 0.8^2} \approx 1.21\ (\mathrm{m/s})$$

②混合单元数。

$$N \geqslant 2.36 v^{-0.5} D^{-0.3} = 2.36 \times 1.21^{-0.5} \times 0.8^{-0.3} \approx 2.29$$

本设计取3，则混合器的混合长度为

$$L = 1.1DN = 1.1 \times 0.8 \times 3 = 2.64\ (\mathrm{m})$$

③水头损失。

$$h = 0.118\ 4 \frac{Q^2}{d^{4.4}} N = 0.118\ 4 \times \frac{0.608^2}{0.8^{4.4}} \times 3 \approx 0.35\ (\mathrm{m}) > 0.3\ \mathrm{m}$$

④混合时间。

$$T = \frac{L}{v} = \frac{2.64}{1.21} \approx 2.18\ (\mathrm{s})$$

⑤校核 G 值。

$$G = \sqrt{\frac{gh}{\nu T}} = \sqrt{\frac{9.8 \times 0.35}{1.006 \times 10^{-6} \times 2.18}} \approx 1\ 251\ (\mathrm{s^{-1}})$$

(2)扩散混合器。

在管式孔板混合器前加一个锥形帽，锥形帽夹角为90°，顺流方向投影面积为进水管总截面面积的1/4，开孔面积为进水管总截面面积的3/4，流速为1.0～1.5 m/s，混合时间为2～3 s，节管长度不小于500 mm，水头损失在0.3～0.4之间，直径为DN 200 mm～DN 1 200 mm，如图2.9(b)所示。进水管直径、孔板孔径及锥帽直径的关系见表2.3。

表2.3　进水管直径、孔板孔径及锥帽直径的关系

进水管直径 d_1/mm	400	500	600	700	800
孔板孔径 d_2/mm	340	440	500	600	700
锥帽直径 d_3/mm	200	250	300	350	400

水头损失(单位为m)按下式计算：

$$h = \xi \frac{v_2^2}{2g} \tag{2.33}$$

$$v_2 = v_1\left(\frac{d_1}{d_2}\right)^2 \tag{2.34}$$

式中　d_1——进水管直径,mm;

d_2——孔板孔径,mm;

v_1——进水管流速,m/s;

v_2——孔板孔口流速,m/s;

ξ——阻力系数,取 $\xi = 2.66$。

扩散混合器设计计算举例如下。

【设计计算举例 2.2】设计进水量为 $Q = 20\ 000\ m^3/d$,水厂进水管投药口至絮凝池的距离为 50 m,进水管采用 2 条,直径 $d_1 = 400$ mm。

【设计计算过程】

①进水管流速 v_1。

据 $d_1 = 400$ mm,$q = 20\ 000/(2 \times 24) = 417(m^3/h)$,查《给水排水设计手册》第 3 版(第 2 册)水力计算表(下文简写为“水力计算表”)知,$v_1 = 0.92$ m/s。

②混合管段的水头损失。

$$h = il = 0.311 \times 50 = 0.156(m) < 0.3\ m$$

说明仅靠进水管内流不能达到充分混合的要求,故需在进水管内装设管道混合器,如装设孔板(或文氏管)混合器。

③孔板的孔径 d_2。

因为 $d_2/d_1 = 0.75$,所以 $d_2 = 0.75d_1 = 0.75 \times 400 = 300$ (mm)。

④孔板处流速 v_2。

$$v_2 = v_1\left(\frac{d_1}{d_2}\right)^2 = 0.92 \times \left(\frac{400}{300}\right)^2 \approx 1.64\ (m/s)$$

⑤孔板水头损失。

$$h = \xi\frac{v_2^2}{2g} = 2.66 \times \frac{1.64^2}{2 \times 9.81} \approx 0.365\ (mH_2O)$$

式中　ξ——孔板局部阻力系数,$d_2/d_1 = 0.75$,查表 2.4 得 $\xi = 2.66$。

表 2.4　孔板局部阻力系数 ξ 值

d_2/d_1	0.60	0.65	0.70	0.75	0.80
ξ	11.30	7.35	4.37	2.66	1.55

如装设扩散混合器,选用进水管直径 $d_1 = 400$ mm,锥帽直径 $d_3 = 200$ mm,孔板孔径 $d_2 = 300$ mm。如用管式静态混合器,其规格为 DN 400 mm。

4. 机械混合

(1)设计要点。

①机械混合的桨板有多种形式,如桨式、推进式、涡流式等。采用较多的为桨式,其结

构简单,加工制造容易,但所能提供的混合功率较小。桨式搅拌混合池如图 2.21 所示。

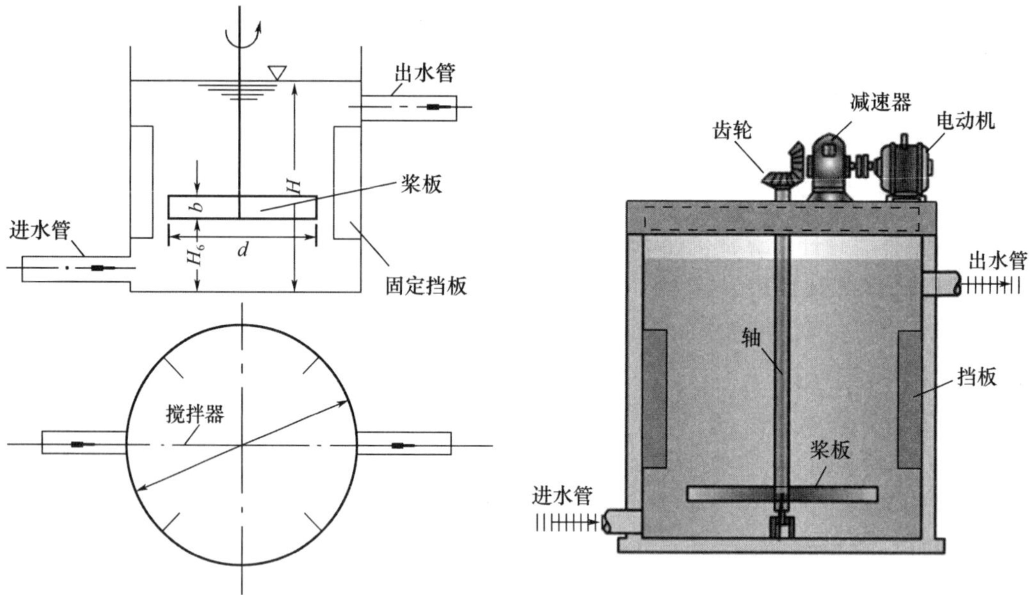

图 2.21　桨式搅拌混合池

②混合搅拌一般选用推进式或折桨式(简称桨式)搅拌器。推进式搅拌器效能较高,但制造较复杂;桨式搅拌器结构简单,加工容易,但效能较低。混合搅拌中宜首先选用推进式。

③混合搅拌中搅拌器的有关参数选用见表 2.5。

④混合搅拌强度可以采用搅拌速度梯度 G 来表示。

表 2.5　搅拌器的有关参数选用

项目	符号	单位	搅拌器形式	
			桨式	推进式
搅拌器外缘线速度	v	m/s	1.0 ~ 5.0	3 ~ 15
搅拌器直径	d	m	(1/3 ~ 2/3)D	(0.2 ~ 0.5)D
搅拌器距混合池底高度	H_6	m	(0.5 ~ 1.0)d	无导流筒时:= d 有导流筒时:≥1.2d
搅拌器桨叶数	Z	个	2,4	3
搅拌器宽度	b	m	(0.1 ~ 0.25)d	—
搅拌器螺距	S	m	—	等于 d
桨叶和旋转平面所成的角度	θ	°	45	—

续表2.5

搅拌器层数	e	层	当 $H/D \leqslant 1.2$ 时，$e=1$ 当 $H/D>1.2$ 时，$e>1$	当 $H/d \leqslant 4$ 时，$e=1$ 当 $H/d>4$ 时，$e>1$
层间距	S_0	m	$(1.0\sim1.5)d$	$(1.0\sim1.5)d$
安装位置要求	—	—	相邻两层桨交叉90°安装	—

注：D—混合池直径，m；d—搅拌器直径，m；H—混合池液面高度，m。

(2)设计计算举例。

【设计计算举例2.3】设计进水量为 $Q=105\ 000\ \mathrm{m^3/d}$，拟采用机械混合器进行混合。

【设计计算过程】

①混合池容积。

混合池容积

$$W=\frac{Qt}{60n} \tag{2.35}$$

式中　Q——设计的流量，$\mathrm{m^3/h}$；

t——混合时间，设计中取30 s，即0.5 min；

n——池子的个数，设计中取4个。

$$W=\frac{105\ 000/24\times0.5}{60\times4}\approx9.11\ (\mathrm{m^3})$$

②混合池的设计尺寸。

a. 设计中选取混合池尺寸为 $L\times B=2.0\ \mathrm{m}\times2.0\ \mathrm{m}$，计算混合池的有效水深：

$H'=\dfrac{9.11}{2.0\times2.0}\approx2.28\ (\mathrm{m})$，取2.3 m。

所以混合池总高度为：$H=H'+\Delta H=2.3+0.3=2.6\ (\mathrm{m})$。

b. 搅拌设备的计算。

池子当量直径：

$$D=\sqrt{\frac{4B\times L}{\pi}} \tag{2.36}$$

式中　B——混合池的宽度，m；

L——混合池的长度，m。

$$D\approx\sqrt{\frac{4\times2.0\times2.0}{3.14}}\approx2.26\ (\mathrm{m})$$

$H/D=2.3/2.26\approx1.02\leqslant1.2$，搅拌器层数取1。

c. 计算桨板尺寸。

桨板外缘直径：$d=\dfrac{2}{3}D=\dfrac{2}{3}\times2.26\approx1.50\ (\mathrm{m})$；

桨板的宽度：$b=0.2d=0.2\times1.50=0.30\ (\mathrm{m})$；

搅拌器距离混合池池底的距离：$h=0.75d=0.75\times1.50\approx1.13$（m）；

桨板的长度 l 取 0.6 m。

d. 计算桨板的垂直转速。

$$n_0=\frac{60\times v}{\pi\times d} \tag{2.37}$$

式中 n_0——桨板垂直转速，r/min；

v——桨板外缘线速度，介于 1 ~ 5 m/s 之间，取 2 m/s；

d——桨板外缘直径，m。

$$n_0=\frac{60\times2}{3.14\times1.50}\approx25.48\ (\text{r/min})$$

e. 计算桨板旋转的角速度。

$$w=\frac{\pi\times n_0}{30} \tag{2.38}$$

式中 w——桨板旋转角速度，rad/s；

n_0——桨板垂直转速，r/min。

$$w\approx\frac{3.14\times25.48}{30}\approx2.67\ (\text{rad/s})$$

f. 计算桨板转动时的混合功率。

$$N_0=C\frac{w^3Zl\rho(R^4-r^4)}{408g} \tag{2.39}$$

$$G=\sqrt{\frac{1\,000N_0}{\mu Qt}} \tag{2.40}$$

式中 N_0——混合功率，kW；

C——阻力系数，介于 0.2 ~ 0.5 之间，设计取 0.3；

w——桨板旋转角速度，rad/s；

ρ——水的密度，kg/m^3；

Z——桨板数，设计取 4 个；

R——轴中心距离桨板外缘的距离，m；

r——轴中心距离桨板内缘的距离，m；

g——重力的加速度，9.81 m/s^2；

μ——水的黏度，Pa · s；

Q——混合搅拌池的流量，m^3/s；

t——混合时间，s。

$$N_0=0.3\times\frac{2.67^3\times4\times0.60\times1\,000\times(0.75^4-0.45^4)}{408\times9.81}\approx0.942\ (\text{kW})$$

$$G=\sqrt{\frac{1\,000\times0.942}{1.029\times10^{-4}\times0.303\,8\times30}}\approx1\,001\ (\text{s}^{-1})$$

g. 计算电动机满足桨板转动时功率。

$$N = \frac{N_0}{\eta_1 \eta_2} \tag{2.41}$$

式中 N——桨板转动功率,kW;

η_1——机械总功率,$\eta_1 = 0.75$,设计取0.75;

η_2——传动效率,$\eta_2 = 0.6 \sim 0.95$,设计取0.7。

$$N = \frac{0.942}{0.75 \times 0.7} \approx 1.80 \text{ (kW)}$$

故选用功率为2.0 kW 的电机。

2.8.3 絮凝装置

1. 设计要点

(1)絮凝池形式的选择和设计参数的采用,应根据原水水质情况和相似条件下的运行经验或通过实验确定。

(2)絮凝池设计应使颗粒有充分接触碰撞的概率,又不致使已形成的较大絮粒破碎,因此在絮凝过程中速度梯度 G 或絮凝流速应逐渐由大到小。

(3)絮凝池要有足够的絮凝时间。根据絮凝形式的不同,絮凝时间也有区别,一般宜在10~30 min之间,低浊、低温水宜采用较大值。

(4)絮凝池的平均速度梯度 G 一般在30~60 s^{-1}之间,GT值达 $10^4 \sim 10^5$,以保证絮凝过程的充分与完善。

(5)絮凝池应尽量与沉淀池合并建造,进免用管渠连接。如确需用管渠连接,管渠中的流速应小于0.15 m/s,并避免流速突然升高或水头跌落。

(6)为避免已形成絮粒的破碎,絮凝池出水穿孔墙的过孔流速宜小于0.10 m/s。

(7)应避免絮粒在絮凝池中沉淀。如难以避免,应采取相应排泥措施。

2. 絮凝形式及选用

絮凝设备与混合设备一样,可分为两大类:水力和机械。前者简单,但不能适应流量的变化;后者能进行调节,适应流量变化,但机械维修工作量较大。

絮凝池形式的选择,应根据水质、水量、沉淀池形式、水厂高程布置及维修要求等因素确定。不同形式絮凝池的主要特点和适用条件参见表2.6。

表2.6 不同形式絮凝池比较

类型		特点	适用条件
隔板式絮凝池	往复式絮凝池	优点:絮凝效果好,构造简单,施工方便; 缺点:絮凝时间较长,水头损失较大,转折处絮粒易破碎,出水流量不宜分配均匀	水量大于30 000 m^3/d 的水厂;水量变动小的水厂

续表 2.6

类型		特点	适用条件
	回转式絮凝池	优点:絮凝效果好,水头损失较小,构造简单,管理方便; 缺点:出水流量不宜分配均匀	水量大于 30 000 m^3/d 的水厂;水量变动小的水厂;改建和扩建旧池时更适用
折板式絮凝池		优点:絮凝时间较短,絮凝效果好; 缺点:构造较复杂,水量变化影响絮凝效果	流量变化不大的水厂
网格(栅条)絮凝池		优点:絮凝时间短,絮凝效果较好,构造简单; 缺点:水量变化影响絮凝效果	流量变化不大的水厂;单池流量以 1.0 ~ 2.5 万 m^3/d 为宜
机械絮凝池		优点:絮凝效果好,水头损失小,可适应水质、水量的变化; 缺点:需要机械设备和经常维修	大小水量均适用,并适应水量变动较大的水厂

3. 往复式隔板絮凝池

(1)隔板絮凝池的设计参数。

设计隔板絮凝池时,应符合下列要求:

①絮凝时间一般宜为 20 ~ 30 min;

②絮凝池廊道的流速,应按由大到小渐变进行设计,起端流速宜为 0.5 ~ 0.6 m/s,末端流速宜为 0.2 ~ 0.3 m/s;转弯处的过水断面面积是廊道断面的 1.2 ~ 1.5 倍;

③隔板间净距宜大于 0.5 m,方便施工检修,池底还设有坡度 $i = 0.02 \sim 0.03$ 的排泥管。

(2)往复式隔板絮凝池池体设计。

【设计计算举例 2.4】已知设计流量为 105 000 m^3/d,拟采用 2 个往复式隔板絮凝池进行设计。

【设计计算过程】

①拟采用 2 个往复式隔板絮凝池,则单个絮凝池的处理流量:

$$Q_1 = \frac{Q}{2 \times 24} = \frac{105\ 000}{2 \times 24} = 2\ 187.5\ (m^3/h) \approx 0.608\ m^3/s$$

式中 Q_1——单个絮凝池处理的水量,m^3/h;

Q——水厂处理的流量,m^3/d。

②有效容积:

$$V' = Q_1 T = 0.608 \times 20 \times 60 = 729.6\ (m^3) \approx 730\ m^3$$

式中 Q_1——单个絮凝池处理的水量,m^3/h;

V'——有效容积,m^3;

T——絮凝时间,min,一般取 10 ~ 30 min,本设计中取 20 min。

考虑与平流式沉淀池合建，絮凝池有效水深取2.5 m，池宽取10.0 m。

③长度和宽度设计。

絮凝池的净长度：

$$L' = \frac{V}{BH'} = \frac{730}{10 \times 2.5} = 29.2\ (\mathrm{m})$$

式中 V——有效容积，m^3；

B——与沉淀池同宽，宽度取10 m；

H'——平均水深2.5 m。

超高取0.3 m，总水深 $H_{总} = 2.5 + 0.3 = 2.8\ (\mathrm{m})$。

④隔板间距。

流速分5段，分别为0.5 m/s，0.4 m/s，0.3 m/s，0.25 m/s，0.2 m/s。

第一段隔板间距：

$$a_1 = \frac{Q_1}{3\,600H'v} = \frac{0.608}{2.5 \times 0.5} \approx 0.486\ (\mathrm{m})$$

同样，可得到第二、三、四、五段隔板间距：$a_2 = 0.608$ m，$a_3 = 0.811$ m，$a_4 = 0.973$ m，$a_5 = 1.216$ m，设计中分别取：

$$a_1 = 0.5\ \mathrm{m}, v_1 = \frac{Q_1}{a_1H'} = \frac{0.608}{2.5 \times 0.5} \approx 0.486\ (\mathrm{m/s})$$

$$a_2 = 0.6\ \mathrm{m}, v_2 = \frac{Q_1}{a_2H'} = \frac{0.608}{2.5 \times 0.6} \approx 0.405\ (\mathrm{m/s})$$

$$a_3 = 0.8\ \mathrm{m}, v_3 = \frac{Q_1}{a_3H'} = \frac{0.608}{2.5 \times 0.8} = 0.304\ (\mathrm{m/s})$$

$$a_4 = 1.0\ \mathrm{m}, v_4 = \frac{Q_1}{a_4H'} = \frac{0.608}{2.5 \times 1.0} \approx 0.243\ (\mathrm{m/s})$$

$$a_5 = 1.2\ \mathrm{m}, v_4 = \frac{Q_1}{a_4H'} = \frac{0.608}{2.5 \times 1.2} \approx 0.203\ (\mathrm{m/s})$$

各段隔板条数分别为8、7、7、7、7，则池子长度：

$$\begin{aligned} L' &= 8 \times a_1 + 7 \times a_2 + 7 \times a_3 + 7 \times a_4 + 7 \times a_5 \\ &= 8 \times 0.5 + 7 \times 0.6 + 7 \times 0.8 + 7 \times 1.0 + 7 \times 1.2 = 29.2\ (\mathrm{m}) \end{aligned}$$

隔板厚度按0.2 m计，则池子总长度：

$$L = 29.2 + (36.1) \times 0.2 = 36.42\ (\mathrm{m})。$$

表2.7 廊道宽度和流速计算表

廊道分段/段	1	2	3	4	5
各段廊道宽度/m	0.5	0.6	0.8	1.0	1.2
各段廊道流速/($\mathrm{m \cdot s^{-1}}$)	0.486	0.405	0.304	0.243	0.203
各段廊道数/个	8	7	7	7	7
各段廊道总净宽/m	4	4.2	5.6	7	8.4

⑤水头损失计算。

$$h_i = \xi m_i \frac{v_{it}^2}{2g} + \frac{v_i^2}{C_i^2 R_i} l_i \tag{2.42}$$

式中 h_i——各段水头损失,m;

v_i——第 i 段廊道内的水流速度,m/s;

v_{it}——第 i 段廊道内转弯处水流速度,m/s;

m_i——第 i 段廊道内水流转弯次数;

ξ——隔板转弯处局部阻力系数,往复隔板(180°转弯)为3.0,回转隔板(90°转弯)为1.0;

l_i——第 i 段廊道总长度,m;

R_i——第 i 段廊道过水断面水力半径,m;

C_i——流速系数,随水力半径 R,和池底及池壁粗糙系数 n 而定,通常按曼宁公式:

$$C_i = \frac{1}{n} R_i^{\frac{1}{6}} \tag{2.43}$$

计算或直接查水力计算表。

$$R_i = \frac{a_i \times H'}{a_i + 2H'} \tag{2.44}$$

絮凝池为钢混结构,水泥砂浆抹面,粗糙系数 $n=0.013$,各段计算结果得:

$$R_1 = 0.23, C_1 = 60.2, C_1^2 \approx 3\,624.0;$$

$$R_2 = 0.27, C_2 = 61.8, C_2^2 \approx 3\,819.2;$$

$$R_3 = 0.35, C_3 = 64.6, C_3^2 \approx 4\,173.2;$$

$$R_4 = 0.42, C_4 = 66.5, C_4^2 \approx 4\,422.3;$$

$$R_5 = 0.48, C_3 = 68.1, C_5^2 \approx 4\,637.6。$$

廊道转弯处的过水断面面积为廊道断面积的1.2~1.5倍,则各段转弯处流速:

$$v_{it} = \frac{Q_1}{a_{it} H'} \tag{2.45}$$

式中 v_{it}——第 i 段廊道内转弯处水流速度,m/s;

Q_1——单池处理水量,m^3/s;

a_{it}——第 i 段转弯处断面间距,一般采用廊道断面间距的1.2~1.5倍,取1.4倍,$a_{it}=1.4a_i$;

H'——池内水深,m。

第1~5段转弯处流速:

$v_{1t} = 0.357$ m/s,$v_{2t} = 0.289$ m/s,$v_{3t} = 0.217$ m/s,$v_{4t} = 0.174$ m/s,$v_{5t} = 0.147$ m/s。

各段转弯处的宽度分别为0.7 m、0.84 m、1.12 m、1.4 m、1.68 m。

各段廊道长度:

$l_1 = 8\times(10-0.7)$ m $= 74.4$ m,$l_2 = 64.12$ m,$l_3 = 62.16$ m,$l_4 = 60.2$ m,$l_5 = 58.24$ m。

各段水头损失计算结果:

$h_1=0.18$ m，$h_2=0.10$ m，$h_3=0.05$ m，$h_4=0.03$ m，$h_5=0.02$ m。

总水头损失 $h=h_1+h_2+h_3+h_4+h_5=0.38$ m。

往复式絮凝池的总水头损失一般在 0.3～0.5 m 之间。

⑥GT 值校核。

$$G=\sqrt{\frac{gh}{60\nu_s T}}$$

式中　G——各段速度梯度，s^{-1}；

h——各段水头损失，m；

ν_s——水的运动黏度，m^2/s；

g——重力的加速度，9.81 m/s^2；

T——反应时间，s。

查表 2.8，计算各段速度梯度为

$$G_1=\sqrt{\frac{gh_1}{\nu_s T}}=\sqrt{\frac{9.81\times 0.18}{60\times 1.009\times 10^{-6}\times 2.74}}\approx 103.17\ (s^{-1})$$

$$G_2=\sqrt{\frac{gh_2}{\nu_s T}}=\sqrt{\frac{9.81\times 0.1}{60\times 1.009\times 10^{-6}\times 2.88}}\approx 75.01\ (s^{-1})$$

$$G_3=\sqrt{\frac{gh_3}{\nu_s T}}=\sqrt{\frac{9.81\times 0.05}{60\times 1.009\times 10^{-6}\times (5.6\times 20/29.2)}}\approx 45.96\ (s^{-1})$$

$$G_4=\sqrt{\frac{gh_4}{v_s T}}=\sqrt{\frac{9.81\times 0.03}{60\times 1.009\times 10^{-6}\times (7\times 20/29.2)}}\approx 31.84\ (s^{-1})$$

$$G_5=\sqrt{\frac{gh_5}{\nu_s T}}=\sqrt{\frac{9.81\times 0.02}{60\times 1.009\times 10^{-6}\times (8.4\times 20/29.2)}}\approx 23.73\ (s^{-1})$$

表 2.8　水的动力黏度 μ 和运动黏度 ν_s

水温 T/℃	μ/(Pa·s^{-1})	ν_s/(m^2·s^{-1})	水温 T/℃	μ/(Pa·s^{-1})	ν_s/(m^2·s^{-1})
0	1.780×10^{-3}	1.780×10^{-6}	15	1.140×10^{-3}	1.140×10^{-6}
5	1.520×10^{-3}	1.520×10^{-6}	20	1.009×10^{-3}	1.009×10^{-6}
10	1.310×10^{-3}	1.310×10^{-6}	30	0.809×10^{-3}	0.809×10^{-6}

总速度梯度为

$$G=\sqrt{\frac{gh}{v_s T}}=\sqrt{\frac{9.81\times 0.38}{60\times 1.009\times 10^{-6}\times 20}}\approx 55.49\ (s^{-1})$$

$GT=55.49\times 20\times 60=66\ 588$（在 10^4～10^5 范围内）

池底坡度 $i=0.38/36.2\times 100\%\approx 1.05\%$。

⑦ 计算草图(图 2.22)。

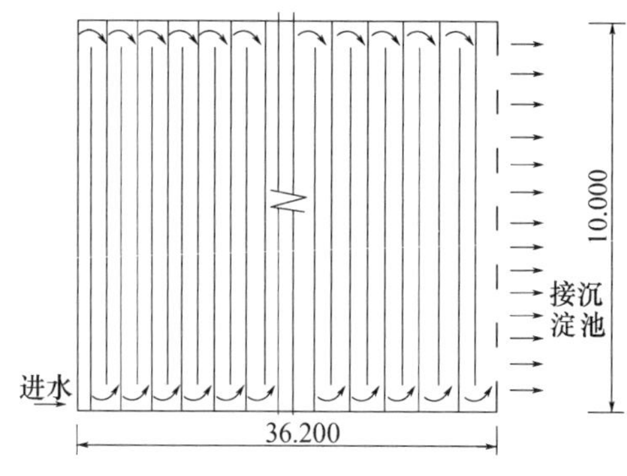

图 2.22　絮凝池平面图(单位:m)

4. 折板絮凝池

折板絮凝池利用在池中加设一些扰流单元以达到絮凝所要求的紊流状态,使能量损失得到充分利用,停留时间缩短。折板絮凝具有多种形式,常用的有多通道和单通道的平折板、波纹板等。折板絮凝池可布置成竖流式或平流式。折板反应池要设排泥设施。用于生活饮用水处理的折板材质应无毒。

(1)设计要点。

①竖流式折板絮凝池适用于中、小水厂,折板可采用钢丝网水泥板、不锈钢或其他材质制作。

②折板絮凝池一般分为 3 段(也可多于 3 段)。3 段中的折板布置可分别采用相对折板、平行折板及平行直板,第 3 段宜采用直板,如图 2.12 所示。

絮凝过程中的速度应逐段降低,分段数不宜少于 3 段,各段的流速:

第一段:0.25 ~ 0.35 m/s;

第二段:0.15 ~ 0.25 m/s;

第三段:0.10 ~ 0.15 m/s。

③各段的 G 值和 T 值可参考下列数据(絮凝时间一般宜为 12 ~ 20 min,低温低浊水处理絮凝时间宜为 20 ~ 30 min)。

第一段(相对折板):$G = 80\ s^{-1}$,$T \geqslant 240$ s;

第二段(平行折板):$G = 50\ s^{-1}$,$T \geqslant 240$ s;

第三段(平行直板):$G = 25\ s^{-1}$,$T \geqslant 240$ s;

GT 值 $\geqslant 2 \times 10^4$。

④折板夹角,可采用 90° ~ 120°;

⑤折板宽度 l 可采用 0.5 m 左右;折板长度可采用 0.8 ~ 1.5 m。

⑥ 第二段中平行折板的间距等于第一段相对折板的峰距。

(2)折板絮凝池设计计算。

【设计计算举例 2.5】已知 100 000 m^3/d 的水厂,自用水系数为 5%,设计折板絮凝池。

絮凝池与沉淀池合建，分2组，沉淀池宽10 m。速度梯度 G 要求由90 s^{-1}渐减至20 s^{-1}左右，絮凝池总GT值大于 2×10^4。

【设计计算过程】

①已知条件：设计水量 $Q=105\ 000\ m^3/d$。絮凝池与沉淀池合建，分2组，沉淀池宽10 m。速度梯度 G 要求由90 s^{-1}渐减至20 s^{-1}左右，絮凝池总GT值大于 2×10^4。

②主要数据和布置：总絮凝时间16 min，折板采用多通道布置，分3段，均采用相对折板。3段折板峰速峰速分别为0.3 m/s，0.2 m/s，0.1 m/s，布置如图2.23所示（仅画出单格）。折板布置如图2.24所示。

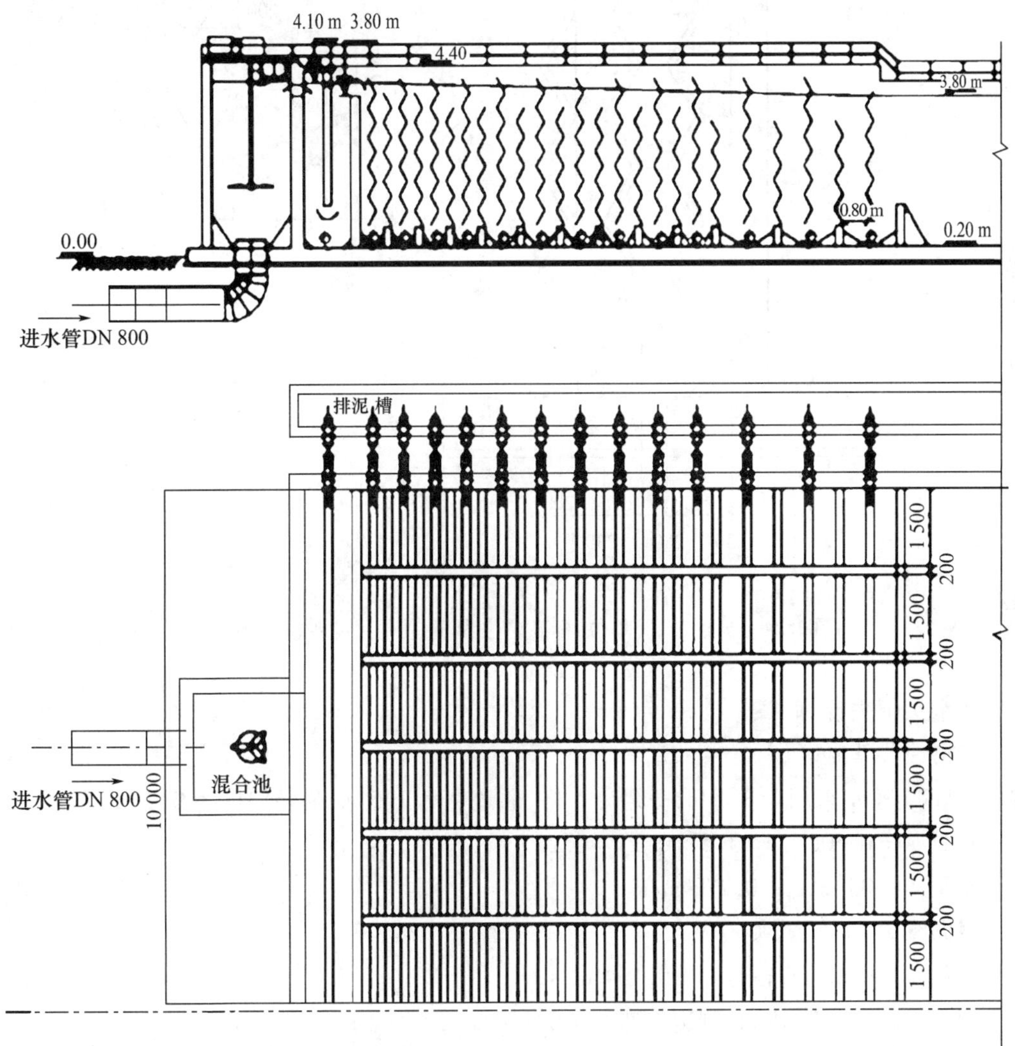

图2.23　折板絮凝池布置（单位：标高单位为m；其他尺寸单位为mm）

絮凝池与沉淀池合建，分2组，每组宽10 m。

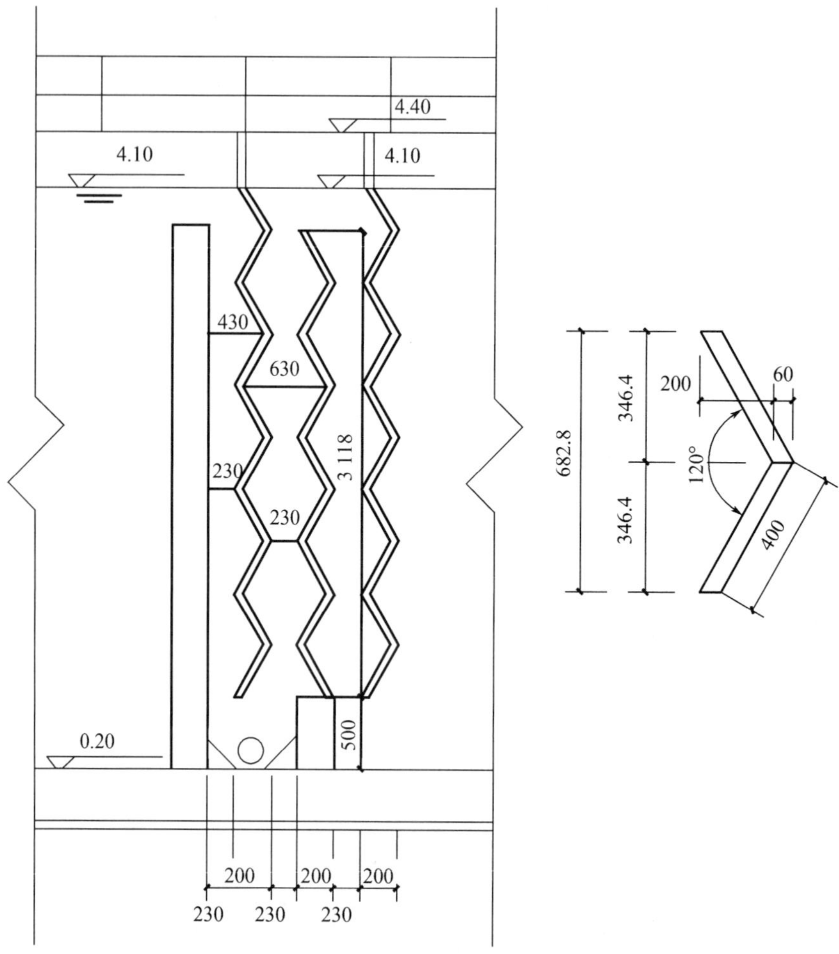

图 2.24　折板布置(单位:标高单位为 m;其他尺寸单位为 mm)

③水头损失计算。

a. 第一段絮凝区。

设计峰速 v_1 采用 0.3 m/s,每组分 6 格,通道宽为 1.5 m,隔墙厚度为 0.2 m。

峰距 $b_1 = 0.608/(6 \times 1.5 \times 0.3) \approx 0.225$ (m)。

取 $b_1 = 0.25$ m, $v_1 = 0.270$ m/s。

根据图 2.24 布置,则有:

谷距 $b_2 = 0.65$ m,谷速 $v_2 = 0.104$ m/s;

侧边谷距 $b_3 = 0.45$ m,侧边谷速 $v_3 = 0.150$ m/s。

b. 第一段第一道侧边部分。

渐放段损失为

$$h_1 = \xi_1 \frac{v_1^2 - v_3^2}{2g} = 0.5 \times \frac{0.270^2 - 0.150^2}{2 \times 9.81} \approx 0.001\ 3\ (\text{m})$$

渐缩段损失为

$$h_2 = \left[1 + \xi_2 - \left(\frac{F_1}{F_3}\right)^2\right]\frac{v_1^2}{2g} = \left[1 + 0.1 - \left(\frac{0.25}{0.45}\right)^2\right]\frac{0.270^2}{2 \times 9.81} \approx 0.0029\ (\mathrm{m})$$

第一道有4个渐缩、渐放，故水头损失为

$$h_{11} = 4 \times (0.0013 + 0.0029) = 0.0168\ (\mathrm{m})$$

下转弯处高度 H_3 为0.5 m，下转弯流速为

$$v_{下} = \frac{0.608}{6 \times 0.5 \times 1.5} \approx 0.135\ (\mathrm{m/s})$$

下转弯处水头损失为

$$h_{下} = 3 \times \frac{0.135^2}{2 \times 9.81} \approx 0.0028\ (\mathrm{m})$$

c. 第一段第二道：

渐放段损失为

$$h_1 = \xi_1 \frac{v_1^2 - v_2^2}{2g} = 0.5 \times \frac{0.270^2 - 0.104^2}{2 \times 9.81} \approx 0.0016\ (\mathrm{m})$$

渐缩段损失为

$$h_2 = \left[1 + \xi_2 - \left(\frac{F_1}{F_2}\right)^2\right]\frac{v_1^2}{2g} = \left[1 + 0.1 - \left(\frac{0.25}{0.65}\right)^2\right] \times \frac{0.270^2}{2 \times 9.81} \approx 0.0035\ (\mathrm{m})$$

第二道有4个渐缩、渐放，故水头损失为

$$h_{12} = 4 \times (0.0016 + 0.0035) = 0.0204\ (\mathrm{m})$$

上转弯处水深为

$$H_4 = 4.0 - 0.2 - 0.5 - 2.77 - (0.0168 + 0.0204 + 0.0028) \approx 0.49\ (\mathrm{m})$$

上转弯处流速为

$$v_{上} = \frac{0.608}{6 \times 0.49 \times 1.5} \approx 0.138\ (\mathrm{m/s})$$

上转弯处水头损失为

$$h_{下} = 3\frac{0.138^2}{2 \times 9.81} \approx 0.0029\ (\mathrm{m})$$

则前二道水头损失 $h = 0.0168 + 0.0204 + 0.0028 + 0.0029 = 0.0429\ (\mathrm{m})$

根据上述计算方法，第一段共11道，总水头损失 $H_1 = 0.242$ m，末端水深 $4.0 - 0.2 - 0.242 = 3.558(\mathrm{m})$

第一絮凝区停留时间：

$$T_1 = \frac{6 \times 1.5 \times [(3.8 + 3.558)/2] \times (0.25 + 0.45 \times 10)}{0.608 \times 60} \approx 4.31\ (\mathrm{min})$$

第一絮凝区 G：

$$G = \sqrt{\frac{gh}{\nu_s T}} = \sqrt{\frac{9.81 \times 0.242}{1.009 \times 10^{-6} \times 60 \times 4.31}} \approx 95.4\ (\mathrm{s}^{-1})$$

$$GT = 4.31 \times 60 \times 95.4 \approx 24670$$

第二、三絮凝区布置形式及计算与第一絮凝区基本相同，主要通过调整折板间距等来控制折板峰速、谷速，调节各区 G、T 值。各段主要数据及计算结果见表 2.9。

表 2.9　各絮凝区各段主要数据及计算结果

絮凝区	折板峰距 b_1/m	峰速 $v_1/(m \cdot s^{-1})$	折板谷距 b_2/m	谷速 $v_2/(m \cdot s^{-1})$	水头损失 h /m	时间 T /min	G /s^{-1}	GT 值
第一段	0.25(11 节)	0.270	0.65	0.104	0.242	4.31	95.38	24 667
第二段	0.36(9 节)	0.188	0.76	0.089	0.097	4.48	59.23	15 922
第三段	0.66(6 节)	0.102	1.06	0.064	0.028	4.64	31.27	8 706
合计	—	—	—	—	0.367	13.43	66.54	53 621

5. 网格絮凝池

网格絮凝池单池处理的水量以 1 万 ~2.5 万 m^3/d 较合适，以免因单格面积过大而影响效果。水量大时，可采用2 组或多组池并联运行。网格絮凝池适用于原水水温为4.0 ~34.0 ℃，浊度为 25 ~2 500 NTU。

(1)设计要点。

网格絮凝池可大致按分格数均分成 3 段，设计要求如下：

①絮凝时间一般为 12 ~20 min。处理低温低浊水时，絮凝时间可延长至 20 ~30 min；处理高浊度水时，絮凝时间可采用 10 ~15 min。

②絮凝池分格大小，按竖向流速确定。每格的竖向流速，前段和中段为 0.12 ~0.14 m/s，末段为 0.1 ~0.14 m/s。

③絮凝池分格数按絮凝时间计算，多数分成 8 ~18 格；前段絮凝时间为 3 ~5 min，中段絮凝时间为 3 ~5 min，末段絮凝时间为 4 ~5 min。

④各格之间的过水孔洞应上下交错布置，孔洞计算流速：前段为 0.20 ~0.30 m/s，中段为 0.15 ~0.20 m/s，末段为 0.1 ~0.14 m/s。所有过水孔须经常处于淹没状态。

⑤网格或栅条材料可用木材、扁钢、塑料、钢丝网水泥或钢筋混凝土预制件等。木板条厚度为 20 ~25 mm，钢筋混凝土预制件厚度为 30 ~70 mm，网格和栅条在池壁上通过支架上下固定。

⑥网格或栅条数：前段较多，中段较少，末段可不放。但前段总数宜在 16 层以上，中段总数在 8 层以上，上下两层间距为 60 ~70 cm。

⑦网格或栅条的外框尺寸加安装间隙等于每格池的净尺寸。前段栅条缝隙为50 mm 或网格孔眼为 80 mm ×80 mm，中段栅条缝隙和网格孔眼分别为 80 mm 和 100 mm ×100 mm。

⑧过网孔或栅孔流速：前段为 0.25 ~0.30 m/s，中段为 0.22 ~0.25 m/s。

⑨絮凝池内应有排泥措施，一般可用长度小于 5 m，直径为 150 ~200 mm 的穿孔排泥

管或单斗底排泥，采用快开排泥阀。

(2)网格絮凝池设计实例。

【设计计算举例2.6】已知设计水量为100 000 m^3/d的水厂，自用水系数为5%，设计网格絮凝池。

【设计计算过程】

①设计参数。

絮凝池设计3组，每组设2池，每池设计流量为

$$Q_1 = \frac{Q}{24n} = \frac{100\ 000 \times (1+5\%)}{24 \times 6} \approx 729.17\ (m^3/h) \approx 0.203\ m^3/s$$

则每座絮凝池有效容积：

$$V = Q_1 T$$

式中 Q_1——单个絮凝池处理水量，m^3/h；

V——絮凝池有效容积，m^3；

T——絮凝时间，一般采用12～20 min。

设计中取$T=12$ min。

$$V = 0.203 \times 12 \times 60 \approx 146.2\ (m^3)$$

②絮凝池的平面面积。

絮凝池的平面面积：

$$A = \frac{V}{H}$$

式中 A——絮凝池的平面面积，m^2；

V——絮凝池有效容积，m^2；

H——水深，m。

为与沉淀池(斜管)配合，絮凝池的池深为4.2 m。

$$A = \frac{146.2}{4.2} \approx 34.8\ (m^2)$$

③絮凝池单个竖井的平面面积。

$$f = \frac{Q_1}{v_1}$$

式中 f——单格竖井的平面面积，m^2；

Q_1——每个絮凝池处理水量，m^3/h；

v_1——竖井内流速，m/s，前段和中段为0.12～0.14 m/s，末段为0.1～0.14 m/s。

$$f = \frac{0.203}{0.12} \approx 1.69\ (m^2)$$

设每格为矩形，长边取1.4 m，短边取1.2 m，因此得分格数为

$n=\frac{34.8}{1.68}\approx 20.7$，取24格。

每行分6格，每池布置4行。

④絮凝池的长、宽、深。

单竖井的池壁厚为200 mm,边池的池壁厚为300 mm,设计时两个池子出水合在一起进入沉淀池(保持两池水面宽度一致)。絮凝池后面接沉淀池配水区,絮凝池宽度一般在2.0 m。

对于一组絮凝池:

a. 池长:$L=4\times1.2+3\times0.2+3\times0.3+2.0=8.3$ (m);

b. 池宽:$B=12\times1.4+11\times0.2+2\times0.3=19.6$ (m)(后面斜管沉淀池水面宽度取19 m);

c. 池深:池的平均有效水深为4.2 m,超高为0.40 m,泥斗深度为0.60 m,得到池总深度 $H=4.2+0.40+0.60=5.2$ (m)。

⑤竖井隔墙孔洞尺寸。

各竖井隔墙孔洞的尺寸和过水孔洞流速见表2.10。过水孔洞流速分别取0.3 m/s、0.25 m/s、0.2 m/s、0.16 m/s、0.12 m/s、0.1 m/s。过水孔洞流速从前向后分为6挡递减,每挡4格。进口流速为0.3 m/s,出口流速为0.1 m/s。

表2.10 各竖井隔墙孔洞的尺寸和过水孔洞流速

分格编号	1	2	3	4	5	6
孔洞宽×高/(m×m)	1.4×0.48	1.4×0.48	1.4×0.48	1.4×0.48	1.4×0.58	1.2×0.68
孔洞流速/($m\cdot s^{-1}$)	0.3	0.3	0.3	0.3	0.25	0.25
分格编号	7	8	9	10	11	12
孔洞宽×高/(m×m)	1.4×0.58	1.4×0.58	1.4×0.73	1.4×0.73	1.4×0.73	1.2×1.06
孔洞流速/($m\cdot s^{-1}$)	0.25	0.25	0.2	0.2	0.2	0.2
分格编号	13	14	15	16	17	18
孔洞宽×高/(m×m)	1.4×0.91	1.4×0.91	1.4×0.91	1.4×0.91	1.4×1.45	1.2×1.41
孔洞流速/($m\cdot s^{-1}$)	0.16	0.16	0.16	0.16	0.12	0.12
分格编号	19	20	21	22	23	24
孔洞宽×高/(m×m)	1.4×1.21	1.4×1.21	1.4×1.25	1.4×1.45	1.4×1.45	1.2×1.69
孔洞流速/($m\cdot s^{-1}$)	0.12	0.12	0.1	0.1	0.1	0.1

根据《给水排水设计手册》第3版(第3册),网格前段多,中段较少,末段可不设。前段总数宜在16层以上,中段在8层以上,上下两层间距为60~70 cm,取70 cm。前二挡每格均安装网格,第一挡每格安装3层,网格尺寸为80 mm×80 mm;第二挡每格安装2层,网格尺寸为100 mm×100 mm。第三、四挡不设网格。

⑥进出水。

两池第一格打通,设计成配水格,进水管从此格中间进水,管轴在水面以下1.0 m。

反应池出水至过渡段。高与絮凝池相同，池宽为 2.0 m，出水从过渡段经沉淀池配水花墙进入沉淀池沉淀。

⑦水头损失的计算。

$$h = \sum h_1 + \sum h_2 = \sum \xi_1 \frac{v_1^2}{2g} + \sum \xi_2 \frac{v_2^2}{2g}$$

式中　h_1——每层网格水头损失，m；

h_2——孔洞水头损失，m；

ξ_1——网格阻力吸水，一般采用前段 1.0，中段 0.9；

v_1——各段过网流速，m/s；

ξ_2——孔洞阻力系数，取 3；

v_2——各段孔洞流速，m/s。

a. 第一段水头损失。

竖井数为 6 个，单个竖井栅条层数为 3 层，共计 18 层，过栅流速为 0.25 m/s，竖井隔墙 6 个孔洞，孔洞流速见表 2.10。

$$h = \sum h_1 + \sum h_2 = \sum \xi_1 \frac{v_1^2}{2g} + \sum \xi_2 \frac{v_2^2}{2g}$$

$$= 18 \times 1.0 \times \frac{0.25^2}{2 \times 9.81} + 3.0 \times \frac{4 \times 0.3^2 + 2 \times 0.25^2}{2 \times 9.81} \approx 0.131\ (\text{m})$$

b. 第二段水头损失。

$$h = \sum h_1 + \sum h_2 = \sum \xi_1 \frac{v_1^2}{2g} + \sum \xi_2 \frac{v_2^2}{2g}$$

$$= 12 \times 1.0 \times \frac{0.25^2}{2 \times 9.81} + 3.0 \times \frac{2 \times 0.25^2 + 4 \times 0.2^2}{2 \times 9.81} \approx 0.069\ (\text{m})$$

c. 第三段水头损失。

$$h = \sum h_1 + \sum h_2 = \sum \xi_1 \frac{v_1^2}{2g} + \sum \xi_2 \frac{v_2^2}{2g}$$

$$= 3.0 \times \frac{4 \times 0.16^2 + 2 \times 0.12^2}{2 \times 9.81} \approx 0.020\ (\text{m})$$

d. 第四段水头损失。

$$h = \sum h_1 + \sum h_2 = \sum \xi_1 \frac{v_1^2}{2g} + \sum \xi_2 \frac{v_2^2}{2g}$$

$$= 3.0 \times \frac{2 \times 0.12^2 + 4 \times 0.1^2}{2 \times 9.81} \approx 0.011\ (\text{m})$$

$$h = \sum h = 0.131 + 0.069 + 0.020 + 0.011 = 0.231\ (\text{m})$$

⑧各段的水力停留时间。

$$T = \frac{V}{Q} = \frac{1.4 \times 1.2 \times 4.2 \times 6}{0.203} \approx 208.6(\text{s}) \approx 3.48\ \text{min}$$

总停留时间为 13.9 min。

⑨GT 值计算。

a. 第一段絮凝区。

$$G=\sqrt{\frac{gh}{\nu_s T}}=\sqrt{\frac{9.81\times 0.131}{1.009\times 10^{-6}\times 60\times 3.48}}\approx 78.1\ (\mathrm{s}^{-1})$$

$$GT=3.48\times 60\times 78.1=16\ 307$$

b. 第二段絮凝区。

$$G=\sqrt{\frac{gh}{\nu_s T}}=\sqrt{\frac{9.81\times 0.069}{1.009\times 10^{-6}\times 60\times 3.48}}\approx 56.68\ (\mathrm{s}^{-1})$$

$$GT=3.48\times 60\times 56.68=11\ 834$$

c. 第三段絮凝区。

$$G=\sqrt{\frac{gh}{\nu_s T}}=\sqrt{\frac{9.81\times 0.020}{1.009\times 10^{-6}\times 60\times 3.48}}\approx 30.51\ (\mathrm{s}^{-1})$$

$$GT=3.48\times 60\times 30.51=6\ 370$$

d. 第四段絮凝区。

$$G=\sqrt{\frac{gh}{\nu_s T}}=\sqrt{\frac{9.81\times 0.011}{1.009\times 10^{-6}\times 60\times 3.48}}\approx 22.63\ (\mathrm{s}^{-1})$$

$$GT=3.48\times 60\times 22.63=4\ 724$$

e. 絮凝区总平均。

$$G=\sqrt{\frac{gh}{\nu_s T}}=\sqrt{\frac{9.81\times 0.231}{1.009\times 10^{-6}\times 60\times 13.9}}\approx 51.89\ (\mathrm{s}^{-1})$$

$$GT=13.9\times 60\times 51.89\approx 43\ 276$$

⑩设计简图(图 2.25)。

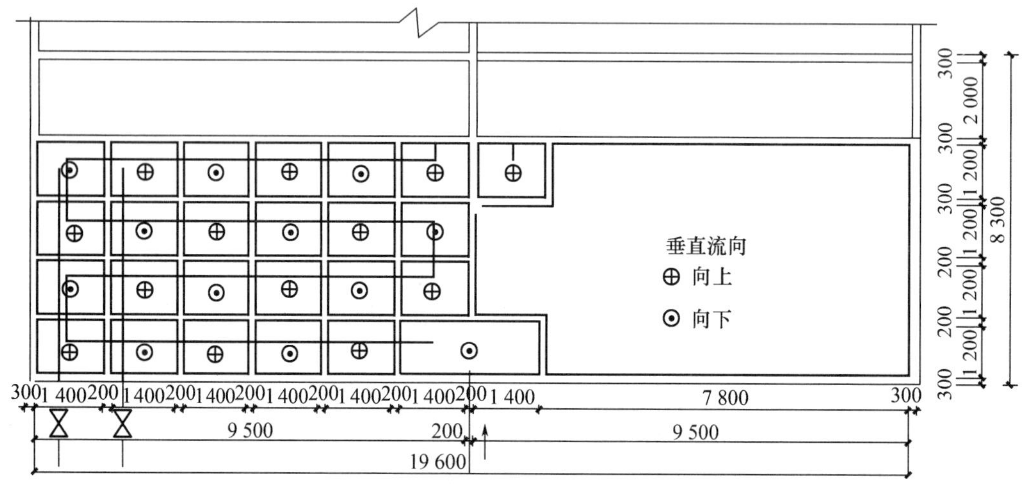

图 2.25　网格絮凝池布置设计简图(单位:mm)

6. 机械絮凝池

机械絮凝池是通过机械带动叶片完成絮凝过程的絮凝池，其水头损失较小，可以适应水量和水质的变化。根据搅拌轴的安放位置，机械絮凝池可分为水平轴式和垂直轴式，如图 2.10 所示。水平轴的方向可与水流方向垂直，也可与水流方向平行。为适应絮凝要求，机械絮凝池一般采用多级串联。

(1) 设计要点。

①絮凝时间一般为 15 ~ 20 min，低温低浊水处理絮凝时间宜为 20 ~ 30 min。

②池数一般不少于 2 个。

③搅拌器排数一般为 3 ~ 4 排（不应少于 3 排）。水平搅拌轴应设于池中水深 1/2 处，垂直搅拌轴则设于池中间。

④搅拌机转速应根据桨板边缘处的线速度计算确定，第一排桨板线速度采用 0.5 m/s，最后一排桨板线速度采用 0.2 m/s，各排线速度应逐渐减小。

⑤水平轴式叶轮直径应比絮凝池水深小 0.3 m，叶轮尽端与池子例壁间距不大于 0.2 m。垂直轴式的上桨板顶端应设于池子水面下 0.3 m 处，下桨板底部设于距池底 0.3 ~ 0.5 m 处，桨板外缘与池壁间距不大于 0.25 m。

⑥水平轴式絮凝池每只叶轮的桨板数目一般为 4 ~ 6 块，桨板长度不大于叶轮直径的 75%。

⑦同一搅拌器两相邻叶轮应相互垂直设置。

⑧每根搅拌轴上桨板总面积宜为水流截面积的 10% ~ 20%，不宜超过 25%，每块桨板的宽度为桨板长度的 1/15 ~ 1/10，一般采用 10 ~ 30 cm。

⑨必须注意不要产生水流短路，垂直轴式机械絮凝池应设置固定挡板。

⑩为了适应水量、水质和药剂品种的变化，宜采用无级变速的传动装置。

⑪絮凝池深度按照水厂标高系统布置确定，一般为 3 ~ 4 m。

⑫全部搅拌轴及叶轮等机械设备，均应考虑防腐。水平轴式机械絮凝池的轴承与轴架宜设于池外，若设在池内容易进入泥砂，致使轴承的严重磨损和轴杆的折断。轴承与池中支撑的连接处应建立磨损后的经常更换措施。

(2) 机械絮凝池设计实例。

【设计计算举例 2.7】已知设计水量为 100 000 m^3/d 的水厂，自用水系数为 5%，设计水平轴式机械絮凝池。

【设计计算过程】

①设计参数。

絮凝池设计 2 池，$n=2$，每池设 3 格，每池设计流量：

$Q_1=\dfrac{Q}{24n}=\dfrac{100\ 000\times(1+5\%)}{24\times 2}=2\ 187.5\ (m^3/h)\approx 0.608\ m^3/s$，絮凝时间 $T=20$ min。

则每座絮凝池有效容积：

$$V = Q_1 T$$

式中 Q_1——单个絮凝池处理水量，m^3/h；

V——絮凝池有效容积，m^3；

T——絮凝时间，一般采用 15～20 min。

设计中取 $T=20$ min。

$$V = 0.608 \times 20 \times 60 = 730\ (m^3)$$

根据水厂高程系统布置，水深 H 取 3.8 m，采用三排搅拌器，则水池长度：

$$L = \alpha ZH = 1.3 \times 3 \times 3.8 = 14.82\ (m)$$

式中 α——系数，1.0～1.5；

Z——絮凝池搅拌器排数；

H——絮凝池深，m。

池子宽度：

$$B = \frac{Q}{L \times H} = \frac{730}{14.82 \times 3.8} = 13.0\ (m)$$

取池子宽度为 12.8 m。

②搅拌器尺寸。

每排上采用 3 个搅拌器，每个搅拌器长：

$$l = (12.8 - 4 \times 0.2)/3 = 4.0\ (m)$$

式中 0.2——搅拌器间的净距和其离壁的距离为 0.2 m。

搅拌器外缘直径：

$$D = 3.8 - 2 \times 0.15 = 3.5\ (m)$$

式中 0.15——搅拌器上缘离水面及下缘离池底的距离为 0.15 m。

叶轮桨板中心点旋转直径：$D_0 = 3.5 - 0.2 = 3.3\ (m)$。

每个搅拌器上装有 4 块叶片，叶片宽度采用 0.2 m(图 2.26)，每根轴上桨板总面积为 $4.0 \times 0.2 \times 4 \times 3 = 9.6\ (m^2)$，占水流截面积 $12.80 \times 3.8 \approx 48.6\ (m^2)$ 的 19.8%。

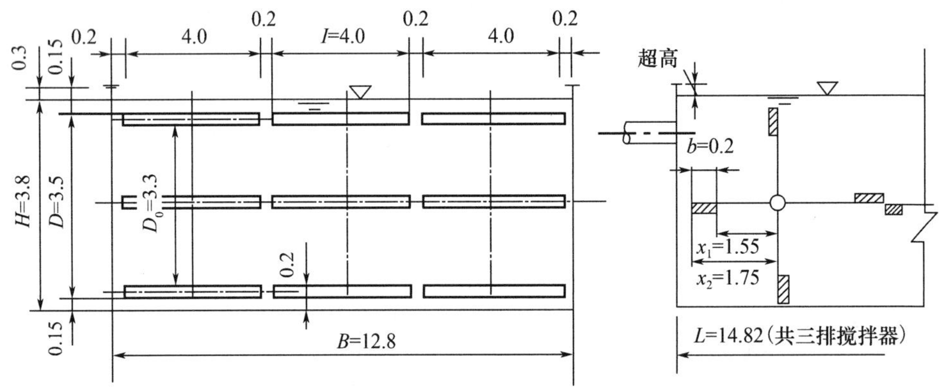

图 2.26　水平轴式机械絮凝池计算示例(单位:m)

③搅拌器功率、速度梯度。

第一排叶轮桨板中心点线速度 $v_1 = 0.5$ m/s，叶轮转数及角速度分别为

$$n_1 = \frac{60v_1}{\pi D_0} = \frac{60 \times 0.5}{3.14 \times 3.3} \approx 2.9\ (\text{r/min})$$

$$w_1 = 0.29\ \text{rad/s}$$

桨板宽长比 $b/l = 0.20/4 = 0.05 < 1$，查表 2.11，得 $\Psi = 1.10$。

表 2.11　阻力系数 Ψ

b/l	<1	1~2	2.5~4	4.5~10	10.5~18	>18
Ψ	1.10	1.15	1.19	1.29	1.40	2.00

$$k = \frac{\psi\rho}{2g} = \frac{1.10 \times 1\,000}{2 \times 9.81} \approx 56$$

每个叶轮所耗功率：

$$N_1 = \frac{ykl\omega^3}{408}(r_2^4 - r_1^4) = \frac{4 \times 56 \times 4 \times 0.29^3}{408} \times (1.75^4 - 1.55^4) \approx 0.193\ (\text{kW})$$

第一排所需功率：

$$N_{01} = 0.193 \times 3 = 0.579\ (\text{kW})$$

平均速度梯度 G 值（按水温 20 ℃计，$\mu = 102 \times 10^{-6}$ kg·s/m²）

$$G = \sqrt{\frac{102N_{01}}{\mu V_1}} = \sqrt{\frac{102 \times 0.579}{102 \times 729/3} \times 10^6} \approx 48.81\ (\text{s}^{-1})$$

用同样方法求得各排叶轮所耗功率、速度梯度 G 值，见表 2.12。

表 2.12　各排叶轮主要指标计算结果

叶轮	叶轮线速度 v /(m·s⁻¹)	叶轮转数 n /(r·min⁻¹)	角速度 w /(rad·s⁻¹)	每个叶轮功率 /kW	每排叶轮功率 /kW	速度梯度 G /s⁻¹
第一排	0.5	2.9	0.29	0.193	0.579	48.81
第二排	0.35	2.0	0.20	0.063	0.189	27.89
第三排	0.2	1.2	0.12	0.014	0.042	13.15

④电动机总功率、反应池平均速度梯度、GT 值。

设三排搅拌器合用一台电动机带动，则絮凝池所耗总功率为

$$\sum N_0 = 0.579 + 0.189 + 0.042 = 0.81\ (\text{kW})$$

反应池平均速度梯度：

$$G = \sqrt{\frac{102\sum N_0}{\mu V}} = \sqrt{\frac{102 \times 0.81}{102 \times 729} \times 10^6} \approx 33.33\ (\text{s}^{-1})$$

$$\text{GT} = 33.33 \times 20 \times 60 = 39\,996$$

G 和 GT 值符合要求。

每根旋转轴所需电动机功率：

$$N = \frac{\sum N_0}{\eta_1 \eta_2} = \frac{0.81}{0.75 \times 0.7} \approx 1.54\ (\text{kW})$$

搅拌设备总机械功率为0.75，传动效率为0.6～0.95，取0.7。

2.9 混凝应用

混凝主要用于生活饮用水的净化和工业废水、特殊水质（如含油污水，印染造纸污水、冶炼污水，含放射性物质、Pb 或 Cr 等毒性重金属及 F 的污水等）的处理，也可以用于废水深度处理和回用及污泥脱水。此外混凝在精密铸造、石油钻探、制革、冶金、造纸等方面也有广泛用途。

1. 给水处理

以地面水为水源时，可应用混凝去除浊度和细菌。经混凝沉淀后一般浊度小于10 度。

2. 废水处理

混凝在造纸、含油、印染及生活污水处理中都有广泛的应用，主要用于废水的脱色、去除悬浮物等。它在废水回用处理过程中几乎是一项必不可少的工艺。近年来，城市污水的混凝强化一级处理、混凝与生物联合处理的报道也屡见不鲜。

（1）造纸废水处理。

某些造纸和纸板厂采用混凝处理造纸和纸板废水，采用硫酸铝做混凝剂，并加入少量硅酸和聚合电解质，有助于絮凝体增大。其处理结果见表2.13。

表2.13　几家造纸和纸板厂废水混凝处理结果

废水	进水		出水			混凝剂投加量（过程中的投量）			停留时间/h	污泥含水率/%
	BOD/(mg·L^{-1})	SS/(mg·L^{-1})	BOD/(mg·L^{-1})	SS/(mg·L^{-1})	pH	硫酸铝/(mg·L^{-1})	硅酸/(mg·L^{-1})	聚合电解质		
纸板生产废水1	—	350～450	—	50～60	—	3	5	—	1.7	92～96
纸板生产废水2	—	140～420	—	10～40	—	1	—	胶10	0.3	98
纸板生产废水3	127	593	68	44	6.7	1～12	10	—	1.3	98
纸巾生产废水1	140	720	36	10～15	—	—	4	—	—	—
纸巾生产废水2	208	—	33	—	6.6	—	4	—	—	—

(2)乳化油废水处理。

某滚珠轴承制造厂废水含有肥皂、洗涤剂、水溶性研磨油、切削油、酸清洗剂等,破乳后采用混凝处理。该厂原水 pH 为 10.3,SS 质量浓度为 544 mg/L,油脂质量浓度为 302 mg/L,Fe 质量浓度为 17.9 mg/L,PO_4^{3-} 质量浓度为 222 mg/L。采用 $Al_2(SO_4)_3$ 做混凝剂,投加量为 800 mg/L,另加质量浓度为 450 mg/L 的 H_2SO_4 和 45 mg/L 的聚合电解质,废水得到了有效处理。出水 pH 为 7.1,SS 质量浓度为 40 mg/L,油脂质量浓度为 28 mg/L,Fe 质量浓度为 1.6 mg/L,PO_4^{3-} 质量浓度为 8.5 mg/L,运行稳定良好。

(3)印染废水处理。

印染废水处理适用于含颜料、分散染料、水溶性分子量较大的等染料废水处理。混凝剂的选择与染料种类有关,需做混凝实验,可以单独用无机混凝剂,也可和有机高分子絮凝剂联用。某针织厂废水 TOC 质量浓度为 50~60 mg/L,pH 为 7.5。采用 PAC 混凝剂,投加量为 140 mg/L 时,TOC 去除率为 68%。

(4)含油废水处理。

乳化油颗粒小,表面带电荷,加入混凝剂后,主要通过混凝剂的压缩双电层作用破坏乳化油结构。通常采用混凝气浮工艺进行含油废水的处理。兰州炼油厂废水加 PAC 混凝剂,采用二级气浮,原水含油 50~100 mg/L;投加 PAC 混凝剂 5.0 mg/L,一级气浮,出水油质量浓度为 20~30 mg/L;PAC 混凝剂质量浓度为 30 mg/L,二级气浮,出水油质量浓度为 15~20 mg/L。

(5)肉类加工厂废水处理。

某肉类加工厂屠宰废水 COD 质量浓度为 670 mg/L,用聚合硫酸铁处理后,COD 去除率在 77% 以上。

3. 废水深度处理与回用

将再生水补充至地表水水源和地下水水源,在国外,特别是在美国、欧洲及新加坡等国家和地区已经得到了成功的应用。加利福尼亚州将再生水间接补给饮用水已有 40 多年的历史,也是美国拥有再生水间接补给饮用水工程实例最多的州。在美国其他州,例如亚利桑那州、德克萨斯州及佛罗里达州等也有多个再生水补给饮用水示范工程或实际应用工程,美国再生水占水源水的比例平均达到 10% 左右。加利福尼亚州橘子县 21 世纪水厂将再生水回灌地下,处理工艺如图 2.27 所示。

4. 改善污泥脱水性能

通常采用聚合氯化铝或离子型聚丙烯酰胺作为脱水絮凝剂,改善污泥的脱水性能。

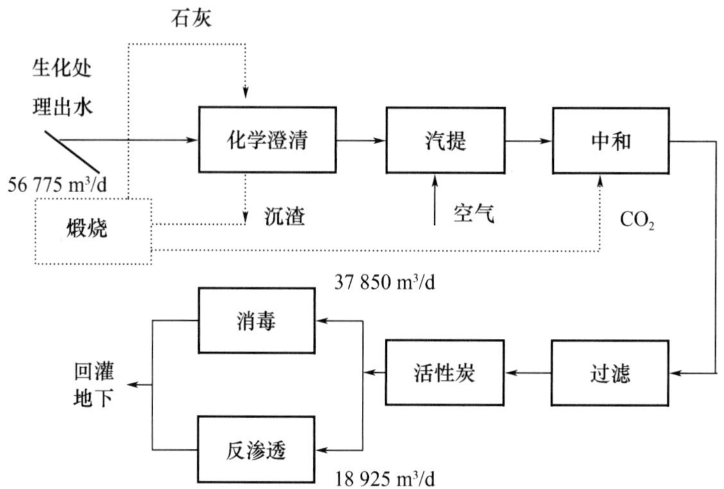

图 2.27　加利福尼亚州橘子县 21 世纪水厂再生水处理工艺

第 3 章　重力固液分离

重力固液分离是一种根据密度差异分离两种组分的方法，如悬浮物或颗粒状混合物与液体有明显的密度差异时，悬浮物或颗粒物会与液体发生分离，从而去除液体中的杂质。重力固液分离在水质净化过程中非常实用。重力分离方法主要包括沉淀（Sedimentation 或 Settling）、澄清（Clarification）、浮选（Preferential Flotation）、浓缩（Thickening）。杂质混合物的组分性质不同，选用的方法也有所不同。

利用颗粒与水的密度之差，当杂质密度大于 1 000 kg/m^3 时，杂质颗粒会下沉（沉淀）；反之，当杂质密度小于 1 000 kg/m^3 时，杂质颗粒会上浮（浮选）。当杂质颗粒与水的密度接近时，可采用通微小气泡和悬浮物结合在一起，使其比重明显小于水的密度，从而颗粒和气泡一起上浮，称为气浮。

沉淀是利用重力沉降来分离比水重的悬浮颗粒的过程，是去除水中悬浮物的主要单元，沉淀工艺简单，应用极为广泛，主要用于去除直径在 100 μm 以上的颗粒。目前，国内外的给水处理工艺大多采用混凝、沉淀（澄清）、过滤和消毒形式，其中沉淀部分对原水中悬浮物的去除显得尤为重要。用于沉淀的装置称为沉淀池，其英文表述为“a sedimentation tank”“clarifier”“settling basin”“settling tank”。沉淀池作为去除水中悬浮物的主要设施之一，在水行业得到了广泛的应用。纵观沉淀构筑物的发展可以发现：在 20 世纪 60 年代以前主要采用平流式、竖流式和辐流式沉淀池；20 世纪 60 年代起各种澄清池盛行一时；20 世纪 70 年代后主要是斜管、斜板及复合型沉淀池。在给水处理中，沉淀池主要用于在混凝沉淀过程去除水中的悬浮物，也可用于高浊水的预沉淀。

在污水处理和废水处理中，沉砂池可去除污（废）水中的无机物；初沉池用于去除污（废）水中的悬浮有机物，保护后续的生物处理过程；二沉池主要用于生物活性污泥与水的分离。

3.1　颗粒杂质在静水中的沉降规律

利用重力固液分离去除水中悬浮的和胶态的物质是水处理中运用最广泛的操作单元之一。沉淀这一节将介绍重力固液分离的基本原理。

3.1.1　沉淀分类

沉淀按固体颗粒在沉降过程中出现的不同物理现象分为 4 类。

（1）自由沉淀。固体颗粒在整个沉淀过程中独立完成，下沉过程中颗粒的大小、形状、密度保持不变,经过一段时间后,其沉降速度不变。显然,形成自由沉淀的条件是废水中悬浮固体浓度很低,固体颗粒不具有絮凝特性。自由沉淀通常发生在废水中的砂砾和沙沉降(沉砂池、初沉池前期)。

(2)絮凝沉淀。固体颗粒在整个沉淀过程中互相碰撞凝结而改变大小、形状、密度,颗粒粒径和沉降速度逐渐变大。形成絮凝沉淀的条件:悬浮固体浓度较高且具有絮凝特性,絮凝沉淀由凝聚性颗粒产生。絮凝沉淀通常发生在初沉池中和二沉池上部未经处理的废水所含的部分总悬浮固体(TSS)沉降;沉淀池中的化学絮凝物沉降(初沉池后期、二沉池前期、给水混凝沉淀)。

(3)拥挤沉淀或成层沉淀。固体颗粒在整个沉淀过程中互相保持相对位置不变,成整体下沉,因而形成浑液面。浑液面以上为澄清水,浑液面以下有个一定高度的悬浮固体浓度大体相等的区,沉淀过程表现为浑液面的下沉过程。形成成层沉淀的条件:悬浮固体颗粒粒径大体相等或悬浮固体浓度很高,以致在沉淀时造成"拥挤",形成颗粒群下沉。成层沉淀通常发生在生物处理设施的二次沉淀池(高浊水池、二沉池、污泥浓缩池中)。

(4)压缩沉淀。固体颗粒在整个沉淀过程中靠重力压缩下层颗粒,使下层颗粒间隙中的水被挤压而向上流动。形成压缩沉淀的条件是悬浮固体浓度特高,以致人们不再计量水中的固体浓度是多高,而反过来计量固体的含水率有多大。压缩沉淀通常发生在深层污泥或生物污泥的底层,例如深的二次沉淀池和污泥浓缩池的底部。

此外,还有一些在此基础上改进的沉淀和浮选类型。

3.1.2 颗粒杂质在水中的自由沉降

颗粒杂质能否在沉淀池中沉淀下来,主要取决于颗粒杂质的沉淀速度及其在池内的沉淀条件。下面先讨论颗粒杂质在水中的沉降速度。

用一个玻璃杯盛一杯清水,然后向杯内投一颗砂粒。若这颗砂粒投入水中时的速度为0,那么可以看到砂粒开始时的下沉速度越来越快,即做加速运动,但沉速增大至一定数值后便不再变化,接着便以此沉速做等速沉降运动。从砂粒开始沉降起到它开始以等速度沉降为止,这段时间一般都很短,例如直径为1 mm的粗砂(相对密度为2.7)在15 ℃的水中,从静止开始下沉到匀速沉降的时间才约0.09 s,下沉距离约4.7 mm。所以,下面只讨论杂质颗粒做等速沉降运动的问题。

在水中做沉降运动的颗粒杂质,将受下列3种力的作用。

(1)重力 $\boldsymbol{G}$。若杂质颗粒为球形,粒径为 d,体积为 $(1/6)\pi d^3$,密度为 ρ_p,则重力为

$$G = \frac{1}{6}\pi d^3 \rho_p g \tag{3.1}$$

式中 g——重力加速度。

(2)浮力 $\boldsymbol{A}$。其值等于与颗粒等体积的水重:

$$A = \frac{1}{6}\pi d^3 \rho_1 g \tag{3.2}$$

式中 ρ_1——水的密度。

(3)水流阻力 **F**。其值与颗粒在运动方向的投影面积$(1/4\pi)d^2$以及动压$(1/2)\rho_1 u^2$有关,u为颗粒与水的相对运动速度(即沉淀速度),则

$$F = \frac{1}{8}C_d \pi d^2 \rho_1 u^2 \tag{3.3}$$

式中　C_d——阻力系数。C_d与颗粒大小、形状、粗糙度、沉速有关。

当颗粒做等速度运动时,作用于颗粒上所有的力应处于平衡状态,即

$$G - A - F = 0 \tag{3.4}$$

将式(3.1)~(3.3)代入式(3.4),得颗粒的沉淀速度:

$$u = \sqrt{\frac{4}{3} \cdot \frac{g}{C_d} \cdot \frac{\rho_p - \rho_1}{\rho_1} d} \tag{3.5}$$

实验表明,阻力系数是雷诺数的函数,可写为

$$C_d = f(Re) \tag{3.6}$$

$$Re = \frac{\rho_1 d u}{\mu} \tag{3.7}$$

式中　Re——雷诺数;

μ——水的动力黏滞系数。

图 3.1 为$C_d = f(Re)$的实验曲线。由图可见,当$Re < 1$时,$C_d = f(Re)$在对数坐标线上为一直线,直线倾角为 45°,表明C_d与Re有简单的反比例关系:

$$C_d = \frac{24}{Re} \tag{3.8}$$

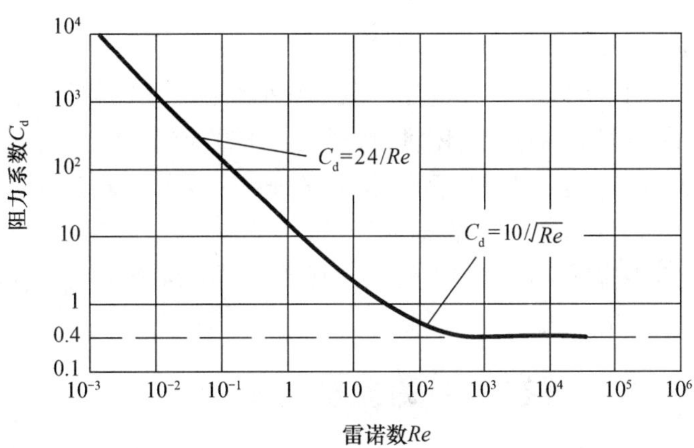

图 3.1　$C_d = f(Re)$的实验曲线

图 3.1 中C_d与Re与有直线关系的区段,称为层流区。将式(3.7)和式(3.8)代入式(3.5),得层流区的沉淀速度计算公式,称为斯托克斯(Stokes)公式:

$$u = \frac{1}{18} \cdot \frac{[\rho_p - \rho_1]g}{\mu} \cdot d^2 \tag{3.9}$$

由图 3.1 可见,当$Re > 1\,000$时,曲线为水平状,即C_d与Re无关,为紊流区。$C_d = C$,C为

常数。当 $Re=1\ 000\sim25\ 000$ 时，对于球形颗粒，可近似取 $C=0.4$ 代入式(3.5)，得式(3.10)，称为牛顿(Newton)公式：

$$u=\sqrt{\frac{10}{3}\cdot\frac{\rho_p-\rho_l}{\rho_p}\cdot gd}=1.83\sqrt{\frac{\rho_p-\rho_l}{\rho_p}\cdot gd} \tag{3.10}$$

当 $1<Re<1\ 000$ 时，属于过渡区，C_d 近似为

$$C_d=\frac{10}{\sqrt{Re}} \tag{3.11}$$

代入得阿兰(Allen)公式：

$$u=\left[\left(\frac{4}{255}\right)\frac{(\rho_p-\rho_l)^2g^2}{\mu\rho_l}\right]^{\frac{1}{3}}d \tag{3.12}$$

在水处理领域里，被去除的颗粒沉速大多远小于直径为0.1 mm的泥砂颗粒的沉速，即约7 mm/s，而直径为0.1 mm的颗粒在水中的沉降仍属于层流状态，所以层流区的斯托克斯公式对水处理特别重要。由式(3.9)可见，在层流状态下颗粒的沉速 u 与粒径 d 的平方成正比，与水的黏滞系数 μ 成反比，即颗粒愈粗，水温愈高，其沉速也愈快。此外，颗粒沉速还与密度差($\rho_p-\rho_l$)成正比，所以泥砂颗粒与水的密度差较大，沉速较快；藻类等与水的密度差很小，沉速较慢，只在颗粒足够大时沉速才较快。对于杂质颗粒与水的密度差较小或为负，可采用气浮的方法，通过气泡和颗粒的结合体进行受力分析，可同样得出上浮速度：

$$u=\frac{1}{18}\cdot\frac{(\rho_l-\rho_{合})}{\mu}\cdot d_{合}^2 \tag{3.13}$$

式中　$d_{合}$——气泡和颗粒结合体的表观直径，m。

斯托克斯公式的一个实际应用是用来测定细小颗粒杂质的粒径。因为细小颗粒杂质的粒径($d<0.1$ mm)直接测量十分困难，特别是杂质颗粒的形状又很不规则，更增加了测量的困难程度，所以实际中一般都不去直接测量细粒杂质的尺寸，而是测量杂质颗粒的沉速，然后用斯托克斯公式推算出颗粒的粒径，这就是颗粒粒径的沉降分析法，这种方法在土壤和泥砂的分析中应用甚广。在水处理中常常对颗粒沉降速度更感兴趣，所以常以颗粒沉速作为颗粒尺寸的代表。

3.1.3　杂质颗粒在水中的拥挤沉降

当水中有大量颗粒在有限的水体中沉降时，由于颗粒相互之间会产生影响，致使颗粒沉速较自由沉降时的沉速小，这种现象称为拥挤现象。若一个颗粒自由沉降时的沉速为 u_0，拥挤沉降时的沉速为 u，则两者的比值为

$$\beta=\frac{u}{u_0} \tag{3.14}$$

式中　β——沉速减低系数，其值小于1。

一个颗粒真正的自由沉降只有当它单独处于无限的水体中才能得到。但是实际上都把与自由流降相差不大的沉降过程看作自由沉降过程。有人认为，当水中颗粒的体积分

数不超过 0.2% 时,可以看作自由沉降。

一般认为,拥挤沉降中的沉速减低系数 β 仅和颗粒的体积浓度 C_v 有关,即

$$\beta = f(C_v) \tag{3.15}$$

对于非絮凝性颗粒,以下的指数型公式与试验资料吻合程度较好,故常被采用:

$$\beta = m^n \tag{3.16}$$

式中　n——指数;

m——单位体积水中孔隙所占比例,称为孔隙度,显然:

$$m = 1 - C_v \tag{3.17}$$

对于絮凝颗粒,以下的对数型公式与试验资料吻合程度较好,故常被采用:

$$\lg \beta = -KC_v \tag{3.18}$$

式中　K——系数。

式(3.18)在 $C_v = 0 \sim 25\%$ 范围内适用。

当体积分数再大时,絮凝颗粒会相互联结成网状构造,从而使 $\beta = f(C_v)$ 的关系遭到破坏。

在较高的颗粒体积浓度和粒径分布比较均匀的情况下,拥挤沉降过程中会在上部的澄清水和下部浑水之间出现明显的界面,这种现象有时被称作界面沉降。清、浑水之间的界面称为浑液面。将浑水注入一个玻璃筒中进行静水沉淀,可以看到浑液面将缓慢下沉。若以浑液面的高度 H 为纵轴,以沉淀时间 t 为横轴,可以绘出浑液面的沉降线过程,如图 3.2 所示。由图 3.2 可见,浑液面的沉降过程线的前段为一倾斜的直线,表明浑液面是等速沉降的,直线的斜率即为浑液面的沉速。浑液面沉降过程线的后段为一斜率逐渐减小的曲线,表明水中的悬浮物进入了淤积浓缩阶段。由直线段转入曲线段的分界点,称为临界点(又称压密点)。若于沉降某时刻测定悬浮物浓度沿深度方向的变化,会发现浑液面下有一个浓度变化较小的沉降层,一般称为等浓度层(B 段);筒底出现一个浓度很高的淤积层(D 段);在沉降层和淤积层之间有一个比较薄的过渡层(C 段)。随着沉淀时间增长,浑液面不断下沉,沉降层不断减小,淤积层不断增厚,过渡层不断上移,直到沉降层消失,浑水中的悬浮物开始全部进入淤积状态;随着时间进一步延长,沉降曲线逐渐趋于平缓,并最后变为一水平线,这时浑液面的高度便为水中悬浮物最终的淤积高度 H_∞。

沉淀开始时 $t = 0$,浑液面从水面开始沉降,浑液面起始高度为 H_0,于 t 时刻浑液面沉降到高度为 H 的位置,则浑液面的沉速为

$$u = \frac{H_0 - H}{t} \tag{3.19}$$

由图 3.2 (d)可知,曲线 ac 段的悬浮物浓度为 C_0,cd 段浓度均大于 C_0。设在 cd 上任一点 $C_t(C_t > C_0)$ 作切线与纵坐标相交于 a' 点,得高度 H_t。按照肯奇(Kynch)沉淀理论可得

$$C_t = \frac{C_0 H_0}{H_t} \tag{3.20}$$

式(3.20)的含义是:高度为 H_t、均匀浓度为 C_t 的沉淀管中所含悬浮物量和原来高度

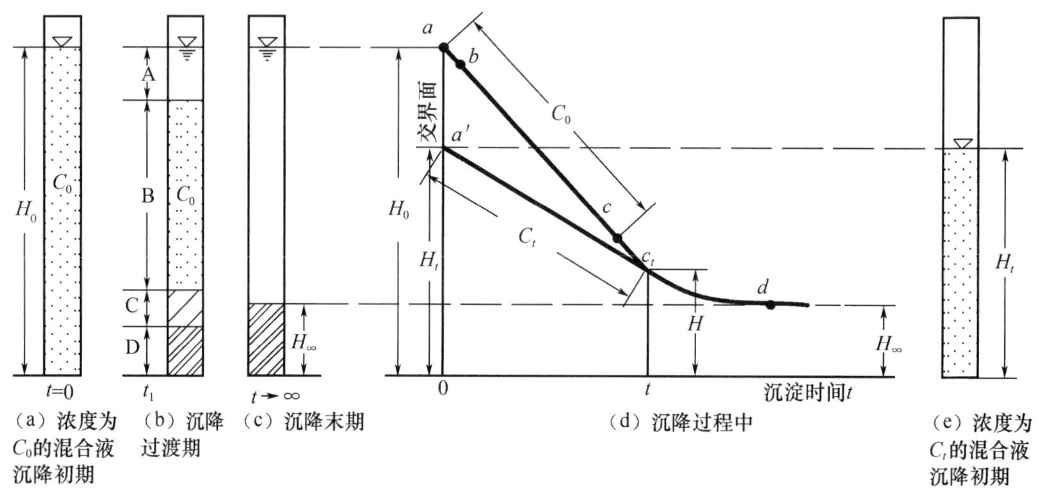

图 3.2　浑液面的沉降过程线

为 H_0、浓度为 C_0 的沉淀管中所含悬浮物量相等。曲线 $a'—c_t—d$ 为图 3.2（e）所虚拟的悬浮物拥挤下沉曲线。它与图 3.2(a)所示沉淀管中悬浮物下沉曲线在 C_t 点以前(即 t 时以前)不一致,但在 C_t 点以后(即 t 时以后)两曲线重合。作 C_t 点切线的目的是求任意时间内交界面下沉速度,这条切线斜率即表示浓度为 C_t 的交界面下沉速度。

$$u_t = \frac{H_t - H}{t} \tag{3.21}$$

在 ac 段,因切线即为 ac 直线,$H_t = H_0$,故 $C_t = C_0$。由于 ac 线斜率不变,说明浑液面等速下沉。当压缩到 H_∞ 高度后,斜率为 0,即 $u_t = 0$,说明悬浮物不再压缩,此时 $C_t = C_\infty$（压实浓度）。

如用同一水样,用不同的水深做实验(图 3.3),发现在不同沉淀高度 H_1 及 H_2 处,两条沉降过程曲线之间存在着相似关系 $OP_1/OP_2 = OQ_1/OQ_2$,说明当原水浓度相同时,A、B 区交界的浑液面的下沉速度是不变的,但由于沉淀水深大时,压实区也较厚,所以最后沉淀物的压实要比沉淀水深小时的压实更密实些。这种沉淀过程与沉淀高度无关的现象,使通过采用较短的沉淀管做实验来推测实际沉淀效果变为可能。

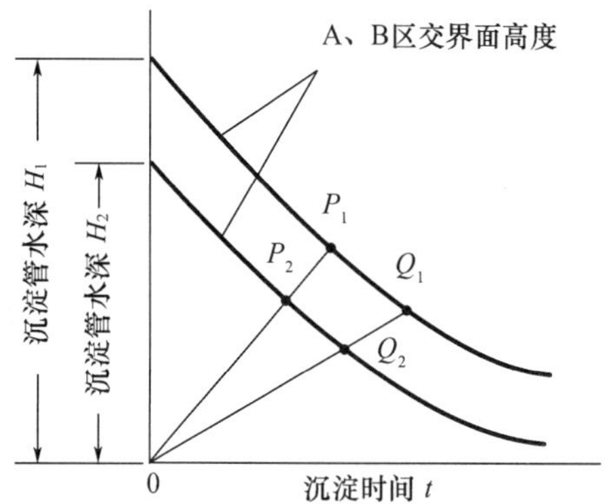

图 3.3　不同沉淀高度的沉降过程相似关系

水中悬浮物的界面沉降,在黄河高浊度水的沉淀、澄清池中的悬浮泥渣层沉降、污水活性污泥浓缩及矿浆水浓缩等水处理过程中都会出现。

3.2　平流沉淀池

平流式沉淀池应用很广,特别是在城市水厂中常被采用。

原水经投药、混合与絮凝后,水中悬浮杂质已形成粗大的絮凝体,要在沉淀池中分离出来以完成澄清的作用。对某些工业用水(例如冷却水),允许浑浊度较高,经混凝沉淀后即可使用。但对城市水厂,出厂水要求浑浊度在1度以下,故必须经过澄清工艺中的过滤处理。混凝沉淀池的出水浑浊度一般宜在10度以下,甚至更低。

平流式沉淀池为矩形水池,其基本组成如图3.4所示。上部为理想沉淀区,下部为沉泥区,池前部有进水区,池后部有出水区。经混凝的原水流入沉淀池后,沿进水区整个截面均匀分配,进入沉淀区,然后缓慢地流向出水区。水中的颗粒沉于池底,沉积的污泥连续或定期排出池外。

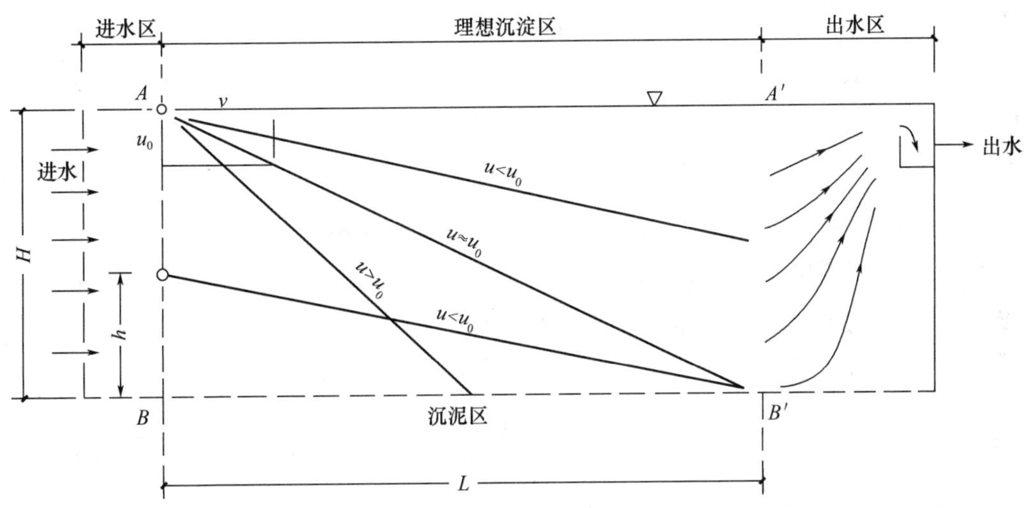

图3.4　平流式沉淀池基本组成

平流式沉淀池在运行时,水流受到池身构造和外界影响(如进口处水流惯性、出口处紊流、风吹池面、水质的浓差和温差等),致使颗粒沉淀复杂化。为了便于讨论,先从理想沉淀池理论出发,然后讨论实际情况。

3.2.1　理想沉淀池理论

平流式沉淀池是实际过程中应用较多的一种池型。平流式沉淀池水由一端流入、由另一端流出,水在池内以很小的流速缓慢流动,水中的颗粒杂质便会在池中沉淀下来,从而达到去除水中颗粒杂质的目的。

为了研究颗粒杂质在沉淀池被沉淀去除的规律性，便提出了理想沉淀池的概念。一般平流式沉淀池（图3.4）前部为进水区，后部为出水区，下部为沉泥区，中部为沉淀区。中部沉淀区若符合以下假定，称为理想沉淀区。

(1)进水均匀地分布于沉淀区的始端，并以相同的流速水平地流向末端。

(2)进水中颗粒杂质均匀地分布于沉淀区始端，并在沉淀区内进行着等速自由沉降。

(3)凡能沉降至沉淀区底的颗粒杂质便认为已被除去，不再重新悬浮进入水中。

设理想沉淀区的深度为 H，长度为 L，宽度为 B，进入沉淀区的水流量为 Q，则沉淀区水流流速为

$$v = \frac{Q}{HB} \tag{3.22}$$

现在先来考察由均一粒径组成的颗粒杂质在理想沉淀池中的沉淀情况。设杂质颗粒的沉速为 u_0，它一面以流速 v 随水流做水平运动，一面又进行等速沉降，故其运动轨迹为一倾斜的直线，当颗粒的直线轨迹能与池底相交时即被除去。显然，在沉淀区始端位于水表面的颗粒将处于最不利位置，如果这个颗粒的运动轨迹 AB'恰与池底末端 B'相交，那么这一粒径的杂质颗粒恰能全部沉淀下来。所以，这一恰能在池中沉淀下来的颗粒沉速 u_0，称为截留沉速。

在沉淀池的设计中表面负荷 q 是一个重要的工艺参数。所谓表面负荷是指单位沉淀面积上承受的水流量，即

$$q = \frac{Q}{LB} \tag{3.23}$$

由图3.4可知，按具有截留沉速 u_0 的颗粒沉降轨迹线 AB'，可找出颗粒沉降速度三角形与沉淀区几何三角形有相似关系，即

$$\frac{u_0}{v} = \frac{H}{L} \tag{3.24}$$

将式(3.22)和式(3.24)代入式(3.23)，得

$$q = \frac{vHB}{LB} = \frac{vH}{L} = v \cdot \frac{u_0}{v} = u_0 \tag{3.25}$$

即对于理想沉淀区，表面负荷与截留沉速相等。

现在来考察均一粒径杂质颗粒的沉速 u 与截留沉速 u_0 不同时的情况。当 $u > u_0$ 时，杂质颗粒在理想池中的沉降轨迹应该是一条比 AB'更陡的直线，所以它们无疑能全部沉淀下来。当 $u < u_0$ 时，杂质颗粒的沉降轨迹应是一条比 AB'平缓的直线，如图3.4所示，显然，在沉淀区始端只有位于池底以上 h 高度以下的颗粒才能沉淀下来，所以沉淀效率 η 应等于 h/H。沉速为 u_0 的颗粒由水面沉至池底的时间是 $t_0 = H/u_0$，沉速为 u 的颗粒由 h 高度处沉至池底的时间也是 $t_0 = h/u$，故有 $H/u_0 = h/u$，所以 $u < u_0$ 的颗粒的沉淀效率为

$$\eta = h/H = u/u_0 = u/(Q/A) \tag{3.26}$$

即沉速小于 u_0 的颗粒杂质在池中只能部分地沉淀下来，其沉淀效率等于其沉速 u 与截留沉速 u_0 的比值。上式(3.26)反映以下两个问题：

(1)当去除率一定时,颗粒沉速 u_i 越大则表面负荷也越高,亦即产水量越大;当产水量和表面积不变时,u_i 越大则去除率 η 越高。颗粒沉速 u_i 的大小与凝聚效果有关,所以生产上一般均重视混凝工艺。

(2)颗粒沉速 u_i 一定时,增加沉淀池表面积可以提高去除率。当沉淀池容积一定时,池身浅些则表面积大些,去除率可以高些,此即“浅池理论”,斜板(管)沉淀池的发展即基于此理论。

3.2.2　非凝聚性颗粒的静水沉淀实验

事实上,浑水中的杂质颗粒一般都是不均匀的。水中杂质颗粒粒径组成不同,其在理想沉淀区中的沉淀效率也不同。只有根据实际浑水的杂质颗粒粒径组成情况,才能对理想沉淀区中的沉淀效率进行计算。实际浑水的颗粒粒径组成情况可以通过静水沉淀实验得到。

先来讨论非凝聚性颗粒的静水沉淀实验。非凝聚性颗粒在沉降过程中其尺寸和沉速将保持不变。实验可在一沉淀筒中进行,如图 3.5 所示。首先考虑沉速为 u、颗粒浓度为 C 的均匀颗粒在筒中的沉淀情况。将水装入沉淀筒后,充分搅拌使颗粒在筒内分布均匀,停止搅拌使水在筒中进行静水沉淀。于不同沉淀时刻,由筒水面以下 H 深度处取样口取水样测定颗粒浓度。于初始时刻($t=0$),由取样口测出颗粒浓度为水中颗粒原始浓度 C。于时刻 $t<H/u$,筒水面处的颗粒在这段时间里下沉了 H'距离,即 $H'=tu$,而水面以下的所有颗粒都以相同沉速 u 下沉了相同距离 H',所以水面以下 H'深度以内的水中颗粒浓度为 0,H'深度以下的水中颗粒浓度不变,即仍为 C,这时由取样口取样的浓度亦不变(浓度仍为 C)。于时刻 $t=H/u$,水面颗粒已沉至取样口以下,即 $H'=tu=H$,这时取样口及其以上水层的颗粒浓度为 0。

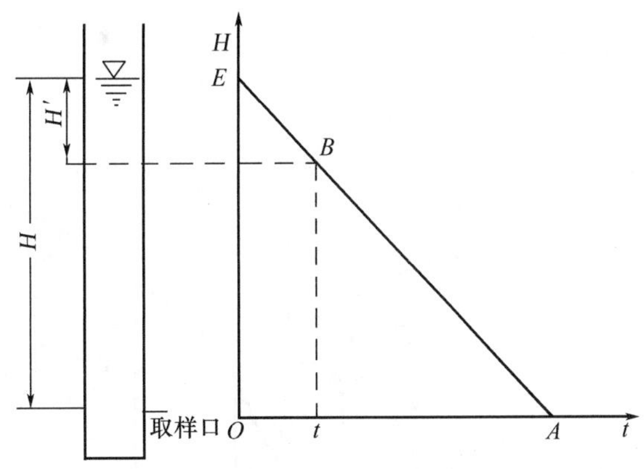

图 3.5　非凝聚性颗粒的静水沉淀实验

如以 H 为纵坐标,以 t 为横坐标作图,可将筒水面颗粒的沉降过程描绘为一条倾斜的直线,如图 3.5 所示。于 $t=0$ 时刻,水面沉速为 u 的颗粒位于 H 高度处,即在纵轴上有个对应的 E 点。于 $t=H/u$ 时刻,沉速为 u 的颗粒由水面沉至($H-H'$)高度处,故在图上对

应 B 点。于 $t=H/u$ 时刻，颗粒已由水面沉至取样口以下（即 H 深度处），故在图上对应横轴上的 A 点。将 E、B、A 三点连接起来，可得水面颗粒的沉降过程线。由于颗粒沉速在沉降过程中保持不变，所以颗粒沉降过程线为一条倾斜的直线，其斜率为 u，即颗粒沉速。

实际上水中颗粒一般都是不均匀的，假定颗粒粒径是连续变化的，将颗粒按粒径划分为许多组分，如果划分得足够小，则每一组分都可近似看成是由均匀颗粒组成的。设颗粒总浓度为 C_0，各组分浓度为 $\Delta C_1,\Delta C_2,\cdots,\Delta C_n$，颗粒沉速为 $u_1,u_2,\cdots,u_n$。将水置于与上述相同的沉淀筒中进行沉淀实验，并于不同时刻由下部取样口取水样。于沉淀时刻 $t=0$，所有组分颗粒都由水面开始沉降，所以筒中各处颗粒浓度都相同，并都等于颗粒总浓度 C_0，这时取样口处的颗粒浓度亦为 C_0。于沉淀时刻 t_i 由取样口取样，凡沉速大于等于 u_i（$u_it_i \geqslant H$）的颗粒组分已沉至取样口以下，故在水样中的浓度为 0。凡沉速小于 u_i 的颗粒都没有沉至取样口以下，故其浓度不变。所以由水样测出的颗粒浓度应为沉速小于 u_i 的颗粒组分的浓度之和。

$$C = \Delta C_{i+1} + \cdots + \Delta C_n \tag{3.27}$$

式中　C——水中剩余颗粒浓度。

在沉淀筒中任意水平面上，颗粒的沉降条件都相同，所以其浓度也都应相同，称为浓度为 C 的等浓度面。图 3.5 中的 OA 线，对于颗粒不均匀的水，可看成是浓度为 C 的等浓度面的沉降过程线。

将沉淀时间 t 变换成沉速 $u=H/t$ 作为横坐标，将取样口水样中剩余颗粒浓度 C 变换为剩余颗粒浓度比值 $P=C/C_0$ 作为纵坐标，用各取样时刻 t_i 及水样的颗粒浓度 C_i 的试验数据进行计算，可在图上绘出对应的点，将各点连成一曲线 $u-P$，称为颗粒沉速累积曲线，如图 3.6 所示，曲线上的点对应的纵轴值表示小于对应沉速的颗粒所占的比值。颗粒沉速累积曲线能反映水中不同粒径颗粒的组成情况，即水中颗粒组成情况不同，颗粒沉速累积曲线的形状也不同。

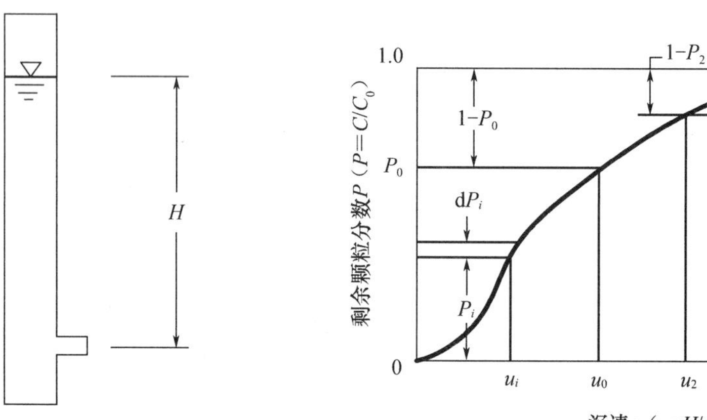

图 3.6　颗粒沉速累积曲线

由静水沉淀试验所得的颗粒沉速累积曲线 $u-P$,可以进行水在理想沉淀区中沉淀效率的计算。将水中颗粒杂质划分为许多微小组分,各组分的颗粒沉速大小顺序为 $u_1>u_2>\cdots>u_n$,各组分的质量在总质量中所占比例相应为 $\Delta P_1,\Delta P_2,\cdots,\Delta P_n$,设颗粒沉速$u\geqslant u_0$,这些颗粒将全部沉淀下来,它们在总量中所占比例为 $\sum_1^i \Delta P_j$,它恰与 $u-P$ 图中$(1-P_0)$相当,即

$$\eta = 1 - P_0 = \sum \Delta P_j \quad (j = 1,2,\cdots,i) \tag{3.28}$$

对于颗粒沉速 $u_i<u_0$ 的情况,ΔP_i 只能部分沉淀下来,沉淀效率 η_i 按式(3.26)计算;以 ΔP_i 与沉淀效率相乘,得沉下部分在总量中所占比例 $u_i/u_0\cdot\Delta P_i$;将 $u_i<u_0$ 的所有组分相加,得沉速小于 u_0 的各组分的总沉淀量在总量中所占比例:

$$\eta_2 = \sum_{i+1}^{n} \frac{u_j}{u_0} \cdot \Delta P_j \tag{3.29}$$

如果将组分划分得足够小,则可将上式写成积分式:

$$\eta_2 = \int_0^{P_0} \frac{u}{u_0} \mathrm{d}P = \frac{1}{u_0} \int_0^{P_0} u \mathrm{d}P \tag{3.30}$$

所以水中颗粒杂质在沉淀区中的总沉淀效率为

$$\eta = \eta_1 + \eta_2 = (1 - P_0) + \frac{1}{u_0} \int_0^{P_0} u \mathrm{d}P \tag{3.31}$$

式(3.31)中第二项中 $u\mathrm{d}P$ 为图(3.6)中曲线左侧的微元面积,$\int_0^{P_0} u\mathrm{d}P$ 即为 $u-P$ 曲线与 $P=P_0$ 及纵轴三者围成的面积,其值可由图中量得。这就是依据实际浑水的静水沉淀实验曲线进行理想沉淀池沉淀效率计算的方法。

在理想沉淀区中由始端表面 A 点引出的颗粒沉降轨迹线(如 AB'等直线),事实上都是等浓度线(在池中实际上是一个平面,也可称为等浓度面),它可想象为一个深度为 H 的沉淀筒,以速度由沉淀区始端向末端运动时,筒中等浓度面的沉降轨迹。图 3.4 中等浓度面的沉降轨迹线与图 3.5 中静水沉淀时等浓度面的沉降过程线是相似的,因为图 3.5 中的横坐标(时间 t)与图 3.4 的横坐标(长度 L)两者有固定的比例关系 $L=vt$。等浓度面的概念很重要,因为在对实际沉淀池进行观测或科学研究时,等浓度面是便于测量的水质模型。

由式(3.31)可见,理想沉淀区的沉淀效率只与截留沉速有关,亦即水在沉淀区中的沉淀效率只与表面负荷有关,而与其他工艺参数(如沉淀时间、池深水流速度等)无关。当处理水量一定时,沉淀效率只与沉淀池的表面积有关,即沉淀池表面积愈大,沉淀效率愈高。这一理论早在 1904 年由哈真(Hazen)提出,对沉淀技术的发展起重要作用。

上述结论很重要,因为它阐明了决定沉淀池沉淀效率的重要因素。当然,在实际生产中除了表面负荷外,其他许多因素对沉淀效率还是有影响的,但它们与表面负荷相比毕竟是次要的。

3.2.3　凝聚性颗粒杂质的静水沉淀实验

[实验] 采用图3.6 的沉淀试验筒,筒长尽量接近实际沉淀池的深度,可为2 ~3 m,直

径不小于 100 mm，设 5 ~ 6 个取样口。先均匀搅拌测定初始浓度，然后实验，每隔一段时间，取出各取样口的水，测定悬浮物的浓度，计算相应的去除百分数。以沉淀筒高度 H 为纵坐标，沉淀时间 t 为横坐标，把去除百分比相同的各点连成光滑曲线，称为“去除百分数等值线”。这些“去除百分数等值线”对应所指明去除百分数时，取出水样中不复存在的颗粒的最远沉降途径，深度与时间的比值指明去除百分数时的颗粒的最小平均沉速。

实验中，粒径不均匀的凝聚性颗粒在沉降过程中大颗粒会遇上小颗粒而发生碰撞聚结，使颗粒变大、沉速加快，所以凝聚性颗粒在沉降过程中沉速不是不变的，而是逐渐变大的。这个特点可由沉淀实验反映出来。沿沉淀筒深度方向设多个取样口，于不同时刻由各取样口同时取样，测定水样中的颗粒浓度，将浓度值标于 H_t 坐标图上。将各时刻浓度相同的点连成线，这就是等浓度面沉降过程线，如图 3.6 所示。对于非凝聚性颗粒杂质，由于颗粒沉速不变，所以等浓度面沉降过程线是一条倾斜的直线。对于凝聚性颗粒杂质，由于颗粒沉速不断变大，所以等浓度面沉降过程线是一条向下弯曲的曲线。图 3.7 中绘出了 6 条等浓度面沉降过程线，图中 C_i 为各等浓度面的浓度值。

利用图 3.7 中实测的等浓度面沉降过程线可以近似地对理想沉淀池的沉淀效率进行计算。假设沉淀筒深 H 与沉淀池深度相同，并想象该沉淀筒以速度 v 由沉淀区始端向末端运动，便可得到等浓度面在沉淀区中的沉降轨迹线，由于沉淀池长度 L 与沉淀时间 t 有固定的关系 $L = vt$，所以沉淀池中等浓度面的沉降轨迹线与沉淀筒中等浓度面的沉降过程线是相似的，只要将两者横坐标进行变换便可相互转换，即图 3.7 中 $t = t_0$ 的竖线就相当于沉淀区的末端。这时，沉淀区的截留沉速为 $u_0 = H/t_0$，沉降轨迹穿过 A 点的等浓度面浓度为 C_3，如水中颗粒杂质总浓度为 C_0，则沉速大于 u_0 的颗粒杂质浓度为 $(C_0 - C_3)$，它们将会全部沉淀下来，其在总量中所占比例为

$$\eta_1 = \frac{C_0 - C_3}{C_0} = 1 - \frac{C_3}{C_0} = 1 - P_0 \tag{3.32}$$

式中　P_0——水中剩余颗粒在总量中所占比例，$P_0 = C_3/C_0$。

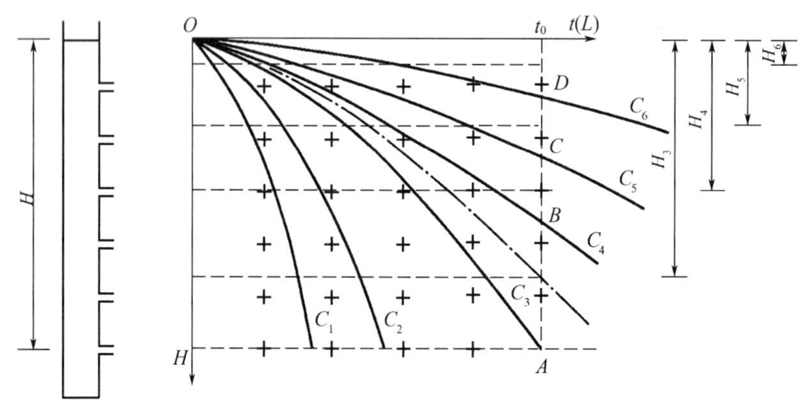

图 3.7　凝聚性颗粒的静水沉淀实验

沉速小于 u_0 的颗粒只能部分地沉淀下来，其沉淀效率计算如下。在图 3.7 中，竖线

$t = t_0$ 与 C_4、C_5、C_6 轨迹线相交处，将水中剩余颗粒杂质划分为 4 个组分，$(C_3 - C_4)$ 为一组分的浓度，在总度中所占比例为 $\Delta P_3 = (C_3 - C_4)/C_0$，作为近似计算，假定该组分颗粒粒径是均一的，并以相交处两点的平均深度除以 t_0 作为该组分颗粒的沉速 H_3/t_0。该组分沉降下来的颗粒在总量中所占的比例（沉淀效率）应为 $H_3/t_0/u_0 \cdot \Delta P_3$，或 $H_3/t_0/u_0 \cdot (C_3 - C_4)/C_0$。其他组分沉淀效率的计算与以上类似。沉速小于 u_0 的颗粒杂质的沉淀效率为

$$\eta_2 = \frac{H_3}{u_0 t_0} \cdot \frac{C_3 - C_4}{C_0} + \frac{H_4}{u_0 t_0} \cdot \frac{C_4 - C_5}{C_0} + \frac{H_5}{u_0 t_0} \cdot \frac{C_5 - C_6}{C_0} + \frac{H_6}{u_0 t_0} \cdot \frac{C_6}{C_0} \tag{3.33}$$

水中凝聚性颗粒在理想沉淀区中的总沉淀效率为 $\eta = \eta_1 + \eta_2$。

由上述沉淀效率的计算可知，将水中剩余颗粒组分划分得愈细，计算的结果会更精确。当然，为了绘出更多条数和更精确的等浓度面沉降过程线，应增加取样口的数目和缩短取样间隔时间，从而使实验工作量相应增大。

由于水中凝聚性颗粒在沉降过程中具有加速沉降的特点，所以沉淀区的池深对于沉淀效率是有影响的，即池深愈大，沉淀效果愈好，所以理想沉淀池理论用于凝聚性颗粒时是需要修正的。

3.2.4　影响平流式沉淀池沉淀效果的因素

实际平流式沉淀池偏离理想沉淀池条件的主要影响因素如下。

1. 沉淀池实际水流状况对沉淀效果的影响

在理想沉淀池中，假定水流稳定，流速均匀分布，其理论停留时间：

$$t_0 = \frac{V}{Q} \tag{3.34}$$

式中　V——沉淀池容积，m；

　　Q——沉淀池的设计流量，m^3/h。

但是在实际沉淀池中，停留时间总是偏离理想沉淀池，表现在一部分水流通过沉淀区的时间小于 t_0，而另一部分水流则大于 t_0，这种现象称为短流，是由于水流的流速和流程不同而产生的。

短流发生的原因如下：

①进水的惯性作用；

②出水堰产生的水流抽吸；

③较冷或较重的进水产生的异重流；

④风浪引起的短流；

⑤池内存在导流壁和刮泥设施等。

这些原因造成池内顺着某些流程的水流流速大于平均值，而在另一些区域流速小于平均值，甚至形成死角；因此一部分水通过沉淀池的时间短于平均值而另一部分水的通过时间却长于平均值。停留较长时间的那部分产生沉淀增益，但一般不能抵消另一部分水由于停留时间短而不利于沉淀的后果。

水流的紊动性用雷诺数 Re 判别，该值表示水流的惯性力与黏滞力两者之间的比值：

$$Re = \frac{vR}{\nu_s} \tag{3.35}$$

式中 v——水平流速，m/s；

R——水力半径，m；

ν_s——水的运动黏度，m^2/s。

一般认为，在明渠流中 $Re > 500$ 时，水流呈紊流状态；在平流式沉淀池中 $Re = 4\ 000 \sim 15\ 000$ 时属紊流状态，此时水流除水平流速外，尚有上、下、左、右的脉动分速，且伴有小的涡流体。这些情况都不利于颗粒的沉淀，但在一定程度上可使密度不同的水流能较好地混合，减弱分层流动现象。不过，在沉淀池中通常要求降低雷诺数以利于颗粒沉降。

进入沉淀池的浑水因浑浊物质浓度高，其密度要比流出沉淀池的清水的密度大。密度大的浑水进入沉淀池后，在重力作用下会潜入池的下部流动，形成所谓浑水异重流，有的也称其为密度流。密度的差别可能由于水温、所含盐分或悬浮固体量的不同造成。若池内水平流速相当高，异重流将和池中水流汇合，影响流态甚微，这样的沉淀池具有稳定的流态；若异重流在整个池内保持着，则具有不稳定的流态。浑水异重流是沉淀池中的基本现象之一，不过当进池浑水的浊质浓度高时，异重流现象则会更明显一些。此外，水的密度还与温度有关。进水温度较池内水温高时，进水有可能趋向池表流动，形成温度密度流；进水温度较池水温度低时，则能加强浑水异重流的流态。

水流稳定性以弗劳德数 Fr 判别。该值反映水流的惯性力与重力两者之间的对比：

$$Fr = \frac{v^2}{Rg} \tag{3.36}$$

式中 Fr——弗劳德数；

R——水力半径，m；

v——水平流速，m/s；

g——重力加速度，9.81 m/s^2。

Fr 增大，表明惯性力作用相对增加，重力作用相对减小，水流对温差、密度差异重流及风浪等影响的抵抗能力强，使沉淀池中的流态保持稳定。一般认为，平流式沉淀池的 Fr 宜大于 10^{-5}。

在平流式沉淀池中，降低 Re 和提高 Fr 的有效措施是减小水力半径 R。池中纵向分格及斜板(管)沉淀池都能达到上述目的。

在沉淀池中增大水平流速，一方面提高了 Re 而不利于沉淀，但另一方面却提高了 Fr 而加强了水的稳定性，从而提高沉淀效果。水平流速可以在很宽的范围内选用而不致对沉淀效果有明显的影响。沉淀池的水平流速宜为 10 ~ 25 mm/s。

在浑水异重流的影响下，沉淀池内的水流状况与理想沉淀池会有较大的差别，池内等浓度面将不再是由池始端水面向池末端倾斜的平面。相反地，等浓度面的倾斜程度减小，即趋向水平，在池内形成上清下浊的浓度分布。过去曾有人没有注意到水异重流的影响，按照理想沉淀池概念，认为应在沉淀池进水断面上均匀布水、在出水断面上均匀集水，结果效果并不好。

当池内发生异重流时,即使用布水板在进水断面上均匀布水时,进池浑水还是会潜入池下部流动,所以在进水断面沿深度方向均匀布水对提高沉淀效果的作用并不大。但是,沿池宽度方向均匀布水对提高沉淀效果的作用更大。

当池内发生异重流时,在池内形成上清下浊的浓度分布,如由池末端出水断面上均匀集水,便会将池下部浊度较高水层的水引出,这在许多水厂中都能观察到。所以,为适应浑水异重流的特点,人们便开始从池表面集水,有的还将集水槽向池中部延伸,甚至达到池长1/4的距离,仍能集取到清澈的沉淀水。由平流式沉淀池末端表面集水时,常采用溢流堰或穿孔集水槽。以溢流堰长度除出水流量,得到出水单宽流量(溢流率)。出水单宽流量不宜过大,以免将池下层浊度较高的水引出。为了减小出水单宽流量,可增加溢流堰的长度,为此有的水厂在池后部水表面加设几排集水槽,效果很好。沉淀池出水溢流堰的单宽流量一般不宜超过250 $m^3/(m \cdot d)$。

2. 凝聚作用的影响

原水通过絮凝池后,悬浮杂质的絮凝过程在平流式沉淀池内仍继续进行。如前所述,池内水流流速分布实际上是不均匀的,水流中存在的速度梯度将引起颗粒相互碰撞而促进絮凝。此外,水中絮凝颗粒的大小也是不均匀的,它们将具有不同的沉速,沉速大的颗粒在沉淀过程中能追上沉速小的颗粒而引起絮凝。水在池内的沉淀时间愈长,由速度梯度引起的絮凝便愈完善,所以沉淀时间对沉淀效果是有影响的。池中的水深愈大,因颗粒沉速不同而引起的絮凝也进行得愈完善,所以沉淀池的水深对混凝效果也是有一定影响的。因此,由于实际沉淀池的沉淀时间和水深所产生的絮凝过程均影响了沉淀效果,实际沉淀池也就偏离了理想沉淀池的假定条件。

3.2.5 平流式沉淀池的构造

平流式沉淀池可分为进水区、沉淀区、出水区和存泥区4部分。

(1)进水区。

进水区的作用是使水流均匀地分布在整个进水截面上并尽量减少扰动。一般做法是使水流从絮凝池直接流入沉淀池,通过穿孔墙(图3.8)将水流均匀分布于沉淀池整个断面上。为防止絮凝体破碎,孔口流速不宜大于0.1 m/s;为保证穿孔墙的强度,洞口总面积也不宜过大。洞口的断面形状宜沿水流方向逐渐扩大,以减少进口的射流。

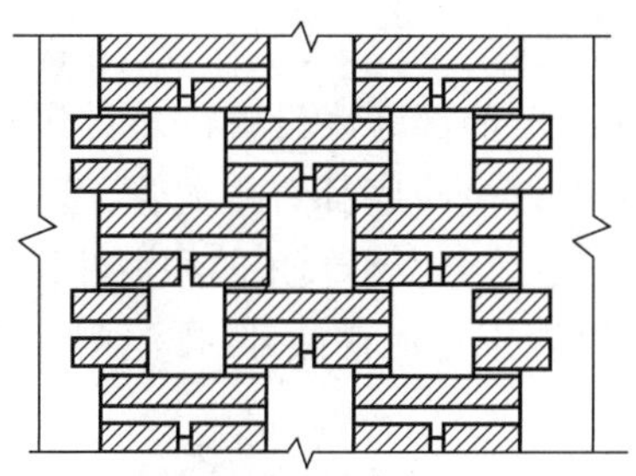

图3.8 穿孔墙

(2)沉淀区。

要降低沉淀池中水流的 Re 和提高水流的 Fr,必须设法减小水力半径。采用导流墙将平流式沉淀池进行纵向分格可减小水力半径,改善水流条件。

沉淀区的高度与其前后相关净水构筑物的高程布置有关,一般为 3 ~3.5 m。沉淀区的长度 L 决定于水平流速 v 和停留时间 T,即 $L=vT$。沉淀区的宽度决定于流量 Q、池深 H 和水平流速 v,即 $B=Q/(Hv)$。沉淀区的长、宽、深之间相互关联,应综合研究决定,还应核算表面负荷。一般认为,沉淀区长宽比宜不小于4,长深比宜大于10,每格宽度宜在3 ~8 m,不宜大于 15 m。

(3)出水区。

沉淀后的水应尽量在出水区均匀流出,一般采用堰口布置或采用淹没式出水孔口,如图3.9 所示。后者的孔口流速宜为 0.6 ~0.7 m/s,孔径为 20 ~30 m,孔口在水面下12 ~15 cm。孔口水流应自由跌落到出水支渠中。

为缓和出水区附近的流线过于集中,应尽量增加出水堰的长度,以降低堰口的流量负荷。堰口溢流率一般小于 250 $m^3/(m \cdot d)$。目前,我国常用的增加堰长的办法如图3.9(c)所示。

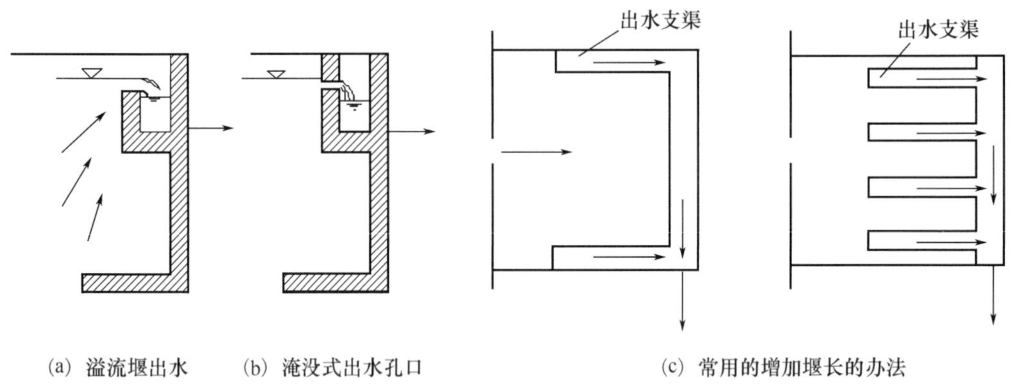

图3.9　出水区

(4)存泥区。

沉淀池排泥方式有斗形底排泥、穿孔管排泥及机械排泥等。若采用斗形底或穿孔管排泥,则需存泥区。但目前平流式沉淀池基本上均采用机械排泥,故设计中往往不考虑存泥区,池底水平但略有坡度以便放空。

①污泥斗排泥(斗形底排泥):前部池底设置许多排泥斗,可在不停水的情况下进行排泥,排泥斗壁倾角为 30°~45°,每个斗底都有排泥管,管上设阀门或底阀。定期开启阀门,可将斗中积泥大部分排出。池后可设小倾角的积泥斗,以减少泥斗数目。

②穿孔排泥管排泥:穿孔管置于排泥槽底部,排泥槽底部应做成长斗形,以使污泥自动流向中央穿孔排泥管。

③机械排泥:机械排泥装置可充分发挥沉淀池的容积利用率且排泥可靠。常用的机械装置有多口虹吸式吸泥装置等。

3.2.6　平流式沉淀池的工艺设计

1. 设计要点

平流式沉淀池的设计应使进、出水均匀，池内水流稳定，提高水池的有效容积，同时减少紊动影响，以有利于提高沉淀效率。

平流式沉淀池沉淀效果除受絮凝效果的影响外，还与池中水平流速、沉淀时间、絮凝颗粒的沉降速度、进出口布置形式及排泥效果等因素有关，其主要设计参数为水平流速、沉淀时间、池深、池宽、长宽比、长深比等。

有关设计要点如下：

(1)用于生活饮用水处理的平流式沉淀池，沉淀出水浊度一般控制在 5 NTU 以下。

(2)池数或分格数一般不少于 2 座或 2 格(对于原水浊度终年较低，经常低于 20 NTU 时亦可用 1 座，但应设超越管)。

(3)沉淀时间应根据原水水质和沉淀后的水质要求，通过试验或参照相似地区的沉淀资料确定，一般采用 1.5 ~ 3.0 h；当处理低温、低浊度水或高浊度水时，沉淀时间可延长到 2.5 ~ 3.5 h；当处理含藻水时，沉淀时间可延长到 2 ~ 4 h。

(4)沉淀池内平均水平流速一般为 10 ~ 25 mm/s；当处理低温、低浊水或高浊度水时，水平流速一般取 8 ~ 10 mm/s；当处理含藻水时，水平流速宜取 5 ~ 8 mm/s。

(5)有效水深一般为 3.0 ~ 3.5 m，超高一般取 0.3 ~ 0.5 m。

(6)池的长宽比应不小于 4:1，每格宽度或导流墙间距一般采用 3 ~ 8 m，最大为 15 m。当采用虹吸式或泵吸式桁车机械排泥时，池子分格宽度还应结合机械桁架的宽度。

(7)池的长深比应不小于 10:1，采用吸泥机排泥时池底为平坡。

(8)平流式沉淀池进出口形式的布置对沉淀池出水效果有较大的影响。如进口处配水不均，则将造成整个过水断面中部分水流流速增大，影响沉淀效果；如出水不均，则会造成絮粒上浮或带出池外，影响出水水质。

一般情况下，当进水用穿孔墙配水时，穿孔墙在池底积泥面以上 0.3 ~ 0.5 m 处，至池底部分不设孔眼，以免冲动沉泥。穿孔墙过孔流速不应超过絮凝池末端流速，一般小于 0.1 m/s。

当沉淀池出口处流速较大时，可考虑在出水槽前增加指形槽，以降低出水槽堰口的负荷，出水溢流不宜超过 250 $m^3/(m \cdot d)$。

(9)防冻可利用冰盖(适用于斜坡式的池子)或加盖板(应有人孔、取样孔)，有条件时亦可利用废热防冻。

(10)沉淀池应设放空管，放空时间一般不超过 6 h。

(11)弗劳德数 Fr 一般控制在 $1 \times 10^{-5} \sim 1 \times 10^{-4}$ 之间。

(12)平流式沉淀池内雷诺数 Re 一般在 4 000 ~ 15 000 之间，多属紊流。设计时应注意隔墙设置，以减小水力半径 R，降低雷诺数。

(13)为节约用地，大型平流式沉淀池也可叠于清水池之上。采用叠合池方式时，沉淀池必须严格保证不漏,否则将影响出厂水水质。

(14)平流式沉淀池一般采用直流式布置,避免水流转折,但为满足沉淀时间和水平流速要求,往往池长较大,一般在 80 ~ 100 m 之间。当地形条件受限制或处理规模较小(例如3 万 m^3/d 以下)时,也可采用转折布置。在转折处必须放大间距、减小流速,以免沉泥翻起。

2. 计算公式

平流式沉淀池的计算方法,大致有以下 3 种:

(1)按沉淀时间和水平流速计算。

(2)按悬浮物质在静水中的沉降速度及悬浮物去除的百分率计算。

(3)按表面负荷率(或称溢流率)计算。

目前由于对平流式沉淀池已积累了不少实测资料和数据(表 3. 1),一般均按照第一种方法计算。

表 3.1 沉降速度参考数值

原水特性和处理方法	沉降速度 $u_0/(mm^{-1} \cdot s^{-1})$
用混凝剂处理有色水或悬浮物质量浓度在 200 ~ 250 mg/L 以内的浑浊水	0. 35 ~ 0. 45
用混凝剂处理悬浮物质量浓度大于 250 mg/L 的浑浊水	0. 50 ~ 0. 60
用混凝剂处理高浊度水	0. 30 ~ 0. 35
不用混凝剂处理(自然沉淀)	0. 12 ~ 0. 15

设计平流式沉淀池的主要控制指标是表面负荷或停留时间。应根据原水水质、沉淀水质要求、水温等设计资料、运行经验确定。停留时间一般采用 1 ~ 3 h,其中华东地区水源一般采用 1 ~ 2 h,低温低浊水源停留时间往往超过 2 h。计算方法如下。

(1)第一种计算方法。

①根据表面负荷 Q/A 的关系计算得到沉淀池的面积 A。

②选取沉淀时间 T 和沉淀池的水平流速 v,可以得到沉淀池的长度 L。

$$L = vT \tag{3.37}$$

③计算沉淀池宽度。

$$B = A/L \tag{3.38}$$

④计算沉淀池深度。

$$H = QT/A \tag{3.39}$$

(2)第二种计算方法(经验计算方法)。

①根据经验选取平流式沉淀池的沉淀时间 T,得到其体积 $V = QT$。

②选取沉淀池的深度 H,用公式:

$$A = V/H \tag{3.40}$$

得到沉淀池的面积 A。

③选取沉淀池的水平流速 v，用 $L=vT$ 可以得到沉淀池的长度 L。

④用公式 $B=A/L$ 得到 B。

(3)其他参数。

平流式沉淀池的放空排泥管直径 d，根据水力学中变水头放空容器公式计算：

$$d=\sqrt{\frac{0.7BLH^{0.5}}{T}} \tag{3.41}$$

当渠道底坡度为 0 时，渠道起端水深可根据下式计算：

$$H=1.73\sqrt[3]{\frac{Q}{gB^2}} \tag{3.42}$$

式中　Q——沉淀池的流量，m^3/s；

g——重力加速度，$9.81\ m/s^2$；

B——渠道宽度，m。

3. 计算示例

【设计计算举例 3.1】对设计水量为 10 万 m^3/d 的平流式沉淀池进行设计计算（自用水系数按 5% 计算）。设计中采用平流式沉淀池，设 2 座。

【设计计算过程】

(1)采用数据：沉淀时间 $T=1.5$ h；沉淀池平均水平流速 $v=18$ mm/s；沉淀池有效水深 $H=3.5$ m。

(2)沉淀池按第一种方法计算。

设计水量：$Q=1.05\times100\ 000=105\ 000\ (m^3/d)=4\ 375\ m^3/h\approx1.215\ m^3/s$

沉淀池长：$L=3.6vT=3.6\times18\times1.5=97.2\ (m)$

沉淀池容积：$W=QT=4\ 375\times1.5\approx6\ 563\ (m^3)$

沉淀池宽：

$$b=\frac{W}{HL}=\frac{6\ 563}{3.5\times97.2}\approx19.3\ (m)$$

沉淀池分 2 格，每格净宽 10 m，中间设隔墙 0.2 m，总宽为 20.2 m。单格设计水量：$Q_1=Q/2\approx0.608(m^3/s)$。

沉淀池水力条件复核：

①不设导流墙，实际流速为 0.017 4 m/s。

水力半径：

$$R=\frac{\omega}{\rho}=\frac{10\times3.5}{10+2\times3.5}\approx2.06\ (m)$$

弗劳德数：$Fr=\dfrac{v^2}{Rg}=\dfrac{0.017\ 4^2}{2.06\times9.81}=1.50\times10^{-5}$（在规定范围 $1\times10^{-5}\sim1\times10^{-4}$ 内）。

雷诺数：$Re=\dfrac{vR}{\nu_s}=\dfrac{1.74\times2.06}{0.01}\times100=35\ 844$。

长宽比 $L/b=97.2/10=9.72\geqslant4$，符合要求。

长深比 $L/H = 97.2/3.5 = 27.8 \geqslant 10$，符合要求。

②考虑到池内设有导流墙 0.2 m，实际流速为 0.017 7 m/s：

水力半径：

$$R = \frac{\omega}{\rho} = \frac{4.9 \times 3.5}{4.9 + 2 \times 3.5} \approx 1.44\ (\text{m})$$

弗劳德数：$Fr = \frac{v^2}{Rg} = \frac{0.0177^2}{1.44 \times 9.81} \approx 2.22 \times 10^{-5}$（在规定范围 $1 \times 10^{-5} \sim 1 \times 10^{-4}$ 内）。

雷诺数：$Re = \frac{vR}{\nu_s} = \frac{1.77 \times 1.44}{0.01} \times 100 = 25\ 488$。

(3)进水计算。

本设计沉淀池进水采用穿孔花墙，单格孔口总面积为

$$A_2 = \frac{Q_1}{v}$$

式中　A_2——孔口总面积，m^2；

　　v——孔口流速，m/s，一般取值不大于 0.1 m/s。

设计中取 $v = 0.1$ m/s。

则单格孔口总面积为

$$A_2 = \frac{\frac{Q}{2}}{v} = \frac{1.216/2}{0.1} = 6.08\ (\text{m}^2)$$

由于孔洞形状采用矩形，尺寸为 15 cm × 8 cm，故孔洞个数：

$$N = \frac{A_2}{0.15 \times 0.08} = \frac{6.08}{0.15 \times 0.08} \approx 507$$

进口水头损失为

$$h_1 = \xi \frac{v_1^2}{2g} = 2 \times \frac{0.1^2}{2 \times 9.81} \approx 0.001\ (\text{m})$$

式中　ξ——局部阻力系数，设计中取 $\xi = 2$。

可以看出，计算得出的进水部分水头损失非常小，为了安全，此处取 0.05 m。

(4)出水计算。

沉淀池的出水采用薄壁溢流堰，渠道断面采用矩形。溢流堰的总堰长：

$$l = \frac{Q_1}{q} = \frac{52\ 500}{250} \approx 146\ (\text{m})$$

式中　q——溢流堰的堰上负荷，$m^3/(m \cdot d)$，一般不大于 250 $m^3/(m \cdot d)$。设计中取溢流堰的堰上负荷 $q = 250\ m^3/(m \cdot d)$。

出水堰采用指形堰，每个沉淀池 5 条，双侧集水，汇入出水总渠，每条出水堰长为 13.6 m，出水支渠宽采用出水堰的堰口标高能通过螺栓上下调节，以适应水位变化。堰口应保证水平，出水渠断面宽度采用 1.0 m，则渠内水深：

$$h = 1.73 \sqrt[3]{\frac{Q_1^2}{gB^2}} = 1.73 \times \sqrt[3]{\frac{0.608^2}{9.81 \times 1.0^2}} \approx 0.58\ (\text{m})$$

出水渠道的总深设为 1.0 m，跌水高度 0.21 m。渠道内的水流速度：

$$v_2 = \frac{Q_1}{bh_2} = \frac{0.608}{0.8 \times 0.79} \approx 0.96\ (\text{m/s})$$

式中　v_2——渠道内的水流速度，m/s。

沉淀池的出水管管径初定为 DN 900 mm，此时管道内的流速为

$$v_3 = \frac{Q_1}{1/4\pi D^2} = \frac{0.608}{0.25 \times 3.14 \times 0.9^2} \approx 0.96\ (\text{m/s})$$

式中　v_3——管道内的水流速度，m/s；

D——出水管的管径，m/s。

放空管管径：

$$d = \sqrt{\frac{0.7BLh^{0.5}}{t}} = \sqrt{\frac{0.7 \times 10 \times 97.2 \times 3.5^{0.5}}{2 \times 3\ 600}} \approx 0.42\ (\text{m})$$

式中　d——放空管管径，m；

t——放空时间，取 2 h。

设计中取放空管管径为 DN 450 mm。

(5)排泥设备选择。

沉淀池底部设泥斗，每组沉淀池设 8 个污泥斗，污泥斗顶宽 1.25 m，底宽 0.45 m，污泥斗深 0.4 m。采用 HX 8－14 型行车式虹吸泥机，驱动功率为(0.37×2) kW，行车速度为 1.0 m/min。

(6)沉淀池总高度。

$$H = h + h_3 + h_4 = 3.5 + 0.3 + 0.4 = 4.2\ (\text{m})$$

式中　H——沉淀池总高度，m；

h_3——沉淀池超高，m，一般采用 0.3～0.5 m；

h_4——污泥斗深度，m。

(7)设计简图：平流式沉淀池设计示意图如图 3.10 所示。

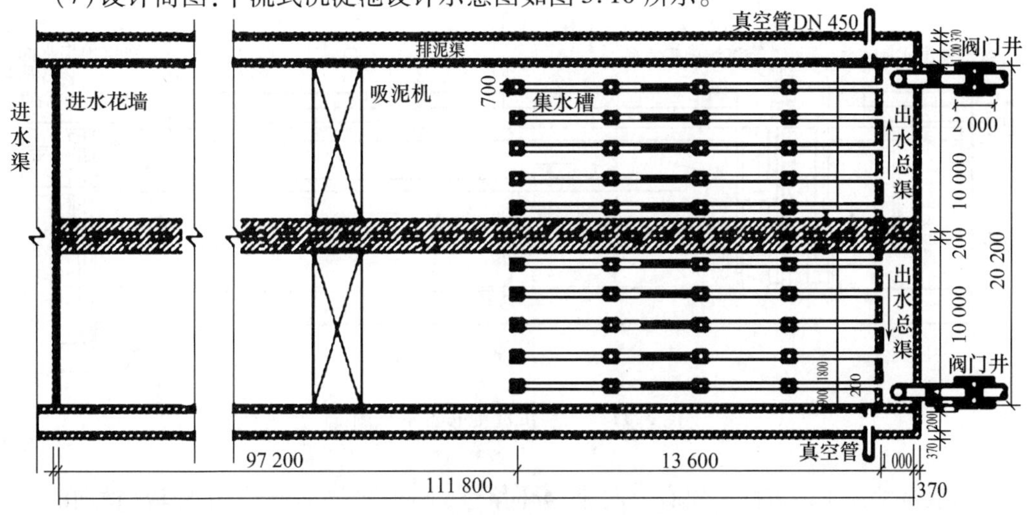

图 3.10　平流式沉淀池设计示意图(单位：mm)

3.3 斜板(管)沉淀池

3.3.1 斜板(管)沉淀原理

自从 Hazen 在 1904 年提出了理想沉淀池理论以后,100 多年来,人们为了提高沉淀池的效率,曾做了种种努力。按照理想沉淀池原理,在保持截留沉速 u_0 和水平流速 v 都不变的条件下,减小沉淀池的深度就能相应地减少沉淀时间和缩短沉淀池的长度,所以该理论又称作“浅池理论”。

根据“浅池理论”,20 世纪 60 年代我国曾关注多层沉淀池。通过对原有沉淀池的改造,表明多层多格沉淀池能有效地提高产水量,但是由于下层的排泥无法得到底解决,造成运行中的极大不便,以致未能得到推广应用。随排泥机械的改进,双层沉淀池和三层沉淀池均有所应用。图 3.11 所示为我国香港马鞍山水厂所采用的三层沉淀池布置示意图。水流先进入下层,然后折向上层,从上层流出。多层沉淀池与平流式沉淀池相比,由于大大缩短了沉淀时间以及减小了沉淀池容积,使建筑费用大大降低,但由于保持了相同的截留沉速 u_0,所以仍具有与平流式沉淀池相同的沉淀效率。因此,多层沉淀池与平流式沉淀池相比,应该是一种高效能的沉淀构筑物。但是多层沉淀池在生产中并没有得到推广,这主要是由于多层沉淀池的排泥困难阻碍了它的发展。迄今只有少数水厂使用了双层和三层的沉淀池,更多层次的沉淀池在生产中没有得到应用。直到 20 世纪 60 年代才终于实现了突破。博伊科特(Boycott)用试管进行血液沉降速度测定时,发现了将试管倾斜可使沉降加快的现象。此后,在胶体化学领域也进行了对倾斜容器内沉降现象的研究。水处理工作者根据这一发现,开发出了斜板(管)沉淀设备,它既能大大增加沉淀池的层数,减少沉淀深度,又能自动排泥。

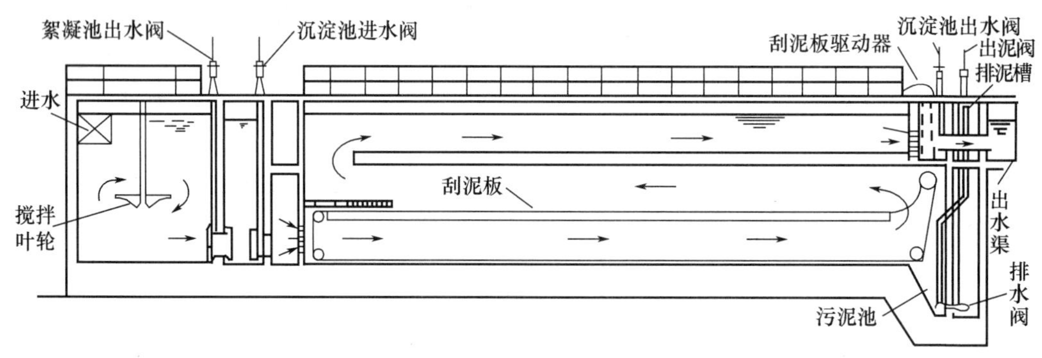

图 3.11　三层沉淀池布置示意图

斜板沉淀池水流方向主要有上向流(异向流)、下向流(同向流)及平向流(横向流)三种，如图 3.12 所示。斜板沉淀设备由一系列倾斜的薄板构成，图 3.12(c)所示为平向流斜板沉淀设备，水在斜板间隙中水平流动，水中的杂质颗粒一部分随水流动，一部分进行沉降，但其运动轨迹为一倾斜的直线，当颗粒沉至下面的斜板表面时便被沉淀下来；澄清的水流出斜板间隙，沉淀下来的泥渣沿斜板表面下滑而自动排除。若斜板的间隙宽为 s，斜板倾角为 θ，斜板的长度为 l，则斜板沉淀设备表面负荷 q 为

$$q = N_1 \cdot q_0 \tag{3.43}$$

$$N_1 = \frac{l\cos\theta}{s/\sin\theta} = \frac{l\sin\theta\cos\theta}{s} \tag{3.44}$$

式中　q——斜板沉淀池表面负荷，$m^3/(m^2 \cdot h)$；

q_0——平流式沉淀池表面负荷，$m^3/(m^2 \cdot h)$；

N_1——斜板沉淀设想为多层沉淀池的层数。

即斜板沉淀设备的表面负荷 q 为平流式沉淀池表面负荷 q_0 的 N_1 倍，所以斜板沉淀是一种高效的沉淀技术。

如图 3.12(a)所示，当斜板沉淀设备为上向流时：

$$N_1 = 1 + \frac{l\sin\theta\cos\theta}{s} \tag{3.45}$$

上向流斜板沉淀设备的表面负荷，也为平流式沉淀池表面负荷 q_0 的 N_1 倍，所以它与平向流斜板沉淀设备一样，也是一种高效沉淀技术。

同样，斜板沉淀设备为下向流时：

$$N_1 = \frac{l\sin\theta\cos\theta}{s} - 1 \tag{3.46}$$

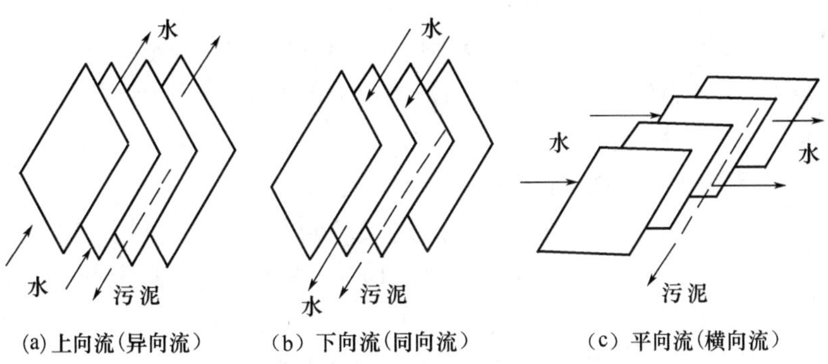

图 3.12　斜板沉淀池水流方向示意

在上向流斜板间隙中设隔条，水流断面形状就成为矩形或方形，称为斜管。斜管断面的形状有很多种，在生产中最常采用的斜管断面形状是正六边形(如图 3.13 所示，正六边形斜管又称为蜂窝斜管)，因为由正六边形构成的斜管组件具有较好的力学性能，其壁厚较薄、用材较少。在生产实际中，斜管比斜板应用得要普遍得多。

由上述公式(3.44) ~ (3.46)可知，斜板、斜管的间距 s 愈小(正六边形斜管常用内切

图 3.13　蜂窝斜管

圆直径表示),沉淀面积 A 也便愈大,沉淀效率应该愈高。但实际上斜板、斜管的间距不宜过小,因为在斜板、斜管的斜面上仍会有积泥,间距过小会使水流断面减小,积泥下滑时也会影响出水水质。此外,我国大多数地区沉淀构筑物都设于室外,在夏季阳光照射下,在上向流斜板、斜管出水口处会滋生水藻,严重时会使出口堵塞。平向流斜板间距多为 50 ~ 100 mm,斜板长度为 1 500 ~ 2 000 mm;上向流斜板、斜管间距一般为 25 ~ 35 mm,斜板、斜管长度多为1 000 mm。

斜板、斜管的倾角应使沉泥能自动下滑,其值与沉泥的性质及颗粒粗细有关。在城市自来水的混凝沉淀池中,斜板、斜管的倾角多采用 60°。

3.3.2　影响斜板(管)沉淀效率的因素

斜板(管)沉淀设备与平流式沉淀池比较,其雷诺数较低。对斜板沉淀按式(3.35)计算,取 $v = 5\ \mathrm{mm/s} = 0.005\ \mathrm{m/s}$, $R = s/2 = 40/2\ \mathrm{mm} = 0.02\ \mathrm{m}$,其他数值同前,得 $Re = 100$。对管道中的水流,$Re < 2\ 000$ 判定为层流,所以斜板沉淀中的水流一般为层流。蜂窝斜管的断面接近圆形,如近似按圆形计算,内切圆直径取 s,其水力半径为 $R = s/4$,即比斜板还小,所以斜管中的水流也应为层流。杂质颗粒在层流中沉淀,不受水流紊动的干扰,这有利于提高沉淀效率。实际上,斜板、斜管中的层流,只发生在进入斜板、斜管的中部,而进口段和出口段因受进、出水的影响,仍存在着干扰。

斜板、斜管中水流的弗劳德数较大。按式(3.36)计算,参数同上,得斜板中水流的 $Fr = 1.3 \times 10^{-4}$,蜂窝斜管中水流的 $Fr = 2.6 \times 10^{-4}$。所以斜板、斜管中水流的稳定性较好,这也有利于提高沉淀效率。

对于混凝沉淀,水在平流式沉淀池中有较大的水深和较长的沉淀时间,絮体在池中能继续进行絮凝,从而使沉淀效果有一定程度的提高。相反地,水在斜板(管)沉淀设备中,沉淀距离和沉淀时间都很小,从而絮体继续絮凝的作用很小。这就要求水在进入斜板(管)沉淀池前应进行更充分的絮凝。

浑水异重流对斜板(管)沉淀也是有影响的。对于平向流斜板沉淀,两个相邻斜板之间的间隙构成一个斜板沉淀单元,斜板沉淀单元的过水断面近似一个倾斜的矩形,过水断面的厚度即为斜板之间的距离 s、过水断面的宽度为斜板的斜长 l、斜板单元的吃水深度为 $l\sin\theta$。沿水流方向做纵剖面,任意纵剖面都是一个深度为 h、长为 l'(沉淀池实际长度)的沉淀池。按照理想沉淀池理论,进水在起始断面上均匀分布,则任意纵剖面上的出水水质应该是相同的。所以平向流斜板沉淀池都采用了在出水断面均匀集水的方法。但是在生产中却观察到,平向流斜板沉淀池的出水浊度沿深度方向是变化的,并且深度愈大,出水浊度愈高。例如,某大型水厂采用了新型的翼片式斜板,斜板安设总深度达3.6 m,结果出水深度愈大、出水浊度愈高,最下部出水浊度比上部可高出数倍。这显然与浑水异重流有关。进入沉淀单元的浑水潜入下部流动,在沉淀单元里也形成上清下浑的浊度分布,从而使下部出水浊度比上层出水高。所以平向流斜板沉淀池的出水集水方式如何适应浑水异重流的特点,是有待研究的问题。平向流斜板沉淀池用于浊度较低的水的沉淀,可减小浑水异重流对沉淀效果的影响。

上向流斜板(管)沉淀,最能适应浑水异重流特点,因为浊质浓度较高、密度较大的进水由下部进入斜板和斜管,沉淀后浊质浓度较低、密度较小的沉淀水由上部流出,在沉淀单元中形成上清下浊的分布,构成了一个力学稳定的体系,浑水异重流不会对上向流斜板(管)沉淀产生不利影响。所以,上向流斜板(管)沉淀可用于悬浮物浓度很高的水(甚至高浊度水)的处理,是应用最广的一种斜板沉淀方式。相反地,下向流斜板沉淀,浊质浓度较高、密度较大的进水由上部流入,沉淀后浊度较低、密度较小的沉淀水由下部流出,在沉淀单元中构成一个力学不稳定体系。当进水浊质浓度高时,在斜板沉淀单元中会发生浑水下潜现象,从而使下向流斜板沉淀过程遭到干扰和破坏。所以,下向流斜板沉淀只适宜用于浊度很低的水的沉淀。

3.3.3　斜板(管)沉淀池

上向流斜板(管)沉淀池在水的混凝沉淀中得到广泛应用。上向流斜板(管)沉淀池由斜板(管)沉淀装置、进水布水装置、出水集水装置和排泥装置 4 部分组成,其结构如图 3.14 所示。

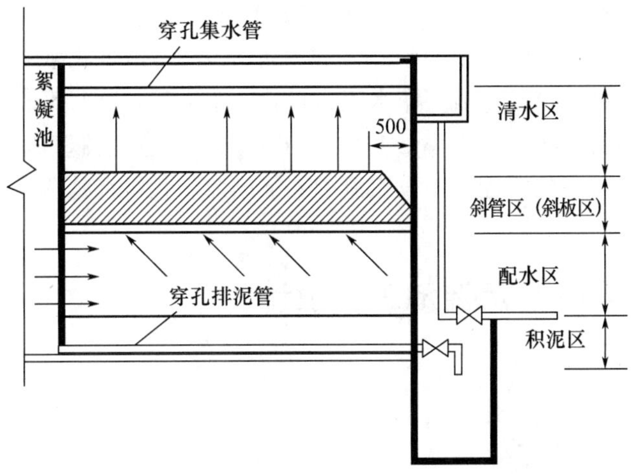

图 3.14　上向流斜板(管)沉淀池结构示意(单位:mm)

斜管要比斜板应用广泛得多,因为斜管一般用塑料粘接或压制,壁薄、质量轻、强度高,可做成组件,安装方便。斜板有的用塑料板制作,有的用不锈钢制作。

斜板(管)沉淀装置下部为进水配水区,配水区的高度一般为 1 ~1.5 m。配水区高度较大,有利于减小水的流速,且便于在斜板下面进行检修操作。为使布水均匀,配水区进口处设穿孔板或格栅等配水装置。

斜板(管)的上部为清水区,其高度一般为 1 m 左右,作为出水集水用。斜板(管)沉淀池的上部集水是否均匀将直接影响各斜板、斜管之间配水的均匀性。一般常用穿孔集水槽或穿孔集水管集水,集水槽(管)的中心距一般为 1 ~1.5 m。

上向流斜板(管)沉淀池的表面负荷很高,所以沉泥量也很大,需要有比较完善的排泥设备。一般常用机械吸泥或刮泥的方法进行自动排泥,使沉泥及时被排出,不致影响斜板(管)的沉淀。此外,对中、小型设备,也可设置集泥斗。

上向流斜板(管)沉淀的总水深一般在 4 m 左右,水在池中的总停留时间为 20 min 左右。与平流式沉淀池相比,水的停留时间已大为减少,不仅减少了池容积,并且也减少了占地面积,从而使建设费用降低。但是水停留时间的减少使池子的缓冲能力减小,要求更精心管理。

上向流斜板(管)沉淀池的表面负荷,实际上并不像理论计算的那么大。因为与平流式沉淀池相比,如上节 3.3.2 节所述,有许多不利于提高沉淀效率的因素,以及进水布水不均、出水集水不均、风浪对沉淀的干扰、斜管中沉泥下滑不畅、斜板(管)出口滋生藻类造成的堵塞等,都不同程度地影响沉淀效率。根据大量生产经验,上向流斜板(管)沉淀池的表面负荷,实际上约为平流式沉淀池的 4 倍,虽然没有达到理论上预计的十几倍,但它仍然是常用的各种沉淀形式中最高的。应该说斜板(管)沉淀技术确实是高效的、非常成功的。

在生产中,上向流斜管沉淀池的表面负荷一般为 5 ~9 $m^3/(m^2 \cdot h)$。当原水为低温低浊度水时,采用的表面负荷为 3.6 ~7.2 $m^3/(m^2 \cdot h)$。

平向流斜板沉淀池也由斜板沉淀装置、进水布水装置、出水集水装置、排泥装置 4 部分组成。投药絮凝后的水,经整流壁布水流入池内,通过不小于 1.5 m 的空间,均匀地流入斜板;水经斜板沉淀后再通过不小于 1.5 m 的空间,经出水整流壁流出。为防止水绕过斜板形成短路,在斜板下的沉泥区中设阻流壁。下向流斜板沉淀池因用得不多,在此不再赘述。

3.3.4 斜板(管)沉淀池工艺设计

1. 设计要点

(1)斜板沉淀池设计要点。

①目前在实际工程中应用较多的是异向流斜板(管)沉淀池,其结构如图 3.12(a)所示。

②颗粒沉降速度 u_0 应根据水中颗粒情况通过实际试验测得,在无试验资料时可参考

已建类似沉淀设备的运转资料确定。一般反应后的 u_0 取值为 0.3 ~ 0.6 mm/s(参见表 3.1);平向流斜板沉淀池中 u_0 取值为 0.16 ~ 0.3 mm/s,液面负荷为 6 ~ 12 $m^3/(m^2 \cdot h)$。低温低浊水可用下限值。

③有效系数 γ 是斜板沉淀池在实际生产运转中因受进水条件、斜板结构等影响而使沉淀效率降低的系数,一般在 0.7 ~ 0.8 之间。

④倾斜角 θ 因斜板材料和颗粒状况而异,一般为了排泥方便倾斜角用 50° ~ 60°,常用 60°。

⑤板距 P 即两块斜板间的间距,平向流斜板 P 一般采用 80 ~ 100 mm,下向流斜板 P 常用 35 mm。

⑥平向流斜板沉淀池单层斜板板长 L 不宜大于 1.0 m。

⑦上向流时根据表面负荷计算(类同于斜管计算)板内流速;平向流时的板内流速可参考相当于平流沉淀池的水平流速,一般为 10 ~ 20 mm/s;下向流时可根据下向表面负荷计算板内流速。

⑧在侧向流斜板的池内,为了防止水流不经斜板部分通过,应设置阻流墙,斜板顶部应高出水面。

⑨为了使水流均匀分配和收集,侧向流斜板沉淀池的进、出口应设置整流墙。进口处整流墙的开孔率应使过孔流速不大于絮凝池出口流速,以免絮粒破碎。

⑩排泥设备一般采用穿孔管或机械排泥,穿孔管排泥的设计与一般沉淀池的穿孔管排泥相同。

⑪用作饮用水沉淀池的斜板材料应为无毒材料。

⑫下向流斜板沉淀池的重要组成部分是集水装置,须使流态稳定、集水均匀,不干扰泥水分离并避免沉泥泛起。

(2)斜管沉淀池设计要点。

①斜管断面一般采用蜂窝六角形或山形(较少采用矩形或正方形),其内径或边距 d 一般采用 30 ~ 40 mm。

②斜管长度一般为 800 ~ 1 000 mm,可根据水力计算结合斜管材料决定。

③斜管的水平倾角常采用 60°。

④斜管上部的清水区高度,不宜小于 1.0 m,较高的清水区有助于出水均匀和减少日照影响及藻类繁殖。

⑤斜管下部的布水区高度不宜小于 1.5 m。为使布水均匀,在沉淀池进口处应设穿孔墙或格栅等整流措施。

⑥积泥区高度应根据沉泥量、沉泥浓缩程度和排泥方式等确定。排泥设备同平流式沉淀池,可采用穿孔管排泥或机械排泥等。

⑦斜管沉淀池采用侧面进水时,斜管倾斜以反向进水为宜。

⑧斜管沉淀池的出水系统应使池子的出水均匀,其布置与一般澄清池相同,可采用穿孔管或穿孔集水槽等集水。

⑨斜管材料,目前国内采用的主要材料有:

a. 聚氯乙烯塑料片(处理饮用水时应为无毒塑料片),厚度为0.4～0.5 mm,热压成半蜂窝型,用聚氨酯等树脂胶合成蜂窝形。

b. 聚丙烯塑料片,但在气温较高地区容易发软变形。

c. 玻璃钢斜管,质地较硬且必须是无毒,目前应用较少。

d. 不锈钢,适用于较大孔径。

2. 斜管沉淀池设计计算

【设计计算举例3.2】设计水量为10万 m^3/d 的斜管沉淀池设计计算(自用水系数按5%计算)。设计中采用斜管沉淀池,设3座(考虑到与网格絮凝池合建,斜管沉淀池水面宽度取19 m)。

【设计计算过程】

(1)已知条件。

颗粒沉降速度:$u_0=0.25$ mm/s;

单池进水量:$Q=100\ 000\ m^3/d\times(1+5\%)\div3=1\ 458.3\ m^3/h\approx0.405\ m^3/s$。

(2)设计采用数据。

清水区上升流速:$v=2$ mm/s;

采用塑料片热压六边形蜂窝管,管厚 $b=0.4$ mm,斜管内径 $d=30$ mm,水平倾角 $\theta=60°$。

(3)清水区面积。

$$A=\frac{Q}{v}=0.405/0.002=202.5\ (m^2)$$

其中斜管结构占用面积按3%计,则实际清水区需要面积:

$$A'=202.5\times1.03=208.58\ (m^2)$$

为了配水均匀,采用斜管区平面尺寸为11.0 m×19.0 m,实际流速 $v=0.001\ 9$ m/s,使进水区沿19.0 m长一边布置。

(4) 斜管长度 l。

①管内流速。

$$v_0=\frac{v}{\sin\theta}\approx2.19\ (mm/s)$$

式中 v_0——管内上升流速,一般取1.5～2.5 mm/s;

②斜管长度。

$$l=\left(\frac{1.33v_0-u_0\sin\theta}{u_0\cos\theta}\right)d=\frac{1.33\times2.19-0.25\times0.866}{0.25\times0.5}\times30\approx647\ (mm)$$

③考虑管端紊流、积泥等因素,过渡区采用350 mm。

④斜管总长:$l'=350+647=997$ (mm),按1 000 mm计。

(5)池子高度。

①池子超高:0.3 m;

②清水区高度:1.2 m;

③布水区高度:1.5 m;

④穿孔排泥斗槽高度:0.8 m;

⑤斜管高度:$h = l'\sin\theta = l' \times \sin 60° \approx 0.87$ (m);

⑥池子总高度:$H = 0.3 + 1.2 + 1.5 + 0.8 + 0.87 = 4.67$ (m)。

(6)复算管内雷诺数及沉淀时间。

$$Re = \frac{v_0 R}{\nu_s} = \frac{0.219 \times 0.75}{0.01} \approx 16.43$$

式中　R——水力半径,$R = 30/4 = 7.5$ (mm) $= 0.75$ cm

运动黏度:$\nu_s = 0.01\ \mathrm{cm^2/s}$($t = 20$ ℃时)

沉淀时间:$T = l'/v_0 = 1\ 000/2.19 \approx 457$ (s) ≈ 7.62 min(沉淀时间 T 一般在 4 ~ 8 min 之间)。

(7)进、出水系统设计。

①进水系统。

本设计沉淀池进水采用穿孔花墙,单格孔口总面积为

$$A_2 = \frac{Q_1}{v}$$

式中　A_2——孔口总面积,$\mathrm{m^2}$;

v——孔口流速,m/s,一般取值不大于 0.1 m/s。

设计中取 $v = 0.1$ m/s。

则单格孔口总面积为

$$A_2 = \frac{\frac{Q}{2}}{v} = \frac{1.216/3}{0.1} = 4.05\ (\mathrm{m^2})$$

孔洞形状采用矩形,尺寸为 20 cm × 15 cm。放孔洞个数:

$$N = \frac{A_2}{0.15 \times 0.20} = \frac{4.05}{0.15 \times 0.20} \approx 135\ (个)$$

进口水头损失:

$$h_1 = \xi \frac{v_1^2}{2g} = 2 \times \frac{0.1^2}{2 \times 9.81} \approx 0.001\ (\mathrm{m})$$

式中　ξ——局部阻力系数,设计中取 $\xi = 2$。

可以看出,计算得出的进水部分水头损失非常小,为了安全,此处取 0.05 m。设置在该进水的斜管下、沉泥区以上的位置。

②出水计算。

a. 穿孔集水槽设计。

本次设计中沉淀池的出水采用淹没式穿孔集水槽集水。沿沉淀池 11.0 m 长度方向布置一条集水槽,所担负的流量为 0.405 $\mathrm{m^3/s}$,每侧采用 5 条穿孔管,将水流入集水槽。两侧穿孔管距池壁 1.1 m,每根穿孔管间距为 2.2 m,每根穿孔管所需担负的水量 $q' = \frac{q_0}{10} =$

0.040 5 (m^3),采用直径300 mm的铸铁管,设孔口前水位高0.05 m,则每根穿孔管所需孔眼面积:$f=\dfrac{q'}{\mu\sqrt{2gh}}=\dfrac{0.040\,5}{0.62\times\sqrt{2\times9.81\times0.05}}\approx0.066\,0$ (m^2),流量系数μ取0.62。孔径采用40 mm,则每孔面积为0.001 256 m^2。

穿孔管两侧开孔,则每侧孔数:

$$n=\frac{f}{2w}=\frac{0.066\,0}{2\times0.001\,256}\approx26\ (\text{个})$$

穿孔管坡度取0.01,并坡向集水槽。

穿孔集水槽的起端水流截面为正方形,即宽度等于水深,则穿孔集水槽的水深与宽度:

$$h=b=0.9q_0^{0.4}\approx0.63\ (\text{m})$$

式中 h——穿孔集水槽起点水深,m;

b——穿孔集水槽宽度,m;

q_0——每条穿孔集水槽的流量,m^3/s。

集水槽终点水深$h'=h+il=0.63+0.01\times11.0$ m≈0.74 (m)。

设槽内水面在穿孔墙0.1 m以下。

则槽高$H=h'+0.1+0.3=1.31$(m)。其中0.3为槽超高。

设计中两条集水管的间距为1.8 m,直径0.4 m,集水管每侧开26个孔,两边开孔。集水管孔间距为35 cm。

b. 出水的水头损失包括孔口水头损失和集水槽内水头损失。

孔口水头损失:

$$h_1=\xi\frac{v_2^2}{2g}$$

式中 h_1——孔口水头损失,m;

ξ——进口阻力系数,设计中取$\xi=2$。

$$h_1=2\times\frac{0.6^2}{2\times9.81}\approx0.037$$

集水槽内水力坡度按0.01计,集水槽内水头损失:

$$h_2=il$$

式中 h_2——集水槽内水头损失,m;

i——水力坡度;

l——集水槽长度,m。

设计中取$i=0.01$,$l=11.0$ m,则有

$$h_2=0.01\times11.0=0.11\ (\text{m})$$

出水总水头损失

$h=h_1+h_2=0.037+0.11=0.147$(m),设计中取0.16 m。

(8)沉淀池排泥系统设计。

采用穿孔管进行重力排泥,每天排泥一次。穿孔管管径为200 mm,管上开孔孔径为

5 mm,孔间距为 0.5 m。沉淀池底部为排泥槽,共 10 条。

采用穿孔管进行重力排泥,穿孔管横向布置,沿与水流垂直方向共设 8 根,双侧排泥至集泥渠。集泥渠长 11.0 m,$B \times H = 0.3\ m \times 0.3\ m$,孔眼采用等距布置,穿孔管长为 9.5 m,首末端集泥比为 0.5,查《给水排水设计手册》第 3 版(第 3 册)表 10－10 得配孔比 $k_w = 0.72$。取孔径 $d = 25$ mm,孔口面积 $f = 0.00\,049\ m^2$,取孔距 $s = 0.4$ m,每侧孔眼个数:

$$m = \frac{l}{s} - 1 = \frac{9.5}{0.4} - 1 \approx 23\ (个)$$

孔眼总面积:

$$\sum w_0 = 23 \times 0.000\,49 = 0.011\,27\ (m^2)$$

穿孔管断面积:

$$w = \frac{\sum w_0}{k_w} = \frac{0.011\,27}{0.72} \approx 0.015\,7\ (m^2)$$

穿孔管直径:

$$D = \sqrt{\frac{4 \times 0.012\,3}{\pi}} \approx 0.141\ (m)$$

取直径为 150 mm,孔眼向下,与中垂线成 45°角,并排排列,采用气动快开式排泥阀。排泥槽顶宽 2.1 m,底宽 0.5 m,斜面与水平夹角为 45°,排泥槽斗高为 0.8 m。

(9)放空管管径:

$$d = \sqrt{\frac{0.7BLh^{0.5}}{t}} = \sqrt{\frac{0.7 \times 16.8 \times 19 \times 3.37^{0.5}}{2 \times 3\,600}} \approx 0.24\ (m)$$

式中　d——放空管管径,m;

t——放空时间,t 取 2 h。

设计中取放空管管径为 DN 250 mm。

3.3.5　影响沉淀池选用的因素

1. 影响沉淀池选用的主要因素

(1)水量规模。各类沉淀池根据技术上和经济上的分析常有其适用范围。以平流式沉淀池为例,其池长仅取决于停留时间和水平流速,而与处理规模无关,当水量增大时,仅需增加池宽即可,因此单位水量的造价指标随着处理规模的增加而明显减小,所以平流式沉淀池更适合于规模较大的水厂。

(2)进水水质条件。原水中的浊度、含砂量、颗粒组成及原水水质的变化都与沉淀效果有密切关系,并影响沉淀池的选型。斜管沉淀池积泥区体积相对较小,当原水浊度很高时会增加排泥困难,而且在原水水质变化迅速时,斜管沉淀池的适应性也相对较差。

(3)高程布置的影响。水厂净水构筑物之间一般均采用重力流,不同池型对池深的要求也不相同,会影响后续处理构筑物的埋深,因而也影响池型的选用。

(4)气候条件。寒冷地区冬季时沉淀池水面将形成冰盖,影响处理和排泥机械运行,一般会将沉淀池置于室内，并采取保温防冻措施。因此寒冷地区宜选用平面面积较小的沉淀池池型，减少工程造价。

(5)经常运行费用。经常运行费用主要涉及混凝剂消耗、厂内自用水率及设施的维护更新。根据原水水质的不同，不同类型沉淀池的药耗也会有一定差异，可通过当地实际运行指标进行对比。沉淀池的排泥方式影响排泥水浓度，也即影响厂内自用水的耗水率，在沉淀池选型时也需将其结合考虑。另外，对于斜板(管)沉淀池，由于其板材需定期进行更换，将会增加水厂的经常运行费用。

(6)占地面积。沉淀池所占面积在生产构筑物中是较大的，平流式沉淀池的一个主要缺点就是占地面积大。因此当水厂的占地受限制时，也会影响平流式沉淀池的选用。

(7)地形、地质条件。不同形式沉淀池的池型均不相同，有的平面面积较大而池深较浅；有的平面面积较小而池深较深。当地形或地质条件受限制时，将会影响池型的选择。如平流式沉淀池宜布置在场地比较平整而地质条件比较均匀的地方；在地形复杂、高低悬殊的地方，采用平流式沉淀池往往需增大土石方量，其布置不如其他平面较小的沉淀池灵活。

(8)运行经验。为使工程能达到预想的效果，除了设计的合理以外，运行经验也是个重要因素。由于各地的实践经验不同，往往已形成一套具有自己特色的运行经验，故在设计中应充分考虑当地的管理水平和实践运行经验，以使设计更切合实际。

以上是选择沉淀池型时需要考虑的一些主要因素，具体设计时应结合造价和运行费用的分析，通过技术经济比较确定。

2. 各种沉淀池的优缺点和适用条件

各种沉淀池的优缺点和适用条件见表3.2。

表3.2　各种沉淀池的优缺点和适用条件

形式	优缺点	适用条件
平流式沉淀池	优点：①造价较低。 ②操作管理方便，施工较简单。 ③对原水浊度适应性强，潜力大，处理效果稳定。 ④带有机械排泥设备，排泥效果好。 缺点：①占地面积较大。 ②需维护机械排泥设备	一般用于大、中型净水厂
斜管(板)沉淀池	优点：①沉淀效率高。 ②池体小、占地少。 缺点：①斜管(板)耗用较多材料，老化后尚需更换，费用较高。 ②对原水浊度适应性较平流式差。 ③不设机械排泥装置时，排泥较困难；设机械排泥时，维护管理较平流式麻烦	①可用于各种规模水厂。 ②宜用于老沉淀池的改建、扩建和挖潜。 ③适用于需保温的低温地区。 ④单池处理水量不宜过大

3.4 澄 清 池

澄清池将絮凝过程和沉淀过程综合于一个构筑物内完成，主要依靠活性泥渣层达到澄清目的。当脱稳杂质随水流与泥渣层接触时，便被泥渣层阻留下来使水获得澄清，此现象称为接触絮凝。在絮凝的同时，杂质从水中分离出来，清水在澄清池上部被收集。

泥渣层的形成方法：通常是在澄清池开始运转时，在原水中加入较多的凝聚剂，并适当降低负荷，经过一定时间运转后逐步形成。当原水浊度低时，为加速泥渣层的形成，也可人工投加黏土。

从泥渣利用程度的角度而言，平流式沉淀池单纯是为了颗粒的沉降，池底沉泥还具有相当多的接触絮凝活性未被利用。澄清池则充分利用了活性泥渣的絮凝作用。澄清池的排泥措施能不断排除多余的陈旧泥渣，其排泥量相当于新形成的活性泥渣量。故泥渣层始终处于新陈代谢状态中，并始终保持接触絮凝的活性。

澄清池形式很多，基本上可分为泥渣悬浮型和泥渣循环型两大类。

3.4.1 泥渣悬浮型澄清池

泥渣悬浮型澄清池又称泥渣过滤型澄清池。它的工作过程是加药后的原水由下而上通过悬浮状态的泥渣层，使水中脱稳杂质与高浓度的泥渣颗粒碰撞凝聚并被泥渣层截留下来。这种作用类似过滤作用，深水通过悬浮层即获得澄清。由于悬浮层拦截了进水中的杂质，悬浮泥渣颗粒变大，沉速提高。处于上升水流中的悬浮层亦似泥渣颗粒拥挤沉淀。上升水流使颗粒所受到的阻力恰好与其在水中的重力相等，处于动力平衡状态。上升流速即等于悬浮泥渣的拥挤沉速。拥挤沉速与泥层体积浓度有关，按公式(3.47)计算：

$$u' = u(1 - C_V)^n \tag{3.47}$$

式中　u'——拥挤沉速，等于澄清池上升流速，mm/s；

u——沉渣颗粒自由沉速，mm/s；

C_V——沉渣体积浓度；

n——指数。

从公式(3.48)可知，当上升流速变动时，悬浮层能自动地按拥挤沉淀水力学规律改变其体积浓度，即上升流速愈大、体积浓度愈小、悬浮层厚度愈大。当上升流速接近颗粒自由沉速时，体积浓度接近于0，悬浮层消失。当上升流速一定时，悬浮层浓度和厚度一定，悬浮层表面位置不变。为保持在一定上升流速下悬浮层浓度和厚度不变，增加的新鲜泥渣量（即被拦截的杂质量）必须等于排除的陈旧泥渣量，保持动态平衡。

泥渣悬浮型澄清池常用的有悬浮澄清池和脉冲澄清池两种。

1. 悬浮澄清池

悬浮澄清池是应用较早的一种澄清池，一般用于小型水厂，现在基本不再使用。

2. 脉冲澄清池

脉冲澄清池的特点是澄清池的上升流速发生周期性的变化，这种变化是由脉冲发生器引起的。当上升流速小时，泥渣悬浮层收缩，浓度增大而使颗粒排列紧密；当上升流速大时，泥渣悬浮层膨胀，浓度减小而使颗粒排列疏松。悬浮层不断产生周期性的收缩和膨胀，不仅有利于微絮凝颗粒与活性泥渣进行接触絮凝，还可以使悬浮层的浓度分布在全池内趋于均匀，防止颗粒在池底沉积。

脉冲发生器有多种形式。图 3.15 为采用真空泵脉冲发生器的脉冲澄清池剖面图。其工作原理如下：原水由进水管 4 进入进水室 1。由于真空泵 2 造成的真空而使进水室 1 内水位上升，此为充水过程。当水面达到进水室 1 的最高水位时，进气阀 3 自动开启，使进水室 1 通大气。这时进水室 1 内水位迅速下降，向澄清池放水，此为放水过程。当水位下降到最低水位时，进气阀 3 又自动关闭，真空泵 2 则自动启动，再次使进水室 1 形成真空，进水室 1 内水位又上升。如此反复进行脉冲工作，从而使悬浮层产生周期性的膨胀和收缩。脉冲澄清池设计参数和设计计算方法见《室外给水设计标准》(GB 50013—2018)和有关设计手册。

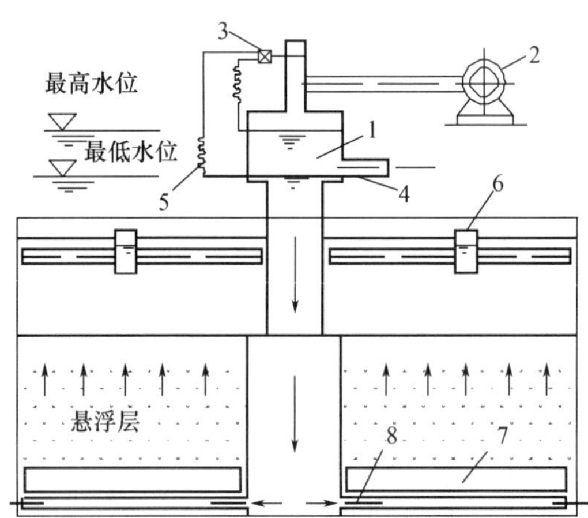

1—进水室；2—真空泵；3—进气阀；4—进水管；5—水位电极；6—集水槽；7—稳流板；8—配水管

图 3.15　采用真空泵脉冲发生器的脉冲澄清池剖面图

脉冲澄清池设计要点：

①脉冲澄清池清水区的液面负荷应按相似条件下的运行经验确定，可采用 $2.5 \sim 3.2\ m^3/(m^2 \cdot h)$。

②脉冲周期可采用 30～40 s，充放时间比为 3∶1～4∶1。

③脉冲澄清池的悬浮层高度和清水区高度，可分别采用 1.5 m 和 2.0 m。

④脉冲澄清池应采用穿孔管配水，上设人字形稳流板。

⑤虹吸式脉冲澄清池的配水总管应设排气装置。

在 20 世纪 70 年代我国设计了较多的脉冲澄清池，但现今在新设计的水厂中这类澄清池已经用得不多,其中主要原因是处理效果受水量、水质和水温影响较大,构造也较复杂。已建的脉冲澄清池,有的已经改建,有的增加了斜板,效果较好。

3.4.2 泥渣循环型澄清池

为了充分发挥泥渣的接触絮凝作用,可使泥渣在池内循环流动。回流量为设计流量的2~4倍。泥渣循环可借机械抽升或水力抽升,使用机械抽升的澄清池称机械搅拌澄清池,使用水力抽升的澄清池称水力循环澄清池。这里重点介绍机械搅拌澄清池。

1.机械搅拌澄清池

机械搅拌澄清池的剖面示意图如图3.16所示,主要由第一絮凝室、第二絮凝室、导流室及分离室组成。整个池体上部是圆筒形,下部是截头圆锥形。加过药剂的原水在第一絮凝室和第二絮凝室内与高浓度的回流泥渣相接触,达到较好的絮凝效果,结成大而重的絮凝体,在分离室中进行分离。实际上,图3.16所示澄清池只是机械搅拌澄清池的一种形式,还有多种形式,在此不一一介绍。不过,尽管形式不尽相同,但各种机械搅拌澄清池的基本构造和原理是相同的。

原水由进水管1通过环形三角配水槽2的缝隙均匀流入第一絮凝室Ⅰ。因原水中可能含有气体,会积在环形三角配水槽2顶部,故应安装透气管3。凝聚剂投注点按实际情况和运转经验确定,可加在水泵吸水管内,亦可由投药管4加入澄清池进水管1、环形三角配水槽2等处,亦可数处同时加注药剂。

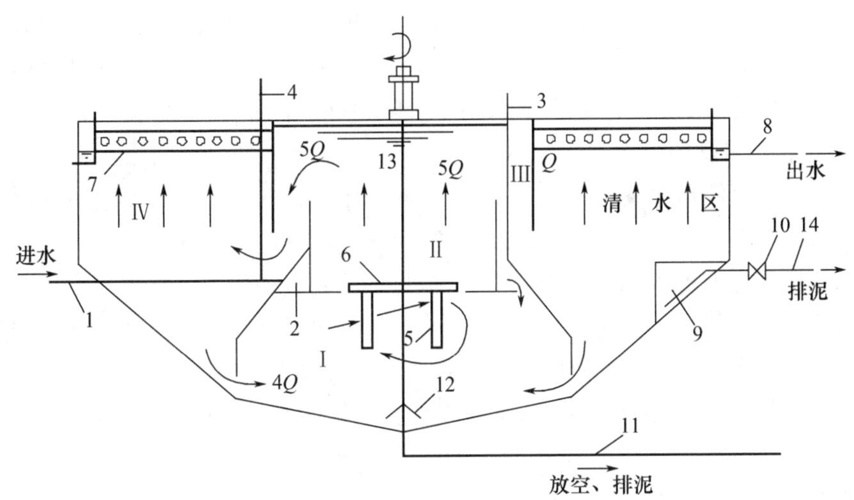

1—进水管;2—环形三角配水槽;3—透气管;4—投药管;5—搅拌桨;6—提升叶轮;7—集水槽;8—出水管;9—泥渣浓缩室;10—排泥阀;11—放空管;12—排泥罩;13—搅拌轴;14—排泥管;Ⅰ—第一絮凝室;Ⅱ—第二絮凝室;Ⅲ—导流室;Ⅳ—分离室

图3.16 机械搅拌澄清池的剖面示意图

搅排设备由搅拌桨5和提升叶轮6组成,提升叶轮装在第一絮凝室Ⅰ和第二絮凝室

Ⅱ的分隔处。搅拌设备的作用:①提升叶轮将回流水从第一絮凝室Ⅰ提升至第二絮凝室Ⅱ,使回流水中的泥渣不断地在池内循环;②搅拌桨使第一絮凝室Ⅰ内的水体和进水迅速混合,泥渣随水流处于悬浮和环流状态。因此,搅拌设备使接触絮凝过程在第一絮凝室Ⅰ内得到充分发挥。回流流量为进水流量的2~4倍,图3.16中回流量为进水流量的4倍。

搅拌设备宜采用无级变速电动机驱动,以便随进水水质和水量变动而调整回流量或搅拌强度。但是生产实践证明,一般搅拌设备转速为5~7 r/min,平时运转中很少调整搅拌设备的转速,因而也可采用普通电动机通过蜗轮蜗杆变速装置带动搅拌设备。

第二絮凝室Ⅱ设有导流板(图中未绘出),用以消除因叶轮提升所引起的水的旋转,使水流平稳地经导流室Ⅲ流入分离室Ⅳ。分离室Ⅳ中下部为泥渣层,上部为清水层,清水向上经集水槽7流至出水管8。清水层须有1.5~2.0 m的深度,以便在排泥不当而导致泥渣层厚度变化时,仍可保证出水水质。

向下沉降的泥渣沿锥底的回流缝再进入第一絮凝室Ⅰ,重新参加絮凝,一部分泥渣则自动排入泥渣浓缩室9进行浓缩,至适当浓度后经排泥管14排除,以节省排泥所消耗的水量。澄清池底部设放空管11,备放空检修之用。当泥渣浓缩室9排泥还不能消除泥渣上浮时,也可用放空管11排泥。放空管11进口处要有排泥罩12,使池底积泥可沿罩的四周排除,使排泥彻底。

由于机械搅拌澄清池为混合、絮凝和分离3种工艺在一个构筑物中的综合工艺设备,各部分相互牵制、相互影响,所以设计计算工作往往不能一次完成,必须在设计过程中做相应的调整。主要设计参数和设计内容如下:

(1)清水区上升流速一般采用0.8~1.0 mm/s;当处理低温、低浊水时,清水区上升流速可采用0.7~0.9 mm/s。清水区高度为1.5~2.0 m。机械搅拌澄清池清水区的液面负荷应按相似条件下的运行经验确定,可采用2.9~3.6 $m^3/(m^2 \cdot h)$;低温低浊时,液面负荷宜采用较低值且宜加设斜管。

(2)水在澄清池内总停留时间可采用1.2~1.5 h。第一反应室和第二反应室的停留时间一般控制在20~30 min。第二反应室的停留时间按计算流量计为0.5~1 min。

(3)叶轮提升流量可为进水流量的3~5倍。搅拌桨叶轮直径可为第二絮凝室内径的70%~80%,高度为第一反应室高度的1/3~1/2,宽度为高度的1/3。某些水厂的实践运行经验表明:加大叶片长度和宽度可使叶片总面积增加。增大搅拌强度有助于改进澄清池处理效果,减少池底积泥。机械搅拌澄清池应设调整叶轮转速和开启度的装置。

(4)原水进水管、配水槽。

原水进水管的管中流速一般在1 m/s左右。

为使进水分配均匀,可采用三角配水槽缝隙或孔口出流及穿孔管配水等;为防止堵塞,也可采用底部进水方式。进水管进入环形配水槽后向两侧环流配水,故三角配水槽的断面的大小应按设计流量的一半确定。配水槽和缝隙的流速均采用0.4 m/s左右。

加药点一般设于池外,在池外完成快速混合。第一反应室可设辅助加药管以备投加混凝剂。软化时应将石灰投加在第一反应室内,以防止堵塞进水管道。

(5)絮凝室。

目前在设计中,第一絮凝室、第二絮凝室(包括导流室)和分离室的容积比一般控制在 2:1:7 左右。第二絮凝室和导流室的流速一般为 40 ~ 60 mm/s。第二反应室应设导流板,其宽度一般为其直径的 1/10 左右。

(6)排泥。

进水悬浮物质量浓度小于 1 000 mg/L 且池径小于 24 m 时,可采用污泥浓缩斗排泥和底部排泥相结合的形式。根据池子大小设置 1 ~ 3 个污泥斗,污泥斗的容积一般为池容积的 1% ~ 4%,小型水池也可只用底部排泥。进水悬浮物质量浓度超过 1 000 mg/L 或池径不小于 24 m 时,应设机械排泥装置。

澄清池底部锥体坡度一般在 45°左右,当装有刮泥装置时亦可做成平底。

污泥斗和底部排泥宜用自动定时的电磁排泥阀、电磁虹吸排泥装置或橡皮斗阀,也可使用手动快开阀人工排泥。

(7)搅拌机。

机械搅拌澄清池的搅拌机由驱动装置、提升叶轮、搅排桨叶和调流装置组成。驱动装置一般采用无级变速电动机,以便根据水质和水量变化调整回流比和搅排强度;提升叶轮用以将第一反应室水体提升至第二反应室,并形成澄清区泥渣回流至第一反应室;搅拌桨叶用以搅动第一反应室水体,促使颗粒接触絮凝;调流装置用于调节回流量。有关搅拌机的具体设计计算详见《给水排水设计手册》第三版(第 9 册)《专用机械》"4.5 澄清池搅拌机"部分。

(8)集水槽。

集水槽用于汇集清水。集水均匀与否直接影响分离室内清水上升流速的均匀性,从而影响泥渣浓度的均匀性和出水水质。因此,集水槽布置应力求避免产生局部地区上升流速过高或过低现象。当澄清池直径较小时,可以沿池壁建造环形集水槽;当澄清池直径较大时,可在分离室内加设辐射形集水槽。辐射形集水槽数大体如下:当澄清池直径小于 6 m 时可用 4 ~ 6 条;当澄清池直径大于 6 m 时可用 6 ~ 8 条。环形槽和辐射槽的槽壁开孔孔径可为 20 ~ 30 mm。集水方式可选用淹没孔集水或三角堰集水,过孔流速(孔口流速)一般在0.6 m/s左右,集水槽中流速为 0.4 ~ 0.6 m/s,出水管流速在 1.0 m/s 左右。考虑水池超负荷运行和留有加装斜板(管)的可能,集水槽和进出水管的校核流量宜适当增大。

穿孔集水槽的设计流量应考虑流量增加的余地,超载系数一般取 1.2 ~ 1.5。

穿孔集水槽计算方法如下:

①孔口总面积计算。

根据澄清池计算流量和预定的孔口上的水头,按水力学的孔口出流公式求出所需孔口总面积:

$$\sum f = \frac{\beta Q}{\mu\sqrt{2gh}} \tag{3.48}$$

式中　$\sum f$——孔口总面积,m^2;

β——超载系数；

Q——澄清池总流量，即环形槽和辐射槽穿孔集水流量，m^3/s；

μ——流量系数，其值因孔眼直径与槽壁厚度的比值不同而异，对薄壁孔口可采用0.62；

g——重力加速度，m/s^2；

h——孔口上的水头，m。

选定孔口直径，计算一只小孔的面积f，按下式(3.49)算出孔口总数n：

$$n = \frac{\sum f}{f} \tag{3.49}$$

或按孔口流速计算孔口面积和孔口上作用水头。

②穿孔集水槽的宽度和高度计算。

假定穿孔集水槽的起端水流截面为正方形，也即宽度等于水深。将相应数据代入式(3.42)得到穿孔集水槽的宽度：

$$B = 0.9Q^{0.4} \tag{3.50}$$

式中 Q——穿孔集水槽的流量，m^3/s；

B——穿孔集水槽的宽度，m。

穿孔集水槽的总高度，除了上述起端水深以外，还应加上槽壁孔口出水的自由跌落高度(可取7~8 cm)及集水槽的槽壁外孔口以上应有的水深和保护高。

2.机械搅拌澄清池设计举例

【设计计算举例3.3】已知机械搅拌澄清池设计流量为800 m^3/h(0.222 m^3/s)，制水能力$Q=1.05\times800\ m^3/h=840\ m^3/h\approx0.233\ m^3/s$(其中5%为水厂自用水量)，并要求保留加装斜板条件。

进水悬浮物质量浓度一般不大于1 000 mg/L，出水悬浮物质量浓度不大于5 mg/L。

本池计算按不加斜板进行，但为保留以后加设斜板(管)的条件，在计算过程中对进出水、集水等系统按$2Q$校核，其他有关工艺数据采用低限。

【设计计算过程】

(1)第二反应室。

设第二反应室内导流板截面积$A_1=0.035\ m^2$，流速$u_1=40$ mm/s；泥渣回流量按4倍设计流量计。第二反应室提升流量$5Q$。

第二反应室截面积：$w_1=\dfrac{5Q}{u_1}=\dfrac{5\times0.233}{0.04}\approx29.13\ (m^2)$；

第二反应室直径：$D_1=\sqrt{\dfrac{4(w_1+A_1)}{\pi}}=\sqrt{\dfrac{4(29.13+0.035)}{3.14}}\approx6.1\ (m)$；

取第二反应室直径$D=6.0$ m，反应室壁厚$\delta_1=0.25$ (m)；

$$D_1' = D_1 + 2\delta_1 = 6 + 2\times0.25 = 6.5\ (m)$$

第二反应室高度$H_1=\dfrac{Q't_1}{w_1}=\dfrac{1.165\times60}{29.13}=2.40$ (m)($t_1=60$ s，实际取2.56 m)。

(2)导流室。

导流室中导流板截面积：$A_2 = A_1 = 0.035\ (\text{m}^2)$

导流室面积：$w_2 = w_1 = 29.13\ (\text{m}^2)$

导流室直径：$D_2 = \sqrt{\frac{4}{\pi}\left(\frac{\pi D'^2_1}{4} + A_2 + w_2\right)} \approx \sqrt{\frac{4}{3.14} \times \left(\frac{3.14}{4} \times 6.5^2 + 29.13 + 0.035\right)} \approx 8.91\ (\text{m})$

取导流室 $D_2 = 8.9$ m，导流室壁厚 $\delta_2 = 0.1$ m。

$D'_2 = D_2 + 2\delta_2 = 9.1$ m，$H_2 = \frac{D_2 - D'_1}{2} = \frac{8.9 - 6.5}{2} = 1.2\ (\text{m})$，设计中取用 1.1 m。

导流室出口流速：$u_6 = 0.04$ m/s，则出口面积：$A_3 = \frac{Q'}{u_6} = \frac{1.165}{0.04} \approx 29.13\ (\text{m}^2)$；出口截面宽：$H_3 = \frac{2A_3}{\pi \times (D_2 + D'_1)} = \frac{2 \times 29.13}{3.14 \times (8.9 + 6.5)} \approx 1.2\ (\text{m})$；出口垂直高度：$H'_3 = \sqrt{2} H_3 = 1.414 \times 1.2 \approx 1.70\ (\text{m})$。

(3)分离室。

取 $u_2 = 0.001\ \frac{m}{s}$，分离室面积：$w_3 = \frac{Q}{u_2} = \frac{0.233}{0.001} = 233\ (\text{m}^2)$。

池总面积：$w = w_3 + \frac{\pi D'^2_2}{4} \approx 298\ (\text{m}^2)$；

池的直径：$D = \sqrt{\frac{4w}{\pi}} \approx \sqrt{\frac{4 \times 298.04}{3.14}} \approx 19.48\ (\text{m})$；

取池的直径为 19.5 m，半径 $R = 9.75$ m。

(4)池深计算。

池深计算示意如图 3.17(b)所示，取池中停留时间 $T = 1.5$ h。

有效容积：$V' = 3\,600QT = 3\,600 \times 0.233 \times 1.5 \approx 1\,260\ (\text{m}^3)$；

考虑增加 4% 的结构容积：$V = (1 + 0.04)V' = 1\,310.4\ (\text{m}^3)$；

取池超高 $H_0 = 0.3$ m。

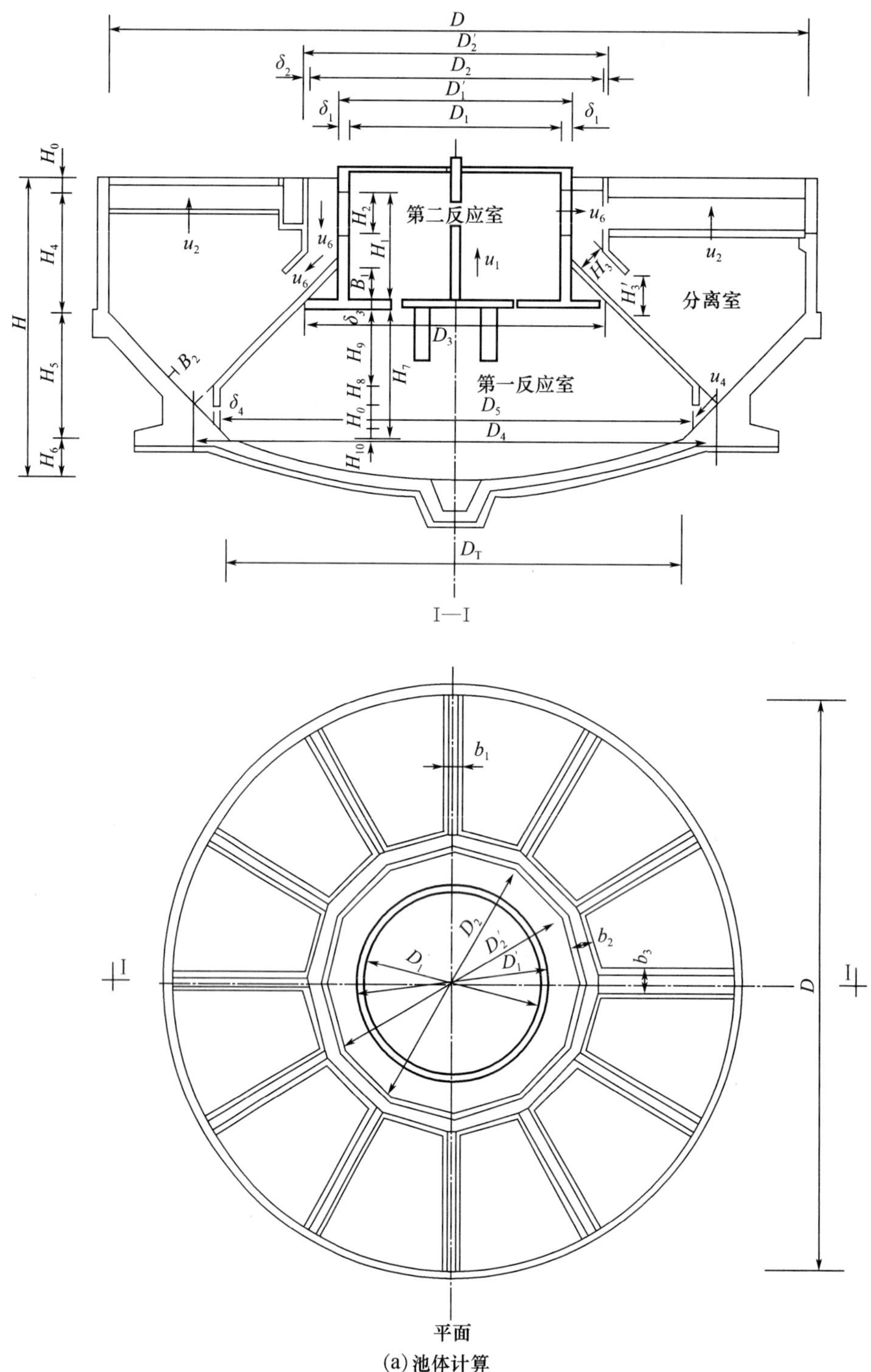

(a)池体计算

图 3.17　机械搅拌澄清池设计计算符号示意

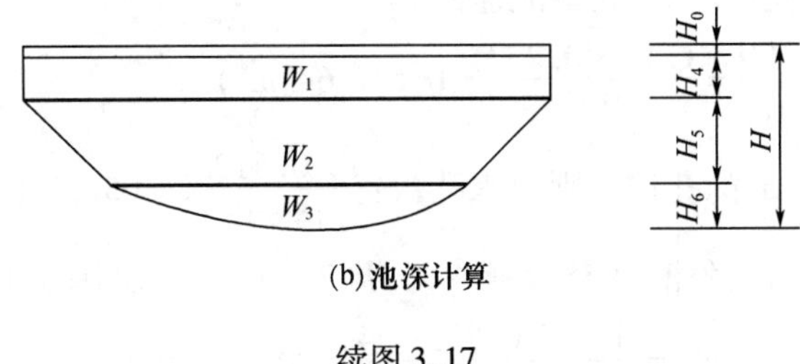

(b)池深计算

续图 3.17

设池直壁高:$H_4 = 1.8$ m。

池直壁部分的容积:

$$W_1 = \frac{\pi}{4}D^2H_4 = \frac{\pi}{4} \times 19.5^2 \times 1.8 \approx 537.57\ (m^3)$$

$$W_2 + W_3 = V - W_1 = 1\ 310.4 - 537.57 = 772.83\ (m^3)$$

取池圆台高度 $H_5 = 3.7$ m。池圆台斜边倾角 45°,则池底部直径:

$$D_T = D - 2H_5 = 19.5 - 2 \times 3.7 = 12.1\ (m)$$

本池池底采用球壳式结构,取球冠高 $H_6 = 1.05$ m。

圆台容积:

$$W_2 = \frac{\pi H_6}{3}\left[\left(\frac{D}{2}\right)^2 + \frac{D}{2} \times \frac{D_T}{2} + \left(\frac{D_T}{2}\right)^2\right]$$

$$\approx \frac{3.7 \times 3.14}{3}[9.75^2 + 9.75 \times 6.05 + 6.05^2] \approx 738.71\ (m^3)$$

球冠半径:

$$R_{球} = \frac{D_T^2 + 4H_6^2}{8H_6} = \frac{12.1^2 + 4 \times 1.05^2}{8 \times 1.05} \approx 17.95\ (m)$$

球冠体积:

$$W_3 = \pi H_6^2\left(R_{球} - \frac{H_6}{3}\right) \approx 3.14 \times 1.05^2 \times \left(17.95 - \frac{1.05}{3}\right) \approx 60.96\ (m^3)$$

池实际有效容积:

$$V_1 = W_1 + W_2 + W_3 = 1\ 337.24(m^3), V_1' = \frac{V}{1.04} \approx 1\ 285.81\ (m^3)$$

实际总停留时间:

$$T = \frac{1\ 285.81 \times 1.5}{1\ 260} \approx 1.53\ (h)$$

池总高:

$$H = H_0 + H_4 + H_5 + H_6 = 0.3 + 1.8 + 3.7 + 1.05 = 6.85\ (m)$$

(5)配水三角槽。

进水流量增加 10% 的排泥水量,设槽内流速 $u_3 = 0.5$ m/s。

$B_1 = \sqrt{\frac{1.1Q}{u_3}} = \sqrt{\frac{1.1 \times 0.233}{0.5}} \approx 0.72\ (m)$,取 $B_1 = 0.76$ m。

三角配水槽采用孔口出流，孔口流速同 u_3。

出水孔总面积：$\frac{1.1Q}{u_3}=\frac{1.10\times0.233}{0.5}=0.5126\ (\text{m}^2)$。

采用直径 $d=0.1$ m 的孔口。则出水孔数：$\frac{4\times0.5126}{3.14\times0.1^2}=65.27$（个）。

为施工方便采用沿三角槽每 5°设置一孔，共 72 孔，孔口实际流速：

$$u_3=\frac{1.1\times0.233\times4}{0.1^2\times\pi\times72}\approx0.45\ (\text{m/s})$$

(6)第一反应室。

第二反应室板厚 $\delta_3=0.15$ m。

$$D'_3=D'_1+2B_1+2\delta_3=6.5+2\times0.76+2\times0.15=8.32\ (\text{m})$$

$$H_7=H_4+H_5-H_1-\delta_3=1.8+3.7-2.56-0.15=2.79\ (\text{m})$$

$$D_4=\frac{D_{\text{T}}+D_3}{2}+H_7=\frac{12.1+8.32}{2}+2.79=13\ (\text{m})$$

取 $u_4=0.15$ m/s，泥渣回流量 $Q''=4Q$ 回流缝宽度：$B_2=\frac{4Q}{\pi D_4u_4}=\frac{4\times0.233}{\pi\times13\times0.15}\approx$ 0.152 (m)，取 B_2 为 0.18 m，设裙板厚 $\delta_4=0.06$ m。

$$D_5=D_4-2(\sqrt{2}B_2+\delta_4)=13-2(\sqrt{2}\times0.18+0.06)\approx12.37\ (\text{m})$$

按等腰三角形计算：

$$H_8=D_4-D_5=13-12.37=0.63\ (\text{m})$$

$$H_{10}=\frac{D_5-D_{\text{T}}}{2}=\frac{12.37-12.1}{2}\approx0.14\ (\text{m})$$

$$H_9=H_7-H_8-H_{10}=2.79-0.63-0.14=2.02\ (\text{m})$$

(7)容积计算。

$$V_1=\frac{\pi H_9}{12}(D_3^2+D_3D_5+D_5)+\frac{\pi D_5^2}{5}H_8+\frac{\pi H_{10}}{12}(D_5+D_5D_{\text{T}}+D_{\text{T}})+W_3=325.09\ (\text{m}^3)$$

$$V_2=\frac{\pi}{4}D_1^2H_1+\frac{\pi}{4}(D_2-D'^2_1)(H_1-B_1)\approx124.63\ (\text{m}^3)$$

$$V_3=V_1'-(V_1+V_2)=836.09\ (\text{m}^3)$$

则实际反应室容积比：

第二反应室：第一反应室：分离室 =124.63∶325.09∶836.09≈1∶2.61∶6.71。

池各反应室停留时间分别为：8.9 min、23.2 min 和 59.7 min。

(8)集水系统。

本池因池径较大采用辐射式集水槽（辐射槽）和环形集水槽（环形槽）集水。设计时辐射槽、环形槽、总出水槽之间按水面连接考虑，如图 3.18 所示。

设辐射槽宽 $b_1=0.25$ m，槽内水流流速为 $v_{51}=0.4$ m/s，槽底坡降 $iL=0.1$ m，槽内终点水深：

$$h_2=\frac{q_1}{v_{51}\times b_1}=\frac{0.0194}{0.4\times0.25}=0.194\ (\text{m})$$

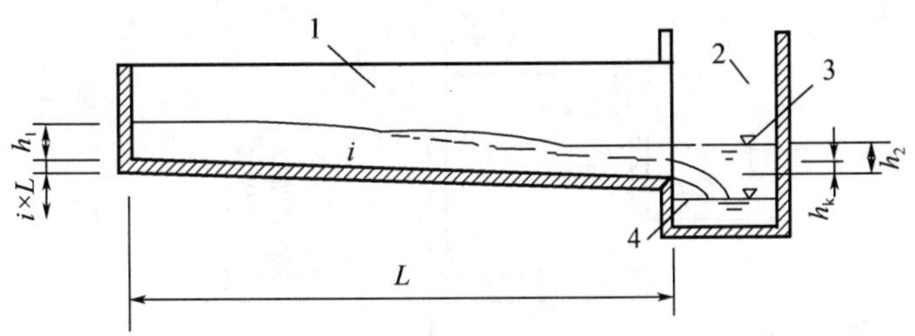

1—辐射集水槽;2—环形集水槽;3—淹没出流;4—自由出流

图3.18　辐射槽计算示意

临界水深:

$$h_k = \sqrt[3]{\frac{\alpha q_1^2}{gb^2}} = \sqrt[3]{\frac{1 \times 0.019\ 4^2}{9.81 \times 0.25^2}} = 0.085\ (\text{m})$$

槽内起点水深:

$$h_1 = \sqrt{\frac{2h_k^3}{h_2} + \left(h_2 - \frac{iL}{3}\right)^2} - \frac{2iL}{3}$$

$$= \sqrt{\frac{2 \times 0.085^3}{0.194} + \left(0.194 - \frac{0.1}{3}\right)^2} - \frac{2 \times 0.1}{3} = 0.113\ (\text{m})$$

按 $2q_1$ 校核,取槽内水流流速 $v'_{51}=0.6$ m/s。

$$h_2 = \frac{q'_1}{v'_{51} \times b_1} = \frac{2 \times 0.019\ 4}{0.6 \times 0.25} = 0.259\ (\text{m})$$

$$h_k = \sqrt[3]{\frac{\alpha q'^2_1}{gb^2}} = \sqrt[3]{\frac{1 \times 0.038\ 8^2}{9.81 \times 0.25^2}} \approx 0.135\ (\text{m})$$

$$h_1 = \sqrt{\frac{2h_k^3}{h_2} + \left(h_2 - \frac{iL}{3}\right)^2} - \frac{2iL}{3}$$

$$= \sqrt{\frac{2 \times 0.135^3}{0.259} + \left(0.259 - \frac{0.1}{3}\right)^2} - \frac{2 \times 0.1}{3} \approx 0.198\ (\text{m})$$

设计取槽内起点水深为0.20 m,槽内终点水深为0.30 m,孔口出流孔口前水位0.05 m,孔口出流跌落0.07 m,槽超高0.2 m,槽高计算示意如图3.19所示。槽起点断面高为0.20+0.07+0.05+0.20=0.52(m);槽终点断面高为0.30+0.07+0.05+0.20=0.62(m)。环形集水槽:$q_2=\frac{Q}{2}=\frac{0.233}{2}\approx 0.117\ (\text{m}^3/\text{s})$,取 $v_{52}=0.6$ m/s。

槽宽 $b=0.5$ m,考虑施工方便槽底取为平底,则 $iL=0$,槽内终点水深:

$$h_4 = \frac{q_2}{v_{52} \times b_2} = \frac{0.117}{0.6 \times 0.5} = 0.39\ (\text{m})$$

$$h_k = \sqrt[3]{\frac{\alpha q_2^2}{gb_2^2}} = \sqrt[3]{\frac{1 \times 0.117^2}{9.81 \times 0.5^2}} = 0.177\ (\text{m})$$

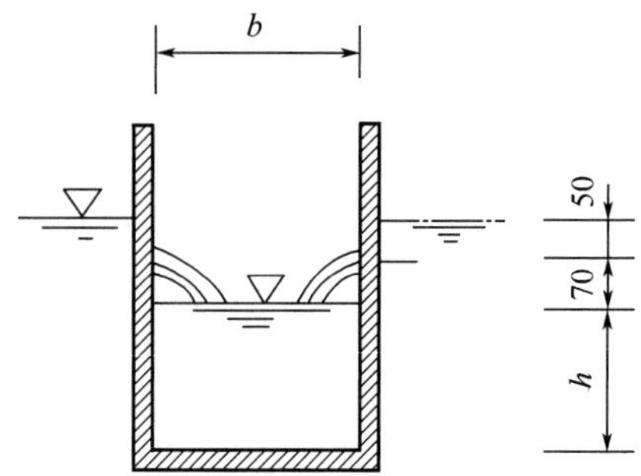

图 3.19　槽高计算示意(单位:mm)

槽内起点水深:

$$h_3 = \sqrt{\frac{2h_k^3}{h_4} + h_4^2} = \sqrt{\frac{2 \times 0.117^3}{0.39} + 0.39^2} \approx 0.42\ (\mathrm{m})$$

流量增加一倍时,设槽内流速 $v'_{52} = 0.8$ m/s。

$$h_4 = \frac{q_2}{v_{52} \times b_2} = \frac{0.233}{0.8 \times 0.5} \approx 0.58\ (\mathrm{m})$$

$$h_k = \sqrt[3]{\frac{\alpha q_2^2}{g b_2^2}} = \sqrt[3]{\frac{1 \times 0.233^2}{9.81 \times 0.5^2}} \approx 0.28\ (\mathrm{m})$$

$$h_3 = \sqrt{\frac{2h_k^3}{h_4} + h_4^2} = \sqrt{\frac{2 \times 0.28^3}{0.58} + 0.58^2} \approx 0.64\ (\mathrm{m})$$

设计取用环槽内水深为 0.6 m,槽断面高为 0.6 + 0.07 + 0.05 + 0.30 = 1.02(m)(槽超高定为 0.3 m)。

总出水槽:设计流量为 $Q = 0.233$ m/s,槽宽 $b_3 = 0.7$ m,$n = 0.013$。总出水槽按矩形渠道计算,槽内水流流速 $v_{53} = 0.8$ m/s,槽底坡降 $iL = 0.20$ m,槽长为 5.3 m。

槽内终点水深:

$$h_6 = \frac{Q}{v_{53} \times b_3} = \frac{0.233}{0.8 \times 0.7} \approx 0.416\ (\mathrm{m})$$

$$A = \frac{Q}{v_{53}} = \frac{0.233}{0.8} \approx 0.291\,3\ (\mathrm{m})$$

$$R = \frac{A}{\rho} = \frac{0.2913}{2 \times 0.416 + 0.7} \approx 0.190\,1\ (\mathrm{m})$$

$$y = 2.5\sqrt{n} - 0.13 - 0.75\sqrt{R}(\sqrt{n} - 0.10) =$$

$$2.5 \times \sqrt{0.013} - 0.13 - 0.75 \times \sqrt{0.190\,1} \times (\sqrt{0.013} - 0.10) \approx 0.150\,5$$

$$C = \frac{1}{n}R^y = \frac{1}{0.013}0.190\,1^{0.150\,5} \approx 59.916$$

$$i = \frac{v_{53}^2}{RC^2} = \frac{0.8^2}{0.190\,1 \times 59.916^2} \approx 0.000\,94$$

槽内起点水深：

$$h_5 = h_6 - iL + 0.000\,94 \times 5.3 \approx 0.416 - 0.2 + 0.005 = 0.221\ (\mathrm{m})$$

流量增加一倍时，设槽内流速 $v'_{53} = 0.9$ m/s，同样计算得到：

$$h'_6 = \frac{Q}{v'_{53} \times b_3} = \frac{0.466}{0.9 \times 0.7} \approx 0.74\ (\mathrm{m})$$

$$A = \frac{Q}{v'_{53}} = \frac{0.466}{0.9} \approx 0.518\ (\mathrm{m}^2)$$

$$R = \frac{A}{\rho} = \frac{0.518}{2 \times 0.74 + 0.7} \approx 0.238\ (\mathrm{m})$$

$$y = 2.5\sqrt{n} - 0.13 - 0.75\sqrt{R}(\sqrt{n} - 0.10)$$
$$= 2.5\sqrt{0.013} - 0.13 - 0.75\sqrt{238}(\sqrt{0.013} - 0.10) \approx 0.15$$

$$C = \frac{1}{n}R^y = \frac{1}{0.013}0.238^{0.15} \approx 62.015$$

$$i = \frac{v'^2_{53}}{RC^2} = \frac{0.9^2}{0.238 \times 62.015^2} \approx 0.000\,89$$

槽内起点水深：

$$h'_5 = h_6 - iL + 0.000\,89 \times 5.3 \approx 0.74 - 0.2 + 0.005 = 0.545\ (\mathrm{m})$$

设计取槽内起点水深为 0.60 m，槽内终点水深为 0.80 m。

槽超高 0.3 m，按设计流量计算得从起辐射点至总出水槽终点的水面坡降为

$$h = (h_1 + iL - h_2) + (h_3 - h_4) + 0.000\,94 \times 5.3$$
$$= (0.113 + 0.1 - 0.194) + (0.64 - 0.58) + 0.000\,94 \times 5.3 \approx 0.054\ (\mathrm{m})$$

设计流量增加一倍时，该值为

$$h = (0.169 + 0.1 - 0.259) + (0.64 - 0.58) + (0.545 + 0.2 - 0.74) \approx 0.08\ (\mathrm{m})$$

辐射集水槽采用钢板焊制三角堰集水槽，辐射集水槽三角堰计算示意如图 3.20 所示，取堰高 $C = 0.10$ m，堰宽 $b = 0.20$ m，即 90°三角堰，堰上水头 $h = 0.05$ m。

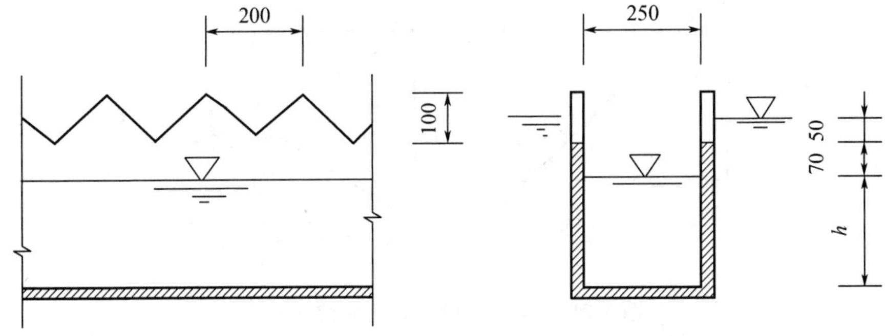

图 3.20　辐射集水槽三角堰计算示意（单位：mm）

单堰流量：

$$q_0 = 1.4h^{2.5} = 1.4 \times 0.05^{2.5} \approx 0.000\,783\ (\mathrm{m^3/s})$$

辐射集水槽每侧三角堰数目：

$$n = \frac{q_1}{2q_0} = \frac{0.019\ 4}{2 \times 0.000\ 783} \approx 12.39\ (\text{个})$$

加设斜板(管)流量增加一倍则增加为 24.78 个，参照辐射集水槽长度及上述计算，取集水槽每侧三角堰的个数为 22。

(9)排泥及排水计算。

①排泥斗计算。

污泥浓缩室总容积据经验按池总容积 1% 考虑：

$$V_4' = 0.01V' = 0.01 \times 1\ 285.8 \approx 12.86\ (\text{m}^3)$$

分设 3 斗，每斗容积为 4.29 m^3，设污泥斗上底面积：

$$S_{上} = 2.8 \times 2.03 + \frac{2}{3} \times 2.8 \times h_{斗} = 2.8 \times 2.03 + \frac{2}{3} \times 2.8 \times 0.12 \approx 5.91\ (\text{m}^2)$$

式中：

$$h_{斗} = R_1 - \sqrt{R_1^2 - 1.4^2} = 8.55 - \sqrt{8.55^2 - 1.4^2} \approx 0.12\ (\text{m})$$

下底面积：

$$S_{下} = 0.45^2 = 0.202\ 5\ (\text{m}^2)$$

污泥斗容积：

$$V_{斗} = \frac{1.7}{3}(5.91 + 0.202\ 5 + \sqrt{5.91 \times 0.202\ 5}) \approx 4.08\ (\text{m}^3)$$

三斗容积：

$$V_3 = 4.08 \times 3 = 12.24\ (\text{m}^3)$$

排泥斗计算示意如图 3.21 所示。

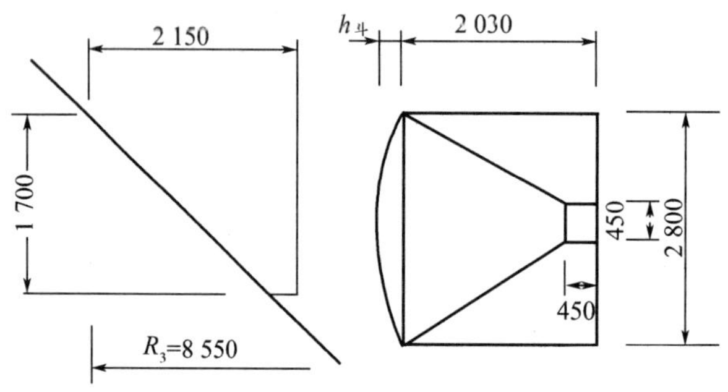

图 3.21　排泥斗计算示意(单位：mm)

污泥斗容积是池容积的 0.95%。

②排泥周期与排泥历时计算。

排泥周期：本池在重力排泥时一般进水悬浮物质量浓度 $S_1 \leqslant 1\ 000$ mg/L，出水悬浮物

质量浓度 $S_4 \leqslant 5$ mg/L，污泥含水率 $P = 98\%$，浓缩污泥密度 $\rho = 1.02$ t/m³。

$$T_0 = \frac{10^4 V_4 (100 - P)\rho}{(S_1 - S_4)Q} = \frac{10^4 \times 12.24 \times (100 - 98) \times 1.02}{60 \times (S_1 - S_4) \times 0.233} = \frac{17\ 860.94}{(S_1 - S_4)}\ (\text{min})$$

$S_1 - S_4$ 与 T_0 关系值见表 3.3。

表 3.3　$S_1 - S_4$ 与 T_0 关系值

$S_1 - S_4$	90	190	290	390	490	590	690	790	890	995
T_0	98.5	94.0	61.6	45.8	36.5	30.3	25.9	22.6	20.1	18.0

排泥历时：

设污泥斗排泥直径 DN 100 mm，其断面 $w_{01} = 0.007\ 85$ m²。

电磁排泥阀适用水压 $h \leqslant 0.04$ MPa，取 $\lambda = 0.03$，管长 $l = 5$ m。

局部阻力系数：

$$\sum \xi = 6.45$$

流量系数：

$$\mu = \frac{1}{\sqrt{1 + \frac{\lambda l}{d} + \sum \xi}} = \frac{1}{\sqrt{1 + \frac{0.03 \times 5}{0.1} + 6.45}} = 0.33$$

排泥流量：

$$q_1 = \mu \frac{\pi \times 0.1^2}{4} \sqrt{2gh} = 0.33 \times \frac{\pi \times 0.1^2}{4} \times \sqrt{2 \times 9.81 \times 4} = 0.022\ 9\ (\text{m}^3/\text{s})$$

排泥历时：

$$t = \frac{V_{斗}}{q_1} = 4.08/0.022\ 9 = 178.16\ (\text{s})$$

③放空时间计算。

设池底中心排空管直径 DN 250 mm，$w_{02} = 0.049\ 09$ m²。

本池开始放空时水头为池运行水位至池底管中心高差 H_2，如图 3.22 所示。取 $\lambda = 0.03$，管长 $l = 15$ m。

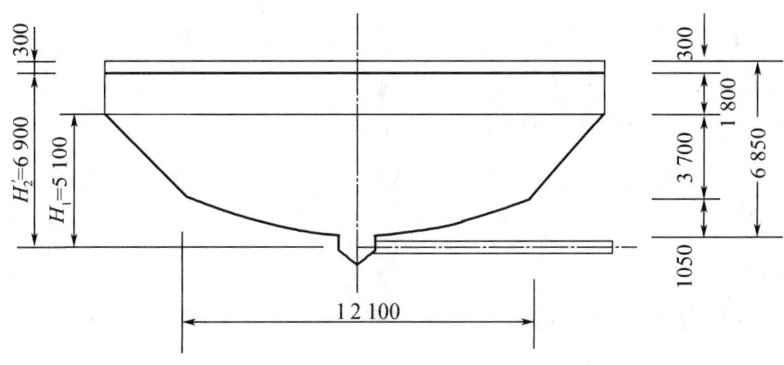

图 3.22　放空管计算示意（单位：mm）

局部阻力系数：

$$\sum \xi = 2.0$$

流量系数：

$$\mu = \frac{1}{\sqrt{1 + \frac{\lambda l}{d} + \sum \xi}} = \frac{1}{\sqrt{1 + \frac{0.03 \times 15}{0.25} + 2.0}} = 0.46$$

瞬时排水量：

$$q = \mu w_{02} \sqrt{2gH_2'} = 0.46 \times 0.049\ 09 \times \sqrt{2 \times 9.81 \times 6.9} = 0.263(\mathrm{m^3/s})$$

放空时间：

$$t = t_1 + t_2 = 2K_1(H'^{1/2}_2 - H'^{1/2}_1) + 2K_2\left(D_T^2 H'^{\frac{1}{2}}_1 + \frac{4}{3}D_T H'^{\frac{3}{2}}_1 \cot a + \frac{4}{5}H'^{\frac{5}{2}}_1 \cot^2 a\right)$$

其中

$$K_1 = \frac{D^2}{\mu d^2 \sqrt{2g}} = \frac{19.5^2}{0.46 \times 0.25^2 \sqrt{2 \times 9.81}} \approx 3\ 052.3$$

$$K_2 = \frac{1}{\mu d^2 \sqrt{2g}} = \frac{1}{0.46 \times 0.25^2 \sqrt{2 \times 9.81}} \approx 8.03$$

$$\alpha = 45°, \cot\alpha = 1, D_T = 12.1$$

$$t = 2 \times 3\ 052.3 \times (6.9^{1/2} - 5.1^{1/2}) + 2 \times 8.03 \times \left(12.1^2 \times 5.1^{1/2} + \frac{4}{3} \times 12.1 \times 5.1^{3/2} + \frac{4}{5} \times 5.1^{5/2}\right)$$

$$\approx 8\ 375.81\ \mathrm{s} \approx 2.33(\mathrm{h})$$

(10)搅拌设备工艺设计计算。

机械搅拌澄清池搅拌设备具有两部分功能。其一，通过装在提升叶轮下部的桨板完成源水与池内回流泥渣水的混合絮凝；其二，通过提升叶轮将絮凝后的水提升到第二絮凝室，再流至澄清区进行分离，清水被收集，泥渣水回流至第一絮凝室。搅拌设备的工艺设计计算主要是确定提升叶轮和搅拌叶片(桨板)的尺寸，以及电动机的功率。

设计流量 $Q = 840\ \mathrm{m^3/h} = 0.233\ \mathrm{m^3/s}$。

第二絮凝室内径 $D = 6$ m。

第一絮凝室深度 $H = 2.79$ m。

第一絮凝室平均纵剖面积为

$$F = (D_5 + D_3)H_9/2 + D_5(H_7 - H_9) = (12.37 + 8.32) \times 2.02/2 + 12.37 \times (2.79 - 2.02) = 30.42\ (\mathrm{m^2})$$

①提升叶轮。

a. 叶轮外径 D_1。

取叶轮外径为絮凝室内径的 15% ~20%，则 $D_1 = 0.2D = 0.2 \times 19.5 = 3.9$ m，取3.8 m。

b. 叶轮转速 n。

叶轮外缘的线速度采用 $v_1=1.2$ m/s（一般为 0.4～1.2 m/s），则

$$n=\frac{60v_1}{\pi D_1}=\frac{60\times 1.2}{3.14\times 3.8}\approx 6.0\ (\mathrm{r/min})$$

c. 叶轮的比转速 n_s。

叶轮的提升水量取 $Q_{提}=5Q=5\times 0.233=1.165\ (\mathrm{m^3/s})$。

叶轮的提升水头取 $H=0.05$ m。

所以，$n_s=\dfrac{3.65n\sqrt{Q_{提}}}{H^{0.75}}=\dfrac{3.65\times 6.0\times\sqrt{1.165}}{0.05^{0.75}}\approx 223.5$。

d. 叶轮内径 D_2。

查表得，当 $n_s=223.5$ 时，$D_1/D_2=2$。

$$D_2=D_1/2=3.8/2=1.9\ (\mathrm{m})$$

e. 叶轮出口宽度 B(m)。

$$B=\frac{60Q_{提}}{KD_1^2 n}$$

式中　$Q_{提}$——叶轮提升水量，即 1.165 $\mathrm{m^3/s}$；

K——系数，为 3.0；

n——叶轮最大转速，r/min。

$$B=\frac{60Q_1}{Cnd^2}=\frac{60\times 1.165}{3\times 6.0\times 3.8^2}\approx 0.27\ (\mathrm{m})$$

②搅拌叶片。

a. 搅拌叶片组外缘直径 D_3。

其外缘线速度采用 $v_2=1.0$ m/s，则

$$D_3=\frac{60v_2}{\pi n}=\frac{60\times 1.0}{3.14\times 6.0}=3.18\ (\mathrm{m})$$

b. 叶片长度 H_2 和宽度 b。

取第一絮凝室高度的 1/3 为 H_2，即

$$H_2=H_7/3=2.79/3\approx 0.93\ (\mathrm{m})$$

叶片宽度采用 $b=0.4$ m。

c. 搅拌叶片数 n_1。

取叶片总面积为第一絮凝室平均纵剖面积的 8%，则

$$n_1=\frac{0.08F}{bH_2}=\frac{0.08\times 30.42}{0.4\times 0.93}\approx 6.54\ (片)$$

搅拌叶片和叶轮的提升叶片均装 8 片，按径向布置，如图 3.23 所示。

③电动机功率。

电动机功率应按叶轮提升功率和叶片搅拌功率确定。

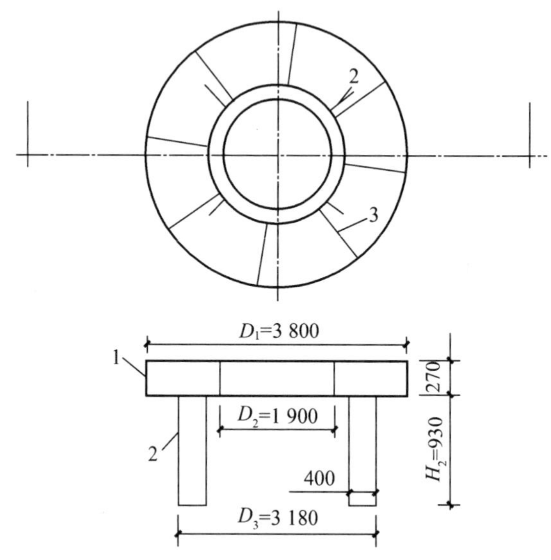

1—提升叶轮;2—搅拌叶片;3—提升叶片

图 3.23　搅拌设备布置(单位:mm)

a. 提升叶轮所消耗功率 N_1(kW)。

$$N_1 = \frac{\rho Q_{提} H}{102\eta}$$

式中　ρ ——水的密度,采用 1 010 kg/m^3;

η ——叶轮效率,取 0.6;

H ——提升水头,m,取 0.1 m。

所以 $N_1 = \dfrac{1\ 010 \times 1.165 \times 0.05}{102 \times 0.6} \approx 0.96$ (kW)。

b. 搅拌叶片所需功率 N_2(kW)。

$$N_2 = C\frac{\rho\omega^3 H_2}{400g}(r_2^4 - r_1^4)Z$$

式中　C——系数,为 0.5;

ρ——水的容重,采用 1 010 kg/m^3;

H_2——搅拌叶片长度,m;

Z——搅拌叶片数;

g——重力加速度,9.81 m/s^2;

r_1——搅拌叶片组的内缘半径,为 1.19 m;

r_2——搅拌叶片组的外缘半径,为 1.59 m;

ω——叶轮角速度,rad/s。

$$\omega = 2\pi n/60 \approx 2 \times 3.14 \times 6.0/60 \approx 0.63\ (\text{rad/s})$$

所以，$N_2 = 0.5 \times \dfrac{1\,010 \times 0.63^3 \times 0.93}{400 \times 9.81} \times (1.59^4 - 1.19^4) \times 8 = 1.05$ (kW)。

c. 搅拌器轴功率 N。

$$N = N_1 + N_2 = 0.96 + 1.05 = 2.01 \text{ (kW)}$$

d. 电动机功率 N'。

传动效率 $\eta = 0.5 \sim 0.75$，现取0.6。

$$N' = N/\eta = 2.01/0.6 \approx 3.35 \text{ (kW)}$$

采用电机功率为4.0 kW，减速机构采用三角皮带和蜗轮蜗杆。

3. 水力循环澄清池

图3.24表示水力循环澄清池剖面图。原水从池底进入，先经喷嘴2高速喷入喉管3。因此在喉管下部喇叭口4附近造成真空而吸入回流泥渣。原水与回流泥渣在喉管3中剧烈混合后，被送入第一絮凝室5和第二絮凝室6。从第二絮凝室6流出的泥水混合液在分离室中进行泥水分离。清水向上，泥渣则一部分进入泥渣浓缩室7，一部分被吸入喉管3重新循环，如此周而复始。原水流量与泥渣回流量之比一般为1∶2至1∶4。喉管和喇叭口的高度可用池顶的升降阀进行调节。图3.24所示只是水力循环澄清池多种形式中的一种。

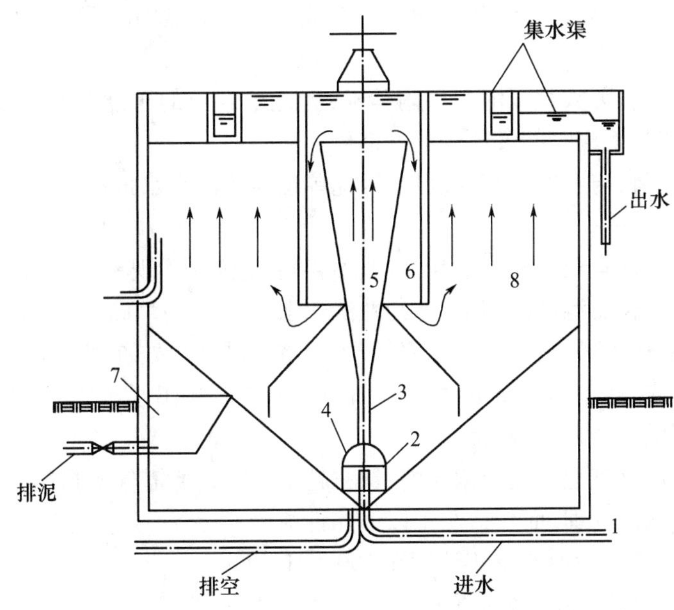

1—进水管；2—喷嘴；3—喉管；4—喇叭口；
5—第一絮凝室；6—第二絮凝室；7—泥渣浓缩室；8—分离室

图3.24　水力循环澄清池剖面图

泥渣循环型澄清池中大量高浓度的回流泥渣与加过混凝剂的原水中杂质颗粒具有更多的接触碰撞机会，且因回流泥渣与杂质粒径相差较大，故絮凝效果好。在机械搅拌澄清池中，泥渣回流量还可按要求进行调整控制，加之泥渣回流量大、浓度高，故对原水的水量、水质和水温的变化适应性较强，但其需要一套机械设备并增加了维修工作，结构也较复杂。水力循环澄清池结构较简单，无需机械设备，但泥渣回流量难以控制，且因絮凝室容积较小，絮凝时间较短，回流泥渣接触絮凝作用的发挥受到影响。故水力循环澄清池处理效果较机械加速澄清池差，耗药量较大，对原水水量、水质和水温的变化适应性较差。同时，因池子直径和高度有一定比例，直径越大、高度也越大，故水力循环澄清池一般适用于中、小型水厂。目前，新设计的水力循环澄清池较少。

3.5 气　浮

气浮是水处理中常用的一种方法。气泡的密度比水的密度小得多，所以气泡能在水中上浮。水中的杂质颗粒，若粒径很小，不论下沉或上浮速度都很慢；水中有的杂质颗粒的密度与水相近，不论是沉淀或上浮速度也很慢；如果能将这些杂质颗粒黏附于气泡上，就能加快分离速度，在较短的时间里实现固液分离。利用高度分散的微小气泡作为载体黏附于水中的悬浮物，使其浮力大于重力和阻力，从而使悬浮物上浮至水面，形成泡沫，然后用刮渣设备自水面刮除泡沫，实现固液或液液分离的过程称为气浮。气浮与沉淀是相反的过程，但都遵循相同的规律，所以气浮颗粒上浮速度也可以用颗粒沉降速度公式进行计算。

气浮具有下列特点：

①由于它是依靠无数微气泡去黏附絮粒，因此对絮粒的重度及大小要求不高。一般情况下，能减少絮凝反应时间及节约混凝剂量。

②由于带气絮粒与水的分离速度快，因此单位面积的产水量高，池子容积及占地面积减少，造价降低。

③由于气泡捕捉絮粒的概率很高，一般不存在“跑矾花”现象，因此出水水质较好，有利于后续处理中延长滤池冲洗周期、节约冲洗耗水量。

④排泥方便，耗水量小；泥渣含水率低，为泥渣的进一步处置创造了有利条件。

⑤池子深度浅，池体构造简单，可随时开、停，而不影响出水水质，管理方便。

⑥需要一套供气、溶气、释气设备。

由于气浮是依靠气泡来托起絮粒的，絮粒越多、越重，所需气泡量越多，故气浮一般不宜用于高浊度原水的处理，而较适用于以下几种情况。

①低浊度原水(一般原水常年浊度在 100 NTU 以下)。

②含藻类及有机杂质较多的原水。

③低温度水，包括因冬季水温较低而用沉淀、澄清处理效果不好的原水。

④水源受到污染，色度高、溶解氧低的原水。

3.5.1 气浮的基本原理

1. 水中颗粒与气泡黏附条件

水中悬浮固体颗粒能否与气泡黏附主要取决于颗粒表面的性质。颗粒表面易被水湿润,该颗粒属亲水性;如不易被水湿润,属疏水性。亲水性与疏水性可用气、液、固三相接触时形成的接触角大小来解释。在气、液、固三相接触时,固、液界面张力线和气液张力线之间的夹角称为湿润接触角,以 θ 表示。为了便于讨论,液、气、固体颗粒三相分别用 1、2、3表示。

亲水性和疏水性物质的接触如图 3.25 所示。$\theta<90°$为亲水性颗粒时,不易与气泡黏附;$\theta>90°$时为疏水性颗粒,易于与气泡黏附。在气、液、固相接触时,三个界面张力总是平衡的。以 σ 表示界面张力,有

$$\sigma_{1.3} = \sigma_{1.2}\cos(180° - \theta) + \sigma_{2.3} \tag{3.51}$$

式中　$\sigma_{1.3}$——液、固界面张力,N/m;

$\sigma_{1.2}$——液、气界面张力,N/m;

$\sigma_{2.3}$——气、固界面张力,N/m;

θ——接触角。

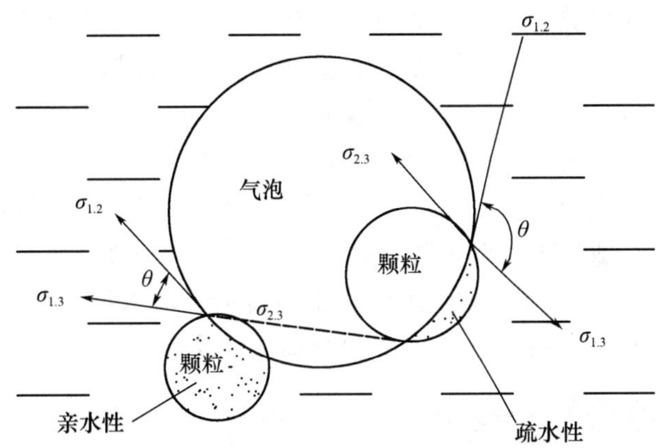

图 3.25　亲水性和疏水性物质的接触

水中气泡与颗粒黏附之前单位界面面积上的界面能为 $W_1=\sigma_{1.3}+\sigma_{1.2}$,而黏附后则减为 $W_2=\sigma_{2.3}$,界面能减少的数值为

$$\Delta W = W_1 W_2 = \sigma_{1.3} + \sigma_{1.2} - \sigma_{2.3} \tag{3.52}$$

将式(3.51)代入式(3.52)得

$$\Delta W = \sigma_{1.2}(1 - \cos\theta)$$

亲水性和疏水性物质的接触:当 $\theta\to0°$,即颗粒完全被水湿润时,$\cos\theta\to1$,$\Delta W\to0$,颗粒不与气泡黏附,就不宜用气浮法处理;当 $\theta\to180°$,颗粒完全不被水湿润时,$\cos\theta\to-1$,$\Delta W\to2\sigma_{1.2}$,颗粒易于与气泡黏附,宜于气浮法处理。此外如 $\sigma_{1.2}$很小,ΔW 亦小,也不利于气泡与颗粒的黏附。

2. 水中颗粒表面亲疏水性与气泡的稳定性

表面张力事实上是一种表面自由能。要把液体内部的分子移向表面来扩大表面积,

就必须对抗液体内部的引力而做功,也就是说液体表面的分子比内部的分子具有较大的能量,即储备有表面自由能。表面自由能是一种位能,根据热力学原理,任一体系的总自由能都有自动趋向最小值的倾向。所以,气泡也具有表面自动缩小的趋势,这就涉及气泡的稳定性问题。

洁净的气泡本身具有自动降低表面自由能的倾向,即所谓气泡合并作用。由于这一作用的存在,表面张力大的洁净水中的气泡粒径常常不能达到气浮操作要求的极细分散度。此外,如果水中表面活性物质很少,则气泡壁表面由于缺少表面活性剂两亲分子吸附层的包裹,泡壁变薄,气泡浮升到水面以后,水分子很快蒸发,因而极易使气泡破灭,以致在水面上得不到稳定的气浮泡沫层。这样,即使气粒结合体(气浮体)在露出水面之前就已形成,而且也能够浮升到水面,但由于所形成的泡沫不够稳定,使已浮起的水中污物重新又脱落回到水中,从而使气浮效果降低。为了防止产生这些现象,当水中缺少表面活性物质时需向水中投加起泡剂,以保证气浮操作中泡沫的稳定性。所谓起泡剂,大多数是由极性和非极性分子组成的表面活性剂。表面活性剂的分子一端具有极性基,易溶于水,伸向水中(因为水是强极性分子);表面活性剂分子的另一端具有非极性基,为疏水基,伸入气泡。由于同号电荷的相斥作用可防止气泡的兼并和破灭,因而增加了泡沫的稳定性。

气泡与水中固体颗粒的黏附直接与润湿作用有关。固体的疏水性越强,越难润湿,就越易于同气泡黏附;相反地,其亲水性越强,越易润湿,则越难同气泡黏附。各种不同固体颗粒有不同的疏水性,它们与气泡黏附的难易程度也各不相同。对天然水源而言,水中的泥砂亲水性比较强,一般难于吸附在气泡上。此外,水中的泥砂和生成的气泡一般都带负电,由于同性电荷的相斥作用,也使它们难于相互黏附。对水进行混凝,可降低两者表面上的负电性,使气泡和泥砂相互易于黏附,可提高气浮效果。

3.5.2 气浮法的分类与特点

根据气泡产生的方式气浮法分为电解气浮法、分散空气气浮法、溶气气浮法、全部溶气的压力溶气气浮法、全自动内循环射流气浮法等,仅压力溶气气浮法中的部分回流溶气工艺适用于城镇给水处理。

1. 电解气浮法

电解气浮法是在直流电的作用下,用惰性的阳极和阴极直接电解水,可在正负两极产生氢和氧的微气泡,从而将水中颗粒物带至水面进行固液分离。电解法产生的气泡尺寸远小于溶气法和散气法。电解气浮法除能进行固液分离外,由于电解作用,还有降低BOD、氧化、脱色、消毒等效果。图3.26为一种平流式电解气浮池的示意图。

2. 分散空气气浮法

在污水和废水中使用气浮法,有时还采用扩散板上的微孔或叶轮曝气来形成气泡,该方法即为分散空气气浮法(又称散气法),生成的气泡较大,气浮效率不是很高。图3.27和图3.28分别为扩散板曝气气浮法和叶轮剪切气泡气浮设备的构造示意图。

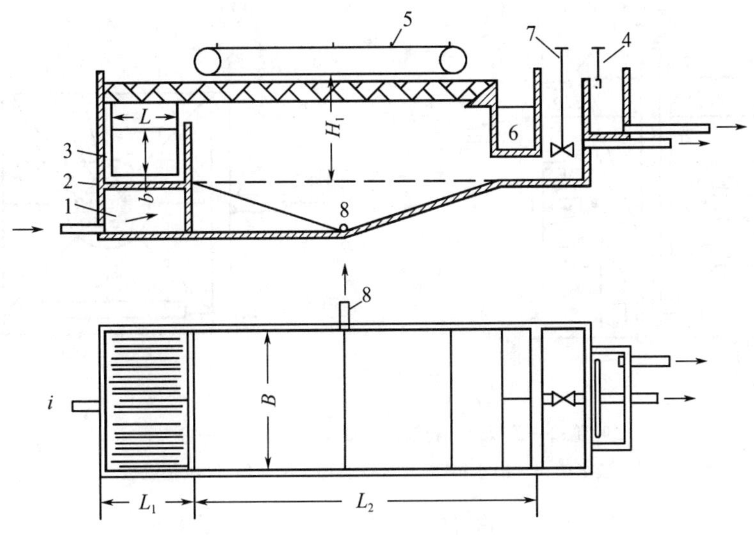

1—进水室;2—整流栅;3—电极组;
4—水位调节阀;5—刮渣机;6—浮渣室;7—排渣阀;8—排泥管

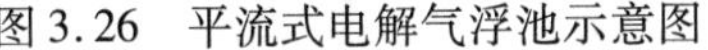
图 3.26　平流式电解气浮池示意图

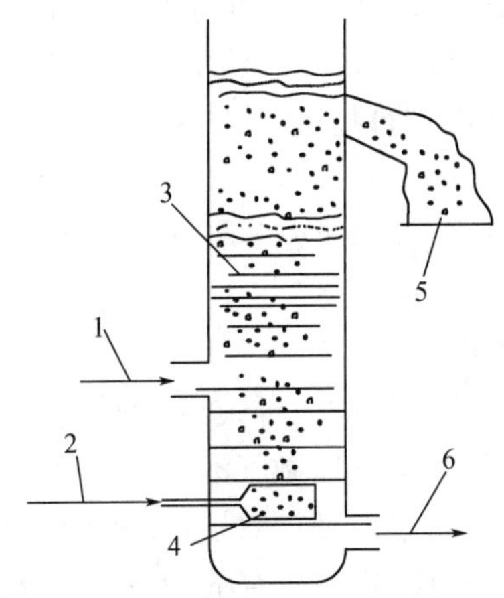

1—入流液;2—空气进入;3—分离柱;4—微孔陶瓷扩散板;5—浮渣;6—出流液

图 3.27　扩散板曝气气浮设备的构造示意图

3. 溶气气浮法

根据气泡析出时所处压力不同,溶气气浮法分为溶气真空气浮和加压溶气气浮。溶气真空气浮:空气在常压或加压下溶入水中,在负压下析出。加压溶气气浮:空气在加压

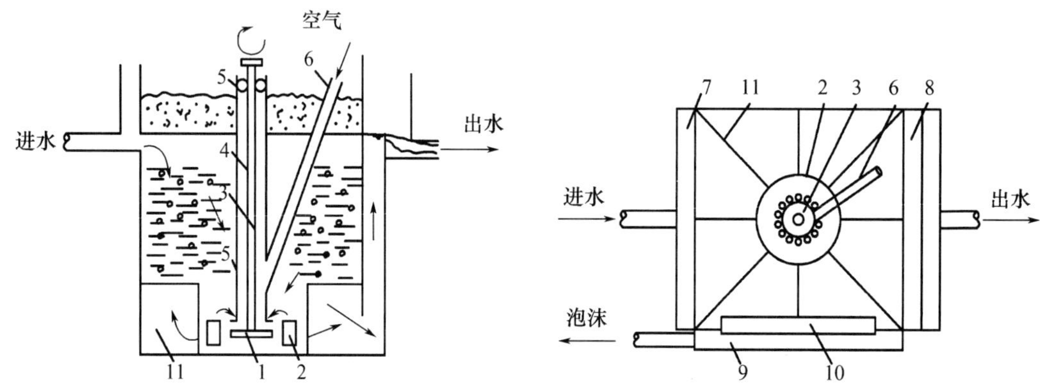

1—叶轮;2—盖板;3—转轴;4—轴套;5—轴承;6—进气管;
7—进水槽;8—出水槽;9—泡沫槽;10—刮沫板;11—整流板

图 3.28 叶轮剪切气泡气浮设备的构造示意图

下溶入水中,在常压下析出。

(1)溶气真空气浮。

溶气真空气浮过程:废气在常压下被曝气,使其充分溶气,然后在真空条件下使废水中的溶气析出,形成细微气泡,黏附颗粒杂质上浮于水面形成泡沫浮渣而除去。此法优点是:气泡形成、气泡黏附于微粒及絮凝体的上浮都处于稳定环境,絮体很少被破坏,气浮过程能耗小。其缺点是:溶气量小,不适于处理含悬浮物浓度高的废水;气浮在负压下运行,刮渣机等设备都要在密封气浮池内,所以气浮池的结构复杂,维护运行困难,故此法应用较少。

溶气真空气浮池平面多为圆形,池面压力多取 29.9 ~ 39.9 kPa,废水在池内的停留时间为 5 ~ 20 min。

(2)加压溶气气浮。

加压溶气气浮法是目前应用最广泛的一种气浮方法。空气在加压条件下溶于水中,再使压力降至常压,把溶解的过饱和空气以微气泡的形式释放出来,实现气浮,此法形成的气泡小,气泡直径在 20 ~ 100 μm 之间,处理效果好,应用广泛。

加压溶气气浮工艺由空气饱和设备、空气释放设备和气浮池等组成。其基本工艺流程有全溶气流程、部分溶气流程和回流加压溶气流程 3 种。

①全溶气流程。

全溶气流程示意图如图 3.29 所示,将全部废水进行加压溶气,再经减压释放装置进入气浮池进行固液分离。与其他两流程相比,其电耗高,但因不另加溶气水,所以气浮池容积小。至于泵前投混凝剂形成的絮凝体是否会在加压及减压释放过程中产生不利影响,目前尚无定论。两种释放过程的分离效果并无明显区别,其原因是气浮法对混凝反应的要求与沉淀法不一样,气浮并不要求将絮体变大,只要求混凝剂与水充分混合。

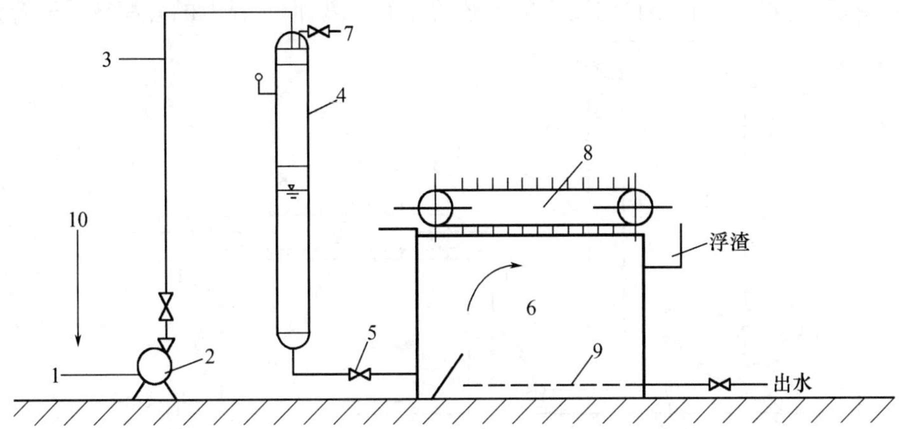

1—原水进入;2—加压泵;3—空气加入;4—压力溶气罐(含填料层);5—减压阀;
6—气浮池;7—放气阀;8—刮渣机;9—集水系统;10—化学药剂

图3.29　全溶气流程示意图

②部分溶气流程。

部分溶气流程示意图如图3.30所示,将部分废水进行加压溶气,其余废水直接送入气浮池。该流程比全溶气流程省电,另外因部分废水经溶气罐,所以溶气罐的容积比较小。但因部分废水加压溶气所能提供的空气量较少,因此若想提供同样的空气量,必须加大溶气罐的压力。

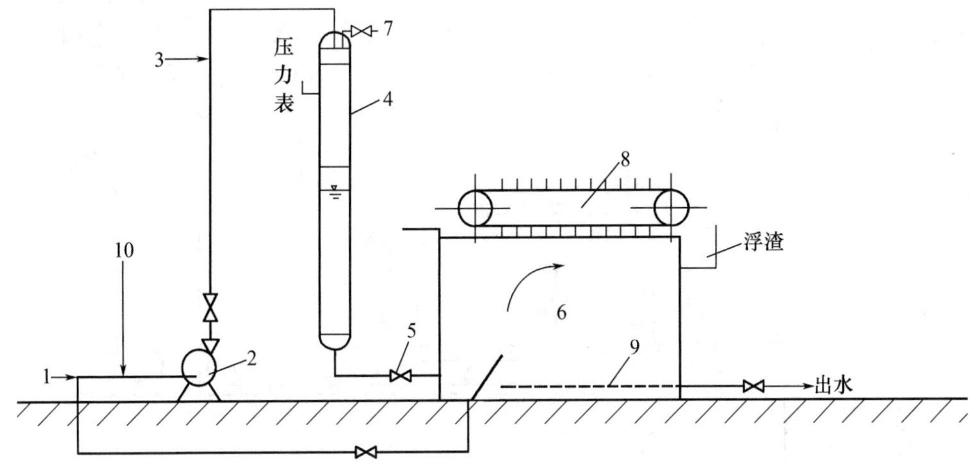

1—原水进入;2—加压泵;3—空气加入;4—压力溶气罐(含填料层);5—减压阀;
6—气浮池;7—放气阀;8—刮渣机;9—集水系统;10—化学药剂

图3.30　部分溶气流程示意图

③回流加压溶气流程。

回流加压溶气流程示意图如图3.31所示,将部分出水进行回流加压,废水直接送入气浮池。该法适用于含悬浮物浓度高的废水的固液分离,但气浮池的容积较前两者大。

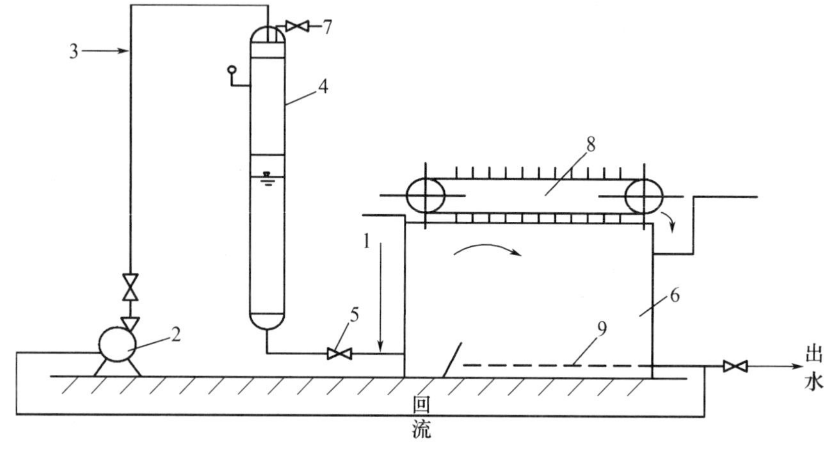

1—原水进入;2—加压泵;3—空气加入;4—压力溶气罐(含填料层);5—减压阀;
6—气浮池;7—放气阀;8—刮渣机;9—集水管及回流清水管

图 3.31 回流加压溶气流程示意图

图 3.32 所示是常用于天然水源水的气浮处理工艺,称为回流式压力溶气气浮工艺。原水加入混凝剂经混合装置后,流入混凝池,再流入气浮池,从气浮池出水中分流一部分水,经水泵加压后送入空气饱和器,同时空气加压后也被送入空气饱和器。空气饱和器为一承压罐体,其中装设一定厚度的填料,如阶梯环、拉西环等,水由填料层上部淋下,空气也由填料上部送入,与填料上的水膜接触,进而在压力下溶入水中,水中空气饱和度可达 90% 以上。饱和器中的压力一般为 0.35 ~0.4 MPa。如不在饱和器中装填料,水中空气饱和度只有装填料的 60% ~70% 。

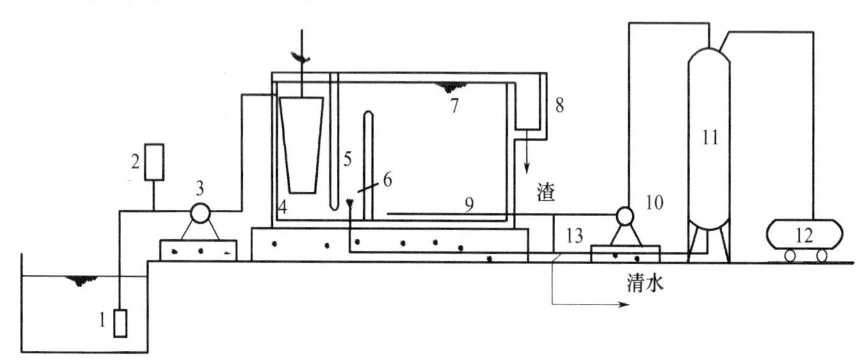

1—水泵吸水管;2—混凝剂加注槽;3—原水水泵;4—絮凝池;5—接触区;6—溶气释放器;7—气浮池:
8—排渣槽;9—出水集水管;10—回流水泵;11—空气饱和器;12—空气压缩机;13—溶气水回流管

图 3.32 回流式压力溶气气浮工艺

将加压饱和的溶气水送到气浮池前端入口处,经释放器释放。溶气水由释放器流出时,压力陡降至正常大气压。空气在水中的溶解度与压力有正比例关系。在加压下饱和的溶气水，压力陡降后便呈过饱和状态，水中的空气便会析出，形成微细气泡，气泡直径为 20～100 μm，能黏附于在絮凝池中形成的絮体上，使之迅速上浮。释放器的数量与安设位置应使释放出来的气泡能与气浮池的进水充分混合，以便于气泡能均匀地黏附于水中的絮体上。

气浮池的构造与沉淀池相似，只是黏附了气泡的絮体流入池中后向上浮升到水面，而澄清水则由池下部流出。浮升至水面的浮渣定期或连续用刮渣机排入浮渣室，再经排渣管排出池外。

用于溶气的回流水量约为气浮池处理水量的 6%～8%，气浮池的水深一般为 2～2.5 m，表面负荷达 5～10 $m^3/(m^2 \cdot h)$，水在气浮池中的理论停留时间一般为 10～20 min。连续排渣时，耗水量约为处理水量的 2%；间歇排渣时，耗水量会少些，但排渣周期不宜过长（如不超过 24 h），以免浮渣脱水给排渣造成困难。

空气饱和器的表面负荷一般为 12～100 $m^3/(m^2 \cdot h)$；填料层厚度达 0.8 m 时，可使溶气接近饱和，水与空气皆由填料层上部送入，溶气水由下部流出，填料层下应有足够水深以防止气泡随水流出。

溶气释放器的种类很多，图 3.33 所示为常用的溶气释放器。由溶气释放器释出的微气泡在接触区与水中的絮体进行接触黏附。在水平式气浮池中，可在池前端设置接触区，接触区常是倒锥形：下部面积小，上升水流速约 20 mm/s；上部面积大，上升水流速为 5～10 mm/s。接触时间约为 2 min。

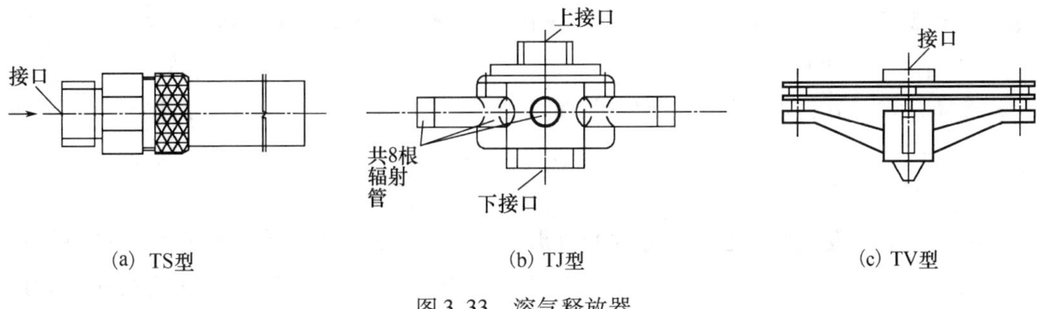

图 3.33　溶气释放器

加压溶气气浮法与电解气浮法和分散空气气浮法相比具有以下特点：

①水中的空气溶解度大，能提供足够的微气泡，可满足不同要求的固液分离，确保去除效果。

②经减压释放后产生的气泡粒径小（20～100 μm）、粒径均匀，微气泡在气浮池中上升速度很慢，对池内扰动较小，特别适用于絮凝体松散、细小的固体分离。

③设备和流程都比较简单，维护管理方便。

4. 加压溶气气浮系统的设计

（1）设计要点。

①在有条件的情况下，应进行气浮实验室实验或模型试验，根据试验结果选择恰当的溶气压力及回流比（指溶气水量与待处理水量之比）。通常溶气压力采用 0.2～0.4 MPa，回

流比取5%～10%。

②根据试验选定絮凝剂种类及其投加量，完成絮凝的时间、难易程度，确定絮凝的形式和絮凝时间。通常絮凝时间取10～20 min。

③为避免打碎絮粒，絮凝池宜与气浮池连建。进入气浮接触室的水流尽可能分布均匀，流速一般控制在0.1 m/s左右。

④接触室应对气泡与絮粒提供良好的接触条件，其宽度还应考虑安装和检修的要求。水流上升流速一般取10～20 mm/s，水流在室内的停留时间不宜小于60 s。

⑤接触室内的溶气释放器，需根据确定的回流水量、溶气压力及各种型号释放器的作用范围确定合适的型号与数量，并力求布置均匀。

⑥气浮分离室应根据带气絮粒上浮分离的难易程度确定水流（向下）流速，一般取1.5～2.0 mm/s，即分离室表面负荷率取5.4～7.2 $m^3/(m^2 \cdot h)$。

⑦气浮池的有效水深一般取2.0～3.0 m，池中水流停留时间一般为15～30 min。

⑧气浮池的长宽比无严格要求，一般以单格宽度不超过10 m，池长不超过15 m为宜。

⑨气浮池排渣宜采用刮渣机定期排除。集渣槽可设置在池的一端、两端或径向。刮渣机的行车速度不宜大于5 m/min，浮渣含水率一般在96%～97%。

⑩气浮池集水应力求均匀，一般采用穿孔集水管，集水管内的最大流速宜控制在0.5 m/s左右。

⑪压力溶气罐一般采用阶梯环为填料，填料层高度通常采用1.0～1.5 m。罐直径般根据过水截面负荷率100～150 $m^3/(m^2 \cdot h)$选取，罐总高度可采用3.0 m左右。

（2）溶气方式的选择。

溶气方式可分为水泵吸水管吸气溶气方式、水泵压水管射流溶气方式和水泵－空压机溶气方式。

①水泵吸水管吸气溶气方式。

水泵吸水管吸气溶气方式可分为两种形式。一种形式是利用水泵吸水管内的负压作用，在吸水管上开一小孔，空气经气量调节和计量设备被吸入，并在水泵叶轮高速搅动形成气水混合体后送入溶气罐，如图3.34(a)所示。另一种形式是在水泵压水管上接一支管，支管上安装一射流器，支管中的压力水通过射流器时把空气吸入并送入吸水管，再经水泵送入溶气罐，如图3.34(b)所示。这种方式设备简单，不需空压机，没有因空压机带来的噪声。

当吸气量控制适当（一般只为饱和溶解量的50%左右）及压力不太高时，尽管水泵压力降低10%～15%，但运行尚稳定可靠。当吸气量过大，超过水泵流量的7%～8%（体积比）时，会造成水泵工作不正常并产生振动，同时水泵压力下降25%～30%，长期运行还会发生水泵气蚀。

②水泵压水管射流溶气方式。

水泵压水管射流溶气方式如图3.35所示，利用在水泵压水管上安装的射流器抽吸空气。此方式的缺点是射流器本身能量损失大，一般约30%，当所需溶气水压力为0.3 MPa时，则水泵出口处压力约需0.5 MPa。为了克服能耗高的缺点，目前开发出了内循环式射

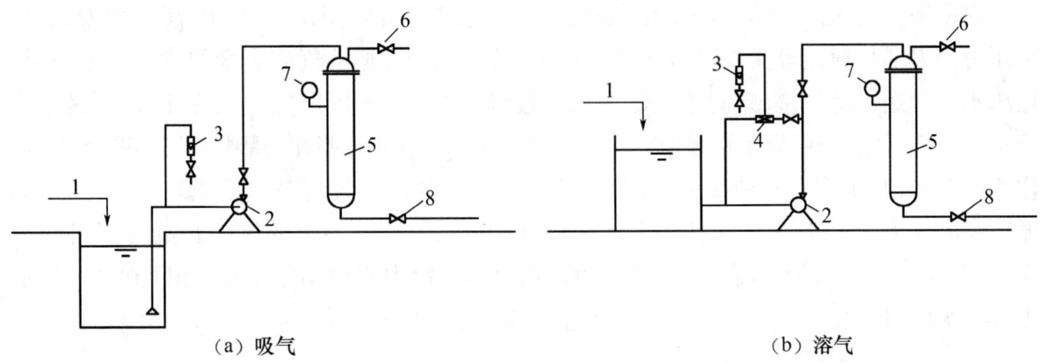

1—回流水;2—加压泵;3—气量计;4—射流器;5—溶气罐;6—放气管;7—压力表;8—减压释放设备

图3.34　水泵吸气管吸气溶气方式

流加压溶气方式,如图3.36所示。它采用了空气内循环和水流内循环,除保留射流溶气方式的特点,即不需空压机,还由于采用内循环方式,大大降低能耗,达到水泵-空压机溶气方式的能耗水平。

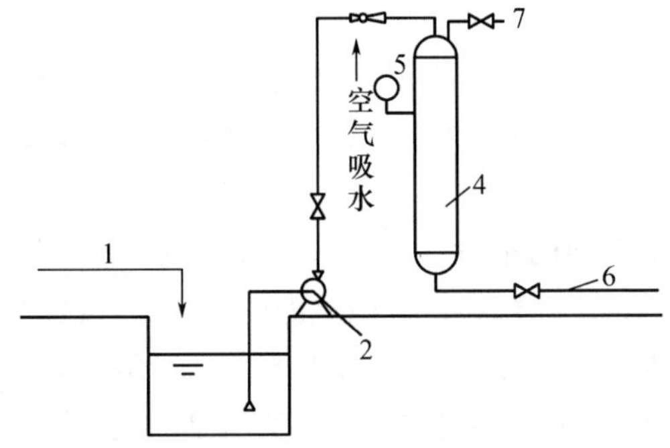

1—回流水;2—加压泵;3—射流器;4—溶气罐;5—压力表;6—减压释放设备;7—放气阀

图3.35　水泵压水管射流溶气方式

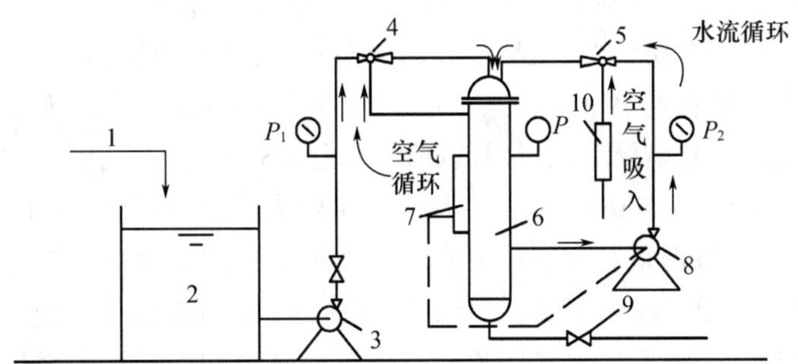

1—回流水;2—清水池;3—加压泵;4—射流器Ⅰ;5—射流器Ⅱ;6—溶气罐;
7—水位自控设备;8—循环泵;9—减压释放设备;10—真空进气阀

图3.36　内循环式射流加压溶气方式

内循环式射流加压溶气的工作原理：处理工艺要求溶气水压力为 P、流量为 Q、工作泵压力为 P_1 时，射流器Ⅰ在 $\Delta P_1 = P_1 - P$ 压差的作用下，把溶气内剩余的空气吸进，并与加压水混合送入溶气罐，这时溶气罐内压力逐渐上升。当达到 P 值时，打开减压装置，溶气水进入气浮池。在 ΔP_1 的作用下，溶气罐内的空气不断被吸出，罐中空气不断减少，水位逐渐上升，当水位上升到某一指定高度时，水位自动控制装置就指令循环泵开始工作。循环泵的压力为 P，从溶气罐抽出循环水量，在压差 $\Delta P_2 = P_2 - P$ 的作用下，射流器Ⅱ吸入空气，随循环水送入溶气罐。随着空气的不断吸入，罐中水位不断下降，当降到某一指定水位时水位自控装置就指令循环水泵停止工作。如此循环工作。

③水泵－空压机溶气方式。

水泵－空压机溶气方式是目前常用的一种溶气方法。该方式溶解的空气由空压机供给，压力水可以分别进入溶气罐，也有将压缩空气管接在水泵压水泵上一起进入溶气罐的。为防止因操作不当，使压缩空气或压力水倒流入水泵或空压机，目前采用自上而下的同向流进入溶气罐。由于在一定压力下需空气量较少，因此空压机的功率较小，该法的能耗较前两种方式少。但该法的缺点是：除产生噪声与油污染外，操作也比较复杂，特别是要控制好水泵与空压机压力，并使其达到平衡状态。

（3）空气饱和设备。

空气饱和设备的作用是在一定压力下将空气溶解于水中以提供废水处理所要求的溶气水。空气饱和设备一般由加压泵、溶气罐、溶气水的减压释放设备等组成。

①加压泵。

加压泵用来供给一定压力的水量。加压泵压力过高时，由于单位体积溶解的空气量增加，经减压后能析出大量的空气，会促进微气泡的并聚，对气浮分离不利。另外，由于高压下所需的溶气水量减少，不利于溶气水与原废水的充分混合。反之，加压泵压力过低势必须增加溶气水量，从而增加了气浮池的容积。加压泵的选择除应满足溶气水的压力外，还应考虑管路系统的水头损失。

②溶气罐。

溶气罐的作用是使水和空气的充分接触，加速空气的溶解。目前常用的溶气罐有多种形式，其中填充式溶气罐效率高，故一般都采用此类，其构造如图 3.37 所示。填充式溶气罐因装有填料可加剧紊动程度，提高液相的分散程度，不断更新液相与气相的界面，从而提高了溶气效率。填料有各种形式，研究表明，阶梯环的溶气效率最高，可达 90% 以上，拉西环次之，波纹片卷最低。填料层的厚度超过 0.8 m 时，可达到饱和状态。溶气罐的表面负荷一般为 300～2 500 $m^3/(m^2 \cdot d)$。对于较大的溶气罐，由于布水不均匀，在某些部位可能发生堵塞，特别是对含悬浮物浓度高的废水，应考虑堵塞问题。关于空气和水在填料内的流向问题，研究结果表明，应取从溶气罐顶部进气和进水为佳。由于空气从罐顶进入，可降低因操作不慎使压力水倒流入空压机及排出的溶气水中夹带较大气泡的可能性。为防止从溶气水中夹带出不溶的气泡进入气浮池，其供气部分的最低位置应在溶气罐中有效水深 1.0 m 以上。

③溶气水的减压释放设备。

溶气水的减压释放设备的作用是将压力溶气水减压后迅速将溶于水中的空气以极为细小的气泡形式释放出来,要求微气泡的直径为20~100 μm。微气泡的直径大小和数量对气浮效果有很大影响。目前生产中采用的减压释放设备分两类:一种是减压阀,一种是专用释放器。

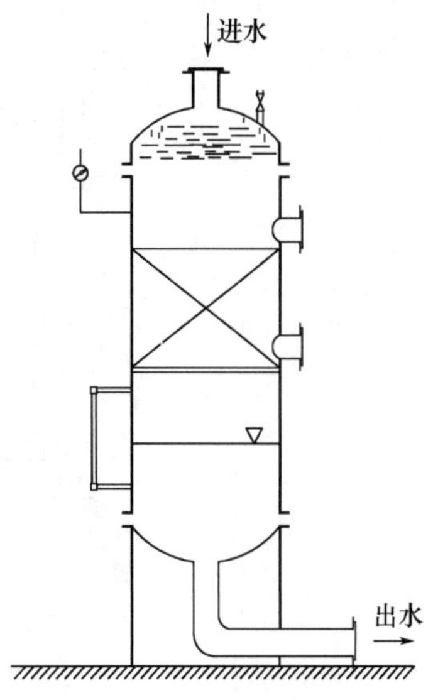

图3.37　填充式溶气罐构造

a.减压阀。加压阀一般利用现成的截止阀,其缺点:多个阀门相互间的开启度不一致,其最佳开启度难予调节控制,因而从每个阀门的出流量各异且释放出的气泡尺寸大小不一致;阀门安装在气浮池外,减压后经过一段管道才送入气浮池,如果此段管道较长,则气泡合并现象严重,从而影响气浮效果;在压力溶气水昼夜冲击下,阀芯与阀杆螺栓易松动,造成流量改变,使运行不稳定。

b.专用释放器。专用释放器根据溶气释放规律制造。在国外,有英国水研究中心的WRC喷嘴、针形阀等;在国内,有TS型、TJ型和TV型等,如图3.33所示。

目前国产的TS型、TJ型和TV型的特点:当压力在0.15 MPa以上时,即能释放溶气量的99%左右,释气完成;在0.2 MPa以上的低压下工作,即能取得良好的净水效果,节约能耗;释放出的气泡微细,平均直径为20~40 μm,气泡密集,附着性能好。

(4)气浮池。

根据废水的水质、处理程度及其他具体情况,目前已开发了各种形式的气浮池。应用比较广泛的有平流式气浮池和竖流式气浮池两种,如图3.38、图3.39所示。平流式气浮池是目前应用最多的一种。废水从池下部进入气浮接触区,保证气泡与废水有一定的接触时间,废水经隔板进入气浮分离区进行分离后,从池底集水管排出;浮在水面上的浮流用刮渣设备刮入集渣槽后排出。平流式气浮池的优点是池身浅,造价低,构造简单,管理方便;缺点是分离区容积利用率不高。竖流式气浮池也是一种常用形式,其优点是接触区在池中央,水流向四周扩散,水力条件比平流式好;缺点是构造比较复杂。

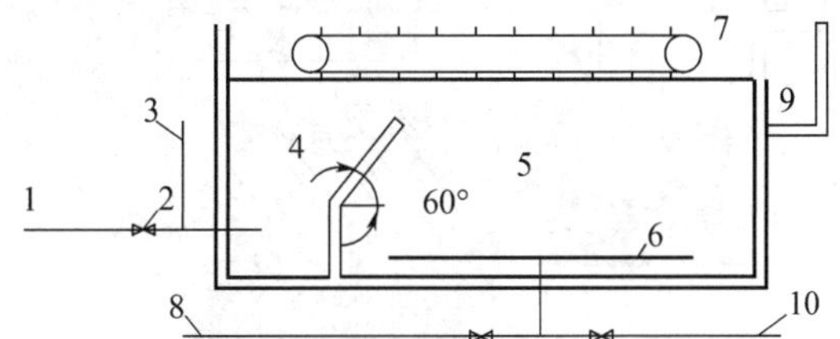

1—溶气水管;2—减压释放及混合设备;3—原水管;4—气浮接触区;5—气浮分离区;6—集水管;7—刮渣设备;8—回流管;9—集渣槽;10—出水管

图3.38　平流式气浮池

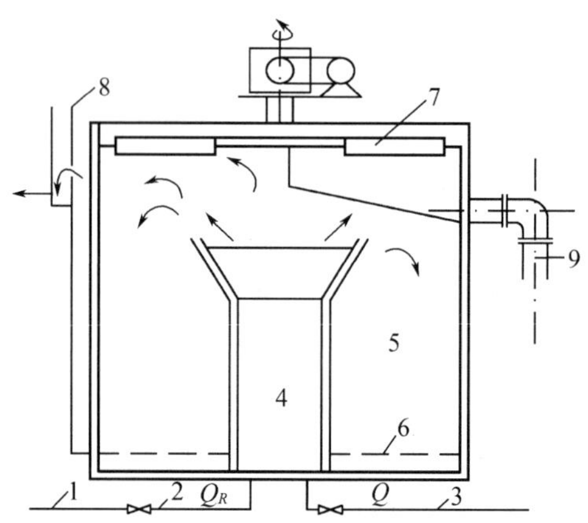

1—溶气水管;2—减压释放器;3—原水管;4—气浮接触区;5—气浮分离区;
6—集水器;7—刮渣设备;8—水位调节器;9—排渣器

图 3.39　竖流式气浮池

除上述两种基本形式外,还有各种组合式一体化气浮池。组合式一体化气浮池中有反应－气浮、反应－气浮－沉淀和反应－气浮－过滤一体化气浮设备,如图 3.40～3.42 所示。

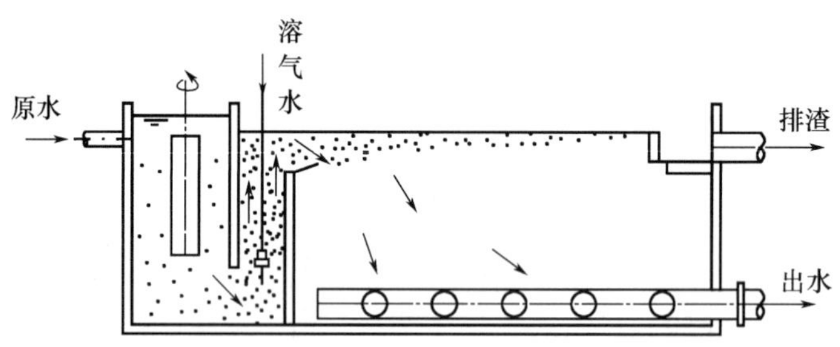

图 3.40　组合一体化气浮池(反应－气浮)

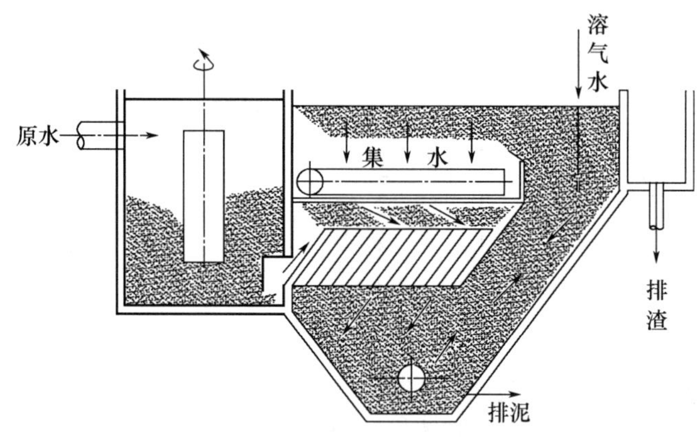

图 3.41　组合一体化气浮池(反应－气浮－沉淀一体化气浮设备)

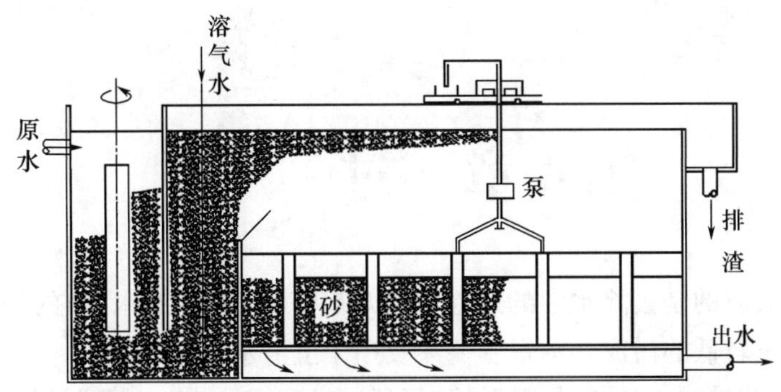

图3.42　组合式一体化气浮池(反应-气浮-过滤一体化气浮设备)

第 4 章　过　　滤

过滤的目的,有的是去除水中的悬浮物,以获得浊度更低的水;有的是去掉污泥中的水,以获得含水量较低的污泥。本章主要涉及用于澄清水的过滤问题。

用于澄清水的过滤,有颗粒材料过滤、粗滤、微滤及膜滤等。颗粒材料过滤,是使水通过由颗粒材料(如石英砂)构成的滤层,以截留水中悬浮物的方法。颗粒材料过滤在给水处理、污水深度处理及工业废水处理中应用最广,所以将在本章中重点阐述。粗滤是以筛网或带孔眼的材料来截留水中较大的物体,被截留物体的尺寸在 100 μm 以上。微滤是以更小的筛网(如微滤机)、多孔材料(如瓷棒滤芯)或在支撑结构上形成的滤饼,以截留 0.1 ~100 μm 尺寸的杂质颗粒。粗滤和微滤将在本章做简要介绍。膜滤,是用人工合成的具有不同孔径的滤膜来过滤水,以截留水中的细小杂质,被截留的杂质尺寸因膜滤孔径不同而异。膜滤将在第 9 章中专门叙述。

4.1　过滤概述

1. 过滤技术发展历史

公元前 460 ~354 年,出现了世界上最古老、最原始的水过滤设备,叫作"希波克拉底布袋",它是一种滤水布袋。

1829 年在英国建立了第一座城市慢砂滤池,在实际的运行过程中,其净水机理较为复杂,出水水质比较稳定,但是存在以下缺点:滤速慢,一般为 0.1 ~0.3 m/h;滤池水力负荷低、单位面积产水率小;工作周期短;清洗过程复杂。

20 世纪初,随着混凝技术的出现,慢滤池逐渐被淘汰,快滤池开始得到了广泛应用。1885 年美国人建成了第一座快滤池,滤速一般在 7 ~10 m/h。而目前所使用的快滤池滤速最高可以达到 20 m/h,要比慢滤池快几十倍。快滤池的特点:滤速高,处理水量大,处理等量的水时所需面积要比慢滤池小;但工作周期较短,一般只有十几个小时。普通快滤池也存在以下的问题:快滤池水流过滤方向为下向流,在反冲洗过后,容易导致滤料出现水力分级的现象,在生产实践中发现只有上层 100 mm 表面的滤料能有效截留水中的悬浮颗粒物,中下层的大部分滤料未发挥充分过滤作用;上层滤池粒径小,堵塞快,水头损失增长明显;当进水浊度高时,容易造成滤池出水浊度不达标。

传统的下向流过滤工艺存在滤床容污量小,滤料截污层薄及水头损失增长过快等缺点。20 世纪 50 年代,有人开始提出反向过滤思路。Shekhtman 认为合理而有效的过滤过程应该是先经过粗滤料处理后再经过细滤料处理的过程。

Ives 也相应地提出滤料沿着过滤水流方向的布置应该是按照先粗再细的布置方式。反向过滤有效地解决了滤床容污量不足的问题，使得滤层的容污空间得到了充分而合理的发挥，悬浮物穿透滤层的深度也会相应增大。但是反向过滤水流方向与反冲洗时水流流向相同，污物主要是截留在滤料下层中，因此要求滤池的反冲洗强度大，滤床的膨胀率大，所以易造成上层细滤料流失现象。

Raymoud Pitmau 和 Walter Couley 提出了三层或者双层下向流过滤技术。这一发明有效解决了反向过滤存在的反冲洗问题，同时发挥了其最佳过滤效果。多层滤料滤池上层一般采用如无烟煤、活性炭等质量比较轻、颗粒粒径比较大的均质滤料；中层一般采用如普通石英砂、均质陶粒等质量大、粒径较小的滤料；下层一般采用质量更大的磁铁矿滤料。多层滤料过滤效果基本上与反向过滤的效果相当，但是筛选滤料时，不可能筛选出粒径完全均匀相等的滤料，所以在反冲洗时，每一层滤料仍然会呈现出下粗上细的构造。因此，在反冲洗时应该避免相邻滤料层出现混层现象。

2. 慢滤池和快滤池

慢滤池是用于城市生活饮用水处理的最早的滤池形式。地面水经过长时间的自然沉淀以后，水的浊度可降至几个浊度单位至十几个浊度单位，再经慢滤池过滤，可获得浊度小于 1 NTU 的滤过水，从而形成了一个简单的水处理工艺，如：地面水→自然沉淀池→慢滤池→滤过水。

慢滤池为一长方形池子，池内装有粒径为 0.3 ~ 1.0 mm 的石英砂滤层，层厚约 1.0 m；其下为支撑滤层的承托层，承托层由数层粒径由上向下逐渐增大的卵石层构成，粒径变化范围为 1 ~ 32 mm，厚约 0.5 m；承托层下为由沟渠构成的集水系统；滤层上部水深一般为 1.2 ~ 1.5 m；滤池总深度为 3.5 ~ 4.0 m。滤池工作时，将沉淀以后的水引入滤池上部，由上向下经滤层过滤，水中浊质被截留于滤层中，滤后的清水经下部集水系统收集后，引出池外。

水在慢滤池中的过滤速度一般为 0.1 ~ 0.3 m/h。在滤池中水的过滤速度定义为单位时间、单位过滤面积上的过滤水量，单位为 $m^3/(m^2 \cdot h)$ 或 m/h。过滤速度并非是水在滤层空隙中的真实流速，而实际上是滤池的表面负荷。

新投产的慢滤池出水浊度比较高，只有经过 1 ~ 2 周以后，出水才逐渐变得清澈，这是由于在这段时间里在滤层表面形成了一层致密的滤膜，水经过滤膜过滤后才变得清澈。滤层表面的滤膜，是由被截留浊质，以及在其中的藻类、原生动物、细菌等微生物生长繁殖的结果。滤层表面生成滤膜的过程，称为滤层的成熟过程，所需要时间称为滤层的成熟期。

慢滤池过滤时，水中的浊质不断被截留在滤膜上，使滤膜阻力增大。当滤膜阻力增大到使滤速减小时，滤池就停止工作，用人工的方法将滤池表面含泥膜的砂层刮去 1 ~ 2 cm，然后再进水过滤，这时滤层又要重新经历一个成熟期，不过，这时的成熟期一般只有 2 ~ 3 d，因为滤层中已经有了浊质和微生物的积累。滤层成熟后，可持续过滤工作一至数月。

所以,慢滤池一年里需刮砂数次。刮砂是一件非常耗费人力的工作,再加上慢滤池滤速很低,占地面积过大,所以曾经逐渐被淘汰,被更先进的快滤池所取代。

自从20世纪70年代水源水被有机物污染的问题被提出以后,人们发现慢滤池在过滤过程中存在着生物净水作用,能在一定程度上去除水中部分有机物及氨、氮等,这使慢滤池又重新受到人们的重视。与此同时,人们又成功开发慢滤池的机械刮砂和洗砂技术,使慢滤池的作业实现了机械化和现代化。目前,对慢滤池生物净水作用及新型慢滤池的研究仍是热点。

针对慢滤池滤速过低的问题,人们开发出了快滤池。快滤池是相对于慢滤池而言的。快滤池的滤速可达5~10 m/h,比慢滤池要高数十倍。未经混凝处理的水经快滤池过滤时,水中只有50%~80%的浊质能被去除,出水浊度一般达不到用户的要求;而经过混凝的水经快滤池过滤后,出水浊度可降至比较低的程度。所以,快滤池主要用来过滤经过混凝(或混凝沉淀)以后的水。混凝工艺用于水处理,为快滤池的开发提供了条件。快滤池的滤速要比慢滤池的滤速高数十倍,这就意味着滤层截留浊质的速率要高数十倍,所以快滤池的堵塞要比慢滤池快得多,其持续过滤时间也短得多,一般只有数十小时。滤层堵塞以后,需要找到一种能将滤层中积存的浊质迅速排除的方法,以便恢复滤层的过滤澄清性能,即用水自下而上对滤层进行冲洗的方法。将水均匀地分布于滤池底部,使其自下而上穿过滤层,当上升流速足够大时,就能使滤层中的滤料悬浮于上升水流之中,积存于滤料表面的浊质污泥在滤料相互碰撞摩擦及水流剪切力作用下迅速脱落下来,并被水流向上带走,进而排出池外。由于快滤池一般是采用使水流自上而下经滤层过滤的方式工作,所以自下而上对滤层进行冲洗习惯上又称为反冲洗。用反冲洗的方法排除滤层中的积泥,一般只需要几分钟的时间。所以,快滤池的运行主要包括过滤和反冲洗两个过程,如图4.1所示。池内有由滤料构成的滤层;滤层下部为承托层,用以支持滤层;再下部为配水系统,其作用是在过滤时收集过滤水,在反冲洗时均匀分配反冲洗水;滤层上部为排水槽,用以均匀排除反冲洗废水。过滤时,由进水管向池内滤层上部引入滤前水,水由上向下经过滤层过滤,滤后水由下部配水系统汇集后,经出水管流出池外。过滤持续进行到滤层被堵塞,停止进水和出水,由反冲洗管向池内送入反冲洗水,经配水系统均匀分配后,由下向上对滤层进行冲洗,冲洗后的废水溢流入上部排水槽,再经排水管引出池外排入废水渠道。反冲洗结束后,停止供应反冲洗水并关闭排水阀,恢复进水和出水,重新开始过滤过程。快滤池的运行就是通过过滤—反冲洗—过滤—反冲洗……反复进行的。为了控制过滤和反冲洗的进行,在进水管、出水管、反冲洗管和排水管上都设有阀门。此外在下部出水管处还接出一个短管,称为初滤水管,用以排放过滤初期水质较差的初滤水。从过滤开始到冲洗结束的一段时间称为快滤池的工作周期。从过滤开始到过滤结束的一段时间称为过滤周期。滤池的工作周期一般为12~24 h,最大过滤水头损失一般为1.5~2 m。

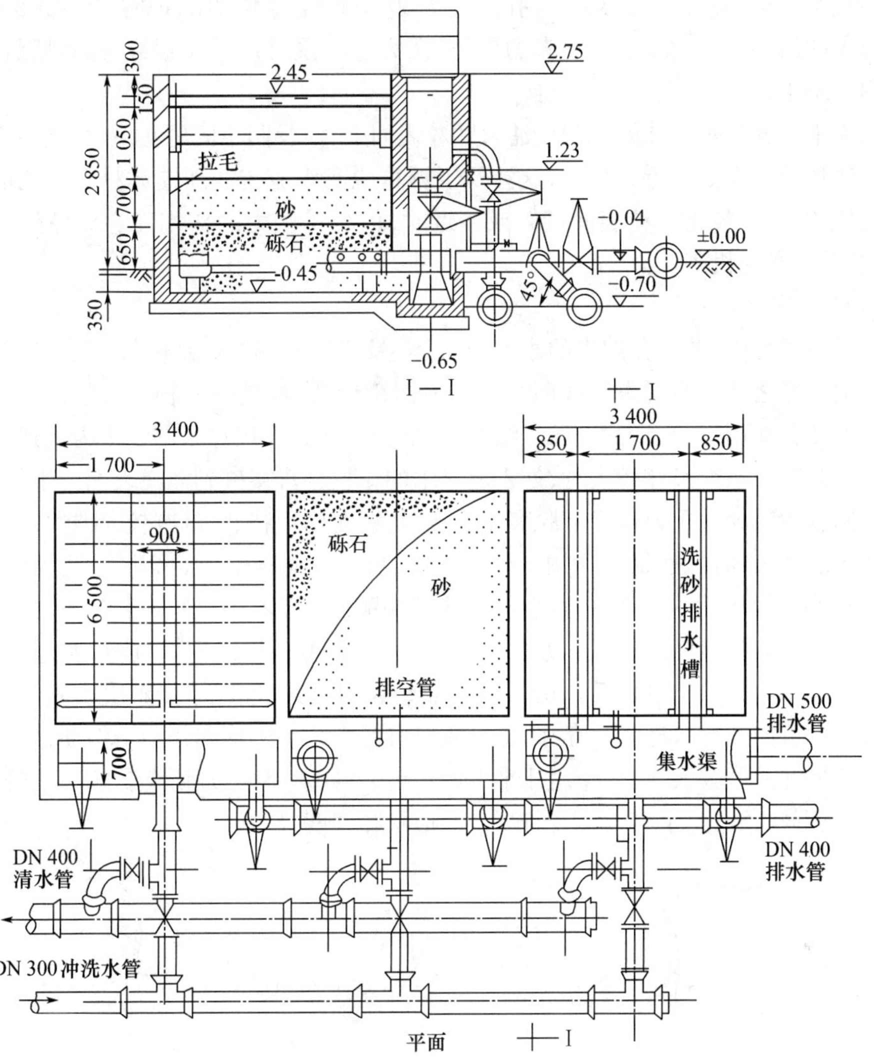

图4.1 普通快滤池(单位:标高单位为m,其他尺寸单位为mm)

4.2 过滤理论

4.2.1 过滤机理

以单层砂滤池为例,其滤料粒径通常为0.5~1.2 mm,滤层厚度一般为70 cm。经反冲洗水力分选后,滤料粒径自上而下大致按由细到粗依次排列,称滤料的水力分级,滤层中孔隙尺寸也因此由上而下逐渐增大。设表层细砂粒径为0.5 mm,以球体计,滤料颗粒之间的孔隙尺寸约80 μm。但是,进入滤池的悬浮物颗粒尺寸大部分小于30 μm,仍然能被滤层截留下来，而且在滤层深处（孔隙大于 80 μm）也会被截留，说明过滤显然不是机械筛滤作用的结果。经过众多研究者的研究，认为过滤主要是悬浮颗粒与滤料颗粒之间黏附作用的结果。

水流中的悬浮颗粒能够黏附于滤料颗粒表面上，涉及两个问题：①被水流挟带的颗粒如何与滤料颗粒表面接近或接触，这涉及了颗粒脱离水流流线而向滤料颗粒表面靠近的迁移机理；②当颗粒与滤粒表面接触或接近时，依靠哪些力的作用使它们黏附于滤粒表面，这涉及了黏附机理。

（1）颗粒迁移。

在过滤过程中，滤层孔隙中的水流一般属层流状态。被水流挟带的颗粒将随着水流流线运动。它之所以会脱离流线而与滤粒表面接近，完全是一种物理力学作用。一般认为由以下几种作用引起：拦截、沉淀、惯性、扩散和水动力作用等。图 4.2 为上述几种迁移过程的示意图。颗粒尺寸较大时，处于流线中的颗粒会直接碰到滤料表面产生拦截作用；颗粒沉速较大时会在重力作用下脱离流线，产生沉淀作用；颗粒具有较大惯性时也可以脱离流线与滤料表面接触（惯性作用）；颗粒较小、布朗运动较剧烈时会扩散至滤粒表面（扩散作用）；在滤粒表面附近存在速度梯度，非球体颗粒由于在速度梯度作用下，会产生转动而脱离流线与颗粒表面接触（水动力作用）。对于上述迁移机理，目前只能定性描述，其相对作用大小尚无法定量估算。虽然也有某些数学模式，但还不能解决实际问题。颗粒迁移过程中可能几种机理同时存在，也可能只有其中某些机理起作用。例如，进入滤池的凝聚颗粒尺寸一般较大，扩散作用几乎无足轻重。这些迁移机理所受影响因素较复杂，如滤料尺寸、形状、滤速、水温、水中颗粒尺寸、形状和密度等。

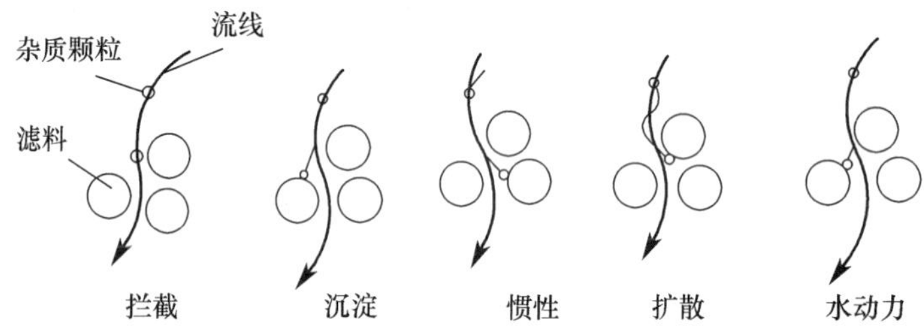

图 4.2　悬浮颗粒的迁移过程示意

（2）颗粒黏附。

黏附作用是一种物理化学作用。当水中杂质颗粒迁移到滤料表面上时，则在范德瓦耳斯力和静电力相互作用下，以及某些化学键和某些特殊的化学吸附力下，被黏附于滤料颗粒表面上，或者黏附在滤粒表面上原先黏附的颗粒上。此外，絮凝颗粒的架桥作用也会存在。黏附过程与澄清池中的泥渣所起的黏附作用基本类似，不同的是滤料为固定介质，排列紧密，效果更好。因此，黏附作用主要决定于滤料和水中颗粒的表面物理化学性质。未经脱稳的悬浮物颗粒，过滤效果很差，这就是证明。不过，在过滤过程中，特别是过滤后期，当滤层中孔隙尺寸逐渐减小时，表层滤料的筛滤作用也不能完全排除，但并不希望发生这种现象。

(3)滤层内杂质分布规律。

滤层内杂质与颗粒黏附的同时,还存在由于孔隙中水流剪力作用而导致颗粒从滤料表面上脱落的趋势。黏附力和水流剪力相对大小,决定了颗粒黏附和脱落的程度。图4.3为颗粒黏附力和平均水流剪力示意图。图中 F_{a1} 表示颗粒1与滤料表面的黏附力;F_{a2} 表示颗料2与颗粒1之间的黏附力;F_{s1} 表示颗粒1所受到的平均水流剪力;F_{s2} 表示颗粒2所受到的平均水流剪力;$\boldsymbol{F}_1$、$\boldsymbol{F}_2$ 和 $\boldsymbol{F}_3$ 均表示合力。过滤初期,滤料较干净,孔隙率较大,孔隙流速较小,水流剪力 F_{s1} 较小,因而黏附作用占优势。随着过滤时间的延长,滤层中杂质逐渐增多,孔隙率逐渐减小,水流剪力逐渐增大,以致最后黏附上的颗粒(图4.3中颗粒3)将首先脱落下来,或者被水流挟带的后续颗粒不再有黏附现象。于是,悬浮颗粒便向下层推移,下层滤料截留作用渐次得到发挥。

然而,往往是下层滤料截留悬浮颗粒作用远未得到充分发挥时,过滤就需停止。这是因为,滤料经反冲洗后,滤层因膨胀而分层,表层滤料粒径最小,黏附比表面积最大,截留悬浮颗粒量最多,而孔隙尺寸又最小,因而过滤到一定时间后,表层滤料间孔隙将逐渐被堵塞,甚至产生筛滤作用而形成泥膜,使过滤阻力剧增。其结果是:在一定过滤水头下滤速减小(或在一定滤速下水头损失达到极限值);或者因滤层表面受力不均匀而使泥膜产生裂缝时,大量水流将自裂缝中流出,以致悬浮杂质穿透过滤层而使出水水质恶化。当上述两种情况之一出现时,过滤将被迫停止。当过滤周期结束后,滤层中所截留的悬浮颗粒量在滤层深度方向变化很大,如图4.4中所示曲线。图中滤层含污量系指单位体积滤层中所截留的杂质量。在一个过滤周期内,如果按整个滤层计,单位体积滤料中的平均含污量称为“滤层含污能力”,单位仍以 g/cm^3 或 kg/m^3 计。图4.4中曲线与坐标轴所围的面积除以滤层总厚度即为滤层含污能力。在滤层厚度一定下,此面积愈大,滤层含污能力愈

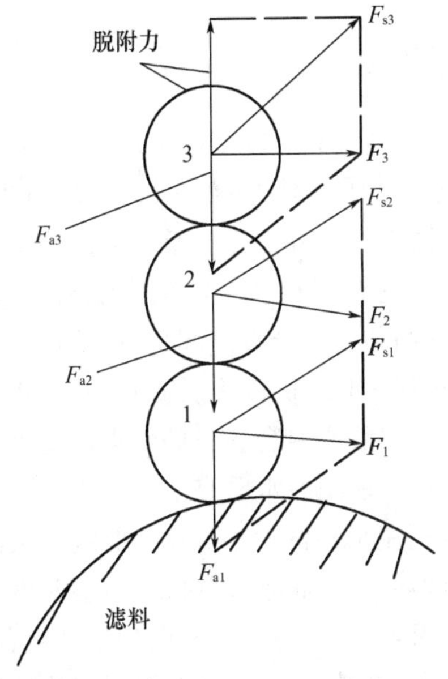

图4.3 颗粒黏附力和平均水流剪力示意图

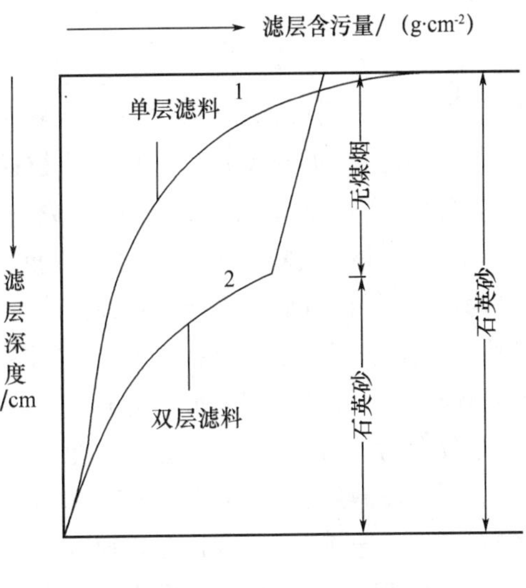

图4.4 滤料层含污量变化

强。很显然,悬浮颗粒量在滤层深度方向变化愈大,表明下层滤料截污作用愈小,就整个滤层而言,含污能力愈小,反之亦然。

为了改变上细下粗的滤层中杂质分布严重的不均匀现象,提高滤层含污能力,便出现了双层滤料、三层滤料(或混合滤料)及均质滤料等滤层组成,如图 4.5 所示。

①双层滤料组成:上层采用密度较小、粒径较大的轻质滤料(如无烟煤),下层采用密度较大、粒径较小的重质滤料(如石英砂)。由于两种滤料存在密度差,在一定反冲洗强度下,反冲后轻质滤料仍在上层,重质滤料位于下层,如图 4.5(a)所示。虽然每层滤料粒径仍由上而下递增,但就整个滤层而言,上层平均粒径总是大于下层平均粒径。实践证明,双层滤料含污能力较单层滤料高 1 倍以上。在相同滤速下,过滤周期增长;在相同过滤周期下,滤速可提高。图 4.4 中曲线 2(双层滤料)与坐标轴所包围的面积大于曲线 1(单层滤料),表明在滤层厚度相同、滤速相同下,前者含污能力大于后者,间接表明前者过滤周期长于后者。

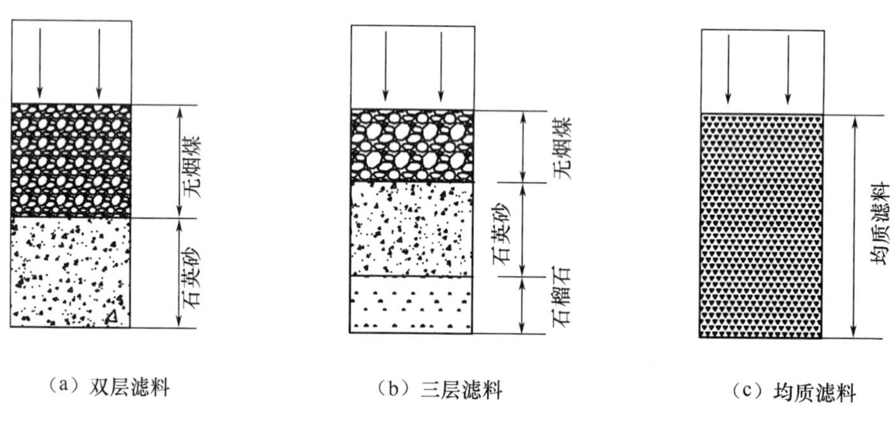

图 4.5　滤层组成示意

②三层滤料组成:上层为大粒径、小密度的轻质滤料(如无烟煤),中层为中等粒径、中等密度的滤料(如石英砂),下层为小粒径、大密度的重质滤料(如石榴石),如图4.5(b)所示。各层滤料平均粒径由上而下递减。如果三种滤料经反冲洗后在整个滤层中适当混杂,即滤层的每一横断面上均有轻、中、重质矿石三种滤料存在,则称“混合滤料”。尽管称之为混合滤料,但绝非三种滤料在整个滤层内完全均匀地混合在一起,上层仍以煤粒为主,掺有少量砂、石;中层仍以砂粒为主,掺有少量煤、石;下层仍以重质矿石为主,掺有少量砂、煤。平均粒径仍由上而下递减,否则就完全失去三层或混合滤料的优点。这种滤料组成不仅含污能力大,且因下层重质滤料粒径很小,对保证滤后水质有很大作用。

③均质滤料组成:所谓均质滤料,并非指滤料粒径完全相同(实际上很难做到),滤料粒径仍存在一定程度的差别(差别比一般单层级配滤料小),而是指沿整个滤层深度方向的任一横断面上,滤料组成和平均粒径均匀一致,如图 4.5(c)所示。要做到这一点,必要的条件是反冲洗时滤料层不能膨胀。当前应用较多的气、水反冲滤池大多属于均质滤料滤池,这种均质滤料层的含污能力显然也大于上细下粗的级配滤层。

总之,滤层组成的改变,是为了改善单层级配滤料层中杂质分布状况,提高滤层含污能力,相应地也会降低滤层中水头损失增长速率。无论采用双层、三层或均质滤料,滤池构造和工作过程与单层滤料滤池无多大差别。有关滤料组成、性质和粒径级配等见4.3节。

在过滤过程中,对于滤料层中悬浮颗粒截留量随着过滤时间和滤层深度而变化的规律,以及由此而导致的水头损失变化规律,不少研究者都试图用数学模式加以描述,并提出了多种过滤方程,但由于影响过滤的因素复杂,诸如水质、水温、滤速、滤料粒径、滤料形状和级配、悬浮物的表面性质、悬浮物的尺寸和强度等,都对过滤产生影响。因此,不同研究者所提出的过滤方程往往差异很大。目前在设计和操作中,基本上仍需根据试验或经验。不过,已有的研究成果对于指导试验或提供合理的数据分析整理方法,以求得在工程实践上所需资料,以及对理论的进一步研究,都是有益的。

(4)直接过滤。

原水不经沉淀而直接进入滤池过滤称直接过滤。直接过滤充分体现了滤层中特别是深层滤料中的接触絮凝的作用。直接过滤有两种方式:①原水加药后直接进入滤池过滤,滤前不设任何絮凝设备,这种过滤方式一般称接触过滤。②滤池前设一简易微絮凝池,原水加药混合后先经微絮凝池,形成粒径相近的微絮粒(粒径为40~60 μm)后即刻进入滤池过滤,这种过滤方式称微絮凝过滤。上述两种过滤方式过滤机理基本相同,即通过脱稳颗粒或微絮粒与滤料的充分碰撞接触和黏附,使颗粒被滤层截留下来,滤料也是接触凝聚介质。不过前者往往因投药点和混合条件不同而不易控制进入滤层的微絮粒尺寸,后者可加以控制。之所以称"微絮凝",系指絮凝条件和要求不同于一般絮凝过程。前者要求形成的絮凝体尺寸较小,便于深入滤层深处以提高滤层含污能力;后者要求絮凝体尺寸愈大愈好,以便于在沉淀池内下沉。故微絮凝时间一般较短,通常在几分钟之内。

采用直接过滤工艺时必须注意以下几点:

①原水浊度和色度较低且水质变化较小。一般要求常年原水浊度低于50度,若对原水水质变化及今后发展趋势无充分把握,不应轻易采用直接过滤方法。

②通常采用双层、三层或均质滤料。滤料粒径和厚度适当增大,否则滤层表面孔隙易被堵塞。

③原水进入滤池前,无论是接触过滤或微絮凝过滤,均不应形成大的絮凝体,以免很快堵塞滤层表面孔隙。为提高微絮粒强度和黏附力,有时需投加高分子助凝剂(如活化硅酸及聚丙烯酰胺等)以发挥高分子在滤层中吸附架桥作用,使黏附在滤料上的杂质不易脱落而穿透滤层。助凝剂应投加在混凝剂投加点之后,滤池进口附近。

④滤速应根据原水水质决定。浊度偏高时应采用较低滤速,反之亦然。由于滤前无混凝沉淀的缓冲作用,设计滤速应偏于安全。原水浊度通常在50度以上时,滤速一般在5 m/h左右。最好通过试验决定滤速。

直接过滤工艺简单,混凝剂用量较少,在处理湖泊、水库等低浊度原水方面已有较多应用,也适宜于处理低温低浊水。至于滤前是否需设置微絮凝池,目前还有不同看法,应根据具体水质条件决定。

4.2.2 过滤水力学

在过滤过程中,滤层中悬浮颗粒量不断增加,必然导致过滤过程中水力条件的改变。过滤水力学所阐述的即是过滤时水流通过滤层的水头损失变化及滤速的变化。

(1)清洁滤层水头损失。

过滤开始时,滤层是干净的。水流通过干净滤层的水头损失称清洁滤层水头损失或起始水头损失。就砂滤池而言,滤速为 8 ~ 10 m/h 时,该水头损失为 30 ~ 40 cm。

在通常所采用的滤速范围内,清洁滤层中的水流属层流状态。在层流状态下,水头损失与滤速成正比。诸多专家提出了不同形式的水头损失计算公式,虽然公式中有关常数或公式形式有所不同,但公式所包括的基本因素之间关系基本上是一致的,计算结果相差有限。这里仅介绍卡曼康采尼(Carman - Kozony)公式:

$$h_0 = 180\frac{\nu_s}{g}\cdot\frac{(1-m_0)^2}{m_0^3}\left(\frac{1}{\varphi\cdot d_0}\right)^2 l_0 v \tag{4.1}$$

式中 h_0——水流通过清洁滤层水头损失,cm;

ν_s——水的运动黏度,cm^2/s;

g——重力加速度,981 cm/s^2;

m_0——滤料孔隙率;

d_0——与滤料体积相同的球体直径,cm;

l_0——滤层厚度,cm;

v——滤速,cm/s;

φ——滤料颗粒球度系数,见 4.3.1 节中的 4。

实际滤层是非均匀滤料。计算非均匀滤料层水头损失,可按筛分曲线(图 4.11)分成若干层,取相邻两筛子的筛孔孔径的平均值作为各层的计算粒径,则各层水头损失之和即为整个滤层总水头损失。设粒径为 d_i 的滤料质量占全部滤料质量的比例为 p_i,则清洁滤层总水头损失为

$$H_0 = \sum_{i=1}^{n} h_i = 180\frac{\nu_s}{g}\times\frac{(1-m_0)^2}{m_0^3}\left(\frac{1}{\varphi}\right)^2 l_0 v\times\sum_{i=1}^{n}(p_i/d_i^2) \tag{4.2}$$

分层数 n 愈大,计算精确度愈高。

随着过滤时间的延长,滤层中被截留的悬浮物量逐渐增多,滤层孔隙率逐渐减小。由公式(4.2)可知,当滤料粒径、形状、滤层级配和厚度及水温已定时,如果孔隙率减小,则在水头损失保持不变的条件下,将引起滤速的减小。反之,在滤速保持不变时,将引起水头损失的增加。这样就产生了等速过滤和变速过滤两种基本过滤方式。

(2)等速过滤中的水头损失变化。

当滤池过滤速度保持不变,亦即滤池流量保持不变时,称等速过滤。虹吸滤池和无阀滤池即属等速过滤的滤池。在等速过滤状态下,水头损失随时间延长而逐渐增加,滤池中水位逐渐上升,如图 4.6 所示。当水位上升至最高允许水位时,过滤停止以待冲洗。

冲洗后刚开始过滤时,滤层水头损失为 H_0。当过滤时间为 t 时,滤层中水头损失增加

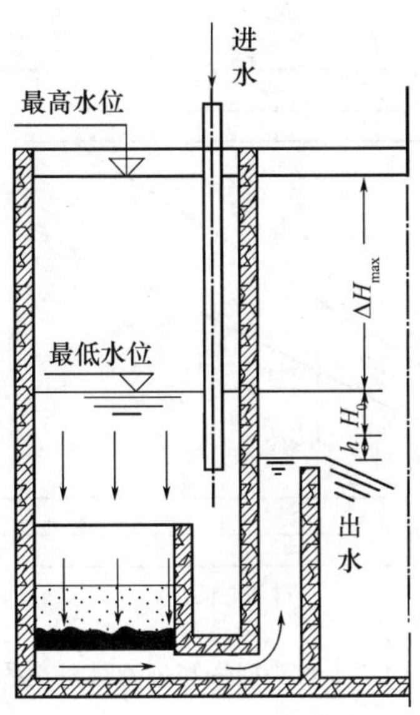

图4.6 等速过滤

ΔH_t，于是过滤时滤池的总水头损失为

$$H_t = H_0 + h + \Delta H_t \tag{4.3}$$

式中 H_0——清洁滤层水头损失，cm；

h——配水系统、承托层及管(果)水头损失之和，cm；

ΔH_t——在时间为 t 时的水头损失增值，cm。

H_0 和 h 在整个过滤过程中保持不变，ΔH_t 则随 t 增加而增大。ΔH_t 与 t 的关系，实际上反映了滤层截留杂质量与过滤时间的关系，亦即滤层孔隙率的变化与时间的关系。由于过滤情况很复杂，目前虽然不少学者提出了一些数学公式，但与生产实际都有相当大的差距。根据实验，ΔH_t 与 t 一般呈直线关系，如图4.7所示。图中 H_{max} 为水头损失增值为最大时的过滤水头损失。设计时应根据技术经济条件决定，一般为1.5～2.0 m。图中 T 为过滤周期。如果不出现滤后水质恶化等情况，过滤周期不仅决定于最大允许水头损失，还与滤速有关。设滤速 $v' > v$，一方面 $H'_0 > H_0$，同时单位时间内被滤层截留的杂质量较多，水头损失增加也较快，即 $\tan\alpha' > \tan\alpha$，因而，过滤周期 $T' < T$。其中已忽略了承托层及配水系统、管(渠)等水头损失的微小变化。

以上仅讨论整个滤层水头损失的变化情况。至于由上而下逐层滤料水头损失的变化情况就比较复杂。鉴于上层滤料截污量多，越在下层越少，因而水头损失增值也由上而下逐渐减小。如果图4.6中出水堰口低于滤料层，则各层滤料水头损失的不均匀有时将会导致某一深度出现负水头现象。

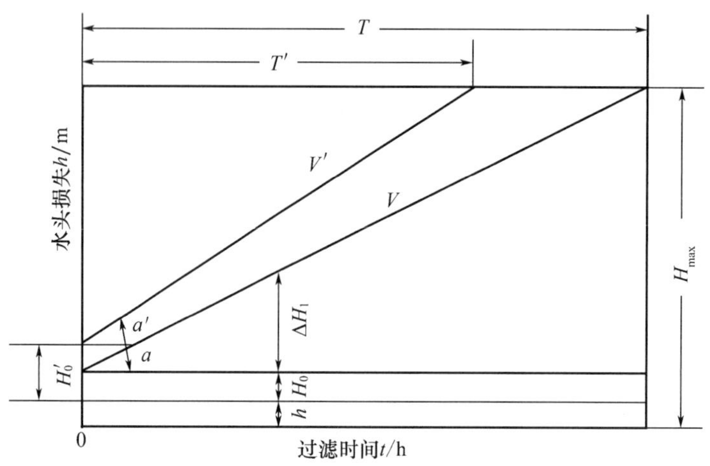

图 4.7　水头损失与过滤时间关系

(3)变速过滤中的滤速变化。

滤速随过滤时间而逐渐减小的过滤称变速过滤或减速过滤,移动罩滤池即属变速过滤的滤池。普通快滤池可以设计成变速过滤,也可设计成等速过滤,而且采用不同的操作方式,滤速变化规律也不相同。

在过滤过程中,如果过滤水头损失始终保持不变,由式(4.2)可知,滤层孔隙率逐渐减小,必然使滤速逐渐减小,这种情况称“等水头变速过滤”。这种变速过滤方式,在普通快滤池中一般不可能出现。因为一级泵站流量基本不变,即滤池进水总流量基本不变,因而尽管水厂内设有多座滤池,根据水流进、出平衡关系,既要保持每座滤池水位恒定而又要保持总的进、出流量平衡当然不可能。不过,在分格数很多的移动冲洗罩滤池中,有可能达到近似的“等水头变速过滤”状态。

当快滤池进水相互连通,且每座滤池进水阀均处于滤池最低水位以下时,则减速过滤将按如下方式进行。设 4 格滤池组成 1 个滤池组,进入滤池组的总流量不变。由于进水渠相互连通,4 格滤池内的水位或总水头损失在任何时间内基本上都是相等的,如图 4.8 所示。因此,最干净的滤池滤速最大,截污最多的滤池滤速最小。4 格滤池按截污量由少到多依次排列,它们的滤速则由高到低依次排列。但在整个过滤过程中,4 格滤池的平均滤速始终不变以保持总的进、出流量平衡。对某一座滤池而言,其滤速则随着过滤时间的延续而逐渐降低。最大滤速发生在该座滤池刚冲洗完毕投入运行阶段,而后滤速呈阶梯形下降(图 4.9)而非连续下降。图 4.9 表示一组 4 格滤池中某一座滤池的滤速变化。

滤速的突变是由另一座滤池刚冲洗完毕投入过滤时引起的。如果 4 格滤池均处于过滤状态,每格滤池虽滤速各不相同,但同一座滤池仍按等速过滤方式运行,各座滤池水位稍有升高。一旦某座滤池冲洗完毕投入过滤,由于该座滤池滤料干净,滤速突然增大,则其他 3 格滤池的一部分水量即由该座滤池分担,从而其他 3 格滤池均按各自原滤速下降一级,相应地,4 格滤池水位也突然下降一些。折线的每一突变,表明其中某座滤池刚冲洗干净投入过滤。由此可知,如果一组滤池的滤池数很多,则相邻两座滤池冲洗间隙时间很短,阶梯式下降折线将变为近似连续下降曲线。例如,移动冲洗罩滤池每组分格数多达十几乃至几十格,几乎连续地逐格依次冲洗,因而,对任一格滤池而言,滤速的下降接近连续曲线。

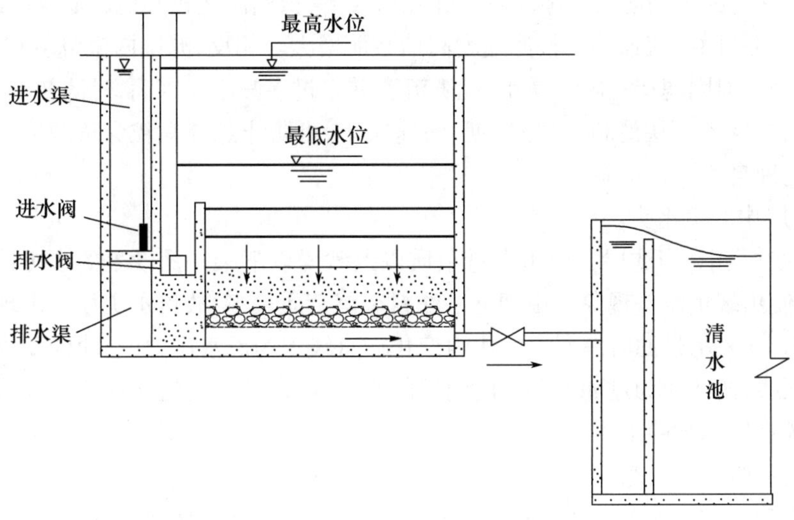

图 4.8 减速过滤(一组 4 格滤池)

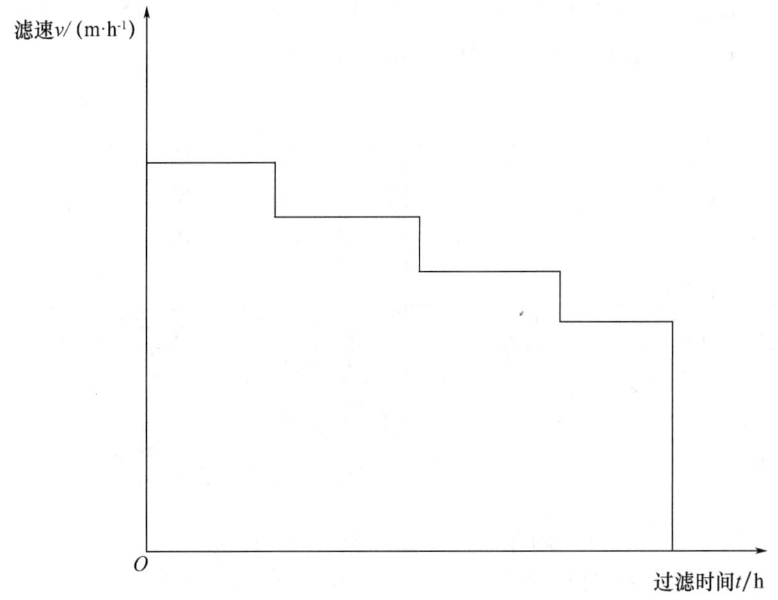

图 4.9 一组滤池滤速变化(一组 4 格滤池)

应当指出,在变速过滤中,当某一格滤池刚冲洗完毕投入运行时,因该格滤层干净,滤速往往过高。为防止滤后水质恶化,往往在出水管上装设流量控制设备,保证过滤周期内的滤速比较均匀,从而也就可以控制清洁滤池的起始滤速。因此,在实际操作中,滤速变化较上述分析还要复杂些。

克里斯比(Cleasby)等对这种减速过滤进行了较深入的研究后认为,与等速过滤相比,在平均滤速相同情况下,减速过滤的滤后水质较好,而且在相同过滤周期内,过滤水头损失也小。这是因为当滤料干净时滤层孔隙率较大,虽然滤速较其他滤池要高(当然在容许范围内),但孔隙中流速并非按滤速增高倍数而增大。相反,滤层内截留杂质量较多时,虽然滤速降低,但因滤层孔隙率减小,孔隙流速并未过多减小。因而,过滤初期,滤速较大可使悬浮杂质深入下层滤料;过滤后期,滤速减小,可防止悬浮颗粒穿透滤层。等速过滤则不具备这种自然调节功能。

(4)滤层中的负水头。

在过滤过程中,当滤层截留了大量杂质以致砂面以下某一深度处的水头损失超过该处水深时,便出现负水头现象。由于上层滤料截留杂质最多,故负水头往往出现在上层滤料中。图 4.10 表示过滤时滤层内的压力变化。直线 1 为静水压力线,曲线 2 为清洁滤料过滤时水压线,曲线 3 为过滤到某一时间后的水压线,曲线 4 为滤层截留了大量杂质时的水压线。各水压线与静水压力线之间的水平距离表示过滤时滤层中的水头损失。图中测压管水头表示曲线 4 状态下 b 处和 c 处的水头。由曲线 4 可知,在砂面以下 c 处(a 处与之相同),水流通过 c 处以上砂面的水头损失恰好等于 c 处以上的水深(a 处亦相同)。而在 a 处和 c 处之间,水头损失则大于各相应位置的水深,于是在 a—c 范围内出现负水头现象。在砂面以下 25 cm 的 b 处,水头损失 h_b 大于 b 处以上水深 15 cm,即测压管水头低于 b 处 15 cm,该处出现最大负水头,其值即为 -15 cm H_2O。

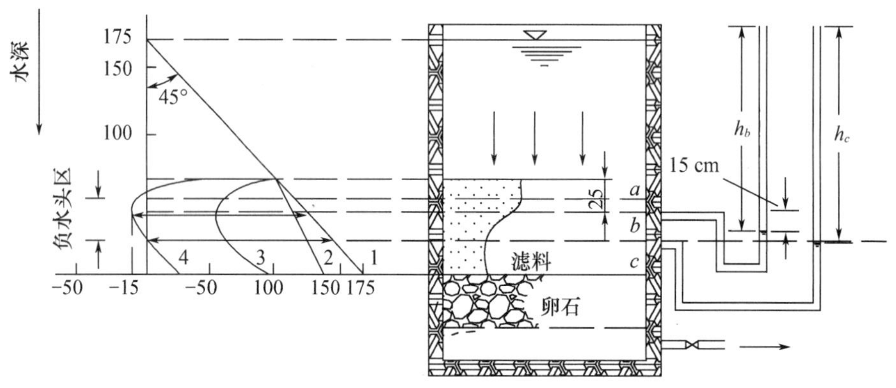

1—静水压力线;2—清洁滤料层过滤时水压线;

3—过滤时间为 t_1 时的水压线;4—过滤时间为 t_2 时的水压线($t_2>t_1$)

图 4.10　过滤时滤层内压力变化(单位:cm)

负水头会导致溶解于水中的气体释放出来而形成气囊。气囊对过滤有破坏作用:一是减少有效过滤面积,使过滤时的水头损失及滤层中孔隙流速增加,严重时会影响滤后水质;二是气囊会穿过滤层上升,有可能把部分细滤料或轻质滤料带出,破坏滤层结构。反冲洗时,气囊更易将滤料带出滤池。

避免出现负水头的方法是增加砂面上水深,或令滤池出口位置等于或高于滤层表面,虹吸滤池和无阀滤池之所以不会出现负水头现象即是这个原因。

4.3　滤料和承托层

4.3.1　滤料

给水处理所用的滤料,必须符合以下要求:

①具有足够的机械强度。滤料在反冲洗过程中相互碰撞摩擦,会使颗粒变细、变碎,所以使用机械强度不高的滤料,会增加滤料的损耗。

②具有足够的化学稳定性。滤料应不溶于水,否则不仅损耗大,而且还会造成对水质的污染,尤其不能含有对人类健康和生产有害的物质。

③具有用户要求的颗粒尺寸和粒度组成。

④滤料应尽量就地取材,货源充足,价格低廉。

石英砂是最常使用的滤料,具有足够的机械强度,在中性和酸性水中化学稳定性良好,且货源充足,价格便宜。但石英砂在碱性水中化学稳定性不佳,在对水中硅含量有严格要求的工业水处理中不宜使用。无烟煤是另一种常用的滤料,其化学稳定性比较高,在酸性、中性和碱性水中都不溶解,其机械强度也能满足要求。无烟煤用做多层滤料滤层时,其密度不宜过大,并且滤料密度应比较均匀,否则会使不同种类滤层之间产生过度混杂。此外,在生产中使用的滤料还有石榴石、大理石、磁铁矿、陶粒、聚苯乙烯等。

1. 滤料粒径级配

滤料粒径级配是指滤料中各种粒径颗粒所占的质量比例。粒径是指正好可通过某一筛孔的孔径。粒径级配一般采用以下两种表示方法:

①有效粒径和不均匀系数法。以滤料有效粒径 d_{10} 和不均匀系数 K_{80} 表示滤料粒径级配。

$$K_{80} = \frac{d_{80}}{d_{10}} \tag{4.4}$$

式中　d_{10}——通过滤料质量 10% 的筛孔孔径,反映细颗粒尺寸;

d_{80}——通过滤料质量 80% 的筛孔孔径,反映粗颗粒尺寸。

K_{80}愈大,表示粗细颗粒尺寸相差愈大,颗粒愈不均匀,这对过滤和冲洗都很不利。因为 K_{80}较大时,过滤时滤层含污能力减小;反冲洗时,为满足粗颗粒膨胀要求,细颗粒可能被冲出滤池,若为满足细颗粒膨胀要求,粗颗粒将得不到很好清洗。如果 K_{80}越接近于 1,滤料则越均匀,过滤和反冲洗效果越好,但滤料价格升高。

生产上也有时用 $K_{60} = d_{60}/d_{10}$来表示滤料不均匀系数。d_{60}的含义与 d_{80}或 d_{10}相似。

②最大粒径、最小粒径和不均匀系数法。采用最大粒径 d_{max}、最小粒径 d_{min} 和不均匀系数 K_{80} 来控制滤料粒径分布，这是我国规范中所采用的滤料粒径级配法。严格地说，K_{80} 有一个数值幅度，即上、下限值。因为在 d_{max} 和 d_{min} 已定条件下，从理论上说，如果 K_{80} 趋近于1，则 d_{10} 和 d_{80} 将有一系列不同选择。整个滤层的滤料粒径可以趋近于 d_{min}，也可趋近于 d_{max}，这在滤层厚度、滤速和反冲洗强度一定的条件下，对过滤和反冲洗都将带来不可预期的影响。

③滤料的当量粒径。

$$\frac{1}{d_{eq}} = \sum_{i=1}^{n} \frac{p_i}{\frac{d'_i + d''_i}{2}} \tag{4.5}$$

式中 d_{eq}——滤料层的当量粒径，mm；

d'_i，d''_i——相邻两个筛子的筛孔孔径；

p_i——截留在筛孔为 d'_i 和 d''_i 的筛子之间的滤料质量占滤料总质量的百分数；

n——滤料分层数。

2. 滤料筛选方法

采用有效粒径法筛选滤料，可做筛分析实验，举例如下：

取某天然河砂砂样 300 g，洗净后置于 105 ℃恒温箱中烘干，待冷却后称取 100 g，用一组筛子过筛，最后称出留在各个筛子上的砂量，填入表4.1，并据表绘成图4.11所示的曲线。从筛分曲线上，求得 $d_{10}=0.4$ mm，$d_{80}=1.34$，因此 $K_{80}=1.34/0.4=3.35$。

上述河砂不均匀系数较大。设根据设计要求：$d_{10}=0.55$ m，$K_{80}=2.0$，则 $d_{80}=2\times0.55=1.1$ mm。按此要求筛选滤料，方法如下：

自横坐标0.55 mm和1.1 mm两点，分别作垂线与筛分曲线相交。自两交点作平行线与右边纵坐标轴相交，并以此交点作为10%和80%，在10%和80%之间分成7等份，则每等份为10%的砂量，以此向上下两端延伸，即得0和100%之点，如图4.11右侧纵坐标所示，以此作为新坐标。再自新坐标原点和100%作平行线与筛分曲线相交，在此两点以内即为所选滤料，余下部分应全部筛除。由图4.11知，大粒径（$d>1.54$ mm）颗粒约筛除13%，小粒径（$d<0.44$ mm）颗粒约筛除13%，共筛除26%左右。

表4.1 筛分试验记录

筛孔/mm	留在筛上的砂量		通过该号筛的砂量	
	质量/g	百分比/%	质量/g	百分比/%
2.362	0.1	0.1	99.9	99.9
1.651	9.3	9.3	90.6	90.6
0.991	21.7	21.7	68.9	68.9
0.589	46.6	46.6	22.3	22.3
0.246	20.6	20.6	1.7	1.7

续表 4.1

筛孔/mm	留在筛上的砂量		通过该号筛的砂量	
	质量/g	百分比/%	质量/g	百分比/%
0.208	1.5	1.5	0.2	0.2
筛底盘	0.2	0.2	—	—
合计	100.0	100.0	—	—

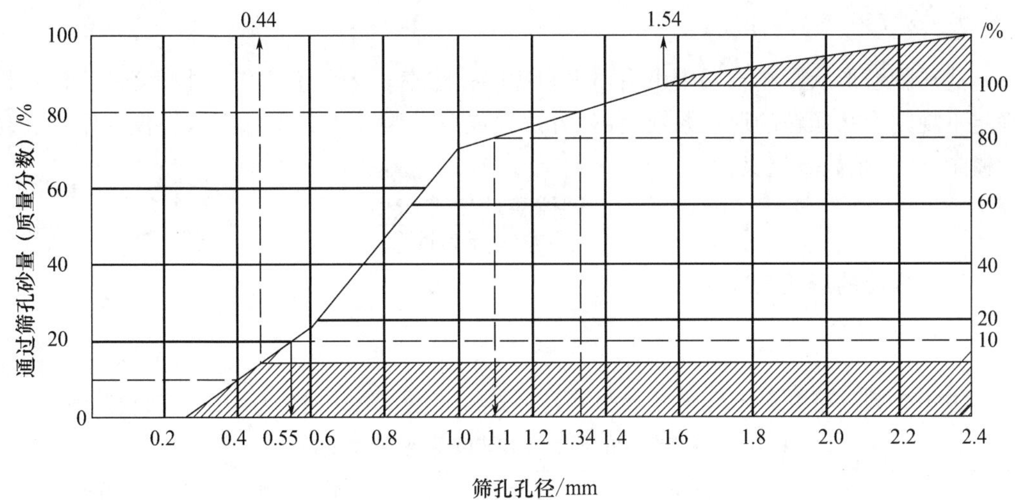

图 4.11　滤料筛分曲线

上述确定滤料粒径的方法已能满足生产要求。但用于研究时,存在如下缺点:一是筛孔尺寸未必精确,二是未反映出滤料颗粒形状因素。为此,常需求出滤料等体积球体直径,求法:将滤料样品倾入某一筛子过筛后,将筛子上的砂全部倒掉,将筛盖好。再将筛用力振动几下,将卡在孔中的那部分砂振动下来。如此重复进行,可得到同一粒径的滤料。从这些振动下来的砂粒中取出几粒,在分析天平上称重,按以下公式(4.6)可求出等体积球体直径 d_0:

$$d_0 = \sqrt[3]{\frac{6G}{\pi n\rho}} \tag{4.6}$$

式中　G——颗粒质量,g;

n——颗粒数;

ρ——颗粒密度,g/cm^3。

3. 滤料孔隙率的测定

滤料孔隙率指整个滤层中孔隙总体积与整个滤层的堆积体积之比。

测定方法:取一定量的滤料,在 105 ℃下烘干称重,并用比重瓶测出其密度。然后放

入过滤筒中，用清水过滤一段时间后，量出滤层体积，则孔隙率为

$$m = 1 - \frac{G}{\rho V} \tag{4.7}$$

式中　G ——烘干后的滤料，g；

ρ ——滤料的密度，g/cm^3；

V ——滤料层的堆积体积，cm^3。

滤料层孔隙率与滤料颗粒形状、均匀程度及压实程度等有关。均匀粒径和不规则形状的滤料，孔隙率大。一般所用石英砂滤料孔隙率在 0.42 左右。

4. 滤料形状

滤料颗粒形状影响滤层中水头损失和滤层孔隙率。迄今还没有一种满意的方法可以确定不规则形状颗粒的形状系数，各种方法只能反映颗粒大致形状。这里仅介绍颗粒球度概念，球度系数 φ 定义为

$$\varphi = \frac{\text{同体积球体表面积}}{\text{颗粒实际表面积}} \tag{4.8}$$

滤料颗粒的形状系数为

$$\alpha = \frac{1}{\varphi} \tag{4.9}$$

表 4.2 列出了几种不同形状滤料颗粒的球度系数。图 4.12 为相应的形状示意。

表 4.2　滤料颗粒的形状及其球度系数、形状系数、孔隙率

序号	形状描述	球度系数	形状系数	孔隙率
1	圆球形	1.0	1.00	0.38
2	圆　形	0.98	1.02	0.38
3	已磨蚀的	0.94	1.06	0.39
4	带锐角的	0.81	1.23	0.40
5	有角的	0.78	1.28	0.43

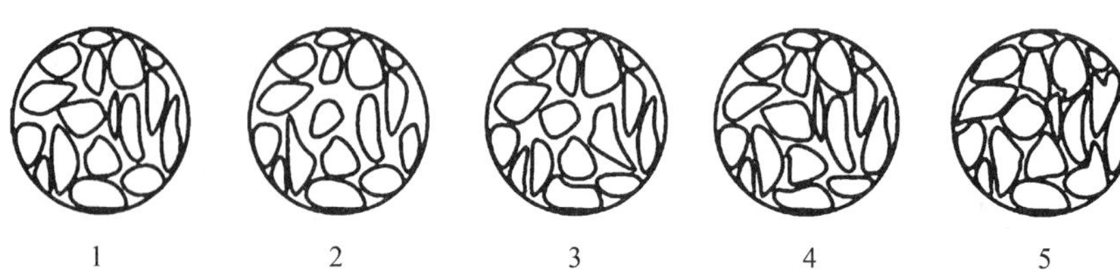

图 4.12　滤料颗粒的形状示意

根据实际测定滤料形状对过滤和反冲洗水力学特性的影响得出，天然砂滤料的球度系数一般宜采用 0.75 ~ 0.80。

5. 双层及多层滤料级配

在选择双层或多层滤料级配时，有两个问题值得讨论：一是如何预示不同种类滤料的相互混杂程度；二是滤料混杂对过滤有何影响。

以煤砂双层滤料为例。铺设滤料时，粒径小、密度大的砂粒位于滤层下部；粒径大、密度小的煤粒位于滤层上部。但在反冲洗以后，就有可能出现三种情况：一是分层正常，即上层为煤，下层为砂；二是煤砂相互混杂，可能部分混杂（在煤－砂交界面上），也可能完全混杂；三是煤、砂分层颠倒，即上层为砂、下层为煤。这三种情况的出现，主要决定于煤、砂的密度差与粒径差、煤和砂的粒径级配、滤料形状、水温及反冲洗强度等因素。许多人曾对滤料混杂做了研究。但提出的各种理论都存在缺陷，都不能准确预示实际滤料混杂状况。目前仍然根据相邻两滤料层之间粒径之比和密度之比的经验数据来确定双层滤料级配。我国常用的滤料级配与滤速见表4.3。在煤－砂交界面上，粒径之比为 $1.8/0.5=3.6$，而在水中的密度之比为 $(2.65-1)/(1.4-1)\approx 4$ 或 $(2.65-1)/(1.6-1)\approx 2.8$。这样的粒径级配，在反冲洗强度为 13～16 $L/(m^2\cdot s)$ 时，不会产生严重混杂。但必须指出，根据经验所确定的粒径之比和密度之比，并不能在任何水温或反冲洗强度下都能保持分层正常，因此在反冲洗操作中必须十分小心。必要时，应通过实验来制订反冲洗操作要求。至于三层滤料是否混杂，可参照上述原则。

表4.3 滤料级配与滤速

类别	滤料组成			滤速 /$(m\cdot h^{-1})$	强制滤速 /$(m\cdot h^{-1})$
	粒径/mm	不均匀系数	厚度/mm		
单层石英砂滤料	石英砂 $d_{10}=0.55$	$K_{80}<2.0$	700	6～9	9～12
双层滤料	无烟煤 $d_{10}=0.85$	$K_{80}<2.0$	300～400	8～12	12～16
	石英砂 $d_{10}=0.55$	$K_{80}<2.0$	400		
均匀级配粗砂滤料	石英砂 $d_{10}=0.9\sim1.2$	$K_{60}<1.6$	1 200～1 500	6～10	10～13

注：滤料的相对密度如下，石英砂的相对密度 2.50～2.70 g/cm^3，无烟煤的相对密度 1.40～1.60 g/cm^3；实际采购的滤料粒经与设计粒的允许偏差为 ±0.05 mm。

关于滤料混杂对过滤的影响，有两种不同观点。一种观点认为，煤－砂交界面上适度混杂，可避免交界面上积聚过多杂质而使水头损失增加较快，故适度混杂是有益的；另一种观点认为煤－砂交界面不应有混杂现象，因为煤层起截留大量杂质的作用，砂层则起精滤作用，而界面分层清晰，起始水头损失将较小。实际上，煤－砂交界面上不同程度的混杂是很难避免的。生产经验表明，煤－砂交界面混杂厚度在 5 cm 左右，对过滤有益无害。

另外，选用无烟煤时，应注意煤粒流失问题，这是生产上经常出现的问题。煤粒流失原因较多，如粒径级配和密度选用不当及冲洗操作不当等。此外，煤的机械强度不够，经多次反冲后破碎，也是煤粒流失原因之一。

关于多层滤料混杂对过滤效果的影响，同样存在不同看法。一般认为要尽量避免滤料混杂,或者在相邻两层界面处可容许少量混杂。另一种意见认为,不仅在相邻两层界面处容许混杂,甚至三种滤料可在整个滤层内适度混杂,如4.2节所述,在滤层的任一水平面上都有煤、砂和重质矿石三种滤料存在,但上层仍然以煤粒为主、中层以砂为主、下层以重质矿石为主,平均滤料粒径仍由上而下逐渐减少。这种滤层结构的优点是,从整体上,滤层孔隙尺寸由上而下是均匀递减的,不存在界限分明的分界面。这种滤料既增加滤层含污能力,又可减缓水头损失增长速度且滤后水质较好,但起始水头损失较大。

6. 滤料表面性质及新进展

过去对过滤理论的研究,主要是研究滤料、滤层厚度、悬浮物颗粒直径、滤速及水温等因素和滤后水质、滤层水头损失等这些物理量之间的关系,可称为过滤的物理理论。此后对过滤理论的研究,开始涉及水的化学性质、水中悬浮物和滤料表面的化学和物理化学特性等对过滤的影响,这类理论可称为过滤的化学理论。过滤的化学理论现在仍在发展中。

常用作滤料的石英砂,其表面负电性较强,而天然水中的泥沙颗粒表面也带负电性,所以石英砂用于过滤去除泥沙是不理想的。如能采用表面负电性较弱或带正电性的滤料,应能获得更好的过滤效果。采用新的材料做滤料是改善滤料表面性质的途径之一。此外在石英砂表面涂膜是改善滤料表面性质的另一个途径。向水中投加高分子化合物(助滤剂)能在滤料表面与颗粒物之间架桥,可提高悬浮物在滤料表面的黏附效率。又例如,在过滤过程的微观物理化学机理研究中,发现在滤层空隙中存在混凝过程,研究显示在一定条件下滤层中的絮凝对过滤有很大影响。

采用均质滤料也是提高滤层截污能力的一种方法,在欧洲和国内均有应用。均质滤料的定义为"有效粒径较均匀的滤料,一般不均匀系数 $K_{60}<1.6$"。均质滤料滤池一般采用不膨胀或微膨胀冲洗,冲洗时较常使用空气进行辅助冲洗。

滤池滤速及滤料组成的选用,应根据进水水质、滤后水水质要求、滤池构造等因素,通过试验或参照相似条件下已有滤池的运行经验确定,宜按表4.3采用。滤料层厚度(L)与有效粒径(d_{10})之比(L/d_{10}值):细砂及双层滤料过滤时应大于1 000;粗砂及三层滤料过滤时应大于1 250。

4.3.2 承托层

承托层的作用主要是防止滤料从配水系统中流失,同时对均匀布置反冲洗水也有一定作用。单层或双层滤料滤池采用大阻力配水系统时(参见4.4节),承托层采用天然卵石或砾石,其粒径和厚度见表4.4。

表4.4 快滤池大阻力配水系统承托层粒径和厚度

层次(自上而下)	粒径/mm	厚度/mm
1	2 ~ 4	100
2	4 ~ 8	100

续表 4.4

层次(自上而下)	粒径/mm	厚度/mm
3	8~16	100
4	16~32	本层顶面高度至少应高于配系统孔眼 100

三层滤料滤池,由于下层滤料粒径小而重度大,承托层必须与之相适应,即上层应用重质矿石,以免反冲洗时承托层移动。三层滤料滤池承托层材料、粒径与厚度见表 4.5。为了防止反冲洗时承托层移动,美国有时对单层和双层滤料滤池采用"粗-细-粗"的砾石分层方式。上层粗砾石用以防止中层细砾石在反冲洗过程中向上移动;中层细砾石用以防止砂滤料流失;下层粗砾石则用以支撑中层细砾石。这种分层方式,亦可应用于三层滤料滤池。具体粒径级配和厚度,应根据配水系统类型和滤料级配确定。例如,设承托层共分 7 层,则第 1 层和第 7 层粒径相同、粒径最大;第 2 层和第 6 层、第 3 层和第 5 层等,粒径也对应相等,但依次减小;中间第 4 层粒径最小。这种级配分层方式,承托层总厚度不一定增加,而是将每层厚度适当减小。

表 4.5 三层滤料滤池承托层材料、粒径与厚度

层次(自上而下)	材料	粒径/mm	厚度/mm
1	重质矿石(如石榴石、磁铁矿等)	0.5~1.0	50
2	重质矿石(如石榴石、磁铁矿等)	1~2	50
3	重质矿石(如石榴石、磁铁矿等)	2~4	50
4	重质矿石(如石榴石、磁铁矿等)	4~8	50
5	砾石	8~16	100
6	砾石	16~32	本层顶面高度至少应高于配系统孔眼 100

注:配水系统如用滤砖且当孔径为 4 mm 时,第 6 层可不设。

如果采用小阻力配水系统(参见 4.4 节),承托层可以不设,或者适当铺设一些粗砂或细砾石,视配水系统具体情况而定。如采用滤头配水(气)系统时,承托层可采用粒径为 2~4 mm的粗砂,厚度为 50~100 mm。

4.4 滤池冲洗

冲洗目的是清除滤层中所截留的污物,使滤池恢复过滤能力。快滤池冲洗方法有以下几种:高速水流反冲洗;气、水反冲洗;表面助冲加高速水流反冲洗。

滤池冲洗方式应根据滤料层组成、配水配气系统形式，通过试验或参照相似条件下已有滤池的经验确定，宜按表 4.6 选用。

表 4.6　冲洗方式和程序

滤料组成	冲洗方式、程序
单层细砂级配滤料	①水冲； ②气冲—水冲
单层粗砂均匀级配滤料	气冲—气、水同时冲—水冲
双层煤、砂级配滤料	①水冲； ②气冲—水冲
三层煤、砂、重质矿石级配滤料	水冲

单独水反冲洗（水冲）要去除滤料上吸附的污泥，达到较好的冲洗效果，必须为滤料提供足够的碰撞摩擦机会。因此一般采用高速冲洗，冲洗强度比较大，在冲洗过程中滤料膨胀流化，呈悬浮状态，颗粒在悬浮流化状态下相互碰撞，完成剥落污泥和排出污泥的任务。单独水冲洗的优点是只需一套反冲洗系统，比较简单。其缺点是冲洗耗水量大，冲洗能力弱；当冲洗强度控制不当时，可能产生砾石承托层滑动，导致漏砂。单独水反冲洗后滤料通过水力分级呈上细下粗的分层结构状态。

采用气、水反冲洗时，空气快速通过滤层，微小气泡加剧滤料颗粒之间的碰撞、摩擦，并对颗粒进行擦洗，有效地加速污泥的脱落，反冲洗水主要起漂洗作用，将已与滤料脱离的污泥带出滤层，因而水洗强度小，冲洗过程中滤层基本不膨胀或微膨胀。气、水反冲洗的优点有冲洗效果好，耗用水量小，冲洗过程中不需滤层流化，可选用较粗的滤料。其缺点是需增加空气系统，包括鼓风机、控制以及管路等，设备较单独水反冲洗多。

表面冲洗一般作为单独水反冲洗的辅助冲洗手段。由于过滤过程中滤料表层截留污泥最多，泥球往往凝结在滤料的上层，因此在滤层表面设置高速冲洗系统，利用高速水流对表层滤料加以搅动，增加滤料颗粒碰撞机会。同时，表面冲洗高速水流的剪切作用也明显高于单独水反冲洗。表面冲洗有固定式和旋转式两种方式。

4.4.1　高速水流反冲洗

高速水流反冲洗，简称高速反冲洗，是利用流速较大的反向水流冲洗滤料层，使整个滤层达到流态化状态，且具有一定的膨胀度。截留于滤层中的污物，在水流剪力和滤料颗粒碰撞摩擦双重作用下，从滤料表面脱落下来，然后被冲洗水带出滤池。冲洗效果决定于冲洗流速。冲洗流速过小，滤层孔隙中水流剪力小；冲洗流速过大，滤层膨胀度过大，滤层孔隙中水流剪力也会降低。此外，由于滤料颗粒过于离散，碰撞摩擦概率也减小。故冲洗流速过大或过小，冲洗效果均会降低。

高速反冲洗方法操作方便，池子结构和设备简单，是当前我国广泛采用的一种冲洗方法，故在此重点介绍。

1. 冲洗强度、滤层膨胀度和冲洗时间

(1)冲洗强度。

以 cm/s 计的反冲洗流速,换算成单位面积滤层所通过的冲洗流量,称冲洗强度,以 $L/(m^2 \cdot s)$计。1 cm/s = 10 $L/(m^2 \cdot s)$。

(2)滤层膨胀度。

反冲洗时,滤层膨胀后所增加的厚度与膨胀前厚度之比,称滤层膨胀度,用公式表示为

$$e = \frac{L - L_0}{L_0} \times 100\% \tag{4.10}$$

式中　e——滤层膨胀度,%;

L_0——滤层膨胀前厚度,cm;

L——滤层膨胀后厚度,cm。

由于滤层膨胀前后单位面积上滤料体积不变,于是

$$L(1 - m) = L_0(1 - m_0) \tag{4.11}$$

将式(4.11)代入公式(4.10)得

$$e = \frac{m - m_0}{1 - m} \tag{4.12}$$

式中　m_0——滤层膨胀前孔隙率;

m——滤层膨胀后孔隙率。

(3)冲洗时间。

当冲洗强度或滤层膨胀度符合要求但冲洗时间不足时,也不能充分地清掉包裹在滤料表面上的污泥,同时冲洗废水也排除不尽,因此导致污泥重返滤层。如此长期下去,滤层表面将形成泥膜。因此,应当保证必要的冲洗时间。根据生产经验,单独水冲洗滤池的冲洗强度、滤层膨胀度和冲洗时间根据滤料层不同按表 4.7 确定。实际操作中,冲洗时间也可根据冲洗废水的允许浊度决定。

表 4.7　冲洗强度及冲洗时间(水温 20 ℃时)

滤料组成	冲洗强度/$(L \cdot m^{-2} \cdot s^{-1})$	滤层膨胀度/%	冲洗时间/min
单层细砂级配滤料	12 ~ 15	45	7 ~ 5
双层煤、砂级配滤料	13 ~ 16	50	8 ~ 6

注:①当采用表面冲洗设备时,冲洗强度可取低值;

②应考虑由于全年水温、水质变化因素,有适当调整冲洗强度的可能;

③选择冲洗强度时应考虑所用混凝剂品种;

④滤层膨胀度数值仅做设计计算用;

⑤当增设表面冲洗设备时,表面冲洗设备宜采用 2 ~ 3$L/(m^2 \cdot s)$(固定式)成 0.5 ~ 0.75 $L/(m^2 \cdot s)$(旋转式),冲洗时间均为 4 ~ 6 min。

2. 冲洗强度与滤层膨胀度关系

为便于理解，首先假设滤料层的滤料粒径是均匀的。对于均匀滤料，如果冲洗时滤层未膨胀，则水流通过滤料层的水头损失可用欧根(Ergun)公式计算：

$$h = \frac{150\nu_s(1-m_0)^2}{m_0^2}\left(\frac{1}{\varphi d_0}\right)^2 L_0 v + 1.75 \cdot \frac{1}{g\varphi d_0} \cdot \frac{1-m_0}{m_0} L_0 v^2 \tag{4.13}$$

式中 m_0——滤层孔隙率；

L_0——滤层厚度，cm；

d_0——滤料同体积球体直径，cm；

φ——滤料球度；

v——冲洗流速，cm/s；

h——水头损失，cm；

ν_s——水的运动黏度，cm^2/s

g——重力加速度，981 cm/s^2。

式(4.13)与式(4.1)的差别在于：公式右边多了紊流项(第二项)，而层流项(第一项)的常数值稍小。故式(4.13)适用于层流、过渡区和紊流区。

当滤层膨胀起来以后，处于悬浮状态下的滤料对冲洗水流的阻力，等于它们在水中单位面积上的质量：

$$\rho g h = (\rho_s g - \rho g)(1-m)L \tag{4.14}$$

式中 ρ_s、ρ——滤料和水的密度，以 g/cm^3 计；

其余符号——含义同前。

按式(4.11)，上式(4.14)亦可表达为

$$h = \frac{\rho_s - \rho}{\rho}(1-m_0)L_0 \tag{4.15}$$

当滤料粒径、形状、密度、滤层厚度和孔隙率及水温等已知时，将式(4.13)和式(4.15)绘成水头损失和冲洗流速关系图，得图4.13。图中 v_{mf} 是反冲洗时滤料刚刚开始流态化的冲洗流速，称最小流态化冲洗流速。按理想情况，即为式(4.13)和式(4.15)所表达的两条线交点处的冲洗流速。滤料粒径、形状和密度不同时，v_{mf} 值也不同。粒径大，v_{mf} 值大；反之亦然。

当冲洗流速超过 v_{mf} 以后，滤层中水头损失不变(图4.13)，但滤层膨胀起来。冲洗强度愈大，膨胀度愈大。将公式(4.14)代入式(4.13)，经整理后可得冲洗流速和膨胀后滤层孔隙率关系：

$$\frac{1.75\rho}{(\rho_s-\rho)g}\frac{1}{\varphi d_0} \cdot \frac{1}{m^3}v^2 + \frac{150\nu_s\rho}{(\rho_s-\rho)g}\left(\frac{1}{\varphi d_0}\right)^2\frac{1-m}{m^3}v = 1 \tag{4.16}$$

由式(4.16)可知，当滤料粒径、形状、密度及水温已知时，冲洗流速仅与膨胀后滤层孔隙率 m 有关。将膨胀后的滤层孔隙率按式(4.12)关系换算成膨胀度，并将冲洗流速以冲洗强度代替，则得冲洗强度和膨胀度关系(图4.14)，但公式求解比较复杂。

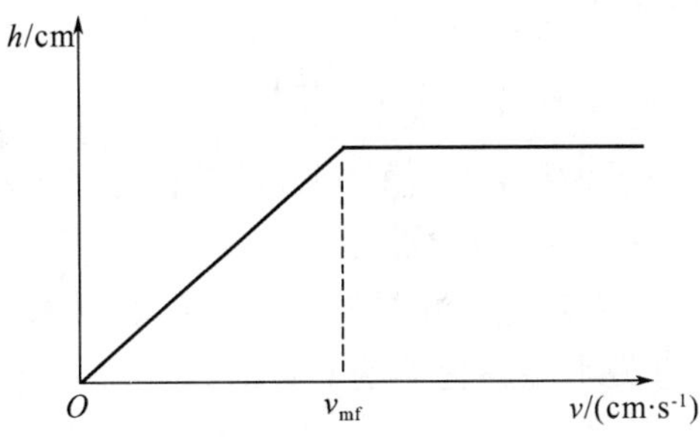

图4.13 水头损失和冲洗流速关系

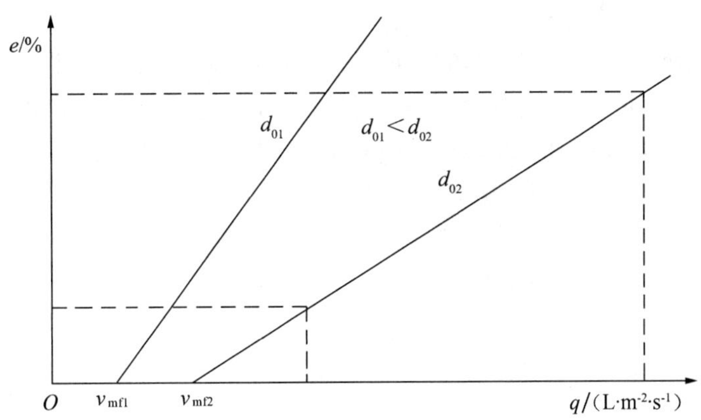

图4.14 冲洗强度和均匀滤层膨胀度关系

敏茨(Mintz)和舒别特尔(Schubert)通过实验研究提出下列公式:

$$q = 29.4\frac{d_0^{1.31}}{\mu^{0.54}} \cdot \frac{(e + m_0)^{2.31}}{(1 + e)^{1.77}(1 - m_0)^{0.54}} \tag{4.17}$$

式中 μ——水的动力黏度,Pa·s;

q——冲洗强度,L/(m^2·s);

其余符号——含义同前。

式(4.17)适用于滤料密度为2.62 g/cm^3,水的密度为1 g/cm^3 的条件。滤料形状因素已包括在常数值内。

理查迅(Richardson)和赞基(Zaki)提出下列公式,可用于反冲洗水强度的计算:

$$m = \left(\frac{v}{v_1}\right)^{\frac{1}{\alpha}} \tag{4.18}$$

式中 v_1——使滤料颗粒达到自由沉淀状态时的冲洗流速,cm/s(在一定水温情况下,对于给定滤料,v_1 是常数);

α——指数,由雷诺数决定;

v——冲洗流速,cm/s。

将式(4.12)代入上式可得

$$v = \left(\frac{m_0 + e}{1 + e}\right)^{\alpha} \cdot v_1 \tag{4.19}$$

式中 v_1 和 α 值的计算,这里不做深入讨论。当砂的粒径为0.5~1.2 mm时,在20 ℃水温下,α 值为3~4。粒径小则 α 值大,反之亦然。

按式(4.19)所求得的冲洗强度和滤层膨胀度关系如图4.14所示。由图4.13和图4.14可知,当冲洗流速超过最小流态化冲洗流速时,增大冲洗流速只是使滤层膨胀度增大,而水头损失保持不变。

3. 冲洗强度的确定和非均匀滤料膨胀度的计算

(1)冲洗强度的确定。

对于非均匀滤料,在一定冲洗流速下,粒径小的滤料膨胀度大,粒径大的滤料膨胀度小。因此,要同时满足粗、细滤料膨胀度要求是不可能的。鉴于上层滤料截留污物较多,宜尽量满足上层滤料膨胀度要求,即膨胀度不宜过大。实践证明,下层粒径最大的滤料也必须达到最小流态化程度,即开始膨胀,才能获得较好的冲洗效果。因此,设计或操作中,可以最粗滤料开始膨胀作为确定冲洗强度的依据。如果由此导致上层细滤料膨胀度过大甚至引起滤料流失,滤料级配应加以调整。

考虑到其他影响因素,设计冲洗强度可按下式确定:

$$q = 10kv_{mf} \tag{4.20}$$

式中 q——冲洗强度,L/(m^2·s);

v_{mf}——最大粒径滤料的最小流态化流速,cm/s;

k——安全系数。

式(4.20)中 k 值主要决定于滤料粒径均匀程度,一般 k=1.1~1.3。滤料粒径不均匀程度较大者,k 值宜取低限,否则冲洗强度过大会引起上层细滤料膨胀度过大甚至被冲出滤池;反之则取高限。按我国所用滤料规格,通常取 k=1.3。v_{mf} 可通过实验确定,亦可通过计算确定。例如,在20 ℃水温下,粒径为1.2 mm、密度为2.65 g/m^3 的石英砂,求得 v_{mf}=1.0~1.2 m/s。

式(4.20)适用于单层砂滤料。对于双层(煤–砂)或三层(煤–砂–石榴石)滤料,尚应考虑各层滤料的清洗效果及滤料混杂等问题,情况较为复杂。对单层砂滤料而言,表4.6中数值基本符合式(4.20)所计算的数值。但应注意,如果滤料级配与规范所规定的相差较大,则应通过计算并参考类似情况下的生产经验确定。这一点往往易被忽视,因而也往往造成冲洗效果不良。

(2)非均匀滤料的膨胀度计算。

对于非均匀滤料,为计算整个滤层冲洗时的总膨胀度,可将滤层分成若干层,每层按均匀滤料考虑。各层膨胀度之和即为整个滤层的膨胀度。

设第 i 层滤料质量与整个滤层的滤料总质量之比为 p_i,则膨胀前滤层厚 $l_0 = p_i L_0$,膨胀后的厚度为 $l_i = p_i L_0 (1 + e_i)$,经运算可得整个滤层膨胀度为

$$e = \left[\sum_{i=1}^{n} p_i(1 + e_i) - 1\right] \times 100\% \tag{4.21}$$

式中　n——滤料分层数；

e_i——第 i 滤料膨胀度，可用第 i 层滤料粒径代入公式(4.16)并与式(4.12)联立求得，也可直接代入式(4.17)或式(4.19)求得。

滤料分层的简单方法是取相邻两筛的筛孔孔径之平均值作为该层滤料计算粒径。分层数愈多，计算精确度愈高。

另一种计算整个滤层胀度的近似方法是，以滤料当量粒径 d_{eq} 代替公式(4.16)或公式(4.17)或公式(4.18)中的 d_0，则所求膨胀度近似等于整个滤层膨胀度。此法较分层计算 e_i 后再用公式(4.21)求 e，精度稍差。

由以上讨论可知，膨胀度决定于反冲洗强度；由滤层膨胀度可反求冲洗强度。在表 4.6 所规定的单层砂滤料冲洗强度下，根据计算并通过实验表明，砂层膨胀度通常小于 45%，约在 35%（20 ℃水温下）。

4.4.2　气、水反冲洗

高速水流反冲洗虽然操作方便，池子和设备较简单，但冲洗耗水量大，冲洗结束后，滤料上细下粗，分层明显。采用气、水反冲洗方法既能提高冲洗效果，又能节省冲洗水量。同时，冲洗时滤层不一定需要膨胀或仅有轻微膨胀，冲洗结束后，滤层不产生或不明显产生上细下粗分层现象，即保持原来的滤层结构，从而提高了滤层含污能力。但气、水反冲洗需增加气冲设备（鼓风机或空气压缩机和储气罐），池子结构及冲洗操作也较复杂。国外采用气、水反冲洗比较普遍，我国近年来气、水反冲洗的应用也日益增多。

气、水反冲效果在于：利用上升空气气泡的振动可有效地将附着于滤料表面的污物擦洗下来，使之悬浮于水中，然后再用水反冲把污物排出池外。因为气泡能有效地使滤料表面污物破碎、脱落，故水冲强度可降低，即可采用所谓“低速反冲”。气、水反冲操作方式有以下几种：

(1)先用空气反冲，然后再用水反冲。

(2)先用气、水同时反冲，然后再用水反冲。

(3)先用空气反冲，然后用气、水同时反冲，最后再用水反冲（或漂洗）。

冲洗强度及冲洗时间的选用，需根据滤料种类、密度、粒径级配及水质水温等因素确定，也与滤池构造形式有关。气、水反冲洗滤池的冲洗强度及冲洗时间，宜按表 4.8 采用。

表 4.8　气、水冲洗强度及冲洗时间

滤料种类	先气冲洗		气、水同时冲洗			后水冲洗		表面扫洗	
	强度/($L \cdot m^{-2} \cdot s^{-1}$)	时间/min	气强度/($L \cdot m^{-2} \cdot s^{-1}$)	水强度/($L \cdot m^{-2} \cdot s^{-1}$)	时间/min	强度/($L \cdot m^{-2} \cdot s^{-1}$)	时间/min	强度/($L \cdot m^{-2} \cdot s^{-1}$)	时间/min
单层细砂级配滤料	15～20	3～1	—	—	—	8～10	7～5	—	—

续表 4.8

<table>
<tr><th rowspan="2">滤料种类</th><th colspan="2">先气冲洗</th><th colspan="3">气、水同时冲洗</th><th colspan="2">后水冲洗</th><th colspan="2">表面扫洗</th></tr>
<tr><th>强度/ (L·m⁻²·s⁻¹)</th><th>时间/ min</th><th>气强度/ (L·m⁻²·s⁻¹)</th><th>水强度/ (L·m⁻²·s⁻¹)</th><th>时间/ min</th><th>强度/ (L·m⁻²·s⁻¹)</th><th>时间/ min</th><th>强度/ (L·m⁻²·s⁻¹)</th><th>时间/ min</th></tr>
<tr><td>双层煤砂级配滤料</td><td>15 ~ 20</td><td>3 ~ 1</td><td>—</td><td>—</td><td>—</td><td>6.5 ~ 10</td><td>6 ~ 5</td><td>—</td><td>—</td></tr>
<tr><td>单层粗砂均匀级配滤料</td><td>13 ~ 17
(13 ~ 17)</td><td>2 ~ 1
(2 ~ 1)</td><td>13 ~ 17
(13 ~ 17)</td><td>3 ~ 4
(2.5 ~ 3)</td><td>4 ~ 3
(5 ~ 4)</td><td>4 ~ 8
(4 ~ 6)</td><td>8 ~ 5
(8 ~ 5)</td><td>1.4 ~ 2.3</td><td>全程</td></tr>
</table>

注:①表中单层粗砂均匀级配滤料中,无括号的数值适用于无表面扫洗的滤池,括号内的数值适用于有表面扫洗的滤池;

②不适用翻板滤池。

4.4.3 配水系统

配水系统的作用在于使冲洗水在整个滤池面积上均匀分布。配水均匀性对冲洗效果影响很大。配水不均匀,部分滤层膨胀不足、部分滤层膨胀过甚,甚至会招致局部承托层发生移动,造成漏砂。

1. 滤池的配水系统配水不均匀的原因

滤池的配水系统在滤池过滤时,能将过滤的水聚集起来引出池外,在滤池反冲洗时,能将反冲洗水均匀分布于整个滤池平面面积上。由于滤池反冲洗水的流量要比过滤水的流量大得多,并且对分布反冲洗水的均匀程度的要求也更高,所以滤池的配水系统一般都按反冲洗的要求进行设计。

滤池的配水系统可以按不同的原理工作,以达到均匀分布反冲洗水的目的。反冲洗水进入滤池后,可以按任意路线穿过滤层、承托层。反冲选水在池内的任一路线上的水头损失都由下列四部分组成:

(1)水在配水系统内的水头损失 h_1。若取单位面积滤池来考虑,则

$$h_1 = s_1 q^2 \tag{4.22}$$

式中 s_1——配水系统内的水力阻抗;

q——滤池的反冲洗强度。

(2)水从配水系统孔眼中流出时的水头损失 h_2。

$$h_2 = s_2 q^2 \tag{4.23}$$

式中 s_2——配水孔眼的水力阻抗。

(3)水在承托层中的水头损失 h_3。

$$h_3 = s_3 q^2 \tag{4.24}$$

式中 s_3——承托层的水力阻抗。

(4)水在悬浮滤层中的水头损失 h_4。

$$h_4 = \left(\frac{\rho_s}{\rho} - 1\right)(1 - m_0)L_0 = \left(\frac{\rho_s}{\rho} - 1\right)(1 - m)L \tag{4.25}$$

水经第Ⅰ条路线(参考图4.16 a 点)和第Ⅱ条路线(参考图4.16 c 点)流过时的总水头损失分别为

$$H_{\text{I}} = h_1' + h_2' + h_3' + h_4'$$

$$H_{\text{II}} = h_1'' + h_2'' + h_3'' + h_4''$$

由于反冲洗水的各条路线都具有同一进、出口压力,所以各条路线的总水头损失应相等。

$$H_{\text{I}} = H_{\text{II}} \text{ 或 } h_1' + h_2' + h_3' + h_4' = h_1'' + h_2'' + h_3'' + h_4''$$

假定 h_4'与 h_4''相等,再将式(4.22)~(4.24)代入上式:

$$s_1'q_{\text{I}}^2 + s_2'q_{\text{I}}^2 + s_3'q_{\text{I}}^2 = s_1''q_{\text{II}}^2 + s_2''q_{\text{II}}^2 + s_3''q_{\text{II}}^2$$

整理后得

$$\frac{q_{\text{I}}}{q_{\text{II}}} = \sqrt{\frac{s_1'' + s_2'' + s_3''}{s_1' + s_2' + s_3'}} \tag{4.26}$$

反冲洗水的任意两条路线在配水系统中所走的路程是不同的,故 s_1'和 s_1''必不相等;水流流出配水孔眼时,如出流条件相同,可使 s_2'和 s_2''基本相等;两条路线上的水流经过承托层的情况不可能完全相同,但它们之间的差别不是很大,可以认为 s_3'和 s_3''相近。综上所述,主要由于两条路线上的水流在配水系统中的阻抗不同,致使 q_{I} 和 q_{II} 也不相等,所以滤池的反冲洗强度在滤池平面上的分布是不均匀的。

反冲洗水在池中分布的均匀程度,常以池中反冲洗强度的最小值和最大值的比值来表示,并要求此比值不小于0.95,即

$$\frac{q_{\min}}{q_{\max}} \geqslant 0.95$$

其中,$q_{\min}$和 $q_{\max}$分别为反冲洗强度的最小值和最大值。为达到上述均匀分布反冲洗水的要求,可采用两个途径:

①加大水力阻抗 s_2,使 s_1 和 s_2 相比甚小,则式中阻抗比便能趋近于1,从而使流量比 $q_{\text{I}}/q_{\text{II}}$也接近于1。所以,只要选择适当的 s_2 值,就能满足 $q_{\min}/q_{\max} \geqslant 0.95$ 的要求。按这种原理设计出来的配水系统,称为大阻力配水系统。

②尽量减小水力阻抗 s_1,使 s_1 与($s_2 + s_3$)相比甚小,也能使阻抗比趋近于1,从而使 $q_{\text{I}}/q_{\text{II}}$也接近于1。按这种原理设计出来的配水系统,称为小阻力配水系统。

大阻力配水系统能定量地控制反冲洗水分布的均匀程度,工作比较可靠,但是水头损失较大,是一个缺点。相反地,小阻力配水系统虽然分布水的均匀程度较差,但反冲洗时消耗的水头损失很小,为滤池实现反冲洗提供了便利条件,常用于中、小型设备。

穿孔管配水系统是滤池中常用的一种大阻力配水系统,是由干管和支管组成的管道网,支管上有向下或倾斜的小孔(图4.15),在管道网上铺设数层砾石承托层,承托层上铺滤层,如图4.16所示。反冲洗水由干管配入各支管,然后经支管上的孔眼向外均匀配出,

再穿过砾石承托层进入滤层，对滤层进行反冲洗。

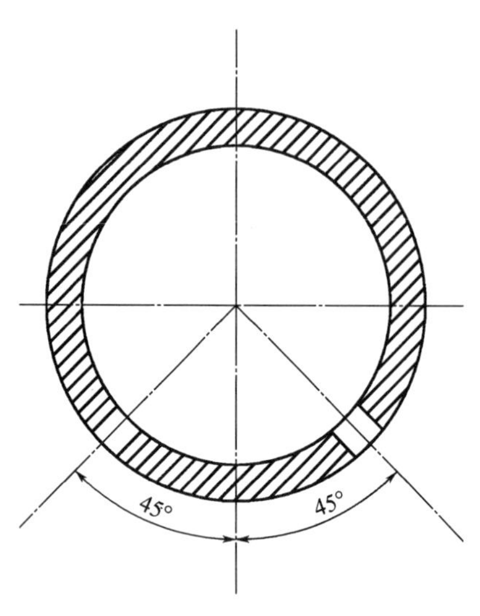

图 4.15　穿孔支管孔口位置

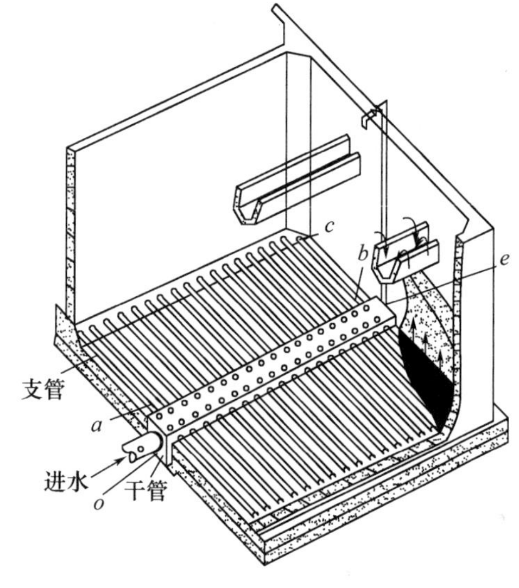

图 4.16　穿孔管大阻力配水系统

造成穿孔管配水不均匀的原因是管上各孔眼内外水压力差不相等。

2. 大阻力配水系统

反冲洗水在配水系统的穿孔管中沿程不断配出，流量和流速沿程不断减小，所以属减速流情况。水在穿孔管中做减速流动时，一方面水流因摩擦损失而产生水头损失，使静水压力减小，另一方面因水的流速逐渐减小，动能转变为势能而使静水压力增高。

大阻力配水系统中的干管和支管，均可近似看作沿途均匀泄流管道，如图 4.17 所示。设管道进口流速为 v，压力水头（以下均简称压头）为 H_1；管道末端流速为 0，压头为 H_2。由于自管道起端至末端流速逐渐减小，因而管道中的流速水头逐渐减小，而压头逐渐增高。至管道末端，流速水头为 0。所增加的压头就是由流速水头转变而来的，简称压头恢复。管道中的水头线如图 4.17 所示，由图可知：

$$H_2 = H_1 + \alpha\frac{v^2}{2g} - h \tag{4.27}$$

式中　h——穿孔管中水头损失，m；

v——管道进口流速，m/s；

g——重力加速度，9.81 m/s^2；

α——压头恢复系数，其值取 1。

从水力学可知，沿途均匀泄流管道中水头损失为 $h=\frac{1}{3}aLQ^2$，代入上式得

$$H_2 = H_1 + \alpha\frac{v^2}{2g} - \frac{1}{3}aLQ^2 \tag{4.28}$$

式中　a——管道的比阻，s^2/m^6；

L——管道长度,m;

Q——管道起端流量,m^3/s。

式(4.28)均以起端流速 v(单位为 m/s)表示,将 $a=\dfrac{64}{\pi^2 D^5 C^2}$,$C=\dfrac{1}{n}R^{1/6}$,$R=\dfrac{D}{4}$,代入式(4.28)并经整理,可得如下近似公式:

$$H_2 = H_1 + \left(1 - 41.5\,\frac{n^2 L}{D^{1.33}}\right)\frac{v^2}{2g} \tag{4.29}$$

式中 n——管道粗糙系数;

D——管道直径,m。

由式(4.29)可以看出,当$\left(1-41.5\,\dfrac{n^2 L}{D^{1.33}}\right)>0$时,穿孔管末端压头大于起端压头。设管道粗糙系数 $n=0.012$,得沿途泄流管道在 $H_2>H_1$ 条件下的直径和长度关系:

$$D > \sqrt[1.33]{0.006L} \tag{4.30}$$

在快滤池大阻力配水系统中,干管和支管的直径和长度均符合式(4.30)条件,因而末端压头通常大于起端压头,如图4.17所示。

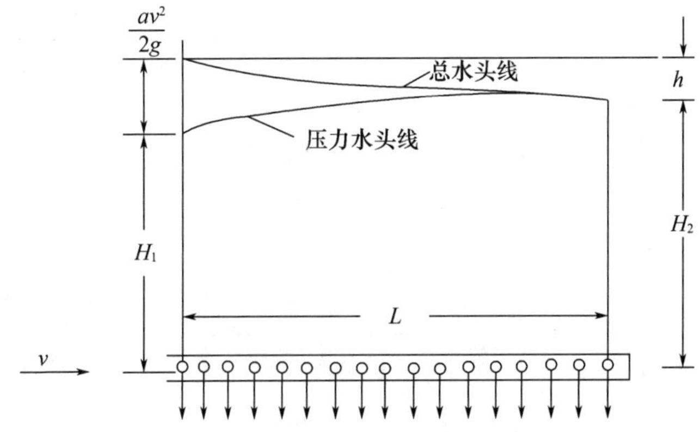

图4.17 沿途均匀泄流管内压力变化

在图4.16所示的配水系统中,支管中压头相差最大的是 a 孔和 c 孔。根据以上分析,可绘出图4.16中干管和 b—c 支管的水头线,并可求得 a 孔和 c 孔内的压头,如图4.18所示。

图4.18中符号:

H_o——干管起端 o 点压头,m;

H_e——干管末端 e 点压头,m;

H_a——支管 a 点压头,m;

H_b——支管 b 点压头,m;

H_c——支管 c 点压头,m;

h_a——起端支管进口局部水头损失,m;

h_b——末端支管进口局部水头损失,m;

h_{oe}——干管 o—e 沿程水头损失,m;

h_{bc}——支管 b—c 沿程水头损失,m;

v_o——干管进口流速,m/s;

v_a——起端支管进口流速,m/s;

v_b——末端支管进口流速,m/s。

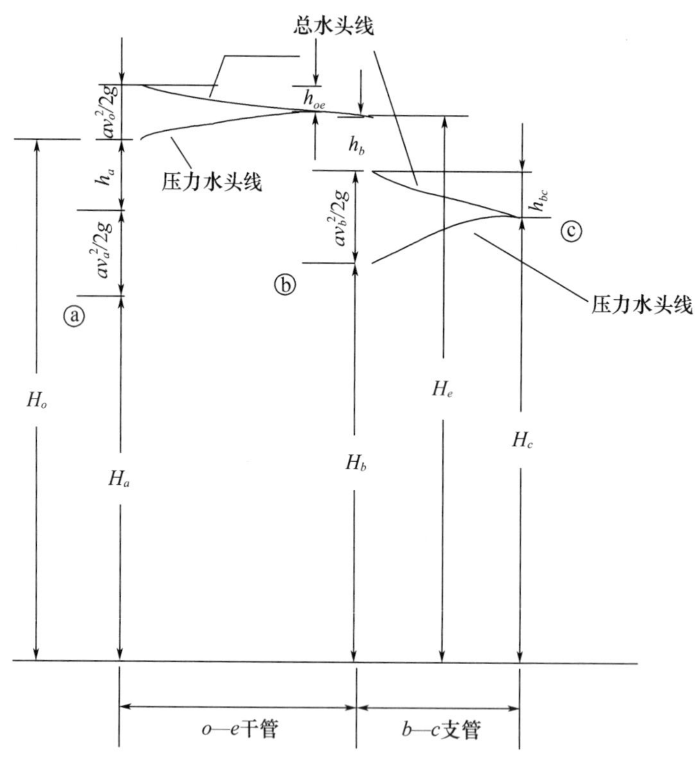

图 4.18　配水系统中的能量转换

图 4.18 所示实际上即为配水系统中能量转换示意图。假定干管和支管沿程水头损失忽略不计,即令 $h_{oe} \approx 0, h_{bc} \approx 0$,同时各支管进口局部水头损失基本相等,即 $h_a \approx h_b$,并取 $a = 1$,于是,按图 4.16 可得 a 孔和 c 孔处的压头关系:

$$H_c = H_a + \frac{1}{2g}(v_o^2 + v_a^2) \tag{4.31}$$

由上式算出的 H_c 值是偏于安全的,因为实际上干管 o—e 和支管 b—c 的沿程水头损失不会等于 0。图 4.18 所表示的 a 孔和 c 孔压力差,比式(4.31)的计算值要小一些。式(4.31)中 $\frac{1}{2g}(v_o^2 + v_a^2)$ 项,即是水流自干管起端流至支管 c 孔时的压头恢复。

3. 大阻力配水系统原理

图 4.16 所示配水系统中,如果孔口内压头相差最大的 a 孔和 c 孔出流量相等,则可

认为整个滤池布水是均匀的。由于排水槽上缘水平,可认为冲洗时水流自各孔口流出后的终点水头在同一水平面上,这一水平面相当于排水槽的水位。孔口内压头与孔口流出后的终点水头之差,即为水流经孔口、承托层和滤料层的总水头损失,分别以 H'_a 和 H'_c 表示。式(4.31)中 H_a 和 H_c 均减去同一终点水头,可得

$$H'_c = H'_a + \frac{1}{2g}(v_o^2 + v_a^2) \tag{4.32}$$

设上述各项水头损失均与流量平方成正比,则有

$$H'_a = (S_1 + S'_2)Q_a^2$$
$$H'_c = (S_1 + S''_2)Q_c^2$$

式中 Q_a——孔口 a 出流量,m^3/s;

Q_c——孔口 c 出流量,m^3/s;

S_1——孔口阻力系数,当孔口尺寸和加工精度相同时,各孔口 S_1 均相同;

S'_2——a 孔处承托层及滤料层阻力系数之和。

S''_2——c 孔处承托层及滤料层阻力系数之和。

将上式代入式(4.32)可得

$$Q_c = \sqrt{\frac{S_1 + S'_2}{S_1 + S''_2}Q_a^2 + \frac{1}{S_1 + S''_2} \cdot \frac{v_o^2 + v_a^2}{2g}} \tag{4.33}$$

假设 $S'_2 \approx S''_2$,则式(4.33)可简化为

$$Q_c = \sqrt{Q_a^2 + \frac{1}{S_1 + S''_2} \cdot \frac{v_o^2 + v_a^2}{2g}} \tag{4.34}$$

由式(4.34)可知,两孔口出流量不可能相等。但使 Q_a 尽量接近 Q_c 是可能的。其措施之一就是减小孔口总面积以增大孔口阻力系数 S_1。由于孔口 c 处承托层与滤料层的阻力系数之和 S''_2 不能改变,只有通过减小孔口总面积来增大孔口阻力系数 S_1,才能增大 $S_1 + S''_2$。增大孔口阻力系数 S_1 就削弱了承托层、滤料层阻力系数及配水系统压力水头不均匀对孔口出流量的影响,这就是大阻力配水系统的原理。

4. 穿孔管大阻力配水系统设计

滤池冲洗时,承托层和滤料层对布水均匀性的影响较小,实践证明,当配水系统配水均匀性符合要求时,基本上可达到均匀反冲洗目的。

图4.16中 a 孔和 c 孔出水流量在不考虑承托层和滤料层的阻力影响时,按孔口出水流量公式计算:

$$Q_a = \mu\omega\sqrt{2gH_a}$$
$$Q_c = \mu\omega\sqrt{2gH_c}$$

两孔口流量之比:

$$\frac{Q_a}{Q_c} = \frac{\sqrt{H_a}}{\sqrt{H_c}} = \frac{\sqrt{H_a}}{\sqrt{H_a + \frac{1}{2g}(v_o^2 + v_a^2)}} \tag{4.35}$$

式中 Q_a、Q_c——分别为 a 孔和 c 孔出流量 m^3/s；

H_a、H_c——分别为 a 孔和 c 孔压力水头，m；

μ——孔口流量系数；

ω——孔口面积，m^2；

g——重力加速度，9.81 N/m^2。

由式(4.35)可知，H_a 愈大，亦即孔口水头损失愈大，Q_a/Q_c 愈接近于1，配水愈均匀，这是“大阻力”含义的又一体现。

设配水均匀性要求在95%以上，即令 $Q_a/Q_c \geqslant 0.95$，则

$$\frac{\sqrt{H_a}}{\sqrt{H_a + \frac{1}{2g}(v_o^2 + v_a^2)}} \geqslant 0.95$$

经整理得

$$H_a \geqslant \frac{9}{2g}(v_o^2 + v_a^2) \tag{4.36}$$

式中 v_o——干管起端流速，m/s；

v_a——支管起端流速，m/s。

为简化计算，设 H_a 以孔口平均水头计，则当冲洗强度已定时：

$$H_a = \left(\frac{qF \times 10^{-3}}{\mu f}\right)^2 \frac{1}{2g} \tag{4.37}$$

式中 q——冲洗强度，$L/(m^2 \cdot s)$；

F——滤池面积，m^2；

μ——孔口流量系数，一般取0.65；

f——配水系统孔口总面积，m^3；

g——重力加速度，9.81 m/s^2。

干管和支管起端流速分别为

$$v_o = \frac{qF \times 10^{-3}}{\omega_o} \tag{4.38}$$

$$v_a = \frac{qF \times 10^{-3}}{n\omega_a} \tag{4.39}$$

式中 ω_o——干管截面积，m^2；

ω_a——支管截面积，m^2；

n——支管根数。

将式(4.37)~式(4.39)代入式(4.36)得

$$\frac{1}{2g}\left(\frac{qF \times 10^{-3}}{\mu f}\right)^2 \geqslant 9 \cdot \frac{1}{2g}\left[\left(\frac{qF \times 10^{-3}}{\omega_o}\right)^2 + \left(\frac{qF \times 10^{-3}}{n\omega_a}\right)^2\right] \tag{4.40}$$

令 $\mu = 0.62$ 并经整理得

$$\left(\frac{f}{\sigma\omega_o}\right)^2 + \left(\frac{f}{n\omega_a}\right)^2 \leqslant 0.29 \tag{4.41}$$

式(4.41)为计算大阻力配水系统构造尺寸的依据。可以看出,配水均匀性只与配水系统构造尺寸有关,而与冲洗强度和滤池面积无关。但滤池面积也不宜过大,否则会影响布水均匀性的其他因素,如承托层的铺设及冲洗废水的排除等不均匀程度也将对冲洗效果产生影响。单池面积一般不宜大于 100 m^2。

配水系统不仅可均布冲洗水,同时也是过滤时的集水系统,由于冲洗流速远大于过滤流速,当冲洗布水均匀时,过滤时集水均匀性自然无问题。

根据式(4.41)要求和生产实践经验,大阻力配水系统设计要求汇列如下:

①干管起端流速为 1.0 ~ 1.5 m/s,支管起端流速为 1.5 ~ 2.0 m/s,孔眼流速为 5 ~ 6 m/s。

②支管中心距为 0.2 ~ 0.3 m,支管长度与其直径之比一般不应大于 60。

③孔口直径为 9 ~ 12 mm,设于支管两侧,与垂线呈 45°角向下交错排列。

④干管横截面与支管总横截面之比应大于 1.75 ~ 2.0。当干管直径或渠宽大于 300 mm时,顶部应装滤头、管嘴或把干管埋入池底。

⑤孔口总面积与滤池面积之比称为开孔比,其值可按下式计算:

$$\alpha = \frac{f}{F} \times 100\% = \frac{Q/v}{Q/q} \times \frac{1}{1\ 000} \times 100\% = \frac{q}{v} \times 100\% \tag{4.42}$$

式中 f——孔口总面积,m^2;

F——滤地面积,m^2;

α——配水系统开孔比,%;

Q——冲洗流量,m^3/s;

q——滤池的反冲洗强度,L/(m^2 · s);

v——孔口流速,m/s。

对普通快滤池,若取 $v = 5 \sim 6$ m/s,$q = 12 \sim 15$ L/(m^2 · s),则 $\alpha = 0.2\% \sim 0.28\%$。

不难看出,上列①中各速度之比,即反映了式(4.42)的基本要求,是决定配水均匀性的关键参数。②给出了大阻力配水系统配水均匀性达到 95% 以上时的开孔比 α 一般在 0.2% ~0.28% 范围内。

5. 中、小阻力配水系统

大阻力配水系统配水均匀性较好,但其结构较复杂,孔口水头损失大,冲洗时动力消耗大,管道易结垢,增加了检修困难。此外,对冲洗水头有限的虹吸滤池和无阀滤池,不能采用大阻力配水系统。小阻力配水系统可克服上述大阻力配水系统缺点。

小阻力配水系统基本原理可从大阻力配水系统原理上引申出来。在式(4.34)中,如果不以增大孔口阻力系数 S_1 的方法而是减小干管和支管进口流速 v_o 和 v_a,同样可使布水趋于均匀。从式(4.34)可以看出,v_o 和 v_a 减小至一定程度,等式右边根号中第 2 项对布水均匀性的影响将大大削弱。或者说,配水系统中的压力变化对布水均匀性的影响将甚微,在此基础上,可以通过减小孔口阻力系数以减小孔口水头损失。若对滤池承托层和滤料层阻力系数对布水均匀性影响不加考虑,只考虑配水系统本身构造(图 4.19),则从公式(4.35)中也得到同样的结论。“小阻力”一词的含义,即指配水系统中孔口阻力较小,这是相对于“大阻力”而言的。实际上,配水系统孔口阻力由大阻力到小阻力配水系统应是递减的,中阻力配水系统介于大阻力和小阻力配水系统之间。由于孔口阻力与孔口总面积或开孔比成反比,故开孔比愈大,阻力愈小。由此得出一般规定:$\alpha=0.20\%\sim0.28\%$为大阻力配水系统;$\alpha=0.60\%\sim0.80\%$为中阻力配水系统;$\alpha=1.25\%\sim2.0\%$为小阻力配水系统。凡开孔比较大者,为了保证配水均匀,应十分注意以下两点:①冲洗水到达各个孔口处的流道中流速(相当于公式(4.35)中v_o和v_a)应尽量低些,以消除流道中水头损失和水头变化对配水均匀性的影响;②各孔口(或滤头)阻力应力求相等,加工精度要高。基于上述原理,小阻力和中阻力配水系统不采用穿孔管系,而是采用穿孔滤板、滤砖和滤头等。小阻力和中阻力配水系统的形式和材料多种多样,且不断有新的发展,这里仅介绍以下几种中、小阻力配水系统及小阻力配水系统的水头损失。

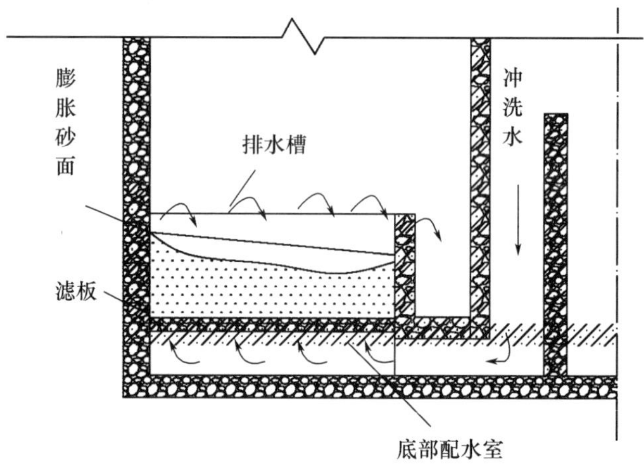

图4.19　小阻力配水系统

(1)钢筋混凝土穿孔(或缝隙)滤板。

钢筋混凝土穿孔(或缝隙)滤板是指在钢筋混凝土板上开圆孔或条式缝隙,板上铺设一层或两层尼龙网。板上开孔比和尼龙孔网眼尺寸不尽一致,视滤料粒径、滤池面积等具体情况决定。图4.20为钢筋混凝土穿孔滤板安装示意图,图中滤板尺寸为980 mm×980 mm×100 mm,每块板孔口数为168个,板面开孔比为11.8%,板底开孔比为1.32%。板上铺设一层尼龙网,网眼规格可为30~50目。

这种配水系统造价较低,孔口不易堵塞,配水均匀性较好,强度高,耐腐蚀。但必须注意:尼龙网接缝应搭接好,且沿滤池四周应压牢,以免尼龙网被拉开。尼龙网上可适当铺设一些卵石。

(2)穿孔滤砖。

图4.21为二次配水所用的穿孔滤砖。滤砖尺寸为600 mm×280 mm×250 mm,用钢筋混凝土或陶瓷制成。每平方米滤池面积上铺设6块穿孔滤砖。开孔比为:上层1.07%,下层0.7%。穿孔滤砖属中阻力配水系统。

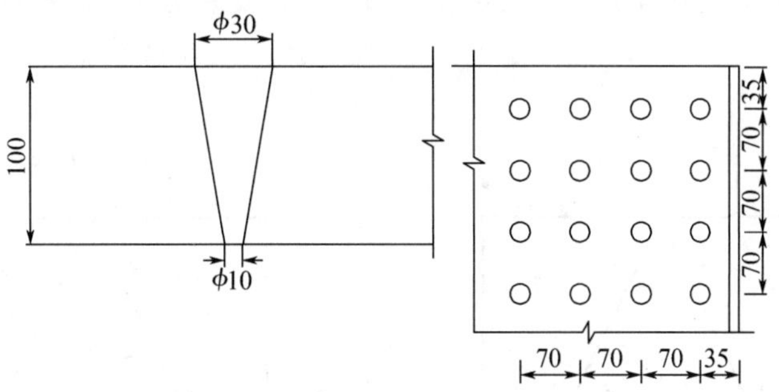

图4.20 钢筋混凝土穿孔滤板安装示意图(单位:mm)

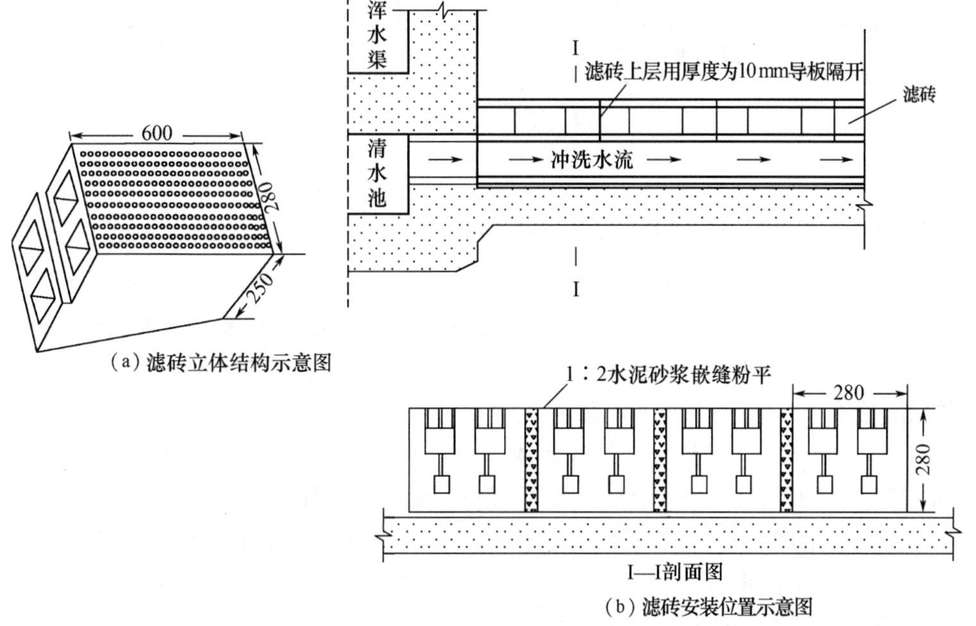

图4.21 穿孔滤砖(单位:mm)

滤砖构造分上下两层并连成整体。铺设时,各砖的下层相互连通,起到配水渠的作用;上层各砖单独配水,用板分隔互不相通。实际上是将滤池分成像一块滤砖大小的许多小格。上层配水孔均匀布置,水流阻力基本接近,这样保证了滤池的均匀冲洗。

穿孔滤砖的上下层为整体,反冲洗水的上托力能自行平衡,不致使滤砖浮起,因此所需的承托层厚度不大,只需防止滤料落入配水孔即可,从而降低了滤池的高度。二次配水穿孔滤砖配水均匀性较好,但价格较高。

图4.22所示是另一种二次配水所用的配气穿孔滤砖,可称复合气、水反冲洗滤砖。该滤砖既可单用于水反冲洗,也可用于气、水反冲洗。倒V形斜面开孔比和上层开孔比均可按要求制造,一般上层开孔比小($\alpha=0.5\%\sim0.8\%$),斜面开孔比稍大($\alpha=1.2\%\sim1.5\%$),水、气流方向如图中箭头所示。该滤砖一般可用ABS(丙烯腈-丁二烯-苯乙烯

共聚物)工程塑料一次注塑成型,加工精度易控制,安装方便,配水均匀性较好,但价格较高。

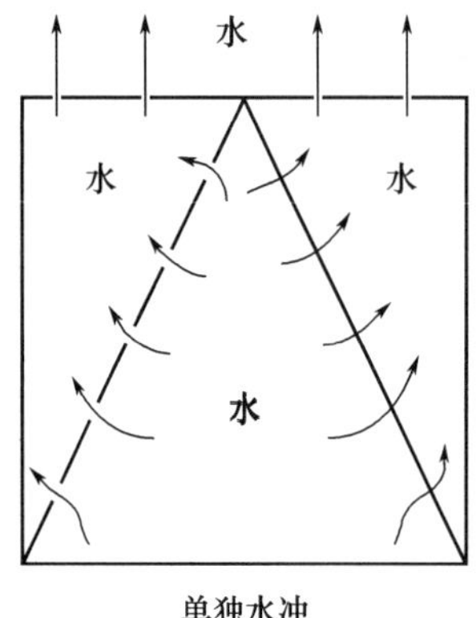

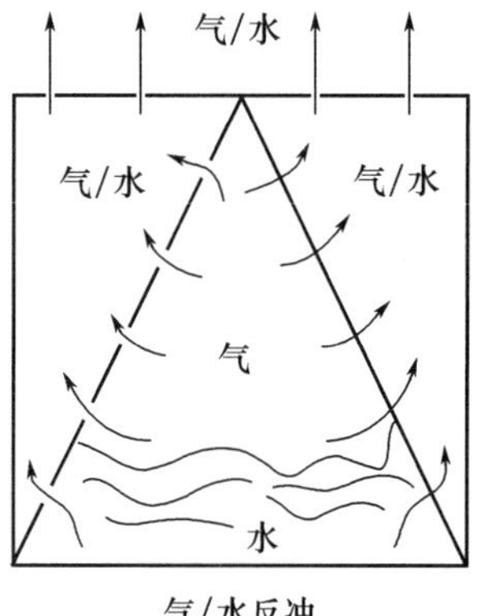

图4.22 复合气、水反冲洗滤砖

(3)滤头。

滤头由具有缝隙的滤帽和滤柄(具有外螺纹的直管)组成。短柄滤头用于单独水冲滤池,长柄滤头用于气、水反冲洗滤池。图4.21所示的滤板若不用穿孔滤板,则可在滤板上安装滤头,即在混凝土滤板上预埋内螺纹套管。安装滤头时,只要加上橡胶垫将滤头直接拧入套管即可。图4.23为气、水同时反冲洗所用的长柄滤头工况示意图。滤帽上开有许多缝隙,缝宽在0.25 ~0.4 mm范围内,以防滤料流失。直管上部开1~3个小孔,下部有一条直缝。当气、水同时反冲时,在混凝土滤板下面的空间内,上部为气、形成气垫,下部为水。气垫厚度与气压有关;气压愈大,气垫厚度愈大。气垫中的空气先由直管上部小孔进入滤头,气量加大后,气垫厚度相应增大,部分空气由直管下部的直缝上部进入滤头,此时气垫厚度基本停止增大。反冲水则由滤柄下端及直缝上部进入滤头,气和水在滤头内充分混合后,经滤帽缝隙均匀喷出,使滤层得到均匀反冲洗。滤头布置数一般为50~60个/m^2,开孔比约1.5%。

(4)小阻力配水系统的水头损失。

水通过小阻力配水系统的孔眼时,呈紊流状态,水头损失可按公式(4.43)计算:

$$H_a = \frac{1}{2g}\left(\frac{q}{\mu\alpha}\right)^2 \times 10^{-6} \tag{4.43}$$

式中 q——冲洗强度,L/(m^2·s);

μ——流量系数;

α——开孔比(配水孔眼总面积/过滤面积);

g——重力加速度,9.81 m/s^2。

式(4.43)适用于单水冲洗,且配水系统为一次配水。无试验数据时,流量系数μ的值见表4.9。

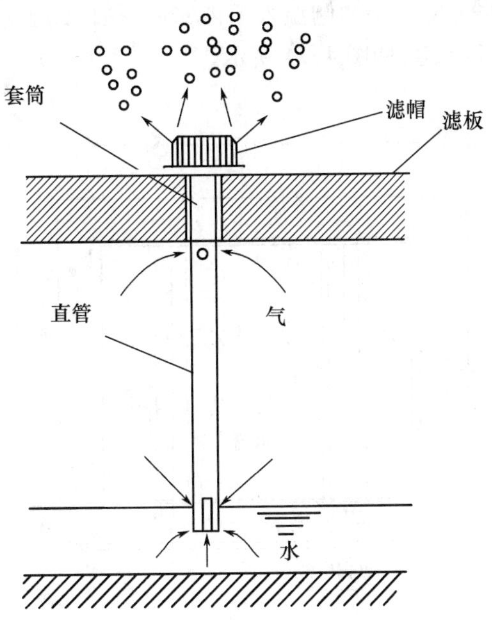

图4.23　气、水同时反冲洗所用的长柄滤头工况示意图

表4.9　流量系数μ值

形式	滤头	缝式圆形栅条	木栅条	钢筋混凝土栅条	孔板	滤球
μ	0.8	0.85	0.6	0.6	0.75	0.78

开孔比(α)值与单池面积、配水室高度有关,其关系可用公式(4.44)表示:

$$\frac{\Delta v}{v} = \left(\frac{M\mu\alpha}{2H}\right)^2 \tag{4.44}$$

式中　Δv——孔口平均出流速度差,m/s;

v——孔口平均出流速度,m/s;

M——滤池长度,m;

H——配水室高度,m。

当滤池长度在3~10 m时,配水室高度为0.4 m。当要求配水均匀性达99%(即$\Delta v/v=1\%$)时,如取$\mu=0.75$,则开孔比α应为3.5%~1.0%。一般情况下,小阻力配水系统的开孔比宜保持在1%左右。

滤池配水、配气系统,应根据滤池形式、冲洗方式、单格面积、配气配水的均匀性等因素考虑选用。采用单水冲洗时,可选用穿孔管、滤砖、滤头等配水系统;气、水冲洗时,可选用长柄滤头、塑料滤砖、穿孔管等配水、配气系统。

4.4.4　冲洗废水的排除

滤池冲洗废水由冲洗排水槽和废水渠排出。在过滤时,它们往往也是分布待滤水的设备。冲洗时,废水由冲洗排水槽两侧溢入槽内,各条槽内的废水汇集到废水渠,再由废水渠末端排水竖管排入下水道,如图 4.24 所示。

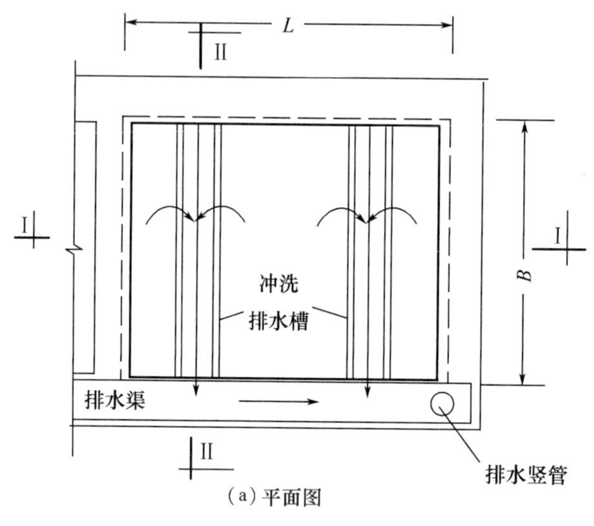

(a) 平面图

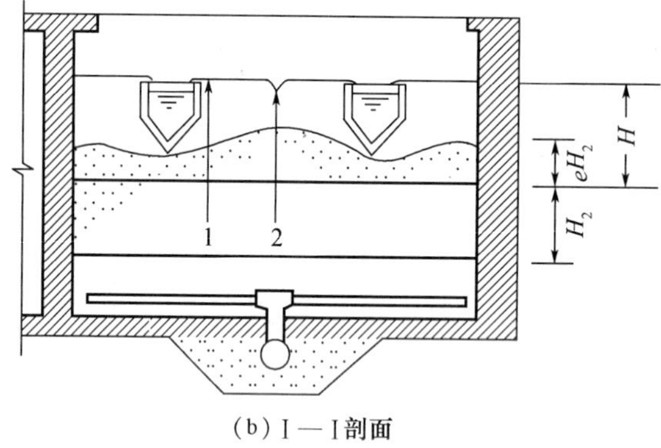

(b) I—I剖面

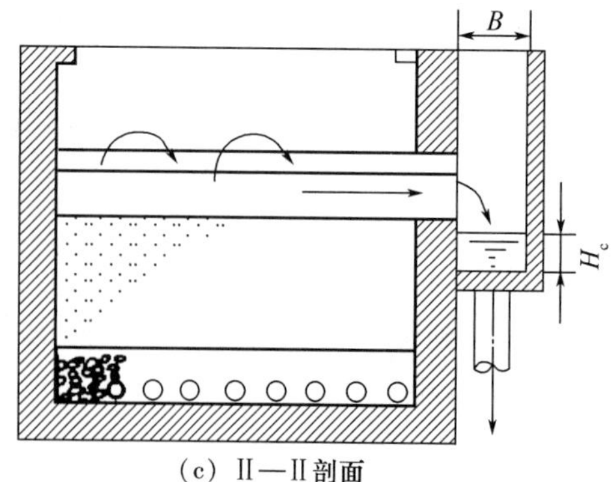

(c) II—II剖面

图 4.24 冲洗废水的排除

1. 冲洗排水槽

为及时均匀地排除废水,冲洗排水槽设计必须符合以下要求:

①冲洗废水应自由跌落进入冲洗排水槽。槽内水面以上一般要有7.5 cm左右的保护高,以免槽内水面和滤池水面连成一片,使冲洗均匀性受到影响。

②冲洗排水槽内的废水应自由跌落进入废水渠,以免废水渠干扰冲洗排水槽出流,引起壅水现象。为此,废水渠水面应较排水槽水面低。

③每单位槽长的溢入流量应相等。故施工时冲洗排水槽口应力求水平,误差限制在±2 mm以内。

④冲洗排水槽在水平面上的总面积一般不大于滤池面积的25%。否则冲洗时,槽与槽之间水流上升速度会过分增大,以致上升水流均匀性受到影响。

⑤槽与槽中心间距一般为1.5~2.0 m。间距过大,从离开槽口最远一点和最近一点流入排水槽的流线相差过远(如图4.24(b)中的1和2两条流线),也会影响排水均匀性。

⑥ 冲洗排水槽高度要适当。槽口太高,废水排除不净;槽口太低,会使滤料流失。冲洗时,由于两槽之间水流断面缩小,流速增大,为避免冲走滤料,滤层膨胀面应在槽底以下。据此,对图4.25所示冲洗排水槽剖面形式而言,槽顶距未膨胀时滤料表面的高度为

$$H = eH_2 + 2.5x + \delta + 0.075 \tag{4.45}$$

式中 e——冲洗时滤层膨胀度,一般为30%~50%;

H_2——滤料层厚度,m;

x——冲洗排水槽断面模数,m;

δ——冲洗排水槽底厚度,m;

0.075——冲洗排水槽保护高,m。

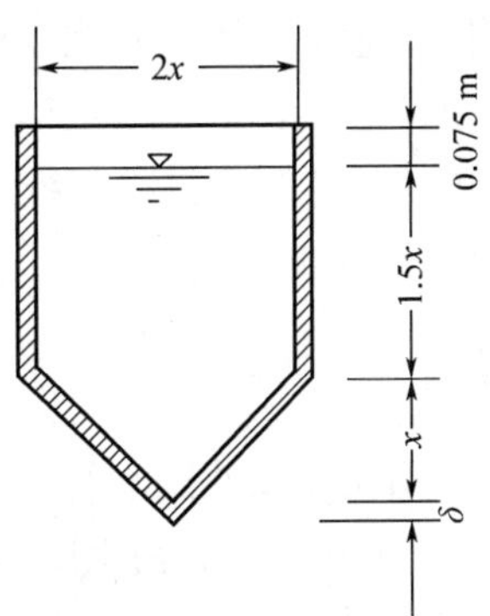

图4.25 冲洗排水槽剖面

单个冲洗排水槽的排水量可按下式计算:

$$Q_{单} = \frac{ql_0a_0}{1\ 000} \tag{4.46}$$

式中 $Q_{单}$——单个冲洗排水槽排水量,m^3/s;

q——冲洗强度,L/(m^2·s);

l_0——排水槽长度,m,不大于6 m;

a_0——两槽间的中心距,m,取1.5~2.1 m。

冲洗排水槽的始端尺寸:一般始端深度为末端深度的一半;或槽底采用平坡,使始、末两端尺寸相等。

槽底为三角形断面时,末端尺寸可按下式(4.47)计算:

$$x = \frac{1}{2}\sqrt{\frac{Q_{单}}{v}} \tag{4.47}$$

式中 v——流速,m/s,一般取0.6 m/s。

槽底为半圆形时,末端尺寸可按下式(4.48)计算:

$$x = \frac{1}{2}\sqrt{\frac{Q_{单}}{4.57v}} \tag{4.48}$$

2. 排水渠

排水渠的布置形式视滤池面积大小而定,一般情况下沿池壁一边布置,如图4.24所示。当滤池面积很大时,排水渠也可布置在滤池中间以便于排水均匀。

排水渠为矩形断面。渠底距排水槽底高度H_c(图4.25)按下式(4.49)计算:

$$H_c = 1.73\sqrt[3]{\frac{Q^2}{gB^2}} + 0.2 \tag{4.49}$$

式中 Q——滤池冲洗流量,m^3/s;

B——渠宽,m;

g——重力加速度,9.81 m/s^2;

0.2——保证冲洗排水槽排水通畅而使排水渠起端水面低于冲洗排水槽底的高度,m。

以上是普通快滤池一般所采用的冲洗废水排除系统组成、布置和设计要求,对于其他形式的滤池,冲洗废水排除系统则取决于滤池构造。

4.4.5 冲洗水的供给

供给冲洗水的方式有两种:冲洗水塔(或冲洗水箱)、冲洗水泵。前者造价较高,但操作简单,允许在较长时间内向水塔或水箱输水,专用水泵小,耗电较均匀;后者投资省,但操作较麻烦,在冲洗的短时间内耗电量大,往往会使厂区内供电网负荷陡然骤增。当有地形或其他条件可利用时,建造冲洗水塔较好。

1. 冲洗水塔(或冲洗水箱)

冲洗水塔(或冲洗水箱)可与滤池分建,也可与滤池合建。当合建时,冲洗水塔(或冲洗水箱)通常置于滤池操作室屋顶上。

水塔(或冲洗水箱)中的水深不宜超过3 m,以免冲洗初期和末期的冲洗强度相差过

大。水塔(或冲洗水箱)应在冲洗间歇时间内充满,容积按单个滤池冲洗水量的1.5倍计算:

$$V = \frac{1.5qFt \times 60}{1\ 000} = 0.09qFt \tag{4.50}$$

式中 V——水塔(或冲洗水箱)容积,m^3;

F——单格滤池面积,m^3;

t——冲洗历时,min;

其余符号——含义同前。

冲洗水塔(或冲洗水箱)底高出滤池冲洗排水槽顶距离 H_0(图4.26(d))按下式计算:

$$H_0 = h_1 + h_2 + h_3 + h_4 + h_5 \tag{4.51}$$

式中 h_1——从水塔或水箱至滤池的管道中总水头损失,m;

h_2——滤池配水系统水头损失,m,大阻力配水系统按孔口平均水头损失计算,为

$$h_2 = \frac{1}{2g}\left(\frac{q}{\mu\alpha}\right)^2 \times 10^{-6}$$

h_3——承托层水头损失,m,计算公式为 $h_3 = 0.022qz$(q 为反冲洗强度,L/(m^2·s);z 为承托层厚度,m);

h_4——滤料层水头损失,m,用式(4.15)计算;

h_5——备用水头,一般取1.5~2.0 m。

2. 冲洗水泵

水泵流量按冲洗强度和滤池面积计算,需考虑备用措施。水泵流量 Q 和扬程 H 分别为

$$Q = qF \tag{4.52}$$

$$H = H_0 + h_1 + h_2 + h_3 + h_4 + h_5 \tag{4.53}$$

式中 H_0——排水槽顶与清水池最低水位之差,m;

h_1——从清水池至滤池的冲洗管道中总水头损失,m;

其余符号——含义同前。

4.5 普通快滤池

普通快滤池根据其规模大小,可采用单排或双排布置,并结合是否设中央渠、反冲洗方式(冲洗水箱或冲洗水塔)、配水系统形式以及所在地区的防冻要求等,布置成多种形式。

一般小型单排滤池的四只阀门布置在一侧,其构造和布置如图4.26(a)所示。大型双排滤池的阀门布置形式较多,通常将阀门集中设在中央管廊;亦可采用闸板阀将阀门分设两侧,如图4.26(b)(c)所示。为减少阀门,可以用虹吸管代替进水和排水阀门,习惯上

称其为双阀滤池,如图 4.26(d)所示。实际上双阀滤池与四阀滤池构造和工艺过程完全相同,仅仅以两个虹吸管代替两个阀门而已,故本书仍称之为普通快滤池。

4.5.1 基本参数

1. 滤速和过滤周期

滤速与要求的滤过水水质和工作周期有关,应根据相似条件的运转经验或试验资料确定。一般按正常滤速设计,并以强制滤速校核(正常滤速为全部滤速工作时的滤速,强制滤速系指全部滤池中一个或两个滤池冲洗、检修或停用时工作滤池的滤速)。

当要求水质为饮用水时,单层细砂滤料快滤池的正常滤速一般采用 6 ~ 9 m/h,强制滤速一般采用9 ~ 12 m/h;均匀级配滤料正常滤速一般采用 6 ~ 10 m/h,强制滤速一般采用 10 ~ 13 m/h。

滤池工作周期根据水头损失和出水最高速度确定,冲洗前的水头损失最大值一般采用2.0 ~ 2.5 m。设计时滤池工作周期一般采用 24 h。

2. 滤池总面积、个数及单池尺寸

(1)滤池总面积 F。

$$F = \frac{Q}{vT} \tag{4.54}$$

$$T = T_0 - t_0 - t_1 \tag{4.55}$$

式中 Q——设计水量(包括厂用水量),m^3/d;

v——设计滤速,m/h;

T——滤池每日实际工作时间,h;

T_0——滤池每日工作时间,h;

t_0——滤池每天冲洗后停用和排放初滤水时间,h,一般每次采用 0.5 ~ 0.67 h,目前实际使用中也有不考虑排放的;

t_1——滤池每日冲洗及操作时间,h。

(2)个数。

根据技术经济比较确定滤池个数,但不得少于 3 个。无资料时,可参见表 4.10。

表 4.10 滤池个数

滤池总面积/m^2	滤池个数/个	滤池总面积/m^2	滤池个数/个
<30	2	100 ~ 150	4 ~ 6
30 ~ 50	3	150 ~ 200	5 ~ 6
50 ~ 100	3 或 4	200 ~ 300	6 ~ 8

(3)单池尺寸。

单个滤池面积按式(4.57)计算:

$$f = \frac{F}{N} \tag{4.56}$$

式中　f——单个滤池的面积,m^2;

F——滤池的总面积,m^2;

N——滤池的个数,个。

滤池的长宽比可参考表4.11选用。

表4.11　滤池长宽比

单个滤池面积/m^2	长:宽
≤30	1.5:1 ~2:1
>30	2:1 ~4:1

注:当采用旋转式表面冲洗时,长宽比宜采用3:1 ~4:1。

3. 滤池布置

(1)当滤池个数少于5个时,宜用单行排列。反之,可采用双行排列。

(2)单个滤池面积大于50 m^2 时,管廊中可设置中央集水。

4. 滤料及承托层

用于生产用水的滤料,不得含有对生产有害的物质;用于生活饮用水的滤料不得含有毒物质。滤料可采用石英砂(河砂、海砂或采砂场的砂),其含杂质少、有足够的机械强度并有适当的孔隙率(40%左右)。滤料选择及布置参见表4.3。

承托层可用卵石或碎石并按颗粒大小分层铺设,采用大阻力配水系统时常用承托层组成和厚度见表4.4。

5. 配水系统

单层滤料快滤池宜采用大阻力或中阻力配水系统;三层滤料滤池宜采用中阻力配水系统。

6. 冲洗系统

(1)普通快滤池一般采用单水冲洗、水箱或水塔冲洗方式。

(2)当无辅助冲洗时,冲洗强度可采用12 ~15 L/(m^2·s)。

7. 滤池深度

滤池深度按式(4.58)计算:

$$H = H_1 + H_2 + H_3 + H_4 \tag{4.57}$$

式中　H——滤池的深度,m;

H_1——滤池承托层的厚度,m;

H_2——滤池中滤料层厚度,m,一般取0.7 m;

H_3——滤层上水深,m,一般采用1.5 ~2.0 m;

H_4——超高,m,一般取0.3 m。

因此,滤池的总深度一般为3.0 ~3.5 m。单层石英砂滤池深度一般稍小;双层和三层滤料滤池深度稍大。

8.管廊布置

管廊是指集中布置滤池的管渠、配件及阀门的场所,要求如下:

①力求紧凑,简捷。

②留有设备与管配件安装、维修时必需的空间。

③具有良好的防水、排水、通风、照明设备。

④便于与滤池操作室联系。

⑤管廊中的管道一般用金属材料,也可用钢筋混凝土渠道。

⑥管廊门及通道应允许最大配件通过,并考虑检修方便。

几种管廊布置方法如图4.26 所示。滤池数少于5 个时,滤池宜采用单行排列,管廊位于滤池的一侧。当滤池数超过5 个时,滤池宜采用双行排列,管廊位于两排滤池的中间。后者布置紧凑,但管廊通风、采光不如前者,检修也不太方便。

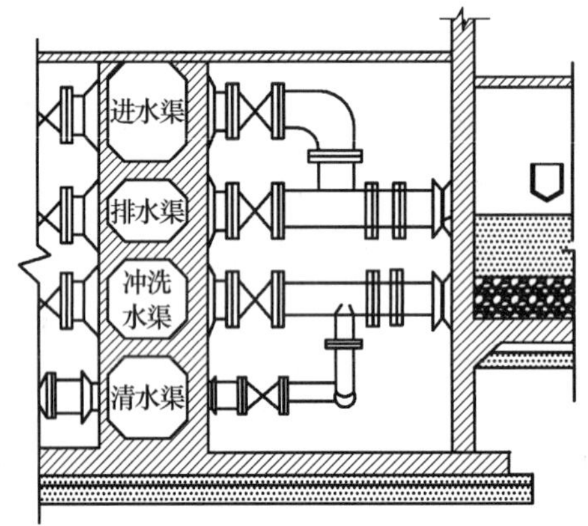

(a) 4只阀门布置在一侧的小型单排滤池

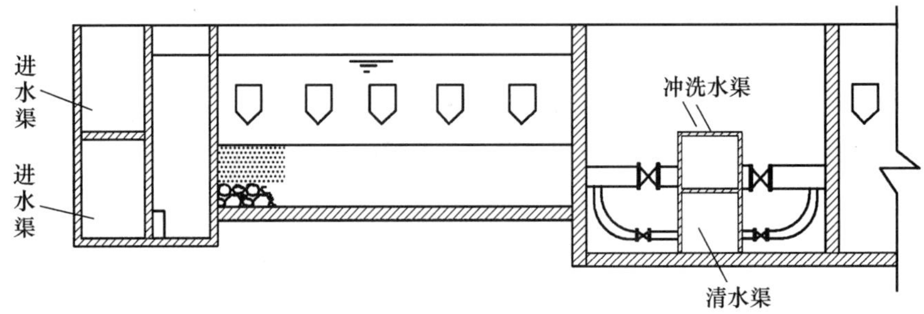

(b) 阀门集中设在中央管廊的大型双排滤池

图4.26 快滤池管廊布置

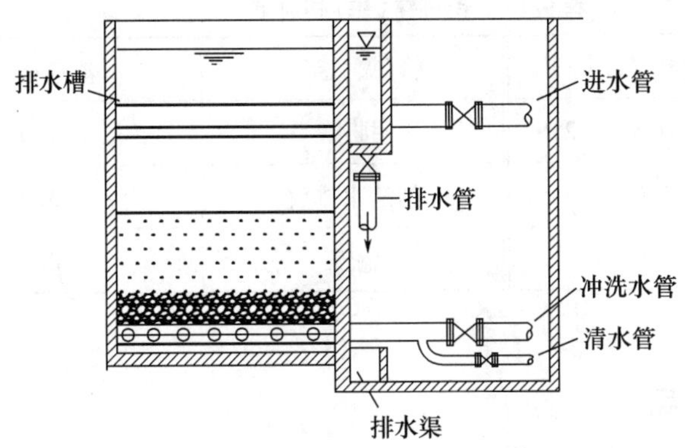

(c) 使用闸板阀将阀门分设两侧的大型双排滤池

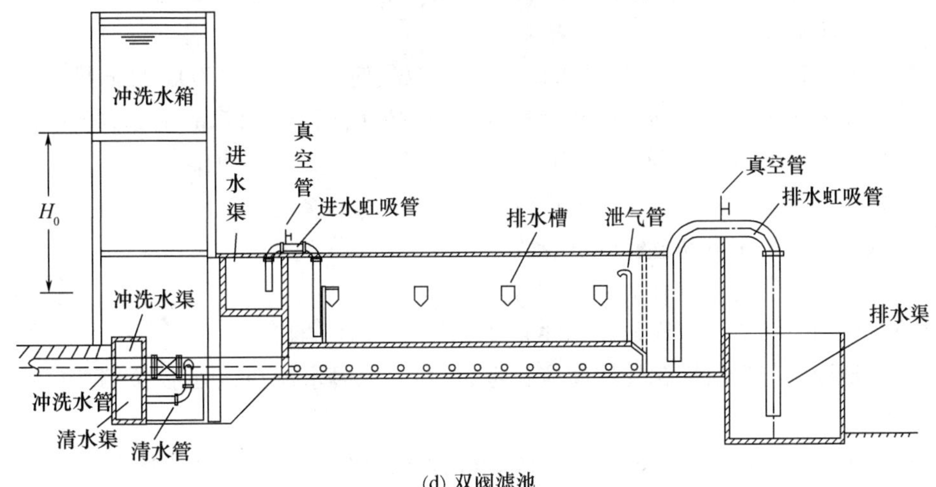

(d) 双阀滤池

续图 4.26

管廊布置主要有如下 4 种形式:

(1)进水渠、排水渠、冲洗水渠和清水渠,全部布置于管廊内,如图 4.26(a)所示。特点:渠道结构简单,施工方便,管渠集中紧凑,但管廊中管件较多,通行和检修不太方便。

(2)冲洗水和清水渠布置于管廊中,进水和排水渠布置于滤池另一侧,如图 4.26(b)所示。特点:可节省金属管件及阀门,管廊内管件简单,施工和检修方便,但造价稍高。

(3)进水、冲洗水及清水管均采用金属管道,排水渠单独设置,如图 4.26(c)所示。特点:通常用于小型水厂或滤池单行布置。

(4)对于较大滤池,为节约阀门,可以将进水和排水阀门分别用进水虹吸和排水虹吸代替,冲洗水管和清水管仍用阀门,如图 4.26(d)所示。特点:虹吸管通水或断水以真空系统控制。

9. 滤池配管(渠)

滤池应有下列管(渠),其管径(断面)宜根据表 4.12 所列流速通过计算确定。

表4.12　各种管(渠)和流速

管(渠)名称	流速/($m\cdot s^{-1}$)	管(渠)名称	流速/($m\cdot s^{-1}$)
进水	0.8～1.2	排水	1.0～1.5
出水	1.0～1.5	初滤水排放	3.0～4.5
冲洗水	2.0～2.5	输气	10.0～15.0

4.5.2　设计要点

(1)按水厂净水工艺流程,确定是否设初滤水排放设施,如该滤池为末道净水构筑物,则宜设初滤水排放设施。

(2)滤池底部宜设有排空管,其入口处设置罩,池底坡度约为0.005,坡向排空管。

(3)配水系统干管的末端一般装排气管。当滤池面积小于25 m^2 时,管径为40 mm;滤池面积为25～100 m^2 时,管径为50 mm。排气管伸出滤池处应加截止阀。

(4)每个滤池上应装有水头损失计或水位仪及取样设备等。

(5)阀门一般采用电动、液动或气动。

(6)各种密封渠道上应有1～2个人孔。

(7)管廊门及通道应允许最大配件通过,并考虑检修方便。

(8)滤池池壁与砂层接触处抹面应拉毛,以免过滤时水流在该处形成“短路”而影响水质。

(9)滤池管廊内应有良好的防水、排水措施和适当的通风、照明等设施。

4.5.3　设计计算举例

【设计计算举例4.1】设计处理能力为100 000 m^3/d 的快滤池。

设计水量 $Q=1.05\times 100\ 000=105\ 000\ m^3/d$(包括自用水量5%),分2组。

设计数据:滤速 $v=8$ m/h;冲洗强度 $q=14$ L/($m^2\cdot s$);冲洗时间 $t_1=6$ min。

【设计计算过程】

1.滤池尺寸设计计算

(1)滤池总面积。

$$F=\frac{Q}{vT}$$

$$T=T_0-nt_0-nt_1$$

式中　F——滤池总面积,m^2;

Q——设计水量,m^3/d;

v——设计滤速,m/h,石英砂单层滤料一般采用6～9 m/h;

T——滤池每日实际工作时间,h;

T_0——滤池每日工作的时间，h；

t_0——滤池每日冲洗后停用和排放初滤水时间，h；

t_1——滤池每日冲洗时间，h；

n——滤池每日冲洗次数，次。

设计中取 $n=2$ 次，$t_1=0.1$ h，不考虑排放初滤水时间，即取 $t_0=0$，则

$$T = 24 - 2 \times 0.1 = 23.8\ (\mathrm{h})$$

设计中选用单层滤料石英砂滤池，取 $v=8$ m/h，则滤池的面积 F 为

$$F = \frac{105\,000}{8 \times 23.8} \approx 551.5\ (\mathrm{m^2})$$

(2)滤池个数。

滤池的个数应根据技术经济比较确定，但不得少于2个，可参见表4.11。

本设计中每组选用8个滤池，布置成双行排列的形式，设置中央集水渠。

(3)单池面积。

$$f = \frac{F}{N}$$

式中 f——单个池子的面积，$\mathrm{m^2}$；

F——滤池总面积，$\mathrm{m^2}$；

N——滤池个数，个。

设计中 $F=551.5\ \mathrm{m^2}$，$N=8$ 个，则

$$f = \frac{551.5}{8} \approx 68.93\ (\mathrm{m^2}) > 30\ \mathrm{m^2}$$

设计中滤池尺寸为 $L \times B = 14\ \mathrm{m} \times 5\ \mathrm{m}$(长宽比为2.8∶1)，滤池的实际面积为70 $\mathrm{m^2}$，实际滤速为：$v = \dfrac{105\,000}{8 \times 70 \times 23.8} \approx 7.88(\mathrm{m/h})$，符合要求。

当一座滤池检修时，其余滤池的强制滤速为

$$v' = \frac{Nv}{N-1}$$

式中 v'——当一座滤池检修时其余滤池的强制滤速，m/h，一般采用9～12 m/h。

$$v' = \frac{Nv}{N-1} = \frac{8 \times 7.88}{7} \approx 9.01\ (\mathrm{m/h})$$

符合要求。

(4)滤池高度。

$$H = H_1 + H_2 + H_3 + H_4$$

式中 H——滤池高度，m；

H_1——承托层高度，m；

H_2——滤料层厚度，m，一般取0.7 m；

H_3——滤层上水深，m，一般采用1.5～2.0 m；

H_4——超高，m，一般采用0.3 m。

设计中取 $H_1=0.4$ m，$H_2=0.7$ m，$H_3=2.0$ m，$H_4=0.3$ m，则有

$$H = 0.4 + 0.7 + 2.0 + 0.3 = 3.4\ (\mathrm{m})$$

2. 滤池配水系统

滤池配水系统采用管式大阻力配水系统。

(1)最大粒径滤料的最小流化态流速。

$$v_{\mathrm{mf}} = 12.26 \times \frac{d^{1.31}}{\varphi^{1.31} \times \mu^{0.54}} \times \frac{m_0^{2.31}}{(1-m_0)^{0.54}}$$

式中 v_{mf}——最大粒径滤料的最小流化态流速，cm/s；

d——滤料粒径，m；

φ——球度系数；

μ——水的动力黏度，$(\mathrm{N \cdot s})/\mathrm{m}^2$；

m_0——滤料的孔隙率。

设计中取 $d=0.0012$ m，$\varphi=0.98$，$m_0=0.38$，$\mu=0.001\ (\mathrm{N \cdot s})/\mathrm{m}^2$，则有

$$v_{\mathrm{mf}} = 12.26 \times \frac{0.0012^{1.31}}{0.98^{1.31} \times 0.001^{0.54}} \times \frac{0.38^{2.31}}{(1-0.38)^{0.54}} \approx 0.0108\ (\mathrm{m/s}) = 1.08\ \mathrm{cm/s}$$

(2)反冲洗强度。

$$q = 10kv_{\mathrm{mf}}$$

式中 q——反冲洗强度，$\mathrm{L/(m^2 \cdot s)}$，一般采用 12～15 $\mathrm{L/(m^2 \cdot s)}$；

k——安全系数，一般采用 1.1～1.3。设计中取 $k=1.3$。

$$q = 10 \times 1.3 \times 1.08 \approx 14.0\ (\mathrm{L/(m^2 \cdot s)})$$

(3)反冲洗水量。

$$q_{\mathrm{g}} = f \times q$$

式中 q_{g}——反冲洗干管流量，L/s；

f——单池面积，m^2；

q——反冲洗强度，$\mathrm{L/(m^2 \cdot s)}$。

$$q_{\mathrm{g}} = 70 \times 14 = 980\ (\mathrm{L/s})$$

(4)干管始端流速。

$$v_{\mathrm{g}} = \frac{4 \times q_{\mathrm{g}} \times 10^{-3}}{\pi D^2}$$

式中 v_{g}——干管始端流速，m/s，一般采用 1.0～1.5 m/s；

q_{g}——反冲洗水量，L/s；

D——干管管径，m。

设计中取 $D=1\ 000$ mm，干管埋入池底，顶部设滤头或开孔布置，则有

$$v_{\mathrm{g}} = \frac{4 \times 980 \times 10^{-3}}{3.14 \times 1.0^2} = 1.25\ (\mathrm{m/s})$$

符合要求。

(5)配水支管根数。

$$n_j = 2 \times \frac{L}{a}$$

式中　n_j——单池支管根数,根;

L——滤池长度,m;

a——支管中心距,m,一般采用 0.25 ~ 0.3 m。

设计中取 $a = 0.3$ m,则有

$$n_j = 2 \times \frac{14}{0.3} \approx 93.33 \approx 94\ (\text{根})$$

(6)单根支管入口流量。

$$q_j = \frac{q_g}{n_j}$$

式中　q_j——单根支管入口流量,L/s。

$$q_j = \frac{980}{94} \approx 10.42\ (\text{L/s})$$

(7)单根支管始端流速。

$$v_j = \frac{q_j \times 10^{-3}}{\frac{\pi}{4} \times D_j^2}$$

式中　v_j——支管入口流速,m/s,一般采用 1.5 ~ 2.0 m/s;

D_j——支管管径,m。

设计中取 $D_j = 0.1$ m,则有

$$v_j = \frac{10.42 \times 10^{-3}}{\frac{3.14}{4} \times 0.1^2} = 1.33\ (\text{m/s})$$

符合要求。

(8)单根支管长度。

$$l_j = \frac{1}{2}(B - D)$$

式中　l_j——单根支管长度,m;

B——单个滤池宽度,m;

D——配水干管管径,m。

$$l_j = \frac{1}{2} \times (5 - 1) = 2\ (\text{m})$$

(9)配水支管上孔口总面积。

$$F_k = \alpha \times f$$

式中　F_k——配水支管上孔口总面积,m^2;

α——开孔比,一般大阻力配水系统采用 0.2% ~ 0.25%。

设计中取 $\alpha = 0.25\%$,则有

$$F_k = 0.25\% \times 70 = 0.175(m^2) = 175\ 000\ mm^2$$

(10)配水支管上孔口流速。

$$v_k = \frac{q_g}{F_k}$$

式中 v_k——配水支管上孔口流速,m/s,一般采用5.0～6.0 m/s。

$$v_k = \frac{980 \times 10^{-3}}{0.175} = 5.6\ (m/s)$$

符合要求。

(11)单个孔口面积。

$$f_k = \frac{\pi}{4} d_k^2$$

式中 f_k——配水支管上单个孔口面积,mm^2;

d_k——配水支管上孔口的直径,m,一般采用9～12 mm。

设计取 $d_k = 9$ mm,则有

$$f_k = \frac{3.14}{4} \times 9^2 \approx 63.58\ (mm^2)$$

(12)孔口总数。

$$N_k = \frac{F_k}{f_k}$$

式中 N_k——孔口总数,个。

$$N_k = \frac{175\ 000}{63.58} \approx 2\ 753\ (个)$$

(13)每根支管上的孔口数。

$$n_k = \frac{N_k}{n_j}$$

式中 n_k——每根支管上的孔口数,个。

$$n_k = \frac{2\ 753}{94} \approx 29.3 \approx 30\ (个)$$

支管上孔口布置成两排,与垂线成45°角向下交错排列。

(14)孔口中心距。

$$a_k = \frac{l_j}{n_k/2}$$

式中 a_k——孔口中心距,m。

$$a_k = \frac{2}{30/2} \approx 0.13\ (m)$$

(15)孔口平均水头损失。

$$h_k = \frac{1}{2g}\left(\frac{q}{10\mu\alpha}\right)^2$$

式中 h_k——孔口平均水头损失,m;

q——冲洗强度,L/(m^2·s);

μ——流量系数,与孔口直径 d_k 和壁厚 δ 的比值有关,按表4.13确定;

α——开孔比,一般大阻力配水系统采用0.2%～0.28%。

设计中取 $\delta = 5$ mm,$\alpha = 0.25\%$,则孔口直径与壁厚之比 $\frac{d_k}{\delta} = \frac{9}{5} = 1.8$,按表4.13进行差值计算,选用流量系数 $\mu = 0.68$。

$$h_k = \frac{1}{2 \times 9.8} \times \left(\frac{14}{10 \times 0.68 \times 0.25}\right)^2 \approx 3.5 \text{ (m)}$$

表4.13 流量系数表

孔口直径与壁厚之比	1.25	1.5	2.0	3.0
流量系数	0.76	0.71	0.67	0.62

(16)配水系统校核。

①对大阻力配水系统,要求其支管与直径之比不大于60。

$\frac{l_j}{d_j} = \frac{2}{0.1} = 20 < 60$,符合要求。

②配水支管上孔口总面积与所有支管横截面积之和的比值应小于0.5。

$\frac{F_k}{n_j f_j} = \frac{0.175}{94 \times \frac{\pi}{4} \times 0.1^2} \approx 0.24 < 0.5$,符合要求。

③孔口中心距应小于0.2。

$a_k = 0.13$ m < 0.2 m,符合要求。

3.洗砂排水槽设计计算

(1)洗砂排水槽中心距。

$$a_0 = \frac{L}{n_1}$$

式中 a_0——洗砂排水槽中心距,m,一般采用1.5～2.1 m;

n_1——每侧洗砂排水槽数,条。

因洗砂排水槽长度不宜大于6 m,故在设计中在每座滤池长边一侧设置排水渠,在排水渠一侧布置洗砂排水槽,池中洗砂排水槽总数为7条。

$a_0 = \frac{14}{7} = 2$ (m),符合要求。

(2)每条洗砂排水槽长度。

$$l_0 = B = 5 \text{ m}$$

(3)每条洗砂排水槽的排水量。

$$q_0 = \frac{q_g}{n_2}$$

式中 q_0——每条洗砂排水槽的排水量,L/s;

q_g——单个滤池的反冲洗水流量,L/s;

N_2——洗砂排水槽总数,条。

$$q_0 = \frac{980}{7} = 140\ (\text{L/s})$$

(4)洗砂排水槽断面模数。

洗砂排水槽采用三角形标准断面。

洗砂排水槽断面模数:

$$x = \frac{1}{2}\sqrt{\frac{q_0}{1\ 000 v_0}}$$

式中 x——洗砂排水槽断面模数,m;

Q_0——每条洗砂排水槽的排水量,L/s;

v_0——槽中流速,m/s,一般采用0.6 m/s。

设计中采用 $v_0=0.6$ m/s,则有

$$x = \frac{1}{2}\sqrt{\frac{140}{1\ 000 \times 0.6}} \approx 0.24\ (\text{m})$$

(5)洗砂排水槽顶距砂面高度。

$$H = eH_2 + 2.5x + \delta + 0.075$$

式中 H——洗砂排水槽顶距砂面高度,m;

e——砂层最大膨胀率,石英砂滤料一般采用30%~50%;

δ——排水槽底厚度,m;

H_2——滤料层厚度,m;

0.075——洗砂排水槽的超高,m。

设计中取 $e=45\%$,$\delta=0.05$ m,$H_2=0.7$ m,则有

$$H = 45\% \times 0.7 + 2.5 \times 0.24 + 0.05 + 0.075 = 1.04\ (\text{m})$$

(6)排水槽总平面面积。

$$F_0 = 2xl_0n_2$$

式中 F_0——排水槽总平面面积,m^2。

$$F_0 = 2 \times 0.24 \times 5 \times 7 = 16.8\ (\text{m}^2)$$

校核排水槽总平面面积与滤池面积之比:16.8/70×100%=24%<25%,符合要求。

单个滤池的反冲洗排水系统布置如图4.27所示。

4. 滤池反冲洗

滤池反冲洗水可由高位水箱或专设的冲洗水泵供给,设计中采用高位水箱提供反冲

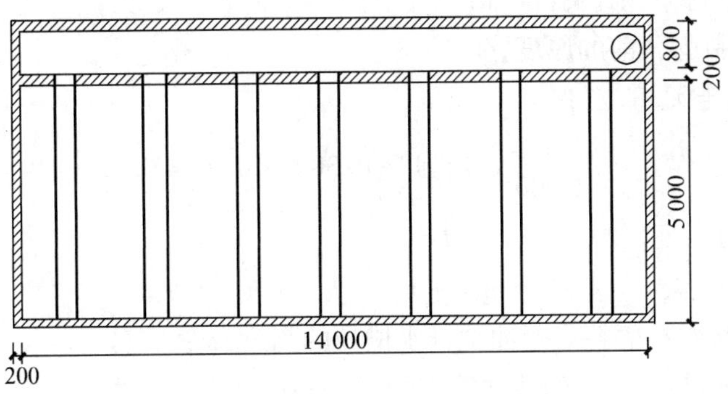

图4.27　单个滤池的反冲洗排水系统布置示意图(单位:mm)

洗水。

(1)单个滤池的反冲洗水量。

$$W = \frac{q \times f \times t}{1\ 000}$$

式中　W——单个滤池的反冲洗水量,m^3;

t——单个滤池的反冲洗历时,s,单层石英砂滤料的反冲洗历时一般采用5~7 min。

设计中取$t=6$ min,则有

$$W = \frac{14 \times 70 \times 6 \times 60}{1\ 000} = 352.8\ (m^3)$$

(2)高位水箱冲洗容积。

$$W_1 = 1.5W$$

式中　W_1——高位水箱冲洗容积,m^3。

$$W_1 = 1.5 \times 352.8 = 529.2\ (m^3)$$

设计中取高位水箱中的有效水深为5 m,水箱长为10.6 m、宽为10 m。

(3)承托层的水头损失。

$$h_{w3} = 0.022H_1 \times q$$

式中　h_{w3}——承托层的水头损失,m;

H_1——承托层的厚度,m。

设计中取$H_1=0.4$ m,则有

$$h_{w3} = 0.022 \times 0.4 \times 14 \approx 0.123\ (m)$$

(4)冲洗时滤层的水头损失。

$$h_{w4} = \left(\frac{\rho_{砂}}{\rho_{水}} - 1\right)(1 - m_0)H_2$$

式中　h_{w4}——冲洗时滤层的水头损失,m;

$\rho_{砂}$——滤料的密度,kg/m^3,石英砂密度一般采用2 650 kg/m^3;

$\rho_{水}$——水的密度,kg/m^3;

m_0——滤料膨胀前的孔隙率；

H_2——滤料膨胀前的厚度，m。

设计中取 $m_0=0.38$，则有

$$h_{w4}=\left(\frac{2\ 650}{1\ 000}-1\right)(1-0.38)\times 0.7\approx 0.72\ (\mathrm{m})$$

(5)冲洗水箱高度。

$$H_t=h_{w1}+h_{w2}+h_{w3}+h_{w4}+h_{w5}$$

式中 H_t——冲洗水箱的箱底距冲洗排水槽顶的高度，m；

h_{w1}——水箱与滤池间的冲洗管道的沿程和局部水头损失之和，m；

h_{w2}——配水系统的水头损失，m；

h_{w5}——备用水头，m，一般采用 1.5 ~2.0 m。

设计中取 $h_{w1}=1.0$ m，$h_{w2}=h_k=3.5$ m，$h_{w5}=1.5$ m，则有

$$H_t=1.0+3.5+0.12+0.72+1.5=6.84\ (\mathrm{m})$$

5. 滤池各种管渠计算

普通快滤池管中流速要求见表 4.12。滤池各种管渠计算结果见表 4.14。

表 4.14 滤池管渠计算结果

管渠名称	流量/($\mathrm{m^3\cdot s^{-1}}$)	管渠断面尺寸	流速/($\mathrm{m\cdot s^{-1}}$)
进水总渠	1.215	1.2 m×1.2 m	0.84
单格滤池进水	0.152	$D_2=450$ mm	1.02
冲洗水	0.98	$D_3=600$ mm	1.95
单格滤池出水	0.152	$D_4=400$ mm	1.21
清水总管	1.215	1.2 m×1.2 m	0.84
排水渠	0.98	1 m×0.8 m	1.23

4.5.4 带表面冲洗的普通快滤池

由于过滤时滤层表面容易积泥，影响过滤效果且缩短过滤周期。表面冲洗利用高速水流对表面滤层加以强烈的搅动，对滤料颗粒有较强的剪切作用，可增加颗粒之间的碰撞和摩擦，故采取表面冲洗作为辅助冲洗可有效提高冲洗效果。图 4.28 为表面冲洗设备示意图。

旋转式表面冲洗设备由布水管、喷嘴和旋转轴承等组成。布水管设于滤池上方，其内部水流以一定的压力水形式通过喷嘴出流。布水管借助冲射水的反作用力而旋转，喷水强烈冲刷砂层表面，使滤料表面的泥球迅速分裂解体、泥砂分离，从而把砂层冲洗干净。喷嘴和砂层表面夹角为 0 ~25°。与旋转式表面冲洗设备配套的压力水管道和泵布置在滤池管廊内，表面冲洗水取自滤池清水渠。

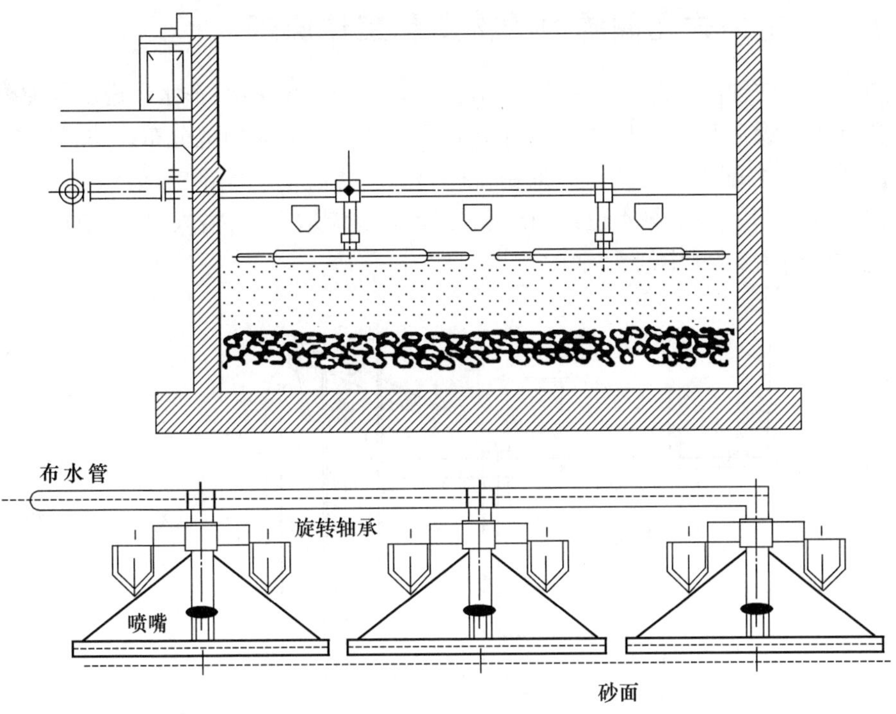

图4.28 表面冲洗设备示意图

4.5.5 双阀滤池

目前采用的双阀滤池有虹吸管式双阀滤池和鸭舌阀式双阀滤池两种。前者以虹吸管取代进水、排水阀,虹吸管处可通过采用真空泵或水射器形成真空。后者以鸭舌阀取代进水,将反冲洗排水槽抬高,以虹吸管取代排水阀。鸭舌阀式双阀滤池的排水槽顶高于滤池的运行水位,故应适当提高冲洗强度,增加冲洗水量;鸭舌阀采用硬质泡沫塑料制成,冲洗时依靠浮力关闭阀门,过滤时依靠重力开启阀门。鸭舌阀式双阀滤池基本上与普通快滤池相同,因省去了进出水阀门,在操作管理上也较为方便。鸭舌阀式双阀滤池将洗砂排水槽槽顶布置得高于进水鸭舌阀,因而过滤阶段洗砂水槽不起进水及配水作用,仅在反冲洗时排除冲洗水。且由于鸭舌阀式双阀滤池的洗砂排水槽槽顶抬高,故需要适当提高冲洗强度,即适宜采用水泵冲洗方式。

4.6 无阀滤池

无阀滤池有重力式和压力式两种。前者使用较广泛,后者仅用于小型、分散性给水工程,常供一次净化用。这里仅介绍重力式无阀滤池。

4.6.1 重力式无阀滤池的构造和工作原理

重力式无阀滤池的构造如图4.29所示。过滤时的工作情况：浑水经进水分配槽1，由进水管2进入虹吸上升管3，再经伞形顶盖4下面的挡板5，均匀地分布在滤料层6上，通过承托层7、小阻力配水系统8进入底部配水区9。滤后水从底部空间经连通渠(管)10上升到冲洗水箱11。当水箱水位达到出水渠12的溢流堰顶后，溢入渠内，最后流入清水池。水流方向如图4.29中箭头所示。

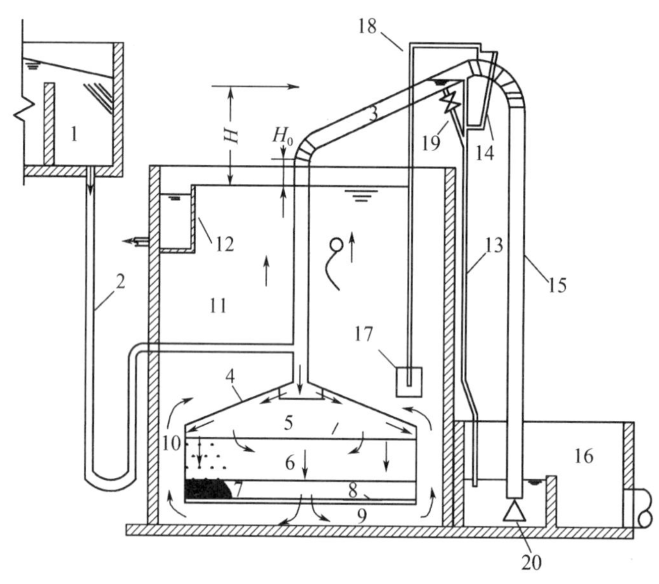

1—进水分配槽；2—进水管；3—虹吸上升管；4—伞形顶盖；5—挡板；
6—滤料层；7—承托层；8—小阻力配水系统；9—底部配水区；10—连通渠(管)；
11—冲洗水箱；12—出水渠；13—虹吸辅助管；14—抽气管；15—虹吸下降管；
16—水封井；17—虹吸破坏斗；18—虹吸破坏管；19—强制冲洗管；20—冲洗强度调节器

图4.29 重力式无阀滤池的构造

开始过滤时，虹吸上升管3与冲洗水箱11中的水位差H_0为过滤起始水头损失。随着过滤时间的延续，滤料层水头损失逐渐增加，虹吸上升管3中水位相应逐渐升高。管内原存空气受到压缩，一部分空气将从虹吸下降管15出口端穿过水封井16进入大气。当水位上升到虹吸辅助管13的管口时，水从辅助管流下，依靠下降水流在管中形成的真空和水流的挟气作用，抽气管14不断将虹吸上升管3中空气抽出，使虹吸上升管3中真空度逐渐增大。其结果：一方面虹吸上升管3中水位升高；另一方面，虹吸下降管15将排水水封井16中的水吸至一定高度。当虹吸上升管3中的水越过其顶端而下落时，管中真空度急剧增加，达到一定程度时，下落水流与虹吸下降管15中上升水柱汇成一股并冲出管口，把管中残留空气全部带走，形成连续虹吸水流。这时，由于滤层上部压力骤降，促使冲洗水箱11内的水循着过滤时的相反方向进入虹吸上升管3，滤料层因而受到反冲洗。冲洗废水由排水水封井16排出。

在冲洗过程中,冲洗水箱11内水位逐渐下降。当水位下降到虹吸破坏斗17以下时,虹吸破坏管18把小斗(虹吸破坏斗17)中的水吸完。管口与大气相通,虹吸破坏,冲洗结束,过滤重新开始。

从过滤开始至虹吸上升管3中水位升至虹吸辅助管13管口这段时间,为无阀滤池过滤周期。因为当水从虹吸辅助管13向下流时,仅需数分钟便进入冲洗阶段。故虹吸辅助管13管口至冲洗水箱11的最高水位差即为期终允许水头损失 H,一般采用 $H=1.5\sim2.0$ m。

如果在滤层水头损失还未达到最大允许值,但因某种原因(如出水水质不符要求)需要冲洗时,可进行人工强制冲洗。强制冲洗设备是在辅助管与抽气管相连接的三通上部接根压力水管,称强制冲洗管19。打开强制冲洗管19阀门,在连接抽气管14与虹吸辅助管13的三通处的高速水流便产生强烈的抽气作用,使虹吸快速形成。

4.6.2 重力式无阀滤池的设计要点

1. 虹吸管

无阀滤池在反冲洗过程中,随着冲洗水箱内水位不断下降,冲洗水头(水箱水位与排水水封井堰口水位差,亦即虹吸水位差)也不断降低,从而使冲洗强度也不断减小。设计中,通常以最大冲洗水头 H_{max} 与最小冲洗水头 H_{min} 的平均值作为计算依据,称为平均冲洗水头 H_a。所选定的冲洗强度,系按在 H_a 作用下所能达到的计算值,称为平均冲洗强度 q_a。由 q_a 计算所得的冲洗流量称为平均冲洗流量,以 Q_1 表示。冲洗时,若滤池继续以原进水流量(以 Q_2 表示)进入滤池,则虹吸管中的计算流量应为平均冲洗流量与进水流量之和($Q=Q_1+Q_2$)。其余部分(包括连通渠、配水系统、承托层、滤料层)所通过的计算流量为冲洗流量(同平均冲洗流量 Q_1)。

冲洗水头即水流在整个流程中所经过部位(包括连通渠、配水系统、承托层、滤料层、挡水板及虹吸管等)的水头损失之和。按平均冲洗水头和计算流量即可求得虹吸管管径。管径一般采用试算法确定:即初步选定管径,算出总水头损失 $\sum h$,当 $\sum h$ 接近 H_a 时,所选管径适合,否则重新计算。总水头损失为

$$\sum h = h_1 + h_2 + h_3 + h_4 + h_5 + h_6 \tag{4.58}$$

式中 h_1——连通渠水头损失,m(沿程水头损失可按水力学中谢才公式 $i=\dfrac{Q_1^2}{A^2C^2R}$ 计算;进口局部阻力系数取0.5,出口局部阻力系数为1);

h_2——小阻力配水系统水头损失,m,视所选配水系统形式而定。

h_3——承托层水头损失,m;

h_4——滤料层水头损失,m;

h_5——挡板水头损失,一般取0.05 m;

h_6——虹吸管沿程和局部水头损失之和,m。

在上述各项水头损失中，当滤池构造和平均冲洗强度已定时，$h_1 \sim h_5$ 便已确定，虹吸管径的大小则决定于冲洗水头 H_a。因此，在有地形（如丘陵、山地）可利用的情况下，降低排水水封井堰口标高以增加可资利用的冲洗水头，可以减小虹吸管管径以节省建设费用。受管径规格限制，管径应适当选择大些，以使 $\sum h < H_a$。$\sum h - H_a$ 差值消耗于虹吸下降管出口管端的冲洗强度调节器中。冲洗强度调节器由锥形挡板和螺杆组成。后者可使锥形挡板上下移动，以控制出口开启度。

2. 冲洗水箱

重力式无阀滤池冲洗水箱与滤池整体浇制，位于滤池上部。水箱容积按冲洗一次所需水量确定：

$$V = 0.06qFt \tag{4.59}$$

式中 V——冲洗水箱容积，m^3；

q——冲洗强度，$L/(m^2 \cdot s)$，采用上述平均冲洗强度 q_a；

F——滤池面积，m^2；

t——冲洗时间，min，一般取 4 ~ 6 min。

如果平均冲洗强度采用式（4.20）的计算值，则当冲洗水头大于平均冲洗水头时，整个滤层将全部膨胀起来。当冲洗水箱水深 ΔH 较大时，在冲洗初期的最大冲洗水头 H_{max} 下，有可能将上层部分细滤料冲出滤池。当冲洗水头小于平均冲洗水头 H_a 时，下层部分粗滤料将下沉而不再悬浮。因此，减小冲洗水箱水深，可减小冲洗强度的不均匀程度，从而避免上述现象的发生。两格以上滤池合用一个冲洗水箱可获得如上效果。

设 n 格滤池合用一个冲洗水箱，则水箱平面面积应等于单格滤池面积的 n 倍。水箱有效深度为

$$\Delta H = \frac{V}{nF} = \frac{0.06qFt}{nF} = \frac{0.06}{n}qt \tag{4.60}$$

式（4.61）并未考虑一格滤池冲洗时，其余（$n-1$）格滤池继续向水箱供给冲洗水的情况，所求水箱容积偏大。若考虑上述因素，水箱容积可以减小。如果冲洗一格滤池时，该格滤池继续进水（随冲洗水排出），而其余各格滤池仍保持原来的滤速过滤，则减小的容积即为（$n-1$）格滤池在冲洗时间 t 内以原滤速过滤的水量。

由以上可知，合用一个冲洗水箱的滤池数愈多，冲洗水箱深度愈小，滤池总高度得以降低。这样不仅降低造价，也有利于滤池与滤前处理构筑物在高程上的衔接，冲洗强度的不均匀程度也可减小。一般情况下，合用冲洗水箱的滤池数 $n=2 \sim 3$，而以 2 格合用冲洗水箱者居多。因为合用冲洗水箱滤池数过多时，将会造成不正常冲洗现象。例如，某一格滤池的冲洗即将结束时，虹吸破坏管刚露出水面，由于其余数格滤池不断向冲洗水箱大量供水，管口很快又被水封，致使虹吸破坏不彻底，造成该格滤池时断时续地不停冲洗。

3. 进水管 U 形存水弯

进水管设置 U 形存水弯的作用：防止滤池冲洗时，空气通过进水管进入虹吸管从而破

坏虹吸。当滤池反冲洗时,如果进水管停止进水,U 形存水弯即相当于一根测压管,存水弯中的水位将在虹吸管与进水管连接三通的标高以下,说明此处有强烈的抽吸作用。如果不设 U 形存水弯,无论进水管停止进水还是继续进水,都会将空气吸入虹吸管。为安装方便,同时也为了水封更加安全,常将存水弯底部置于水封井的水面以下。

4. 进水分配槽

进水分配槽的作用,是通过槽内堰顶溢流使各格滤池独立进水,并保持各滤池的进水流量相等。分配槽堰顶标高 Z_1 应等于虹吸辅助管和虹吸管连接处的管口标高 Z_2 加进水管水头损失,再加 10 ~ 15 cm 富余高度,以保证堰顶自由跌水。槽底标高力求降低,以便于气水分离。若槽底标高较高,当进水管中水位低于槽底时,水流由分配槽落入进水管中的过程中将会挟带大量空气。由于进水管流速较大,空气不易从水中分离出去,挟气水流进入虹吸管中以后,一部分空气可上逸并通过虹吸管出口端排出池外,一部分空气将进入滤池并在伞顶盖下聚集且受压缩。受压空气会时断时续地膨胀并将虹吸管中的水顶出池外,影响正常过滤。此外,反冲洗时,如果滤池继续进水且进水挟气量很大,虽然大部分空气可随冲洗水流排出池外,但总有一部分空气会在虹吸管顶端聚集,以致虹吸有可能提前被破坏。但是在虹吸管顶端聚集的空气量毕竟有限,因此虹吸破坏往往并不彻底。如果顶盖下再有一股受压空气把虹吸管中水柱顶出池外而使真空度增大,就可能再次形成虹吸,于是产生连续冲洗现象。为避免上述现象发生,简单的措施就是降低分配槽槽底标高或另设气水分离器。因为进水分配槽水平断面尺寸较大,断面流速较小,空气易从水中分离出去。通常,将槽底标高降至滤池出水渠堰顶以下约 0.5 m,就可以保证过滤期间空气不会进入滤池,因为此时进水管入口端始终处于淹没状态。如果条件允许,将槽底降至冲洗水箱最低水位以下,对防止进水挟气效果更好,但需综合考虑其他有关因素,合理确定进水分配槽标高。

无阀滤池多用于中、小型给水工程。单池平面面积一般不大于 16 m^2,少数也有达 25 m^2以上的。主要优点:节省大型阀门,造价较低;冲洗完全自动,因而操作管理较方便。缺点:池体结构较复杂;滤料处于封闭结构中,装卸困难;冲洗水箱位于滤池上部,出水标高较高,相应抬高了滤前处理构筑物(如沉淀池或澄清池)的标高,从而给水厂处理构筑物的总体高程布置带来困难。

4.6.3 重力式无阀滤池的设计计算举例

【设计计算举例 4.2】水厂设计水量为 12 000 m^3/d,水厂自用水取设计水量的 4%。采用重力式无阀滤池。

【设计计算过程】

1. 滤池面积和尺寸

$$F = \frac{Q}{v}$$

$$f_1 = F/n$$

式中 F——滤池所需面积,m^2;

Q——设计水量,m^3/h;

v——设计流速,m/h,参考普通快滤池滤速;

f_1——单格滤池的面积,m^2;

n——滤池分格数,格。

设计中取 $Q=520\ m^3/h$,$v=9$ m/h,$n=4$ 格;4 格滤池每 2 格一组,两组并列连通,则

$$f_1 = F/n = 520 \div 9 \div 4 \approx 14.444\ (m^2)$$

单格滤池中的连通渠采用边长为 0.4 m 的等腰直角三角形,其单个连通渠面积:

$$f_2 = 0.5 \times 0.4 \times 0.4 = 0.08\ (m^2)$$

考虑连通渠斜边部分混凝土厚度为 0.10 m,则直角边边长:

$$L_1 = 0.4 + \sqrt{2} \times 0.1 \approx 0.54\ (m)$$

每格滤池的池内,4 个角处设置 4 个连通渠,则连通渠总面积:

$$f_2' = 4 \times 0.5 \times 0.54 \times 0.54 \approx 0.583\ (m^2)$$

故要求每格滤池的面积:

$$f_1' = f_1 + f_2' = 14.444 + 0.583 \approx 15.03\ (m^2)$$

设计中确定该无阀滤池为正方形,则每边的边长:

$$l = \sqrt{f_1'} = \sqrt{15.03} \approx 3.88\ (m)$$

设计中选边长为 $L=3.9$ m,每格滤池的实际面积 $f_1'=15.21\ m^2$;每格滤池实际过滤面积:$f_1=15.21-0.588=14.622\ (m^2)$。

实际过滤滤速:$v=Q/F=520/4/14.622=8.89$ (m/h)。

2. 滤池高度

$$H = h_1 + h_2 + h_3 + h_4 + h_5 + h_6 + h_7 + h_8 + h_9$$

$$h_7 = \frac{60 f_1 q t}{2 \times 1\,000 \times f_1'}$$

式中 h_1——底部集水区高度,m;

h_2——滤板高度,m;

h_3——承托层高度,m;

h_4——滤料层高度,m;

h_5——净空高度,m;

h_6——池顶板厚度,m;

h_7——冲洗水箱高度,m;

h_8——超高,m;

h_9——池顶板厚度,m;

q——反冲洗强度,L/(m^2·s);

t——反冲洗历时,min,一般采用 5 min;

f_1——每格滤池实际过滤面积，m^2；

f'_1——每格滤池的实际面积，m^2。

设计中，分别取 $h_1=0.4$ m，$h_2=0.1$ m，$h_3=0.1$ m，$h_4=0.8$ m，$h_5=0.51$ m，$h_6=0.4$ m，$h_8=0.2$ m，$h_9=0.1$ m，$q=15$ L/($m^2\cdot$s)，$t=5$ min，则

$$h_7=\frac{60\times14.622\times15\times5}{15.21\times2\times1\ 000}\approx2.16\ (\mathrm{m})$$

$$H=0.4+0.1+0.1+0.8+0.51+0.4+2.16+0.2+0.1=4.77\ (\mathrm{m})$$

3. 进水系统

(1)进水分配箱。

$$A_{\mathrm{f}}=\frac{Q/n}{v_{\mathrm{f}}}$$

式中 A_{f}——进水分配箱过流面积，m^2；

v_{f}——进水分配箱内流速，m/s；

Q——设计流量，m^3/s。

设计中取 $v_{\mathrm{f}}=0.74$ m/s，则有

$$A_{\mathrm{f}}=\frac{Q/n}{v_{\mathrm{f}}}=\frac{520\div3\ 600\div4}{0.74}\approx0.049\ (\mathrm{m}^2)$$

设计中选进水分配箱尺寸为200 mm×200 mm。

(2)进水管。

每格滤池的进水量为130 m^3/h，选择DN 300 mm的进水管，管内流速为0.52 m/s(要求在0.5～0.7 m/s之间)，水力坡降为0.084%。

进水管水头损失：

$$h=il+(\xi_1+3\xi_2+\xi_3+\xi_4)\frac{v^2}{2g}$$

式中 h——进水管水头损失，m；

i——水力坡降；

ξ_1——进口局部阻力系数；

ξ_2——弯头局部阻力系数；

ξ_3——三通局部阻力系数；

ξ_4——出口局部阻力系数。

设计中取 $l=15$ m，$\xi_1=0.5$，$\xi_2=0.87$，$\xi_3=1.5$，$\xi_4=1.0$，则有

$$h=0.000\ 84\times15+(0.5+3\times0.87+1.5+1.0)\frac{0.52^2}{2g}\approx0.09\ (\mathrm{m})$$

滤池的出水管选用与进水管相同的管径。

4. 控制标高

假设地面标高为0.00，排水井堰口标高采用−0.7 m，滤池底板入土埋深采用0.5 m。

（1）滤池出水口高程。

$$H_1 = H - h_{10} - h_8$$

式中　H——冲洗水箱水位（即滤池出水口高程），m；

h_{10}——池底板入土埋深，m。

设计中取 $h_{10} = 0.5$ m，$h_8 = 0.2$ m，已经求得滤池的总高度 $H = 4.77$ m，则有

$$H_1 = 4.77 - 0.5 - 0.2 = 4.07\ (\mathrm{m})$$

（2）虹吸辅助管管口高程。

$$H_2 = H_1 + h_{11}$$

式中　H_2——虹吸辅助管管口高程，m；

h_{11}——期终允许水头损失，m，取 1.50 m。

$$H_2 = H_1 + h_{11} = 4.07 + 1.50 = 5.57\ (\mathrm{m})$$

（3）进水分配箱堰顶高程。

$$H_3 = H_2 + h + h_{12}$$

式中　H_3——进水分配箱堰顶高程，m；

h_{12}——安全系数，m，取 0.2 m。

$$H_3 = H_2 + h + h_{12} = 5.57 + 0.09 + 0.2 = 5.86\ (\mathrm{m})$$

5. 水头损失

（1）虹吸管的流量与管径。

$$Q_k = Q_c + Q_j$$

$$Q_c = q \times f_1$$

式中　Q_k——反冲洗时通过虹吸管的流量，m^3/s；

Q_c——反冲洗水流量，m^3/s；

Q_j——单格速池的进水流量，m^3/s；

q——反冲洗强度，$L/(m^2 \cdot s)$，一般采用 15 $L/(m^2 \cdot s)$，则

设计中取 $q = 15$ $L/(m^2 \cdot s)$，则

$$Q_c = q \times f_1 = 15 \times 14.622 = 219.33(L/s) \approx 789.6\ m^3/h$$

又因重力式无阀滤池在反冲洗时不停止进水，故有 $Q = 130$ m^3/h，则

$$Q_k = Q_c + Q_j = 789.6 + 130 = 919.6(m^3/h)$$

设计中取虹吸上升管管径为 400 mm，管内流速 $v_s = 2.30$ m/s，水力坡降为 0.868%，流量为反冲洗水量 Q_c 时，管内流速 $v_3 = 1.98$ m/s。

虹吸下降管管径为 400 mm，管内流速为 $v_j = 2.30$ m/s，水力坡降为 0.868%。

滤池四角的 4 个三角形连通管管内流速 $v_2 = 0.219\ 33/(4 \times 0.08) \approx 0.69$ (m/s)，三角形连通管的水头损失按照渠道的水头损失计算，水力坡降约为 0.74%。

（2）反冲洗时的沿程水头损失。

沿程水头损失包括水流经三角形连通管、虹吸上升管和虹吸下降管时的水头损失。

$$h_f = i_1 l_1 + i_s l_s + i_j l_j$$

式中 h_f——反冲洗时的沿程水头损失,m;

i_1——三角形连通管的水力坡降;

l_1——三角形连通管的深度,m,$l_1 = h_2 + h_3 + h_4 + h_5 + h_6$;

i_s——虹吸上升管的水力坡降;

l_s——虹吸上升管的长度,m;

i_j——虹吸下降管的水力坡降;

l_j——虹吸下降管的长度,m。

设计中取 $l_1 = 1.91$ m,$l_s = 6$ m,$l_j = 7$ m,则有

$$h_f = 0.0074 \times 1.91 + 0.00868 \times 6 + 0.00868 \times 7 \approx 0.13\ (\text{m})$$

(3)反冲洗时的局部水头损失。

$$h_\xi = (\xi_5 + \xi_6)\frac{v_2^2}{2g} + \xi_7\frac{v_3^2}{2g} + (\xi_8 + \xi_9 + \xi_{10})\frac{v_s^2}{2g} + (\xi_{11} + \xi_{12})\frac{v_j^2}{2g} + 0.05$$

式中 h_ξ——反冲洗时的局部水头损失,m;

ξ_5——三角形连通管入口局部阻力系数;

ξ_6——三角形连通管出口局部阻力系数;

ξ_7——上升管入口局部阻力系数;

ξ_8——上升管三通局部阻力系数;

ξ_9——60°弯头局部阻力系数;

ξ_{10}——120°弯头局部阻力系数;

ξ_{11}——下降管渐缩局部阻力系数;

ξ_{12}——下降管出口局部阻力系数;

v_2——三角形连通管管内流速,m/s;

v_3——上升管中仅有反冲洗水量 Q_c 部分管段管内流速,m/s;

v_s——虹吸上升管管内流速,m/s;

v_j——虹吸下降管管内流速,m/s;

0.05——挡水板的水头损失,m。

设计中取 $\xi_5 = 0.5$,$\xi_6 = 1.0$,$\xi_7 = 0.5$,$\xi_8 = 1.0$,$\xi_9 = 0.83$,$\xi_{10} = 1.13$,$\xi_{11} = 0.17$,$\xi_{12} = 1.0$,则有

$$h_\xi = (0.5 + 1.0) \times \frac{0.69^2}{2 \times 9.81} + 0.5 \times \frac{1.98^2}{2 \times 9.81} + (1.0 + 0.83 + 1.13) \times \frac{2.3^2}{2 \times 9.81} + (0.17 + 1.0) \times \frac{2.3^2}{2 \times 9.81} + 0.05 \approx 1.30\ (\text{m})$$

(4)其他水头损失。

其他水头损失为配水系统、承托层及滤料层的水头损失之和。

$$h_{其他} = h_{配水} + h_{承托} + h_{滤料}$$

式中 $h_{其他}$——其他各项水头损失总和,m;

$h_{配水}$——配水系统水头损失,m;

$h_{承托}$——承托层水头损失,$h_{承托} = 0.022qh_3$,m;

$h_{滤料}$——滤料层水头损失,m,$h_{滤料}=\frac{\rho_s-\rho}{\rho}(1-m_0)h_4$;

ρ_s——滤料的密度,kg/m³;

ρ——水的密度,kg/m³;

m_0——滤料层膨胀前的孔隙率;

h_3——承托层的厚度,m;

h_4——滤料膨胀前的厚度,m。

设计中取$\rho_s=2\ 650\ \text{kg/m}^3$,$\rho=1\ 000\ \text{kg/m}^3$,$m_0=0.41$,$h_4=0.8$ m,$h_3=0.1$ m,则有

$$h_{承托}=0.022\times0.1\times15=0.033\ (\text{m})$$

$$h_{滤料}=\frac{2\ 650-1\ 000}{1\ 000}\times(1-0.41)\times0.8\approx0.78\ (\text{m})$$

配水系统采用短柄滤头,其水头损失取0.3 m,则有

$$h_{其他}=h_{配水}+h_{承托}+h_{滤料}=0.3+0.78+0.033\approx1.11\ (\text{m})$$

(5)总水头损失。

$$h_{总}=h_f+h_\xi+h_{其他}$$

式中 $h_{总}$——总水头损失,m。

如前计算,反冲洗时的沿程水头损失$h_f=0.19$ m,局部水头损失$h_\xi=1.30$ m,其他水头损失$h_{其他}=1.11$ m,则

$$h_{总}=0.19+1.30+1.11=2.60\ (\text{m})$$

6. 核算

(1)冲洗水箱平均水位高程。

$$H_4=H_1-h_7/2$$

式中 H_4——冲洗水箱平均水位高程,m;

H_1——冲洗水箱水位(即滤池出水口高程),m;

h_7——冲洗水箱高度,m。

$$H_4=H_1-h_7/2=4.07-2.16\div2=2.99\ (\text{m})$$

(2)虹吸水位差。

$$H_5=H_4-H_6$$

式中 H_5——虹吸水位差,m;

H_6——排水井口标高,m。

设计中取排水井堰口标高在地面以下0.7 m,则

$$H_5=2.99-(-0.7)=3.69\ (\text{m})>2.60\ \text{m}$$

通过核算可知,虹吸水位差H_5大于滤池进行反冲洗时的总水头损失$h_{总}$,故反冲洗可以得到保证,且反冲洗强度会略大于设计的强度,此时可通过冲洗强度调节器加以调整。

重力式无阀滤池的高程布置如图4.30所示。

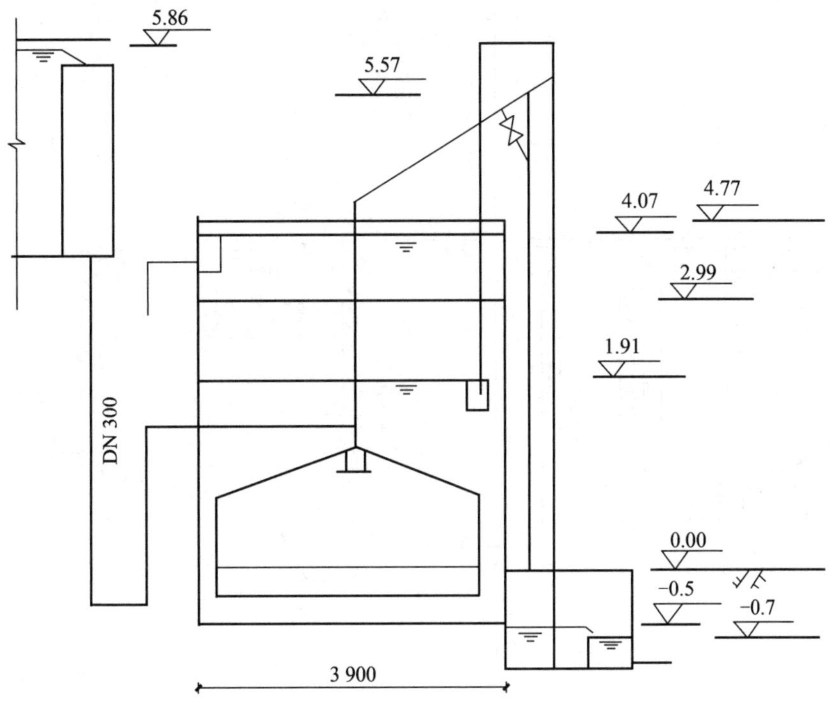

图4.30 重力式无阀滤池的高程布置示意图(单位:标高单位为m;其他尺寸单位为mm)

4.7 虹吸滤池

虹吸滤池采用真空系统控制进、排水虹吸管,以替代进、排水阀门。每座滤池由若干格组成,采用中小阻力配水系统,利用滤池本身的出水及水头进行冲洗,以替代高位冲洗水箱或水泵。滤池的总进水量能自动均衡地分配到各单格,当进水量不变时,各格为等速过滤。滤过水位高于滤层,滤料内不致发生负水头现象。

虹吸滤池平面布置有圆形和矩形两种,也可做成其他形式(如多边形)。在北方寒冷地区,虹吸滤池需要加设保温房屋;在南方非保温地区,为了排水方便,也有时将进、排水虹吸管布置在虹吸滤池外侧。

4.7.1 虹吸滤池的基本构造、工作原理

虹吸滤池一般由6~8格滤池组成一个整体,通称"一组滤池"或"一座滤池"。根据水量大小,水厂可建一组滤池或多组滤池。一组滤池平面形状可以是圆形、矩形或多边形,而以矩形为多。因为矩形滤池施工较方便,反冲洗水力条件也较圆形或多边形好,但为了便于说明虹吸滤池的基本构造和工作原理,现以圆形平面为例。图4.31为由6格滤池组成的、平面形状为圆形的一组滤池的构造剖面图,中心部分为冲洗废水排水井,6格

滤池构成外环。

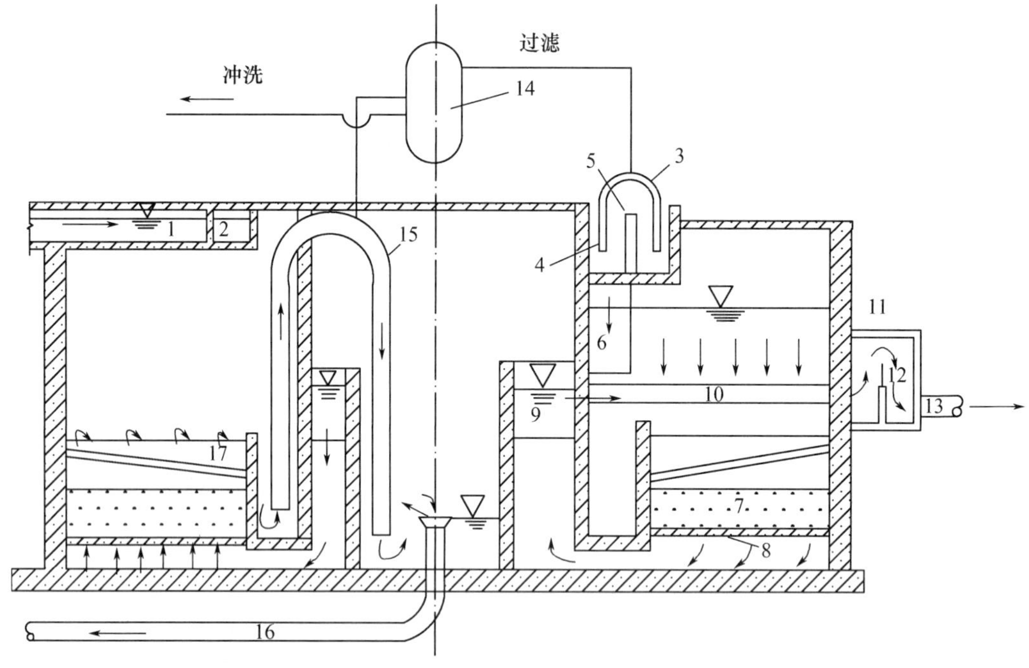

1—进水槽;2—环形配水槽;3—进水虹吸管;4—单格滤池进水槽;5—进水堰;6—布水管;7—滤层;8—配水系统;9—环形集水槽;10—出水管;11—出水井;12—出水堰;13—清水管;14—真空系统;15—冲洗虹吸管;16—冲洗排水管;17—冲洗排水槽

图 4.31　圆形虹吸滤池的构造剖面图

图 4.31 中中心轴线的右半部表示过滤过程,左半部表示反冲洗过程。

(1)过滤过程。

待滤水通过进水槽 1 进入环形配水槽 2,经进水虹吸管 3 流入单格滤池进水槽 4,再从进水堰 5 溢流进入布水管 6 后进入滤池。进水堰 5 起调节单格滤池流量的作用。进入滤池的水顺次通过滤层 7、配水系统 8 进入环形集水槽 9,再由出水管 10 流到出水井 11,最后经出水堰 12、清水管 13 流入清水池。

随着过滤水头损失逐渐增大,由于各格滤池进、出水量不变,滤池内水位将不断上升。当某格滤池水位上升到最高设计水位时,便需停止过滤,进行反冲洗。滤池内最高水位与出水堰 12 堰顶高差,即为最大过滤水头,亦即期终允许水头损失值(一般采用 1.5 ~2.0 m)。

(2)反冲洗过程。

反冲洗时,先破坏该格滤池进水虹吸管 3 的真空使该格滤池停止进水,滤池水位逐渐下降,滤速逐渐降低。当滤池内水位下降速度显著变慢时,利用真空罐 14 抽出冲洗虹吸管 15 的空气使之形成虹吸。开始阶段,滤池内的剩余水通过冲洗虹吸管 15 抽入池中心下部,再由冲洗排水管 16 排出。当滤池水位低于环形集水槽 9 的水位时,反冲洗开始。当滤池内水面降至冲洗排水槽 17 顶端时,反冲洗强度达到最大值。此时,其他 5 格滤池的全部过滤水量,都通过环形集水槽 9 源源不断地供给被冲洗滤格。当滤料冲洗干净后,破坏冲洗虹吸管15的真空，冲洗停止，然后再用真空系统使进水虹吸管3恢复工作，过滤重新开始。6格滤池将轮流进行反冲洗。运行中应避免2格以上滤池同时冲洗。

冲洗水头一般采用1.0～1.2 m，其数值是由环形集水槽9的水位与冲洗排水槽17的槽顶高差决定的。冲洗强度和历时与普通快滤池相同。由于冲洗水头较小，故虹吸滤池总是采用小阻力配水系统。

图4.32为1 000 m^3/h虹吸滤池的平面布置示意图。

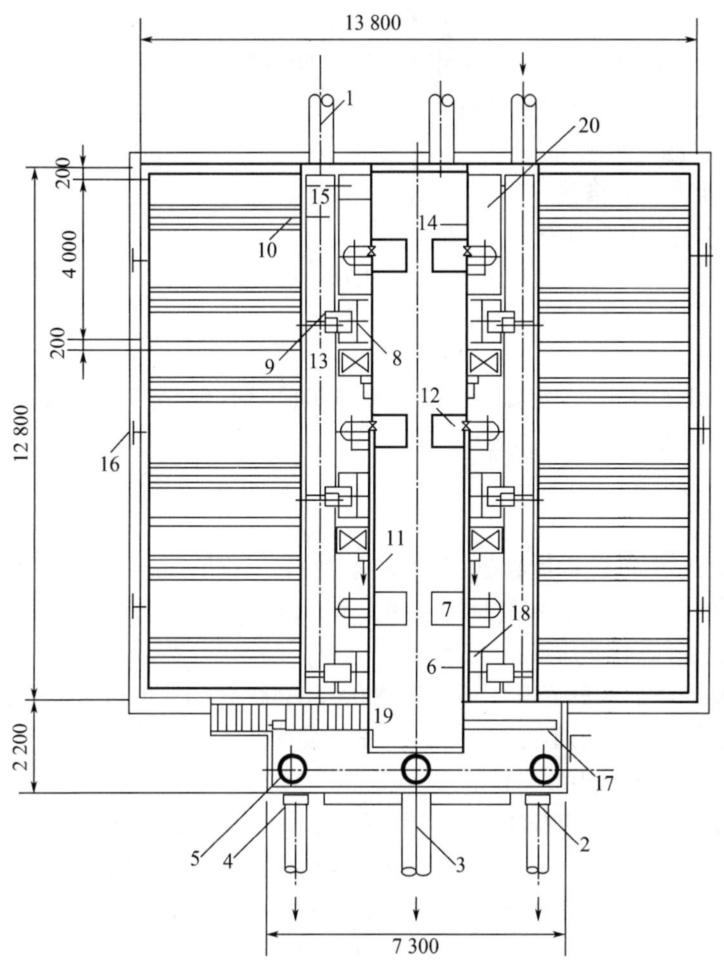

1—进水管；2—出水管；3—排水管；4—出水管；5—人孔；6—进水虹吸管；7—排水虹吸管；8—配水槽；9—进水槽；10—洗砂排水槽；11—水位接点；12—钢盖板；13—计时水槽；14—钢梯栏杆；15—走道板；16—出砂孔短管；17—清水堰板槽；18—防涡栅；19—排水渠；20—排水集水槽

图4.32　1 000 m^3/h虹吸滤池的平面布置示意图(单位:mm)

4.7.2 虹吸滤池的分格数及设计要点

1. 滤池分格数

虹吸滤池所需冲洗水来自本组滤池其他数格滤池的过滤水,因此,一组滤池的分格数必须满足:当1格滤池冲洗时,其余数格滤池过滤总水量必须满足该格滤池冲洗强度要求。用公式表示为

$$q \leqslant \frac{nQ}{F} \tag{4.61}$$

式中 q——冲洗强度,L/(m^2·s),采用上述平均冲洗强度 q_a;

Q——每格滤池过滤流量,L/s;

F——单格滤池面积,m^2;

n——一组滤池分格数。

上式(4.61)也可用滤速表示:

$$n \leqslant \frac{3.6q}{v} \tag{4.62}$$

式中 v——滤速,m/h。

由于1格滤池冲洗时,一组滤池总进水流量仍保持不变,故在1格滤池冲洗时,其余数格滤池的滤速将会自动增大。

2. 设计要点

虹吸滤池的进水浊度、设计滤速、强制滤速、滤料、工作周期、冲洗强度、膨胀率等均参见普通快滤池的有关章节(如4.3.1节、4.4.1节、4.4.2节和4.5.1节等)。此外,在设计虹吸滤池时,还应考虑以下几点:

①虹吸滤池适用的水量范围一般为15 000～50 000 m^3/d。单格面积过小,施工困难,且不经济;单格面积过大,小阻力配水系统冲洗不易均匀。

②选择池形时一般以矩形为较好。

③滤池的最少分格数,应按滤池在低负荷运行时,仍能满足一格滤池冲洗水量的要求确定。通常每座滤池分为6～8格,各格清水渠均应隔开,并在连通总清水渠的通路上装设盖阀、闸板,或考虑可临时装设闸阀的措施,以备单格停水检修时使用。

④虹吸滤池冲洗前的水头损失,一般可采用1.5 m。

⑤虹吸滤池冲洗水头应通过计算确定,一般宜采用1.0～1.2 m,并应有调整冲洗水头的措施。

⑥虹吸滤池采用中、小阻力配水系统。为达到配水均匀,水头损失一般控制在0.2～0.4 m。配水系统应有足够的强度,以承担滤料和过滤水头的荷载,且便于施工及安装。

⑦真空系统:一般可利用滤池内部的水位差通过辅助虹吸管形成真空,代替真空泵抽除进、排水虹吸管内的空气形成虹吸,形成时间一般控制在1～3 min。虹吸形成与破坏可利用水力实现自动控制,也可采用真空泵及机电控制设备实现自动操作。

⑧按通过的流量确定虹吸管断面。一般多采用矩形断面,也可用圆形断面;水量较小时可采用铸铁管,水量较大时用钢板焊制。虹吸管的进出口应采用水封,并有足够的淹没深度,以保证虹吸管正常工作。一般虹吸进水管流速为0.6～1.0 m/s,虹吸排水管流速为1.4～1.6 m/s。

⑨进水渠两端应适当加高,使进水能向池内溢流。各格间隔墙应较滤池外围壁适当降低,以便于向邻格溢流。

⑩在进行虹吸滤池设计时,应考虑各部分的排空措施。在布置抽气管时,可与走道板栏杆结合;为防止虹吸管进口端进气,影响排水虹吸管正常工作,可在该管进口端上部设置防涡栅,清水出水堰及排水出水堰应设置活动堰板以调节冲洗水头。

3. 虹吸滤池的特点

虹吸滤池的主要优点:无需大型阀门及相应的开闭控制设备;无需冲洗水塔(箱)或冲洗水泵;由于出水堰顶高于滤料层,故过滤时不会出现负水头现象。主要缺点:由于滤池构造特点,其池深比普通快滤池大,一般在5 m左右;冲洗强度受其余几格滤池的过滤水量影响,故冲洗效果不像普通快滤池那样稳定。

4.7.3 虹吸滤池的设计计算举例

【设计计算举例4.3】水厂设计水量为100 000 m^3/d,水厂自用水取设计水量的5%。采用2组虹吸滤池。

【设计计算过程】

1. 水量计算

水厂设计水量,取水厂自用水系数为5%,则

$$Q = 1.05 \times 100\,000 = 105\,000\ (m^3/d) = 4\,375\ m^3/h$$

采用2座矩形虹吸滤池。每座滤池设计流量 $Q_1 = 2\,187.5\ m^3/h$。

2. 每座滤池面积 F

$$F = \frac{\frac{24}{23}Q_1}{v}$$

式中 F——单格滤池面积,m^2;

Q_1——设计水量,m^3/h;

v——滤速,m/h,取7～9 m/h。

本设计滤速选用 $v = 8$ m/h。

$$F = \frac{\frac{24}{23} \times 2\,187.5}{8} \approx 285.33\ (m^2)$$

滤池单格滤池面积 f:

$$f = \frac{F}{N}$$

式中 f——单格滤池面积，m^2，取 $f<50\ m^2$，$f=BL$；

N——滤池分格数，分格数采用 $N\geqslant 6$，$N\geqslant \frac{3.6q}{v}$；

q——单格滤池的冲洗强度，$L/(m^2 \cdot s)$，一般取 12 ~ 15 $L/(m^2 \cdot s)$，本次取14 $L/(m^2 \cdot s)$；

B——单格滤池宽度，m；

L——单格滤池面积，m。

本设计中 $N\geqslant \frac{3.6\times 14}{8}=6.3$，取 8 个。

$f=\frac{F}{N}=285.33/8\approx 35.67(m^2)$，取 $f'=36$。

取滤池长宽比 1∶1，其平面尺寸为 6 m×6 m，其平面布置图如图 4.33 所示。

单格滤池实际滤速：

$$v' = \frac{\frac{24}{23}\times Q_1}{N\times f'} = \frac{\frac{24}{23}\times 2\ 187.5}{36\times 8} \approx 7.93\ (m/s)$$

$$v'' = \frac{Nv'}{(N-1)} = \frac{8\times 7.93}{7} \approx 9.06\ (m/s)$$

3. 进水系统

(1)进水渠道。

进水渠道内流速按扣除进水虹吸管所占过水断面计算，一般在 0.8 ~ 1.2 m/s 之间。在条件许可时应取低值，以减少渠道内的水头损失，使各格滤池能均匀进水；为便于施工，渠道宽度应不小于0.7 m。设计中设2 条钢筋混凝土矩形进水渠道，每条渠道的设计流量 $Q'_2=0.304\ m^3/s$。

(2)进水虹吸管。

按一格冲洗时计算每格池子进水量：

$$Q_2 = \frac{\frac{24}{23}Q_1}{N-1} \approx 326.1\ (m^3/h) \approx 905.8\ L/s$$

虹吸管断面面积：

$$w_1 = \frac{Q_2}{v_1}$$

式中 w_1——虹吸管断面面积，m^2；

v_1——进水虹吸管流速，m/s，一般取 0.6 ~ 1.0 m/s，本设计取 0.8 m/s。

$$w_1 = \frac{Q_2}{v_1} = \frac{326.1/3\ 600}{0.8} \approx 0.113\ (m^2)$$

断面尺寸采用 40 cm × 30 cm。实际断面面积 $f_H = 0.12\ m^2$，虹吸管实际流速 $v_2 = 0.75$ m/s。

设最不利情况为一格检修，一格反冲洗，则强制冲洗时进水量：

$$Q_3 = \frac{\frac{24}{23}Q_1}{N-2} \approx 380.4\ (m^3/h) \approx 1\ 056.8\ L/s$$

式中 Q_3——最不利情况下受制冲洗时的进水量，m^3/s。

强制冲洗时虹吸管内流速：

$$v_{强制} = \frac{Q_3}{w_1} = \frac{380.4/3\ 600}{0.12} \approx 0.88\ (m/s)$$

式中 $v_{强制}$——强制冲洗时虹管内流速，m/s。

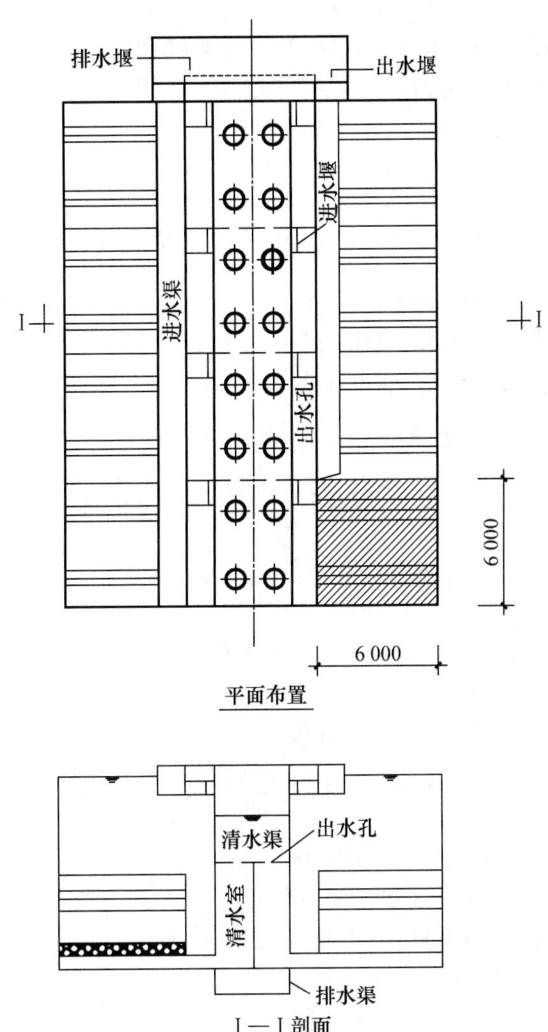

图 4.33 虹吸滤池布置图（单位：mm）

(3)正常过滤时进水虹吸管的水头损失。

$$h_f = h_{f1} + h_{f2}$$

$$h_{f1} = 1.2 \times \sum \xi \frac{v_2^2}{2g}$$

$$h_{f2} = \frac{v_2^2}{C^2 R} L$$

式中 h_f——进水虹吸管水头损失,m;

h_{f1}——进水虹吸管局部水头损失,m;

h_{f2}——进水虹吸管沿程水头损失,m;

$\sum \xi$——局部阻力系数和,$\sum \xi = \xi_i + 2\xi_e + \xi_o$;

L——进水虹吸管总长度,m,取1.2 m;

R——水力半径,m,$R = 0.4 \times 0.3 / [2 \times (0.4 + 0.3)] = 0.086$ (m);

v_2——事故进水流速,m/s;

1.2——矩形系数;

n——粗糙系数,取0.012;

C——谢才系数,$C = \frac{1}{n} R^{\frac{1}{6}} = \frac{1}{0.012} \times 0.086^{\frac{1}{6}} = 55.36$;

ξ_i——进口局部阻力系数,取0.25;

ξ_e——弯头局部阻力系数,取0.8;

ξ_o——出口局部阻力系数,取1.0。

$$\sum \xi = 0.25 + 2 \times 0.8 + 1.0 = 2.85$$

$$h_{f1} = 1.2 \times 2.85 \times \frac{0.75^2}{2g} \approx 0.098 \text{ (m)}$$

$$h_{f2} = \frac{v_2^2}{C^2 R} L \approx \frac{0.75^2}{55.36^2 \times 0.086} \times 1.2 \approx 0.003 \text{ (m)}$$

进水虹吸管总水头损失为:$h_f = h_{f1} + h_{f2} = 0.098 + 0.003 = 0.101$ (m),设计中取0.10 m。

(4)强制冲洗时进水虹吸管的水头损失。

$$h'_{f1} = 1.2 \times 2.85 \times \frac{0.88^2}{2g} \approx 0.135 \text{ (m)}$$

$$h'_{f2} = \frac{v_2^2}{C^2 R} L = \frac{0.88^2}{55.36^2 \times 0.086} \times 1.2 \approx 0.004 \text{ (m)}$$

$h'_f = h'_{f1} + h'_{f2} = 0.135 + 0.004 = 0.139$(m),取0.14 m;

强制冲洗时水位壅高为$0.14 - 0.10 = 0.04$ (m)。

(5)堰上水头。

$$h_y = \left(\frac{Q_2}{1.84 l_y}\right)^{\frac{2}{3}}$$

式中 h_y——堰上水头，m，一般以不超过0.1 m为宜；

l_y——堰板长度，m，为减少堰上水头，应尽量采用较大的堰板长度，一般采用1.0～1.2 m，设计中取 $l_y=1.2$ m。

$$h_y=\left(\frac{Q_2}{1.84l_y}\right)^{\frac{2}{3}}=\left(\frac{0.090\ 58}{1.84\times1.2}\right)^{\frac{2}{3}}\approx0.119\ (\mathrm{m})$$

同理，强制冲洗时的堰上水头：

$$h'_y=\left(\frac{Q'_2}{1.84l_y}\right)^{\frac{2}{3}}=\left(\frac{0.105\ 68}{1.84\times1.2}\right)^{\frac{2}{3}}\approx0.132\ (\mathrm{m})$$

强制冲洗时堰上水头增加0.132－0.119＝0.013（m）。

(6)强制冲洗时水位壅高。

强制冲洗时总水位壅高 h_n 为强制冲洗时水位高与强制冲洗时堰上水头增加值之和。

$$h_n=0.04+0.013=0.053\ (\mathrm{m})$$

(7)虹吸管安装高度。

$$h_H=h_f+h_n+0.04+0.06$$

式中 h_H——虹吸管安装高度，m；

h_f——进水虹吸管总水头损失，m；

h_n——强制冲洗时总水位壅高，m；

0.04——凹槽底在强制冲洗时水位以上的高度，m；

0.06——虹吸管顶部转弯半径，m。

$$h_H=0.101+0.053+0.04+0.06=0.254\ (\mathrm{m})$$

(8)虹吸水封高度。

$$h_w=\frac{h_H f_H}{S_d}+0.02$$

式中 h_w——虹吸水封高度，m；

S_d——进水斗横截面积，m^2。

设计中取 $S_d=0.6\times1.2=0.72\ (\mathrm{m}^2)$，

$$h_w=\frac{h_H f_H}{S_d}+0.02\approx\frac{0.254\times0.12}{0.72}+0.02\approx0.062\ (\mathrm{m})$$

(9)进水渠道水头损失。

①所需渠道过水断面面积。

$$w=\frac{Q'_2}{v_q}$$

式中 w——所需渠道过水断面面积，m^2；

Q'_2——每条渠道的设计流量，m^3/s；

v_q——渠道内水流速度，m/s。

设计中取 $v_q=0.80$ m/s，则

$$w=\frac{Q'_2}{v_q}=\frac{0.304}{0.8}=0.38\ (\mathrm{m}^2)$$

假定活动堰板高度 $h_b = 0.05$ m，由此可以推出进水渠道的末端水深 H 为

$$H = h_z + h_w + h_b + h_y + h_f$$

式中 H——进水渠道的末端水深，m；

h_z——虹吸进水管管底距进水斗底的高度，m。

设计中取 $h_z = 0.2$ m，则

$$H = h_z + h_w + h_b + h_y + h_f$$
$$= 0.2 + 0.062 + 0.05 + 0.119 + 0.101 = 0.532\ (\text{m}) \approx 0.54\ \text{m}$$

进水渠道的宽度：

$$b_q = \frac{w}{H} = \frac{0.38}{0.54} \approx 0.70\ (\text{m})$$

假设进水虹吸管采用的钢板厚度为 0.01 m，则整个虹吸管所占的宽度为 $0.30 + 2 \times 0.01 = 0.32$（m），进水渠道整个宽度应为 $0.70 + 0.32 = 1.02$（m）。

②进水渠道的水头损失。

$$h_{1q} = \frac{v_q^2}{C^2 R} L_q$$

式中 h_{1q}——进水渠道的水头损失，m；

L_q——进水渠道总长度，m。

设计中根据平面布置，取 $L_q = 23$ m，则

$$R = w/x = 0.38/[2 \times (0.54 + 0.70)] = 0.213, C = (1/0.012)R^{1/6} = 64.40$$

$$h_{1q} = \frac{v_q^2}{C^2 R} L_q = \frac{0.80^2}{64.40^2 \times 0.213} \times 23 = 0.017\ (\text{m})$$

(10)进水渠道总高。

$$H_T = h_z + h_w + h_b + h_y + h_f + h_n + h_{1q} + h_c$$

式中 H_T——进水渠道总高度，m；

h_b——活动堰高，m，一般采用 $h_b \leqslant 0.1$ m；

h_c——进水渠道的超高，m，一般采用 0.1 ~0.3 m。

设计中取 $h_c = 0.139$ m，$h_b = 0.05$ m，则

$$H_T = h_z + h_w + h_b + h_y + h_f + h_n + h_{1q} + h_c$$
$$= 0.2 + 0.062 + 0.05 + 0.119 + 0.101 + 0.053 + 0.017 + 0.139 \approx 0.74\ (\text{m})$$

(11)降水管水头损失。

①降水管中流速。

$$v_j = \frac{4Q_2}{\pi d^2}$$

式中 v_j——降水管中流速，m/s；

d——降水管直径，m。

设计中取 $d = 0.5$ m，则

$$v_j = \frac{4 \times 0.090\ 58}{3.14 \times 0.5^2} \approx 0.462\ (\text{m/s})$$

②降水管的水头损失。

降水管的水头损失包括局部损失和沿程损失，其中沿程损失很小，可以忽略不计，其局部损失即可代表降水管的水头损失。

$$h_j = \sum \xi \frac{v_j^2}{2g} = (\xi_i + \xi_o) \frac{v_j^2}{2g}$$

式中 h_j——降水管的水头损失，m；

ξ_i——进口局部阻力系数；

ξ_o——出口局部阻力系数。

设计中取 $\xi_i = 0.5, \xi_o = 1.0$，则

$$h_j = (\xi_i + \xi_o) \frac{v_j^2}{2g} = (0.5 + 1.0) \times \frac{0.462^2}{2 \times 9.81} \approx 0.016 \ (\text{m})$$

4. 出水系统

出水系统包括清水室、出水孔、清水渠、清水集水池和堰板（活动堰和固定堰），如图4.34所示。过滤后的清水首先经过清水室垂直向上，通过出水孔进入清水渠，然后再经堰板跌落到池外。冲洗时清水由清水渠向下经出水孔进入清水室，然后进入池底部的空间进行滤池反冲洗（图4.33剖面图）；为满足单格检修的要求，每格波池单独设置清水室和出水（检修）孔洞。设置堰板的目的是保证一定的冲洗水头；设置活动堰板的目的是适应不同水温时反冲洗强度的变化。

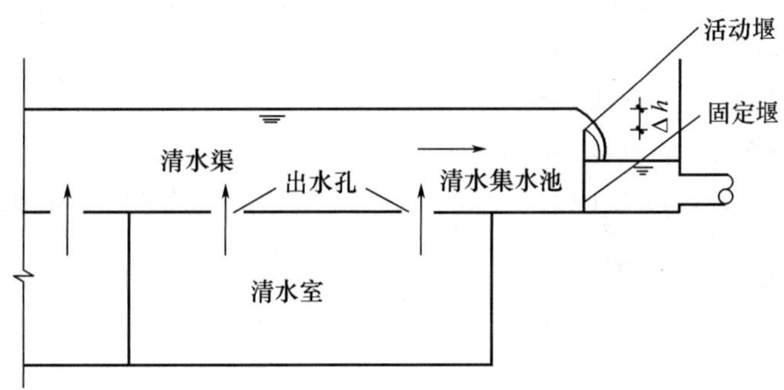

图4.34 出水系统的示意图

(1)清水室和出水渠宽度的确定。

清水室宽度取0.8 m。清水渠宽度按照两个清水室宽度和它们之间隔墙的厚度确定，设计中隔墙厚度取0.2 m，则整个清水渠的宽度为1.8 m。

(2)出水堰堰上水头。

$$h_{cy} = \left[\frac{(N-1)Q_2}{1.84b} \right]^{\frac{2}{3}}$$

式中 h_{cy}——堰上水头，m；

b——出水宽度，m。

为降低堰上水头，设计中取 $b=6$ m，则

$$h_{cy}=\left(\frac{(N-1)Q_2}{1.84b}\right)^{\frac{2}{3}}=\left(\frac{7\times0.09058}{1.84\times6}\right)^{\frac{2}{3}}\approx0.149\ (\mathrm{m})$$

5. 反冲洗系统

(1)配水系统。

虹吸滤池通常采用中小阻力配水系统。

(2)反冲洗水到滤池的局部损失和沿程损失。

反冲洗系统这一部分水头损失包括水经过检修孔洞的水头损失和水流经底部配水空间的水头损失，因为沿程水头损失很小，可以忽略不计，因而主要计算局部水头损失。

一格滤池设计两个 $\phi500$ mm 的检修孔洞，水流经检修孔洞时的局部损失：

$$h_r=\xi\frac{v_0^2}{2g}$$

$$v_0=\frac{qf}{2\times\frac{1}{4}\times\pi d^2}$$

式中 h_r——检修孔洞的局部水头损失，m；

ξ——局部阻力系数；

v_0——反冲洗时检修孔洞的过孔流速，m/s；

q——反冲洗强度，$m^3/(s\cdot m^2)$；

f——单格滤池的面积，m^2；

2——检修孔洞的个数，个；

d——检修孔洞的直径，m。

设计中取 $\xi=0.5$，$q=0.014\ m^3/(s\cdot m^2)$，$f=36\ m^2$，$d=500$ mm，则

$$v_0=\frac{qf}{2\times\frac{1}{4}\times\pi d^2}=\frac{0.014\times36}{2\times\frac{1}{4}\times3.14\times0.5^2}\approx1.28\ (\mathrm{m/s})$$

$$h_r=\xi\frac{v_0^2}{2g}=0.5\times\frac{1.28^2}{2\times9.81}\approx0.042\ (\mathrm{m})$$

滤池底部配水空间进口部分的局部阻力：

$$h_x=\xi\frac{u_1^2}{2g}$$

$$u_1=\frac{qf}{H_1w}=\frac{0.014\times36}{0.4\times6}=0.21\ (\mathrm{m/s})$$

式中 h_x——滤池底部配水空间进口部分的局部阻力，m；

ξ——局部阻力系数；

v_0——进口流速，m/s；

H_1——滤池底部配水空间的高度，m；

w——滤池宽度，m。

设计中取 $H_1=0.40$ m，$\xi=0.5$，则

$$u_1=\frac{qf}{H_1 w}=\frac{0.014\times 36}{0.4\times 6}=0.21\ (\mathrm{m/s})$$

$$h_x=\xi\frac{u_1^2}{2g}=0.5\times\frac{0.21^2}{2\times 9.81}\approx 0.001\ (\mathrm{m})$$

(3)水流经小阻力配水系统的水头损失。

以双层孔板为例，假设滤板的开孔比上层为1%，下层为1.7%；则上层的开孔面积 $w_{上}=36\times 1\%=0.36\ (\mathrm{m^2})$，下层的开孔面积 $w_{下}=36\times 1.7\%=0.612\ (\mathrm{m^2})$；冲洗时孔口内流速：

$$v_{上}=\frac{qf}{w_{上}}=\frac{0.014\times 36}{0.36}=1.4\ (\mathrm{m/s})$$

$$v_{下}=\frac{qf}{w_{下}}=\frac{0.014\times 36}{0.612}\approx 0.82\ (\mathrm{m/s})$$

滤板内水头损失：

$$h'_p=h_{上}+h_{下}$$

$$h_{上}=\xi\frac{v_{上}^2}{2g\mu_{上}^2}$$

$$h_{下}=\xi\frac{v_{下}^2}{2g\mu_{下}^2}$$

式中 h'_p——滤板内水头损失，m；

$h_{上}$——双层滤板中上层滤板的水头损失，m；

$h_{下}$——双层滤板中下层滤板的水头损失，m；

$\mu_{上}$、$\mu_{下}$——孔口流量系数，一般采用0.65~0.79。

设计中取上层滤板的孔口流量系数 $\mu_{上}=0.76$，下层滤板的孔口流量系数 $\mu_{下}=0.69$，则

$$h_{上}=\xi\frac{v_{上}^2}{2g\mu_{上}^2}=0.5\times\frac{1.4^2}{2\times 9.81\times 0.76^2}\approx 0.086\ (\mathrm{m})$$

$$h_{下}=\xi\frac{u_{下}^2}{2\times 9.81\mu_{下}^2}=0.5\times\frac{0.82^2}{2g\times 0.69^2}\approx 0.036\ (\mathrm{m})$$

$$h'_p=h_{上}+h_{下}=0.086+0.036\approx 0.122\ (\mathrm{m})$$

考虑滤板制作及安装使用中的堵塞等因素，取 $h'_p=0.14$ m。

(4)反冲洗水流经承托层的水头损失。

$$h'_g=200H_2\frac{\mu' u(1-m)^2}{\rho g\varphi^2 D^2 m^3}$$

式中 h'_g——反冲洗水流经承托层的水头损失，m；

μ'——水的黏度系数，kg/(s·m)；

H_2——承托层厚度，m；

u——反冲洗流速,m/s,数值上等同于反冲洗强度;

D——承托层平均粒径,m;

m——孔隙率;

φ——形状系数。

水温为 20 ℃时,$\mu' = 1.0 \times 10^{-3}$ kg/(s·m);设计中取 $H_3 = 0.2$ m,$D = 0.003\,2$ m,$m = 0.38$,$\varphi = 0.81$,则

$$h'_g = 200 \times 0.2 \times \frac{1.0 \times 10^{-3} \times 0.014 \times (1 - 0.38)^2}{1\,000 \times 9.81 \times 0.81^2 \times 0.003\,2^2 \times 0.38^3} \approx 0.057\ (\mathrm{m})$$

(5)水流经滤料时的水头损失。

$$h'_f = \frac{\rho_s - \rho}{\rho}(1 - m_0)H_3$$

式中 h'_f——水流经滤料时的水头损失,m;

ρ_s——滤料的密度,kg/m³,对于石英砂滤料通常取 $\rho_s = 2\,650$ kg/m³;

ρ——水的密度,kg/m³;

H_3——滤料层厚度,m;

m_0——滤料膨胀前的孔隙率。

设计中取 $\rho_s = 2\,650$ kg/m³,$\rho = 1\,000$ kg/m³,$H_3 = 0.7$ m,$m_0 = 0.41$,则

$$h'_f = \frac{2\,650 - 1\,000}{1\,000} \times (1 - 0.41) \times 0.7 \approx 0.68\ (\mathrm{m})$$

(6)总水头损失。

$$h' = h_r + h_x + h'_p + h'_g + h'_f$$

式中 h'——滤池反冲洗时的总水头损失,m。

$$h' = 0.042 + 0.001 + 0.14 + 0.057 + 0.68 = 0.92\ (\mathrm{m})$$

考虑到反冲洗时仍有部分的滤过水须经堰板流出池体,所以固定堰顶设在比排水槽顶高 0.92 m 处,这样可以保证最低水位时反冲洗强度的要求。同时,考虑到在给定膨胀率的条件下,水温每增加 1 ℃,所需的冲洗强度会相应增加 1% 的变化规律,在固定堰上增设一个活动堰板,其高度设为 250 mm,这样就能保证最高水温时的反冲洗强度的要求。活动堰板采用木叠梁结构。反冲洗时为防止冲洗水挟带空气,清水渠道内的最小水深设为 0.92 m。

6. 排水系统

(1)排水槽。

为了便于加工和维护,排水槽采用等断面的三角形混凝土槽。每格滤池中设置两条排水槽,排水槽断面的模数:

$$x' = 0.475 q_c^{0.4}$$

式中 x'——排水断面的模数;

q_c——一条排水槽的流量,m³/s。

$$q_c = 1/2 \times 0.014 \times 36 = 0.252\ (m^3/s)$$

$$x' = 0.475 q_c^{0.4} \approx 0.274\ (m)$$

根据经验，当排水槽终点断面上的流速为 0.6 m/s 时，排水槽能很好地将冲洗废水排走，因此设计中假设终点流速 $v = 0.6$ m/s，按下式对排水槽断面的模数进行核算。

$$x' = \frac{1}{2}\sqrt{\frac{q_c}{v}} = 0.5 \times \sqrt{\frac{0.252}{0.6}} \approx 0.324\ (m)$$

为安全起见，采用 $x' = 0.33$ m，槽宽为 $2 \times 0.33 = 0.66$(m)，直壁高度取 0.66 m，槽厚度采用 60 mm，设计断面如图 4.35 所示，则排水槽总高度 H 为

$$H = 0.66 + 0.33 + 0.06\cos 45° \approx 1.03\ (m)$$

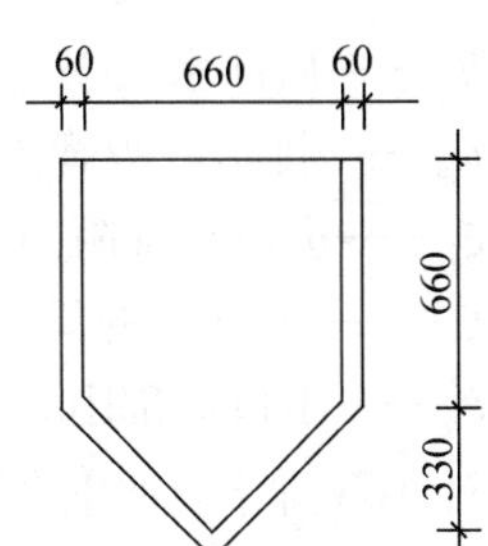

图 4.35　排水槽断面（单位：mm）

(2) 排水槽底距滤料上表面的间距。

$$H_4 = H_3 \cdot e_{max} + 0.075$$

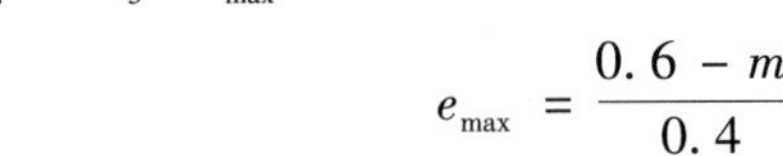

$$e_{max} = \frac{0.6 - m_0}{0.4}$$

式中　H_4——排水槽底距滤料上表面的间距，m；

H_3——滤料厚度，m，一般采用 0.7 ~ 0.8 m；

e_{max}——最大反冲洗强度时滤层的膨胀率；

m_0——滤料膨胀前的孔隙率，砂滤料一般采用 $m_0 = 0.41$。

设计中取 $H_3 = 0.7$ m，$m_0 = 0.41$，则

$$e_{max} = \frac{0.6 - 0.41}{0.4} = 0.475$$

$$H_4 = 0.7 \times 0.475 + 0.075 = 0.4075\ (m)$$

(3) 集水渠。

矩形断面集水渠内的始端水深（即集水渠底离排水槽底的距离）：

$$H_c' = 1.73 H_c = \sqrt[3]{\frac{(qf)^2}{g W_c^2}}$$

式中　H_c'——矩形断面集水渠内的始端水深，m；

H_c——排水虹吸管处的水深，m；

W_c——集水渠的宽度，m。

设计中取 $W_c = 0.7$ m，则

$$H_c' = 1.73 \times \sqrt[3]{\frac{(0.014 \times 36)^2}{9.81 \times 0.7^2}} \approx 0.649\ (m)$$

集水渠内的水头损失 h_c'：

$$h_c' = H_c' - H_c = 0.649 - 0.375 \approx 0.27\ (m)$$

设计中取集水渠的保护高度为 0.2 m，则可以确定排水虹吸管吸水口水位在排水槽底以下 0.2 + 0.27 = 0.47 (m)。

(4)排水虹吸管的水头损失。

排水虹吸管的局部水头损失为两个90°弯头、进口和出口的损失。

$$h_\xi = \sum \xi \frac{v_{排}^2}{2g} = (\xi_i + 2\xi_e + \xi_o) \frac{v_{排}^2}{2g}$$

式中 h_ξ——局部水头损失,m;

$v_{排}$——排水虹吸管内的水流速度,m/s,一般采用1.4~1.6 m/s;

ξ_i——进口局部阻力系数;

ξ_e——90°弯头的局部阻力系数;

ξ_o——出口局部阻力系数。

设计中取排水虹吸管管径为650 mm,已知反冲洗水流量为0.504 m^3/s,此时 $v_{排}$ = 1.52 m/s。取 $\xi_i = 0.5$,$\xi_e = 0.8$,$\xi_o = 1.0$,则

$$h_\xi = (0.5 + 2 \times 0.8 + 1.0) \times \frac{1.52^2}{2g} \approx 0.365 \text{ (m)}$$

排水虹吸管的沿程水头损失:

$$h_L = Li$$

式中 h_L——沿程水头损失,m;

L——排水虹吸管长度,m;

i——水力坡度。

查水力计算表得 $i = 0.204\%$,设计中取 $L = 10$ m,则

$$h_L = 10 \times 0.204\% \approx 0.02 \text{ (m)}$$

总水头损失 $h_{mf} = h_\xi + h_L = 0.365 + 0.02 = 0.385$(m)。

(5)排水堰。

堰上水头:

$$h_{yw} = \left(\frac{qf}{1.84 \times W_y}\right)^{\frac{2}{3}}$$

式中 h_{yw}——堰上水头,m;

W_y——堰宽,m。

设计中取堰宽 $W_y = 4$ m,则

$$h_{yw} = \left(\frac{0.014 \times 36}{1.84 \times 4}\right)^{\frac{2}{3}} = 0.165 \text{ (m)}$$

集水渠内水位和排水固定堰堰顶的高程差:

$$H_{yw} = h_f + h_{yw}$$

式中 H_{yw}——集水渠内水位和排水固定堰堰顶的高程差,m。

$$H_{yw} = 0.385 + 0.165 = 0.55 \text{ (m)}$$

图4.36为排水堰计算示意图。

7. 高程布置

根据前面各部分的计算,得出图4.37所示的虹吸滤池的高程布置示意图。

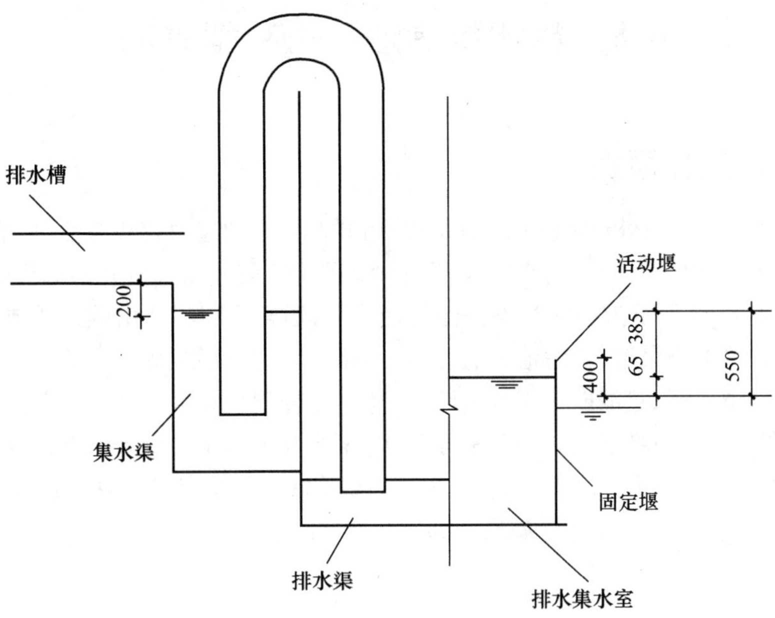

图4.36 排水堰计算示意图(单位:mm)

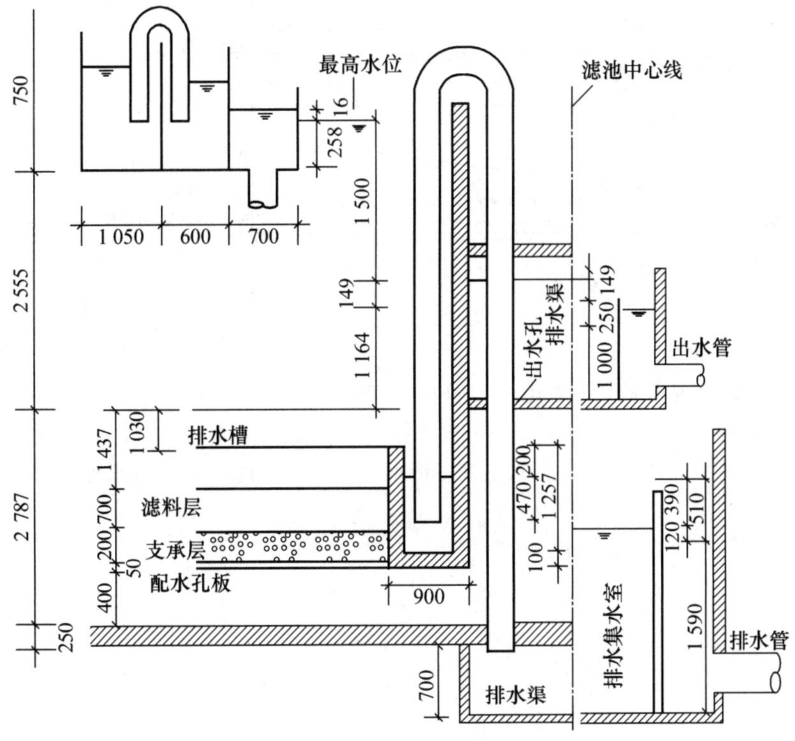

图4.37 虹吸滤池的高程布置示意图(单位:mm)

4.8 粗滤料滤池——V 型滤池

4.8.1 工作原理

V 型滤池是由法国得利满(Degremont)公司开发的一种重力式快滤池,目前在我国的应用日益增多,适用于大、中型水厂。V 型滤池因两侧(或一侧也可)进水槽设计成 V 字形而得名。图 4.38 所示为一座 V 型滤池构造简图,通常一组滤池由数只滤池组成,每只滤池中间为双层中央渠道,将滤池分成左、右两格。渠道上层是排水渠 7 供冲洗排污用;下层是气、水分配渠 8,过滤时汇集滤后清水,冲洗时分配气和水。气、水分配渠 8 上部设有一排配气方孔 10,下部设有一排配水方孔 9。V 形槽底设有一排小孔 6,既可在过滤时进水用,冲洗时又可供横向扫洗布水用,这是 V 型滤池的一个特点。滤板上均匀布置长柄滤头,每平方米布置 50 ~60 个。滤板下部是底部空间 11。

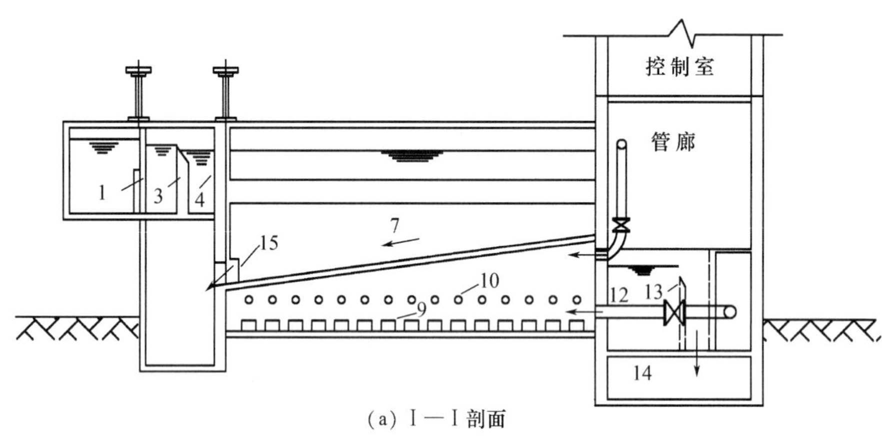

(a) Ⅰ—Ⅰ剖面

1—进水气动隔膜阀;2—方孔;3—堰口;4—侧孔;5—V 形槽;6—小孔;7—排水渠;8—气、水分配渠;9—配水方孔;10—配气方孔;11—底部空间;12—水封井;13—出水堰;14—清水渠;15—排水阀;16—清水阀;17—进气阀;18—冲洗水阀

图 4.38 V 型滤池构造简图

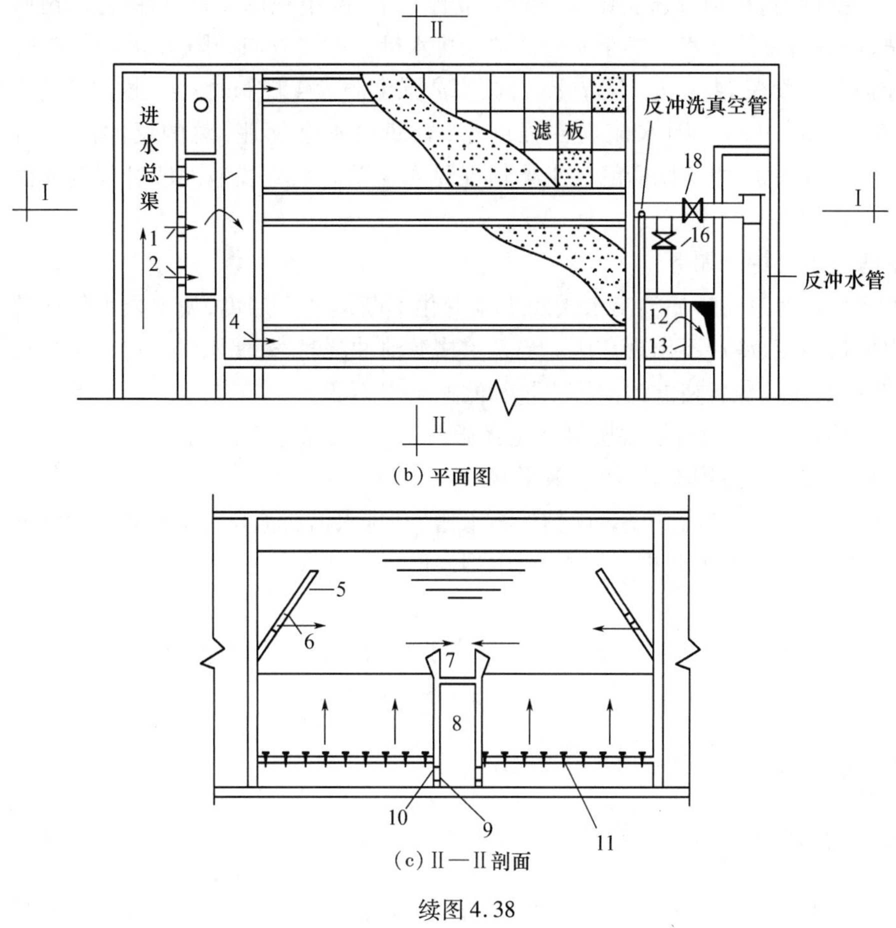

(b)平面图

(c)Ⅱ—Ⅱ剖面

续图4.38

过滤过程:待滤水由进水总渠经进水气动隔膜阀1和方孔2,溢过堰口3再经侧孔4进入V形槽5。待滤水通过V形槽底小孔6和槽顶溢流,均匀进入滤池,而后通过砂滤层和长柄滤头流入底部空间11,再经配水方孔9汇入中央气、水分配渠8内,最后由管廊中的水封井12、出水堰13、清水渠14流入清水池。滤速可在7~20 m/h范围内选用,视原水水质、滤料组成等决定,可根据滤池水位变化自动调节出水蝶阀开启度来实现等速过滤。

冲洗过程:首先关闭进水气动隔膜阀1,但两侧方孔2常开,故仍有一部分水继续进入V形槽5并经槽底小孔6进入滤池。而后开启排水阀15将池面水从排水渠中排出直至滤池水面与V形槽顶相平。冲洗操作可采用“气冲→气、水同时反冲→水冲”3步;也可采用“气、水同时反冲→水冲”2步。3步冲洗过程为:①启动鼓风机,打开进气阀17,空气经气、水分配渠8的上部小孔10均匀进入滤池底部,由长柄滤头喷出,将滤料表面杂质擦洗下来并悬浮于水中。由于V形槽底小孔6继续进水,在滤池中产生横向水流,形同表面扫洗,将杂质推向中央排水渠7。②启动冲洗水泵,打开冲洗水阀18,此时空气和水同时进入气、水分配渠8,再经配水方孔9和配气方孔10和长柄滤头11均匀进入滤池,使滤料得到进一步冲洗同时,横向冲洗仍继续进行。③停止气冲,单独用水再反冲洗几分钟,加上横向扫洗,最后将悬浮于水中的杂质全部冲入排水槽。冲洗方向如图 4.38 中箭头所示。

气冲强度一般在 14 ~ 17 L/(m^2 · s)内,水冲强度约为 4 L/(m^2 · s),横向扫洗强度为 1.4 ~ 2.0 L/(m^2 · s)。因水流反冲强度小,故滤料不会膨胀,总的反冲洗时间约为 10 min。气、水同时反冲及长柄滤头工作情况见 4.4 节。V 型滤池冲洗过程全部由程序自动控制。

V 型滤池主要特点如下:

①恒水位等速过滤。滤池出水阀随水位变化不断调节开启度,使池内水位在整个过滤周期内保持不变,滤层不出现负压。当某单格滤池冲洗时,待滤水继续进入该格滤池作为表面扫洗水,使其他各格滤池的进水量和滤速基本不变。

②采用均粒石英砂滤料,滤层厚度比普通快滤池厚,深层截污,截污量也比普通快滤池大,故滤速较高,过滤周期长,出水效果好。

③V 形进水槽(冲洗时兼做表面扫洗布水槽)和排水槽沿池长方向布置。单池面积较大时,有利于布水均匀,因此更适用于大、中型水厂。

④承托层较薄。

⑤冲洗采用空气、水反冲和表面扫洗,提高了冲洗效果并节约冲洗用水。

⑥冲洗时,滤层保持微膨胀状态,避免出现跑砂现象。

4.8.2 设计要点与计算公式

1. 滤速和过滤周期

(1)滤速:可采用较高的滤速。当用于饮用水时,正常滤速宜采用 6 ~ 10 m/h,强制滤速宜采用 10 ~ 13 m/h。

(2)过滤周期:一般采用 24 ~ 36 h。

(3)滤层水头损失:冲洗前的滤层水头损失可采用 2.0 ~ 2.5 m。

(4)滤层表面以上水深:不应小于 1.2 m。

2. 滤池单池尺寸及滤池个数

(1)单池尺寸:为保证冲洗时表面扫洗及排水效果,单格滤池宽度宜在 4 m 以内,最大为 5 m。无资料时,可参考表 4.15。

表 4.15 滤池尺寸及面积

宽度/m	长度/m	单格面积/m^2	双格面积/m^2
3	8 ~ 13	24 ~ 39	48 ~ 78
3.5	8 ~ 14.3	28 ~ 50	56 ~ 100
4	11.5 ~ 16.3	46 ~ 65	92 ~ 130
4.5	12.2 ~ 17.8	55 ~ 80	110 ~ 160
5	14 ~ 20	70 ~ 100	140 ~ 200

(2)滤池个数:单池过滤面积最大可达 210 m^2。滤池个数应经技术经济比较后确定。无资料时,可参考表 4.16。

表 4.16　过滤面积与滤池个数

滤池总过滤面积/m^2	滤池个数/个	滤池总过滤面积/m^2	滤池个数/个
80 ~ 400	4 ~ 6	800 ~ 1 000	8 ~ 12
400 ~ 600	4 ~ 8	1 000 ~ 1 200	12 ~ 14
600 ~ 800	6 ~ 10	1 200 ~ 1 600	12 ~ 16

3. 滤池布置

就整体而言,V 型滤池的布置可分为单排及双排布置;就单池而言,可分为单格及双格布置。当滤池的个数少于 5 时,可采用单排布置;反之,可采用双排布置。单池内的分格布置一般都采用双格对称布置。

4. 滤料及承托层

(1)滤料采用均粒石英砂,其粒径大小应根据进水水质、处理要求及采用混凝剂类型等因素确定。滤料的一般技术要求如下:

①有效粒径一般为 0.85 ~ 1.20 mm。

②不均匀系数 $K_{80} \leqslant 1.4$。

③具有良好的机械强度,经质量分数为 20% 的盐酸溶液浸泡 24 h 后,质量减少应小于 2% 。

(2)滤层厚度一般在 1.20 ~ 1.50 m 之间。

(3)滤池滤帽顶至滤料层之间的承托层厚度为 50 ~ 100 mm,采用粒径为 2 ~ 4 mm的粗石英砂。

5. 进水及布水系统

进水及布水系统由以下部分组成:进水总渠、进水孔、控制阀、溢流堰、过水堰板及 V 形槽,如图 4.39 所示。

V 型滤池的进水系统应设置进水总渠,进水总渠到各格滤池的进水孔一般应有两个,即主进水孔和扫洗进水孔。当滤池处于过滤状态时,两个进水孔均开启;当滤池冲洗时,主进水孔关闭,扫洗进水孔开启,此时进水量为扫洗水量。主进水孔一般设电动或气动闸板阀,扫洗进水孔也可设手动闸板阀。目前有些国内设计的 V 型滤池取消了扫洗进水孔,直接通过主进水孔阀门开或关来控制表面扫洗。

每格滤池进水应设可调整高度的堰板,使各格滤池进水量相同。进水槽 1、2 的底面不应高于 V 形槽底。

V 型滤池进水槽断面应按非均匀流满足配水均匀性的要求计算确定,其斜面与池壁的倾斜度宜采用 45° ~ 50°。进水槽的槽底配水孔口至中央排水槽边缘的水平距离宜在

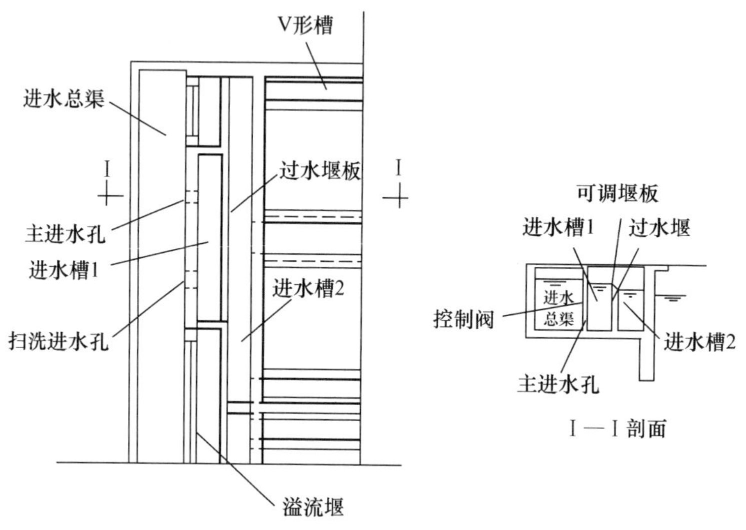

图 4.39　进水及布水系统示意

4 m以内，最大为5 m。表面扫洗配水孔的预埋管纵向轴线应保持水平。

V 形槽在过滤时处于淹没状态，槽内设计始端流速不大于 0.6 m/s；冲洗时池水位下降，槽内水面低于斜壁顶 50～100 mm，如图 4.40 所示。V 形槽底部布水孔沿槽长方向均匀布置，内径一般为 20～30 mm，过孔流速为 2.0 m/s 左右，孔中心一般低于用水单独冲洗时池内水面 50～150 mm。

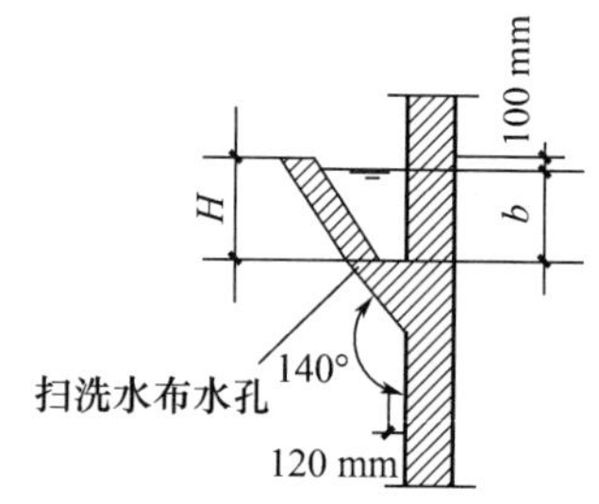

图 4.40　V 形槽示意

进水总渠侧可设溢流堰，以防止滤池超负荷运行，溢流堰顶高度根据设计允许的超负荷要求确定。

6. 冲洗系统

V 型滤池采用气、水反冲洗方式，冲洗强度和冲洗时间见表 4.8。冲洗水可由冲洗水泵或冲洗水箱供应，以采用冲洗水泵供应较多。

(1) 采用冲洗水水泵时，泵房设计要点如下：

①为了适应不同冲洗阶段对冲洗水量的要求，冲洗水泵宜采用两用一备组合，单泵流量按气、水同时冲洗时的水冲洗强度确定，在单水冲洗阶段可采用两台水泵并联供水。

②冲洗水泵扬程及冲洗水箱高度可按公式(4.53)计算，其中配水系统水头损失可采用滤头水头损失。

③冲洗水泵的吸水井宜有稳定水位的措施。

④冲洗泵房宜与滤池合建。

⑤冲洗水泵的安装应符合泵房设计的有关规定。

(2)采用冲洗水箱时,泵房设计要点如下:

①冲洗水箱高度按公式(4.51)计算。

②冲洗水箱容积可按单个滤池冲洗用水量的2倍考虑。

③水箱进水量应保证水箱在滤池冲洗间歇时间内充满。

④冲洗水箱出水管上应设流量调节装置,并装设压力计。

(3)V型滤池冲洗气源的供应宜用鼓风机,并设置备用机组。反冲洗空气总管的管底应高于滤池的最高水位。

鼓风机房设计要点如下:

①鼓风机压力计算参见公式(4.63)~(4.65)。

a.鼓风机直接供气。

先气后水冲洗时,鼓风机出口处的静压力应为输配气系统的压力损失和富余压力之和。

$$H_A = h_1 + h_2 + 9\,810Kh_3 + h_4 \tag{4.63}$$

式中 H_A——风机出口处的静压,Pa;

h_1——输气管道的压力总损失,Pa;

h_2——配气系统的压力损失,Pa;

K——系数,1.05~1.10;

h_3——配气系统出口至空气溢出面的水深,m;

h_4——富余压力,取4.900 Pa。

采用长柄滤头气、水同时冲洗时,

$$H_A = h_1 + h_2 + h_4 + h_5 \tag{4.64}$$

式中 h_5——气水室中的冲洗水水压,Pa;

其余符号——同公式(4.63)。

b.空压机串联储气供气。

空压机容量可按公式(4.65)计算:

$$W = (0.06qFt + VP)K/t \tag{4.65}$$

式中 W——空压机容量,m^3/min;

q——空气冲洗强度,L/(m^2·s);

F——单个滤池面积,m^2;

t——单个滤池设计冲洗时间,min;

V——中间储气容积,m^3;

P——储气罐可调节的压力倍数;

K——漏损系数,1.05~1.10。

计算时,尚应复核滤池冲洗间隔时储气罐的补给。

②鼓风机应有备用机组。

③输气管应有防止滤池中的水倒灌的措施;输气管上宜装设压力计、流量计。

④鼓风机房内的有关配置等设计,应符合相关规范规定。振动和噪声应满足有关部

门规定。

⑤机房宜靠近滤池。

7. 配气配水系统

V 型滤池宜采用长柄滤头配气、配水系统。该系统由配气配水渠、气水室、滤板及滤头等组成,如图 4.23 和图 4.41 所示。

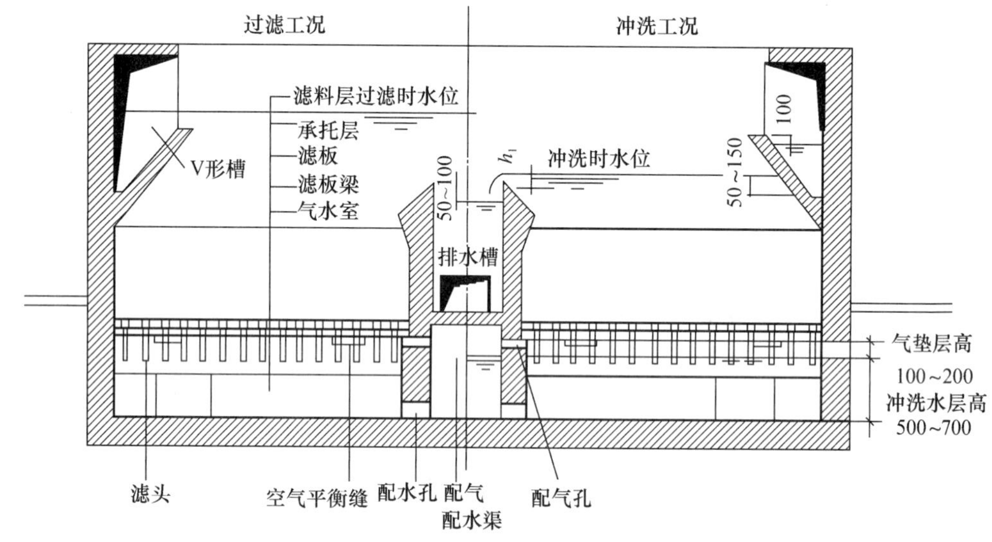

图 4.41 V 型滤池剖面(单位:mm)

(1)配气配水渠:配气配水渠的功能是在过滤时收集滤后水,在冲洗时沿池长方向分布冲洗空气和冲洗水。进气干管管顶宜平渠顶,进水干管管底宜平渠底。

配气配水渠断面尺寸的确定应满足以下条件:

①进口处冲洗水流速:一般小于等于 1.5 m/s。

②进口处冲洗空气流速:一般小于等于 5 m/s。

③断面尺寸应和排水槽及气水室相配合,并能满足施工要求。

(2)气水室:滤池池底以上、滤板底以下组成的空间称为气水室。冲洗时,冲洗空气在气水室上部形成稳定的空气层(又称为气垫层)。气垫层厚度一般为 100 ~ 200 mm。气水室下部为冲洗水层(图 4.42)。

气水室的设计要点如下:

①配气孔孔顶宜与滤板板底平,有困难时,可低于板底,但高差不宜超过 30 mm,配气孔布置应避开滤梁,过孔流速为 10 ~ 15 m/s。

②配水孔孔底应与池底平,孔口流速为 1.0 ~ 1.5m/s。

③支承滤板的滤板梁应垂直于配气配水渠,且梁顶应留空气平衡缝,缝高 20 ~ 50 mm,长为 1/2 滤板长,布置在每块滤板的中间部位。

④气水室宜设检查孔,检查孔可设在管廊侧池壁上,孔径大于等于 400 mm,孔底与气

水室底平。

(3)滤头及滤板。

为保证气水分布均匀,应控制同格滤池所有滤头、滤帽或滤柄顶表面在同一水平高程,其误差不得大于 ±5 mm。预制滤板布置如图4.42所示。

①滤头:滤头用无毒塑料制成,由滤帽、滤柄、预埋套组成。

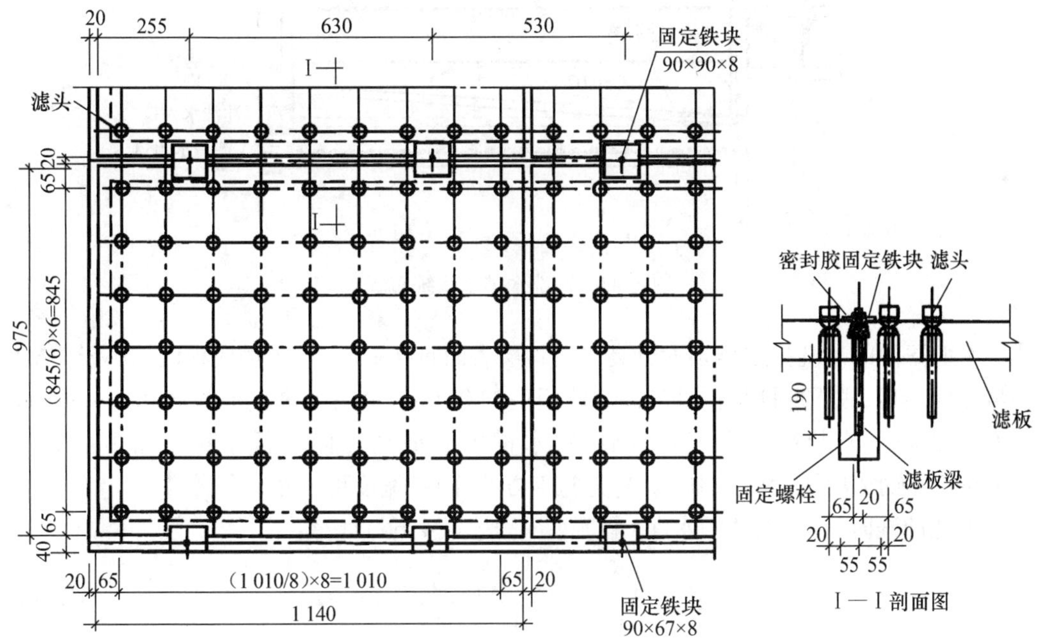

图4.42　预制滤板布置(单位:mm)

滤帽上开有许多细小缝隙,缝隙宽度和开孔面积根据不同产品而有差异。滤柄内径一般为14~21 m,上部开有进气孔,下部有条形缝,用于控制气垫层厚度。冲洗时空气由条形缝上部进入,水从条形缝下部及滤柄底部进入。

滤头的滤柄长度为:滤板厚度+气垫层厚度+50 mm(淹没水深)。

②滤头个数的确定:滤头、滤帽缝隙总面积与滤池过滤面积之比(值)应在1.25%~2.0%之间。一般每平方米滤池布置30~50个滤头。

③滤头水头损失计算按长柄滤头的基本资料计算。

④滤板必须满足以下条件:

a.具有足够的强度和刚度。施工时能承受施工荷载和滤料质量,冲洗时能承受冲洗水和空气的压力。

b.滤板表面应光滑平整,每块板的水平误差应小于 ±1 mm;安装时,整个池内板面的水平误差不得大于 ±3 mm;

c.钢筋混凝土板内钢筋保护层厚度应符合相应的结构设计规范。滤板间的接缝密封措施必须严密、可靠,不得漏气、漏水。

d. 滤板可以是预制混凝土，也可以是强化塑料板。每块滤板的面积在 1 ~ 1.3 m 之间。同一水厂宜使用一种规格的滤板。

8. 冲洗水排水系统

冲洗水排水系统包括排水槽及排水渠，如图 4.43 所示。

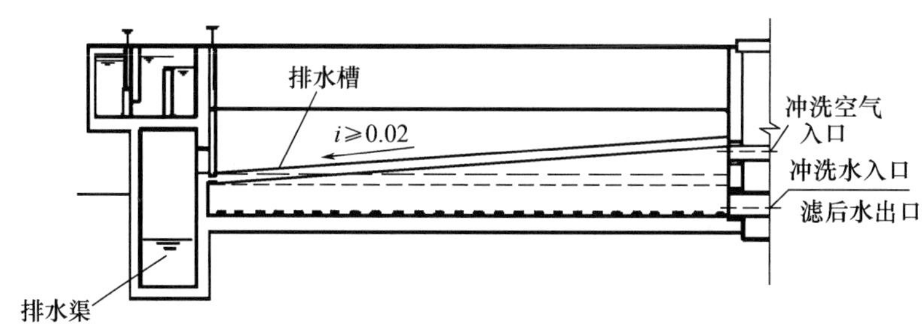

图 4.43　冲洗水排水系统布置

V 型滤池的冲洗排水槽顶面宜高出滤料层表面 500 mm。排水槽底板以不小于 2% 的坡度坡向出口；底板底面最低处应高出滤板底约 0.1 m，最高处高出滤板底 0.4 ~ 0.5 m，使有足够高度安装冲洗空气进气管；排水槽内的最高水面宜低于排水槽顶面 50 ~ 100 mm。排水槽下部为配气配水渠，为施工方便，两者宽度可一致。

滤池冲洗时，排水槽顶的水深（堰顶水深）按式(4.66)计算：

$$h_1 = \left[\frac{(q_1 + q_3)B}{0.42\sqrt{2g}}\right]^{\frac{2}{3}} \tag{4.66}$$

式中　h_1——排水槽顶的水深，m；

q_1——表面扫洗水强度，$m^3/(s \cdot m^2)$；

q_3——水冲洗强度，$m^3/(s \cdot m^2)$；

B——单边滤床宽度，m；

g——重力加速度，9.81 m/s^2。

排水渠设在管廊相对一侧，排水槽出口设置电动或气动闸阀，出口流速可按 1.0 ~ 1.5 m/s 设计。

9. 滤池高度

滤池高度可用式(4.68)计算：

$$H = H_1 + H_2 + H_3 + H_4 + H_5 + H_6 + H_7 \tag{4.67}$$

式中　H_1——气水室高度，m，一般采用 0.7 ~ 0.9 m；

H_2——滤板厚度，m，预制板一般采用 0.1 ~ 0.15 m，整浇板一般采用 0.2 ~ 0.3 m；

H_3——承托层厚度，m，一般为 0.05 ~ 0.1 m；

H_4——滤料层厚度，m，一般为 1.2 ~ 1.5 m；

H_5——滤层上面水深，m，一般为 1.2 ~ 1.5 m；

H_6——进水系统跌差(包括进水槽、孔眼和进水堰跌水),m,一般为0.3 ~0.5 m;

H_7——进水总渠超高,m,一般为0.3 ~0.5m。

10. 滤后水出水稳流槽

(1)槽内水面标高与滤料层底面标高基本持平。

(2)槽内水深为2 ~2.5 倍滤后水出水管管径,出水管应为淹没流,管顶不应高出溢流堰堰顶。

(3)溢流堰堰上水深取0.2 ~0.25 m,按薄壁无侧收缩非淹没出流堰计算确定堰宽和堰顶标高。

11. 管廊布置

管廊布置时应注意:

(1)空气干管应高于滤池待滤水位,防止水倒流入空气管。

(2)各格滤池进气控制阀后应设排气支管,排气支管可以设在空气管上,也可从配水配气渠最高点接出。排气支管出口应高于滤池顶面 50 ~ 100 mm,管上设电动阀或电磁阀。

(3)管廊门及通道应能通过最大配件,配件较重时,可设置起重设备。

(4)管廊内应有良好的防水、排水和适当的通风、照明设施。

12. 管(渠)流速

管(渠)设计流速范围参见表4.17。

表4.17 管(渠)设计流速范围

名称	待滤水进水总渠	滤后水总管渠	冲洗水输水管	冲洗空气输气管	排水总渠
流速/($m \cdot s^{-1}$)	0.7 ~1	0.6 ~1.2	2 ~3	0 ~15	0.7 ~1.5

4.8.3 V型滤池设计计算举例

【设计计算举例4.4】设计处理能力100 000 m^3/d 的V 型滤池:

①设计水量:Q =1.05 ×100 000 =105 000 m^3/d(包括厂自用水5%)。

②设计数据:滤速 v =9 m/h。

③冲洗强度:第一步气冲,强度为15 L/(m^2 · s);第二步气、水同冲,气冲强度同前,水冲强度为2.8 L/(m^2 · s);第三步单水冲,强度5 L/(m^2 · s),表面扫洗,利用1 个滤池的过滤水量。

④冲洗周期为24 h,冲洗时间为15 min。气源由鼓风机提供,冲洗水由水泵提供。

【设计计算过程】

1. 滤池面积

$$F = \frac{Q}{vT} = \frac{105\ 000}{9 \times (24 - 15/60)} \approx 491\ (\mathrm{m}^2)$$

采用池数 $N=6$,双排布置,每池面积为

$$f = \frac{F}{N} = \frac{491}{6} \approx 81.8\ (\mathrm{m}^2)$$

2. 单个滤池设计

单个滤池长宽布置参照表 4.14,确定采用 6 个滤池,每个滤池为双格,单格尺寸为 3.5 m×12 m,本例每格净尺寸定为 2 个×12 m×3.5 m。

实际单个过滤面积:

$$f_{实} = 2 \times 12 \times 3.5 = 84\ (\mathrm{m}^2)$$

实际滤速:

$$v = \frac{Q}{FT} = \frac{105\ 000}{84 \times 6 \times (24 - 15/60)} \approx 8.8\ (\mathrm{m/h})$$

滤池冲洗时强制流速:

$$v_{强} = v \cdot \frac{6}{6-1} \approx 10.6\ (\mathrm{m/h})$$

3. 滤池高度

气水室高度:H_1,采用 0.8 m。

滤板厚度:H_2,采用 0.1 m。

承托层厚度:H_3,采用 0.1 m。

滤料层厚度:H_4,采用 1.2m。

滤层上面水深:H_5,采用 1.25 m。

进水系统跌差:H_6,采用 0.25 m。

进水总渠超高:H_7,采用 0.5 m。

滤池总高度:

$$H = H_1 + H_2 + H_3 + H_4 + H_5 + H_6 + H_7 = 10.8 + 0.1 + 0.1 + 1.2 + 1.25 + 0.25 + 0.5 = 4.20\ (\mathrm{m})$$

4. 滤池各种管渠计算

滤池各种管渠计算见表 4.18。

表4.18 滤池各种管渠计算

管渠名称	流量/($m^3 \cdot s^{-1}$)	管渠断面尺寸	流速/($m \cdot s^{-1}$)
进水总渠	0.61	0.8 m×0.9 m	0.85
单格滤池进水阀	0.20	0.5 m×0.5 m	0.81
冲洗水管	0.42	D=500 mm	2.14
冲洗空气管	1.26	D=350 mm	13.3
单格滤池出水管	0.20	D=500 mm	1.03

5. 配水配气系统

(1)滤头滤板。

滤板尺寸采用:975 mm×1 140 mm;

单格滤板数量为 3×12=36(块);

每块滤板滤头数:7×9=63(只);

每1 m^2 滤头实际分布数:54只;

每只滤头缝隙面积:2.88 cm^2(厂家提供);

开孔比:$\beta = 2.88 \times 10^{-4} \times 54 = 1.56\%$。

(2)气水室配水孔。

孔口流速:采用1.0 m/s;

冲洗水流量:$Q_{水} = 5 \times 84 \div 1\ 000 = 0.42$ (m^3/s)(单水冲强度为5 L/($m^2 \cdot s$));

双侧布孔孔口数:58只;

孔口尺寸:采用60 mm×60 mm方孔;

孔口总面积:$F_{水} = 2 \times 58 \times 0.06 \times 0.06 \approx 0.418$ (m^2);

实际孔口流速:$v_{水} = 0.42 \div 0.418 \approx 1.0$ (m/s)。

(3)气水室配气孔。

孔口流速:采用15 m/s;

空气流量:$Q_{气} = 15 \times 3.6 \times 84 = 4\ 536$ (m^3/h) $= 1.26$ m^3/s(气冲强度15 L/($m^2 \cdot s$));

双侧布孔,孔口数58只;

孔口尺寸:采用ϕ32 mm孔;

配气孔总面积:$F_{气} = 0.785 \times 0.032^2 \times 2 \times 58 = 0.093$ (m^2);

实际孔口流速:$v_{气} = 1.26 \div 0.093 \approx 13.5$ (m/s)。

6. V形槽

V形槽扫洗流量等于1个滤池的过滤水量,$Q_{扫} = 84 \times 8.8 \approx 739$ (m^3/h) ≈ 0.205 m^3/s;

设扫洗孔 ϕ32 mm,共 132 只(每条 V 形槽有 66 只),孔总面积:$0.785\times0.032^2\times132\approx0.106\ (m^2)$;

孔口流速:

$$v=\frac{0.205}{0.106}\approx1.93\ (m/s)$$

7. 冲洗水排水系统

排水槽水量:$Q_{排}=Q_{水}+Q_{扫}=(2.4+5)\times84\div1\ 000\approx0.62\ (m^3/s)$(扫洗强度为 2.4 L/($m^2$·s))。

排水槽净宽度为 1 m,采用 0.05 的底板坡度坡向出口,槽底最低点高出滤板底的距离采用 0.1 m。

水冲洗加表面扫洗时,排水槽顶水深:

$$h_1=\left[\frac{(q_1+q_3)B}{0.42\sqrt{2g}}\right]^{\frac{2}{3}}=\left[\frac{(2.4+5)\times10^{-3}\times3.5}{0.42\sqrt{2\times9.81}}\right]^{\frac{2}{3}}\approx0.05\ (m)$$

排水槽出口阀门采用 700 mm×700 mm 气动闸板阀,过孔流速约为 1.26 m/s。

8. 冲洗水泵计算

(1)冲洗水泵流量。

①气、水同冲时:$Q_{小}=2.8\times84\div1\ 000\approx0.24\ (m^3/s)$;

②单水冲洗时:$Q_{大}=5\times84\div1\ 000=0.42\ (m^3/s)$。

冲洗水泵扬程计算。

设排水槽顶与吸水池水面高差:$H_0=2.5$ m;

水泵吸水口至滤池的输水管水头损失:$h_1=4.0$ m(具体计算略)。

配水系统的总水头损失:h_2,取 0.20 m。

承托层的水头损失:h_3,拟忽略不计。

滤料层的水头损失:

$$h_4=\frac{\rho_s-\rho}{\rho}(1-m_0)L_0=\frac{2\ 650-1\ 000}{1\ 000}\times(1-0.41)\times1.2\approx1.17\ (m)$$

富余扬程:h_5,取 1.0 m。

水泵扬程:

$H_P=H_0+h_1+h_2+h_3+h_4+h_5=2.5+4.0+0.2+0+1.17+1.00=8.87\ (m)$,取 9.0 m。

设水泵 3 台,单台流量为 0.21 m^3/s,扬程为 9.0 m,大水冲洗时两用一备,小水冲洗时 1 台开启。

9. 鼓风机计算

(1)鼓风机风量:$Q=1.05\times15\times84\times10^{-3}\approx1.32\ (m^3/s)$。

(2)鼓风机出口压力。

输气管的压力损失：$p_1=300\ \mathrm{Pa}$(具体计算略)；

配气系统的压力损失：$p_2=200\ \mathrm{Pa}$；

气水室中的水压力：$p_3=9\ 810(h_2+h_3+h_4+h_0)$。

其中：

配水系统的总水头损失：$h_2=0.2\ \mathrm{m}$；

承托层的水头损失忽略不计：$h_3=0.00\ \mathrm{m}$；

滤料层的水头损失：$h_3=1.17\ \mathrm{m}$；

气水室中水面至冲洗排水槽顶溢流水面的高差：$h_0=2.0\ \mathrm{m}$。

$p_3=9\ 810\times(h_2+h_3+h_4+h_0)=9\ 810\times(0.2+0+1.17+2.0)\approx 33\ 060\ (\mathrm{Pa})$；

富余压力取：$p_4=4\ 900\ \mathrm{Pa}$；

鼓风机出口压力：$p=p_1+p_2+p_3+p_4=3\ 000+2\ 000+33\ 060+4\ 900=42\ 960\ (\mathrm{Pa})$；

设共有鼓风机2台，单台风量为1.32 $\mathrm{m^3/s}$，出口压力为45 kPa，一用一备。

4.9 翻板滤池

4.9.1 概述

翻板滤池又称为苏尔寿滤池，是瑞士苏尔寿(Sulzer)公司下属的技术工程部(现称瑞士CTE公司)的研究成果。所谓“翻板”，是因其反冲洗排水舌阀在工作过程中可以在0°~90°间翻转而得名。

翻板滤池具有截污量大、过滤效果好，反冲洗后滤料洁净度高等诸多优点，并且滤池结构简单、投资省，因此近年来在我国逐渐得以推广应用。

4.9.2 工作原理

翻板滤池工作原理如图4.44所示。翻板滤池在过滤时，进水通过溢流堰均匀流入滤池，按照恒水位过滤方式，自上而下进行过滤，其正常过滤状态如图4.44(a)所示。反冲洗时，先关闭进水阀，待池内余水水位滤至滤料表面20~30 cm时，关闭出水阀门，按照气冲、气水混冲、水冲三个阶段进行冲洗，冲洗结束后开启排水舌阀，排出冲洗废水，反冲洗状态如图4.44(b)所示。翻板滤池采用闭阀反冲洗，可实现滤料层大强度膨胀冲洗，冲洗比较彻底、干净，而滤料又不易流失。这一区别于其他滤池的基本特点可使翻板滤池的滤料可以有双层滤料或活性炭滤料、砂滤料等多样性选择。由于冲洗过程中不排水，故可以减少冲洗水耗。

翻板滤池的配水系统属于中(小)阻力配水系统，采用独特的上下双层配气配水层形式，由横向配水管、竖向配水管和竖向配气管组成。这种独特的结构特点使得翻板滤池获得较其他类型滤池更均匀的配水配气性能。

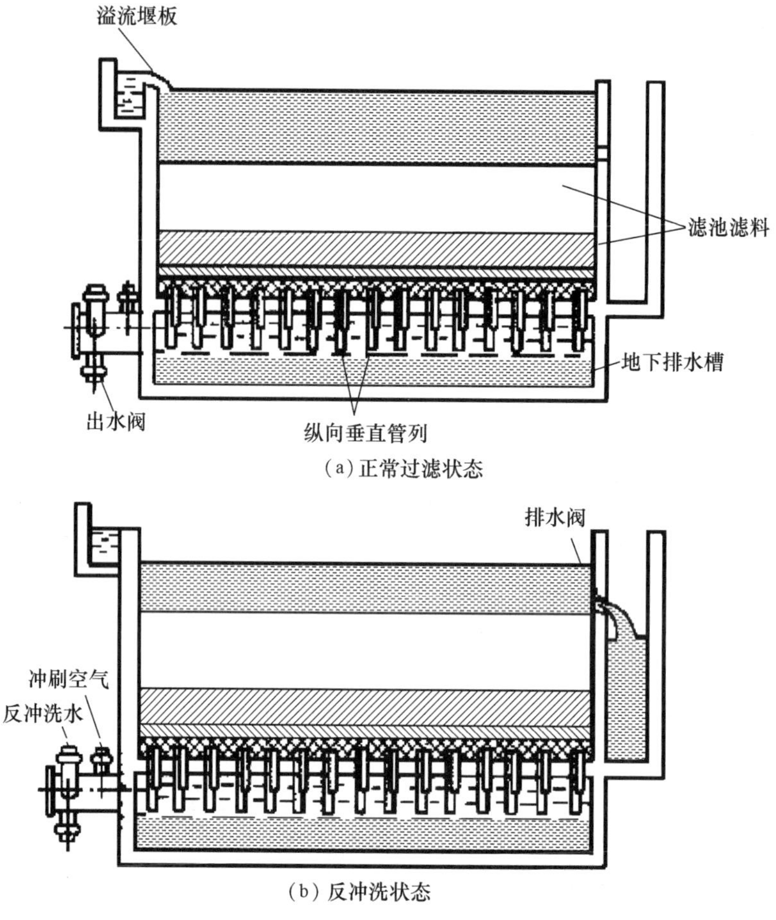

图 4.44　翻板滤池工作原理

翻板滤池底部采用级配的卵石承托层,滤料一般不会从底部流失。翻板滤池的反冲洗方式也与其他类型气、水反冲洗滤池不同:翻板滤池采用闭阀冲洗方式,冲洗过程分为"气冲 + 气水联冲 + 水冲""单独水冲"两大阶段,无论水冲、气冲时都不向外排水,一个反冲洗阶段结束后,静止数十秒后才开启排水舌阀排放反冲洗废水,从而保证了上层的轻质滤料在排污时流失较少。因此翻板滤池基本不会出现滤料流失现象。

4.9.3　设计要点

1. 滤料及承托层

根据滤池进水水质与对出水水质要求的不同,可选择单层均质滤料或双层、多层滤料,亦可更改滤层中的滤料。一般单层均质滤料采用石英砂(或陶粒);双层滤料为无烟煤与石英砂(或陶粒与石英砂)。当滤池进水水质差(如原水受到微污染,含 TOC 较多)时,可用颗粒活性炭置换无烟煤等滤料。

滤料厚度一般为 1.5 m。当采用双层滤料时,则可采用:

上层滤料采用陶粒(或石英砂),粒径为1.6~2.5 mm,厚800 mm;下层滤料采用石英砂(无烟煤或活性炭),粒径为0.7~1.2 mm,厚700 mm。

翻板滤池承托层采用3~12 mm分层砾石,厚度一般为0.45 m。

2. 滤速、过滤周期和滤层水头损失

(1)滤速:单层滤料时滤速为8~10 m/h,双层滤料时滤速为9~12 m/h。

(2)过滤周期:过滤周期一般采用40~70 h。

(3)滤层水头损失:冲洗前的滤层水头损失可采用2.0 m。

3. 单池尺寸和滤池布置

考虑到翻板排水及面包管布水、布气的均匀性,翻板滤池单池面积不宜过大,宽度一般不宜大于6 m,长度不宜超过15 m。

滤池布置可参照普通快滤池(4.5节)和V型滤池(4.8节)。

4. 冲洗系统

翻板滤池一般冲洗过程如下:

(1)当过滤水头损失达设定值(一般为2 m)时,关闭进水阀并继续过滤,降低水位至砂面上约0.15 m,关闭出水阀。

(2)开启反冲气阀,进行空气擦洗,强度约为17 L/(m^2·s),持续3 min。

(3)保持气冲,增加水冲,强度为3~4 L/(m^2·s),持续4~5 min;此时滤池中水位持续上涨。

(4)关闭气冲阀门,加大水冲强度至15~16 L/(m^2·s),持续1 min,此时水位约达过滤时的最高水位。

(5)静止20~30 s,开启排水翻板阀,先开50%,然后开至100%(图4.45);冲洗结束后20~30 s,待滤料沉降而污物仍呈悬浮状态时,开启排水舌阀排放反冲洗废水。

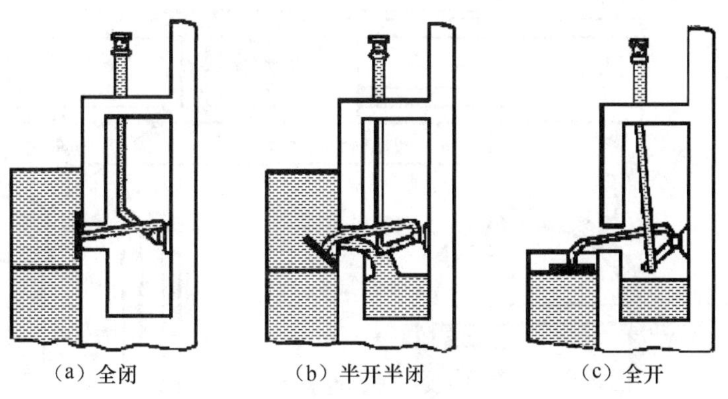

图4.45 翻板阀开启方式示意图

排水结束后,再进行二次冲洗,程序同上。一般通过两次反冲洗后,滤料中含污率低于0.1 kg/m^3,并且附着在滤料上的小气泡也基本上被冲掉。然后开启进水阀门,待池中

水位达一定高度时，开出水阀门，进入新一轮过滤周期。图 4.46 为翻板示意图。

图 4.46　翻板滤池的翻板示意图

翻板滤池反冲洗采用“反冲—停冲—排水”的过程，因此也称为序批式反冲洗滤池。

滤池冲洗供气一般采用鼓风机，供水采用水泵或冲洗水箱。如采用水泵冲洗，则需采用大、小水泵搭配来满足不同水冲强度的要求；若采用水箱（水塔）冲洗，可放置大小两根水箱出水主管或一根主管上安装调流控制阀，并安装流量计，便于调控冲洗强度。

5. 配气配水系统

翻板滤池采用独立纵向布水、布气管和横向布水管组成的配气配水系统（图 4.47）。翻板滤池底部的配气配水管施工安装中容易调整，使其在滤池底板上下形成两个均匀的气垫层，从而保证反冲洗时布气布水均匀，避免气水分配出现脉冲现象，影响反冲洗效果。

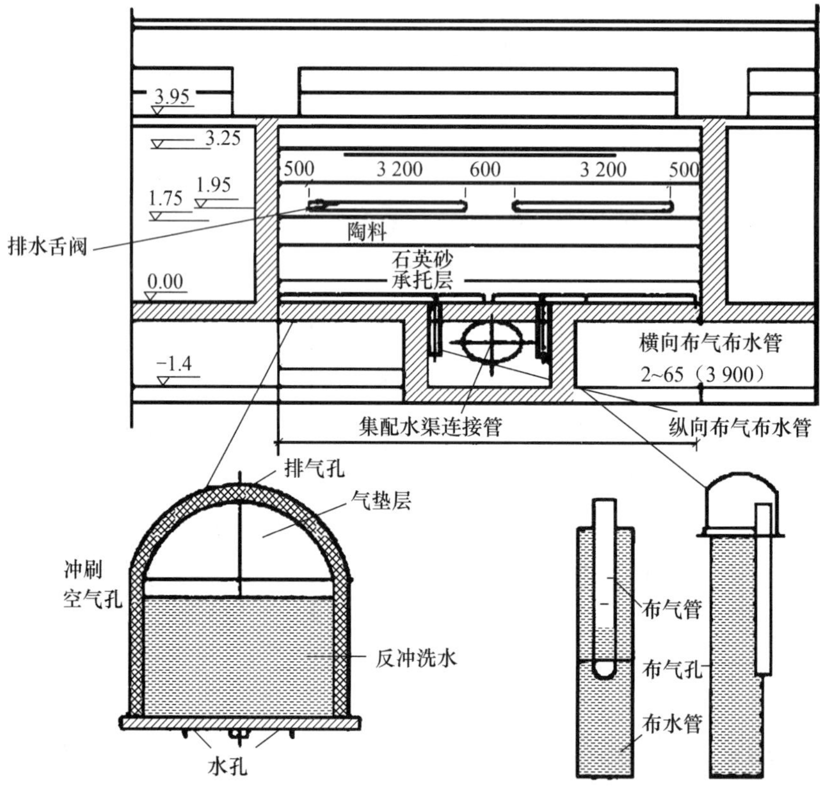

图 4.47　翻板滤池配气配水示意（单位：标高单位为 m；其他尺寸单位为 mm）

翻板阀滤池配气配水系统由滤池中央配水配气暗渠、安装在中央配气配水暗渠顶板上的竖向布水管、竖向布气管、安装在滤池底板上与布水布气管相连的横向布气布水管(面包管)组成。横向布气布水管(面包管)材质为高密度聚乙烯(HDPE),布气布水管横断面为上圆下方,上部半圆形为配气空间,下部方形部分为配水空间。布气布水管底部按设计开孔比要求设置配水孔,配气孔设置在管两侧,布气布水管顶部设置放气孔。竖向布水管和竖向布气管材质为塑料(HDPE 或 ABS),管端设有与预埋套管匹配的螺纹。竖向布水管和布气管的预埋件在中央配气配水暗渠顶板施工中预埋,安装时竖向布水管和竖向布气管通过螺纹与固定于中央配气配水暗渠顶板的预埋件固定,并可上下调节,确保整池的布气布水管顶部及底部的标高一致。

6. 滤池高度

滤池高度可用式(4.68)计算:

$$H = H_1 + H_2 + H_3 + H_4 + H_5 + H_6 \tag{4.68}$$

式中 H_1——承托层厚度,m,一般为0.4~0.5 m;

H_2——滤料层厚度,m;

H_3——滤层上面水深,m,一般不小于1.5 m;

H_4——进水堰距滤层上水面的超高,m,一般为0.15 m;

H_5——进水系统跌差,包括进水槽、孔眼和进水堰跌水,m,一般为0.3~0.5 m;

H_6——进水总渠超高,m,一般为0.3~0.5 m。

4.9.4 设计参数与设计示例

1. 翻板滤池设计参数

翻板滤池设计参数计算与普通快滤池设计参数计算相似,主要设计参数取用如下。

(1)过滤速度:当进水浊度小于等于5 NTU时,滤速取6~10 m/h。

(2)滤层厚度:一般用1.5 m厚。当采用双层滤料时:陶粒,厚800 mm,粒径为1.6~2.5 mm;石英砂,厚700 mm,粒径为0.7~1.2 mm。

(3)过滤水头损失:一般取2 m,相应的双层滤料滤池的纳污率为2.5 kg/m^3。

(4)反冲强度:气冲强度约为17 L/(m^2·s),相应的冲洗速度最小为60 m/h;水冲强度为15~16 L/(m^2·s),相应的冲洗速度54~57.6 m/h。

(5)反冲时间与单位耗水量、耗气量。

①单气冲:历时2 min,冲洗强度为15~16 L/(m^2·s)。

②气水联合冲:历时4.5 min,气冲强度为15~16 L/(m^2·s)、水冲强度为3~4 L/(m^2·s);

③水冲:历时2.5 min,水冲强度为15~16 L/(m^2·s)。

自控系统设计对于翻板滤池运行的自控程度显得很重要,在滤池反冲洗时段尤为重要,一般设定为:

①当水头损失达 2 m 时,关闭进水阀门,滤池继续过滤。

②待池中水面降至近滤料层(约高 15 cm)时,关闭出水阀门。

③开反冲进气阀门,松动滤料层,摩擦滤料的截污物,强度为 15 ~16 L/(m^2 · s)。

④历时 2 min 后,再开反冲进水阀门,此时气冲强度仍为 15 ~ 16 L/(m^2 · s),水冲强度为 3 ~4 L/(m^2 · s)。

⑤历时 4.5 min 气水混冲后,关闭反冲进气阀门,同时开大反冲进水阀,使水冲强度达到 15 ~16 L/(m^2 · s)。

⑥经 2 ~2.5 min 高强度水冲后,关闭反冲进水阀门,此时池中水位约达最高运行水位。

⑦静止 20 s 后开启反冲水排水舌阀(板),先开 50% 开启度,然后开 100% 开启度进行排水。

⑧一般在 60 ~80 s 内排完滤池中的反冲洗水,关闭排水舌阀(板),重复程序,再反冲洗一次。一般通过两次反冲洗后,滤料中含污率低于 0.1 kg/m^3,并且附着在滤料上的小气泡也基本上被冲掉。然后开启进水阀门,待池中水位达一定高度时,开出水阀门,进入新一轮过滤周期。

2. 翻板滤池设计示例

【设计计算举例 4.5】工程规模 60 万 m^3/d(其中一期工程 40 万 m^3/d);水源为水库水,原水最高浊度不到 30 NTU,一般在 10 ~20 NTU 以下。采用"机械混合池 + 机械絮凝池 + 平流式沉淀池 + 过滤 + 消毒净化"工艺,过滤采用翻板滤池。

【设计计算过程】

过滤对虹吸滤池、V 型滤池、翻板滤池三种池型方案做了比较(表 4.19)。通过比选,推荐采用翻板型滤池。

表 4.19 虹吸型滤池、V 型滤池、翻板型滤池三种池型方案比较

池型	优点	缺点
虹吸滤池	①进水、出水采用虹吸管,取代了进、出水大型阀门; ②运行由水力自动控制,运行、管理较方便; ③不需要反冲洗水泵、鼓风机等设备,设备费用、运行电耗较 V 型滤池、翻板阀滤池省; ④采用双层滤料,滤料含污能力较强	①池深大,土建费用高; ②反冲洗耗水量大(占产水量的 3.8%); ③其反冲洗效果较气、水反冲洗滤池差
V 型滤池	①采用气、水反冲洗加表面扫洗,反冲洗效果好; ②采用 V 形槽进水(包括表扫进水),布水均匀; ③运行自动化程度高,管理方便; ④采用均质滤料,滤料含污能力较强; ⑤反冲洗时滤料微膨胀,可减少滤池深度,土建费用较虹吸滤池省	①设备费用、运行电耗较其他滤池高; ②土建施工技术要求高; ③反冲洗水量较大(占产水量的 2.6%,其中原水占 1.27%,滤后水占 1.33%)

续表

池型	优点	缺点
翻板滤池	①采用双层滤料,滤料含污能力强 ②采用气、水反冲洗,由于反冲洗时关闭排泥水阀,高速反洗,故反冲洗效果好,耗水量少(按反冲洗周期 24 h 计,反冲洗水量仅占产水量的 1.56%); ③土建结构简单,投资较省,施工方便; ④反冲洗时不会出现滤料流失现象; ⑤运行自动化程度高,便于管理	①设备较多,一次投资较大; ②运行电耗较虹吸滤池高

翻板滤池设计参数如下:

(1)过滤系统。

滤速:8.38 m/h;

滤料:承托层高 0.15 m,粒径为 3.12 mm;

石英砂:厚 0.7 m,粒径为 0.7 ~1.2 mm;

陶粒(无烟煤滤料):厚 0.8 m,粒径为 1.6 ~2.5 mm;

过滤容污水头:1.9 m;

滤料层上水深:1.5 m。

(2)布水布气系统:

翻板滤池采用独立纵向布水、布气管和横向排水管的布气布水系统。

与 V 型滤池相比,翻板滤池具有如下特点:①出水水质好、滤层组合灵活多样,应对水质变化的能力较强;②由于其采用闭阀冲洗、轻质滤料流失率低的特点,故应用在活性炭滤池上的优势明显;③现有水厂的改造项目,特别是采用虹吸滤池的老水厂,由于虹吸滤池具有较深的池体结构,比较容易改造成翻板滤池,从而提高产水量和出厂水质。

4.10　移动罩滤池

移动罩滤池是由许多滤格为一组构成的滤池,利用一个可移动的冲洗罩轮流对各滤格进行冲洗。某滤格的冲洗水来自本组其他滤格的滤后水,这方面吸取了虹吸滤池的优点。

移动冲洗罩的作用与无阀滤池伞形顶盖相同,冲洗时滤格处于封闭状态。因此,移动罩滤池同时具有虹吸滤池和无阀滤池的某些特点。图 4.48 为一座由 24 格组成、双行排列的虹吸式移动罩滤池构造简图。为检修需要,水厂内的滤池不得少于 2 个。滤料层上部相互连通,滤池底部配水区也相互连通。故一个滤池仅有一个进口和一个出口。

(1)过滤过程。

过滤时,待滤水由进水管 1 经穿孔配水墙 2 及消力栅 3 进入滤池,通过滤层过滤后由底部配水系统的配水室 5 流入钟罩式出水虹吸中心管 6。当出水虹吸中心管内水位上升到管顶且溢流时，带走出水虹吸管钟罩 7 与出水虹吸中心管间的空气，达到一定真空度，虹吸形成，滤后水便从钟罩 7 与出水虹吸中心管间的空间流出，经出水堰 8 流入清水池。滤池内水面标高 Z_1 和出水堰上水位标高 Z_2 之差即为过滤水头，一般取 1.2～1.5 m。

(2)冲洗过程。

当某一格滤池需要冲洗时，冲洗罩 10 由桁车 12 带动移至该滤格上方就位，并封住滤格顶部，同时用抽气设备(抽气管 15)抽出排水虹吸管 11 中的空气。当排水虹吸管 11 的真空度达到一定值时，虹吸形成(因此这种冲洗罩称为虹吸式)，冲洗开始。冲洗水由其余滤格滤后水经小阻力配水系统的配水室 5 上的配水孔 4 进入滤池，通过承托层和滤料层后，冲洗废水由排水虹吸管 11 排入排水渠 16。出水堰上水位标高 Z_2 和排水渠中水封井上的水位标高 Z_3 之差即为冲洗水头，一般取 1.0～1.2 m。当滤格数较多时，在一格滤池冲洗期间，滤池组仍可继续向清水池供水。冲洗完毕，冲洗移至下一滤格，再准备对下一滤格进行冲洗。

冲洗罩移动、定位和密封是滤池正常运行的关键。移动速度、停车定位和定位后的密封时间等，均根据设计要求，用程序控制或机电控制。密封可借弹性良好的橡皮翼板的贴附作用或能够升降的罩体本身的压实作用。设计中务必达到定位准确、密封良好、控制设备安全可靠。

虹吸式冲洗罩的排水虹吸管的抽气设备可采用由小泵供给压力水的水射器或真空泵，设备置于桁车 12 上。反冲洗废水也可直接采用低扬程、吸水性能良好的水泵直接排出，这种冲洗称为泵吸式。泵吸式冲洗无需抽气设备，且冲洗废水可回流至絮凝池加以利用。

穿孔配水墙 2 和消力栅 3 的作用是均匀分散水流和消除进水动能，以防止集中水流的冲击力造成起端滤格中滤料移动，保持滤层平整。因滤池建成投产或放空后重新运行初期，池内水位较低，进水落差较大，如不采用上述措施，势必造成滤料移动，滤层表面不平甚至冲入相邻滤格。也可采用其他消力措施。

浮筒 13 和针形阀 14 用以控制滤速。当滤池出水流量超过进水流量时(例如滤池刚冲洗完毕投入运行时)，池内水位下降，浮筒 13 随之下降，针形阀 14 打开，空气进入出水虹吸中心管 6，于是出水流量随之减小。这样就防止因清洁滤池内滤速过高而引起出水水质恶化。当滤池出水流量小于进水流量时，池内水位上升，浮筒 13 随之上升并促使针形阀 14 封闭进气口，虹吸管中真空度增大，出水流量随之增大。因此，浮筒 13 总是在一定幅度内升降，使滤池水面基本保持一定。滤格数多时，移动罩滤池的过滤过程就接近等水头减速过滤。

出水虹吸中心管 6 和出水虹吸管钟罩 7 的大小决定于流速(一般采用 0.6～1.0 m/s)。管径过大，会使针形阀进气量不足，调节水位作用欠敏感；管径过小，水头损失增大，相应地增大池深。

滤格数多，冲洗使用效率高。为满足冲洗要求，移动罩滤池的分格数不得少于 8 个。如果采用泵吸式冲洗罩，滤格多时可排列成多行。冲洗罩即可随桁车 12 做纵向移动，罩

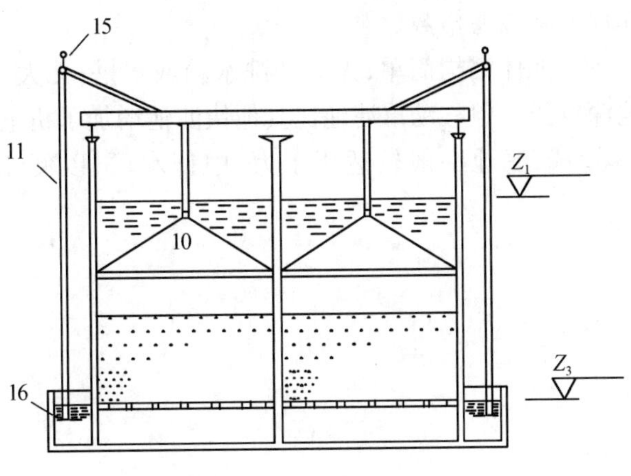

Ⅰ—Ⅰ剖面

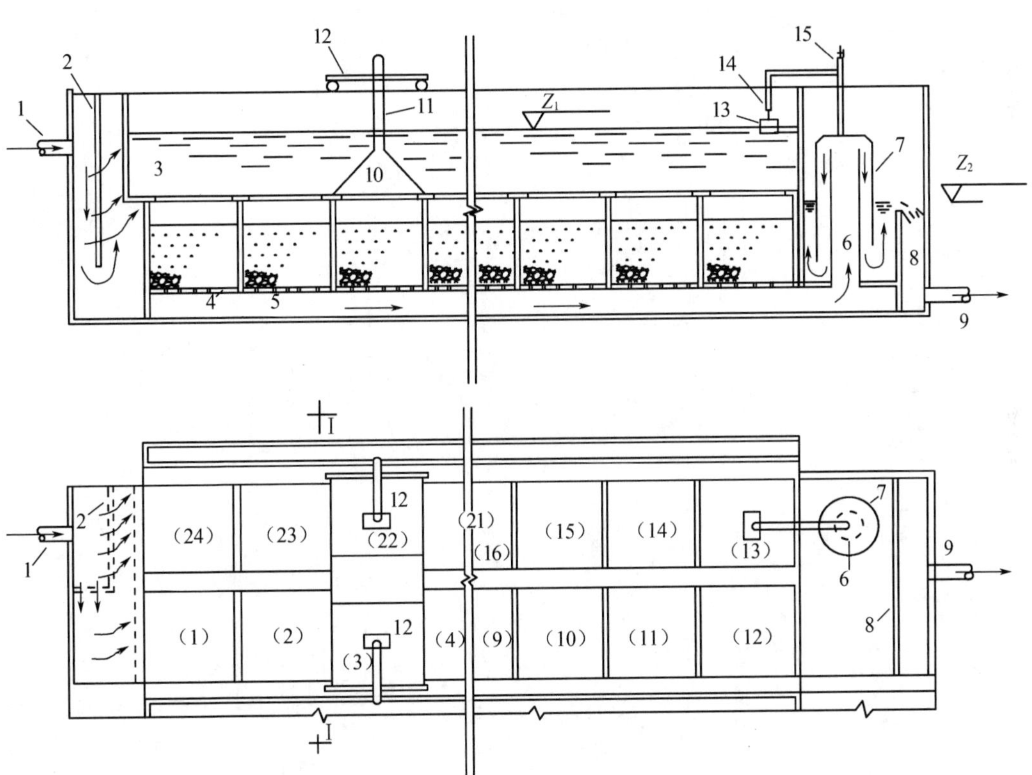

1—进水管;2—穿孔配水墙;3—消力栅;4—小阻力配水系统的配水孔;5—配水系统的配水室;
6—出水虹吸中心管;7—出水虹吸管钟罩;8—出水堰;9—出水管;10—冲洗罩;
11—排水虹吸管;12—桁车;13—浮筒;14—针形阀;15—抽气管;16—排水渠

图4.48　虹吸式移动罩滤池构造简图

体本身亦可在桁车12上做横向移动,但运行比较复杂。相邻两滤格冲洗间隔时间均相等,且等于滤池工作周期除以滤格数。

移动罩滤池的优点:池体结构简单;无需冲洗水箱或水搭;无大型阀门,管件少;采用泵吸式冲洗罩时,池深较浅。但移动罩滤池比其他快滤池增加了机电及控制设备,自动控制和维修较复杂。移动罩滤池一般较适用于大、中型水厂,以便充分发挥冲洗罩使用效率。

第5章 氧化还原与消毒

5.1 概 述

5.1.1 氧化剂和消毒方法

氧化还原方法常被用于去除水中的致病微生物及有机或无机污染物等,以保障水的卫生安全。氧化剂在水处理过程中可以与水中微生物如原生动物、浮游生物、藻类、细菌、病毒等作用,使之灭活或强化去除,该过程又称作消毒过程;也可以与水中有机或无机污染物作用,使之分解破坏或转化成其他形态,降低其危害性或使其更易于去除。常见的氧化剂有氯、臭氧、二氧化氯、过氧化氢、高锰酸盐、高铁酸盐、过硫酸盐等。

氯氧化与消毒是水处理中应用最广的化学氧化方法,主要用于水的消毒,至今仍广泛地应用于给水、游泳池循环水和各种污水处理中。但由于氯具有很强的取代作用,在消毒的同时还会与水中有机物发生取代反应,生成一些对人体健康具有潜在危害的卤代副产物(如三卤甲烷、卤乙酸等),因此,目前氯主要用于最后消毒而不适用于预氧化。

臭氧是水处理中应用较早的氧化剂。臭氧具有很强的杀菌作用,其杀菌能力约是氯杀菌能力的几百倍。臭氧能够选择性地与水中带有不饱和键的多种有机污染物作用,使之部分降解为分子量更小的有机物或部分无机物,臭氧一般能够使水中有机物的可生化性提高,因而与生物活性炭结合使用能够显著地提高对水中有机物的综合去除效率。

二氧化氯是一种良好的消毒剂,其消毒能力比氯的消毒能力高几十倍。但二氧化氯需要现场制备,其主要消毒副产物是亚氯酸根,对红细胞有破坏作用,因而二氧化氯投加量不宜过大。

过氧化氢是一种强氧化剂,主要用于水(包括污水)的高级氧化(如 Fenton 试剂,即 Fe(Ⅱ)/H_2O_2、UV/H_2O_2、O_3/H_2O_2等)。

高锰酸盐是一种强氧化剂,能够选择性地与水中有机物作用,破坏有机物的不饱和键。同时,高锰酸盐在氧化过程中产生的新生态水合二氧化锰对水中多种微量有机与无机污染物有吸附作用,可在一定程度上去除水中多种有机污染物和重金属。此外,新生态水合二氧化锰对高锰酸盐氧化一些污染物有一定的催化作用。由于高锰酸盐是具有复杂变价态中间产物的氧化剂,因而在水处理中有重要的应用潜力。

高铁酸盐的氧化还原电位比较高($E^\circ = 2.20$ V),在氧化过程中也能够形成复杂的中间态成分,具有氧化、絮凝、吸附等多种作用。高铁酸盐合成难度较大,稳定性需要提高,尽管目前尚没有在水处理中大规模推广应用，但仍是一种很具有研究、开发潜力的氧化剂。

过硫酸盐在水中电离产生过硫酸根离子 $S_2O_8^{2-}$，其标准氧化还原电位 $E° = +2.01$ V，接近于臭氧的氧化还原电位（$E° = +2.07$ V），大于高锰酸根的氧化还原电位（$E° = +1.68$ V）和过氧化氢的氧化还原电位（$E° = +1.70$ V）。其分子中含有过氧基（—O—O—），是一类较强的氧化剂。由于在常温条件下过硫酸盐的反应速率较低，故其对有机物的氧化一般效果不显著。然而，在热、光（紫外线 UV）、过渡金属离子（如 Fe^{2+}、Ag^+、Ce^{2+}、Co^{2+} 等）等条件的激发下，过硫酸盐活化分解为硫酸根自由基 $\cdot SO_4^-$。其中，热激发 O—O 键断裂需要的活化能为 140.2 kJ/mol，Fe^{2+} 催化需要活化能为 50.2 kJ/mol。$\cdot SO_4^-$ 中有一个孤对电子，其氧化还原电位 $E° = +2.6$ V，远高于 $S_2O_8^{2-}$ 的氧化还原电位（$E° = +2.01$ V），接近于羟基自由基 ·OH 的氧化还原电位（$E° = +2.8$ V），具有较高的氧化能力，理论上可以快速降解大多数有机污染物，将其矿化为 CO_2 和无机酸。其氧化过程可通过从饱和碳原子上夺取氢和向不饱和碳提供电子等方式实现。研究发现，$\cdot SO_4^-$ 在中性和酸性水溶液中较稳定，但是当 $pH > 8.5$ 时，$\cdot SO_4^-$ 则氧化水或 OH^- 生成 ·OH，从而引发一系列的自由基链反应。Couttenye 等运用电子自旋共振技术（EPR）检测到酸性（$pH = 2.7$）和中性条件下 $\cdot SO_4^-$ 的存在，在碱性（$pH > 12$）条件下 ·OH 的存在。因此，利用过硫酸盐本身及其活化产生的 $\cdot SO_4^-$、·OH 活性自由基进行有机污染物的降解，在环境污染治理领域具有潜在的应用价值。由于过硫酸盐可以看作是过氧化氢的衍生物，过硫酸盐活化产生强氧化性自由基 ·OH 和类似于 ·OH 的 $\cdot SO_4^-$，所以过硫酸盐活化技术也归为高级氧化（Advanced Oxidation Technologies，AOTs）范畴。

除了用化学方法消毒以外，还可用物理方法消毒，目前应用较多的是紫外线消毒。

5.1.2 化学氧化

按化学药剂在水处理过程中的投加点不同和产生的作用不同，可将氧化分为预氧化、中间氧化和后氧化，如图 5.1 所示。

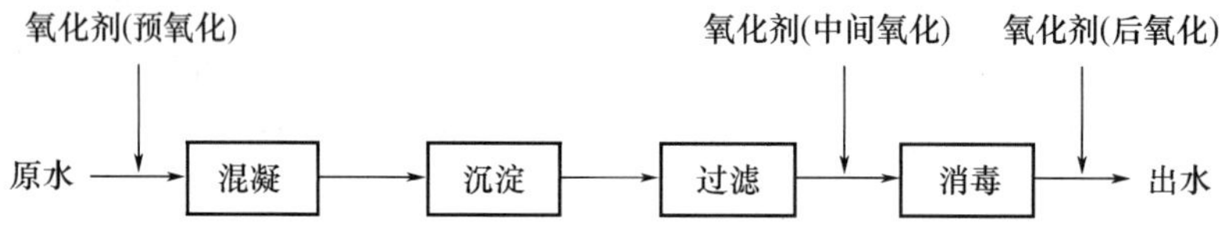

图 5.1　氧化剂在水处理中的投加位置

化学预氧化对水中藻类、浮游生物、色度、臭、味、有机物、铁、锰等具有显著的去除作用，同时可破坏氯化消毒副产物的前驱物质。藻类和浮游生物的过量繁殖，将给水厂运行带来不利影响，如增加混凝剂的投量、阻塞滤池、缩短滤池运行周期等。氧化剂能使藻类或浮游生物灭活，不同程度地破坏藻体或浮游生物体，并释放出一部分胞内或胞外成分，有利于混凝。

色度是饮用水水质重要的控制指标之一，高色度水将给人带来明显的感官不适。水中的发色物质一般主要是腐殖质，其大分子结构中含有一些不饱和键、芳香环及发色基团等。化学预氧化能破坏水中一些物质的不饱和键和发色基团，对后续工艺强化去除色度起重要作用。

除臭、除味一直是饮用水处理的核心问题之一。臭、味是由水中各种有机与无机物质综合作用而表现出来的，包括土壤颗粒、腐烂的植物、微生物（浮游生物、细菌、真菌等）及各种无机成分（如氯、硫化物、钙、铁和锰）、有机物和一些气体等，水中植物在某些微生物（如放线菌、蓝绿藻等）作用下所产生的微量有机物（如二甲基异莰醇、土臭素等）也是臭、味的主要来源。化学预氧化、中间氧化和后氧化都对不同种类的臭味物质具有一定的去除效果，但氧化剂在去除一部分臭、味的同时，还会与水中共存的其他有机物作用而产生新的臭、味。例如，臭氧与有机物作用产生一系列醛类化合物，使饮用水中带有一定程度的水果味；氯与水中酚类化合物作用产生带有刺激性气味的氯酚；二氧化氯在氧化过程中也会产生一些异味。高锰酸钾的除臭、味作用明显，无副作用。另外，高锰酸钾与某些药剂复合（高锰酸盐复合药剂）能使臭、味的去除效果进一步提高，从而拓宽了臭、味去除范围。

此外，由于未经混凝的原水成分很复杂，在预氧化过程中氧化剂会与水中多种成分作用，既能够氧化分解水中某些微量无机、有机污染物，也能将腐殖酸等大分子氧化，产生一些小分子有机物，同时氧化能破坏有机物对胶体的保护作用、提高混凝效果。通常水处理中常用的氧化剂主要与水中有机物的不饱和键作用，生成相应的含氧有机中间产物。

几种预氧化剂能迅速地氧化水中游离态铁、锰，但对地表水中的稳定态铁、锰的氧化效果明显降低。高锰酸盐和高铁酸盐对地表水中铁锰的强化去除效果相对较好，并已经在生产中应用。几种常用氧化剂与 Fe（Ⅱ）和 Mn（Ⅱ）作用的定量关系见表 5.1。

表 5.1　几种常用氧化剂与 Fe（Ⅱ）和 Mn（Ⅱ）作用的定量关系

金属/氧化剂	反应	定量关系
1. Fe（Ⅱ）		
$O_3(aq) \rightarrow O_2$	$2Fe^{2+} + O_3(aq) + 5H_2O \rightarrow 2Fe(OH)_3(s) + O_2(aq) + 4H^+$	0.43 mg O_3/mg Fe
$HOCl \rightarrow Cl^-$	$2Fe^{2+} + 2HOCl + 6H_2O \rightarrow 2Fe(OH)_3(s) + 2Cl^- + O_2(aq) + 6H^+$	0.64 mg HOCl/mg Fe
$ClO_2 \rightarrow ClO_2^-$	$Fe^{2+} + ClO_2 + 3H_2O \rightarrow Fe(OH)_3(s) + ClO_2^- + 3H^+$	1.20 mg ClO_2/mg Fe
$KMnO_4 \rightarrow MnO_2$	$3Fe^{2+} + MnO_4^- + 7H_2O \rightarrow 3Fe(OH)_3(s) + MnO_2(s) + 5H^+$	0.94 mg $KMnO_4$/mg Fe
$K_2FeO_4 \rightarrow Fe(OH)_3(s)$	$Fe^{2+} + K_2FeO_4 + 8H_2O \rightarrow 4Fe(OH)_3(s) + 2K^+ + 4H^+$	1.18 mg K_2FeO_4/mg Fe
2. Mn（Ⅱ）		
$O_3(aq) \rightarrow O_2$	$2Mn^{2+} + O_3(aq) + H_2O \rightarrow MnO_2(s) + O_2(aq) + 2H^+$	0.88 mg O_3/mg Mn
$HOCl \rightarrow Cl^-$	$Mn^{2+} + HOCl + H_2O \rightarrow MnO_2(s) + Cl^- + 3H^+$	1.30 mg HOCl/mg Mn
$ClO_2 \rightarrow ClO_2^-$	$Mn^{2+} + 2ClO_2 + 2H_2O \rightarrow MnO_2(s) + 2ClO_2^- + 4H^+$	2.45 mg ClO_2/mg Mn
$KMnO_4 \rightarrow MnO_2$	$3Mn^{2+} + 2MnO_4 + 2H_2O \rightarrow 5MnO_2(s) + 4H^+$	1.92 mg $KMnO_4$/mg Mn
$K_2FeO_4 \rightarrow Fe(OH)_3(s)$	$Mn^{2+} + 2K_2FeO_4 + 4H_2O \rightarrow 2Fe(OH)_3(s) + 3MnO_2(s) + 4K^+ + 2H^+$	2.40 mg K_2FeO_4/mg Mn

注：*a* mg A/mg B 表示氧化每毫克 B 需要 A *a* mg。

挥发性三卤甲烷(THMs)和难挥发性卤乙酸(HAA)被认为是两大类主要氯化消毒副产物,此外,卤代酚、卤代腈、卤代酮、卤代醛、卤代硝基甲烷、MX[3-氯-4-(二氯甲基)-5-羟基-2(5H)-呋喃酮]等多种难挥发性氯化消毒副产物也陆续从自来水中被检测出来。化学预氧化可破坏一部分氯化消毒副产物的前驱物质,或使之转化成氯化副产物生成势相对较低的中间产物,但氧化剂也有可能将水中某些有机物氧化,使另一部分前驱物质的卤代副产物生成势升高,在氧化过程中还有可能产生一些其他有机与无机副产物。预氧化对消毒副产物的影响及对水质的综合作用结果取决于氧化剂种类、投量、氧化条件、水中前驱物质种类与浓度、pH 及水中共存的有机物与无机物种类和浓度等多种因素。

总之,在预氧化过程中,氧化剂能与水中多种成分作用,提高对有害成分的去除效率,但在一定条件下也会产生某些副产物。各种氧化剂作为预处理药剂对给水处理效果的综合影响程度差别较大,表 5.2 为几种主要氧化剂预处理对水质综合影响情况的大体对比。

表 5.2 几种主要氧化剂预处理对水质的综合影响

氧化剂	消毒	除微污染	除藻	除臭、味	控制氯化副产物	氧化助凝	除铁、锰	主要氧化副产物	备注
臭氧	E	D	D	D	D	C	B	醛、醇、有机酸、BrO_3^-、Br-THM	有机物可生化性提高,AOC、BDOC 投量升高,设备投资较大,运行管理较复杂,除色效果很好
高锰酸钾	C	C	C	C	C	D	B	水合 MnO_2	对水质副作用小、副产物可被常规给水处理工艺去除。投资小、使用灵活,但要严格控制投量(防止过量造成水的色度增加)
高锰酸盐复合药剂	D	D	D	D	D	E	C	水合 MnO_2	对水质副作用小,但要通过一定的设备控制投量(不能过量)
氯	D	A	C	A	—	B	A	THM 与 HAA 等多种氯化副产物	氯化消毒副产物对人体有害,有时产生新臭、味
二氧化氯	E	C	C	C	D	C	C	ClO_2^-、ClO_3^-	亚氯酸根对人体有害,破坏红细胞,因此投量不能过高
高铁酸盐	D	D	A	C	D	E	C	$Fe(OH)_3$	在水中作用迅速,需要特殊投加设备,对水质副作用小,副产物易被去除

注:①表中列出在通常情况下的效果:A—略有效果;B—一般;C—较好;D—良好;E—显著。

②氧化效果与水质和氧化剂投量有密切关系。

③需经过试验具体选择氧化剂,比较针对某原水水质特征的氧化作用效果。

④THM—三卤甲烷;HAA—卤乙酸;AOC—生物可同化有机碳;BDOC—可生物降解溶解性有机碳。

后氧化是保证饮用水卫生安全的最后一道屏障，其主要目的是消毒，即灭活水中致病微生物。水中消毒剂可分为 3 类：①氧化剂。通过氧化作用破坏有机体内的物质而达到灭活微生物的作用。②金、银等重金属离子。重金属往往能够使微生物体内的蛋白质失去活性，例如铜离子能灭活藻类。③阳离子表面活性剂，如季铵类与吡啶鎓[Pyridinium，指有机阳离子($C_5H_5NH^+$)化合物]。此外，还有一些物理方法可杀灭微生物或者将微生物分离出来，如紫外线、超声波、辐射，还有加热法、冷冻法、机械过滤等。目前饮用水中常用的消毒剂为氧化剂类，其氧化还原电位见表 5.3。

表 5.3　氧化剂类消毒剂及其标准(25 ℃)氧化还原电位(E)

半反应(还原式)	$E°$/V	半反应(还原式)	$E°$/V
$O_3 + 2H^+ + 2e^- \rightarrow O_2 + H_2O$	2.07	$HOI + H^+ + 2e^- \rightarrow I^- + H_2O$	0.99
$HOCl + H^+ + 2e^- \rightarrow Cl^- + H_2O$	1.49	$ClO_2(aq) + e^- \rightarrow ClO_2^-$	0.95
$Cl_2 + 2e^- \rightarrow 2Cl^-$	1.36	$OCl^- + H_2O + 2e^- \rightarrow Cl^- + 2OH^-$	0.90
$HOBr + H^+ + 2e^- \rightarrow Br^- + H_2O$	1.33	$OBr^- + H_2O + 2e^- \rightarrow Br^- + 2OH^-$	0.70
$O_3 + H_2O + 2e^- \rightarrow O_2 + 2OH^-$	1.24	$I_2 + 2e^- \rightarrow 2I^-$	0.54
$ClO_2 + e^- \rightarrow ClO_2^-$	1.15	$I_3^- + 2e^- \rightarrow 3I^-$	0.53
$Br_2 + 2e^- \rightarrow 2Br^-$	1.07	$OI^- + H_2O + 2e^- \rightarrow I^- + 2OH^-$	0.49

5.1.3　消毒与灭活

目前液氯仍是主要的消毒剂。氯消毒效果比较好，成本较低，可在管网中保持一定余量，但存在的问题是氯可能与水中一些有机物作用产生对人体有害的副产物。因此，安全氯化消毒引起人们的普遍关注，应在保证消毒效果的前提下控制氯化消毒副产物生成量。

衡量消毒剂的消毒效果一般要确定所使用的消毒剂对微生物的灭活速率，最终决定有效接触时间及投药量。

1. Chick 定律

奇克(Chick)最早阐述了消毒过程中的规律，认为消毒过程类似于双分子化学反应，只不过反应物分别是消毒剂与微生物，可以用化学反应速率描述，其表达式为

$$\ln(N/N_0) = -kt \tag{5.1}$$

式中　N——接触时间后存活的微生物数量；

N_0——初始微生物数量；

k——速率常数，s^{-1}；

t——接触时间，s。

此后，瓦特逊(Watson)又提出了速率常数 k 与消毒剂浓度 C 的关系：

$$k = k'C^n \tag{5.2}$$

式中 n——稀释系数；

k'——与消毒剂浓度无关的速率常数。

当 C、n、k' 均为定值时，在完全混合式系统中，消毒剂浓度恒定的理想情况下，消毒速率为定值，则在半对数坐标纸上作图应得一直线关系，但在实际情况中，试验数据在半对数坐标纸上并不总是直线关系，微生物的灭活率随着时间的变化呈现不同情况的变化，其偏差可能是由多种因素造成的，如微生物种类、水的 pH、温度等因素的差异，以及由于水的流态而造成的消毒剂在水中的空间及时间分布的不均匀等因素。图 5.2 表示出生物体经消毒后的存活率变化的几种典型情况。图中纵坐标为存活百分数 $-\lg(N/N_0)$，横坐标为消毒时间 t，N_0 为活生物体的初始密度，N 为接触时间 t 存活的生物体密度，N/N_0 为存活率，以百分数表示，$(N_0-N)/N_0$ 为灭活率。曲线 A 代表灭活率在大部分时间内随接触时间的增加而增加，属于多细胞生物体的情况；曲线 B 代表灭活率为常数的情况；曲线 C 的灭活率随接触时间的增加而降低；曲线 D 则出现两阶段不同的灭活率。

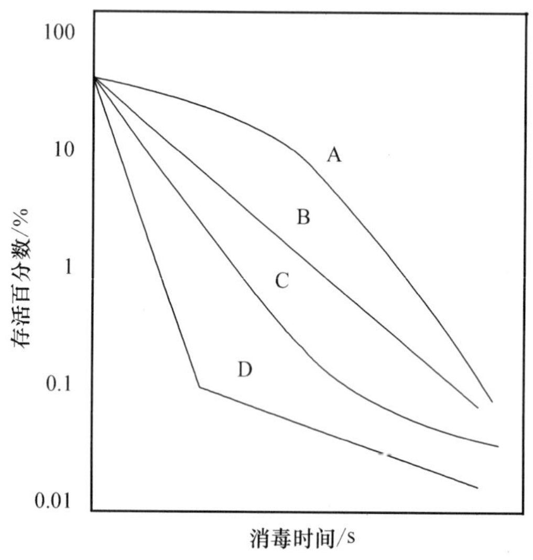

图 5.2 生物体经消毒后的存活率变化类型

当灭活率为 90% 时，存活率为 10%，相当于 N/N_0 为 0.1，在图 5.2 中的 $-\lg(N/N_0)$ 坐标相应为 1。同样，当灭活率为 99%、99.9% 和 99.99% 等数值时，$-\lg(N/N_0)$ 相应为 2、3 和 4 等整数，因此近年也常把这些百分数分别说成是 1 - lg、2 - lg、3 - lg 和 4 - lg 的去除率或灭活率。同样，n - lg 的去除率或灭活率则代表去除率或灭活率为 $(1-10^{-n})\times100\%$。

2. CT 值

对于确定的消毒剂，影响消毒效果的因素可能有 3 个方面，即消毒剂的浓度 C、消毒

剂与水的接触时间 T 及水质本身的因素。

在一定的消毒效果条件下，消毒剂浓度 C 与接触时间 T 存在着一定关系，很显然消毒剂浓度越高，所需要的接触时间越短；消毒剂浓度越低，所需要的接触时间越长。为此，消毒剂浓度与接触时间的乘积 CT 值，被认为与消毒的效果有很大关系。大多数饮用水处理规定某种消毒剂所允许的最小 CT 值，以确保饮用水安全。

在 CT 值中，消毒剂与水的接触时间 T 被定义为水从消毒剂投加地点流到消毒剂剩余值被测量点所需要的时间。水流经不同形状的管道或者反应器的停留时间是不同的。由于短流的关系，清水池中部分消毒剂的停留时间低于水力停留时间。因此为了保证 90% 的消毒剂能达到水力停留时间 T，需测定在某时刻投加的消毒剂中首先从清水池出来 10% 的量的停留时间是多少，即 t_{10}。一般实际的清水池 t_{10}/T 介于 0.1 ~ 1 之间。表 5.4 根据清水池隔板设置不同，列出了清水池 t_{10}/T 范围。

表 5.4　清水池 t_{10}/T 范围

隔板条件	t_{10}/T	隔板设置说明
无	0.1	无隔板，混合型，极低的长宽比，进、出水流速很高
差	0.3	单个或多个无导流板的进口和出口，无池内隔板
一般	0.5	进口或出口处有导流板，少量池内隔板
好	0.7	进回穿孔导流板，折流式或穿孔式池内隔板，出口堰
理想推流	1.0	极高的长宽比，进口、出口穿孔导流板，折流式池内隔板

微生物在消毒过程中的灭活速率也可用 Gard 方程表示：

$$-\frac{\mathrm{d}N}{\mathrm{d}t}=\frac{kCN}{1+a(CT)} \tag{5.3}$$

式中　k——常数，L/(mg · min)；

C——消毒剂质量浓度，mg/L；

T——消毒剂接触时间，min；

a——常数，L/(mg · min)；

N——微生物数量，L^{-1}。

对(5.3)式从 $t=0$ 到 $t=T$ 积分得：

$$\frac{N}{N_0}=\frac{1}{[1+a(CT)]^{k/a}} \tag{5.4}$$

式中　N_0——$t=0$ 时的生物浓度。

令 $a=1/b$ 和 $k/a=kb=n$，使 b 的单位与 CT 值完全一样得

$$\frac{N}{N_0}=\left(1+\frac{CT}{b}\right)^{-n} \tag{5.5}$$

上式(5.5)在双对数坐标纸上为一条斜率为 $-n$ 的直线。$\lg(1+CT/b)$ 与 $\lg(CT/b)$ 的值一般相差不大，故上式可进一步简化成：

$$\frac{N}{N_0} = \left(\frac{CT}{b}\right)^{-n} \tag{5.6}$$

上式称为 Collins – selleck 灭活模型。由(5.6)式可知,b 为 $N = N_0$ 时的 CT 值。

因此,当 $N < N_0$,即消毒剂起灭活作用时,CT 值必须大于 b,换句话说,(5.6)式只适用于 CT 值 $> b$ 的情况,b 代表消毒的滞后现象。

根据消毒试验的数据,以 $-\lg(N/N_0)$ 为纵坐标,$\lg(CT)$ 为横坐标作图,可得一直线,其斜率为 $-n$,横轴的截距为 $\lg b$。由所得的直线,可以根据所要求灭活的百分数求所需的 CT 值。

由(5.6)式还可得知,当 N/N_0 值固定,即灭活率($1 - N/N_0$)给定时,CT 值必然是一个常数。

对要灭活的微生物,根据所要达到的消毒效果(以细菌灭活率的对数下降值表示)及消毒剂的不同规定了不同的 CT 值(mg · min/L)(表 5.5 是对贾第虫孢囊灭活的 CT 值)。

表 5.5　对贾第虫孢囊灭活的 CT 值(温度为 10 ℃,pH 为 6 ~ 9)

消毒剂	CT 值/($mg \cdot min \cdot L^{-1}$)					
	$\lg(1 - N/N_0)$					
	0.5	1.0	1.5	2.0	2.5	3.0
臭氧	0.23	0.48	0.72	0.95	1.2	1.43
二氧化氯	4	7.7	12	15	19	23
氯	17	35	52	60	87	104
氯胺	310	615	930	1 230	1 540	1 850

5.2　氯氧化与消毒

5.2.1　氯的性质

氯气是一种黄色气体,有刺激性,密度为 3.2 kg/m^3,极易被压缩成琥珀色的液氯。液氯常温常压下极易气化,气化时需要吸热,常采用淋水管对氧瓶喷水以保证液氯气化。氯气容易溶解于水,在 20 ℃和 98 kPa 时,溶解度为 7 160 mg/L。

当氯溶解在水中时,很快会发生下列两个反应:

$$Cl_2 + H_2O \rightleftharpoons HOCl + H^+ + Cl^-$$

$$HOCl \rightleftharpoons H^+ + OCl^-$$

通常认为,起消毒作用的主要是 HOCl。式(5.7)与式(5.8)所示反应会受到温度和 pH 的影响,其平衡常数为

$$K_i = \frac{[H^+][OCl^-]}{[HOCl]} \tag{5.7}$$

表5.6列出了不同温度下次氯酸离解平衡常数。

因此,HOCl与OCl^-的相对比例取决于温度与pH。图5.3给出了0 ℃、20 ℃时在不同pH下HOCl与OCl^-所占的比例,摩尔分数随pH和温度而变化,氯消毒效果也会受到温度和pH的影响。

表5.6　不同温度下次氯酸离解平衡常数

温度/℃	0	5	10	15	20	25
$K/(\times 10^{-8}\text{mol}\cdot\text{L}^{-1})$	2.0	2.3	2.6	3.0	3.3	3.7

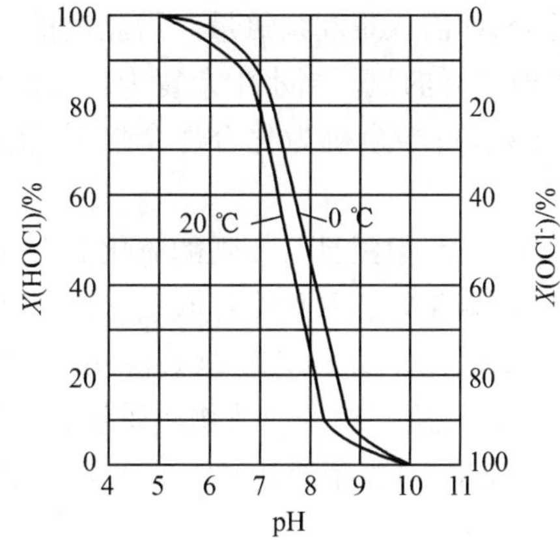

图5.3　不同pH和水温下水中HOCl与OCl^-所占的比例

5.2.2　氯消毒过程

1.氯消毒机理

一般认为,氯消毒过程中主要通过次氯酸(HOCl)起消毒作用,当HOCl分子到达细菌内部时,与有机体发生氧化作用而使细菌死亡。OCl^-虽然也具有氧化性,但由于静电斥力难于接近带负电的细菌,因而在消毒过程中作用有限。生产实践表明,pH越低则氯的消毒作用越强,从而证明了HOCl是起消毒作用的主要成分(图5.3)。

由于在很多受污染的地表水源中含有一定的氨氮,氯加入含有氨氮的水中后会产生如下反应:

$$NH_3 + HOCl \rightleftharpoons NH_2Cl + H_2O$$

$$NH_2Cl + HOCl \rightleftharpoons NHCl_2 + H_2O$$

$$NHCl_2 + HOCl \rightleftharpoons NCl_3 + H_2O$$

因此,在水中同时存在次氯酸(HOCl)、一氯胺(NH_2Cl)、二氯胺($NHCl_2$)和三氯胺(NCK_3),这些反应的平衡状态及物质含量比例取决于氯与氨的相对浓度、pH和温度。

在各组分占不同比例的混合物中,其消毒效果不同,简单地说,主要的消毒作用来自于次氯酸,氯胺的消毒作用来自于上述反应中维持平衡所不断释放出来的次氯酸,因此,氯胺的消毒效果慢而持续。有实验证明,用氯消毒,5 min 内可杀灭细菌达 99% 以上;而用氯胺时,相同条件下,5 min 内仅达 60%,需要将水与氯胺的接触时间延长到十几小时,才能达到 99% 以上的灭菌效果。

当水中所含的氯以氯胺形式存在时,称为化合性氯,由此可以将氯消毒分为两大类:自由性氯(即 Cl_2、HOCl 与 OCl^-)消毒和化合性氯消毒。自由性氯的消毒效果比化合性氯的消毒效果好得多,但是自由性氯消毒的持续性不如化合性氯。

2. 折点加氯法

水中加氯量可分为两部分,即需氯量和余氯量。需氯量指用于灭活水中微生物、氯化有机物和无机还原性物质等所消耗的氯。当水中余氯为自由性余氯时,消毒过程迅速,并能同时除臭和脱色,但有氯味残留;当余氯为化合性余氯时,消毒作用缓慢但持久,氯味较轻。

饮用水氯化的首要目的是消毒,但氯具有较强的氧化能力,能与水中氨、氨基酸、蛋白质、含碳物质、亚硝酸盐、铁、锰、硫化氢和氰化物等起氧化作用,消耗水中氯量而影响到水的氯化消毒等,有时亦利用氯的氧化作用来控制臭味、除藻、除铁、除锰及去色等。当水中氨氮等质量分数较高且形成氯消毒副产物的前体物质质量分数低时,可采用折点加氯法。

(1)水中只含无机氮(氨、亚硝酸盐、硝酸盐)时,氨氮与氯之间的关系如图 5.4 所示。

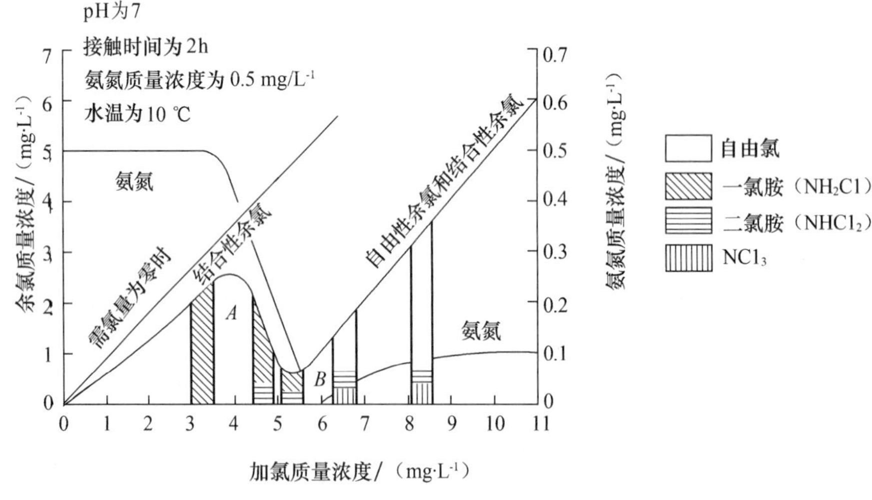

图 5.4 氨氮与氯之间的关系

当 pH =7 ~8、氯与氨氮的质量比不大于 5∶1 时,水中几乎都是一氯胺(图中 A 点以前)。氨氮与氯之间的反应速度很快,约 1 s。

$$HOCl + NH_3 \longrightarrow NH_2Cl + H_2O$$

当 pH =7 ~8、氯与氨氮的质量比为 10∶1 时,一氯胺将转化为二氯胺(图中 B 点)、余氯值最少,仅含有二氯胺、一氯胺和极少量的游离次氯酸,B 点称为折点。使一氯胺转化为二

氯胺的反成速度很慢,达到 90% 的转化率需要 1 h 左右的接触时间:

$$HOCl + NH_2Cl \longrightarrow NHCl_2 + H_2O$$

当 pH =7 ~8、氯与氨氮的质量比为 15:1 时,将生成三氯化氮(很不稳定)和自由性余氯:

$$HOCl + NHCl_2 \longrightarrow NCl_3 + H_2O$$

随着加氯量的不断增加,氯与氨氮质量比大于 15:1 后,水中自由氯将越来越多。

从整个曲线看,到达峰点 *A* 时,余氯最多,但这是化合性余氯而非自由性余氯。到达折点 *B* 时,余氯最少。如继续加氯,余氯增加,此时所增加的氯是自由性余氯。加量超过折点需要量时称为折点氯化。

上述曲线的测定,应结合生产实际进行。考虑到消毒效果和经济性,当水中的氨含量比较少时,可以将加氯量控制在折点 *B* 以后。当水中氨含量比较高时,加氯量可以控制在峰点 *A* 以前。加氯实践表明:当原水游离氨质量浓度在 0.3 mg/L 以下时,通常加氯量控制在折点 *B* 后;原水游离氨质量浓度在 0.5 mg/L 以上时,峰点以前的化合性余氯量已够消毒,加氯量可控制在峰点 *A* 前,以节约加氯量;原水游离氨质量浓度在 0.3 ~0.5 mg/L 范围内时,加氯量难以掌握,如控制在峰点 *A* 前,往往化合性余氯减少,有时达不到要求;控制在折点 *B* 后则不经济。

(2)当水中含有机氮(氨基酸、蛋白质等)时,水的氯化反应极为复杂,将生成各种有机氯化物。要使余氯值稳定需要很长时间,并取决于水中有机氮的复杂程度和浓度,将不会出现折点 *B* 而变成平缓段,如图 5.5 所示。

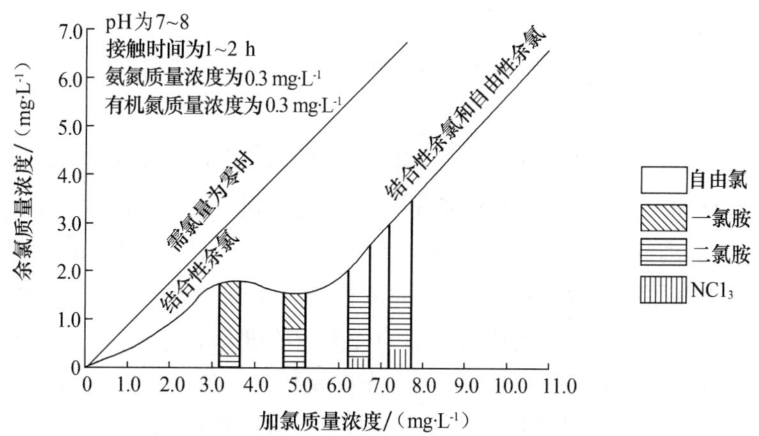

图 5.5　氨氮、有机氮与氯之间的关系

5.2.3　氯化消毒副产物(DBP)的形成及控制

水中消毒副产物有 500 种以上,其中大多数质量浓度只是 μg/L 级,而且很多尚未鉴定出来。三卤甲烷(THM)和卤乙酸(HAA)被认为是氯化消毒过程中形成的两大类主要副产物。THM 是一类挥发性有机物,通式为 CHX_3,其中 X 为卤素。水中的 THM 对人类的健康有潜在的影响,有的物质已被证明为致癌物质或可疑致癌物。THM 是在水处理过程中氯与 THM 的前体反应所产生的,THM 的前体多为天然有机物如腐殖物质。氯仿被认为主要来自于氯与腐殖质的分解产物如酰基化合物的反应产物,可能的形成机理如下:

$$R-\overset{\overset{\displaystyle O}{\|}}{C}-CH_3 \underset{}{\overset{OH^-}{\rightleftharpoons}} R-\overset{\overset{\displaystyle O^-}{|}}{C}=CH_2+OH^+$$

$$R-\overset{\overset{\displaystyle O^-}{|}}{C}=CH_2+HOCl \longrightarrow R-\overset{\overset{\displaystyle O}{\|}}{C}-CH_2Cl+OH^-$$

$$R-\overset{\overset{\displaystyle O}{\|}}{C}-CH_2Cl \overset{OH^-}{\rightleftharpoons} R-\overset{\overset{\displaystyle O^-}{|}}{C}=CHCl+H^+$$

$$R-\overset{\overset{\displaystyle O^-}{\|}}{C}=CHCl+HOCl \longrightarrow R-\overset{\overset{\displaystyle O}{\|}}{C}-CHCl_2+OH^-$$

$$R-\overset{\overset{\displaystyle O}{\|}}{C}-CHCl_2 \overset{OH^-}{\rightleftharpoons} R-\overset{\overset{\displaystyle O^-}{|}}{C}=CCl_2+H^+$$

$$R-\overset{\overset{\displaystyle O^-}{\|}}{C}=CCl_2+HOCl \longrightarrow R-\overset{\overset{\displaystyle O}{\|}}{C}-CCl_3+OH^-$$

$$R-\overset{\overset{\displaystyle O^-}{\|}}{C}-CCl_3+H_2O \overset{OH^-}{\longrightarrow} R-\overset{\overset{\displaystyle O}{\|}}{C}-OH+CHCl_3$$

水中的其他三卤甲烷,如 $CHCl_2Br$、$CHBr_3$ 和 $CHCl_2I$ 的形成机理与 $CHCl_3$ 类似。

HAA 是比 THM 致癌风险更高的难挥发性卤代有机副产物,包含一氯乙酸、二氯乙酸、三氯乙酸、一溴乙酸、二溴乙酸等。HAA 的前驱物也是水中的腐殖酸和富里酸等天然大分子物质,其中腐殖酸氯化后的 HAA 产率要高于富里酸。另外,当水中含有溴化物时,随着 Br^-/Cl_2(浓度比)的增加,溴代卤乙酸的种类和浓度都有所增加,而相应的二氯乙酸和三氯乙酸生成量下降,即 HAA 在水中的分布向溴代卤乙酸的方向转移。溴代卤乙酸的致癌风险性比氯代卤乙酸高很多,因此在消毒时要控制溴代卤乙酸的生成。

目前主要控制水中氯化消毒副产物的技术有 3 种,即强化混凝、粒状活性炭吸附及膜过滤。

(1)强化混凝。

强化混凝目前已经被美国环保署定为第一阶段控制氯化消毒副产物的主要方法。所谓强化混凝,即通过某些手段强化传统混凝工艺对天然有机物(DBP 前驱物)的去除,从而控制后续消毒过程中氯化消毒副产物的生成量。强化混凝的方法有很多,过量投加混凝剂可以起到一定的效果,因为去除 TOC 的最优混凝剂投量一般要高于去除浊度的最优混凝剂投量。混凝剂的选择及混凝过程中条件的控制,可以使混凝过程对天然有机物的去除达到最优。试验证明，铁盐对天然有机物的去除优于铝盐。同时，对混凝过程中的 pH 进行调节，可以使 TOC 的去除率得到提高。

(2)活性炭吸附。

活性炭吸附同样是一种控制氯化消毒副产物的有效方法。通常，混凝过程可以有效地去除分子量相对较大的天然有机物，但对于分子量相对较小的有机物去除效果较差，剩余的这部分有机物也会导致后续消毒过程中氯化消毒副产物浓度增高。活性炭具有优良的吸附性能，活性炭吸附滤池可以有效地去除没有被混凝沉淀所去除的天然有机物和小分子有机污染物，从而能够达到通过去除氯化消毒副产物前驱物来控制其生成量的目的。

(3)膜过滤。

膜过滤技术是一种新兴的水处理技术。水通过外界作用力通过膜层，污染物被留在膜的另一侧，从而达到净水目的。选择合适的滤膜可以去除有机物，也能达到控制氯化消毒副产物的目的。

其他方法也可以用来降低 THM 的生成，如氯胺消毒，图 5.6 为加氯量、余氯及氯仿生成质量浓度的关系曲线。随着加氯量增加，形成的氯仿量也相应增加。

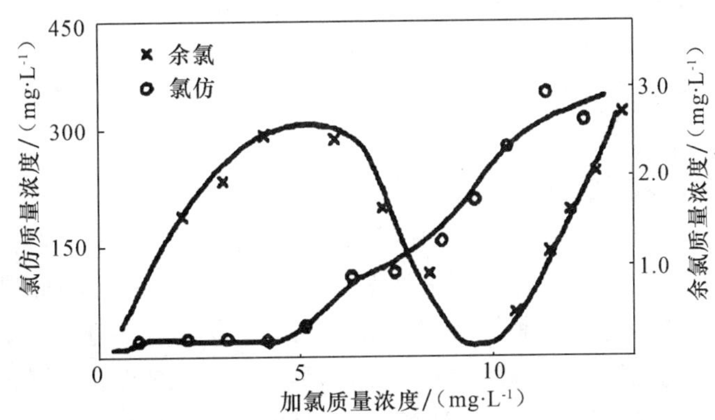

图 5.6　氯胺消毒时加氯量、余氯及氯仿生成质量浓度的关系曲线

在加氯量低于氨氮的 5 倍时，即在峰点以前，氯仿质量浓度较低；峰点以后，氯仿质量浓度逐步上升，同样的余氯量，自由性余氯的氯仿生成量比氯胺高得多，故当原水中有氨氮存在或加入氨能达到一定的氯胺浓度时，可采用氯胺消毒，以降低氯仿产生量。但用氯胺消毒也会生成含氮的有害副产物，并有可能使管网内硝化菌增殖。

5.2.4　加氯点

类似于图 5.5 所示，加氯点也可能有 3 种选择，但通常意义上的消毒，往往是在滤后出水加氯。由于消耗氯的物质已经大部分被去除，所以加氯量很少，效果也很好，是饮用水处理的最后一步。加氯点设在滤池到清水池的管道上或清水池的进口处，以保证充分混合。

当城市管网延伸很长，管网末梢的余氯难以保证时，需要在管网中途补充加氯，这样既能保证管网末梢的余氯,又不至于使水厂出水附近管网中的余氯过高,管网中途加氯的位置一般都设在加压泵站或水库泵站内。

5.2.5 加氯设备、加氯间和氯库

人工操作的加氯设备主要包括加氯机(手动)、氯瓶和校核氯瓶质量的电子秤或磅秤等。近年来,自来水厂的加氯自动化发展很快,特别是新建的大中型水厂,大多数采用自动检测和自动加氯技术,因此,加氯设备除了加氯机(自动)和氯瓶外,还相应设置了自动检测(如余氯自动连续检测)和自动控制装置。加氯机是安全、准确地将来自氯瓶的氯输送到加氯点的设备。加氯机形式很多,可根据加氯量大小、操作要求等选用。手动加氯机往往存在加氯量调节滞后、余氯不稳定等缺点,影响水质。自动加氯机配以相应的自动检测和自动控制设备,能随着流量、氯压等变化自动调节加氯量,保证了制水质量。氯瓶是一种储氯的钢制压力容器,干燥氯气或液态氯对钢瓶无腐蚀作用,但遇水或受潮则会严重腐蚀金属,故必须严格防止水或潮湿空气进入氯瓶,氯瓶内保持一定的余压也是为了防止潮气进入氯瓶。

但是,实际运行中发现,正压加氯会出现多处漏氯和加氯不稳定问题,致使加氯机运转不正常,严重影响余氯合格率,且设备腐蚀较快,经常跑氯,既污染环境,又威胁人身安全。目前,国内外普遍采用真空加氯机,真空加氯可以保证系统不产生正压,从而减轻漏氯和加氯不稳定问题。

除加氯机漏氯外,氯气气源间也有可能发生漏氯。气源间有3处可能出现漏氯:①阀门泄漏,气源间大小阀门经过长时间使用,会有杂质沉积,致使关闭不严,真空调节前是正压操作,易出现漏点;②氯气瓶针形阀慢性泄漏;③氯气瓶表体泄漏,此泄漏最为危险,在几分钟内就能使瓶内氯气大量泄出,虽然这种情况很少发生,但一旦发生,后果严重。

为了解决气源间因氯气泄漏造成对环境的污染和对人体的危害问题,可在气源间设置氯气吸收装置。氯气吸收系统是将泄漏至厂房的氯气用风机送入吸收系统,经化学物质吸收而转化为其他物质,避免氯气直接排入大气,污染环境。碱性吸收剂有 NaOH、Na_2CO_3、$Ca(OH)_2$ 等,但经常选用的吸收剂为碱性强、吸收率高的 NaOH。NaOH 与 Cl_2 的反应式如下:

$$2NaOH + Cl_2 \longrightarrow NaClO + NaCl + H_2O$$

氯气吸收需要备有足够量的氢氧化钠,避免氯气过量而逸到空气中。氯气吸收装置系统可分为正压氯气吸收装置和负压氯气吸收装置两种。具体如图5.7和图5.8所示。

加氯间是安置加氯设备的操作间。氯库是储备氯瓶的仓库。加氯间和氯库、加氨间和氨库应设置在净水厂最小频率风向的上风向,宜与其他建筑的通风口保持一定的距离,并远离居住区、公共建筑、集会和游乐场所。加氯(氨)间及其仓库应设有每小时换气8~12次的通风系统。氯库的通风系统应设置高位新鲜空气进口和低位室内空气排至室外高处的排放口。氨库的通风系统应设置低位进口和高位排出口。氯(氨)库应设有根据氯(氨)气泄漏量开启通风系统或全套漏氯(氨)气吸收装置的自动控制系统。加氯(氨)间外部应备有防毒面具、抢救设施和工具箱,防毒面具应严密封藏,以免失效。照明和通

风设备应设置室外开关。

液氯(氨)仓库的固定储备量按当地供应、运输等条件确定,城镇水厂一般可按 7 ~ 15 d的最大用量计算。其周转储备量应根据当地具体条件确定。

加氯间和氯库的设计要点请参阅设计规范和有关手册。

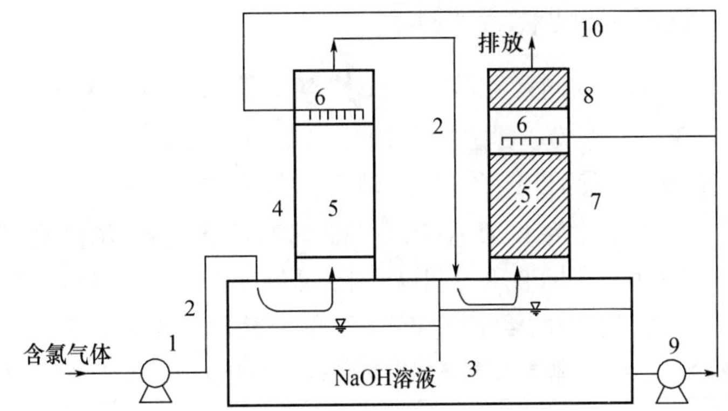

1—离心空气;2—气体管道;3—碱液槽;4—一级吸收塔;5—填料;6—喷淋装置;7—二级吸收塔;8—除雾装置;9—碱液泵;10—碱液管道

图 5.7　正压氯气吸收装置

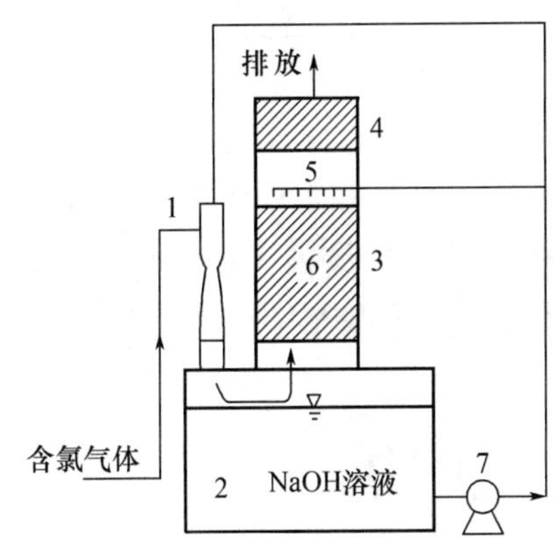

1—文丘里管;2—碱液槽;3—吸收塔;4—除雾器;5—喷淋装置;6—填料;7—碱液泵

图 5.8　负压氯气吸收装置

5.3 臭氧氧化与消毒

5.3.1 臭氧的物理化学性质

臭氧(O_3)是氧气(O_2)的同素异形体,由 3 个氧原子组成,3 个氧原子呈三角形排列,其夹角为 116°49′±30″,两个 O—O 键长为 127.8 pm±0.3 pm。

纯净的 O_3 常温常压下为淡蓝色气体,液态呈深蓝色,密度为 2.143 kg/m³(0 ℃,760 mmHg),与空气的密度比为 1.657。浓度很低时有清新气味,浓度高时则有强烈的漂白粉味,有毒且有腐蚀性。在标准压力和温度下,臭氧在水中的溶解度比氧气在水中的溶解度大约 10 倍,比空气在水中的溶解度大约 25 倍,其溶解度见表 5.7。

表 5.7 臭氧、氧气、空气在水中的溶解度(气体分压为 0.1 MPa)

气体种类	密度 (0 ℃,101 325 MPa)/($g\cdot L^{-1}$)	溶解氧量/($mL\cdot L^{-1}$)			
		0 ℃	10 ℃	30 ℃	30 ℃
O_3	2.143	641	520	368	233
O_2	1.429	49.3	38.4	31.4	26.7
空气	1.293	28.8	22.6	18.7	16.1

臭氧极不稳定,常温常压下会缓慢地自行分解成 O_2,同时放出大量的热量。当体积分数在 25% 以上时,很容易爆炸。臭氧在水中的分解速度比在空气中快得多,所以臭氧不易储存,需边产边用。水中 O_3 质量浓度为 3 mg/L 时,常温常压下,其半衰期仅为 5～10 min。臭氧在水中的分解反应涉及产生·OH 等自由基链反应过程,具体过程和解释也各不相同。

5.3.2 臭氧氧化作用机理

1. 臭氧与无机物作用机理

臭氧能氧化大部分无机物,在预臭氧化中,臭氧可有效地将水中溶解性铁离子、锰离子等无机离子转化成难溶解性氧化物而从水中沉淀出来,从而在混凝沉淀与过滤过程中得以有效地去除。

$$2Fe^{2+} + O_3(aq) + 5H_2O \longrightarrow 2Fe(OH)_3(s) + O_2(aq) + 4H^+$$

$$Mn^{2+} + O_3(aq) + H_2O \longrightarrow MnO_2(s) + O_2(aq) + 2H^+$$

另外,水中氨、氮也可被臭氧缓慢地氧化成硝酸根离子,但是臭氧对氨的去除效果不如氯,通常为了去除氨、氮,需要大剂量投加臭氧并需要较长的反应时间。臭氧也能将水中硫化氢氧化成硫酸根,从而去除其臭味。常规水处理对氰化物的去除效果不大,而臭氧则能很容易地将氰化物氧化成毒性小至其 1/100 的氰酸盐。反应式如下：

$$CN^- + O_3 \longrightarrow CNO^- + O_2$$

2. 臭氧与有机物作用机理

臭氧与有机污染物间的作用主要有两种途径：①臭氧分子与有机污染物间的直接氧化作用，它是缓慢且有明显选择性的反应；②臭氧被分解后产生羟基自由基（·OH），间接地与水中有机污染物作用，这一反应相当快且没有选择性。

臭氧与水中有机污染物间的直接氧化作用主要有两种方式：①偶极加成反应；②亲电取代反应。

由于臭氧具有偶极结构，因而臭氧分子与含不饱和键的有机物可以进行加成反应，首先生成某过氧化物，其在水中会进一步分解成含羰基的化合物（如醛或酮）及某过渡态中间产物，随后很快生成羟基过氧化物，并进一步分解成羰基化合物和过氧化氢。

亲电取代反应主要发生在有机污染物分子结构中电子云密度较大的部分，特别是芳香类化合物。带有供电子基（如含有—OH、—CH_3、—NH_2、—OC 等）的芳香类化合物，在邻对位碳原子上的电子云密度较大，因而这些碳原子很容易与臭氧发生反应，如苯酚（反应速度常数 $k = (1\ 300 \pm 300)$ L/(mol·s)）。但带有吸电子基（如含有—COOH、—NO、—Cl^- 等基团）的芳香类化合物难以与臭氧发生反应，如氯苯的反应速度常数 $k = (0.75 \pm 0.2)$ L/(mol·s)，硝基苯的反应速度常数 $k = (0.09 \pm 0.02)$ L/(mol·s)。在此情况下，臭氧首先与钝化程度最低的间位碳原子作用，先形成带邻对位羟基的中间产物，随后可进一步被氧化生成醌式化合物，最后生成含有羰基或羧基的脂肪类化合物。对于高稳定性的有机污染物如农药和卤代有机污染物等，需要采用高级氧化方法。

5.3.3　臭氧与有机污染物间反应动力学

臭氧与有机污染物间的反应速度是判定其除污染效能的一个重要指标。基于臭氧与有机污染物同时具有两种反应途径，对水中某一种有机污染物 M_i，其与臭氧间的反应可写成：

$$O_3 + M_i \begin{cases} \xrightarrow{k_{1i}} \text{臭氧直接氧化产物} \\ \xrightarrow{k_{2i}} \cdot OH\text{（链反应引发）} \end{cases} \qquad OH + M_i \begin{cases} \xrightarrow{k_{3i}} \text{自由基氧化产物} \\ \xrightarrow{k_{4i}} \text{链反应增殖} \end{cases}$$

则臭氧与有机污染物间的反应动力学方程可写成

$$-\frac{d[M_i]}{dt} = (k_{1i} + k_{2i})[O_3][M_i] + (k_{3i} + k_{4i})[\cdot OH][M_i] \tag{5.8}$$

其中，$[O_3]$ 和 $[M_i]$ 分别为水中臭氧浓度和有机污染物浓度。

自由基（·OH）是臭氧与水中 OH^-、有机污染物或某些无机物等引发剂作用而生成

的,其生成浓度与水中臭氧浓度成正比:

$$[\cdot OH] = \Psi [O_3] \tag{5.9}$$

$$\Psi = \frac{\sum_i k_{2i}[M_i] + 2k_i[OH^-]}{\sum_i k_{s_i}[S_i]} \tag{5.10}$$

其中,k_i 是引发步骤的速度常数(臭氧分解);S_i 和 k_{s_i} 分别代表自由基捕获剂的浓度和速度常数。

因而,令 $k'_i = k_{1i} + k_{2i}$;$k''_i = k_{3i} + k_{4i}$。对于水中某一种有机污染物,其与臭氧间的反应动力学方程可写成

$$-\frac{d[M_i]}{dt} = (k'_i + k''_i\psi)[O_3][M_i] = K_i[O_3][M_i] \tag{5.11}$$

其中,K_i 为表观反应速度常数,其数值与溶液 pH、水温等因素有关。

在一定条件下,有机污染物的分解速度与水中臭氧浓度和有机污染物浓度成正比。在臭氧氧化过程中,只有表观速度常数大于 10 L/(mol · s)的有机污染物才能在给水处理工艺条件下得到有效去除。如果表观速度常数很小、所需的氧化时间过长,在实际给水处理厂中难以达到理想的除污染效果。

羟基自由基与有机物作用通过脱氢、· OH 取代及电子转移 3 种途径进行。表 5.8 列出了臭氧分子和 · OH 自由基与有机物的反应速率常数。臭氧分子直接氧化反应的速率常数在 $1 \sim 10^3$ L/(mol · s)。虽然许多有机物可以被臭氧分解为低分子量产物,但是对于硝基苯、农药类微量有机污染物,单独臭氧氧化分解效率很低;而 · OH 自由基与有机物的反应速率常数则大得多,在 $10^8 \sim 10^{10}$ L/(mol · s)范围内,反应迅速(以 μs 计)。

表 5.8 臭氧分子及 · OH 自由基与有机物的反应速率常数

有机物	$k^a_{O_3}$/(L · mol^{-1} · s^{-1})	$k^b_{\cdot OH}$/(L · mol^{-1} · s^{-1} × 10^{-7})
苯	2 ±0.4	780
氯苯	0.8.3	620
硝基苯	0.09 ±0.02	390
甲苯	14 ±3	300
间二甲苯	94 ±20	750
叔丁醇	0.23 ±0.05	370
甲酸	5 ±5	13
草酸	<4 × 10^{-2}	0.14
乙酸	<3 × 10^{-5}	1.6
水杨酸	<500	2 200
2,4. D	0.92 ±0.06	500

续表 5.8

有机物	$k^{a}_{O_3}/(L \cdot mol^{-1} \cdot s^{-1})$	$k^{b}_{\cdot OH}/(L \cdot mol^{-1} \cdot s^{-1} \times 10^{-7})$
PCB_S	<0.9	500 ~ 600
莠去津	6.0 ±0.3	590
西玛津	4.8 ±0.2	590

注:①pH 为酸性,存在·OH 抑制剂;

②测定温度为 22 ~ 25 ℃。

5.3.4　臭氧预氧化对水处理效果的影响

臭氧预氧化能有效地灭活水中各种细菌、病毒、孢子及一些致病微生物,并能去除水中大部分的铁、锰、臭、味、色度和藻类物质,对水处理效果的影响主要表现为:除藻除臭、控制氯化消毒副产物、氧化助凝及生成其他一些氧化副产物等。

1. 除藻除臭

臭氧预氧化具有良好的除藻、杀菌、除臭作用。常规给水处理工艺本身具有一定的除藻效率。通过微滤、气浮及双层滤料过滤等方法可以提高除藻效率。臭氧预氧化可以进一步提高上述工艺的除藻效果,据报道,臭氧投量为 2 mg/L 时,能够使某滤层的除藻效率提高 10% ~20%。臭氧预氧化也可以破坏水中的浮游生物、抑制其生长繁殖,并能够与构成细胞的各种成分作用,使之氧化破坏。例如,臭氧能与蛋白质很快地反应,由于细胞膜上含有多种蛋白质成分,因而细胞膜是臭氧进攻的主要对象。剩余的臭氧进入细胞内部后还能很快地与细胞质和染色体作用,因为核酸(主要是鸟嘌呤和胸腺嘧啶)能很快地被臭氧分解。

由 S^{2-}、Mn^{2+}、Fe^{2+} 等组成的无机物质所产生的臭味很容易被臭氧预氧化去除。一部分由有机物质所产生的臭味也可以被预臭氧氧化去除,但如果水中的臭味物质是含饱和键的有机物,则臭氧预氧化的除臭味作用会较差。在去除水中霉臭味物质 2,3,4 - 三氯苯甲醚、2 - 异丙基 - 3 - 甲氧基吡嗪、2 - 异丁基 - 3 - 甲氧基吡嗪、土霉素和 2 - 甲基异莰醇时,对2 - 甲基异莰醇最难氧化,其次为土霉素、2,3,4 - 三氯苯甲醚和两种吡嗪化合物。这些稳定性臭味物质的去除需要借助臭氧高级氧化技术。

2. 控制氯化消毒副产物

(1)臭氧预氧化对三卤甲烷(THM)的控制作用。

三卤甲烷是主要的挥发性氯化消毒副产物,臭氧预氧化可以破坏水中部分三卤甲烷前驱物质。当水中重碳酸盐含量较高时,臭氧预氧化对 THMFP(卤仿生成势)的降低幅度相对较大;当水中重碳酸盐含量相对较低时,臭氧预氧化对 THMFP 的降低幅度相对较小。这是因为当存在自由基捕获剂(如重碳酸盐)时,臭氧分子对卤仿前驱物质的氧化破坏更具有选择性,从而使某些卤仿前驱物质分子中的活性点被破坏,使之在后续氯化消毒过程中卤仿生成量降低。

当水中含有溴离子(Br^-)时,尤其臭氧投量较高时,臭氧预氧化可使水中溴代三卤甲烷的浓度升高。因为臭氧可以将水中溴离子(Br^-)氧化成次溴酸(HOBr),后者与水中有机物反应生成溴代三卤甲烷(Br - THM)。

$$O_3 + Br^- \longrightarrow O_2 + BrO^-$$

$$BrO^- + O_3 \longrightarrow (O_2 + BrOO^-) \longrightarrow Br^- + 2O_2$$

$$BrO^- + 2O_3 \longrightarrow BrO_3^- + 2O_2$$

$$BrO + H^+ \longrightarrow HBrO \begin{cases} M \longrightarrow CHBr \\ NH_3 \longrightarrow NH_3Br \end{cases}$$

式中　M——有机物。

因此,有溴离子存在时,臭氧在降低了一部分 THM 的同时,会使 THM 的组成向着溴代三卤甲烷浓度增多的方向转移。当水中[O]/[TOC]比值较低时,溴代三卤甲烷浓度升高现象不明显,因为臭氧更易于被有机物消耗。

(2)臭氧预氧化对其他氯化消毒副产物的作用。

臭氧能有效地降低三氯乙酸(TCAA)、二氯乙腈(DCAN)等难挥发性卤代有机物的生成势,但对二氯乙酸(DCAA)的生成势无任何影响,而 1,1,1 - 三氯乙酮的生成势(TCACFP)则有所升高。

pH 对臭氧氧化其他几种氯化消毒副产物前驱物质的影响类似于 THMFP(卤仿生成势)的情况。在低 pH 条件下或水中重碳酸根浓度较高条件下,臭氧预氧化对总有机卤(TOX)的去除率明显提高,进一步说明臭氧分子直接氧化对氯化消毒副产物的控制效果明显优于自由基氧化。但对于水中一些在氯化过程中反应速度较慢的副产物前驱物质,采用自由基氧化能够有效地降低后续氯化消毒过程中的副产物生成量。

3. 氧化助凝

臭氧的氧化助凝作用是指臭氧预氧化所产生的有助于提高后续混凝、沉淀(或气浮)、过滤、直接过滤等工艺效率的物理化学现象。有机物对胶体产生保护作用,使之稳定性显著提高,难于脱稳,是目前混凝过程中存在的主要问题。一般认为,胶体稳定性的增加是由于大分子天然有机物在无机胶体颗粒表面形成有机保护层,造成空间位阻或双电层排斥作用,导致混凝过程中混凝剂投量显著提高。预氧化能够破坏有机物对胶体的保护作用,从而促进混凝,减少混凝剂投量,提高滤速及减少滤池反冲洗用水量。最早应用于生产的促进混凝的技术是预氯化,但在预氯化过程中会生成一系列对人体健康危害较大的卤代有机物,因此在饮用水处理中的应用中逐渐受到限制,而被臭氧等非氯氧化剂取代。一般用后续处理工艺的除浊效果、TOC 去除效果及过滤过程中水头损失增长速度等指标来衡量臭氧的助凝效果。

4. 生成其他一些氧化副产物

臭氧预氧化将水中的大分子物质转化成小分子物质时，同时也生成一些有机酸、醇、醛等（例如乙酸、甲醇、甲醛等），提高了水中有机物的可生化性，增加了出水中的生物可同化有机碳（AOC）和可生物降解溶解性有机碳（BDOC）的含量等，导致管网细菌的二次繁殖。

5.3.5　臭氧中间氧化

在常规净水工艺的沉后或滤前投加臭氧，可以氧化常规工艺难以去除的微量有机污染物，同时将大分子有机物分解成可生物降解的小分子有机物，增加出厂水中生物可同化有机碳（细菌繁殖的营养成分）的浓度（表5.9），因此有必要在使用臭氧的后续流程中加入某种形式的除有机物工艺。

臭氧不可能将三卤甲烷前驱物彻底氧化破坏，只是增强了其可生化性，对水中已形成的三卤甲烷几乎没有作用，一般要经过吸附工艺去除。因此，一般认为单独使用臭氧是不适宜的，应增加消除中间产物的过滤/吸附设施，因此，人们开发了臭氧－生物活性炭联用技术。它是将臭氧化学氧化、活性炭物理化学吸附、生物氧化降解合为一体的除污染工艺。

预臭氧化对于后续的吸附工艺有重要影响。预臭氧化可分解水中的有机物，同时使难生物降解的有机物断链、开环，形成小分子溶解性有机物，降低生物活性炭滤池的有机负荷，避免当水中大分子有机物含量较多时活性炭的吸附表面加速饱和而得不到充分利用；同时，活性炭表面吸附的大量有机物又为微生物提供了良好的生存环境，预臭氧化还起到充氧作用，在有丰富溶解氧的情况下，微生物以有机物为养料生存与繁殖，使活性炭表面得以再生，从而具有继续吸附有机物的能力，大大地延长了活性炭的使用周期。

表5.9　预臭氧化对水中有机物可生化性的影响

采用的可生化性指标	处理厂	可生化性指标大小（以碳计）/（$mg \cdot L^{-1}$）		增长率/%
		臭氧化前	臭氧化后	
AOC	荷兰 Kralingen	0.025	0.173	692
AOC	荷兰 Weesperkarspel	0.012	0.108	900
BDOC	法国 Chhoisy-le-Roi	0.41	0.71	173
BDOC	法国 Neuilly-sur-Mame	0.32	0.56	175
BDOC	法国 Chhoisy-le-Roi	0.46	0.70	152

注：AOC—生物可同化有机碳（Assimilable Organic Carbon），mg/L，（以碳计）；BDOC—可生物降解溶解性有机碳（Biodegradable Dissolved Organic Carbon），以碳计，mg/L）。

通常经过臭氧－生物活性炭处理后的水，三氯甲烷前驱物浓度已大为降低，因此再经最终氯消毒后较少生成三氯甲烷等副产物。臭氧化副产物等致突变物也可通过活性炭吸附去除,保证出水安全、优质,并减少后续消毒投氯量。

将活性炭过滤后的水直接作为处理工艺出水,从活性炭层泄露出的微炭粒和微生物会影响最终出水水质,并需要对活性炭层进行较频繁的反冲洗。若在其后接二次混凝及砂滤,可将活性炭过滤出水中含有的微小炭粒和从活性炭颗粒表面脱落下来的生物膜去除,还可去除铁、锰,并且保证管网系统中水的生物稳定性,使管网中细菌繁殖的风险降到最低。

臭氧 - 生物活性炭处理系统的缺点是工艺环节较多,运行操作较为复杂,系统运行控制和管理维修要求严格,一般活性炭 2 ~3 年后即失掉吸附能力,需要再生,再生设备费用高。

臭氧 - 生物活性炭联用技术也存在一定的局限性,对于一些高稳定性、难降解的有机物,如某些有机农药、卤代有机物和硝基化合物等,臭氧对它们的氧化能力很低,有些根本不与臭氧反应,因而在活性炭滤层中也难于被微生物降解,氧化过程中也会形成一些不能进一步氧化的副产物。

5.3.6 臭氧消毒

臭氧具有很高的氧化电位,容易通过微生物细胞膜扩散,并能通过氧化微生物细胞的有机物或破坏有机体链状结构而导致细胞死亡。因此,臭氧能够用于消毒,经臭氧消毒后水中病毒可在瞬间失去活性,细菌和病原菌也会被消灭,游动的壳体幼虫在很短时间内也会被彻底消除。用臭氧代替氯来对水进行消毒,其消毒效果更佳,且剂量小、作用快,使消毒后水的致突变活性降低,并不会产生三氯甲烷等有害物质,同时也可改善水的口感和其他感官性能。对一些病毒,臭氧的灭活作用也远远高于氯。据有关资料介绍,通过臭氧与其他消毒剂比较,消毒效果强弱顺序如下:臭氧 > 二氧化氯 > 氯 > 氯胺。而从消毒后水的致突变活性看,则氯 > 氯胺 > 二氧化氯 > 臭氧,由此可显示出臭氧消毒的优点。

影响臭氧消毒效果的主要因素有温度、pH、细菌存在形态(是附着在其他成分上、还是游离状态)及共存物质的种类与特性等。一般温度升高,消毒效果提高。温度每升高 10 ℃,消毒速度会提高 2 ~3 倍。水的浊度、色度对消毒灭菌效果有很大影响,因为将有相当一部分 O_3 被用于无机物和有机物的氧化分解上。

饮用水的投加臭氧剂量一般为 0.2 ~1.5 mg/L,通常按水中臭氧通入量计算,但实际能够溶解的臭氧只有 60% ~90%。臭氧是在接触室中进行混合与扩散的,一般当接触时间为 4 ~10 min 时,水中约有 0.4 mg/L 的剩余臭氧,则可达到满意的消毒效果。实践中,当臭氧接触室出水中的臭氧质量浓度为 0.1 mg/L 时,消毒即可生效。

5.3.7 臭氧处理工艺系统

臭氧处理工艺系统主要由以下几部分组成:臭氧发生系统、接触反应系统、尾气处理系统。

1. 臭氧发生系统

臭氧发生系统包括气体的预处理系统、臭氧发生器、供电设备、电气控制及监测设备等。

根据目前的技术水平，O_3 的生产原料有空气、纯氧气、液氧 3 种。在 20 世纪 80 年代，生产中常使用干燥空气制取 O_3，获得的臭氧体积分数一般在 1% ~3%，能耗较大。纯氧气一般由变压吸附法或负压吸附法现场制取，通常用于臭氧应用规模较大的场合。液氧一般应用于中小规模(臭氧量小于 100 kg/h)。但随着臭氧发生技术的进步，如高频陶瓷沿面放电技术的使用，原料气已逐渐向纯氧气方向转化，能耗也大幅度降低。

(1)空气的净化。

进入臭氧发生器的空气必须经过净化，除去空气中的杂质和水分。

为了防止润滑油污染空气、堵塞干燥剂，宜采用无油润滑的空压机。从空压机出来的空气，经 $CaCl_2$ 盐水冷冻液预冷，使空气温度降至 5 ~10 ℃，减少含湿量，然后经旋风分离器除去大颗粒杂质及一部分水分，再经瓷环过滤器去除细小杂质和水分，然后经硅胶干燥器及分子筛干燥器，进一步去除水分，达到一定的干燥度。由于硅胶和分子筛会产生一定的粉尘，空气经过干燥后，需再次进行过滤。除瓷环和脱脂棉外，空气过滤器的填料也可以采用纱布、毛毡、活性面料和泡沫塑料等。干燥剂还可用活性氧化铝等，干燥剂吸湿饱和后，必须活化再生，将吸附的水分解吸。

(2)臭氧的制备。

氧气在电子、原子能射线、等离子体和紫外线等的作用下将分解成氧原子，这种氧原子极不稳定，具有较高的能量，能很快与氧气结合成 3 个氧原子的臭氧。电解稀硫酸和过氯酸时，含氧基团向阳极聚集、分解、合成，也能产生臭氧。因此，臭氧发生的方法大致有以下几种：无声放电法、放射法、紫外线法、等离子体法和电解法等。

图 5.9 所示为臭氧发生器电晕放电结构。

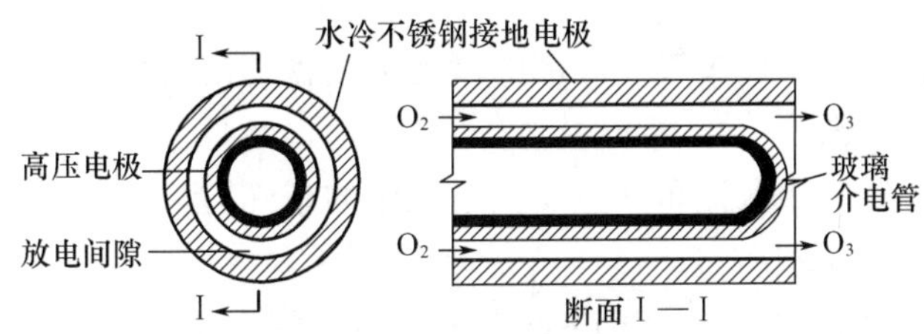

图 5.9　臭氧发生器电晕放电结构

2. 接触反应系统

通过一定方式使臭氧气体扩散到水中，并使之与水全面接触和完成预期反应，这一过程是通过臭氧接触反应系统来完成的。臭氧接触反应系统一般分为两种：①以纯氧或富氧空气为原料气的闭路系统；②以空气或富氧空气为原料气的开路系统。开路系统将用过的废气排放掉；闭路系统与之相反，废气又返回到臭氧制取设备，提高原料气的含氧率，降低生产成本。但在废气循环回用过程中，含氮量将愈来愈高，一般用两个内装分子筛的压力转换氮分离器交替工作来降低含氮量，高压时吸附氮气，低压时释放氮气。常用的接触反应系统有接触池、鼓泡塔、涡轮注入器、固定混合器、喷射器等。

臭氧接触池的个数或能够单独排空的分格数不宜少于2个。臭氧接触池的相关参数和要求如下：

臭氧接触池的接触时间，应根据不同的工艺目的和待处理水的水质情况，通过试验或参照相似条件下的运行经验确定。

臭氧接触池必须全密闭。池顶应设置尾气排放管和自动气压释放阀。池内水面与池内顶宜保持0.5～0.7 m距离。

臭氧接触池水流宜采用竖向流，可在池内设置一定数量的竖向导流隔板。导流隔板顶部和底部应设置通气孔和流水孔。接触池出水宜采用薄壁堰跌水出流。

(1)预臭氧接触池宜符合下列要求。

①接触时间为2～5 min；

②臭氧气体宜通过水射器抽吸后注入设于进水管上的静态混合器，或通过专用的大孔扩散器直接注入接触池内。注入点宜设1个。

③抽吸臭氧气体水射器的动力水不宜采用原水。

④接触池设计水深宜采用4～6 m。

⑤导流隔板间净距不宜小于0.8 m。

⑥接触池出水端应设置余臭氧监测仪。

(2)后臭氧接触池宜符合下列要求。

①接触池由二到三段接触室串联而成，用竖向隔板分开。

②每段接触室由布气区和后续反应区组成，并由竖向导流隔板分开。

③总接触时间应根据工艺目的确定，宜控制在6～15 min之间，其中第一段接触室的接触时间宜为2 min左右。

④臭氧气体宜通过设在布气区底部的微孔曝气盘直接向水中扩散，气体注入点数与接触室的设置段数一致。

⑤曝气盘的布置应能保证布气量变化过程中的布气均匀，其中第一段布气区的布气量宜占总布气量的50%左右。

⑥接触池的设计水深宜采用5.5～6 m，布气区的深度与长度之比宜大于4。

⑦导流隔板间净距不宜小于0.8 m。

⑧接触池出水端必须设置余臭氧监测仪。

3.尾气处理系统

如前所述，臭氧对生物体有破坏作用，吸入人体会对气管与肺部有害。当臭氧质量浓度达0.01～0.02 mg/L时，人们就能嗅到异常的臭味，质量浓度超过1 mg/L就无法忍受了。而从臭氧接触反应器排出的尾气质量浓度一般为500～3 000 mg/L，因此尾气直接排放将对周围环境造成污染，危害人类及动物健康，还会影响植物生长，甚至使树木和庄稼枯萎。所以要通过人为干预的方法将接触反应设备排出的剩余臭氧气体分解成对环境无害的氧气。尾气处理方法有燃烧法(热分解法)、活性炭吸收法、催化分解法及化学吸收法，目前多使用燃烧法（热分解法）和霍加拉特剂催化分解法，几种方法的特性比较列于表 5.10。

表 5.10　臭氧尾气吸收方法比较

处理方法	工艺条件	优、缺点
燃烧法（热分解法）	加热到高于 270 ℃	简单、可靠，需要消耗能量
活性炭吸附法	固定床吸收柱	适于低浓度臭氧，浓度高时易爆炸
催化分解法	霍加拉特剂固定床	发热、分解快，简单，怕受潮
化学吸收法	还原剂碱液吸收	费用比较高

5.4　其他氧化与消毒方法

5.4.1　二氧化氯氧化与消毒

1. 二氧化氯的物理化学性质

二氧化氯是一种绿色气体，沸点为 11 ℃，凝固点为 −59 ℃，具有与氯一样的臭味，比氯更刺激，毒性更大。二氧化氯易溶于水，在室温、4 kPa 分压下溶解度为 2.9 g/L，不与水发生反应，在水中的溶解度是氯的 5 倍。二氧化氯在常温条件下即能压缩成液体，并很容易挥发，在光线照射下将发生光化学分解，生成 ClO_2^- 与 ClO_3^-。

二氧化氯是一种易于爆炸的气体，温度升高、暴露在光线下或与某些有机物接触摩擦，都可能引起爆炸；液体二氧化氯比气体更容易爆炸，当空气中的 ClO_2 体积分数大于 10% 或水溶液中 ClO_2 体积分数大于 30% 时都将发生爆炸，所以工业上常使用空气或惰性气体稀释二氧化氯，使其体积分数小于 10%，最好小于 8%。由于二氧化氯具有易挥发、易爆炸等特性，故不易贮存，应现场制备和使用。

二氧化氯溶液须置于阴凉避光处，严格密封，在微酸化条件下可抑制它的歧化，从而提高其稳定性。

2. 二氧化氯的氧化性

二氧化氯分子中有 19 个价电子，其中有 1 个是未成对的价电子，这个价电子可以在氯与两个氧原子之间跳来跳去，因此它本身就像是一个游离基，氯氧键表现出明显的双键特征，这种特殊的分子结构决定了它具有强氧化性。O—Cl—O 键的键角为 115°，键长为 1.47×10^{-10} m。二氧化氯中的氯以正四价态存在，其活性为氯的 2.5 倍，即氯气的有效氯含量（相当于氯作为氧化剂的量）为 100%，而二氧化氯的有效氯含量约为 263%。

其计算公式如下：

$$ClO_2 + 2H_2O \longrightarrow Cl^- + 4OH^- - 5e^-$$

$$(5 \times 35.5/67.5) \times 100\% \approx 263\%$$

$$Cl_2 + H_2O \longrightarrow HOCl + HCl - 2e^-$$

$$(2 \times 35.5/71) \times 100\% = 100\%$$

二氧化氯在水中通常不发生水解,也不以二聚或多聚形态存在,这使得 ClO_2 在水中的扩散速率比氯快,渗透能力比氯强,特别是在低浓度时更为突出。

在通常水处理条件下,ClO_2 只经历单电子转移被还原成 ClO_2^-,反应如下:

$$ClO_2 + e^- \longrightarrow ClO_2^- \qquad E^\circ = 0.95\ V$$

$$ClO_2^- + 2H_2O + 4e^- \longrightarrow Cl^- + 4OH^- \qquad E^\circ = 0.78\ V$$

在酸性较强的条件下,ClO_2 具有很强的氧化性,反应如下:

$$ClO_2 + 4H^+ + 5e^- \longrightarrow ClO_2^- + 4H_2O \qquad E^\circ = 1.95\ V$$

进一步生成氯酸,释放氧,氧化、降解水中的带色基团和其他有机污染物;在弱酸性条件下,二氧化氯不易分解污染物而是直接反应。因此,pH 对处理效果影响很大。

3. 二氧化氯预氧化

二氧化氯一般与水中的有机物选择性作用,可去除水中的还原性酸根和金属离子,能氧化不饱和键和芳香化合物的侧链,将水中有机物降解为含氧基团为主的产物,无氯代物生成。水中的黄霉素、腐殖酸也可被二氧化氯氧化降解。二氧化氯可将致癌物苯并芘氧化成无致癌活性的配式结构。二氧化氯预氧化的优点是氯化消毒副产物的浓度显著降低。但二氧化氯与水中还原性成分作用也会产生一系列副产物(亚氯酸盐和氯酸盐),毒理试验结果表明,亚氯酸根能破坏血细胞,引起溶血性贫血。

4. 二氧化氯的消毒作用

关于二氧化氯消毒机理,目前有很多解释。一般认为,二氧化氯在与微生物接触时通过一系列过程起到消毒作用:首先附着在细胞壁上,然后穿过细胞壁与含巯基的酶反应而使细菌死亡。二氧化氯具有广谱杀菌性,除对一般的细菌有灭杀作用外,对大肠杆菌、异养菌、铁细菌、硫酸盐还原菌、脊髓灰质炎病毒、肝炎病毒、兰伯氏贾第虫胞囊、尖刺贾第虫胞囊等也有很好的灭杀作用。它对一般的细菌和很多病毒的杀灭作用强于氯,且其消毒效果受 pH 的影响不大。当 pH =6.5 时,氯的灭菌效果比二氧化氯好,随 pH 提高,二氧化氯的灭菌效果很快超过氯;当 pH =8.5 时,要达到 9% 以上的埃希氏大肠菌杀灭率,二氧化氯只需要 0.25 mg/L 的质量浓度和 15 s 的接触时间,而氯需要的质量浓度为 0.75 mg/L。二氧化氯消毒的另一显著优点是它几乎不与水中的有机物作用而生成有害的卤代有机物,有机副产物主要包括低分子量的乙醛和羧酸,含量大大低于臭氧氧化过程。此外,二氧化氯消毒的成本虽高于氯但却低于臭氧。这些优点使得二氧化氯成为值得考虑的消毒剂之一。

5. 二氧化氯的制备

ClO_2 制取的方法较多,但在给水处理中,制取方法主要有以下两种。

(1)用亚氯酸钠($NaClO_2$)和氯(Cl_2)制取,反应如下:

$$Cl_2 + H_2O \longrightarrow HOCl + HCl$$

$$HOCl + HCl + 2NaClO_2 \longrightarrow 2ClO_2 + 2NaCl + H_2O$$

$$Cl_2 + 2NaClO_2 \longrightarrow 2ClO_2 + 2NaCl$$

理论上 1 mL 氯和 2 mol 亚氯酸钠反应可生成 2 mol 二氧化氯,但实际应用时,为了加快反应速度,投氯量往往超过化学计量的理论值,故产品中往往含有部分自由氯。

(2)用强酸与亚氯酸钠反应制取,反应如下:

$$5NaClO_2 + 4HCl \longrightarrow 4ClO_2 + 5NaCl + 2H_2O$$

$$10NaClO_2 + 5H_2SO_4 \longrightarrow 8ClO_2 + 5Na_2SO_4 + 2HCl + 4H_2O$$

在用硫酸制备二氧化氯时,需注意硫酸不能与固态 $NaClO_2$ 接触,否则会发生爆炸。此外,尚需注意两种反应物的浓度控制,浓度过高,反应激烈也会发生爆炸。这种制取方法中不存在游离氯,故投入水中不会产生 THM。

以上两种 ClO_2 制取方法各有优缺点。采用强酸与亚氯酸钠制取 ClO_2,方法简便,产品中无游离氯,但 $NaClO_2$ 转化为 ClO_2 的理论转化率仅为 80%,即 5 mol 的 $NaClO_2$ 产生 4 mol的 ClO_2;采用氯与亚氯酸钠制取 ClO_2,1 mol 的 $NaClO_2$ 可产生 1 mol 的 ClO_2,理论转化率为 100%,但由于 $NaClO_2$ 价格高,采用氯制取 ClO_2 在经济上占优势。当然,在选用生产设备时,还应考虑其他各种因素,如设备的性能、价格等。

此外,还有两种方法可以用来现场制取二氧化氯:

(1)用次氯酸钠制取,反应如下:

$$NaOCl + HCl \longrightarrow NaCl + HOCl$$

$$HCl + HOCl + 2NaClO_2 \longrightarrow 2ClO_2 + 2NaCl + H_2O$$

$$NaOCl + 2HCl + 2NaClO_2 \longrightarrow 2ClO_2 + 3NaCl + H_2O$$

(2)用电解食盐溶液制取 ClO_2、Cl_2、O_3 等多种强氧化剂混合气体。

制备二氧化氯的原材料氯酸钠、亚氯酸钠和盐酸、氯气等严禁相互接触,必须分别贮存在分类的库房内,贮放槽需设置隔离墙。盐酸库房内应设置酸泄漏的收集槽。氯酸钠及亚氯酸钠库房室内应备有快速冲洗设施。二氧化氯制备、贮备、投加设备及管道、管配件必须有良好的密封性和耐腐蚀性;其操作台、操作梯及地面均应有耐腐蚀的表层处理。其设备间内应有每小时换气 8 ~ 12 次的通风设施,并应配备二氧化氯泄漏的检测仪和报警设施及稀释泄漏溶液的快速水冲洗设施。设备间应与贮存库房毗邻。工作间内应设置快速洗浴龙头。二氧化氯的原材料库房贮存量可按不大于 10 d 的最大用量计算。二氧化氯消毒系统的设计应执行相关规范的防毒、防火、防爆要求。

5.4.2　高锰酸盐氧化

高锰酸盐主要有高锰酸钾、高锰酸钠和高锰酸钙等,其中高锰酸钾应用最为广泛。

1. 高锰酸钾的物理化学性质

高锰酸钾是锰的重要化合物之一,化学式为 $KMnO_4$,为暗黑色菱柱状闪光晶体,易溶于水，其水溶液呈紫红色，具有很强的氧化性，遇还原剂时反应产物视溶液的酸碱性而有差异，固体相对密度为2.7，加热到200 ℃以上时会分解放出氧气。

高锰酸钾属于过渡金属氧化物，在水溶液中能以数种氧化还原状态存在，各种形态的锰可通过氧化还原电化学作用相互转化。高锰酸钾在水中的形态主要有Mn(Ⅱ)、Mn(Ⅲ)、Mn(Ⅳ)、Mn(Ⅴ)、Mn(Ⅵ)、Mn(Ⅶ)等化合物。相应的标准摩尔生成自由能分别为Mn(Ⅱ)(水溶液)：-228.1 kJ/mol；Mn(Ⅲ)(水溶液)：-82 kJ/mol；MnO_2(化合物)：-465.1 kJ/mol；MnO_4^{2-}(水溶液)：-503.8 kJ/mol；MnO_4^{2-}(水溶液)：-447.2 kJ/mol。通过试验测定与计算得出锰的各种形态化合物间半反应的电极电位见表5.11。

表5.11　锰的各种形态化合物间半反应的电极电位

半反应	$E°$/V	半反应	$E°$/V
$Mn^{2+}+2e^- = Mn$	-1.18	$MnO_2+2H_2O+2e^- = Mn(OH)_2+2OH$	-0.05
$Mn^{3+}+2e^- = Mn^{2+}$	+1.51	$MnO_4^-+4H^++3e^- = MnO_2+2H_2O$	+1.69
$MnO_2+4H^++2e^- = Mn^{2+}+2H_2O$	+1.23	$MnO_4^{2-}+2H_2O+2e^- = MnO_2+4OH^-$	+0.60
$MnO_4^-+8H^++5e^- = Mn^{2+}+4H_2O$	+1.51	$MnO_4^{2-}+4H^++2e^- = MnO_2+2H_2O$	+2.26
$MnO_4^-+e^- = MnO_4^{2-}$	+0.56		

高锰酸钾在水溶液中反应较复杂，其形态受多种因素影响(其中pH是主要影响因素之一)。

2. 高锰酸钾去除有机物的作用机理

高锰酸钾与水中有机物间的作用很复杂，既有高锰酸钾与有机物间的直接氧化作用；也有高锰酸钾在反应过程中形成的新生态水合二氧化锰对微量有机污染物的吸附与催化作用；同时还有高锰酸钾在反应过程中产生的介稳状态中间产物的氧化作用。高锰酸钾在酸性条件下具有较强的氧化能力，在此条件下高锰酸钾具有较高的氧化还原电位(pH=0时，$E°=1.69$ V)，但在中性pH条件下氧化还原电位相对较低(pH=7时，$E°=1.14$ V)，因而长期以来普遍认为高锰酸钾在通常给水处理条件下(中性pH)难以有较强的除污染能力。在碱性条件下一般认为高锰酸钾水溶液中有某种自由基生成，因而氧化能力有所提高。

高锰酸钾在中性pH条件下对地表水中有机物进行氧化的特有中间产物是新生态水合二氧化锰，并已通过原子力显微镜等手段证实其在纳米尺度。由于其具有巨大的比表面积和很高的活性，能通过吸附与催化等作用提高对水中微量有机污染物的去除效率。新生态水合二氧化锰表面羟基能够与有机污染物通过氢键等作用力结合，因而提高了除微污染效率。此外，高锰酸钾与水中少量还原性成分作用产生的其他介稳状态中间产物[如Mn(Ⅲ)-Mn(Ⅴ)等]也对高锰酸钾除微污染起重要的促进作用。

3. 高锰酸钾预氧化控制氯化消毒副产物及助凝作用

高锰酸钾预氧化能够破坏水中氯化消毒副产物前驱物质,从而降低氯化消毒副产物生成量。高锰酸钾预氧化能够降低氯仿的主要前驱物质(间苯二酚)的氯仿生成势,随着高锰酸钾投加量的增加,氯仿生成势的下降幅度更大。对于其他的氯仿前质,如邻苯二酚、对苯二酚、单宁酸、腐殖酸等也有类似的规律。但对于苯酚而言,预氧化却使氯仿生成势略有升高,但氯酚的生成量则有显著的降低。这说明高锰酸钾能够破坏氯酚的前驱物质,但产生的中间产物有可能部分地转化为氯仿的前驱物质。

由于高锰酸盐在氧化过程中生成的新生态水合二氧化锰等中间态产物具有很高的活性,能够通过吸附作用促进絮体的成长,形成以新生态水合二氧化锰为核心的密实絮体,因而高锰酸钾(及高锰酸盐复合药剂)对多种地表水表现出不同程度的助凝作用。

高锰酸钾(及高锰酸盐复合药剂)对地表水的助凝效果与水质有关,对于稳定性难处理水质的助凝效果更加明显。高锰酸钾助凝一般在很小的投量下即可取得良好的效果,但对于某特定水质存在着一最优投量范围。这是由于少量的高锰酸钾即可达到强化脱稳的目的,同时形成以新生态水合二氧化锰为核心的絮体。过量的高锰酸钾氧化有可能导致水中高锰酸钾过剩,水的色度和浊度升高。对于某种特定地表水,高锰酸盐复合药剂的最优投量范围取决于水中有机物浓度和还原性物质成分。

研究结果表明,高锰酸盐预氧化与生物活性炭组合可有效地强化对水中氨氮和有机物的去除效果,是一种经济、简便的氧化与生物组合的处理工艺,比较适合于现有水厂的挖潜改造,是一种能够经济适用地提高水质的方法。

5.5　高级氧化概述

近年来具有更强氧化能力的高级氧化工艺(Advanced Oxidation Process,AOP)逐渐得到了人们的重视,以期进行更高效、更彻底的氧化。

5.5.1　高级氧化工艺简介

Glaze 于 1987 年提出了普遍公认的高级氧化的定义:任何以产生羟基自由基 · OH 为目的的过程均是高级氧化工艺。· OH 是目前已知可在水处理中应用的最强的氧化剂,它的标准氧化还原电位高达 2.80 V。目前,大多数成功地应用于水处理中的高级氧化过程都是以 · OH 为主要氧化成分。由于 · OH 具有极强的氧化性,这使它可以与绝大多数有机物和无机物在水中迅速反应,反应时间一般以 μs 计。另外,· OH 与有机物的反应具有很低的选择性,它与有机物氧化反应的速率常数大多在 $10^8 \sim 10^{10}$ L/(mol · s),而直接氧化反应的速度常数大多在 $1 \sim 10^3$ L/(mol · s)。因而,许多与臭氧分子反应缓慢的有机物,都可与 · OH 以很快的速率反应,见表 5.8。

另外,高级氧化的氧化效率高,对有机物的氧化彻底。当有诸如酸类自由基反应促进剂时，往往少量的羟基自由基即可以引发一系列化学反应，可以将大量的有机物氧化。同时由于羟基自由基具有很强的氧化性，多数有机物可被彻底氧化成二氧化碳和水。

由此可见，高级氧化工艺的主要目的是利用·OH 的强氧化性，保证高效、彻底地氧化水中的微污染有机物。它的关键环节是如何高效、低能耗地产生·OH。

目前，有很多过程可以诱发羟基自由基反应，如在氧化还原过程中或在外界能量的作用下，常常都会产生羟基自由基。

臭氧高级氧化技术是高级氧化技术中的一种，它是利用臭氧在不同的催化剂作用下产生·OH 的一种高级氧化工艺。臭氧溶解于水中后，会自分解形成·OH，但单纯由 O_3 自分解产生的量很少，必须通过某些方式加速 O_3 分解才能产生一定量·OH。研究发现，·OH 可由臭氧与辐射、UV 及 H_2O_2 等联合产生。近年来，又发现了一些新的·OH 发生技术，如 O_3 与 TiO_2、ZnO、CdS 等硫族半导体，UV 与 Fenton 试剂，O_3 与超声波，O_3 与还原性的金属（如 Mn(Ⅱ)）或一些过渡金属氧化物等联合使用。目前在水处理中应用较多的臭氧高级氧化技术是臭氧和紫外线（O_3/UV）联用，臭氧和过氧化氢（O_3/H_2O_2）联用及光化学催化氧化（O_3/UV/TiO_2）等。近年来，利用臭氧/金属氧化物等的高级氧化技术已经在大连给水深度处理工程中应用。

5.5.2 常见的高级氧化过程

1. Fenton 试剂反应

Fenton 试剂反应即 H_2O_2/Fe^{2+} 诱导产生羟基自由基的反应。这是应用最早的高级氧化反应。其诱导反应一般认为是：

$$Fe^{2+} + H_2O_2 \longrightarrow Fe^{3+} + \cdot OH + OH^-$$

有机脂肪酸可以通过如下述反应促进自由基形成：

$$RH + \cdot OH \longrightarrow R\cdot + H_2O$$

$$R\cdot + Fe^{3+} \longrightarrow R^+ + Fe^{2+}$$

$$R^+ + O_2 \longrightarrow 2ROO^+ \longrightarrow CO_2 + H_2O$$

最终可以通过下式终止自由基反应：

$$Fe^{2+} + \cdot OH \longrightarrow Fe^{3+} + OH^-$$

上述系列反应中，·OH 自由基与有机物 RH 反应生成游离基 R·，并进一步氧化生成 CO_2 和 H_2O，从而使水中的 COD 含量大大降低。Fenton 试剂一般在酸性条件下使用，此时 $Fe(OH)_3$ 以胶体形态存在，具有凝聚、吸附性能，可除去水中部分悬浮物和杂质。

2. H_2O_2/UV 过程

研究认为，过氧化氢溶液在 UV 的照射下，溶液中会产生羟基自由基。该过程可以用如下反应表示：

$$H_2O_2 \longrightarrow 2\cdot OH$$

影响 UV/H_2O_2 氧化反应的因素有：H_2O_2 浓度、有机物的初始浓度、紫外光强度和频率、溶液的 pH、反应温度和时间等。试验证明，UV/H_2O_2 系统对有机污染物的质量浓度的适用范围很宽，为 $n\times10\sim n\times10^3$ mg/L（$n=1\sim9$），但从成本看，并不适合处理高浓度工业有机废水。

3. UV/TiO_2 催化氧化

在低压汞灯产生的紫外线照射下，O_3 与 TiO_2 可以高效产生 ·OH，通过在原水中投加这样的光敏半导体材料，受激发后可产生电子（e^-）－空穴（h^+）对。

$$TiO_2 + UV \longrightarrow e^- + h^+$$

在 TiO_2 粒子表面，这些电子和空穴可与吸收的物质作用而产生 O_2^- 和 ·OH。

$$e^- + O_2 \longrightarrow O_2^-$$

$$O_2^- + H^+ \longrightarrow HO_2\cdot$$

$$2HO_2\cdot \longrightarrow O_2 + H_2O_2$$

$$H_2O_2 + O_2 \longrightarrow \cdot OH + OH^- + O_2$$

$$h^+ + H_2O \longrightarrow \cdot OH + H^+$$

$$h^+ + OH^- \longrightarrow \cdot OH$$

$$\cdot OH + \text{有机物} \longrightarrow CO_2 + H_2O$$

$$h^+ + \text{有机物} \longrightarrow CO_2 + H_2O$$

由于 TiO_2 光催化过程固有的复杂性，有关光催化反应器的模拟、设计、放大等方面的研究开展得相对较少。国内目前光催化降解技术主要用在实验室小水量的水处理研究，尚处于基础研究阶段。

4. 臭氧高级氧化过程

（1）O_3/UV 工艺。

无论在气相还是在溶液中，臭氧都可以吸收紫外光，最大的吸收波长为 253.7 nm。在紫外光的激发下，通过下面的反应可直接生成 H_2O_2：

$$O_3 + H_2O \longrightarrow O_2 + H_2O_2$$

上述形成的过氧化氢可以发生光解，也可由臭氧分解而产生自由基：

$$\begin{array}{c} H_2O_2 \\ -h^+ + e^- + H^+ \\ HO_2^- \end{array} \xrightarrow[(2)]{(1)} \begin{cases} \xrightarrow{+UV} 2\cdot OH \\ \xrightarrow{+O_3} HO_2 + O_3^- \longrightarrow OH \end{cases}$$

H_2O_2 的光解速度十分缓慢，而 O_3 被 HO_2^- 分解的速度很快，所以在中性条件下，途径（2）是主要途径。该法对处理难氧化物质比较有效，能使氧化速度提高 $10\sim10^4$ 倍。

（2）O_3/H_2O_2 工艺。

过氧化氢是一种弱酸，遇到水部分分解为过氧化氢负离子，即

$$H_2O_2 + H_2O \longrightarrow HO_2^- + H_3O^+ \qquad K_a = 10^{-11.6}$$

过氧化氢分子与臭氧反应十分缓慢，然而 HO_2^- 十分活泼，因此臭氧被过氧化氢所分解的速率将随着溶液 pH 的升高而加快。O_3 分子在水中也可以与 OH^- 反应，形成 HO_2^-。

$$O_3 + OH^- \longrightarrow HO_2^- + O_2$$

上述形成的 HO_2^- 可继续与臭氧分子反应形成 $\cdot OH$。

$$O_3 + HO_2^- \longrightarrow O_2^- + O_2 + \cdot OH$$

过氧化氢和臭氧反应生成羟基自由基的总反应式可以表示为

$$2O_3 + H_2O_2 \longrightarrow 3O_2 + 2\cdot OH$$

(3) O_3/金属离子或氧化物。

臭氧在过渡金属离子(O_3/Me)或过渡金属氧化物(O_3/Me_xO_y)的催化作用下，对一些高稳定性有机物(如杀虫剂、除草剂)的氧化效率会得到显著提高，这些也被一些研究者归结为 $\cdot OH$ 的作用，亦即高级氧化过程。目前，臭氧催化氧化过程是高级氧化技术的一个研究热点，其特点是氧化效率高，易于在大型水厂中应用。

5. 超声波高级氧化

超声波降解有机物的机理被认为主要来自于羟基自由基的作用，即高级氧化机理。一般认为超声波的空化作用可导致水的解离及自由基的形成。目前有一种流行的热点模型，认为一定频率和振幅的超声波对水溶液进行辐射时，在超声波的负压作用下产生空化气泡，随后在超声波的正压作用下迅速崩溃。整个过程发生的时间很短，然而却可以产生瞬时的高温(实验测定值为 500 K)、高压(估计为几百个大气压)。气泡中的高温、高压水蒸气发生离解，可以写成如下方程式：

$$H_2O(\text{超声}) \longrightarrow \cdot OH + H\cdot$$

$$2\cdot OH \longrightarrow H_2O_2$$

$$2H\cdot \longrightarrow H_2$$

在超声波的作用下，过氧化氢扩散进入水中对有机物进行氧化。同时 $\cdot OH$ 可以直接将与它接触的有机物氧化，如下两式所示：

$$\cdot OH + \text{有机物} \rightarrow \text{氧化产物}$$

$$H_2O_2 + \text{有机物} \rightarrow \text{氧化产物}$$

同时，超声化学反应中还应该包括热解反应，即部分有机物在高温高压的气泡中发生热解转化。

6. 高能电子辐射

高能电子辐射通过电子加速器产生的高能电子进入水中，由于高能电子的撞击以及能量的转换，将会发生一些有利于污染物降解的过程及化学变化。在高能电子经过的轨迹中会形成电子激发态的离子或自由基。最初辐射离解的产物形成在独立的体积单元(称为径迹)内，所有的径迹通过膨胀扩散，部分离解的物质会重新化合，而另外一些则进入溶液主体，并在溶液中自由反应传递其能量。该过程中可能发生如下反应：

$$H_2O \rightarrow [2.7]\cdot OH + [2.6]e^-(aq) + [0.6]H\cdot + [0.7]H_2O_2 + [2.6]H_3O^+ + [0.45]H_2$$

由于 · OH 的存在,高级氧化过程成为高能电子流辐射降解污染物的主要机理。H · 也起到相当的作用。根据尼克尔森(Nickelson)和科珀(Copper)的研究结果,在苯、甲苯和二甲苯(邻 - ,间 -)的混合溶液中,93% ~97% 苯、二甲苯(邻 - ,间 -)的去除来自于羟基自由基的氧化作用。而 H · 对去除甲苯则起到重要作用,因为 16.1% 的甲苯去除来自于 H · 的作用。

第6章　吸　　附

6.1　吸附概述

6.1.1　吸附现象

在两相界面层中,某物质浓度能够自动地发生富集的现象被称作吸附。例如,在一定条件下,在液－固或者气－固界面上,液体中的溶质或气体分子会自发地向固体表面富集。在苯酚溶液中投入洁净的活性炭颗粒,苯酚就会向活性炭表面聚集,或者说活性炭吸附了苯酚。在一个充满溴气的玻璃瓶中加入一些活性炭,可以看到气体的颜色慢慢褪去,说明溴气被活性炭表面吸附。通常,具有吸附能力的物质(如活性炭)为吸附剂,被吸附在吸附剂表面的物质则为吸附质。

吸附现象在生产和科研中的应用广泛,如制糖业中活性炭的脱色、硅胶对气体的干燥等。在水和废水处理中,活性炭是一种用途广泛的吸附剂。

通常固体由于表面自由能比较高,有吸附别的物质降低表面自由能的趋势。自由能降低的过程大多是自发过程,因此吸附过程是一个自发过程。吸附可以用一个化学反应式表示:

$$A + B \longrightarrow A \cdot B$$

这里A表示吸附质,B表示吸附剂,A·B表示吸附化合物。由于多种化学作用和物理化学作用,吸附质被吸附在吸附剂表面,这些作用包括氢键作用、偶极矩作用和范德瓦耳斯力作用,更强作用的吸附则可能来自于化学键力。与吸附相对的过程是脱附,即吸附在吸附剂表面的吸附质从吸附剂表面脱落。吸附和脱附的速度一般随着吸附质浓度的增加而增大。如果吸附反应是可逆的,就像许多化合物吸附在活性炭表面一样,吸附质在吸附剂表面的吸附和脱附同时发生。吸附刚开始时,吸附质在溶液中的浓度大,在吸附剂表面的浓度小,因此吸附的速度大于脱附的速度。随着溶液中浓度的降低和吸附剂表面浓度的增加,吸附的速度不断降低,脱附的速度不断增大。吸附和脱附速度相等时,吸附过程达到平衡状态,进一步的积累将不再发生。该过程在宏观上表现为溶液的浓度不再降低。

按照吸附的作用机理,吸附作用被分成两大类,即物理吸附和化学吸附。在吸附过程中通常会伴随着能量的变化,被称为吸附热。物理吸附和化学吸附由于吸附机理的差别而在吸附热、吸附速度及吸附的选择性方面有所不同。物理吸附的作用力为分子间作用力即范德瓦耳斯力,其吸附热比较低、吸附速度快而且没有选择性。而化学吸附的作用力为化学键力,其吸附热比较高,吸附速度根据化学键的类型不同而有较大的差别,并且吸附具有一定的选择性。

6.1.2 等温吸附模型

一种吸附剂的重要特性就是它所能吸附的吸附质的量,即吸附量。影响吸附剂吸附量的主要因素包括溶液浓度和温度。通常研究的是在恒温及吸附平衡状况下,单位吸附剂的吸附容量 q_e 和平衡溶液浓度 C_e 之间的关系曲线,称作吸附等温线。对吸附等温线的描述有几种模型,这里介绍几个比较常用的模型。

1. 弗伦德里希(Freundlich)吸附等温式

弗伦德里希(Freundlich)吸附等温式是一个经验公式,它能较准确地描述大多数吸附数据。该吸附等温式的表达形式为

$$q_e = k_F C_e^{1/n} \tag{6.1}$$

对等式两边取对数可将等式线性化为

$$\lg q_e = \lg k_F + \frac{1}{n}\lg C_e \tag{6.2}$$

式中 q_e——饱和吸附容量(平衡吸附量),单位为吸附质的质量/吸附剂质量(mg/g)或吸附质摩尔数/吸附剂质量(mmol/g);

C_e——溶液平衡浓度,单位为吸附质质量/溶液体积(mg/L)或吸附质摩尔数/溶液体积(mol/L);

k_F、$1/n$——一个特定体系的常数,k_F 的单位由 q_e 和 C_e 的单位确定,$1/n$ 无量纲。

饱和吸附容量 q_e 的测定方法:在已知浓度(C_0)的定量溶液(V)中加入一定量(m)精确计量的吸附剂使其达到平衡,在确保达到吸附平衡后,测得其溶液中的平衡浓度 C_e。然后根据下式计算出其平衡吸附量:

$$q_e = \frac{(C_0 - C_e)V}{m} \tag{6.3}$$

尽管弗伦德里希吸附等温式是一个用来解释经验数据的公式,但后来豪赛(Halsey)和泰勒(Taylor)(1947)发展的吸附理论可以推导出弗伦德里希吸附等温式。参数 k_F 主要与吸附剂对吸附质的吸附容量有关,而 $1/n$ 是吸附力的函数。

对于确定的 C_e 和 $1/n$,k_F 值越大吸附容量 q_e 越大;对于确定的 k_F 和 C_e,$1/n$ 值越小吸附作用越强。当 $1/n$ 值很小时,吸附容量几乎与 C 无关,吸附等温线逼近水平线,这时 q_e 几乎为常数;如果 $1/n$ 值大,则吸附作用力弱,q_e 随着 C_e 的微小改变而产生明显的改变。尽管弗伦德里希吸附等温式能够有效地处理大部分吸附数据,但是仍有许多不适用的情况。通常某一种吸附剂对一种吸附质的吸附常数 k_F 及 $1/n$ 可以通过实验确定。由式(6.2)可知,对于一系列的吸附容量 q_e 和平衡溶液浓度 C_e 取对数所得到的 $\lg C_e$ 和 $\lg q_e$ 为线性关系,其斜率和截距分别为 k_F 和 $1/n$。

Freundlich 吸附等温式既可以应用于单层吸附,也可以应用于不均匀表面的吸附。

Freundlich 吸附等温式作为一个不均匀表面的经验吸附等温式，既能很好地描述不均匀表面的吸附机理，也适用于低浓度的吸附情况，它能够在更广的浓度范围内很好地解释实验结果。但是，Freundlich 吸附方程的缺点则是不能得出一个最大吸附量，无法估算在参数的浓度范围以外的吸附作用。

2. 兰格缪尔(Langmuir)吸附等温式

(1)兰格缪尔(Langmuir)吸附等温式。

兰格缪尔(Langmuir)吸附等温式是一个理论公式，形式如下：

$$q_e = q_{max}\frac{bC_e}{1 + bC_e} \tag{6.4}$$

式中　b、q_{max}——常数；

q_e、C_e——饱和吸附量和溶液的平衡浓度。

常数 b、q_{max} 与表面吸附的单分子表层浓度有关，且代表了当 C_e 增加时 q_e 的最大值。常数 b 与表面吸附能量有关，当吸附力增大时，b 值也增加。

该理论公式认为，吸附质在均匀固体表面形成单分子层的吸附层，吸附在固体表面的分子之间不存在作用力，吸附为动态平衡：

$$\mathrm{A} + \mathrm{B} \underset{k_2}{\overset{k_1}{\rightleftharpoons}} \mathrm{A} \cdot \mathrm{B} \tag{6.5}$$

设 θ 为某一平衡时刻吸附剂(如活性炭)表面被覆盖的百分比，A 为总吸附位置数量。若吸附剂表面均匀，则被占用的吸附位置为 $A\theta$，空余的吸附位置为 $A(1-\theta)$。由于被吸附的分子之间不存在作用力，那么吸附速度 V_1 与可利用的吸附空位成正比，脱附速度 V_2 与吸附表面吸附质浓度成正比，即存在如下两式：

$$V_1 = k_1 A(1 - \theta) \tag{6.6}$$

$$V_2 = k_2 A\theta \tag{6.7}$$

同时，由于吸附达到平衡状态时：

$$V_1 = V_2$$

联立式(6.6)和式(6.7)，则有

$$\theta = \frac{bC_e}{1 + bC_e} \tag{6.8}$$

其中，$b = k_1/k_2$。

设表面最大吸附量为 q_{max}，平衡时的吸附量为 q_e，由吸附量及吸附位对应关系：

$$\theta = q_e/q_{max} \tag{6.9}$$

将式(6.9)代入式(6.8)得式(6.4)。

在式(6.4)中，q_{max} 和 b 为对应于某一吸附过程的常数，这两个吸附常数的确定方式可以先由式(6.4)变形得到：

$$\frac{1}{q_e} = \frac{1}{q_{max}} + \frac{1}{bq_{max}} \cdot \frac{1}{C_e} \tag{6.10}$$

在通过试验获得一系列 q_e 和 C_e 数据的前提下，可以通过数学方法求得 q_{max} 和 b。

Langmuir 吸附等温式对于当固体表面的吸附作用相当均匀且吸附限于单分子层这类情况,能够较好地表达试验结果。但由于它的假定是不够严格的,具有一定的局限性。

Langmuir 吸附等温式假定吸附剂表面均匀,吸附质之间没有相互作用,吸附是单层吸附,即吸附只发生在吸附剂的外表面。q_{max} 为饱和吸附量,表示单位吸附剂表面全部铺满单分子层吸附剂时的吸附量;该吸附等温式的假设对试验条件的变化比较敏感,一旦条件发生变化,吸附等温式参数则要做相应的改变,因此该模型只能适用于单分子层化学吸附的情况。Langmuir 吸附等温式作为第一个对吸附机理做了生动形象描述的模型,为以后其他吸附模型的建立起到了奠基作用。

(2)竞争吸附的 Langmuir 吸附等温式。

当有多种组分同时在固体表面发生吸附时,它们之间将产生竞争吸附,通过对 Langmuir 吸附等温式进行一定改进可以得到竞争吸附的 Langmuir 吸附等温式,即

$$q_i = q_{im}\frac{k_{ib}C_i}{1+\sum_j^n k_{jb}C_j} \tag{6.11}$$

其中,q_{im}和 k_{ib}可以从相应的单一组分吸附的 Langmuir 吸附等温式中得出。竞争吸附的 Langmuir 吸附等温式可以描述多组分的吸附情况,尤其当固体表面的吸附作用相当均匀,且吸附限于单分子层时,能够较好地代表试验结果。但由于它的假定与 Langmuir 吸附等温式一样,不够严格,同样具有相当的局限性。

(3)三参数的 Langmuir 吸附等温式。

三参数的 Langmuir 吸附等温式:Langmuir 吸附等温式和竞争吸附的 Langmuir 吸附等温式都是两参数的分子吸附模型,以单分子层吸附且分子间无相互作用为基础,在解释和关联试验数据时有很大的局限性,因此研究者们提出了很多的吸附等温式,通过增加其中的参数,以提高它们处理试验数据的关联精确性。其中发展了很多三参数的 Langmuir 吸附等温式,它们在处理数据时更为准确,应用更为广泛,如:

①Langmuir - Freundlich 吸附等温式:

$$q_e = q_{max}\frac{(k_bC_e)^n}{1+(k_bC_e)^n} \tag{6.12}$$

式中 k_b——结合常数,其值与温度和孔隙有关;

q_e、C_e、q_{max}——含义同前。

②Toth 吸附等温式:

$$q_e = q_{max}\frac{k_bC_e}{[1+(k_bC_e)^n]^{1/n}} \tag{6.13}$$

③Extended Langmuir 吸附等温式:

$$q_e = q_{max}\frac{k_bC_e}{1+k_bC_e+n\sqrt{k_bC_e}} \tag{6.14}$$

其中,n 为模型参数,可以通过试验数据回归得到。

3. 亨利(Henry)方程

$$q_e = kC_e \tag{6.15}$$

式中 k——分配系数;

q_e、C_e——含义同前。

4. Redlich - Peterson 吸附等温式

$$q_e = \frac{k_R C_e}{1 + a_R C_e^{\beta}} \tag{6.16}$$

式中 k_R——Redlich - Peterson 吸附等温式常数,L/mg;

a_R——常数,$(L/mg)^{\beta}$;

β——指数,介于 0 ~ 1 之间。当 $\beta = 1$ 时,公式(6.16)变为式(6.4);当 $\beta = 0$ 时,公式(6.16)变为 Henry 方程,$q_e = \frac{k_R C_e}{1 + a_R}$;

q_e、C_e——含义同前。

公式(6.16)变形得到:

$$\lg \left[\left(\frac{K_R C_e}{q_e} - 1 \right) \right] = \lg a_R + \beta \lg C_e \tag{6.17}$$

Redlich - Peterson 吸附等温式是综合 Freundlich 吸附等温式和 Langmuir 吸附等温式而提出的较合理的经验方程。k_R 和 a_R 均为与吸附能力有关的经验常数,指数 β 为介于 0 ~1 之间的经验常数,避免了吸附过程受浓度限制的影响。

5. Temkin 吸附等温式

Temkin 吸附等温式所描述的能量关系是吸附热随吸附量线性降低。简单的方程形式:

$$q_e = A + B\lg C_e \tag{6.18}$$

式中 C_e——平衡浓度;

q_e——吸附量;

A、B——方程的两个常数。

以 q_e 对 $\lg C_e$ 作图为一直线,可确定该方程对实验数据的拟合程度。

Langmuir 吸附等温式适用于均匀表面的吸附,而 Freundlich 吸附等温式和 Temkin 吸附等温式适用于不均匀表面的吸附。Freundlich 吸附等温式受低浓度的限制,而 Langmuir 吸附等温式则受高浓度的限制。

6.1.3 吸附热力学

通过吸附热力学的研究可以了解吸附过程进行的程度和驱动力,也可以深入分析各种因素对吸附产生影响的原因。

1. 吸附焓 ΔH 的计算

(1) Clausius - Clapeyron 方程。

$$\ln C_e = \frac{\Delta H}{RT} + K \tag{6.19}$$

式中　C_e——平衡质量浓度,mg/L;

ΔH——等量吸附焓,J/mol;

R——理想气体常数,8.314J/(mol · K);

T——热力学温度,K;

K——常数。

通过测定各种温度下的吸附等温线,再由吸附等温线作出不同等吸附量时的吸附等量线 $\ln C_e - 1/T$,用线性回归法求出各吸附量所对应的斜率,计算出不同吸附量时的等量吸附焓 ΔH。

(2) Van't Hoff 方程式。

$$\ln \frac{1}{C_e} = \frac{-\Delta H}{RT} + \ln K_0 \tag{6.20}$$

式中　C_e——平衡质量浓度,mg/L;

ΔH——等量吸附焓,J/mol;

R——理想气体常数,8.314J/(mol · K);

T——试验温度,K;

K_0——为 Van't Hoff 方程常数。

不同温度时的 C_e 可根据一定吸附量,从吸附等温线上查得。以 $\ln(1/C_e)$ 对 $1/T$ 作图,若 ΔH 与温度无关,则可通过斜率计算出来。

2. 吸附自由能 ΔG 的计算

标准吉布斯自由能变:

$$\Delta G^o = -RT\ln K_d \tag{6.21}$$

式中　ΔG^o——吸附标准吉布斯自由能变值,kJ/mol;

R——理想气体常数,8.314 J/(mol · K);

T——绝对温度,K;

K_d——吸附热力学平衡常数。

3. 吸附熵 ΔS 的计算

吸附熵可按 Gibbs - Helmholtz 方程计算:

$$\Delta S^o = \frac{\Delta H^o - \Delta G^o}{T} = \frac{\Delta H^o}{T} + R\ln K_d \tag{6.22}$$

式中　ΔG^o——吸附标准吉布斯自由能变值,kJ/mol;

ΔH°——吸附标准焓变值,kJ/mol;

ΔS°——吸附标准熵变值,kJ/(mol·K);

R——理想气体常数,8.314 J/(mol·K);

T——绝对温度,K;

K_d——吸附热力学平衡常数。

根据式(6.22)可以作 $\ln K_d - 1/T$ 曲线图,计算出 ΔH°、ΔS°。

6.1.4 吸附动力学

吸附动力学主要用来描述吸附剂吸附溶质的速率快慢,通过动力学模型对数据进行拟合,从而探讨其吸附机理。以下为5种吸附动力学模型。

1.吸附动力学准一级模型

吸附动力学准一级模型采用Lagergren方程计算吸附速率:

$$\frac{dq_t}{dt} = k_1(q_e - q_t) \tag{6.23}$$

式中 q_t、q_e——t 时刻和平衡态时的吸附量,mg/g;

k_1——准一级吸附速率常数,min^{-1}。

对式(6.23)从 $t=0$ 到 $t>0$($q_t=0$ 到 $q_t>0$)进行积分,可以得到:

$$\lg(q_e - q_t) = \lg q_e - \frac{k_1 t}{2.303} \tag{6.24}$$

对在不同温度下吸附剂对吸附质溶液的吸附作 $\lg(q_e - q_t) - t$ 曲线图,可得出相关参数 k_1。

准一级模型基于假定吸附受扩散步骤控制;一级线性图是由 $\lg(q_e - q_t)$ 对时间 t 作图,因此必须先得到 q_e 值,但在实际的吸附系统中,可能由于吸附太慢,达到平衡所需时间太长,因而不可准确测得其平衡吸附量 q_e 值。因此该模型常常只适合于吸附初始阶段的动力学描述,而不能准确地描述吸附的全过程。

2.吸附动力学准二级模型

吸附动力学准二级模型可以用McKay方程描述,它建立在速率控制步骤,是化学反应通过电子共享或在电子得失的化学吸附基础上的二级动力学方程表达式:

$$\frac{dq_t}{dt} = k_2(q_e - q_t)^2 \tag{6.25}$$

式中 k_2——准二级吸附速率常数,min^{-1}。

对式(6.25)从 $t=0$ 到 $t>0$($q_t=0$ 到 $q_t>0$)进行积分,写成直线形式为

$$\frac{t}{q_t} = \frac{1}{(k_2 q_e^2)} + \frac{t}{q_e} \tag{6.26}$$

式中 b——初始吸附速率常数,$b = k_2 {q_e}^2$,mg/(g·min)。

用式(6.26)作 $t/q_t - t$ 曲线图,可得出相关参数 k_2 和 b。

准二级动力学模型假设吸附速率由吸附剂表面未被占有的吸附空位数目的平方值决定,吸附过程受化学吸附机理的控制,这种化学吸附涉及吸附剂与吸附质之间的电子共用或电子转移;若符合二级模型则说明吸附动力学主要是受化学作用控制,而不是受物质传输步骤控制。

3. 颗粒内扩散(W-M)模型

颗粒内扩散模型最早由 Weber 和 Morris 提出,常用来分析反应中的控制步骤,求出吸附剂的内扩散速率常数,其表达式为

$$q_t = k_p t^{1/2} + C \tag{6.27}$$

式中 C——涉及厚度、边界层的常数;

k_p——颗粒内扩散速率常数,$mg/(g \cdot min^{1/2})$,k_p 值越大,吸附质越易在吸附剂内部扩散,由 $q_t - t^{1/2}$ 的线形图的斜率可得到 k_p。

根据内部扩散方程,以 q_t 对 $t^{1/2}$ 作图可以得到一条直线。若存在颗粒内扩散,q_t 对 $t^{1/2}$ 为线性关系,且若直线通过原点,则速率控制过程仅由内扩散单一速率控制。否则,其他吸附机制将伴随着内扩散进行。

粒子内扩散模型中,对 q_t 与 $t^{1/2}$ 进行线性拟合:如果直线通过原点,说明颗粒内扩散是控制吸附过程的限速步骤;如果不通过原点,吸附过程受其他吸附阶段的共同控制。该模型能够描述大多数吸附过程,但是,由于吸附初期和末期物质传递的差异,试验结果往往不能完全符合拟合直线通过原点的理想情况。粒子内扩散模型最适用于描述物质在颗粒内部扩散过程的动力学,而对于颗粒表面、液体膜内扩散的过程往往不适合。

4. Elovich 方程

对于非理想吸附过程,即真实吸附过程,随着吸附过程的进行,吸附和解吸活化能 E_a、E_d 随吸附剂表面覆盖率而线性变化。Elovich 方程是对由反应速率和扩散因子综合调控的非均相扩散过程的描述,是另一个基于吸附容量的动力学方程:

$$\theta = \frac{q_t}{q_e} = \frac{1}{a}\ln(akt + 1) \approx \frac{1}{a}\ln akt = \frac{1}{a}\ln ak + \frac{1}{a}\ln t = A + B\ln t \tag{6.28}$$

式中 a、k——Elovich 常数,分别表示解吸常数(g/mg)及表观吸附速率常数($g/(mg \cdot min)$),可通过 q_t 对 t 作图求得。

Elovich 方程为一经验式,描述的是包括一系列反应机制的过程,如溶质在溶液体相或界面处的扩散、表面的活化与去活化作用等,它非常适用于反应过程中活化能变化较大的过程,如土壤和沉积物界面上的过程。此外,Elovich 方程还能够揭示其他动力学方程所忽视的数据的不规则性。Elovich 模型适合于复杂非均相的扩散过程。

5. Bangham 方程

在吸附过程中,Bangham 方程常被用来描述孔道扩散机理。Bangham 方程表达式为

$$\lg\left(\lg\frac{C_0}{C_0 - q_t M}\right) = \lg\frac{k_0 M}{2.303V} - \alpha\lg t \tag{6.29}$$

式中 C_0——溶液初始质量浓度,mg/L;

M——单位体积溶液中吸附剂的质量,g/L;

V——溶液体积,mL;

k_0——Bangham 系统常数,$L/(g \cdot mL)^1$;

α——Bangham 系统常数,$\alpha < 1$。

6.2 活性炭吸附

6.2.1 活性炭的制备

活性炭(Activated Carbon,AC)一般有两种应用方式。一种为以粉末炭(Powdered Activated Carbon,PAC)形式应用,即将活性炭制成粉末,直接投入水中吸附水中杂质;另一种是以粒状炭(Granular Activated Carbon,GAC)形式应用,即将活性炭制成颗粒,当水经过活性炭滤池过滤时,水中某些杂质即被吸附在活性炭表面。

从 20 世纪上半叶以来,活性炭在给水处理中已经得到广泛应用。粉末炭对受污染水源水中的微量臭味有机物具有良好的吸附性能,因此很早就被用于去除水中的臭和味。美国自来水工程协会的一项研究表明,1986 年美国 600 家大型水厂中有 29% 使用粉末炭,主要用于控制臭味。粒状炭作为一种良好的生物载体,与臭氧氧化联用,可以有效地控制水中的难生物降解有机物。在废水处理方面,活性炭广泛应用于城市污水的三级处理、重金属废水处理、有机工业废水处理等。

活性炭由含炭为主的物质制成,如煤、木材(木屑形式)、木炭、泥煤、泥煤焦炭、褐煤、褐煤焦炭、骨、果壳及含炭的有机废渣等物质做原料,是经高温炭化和活化两大工序制成的多孔性疏水吸附剂。在制造过程中以活化过程最为重要,其活化方法分为化学(药剂)活化法和物理(气体)活化法。化学活化法多用于制造粉状炭,一次性使用。物理活化法的粒状炭使用过后还可以重复活化再用。

1. 化学(药剂)活化法

化学(药剂)活化法主要利用了非碳酸化的材料,属于这一类的原料有泥煤和木屑等。高温时,在脱水剂作用下,可把这种原料转化成活性炭,此时原料中的氧和氢可有选择地或完全地从含炭材料中清除,得到多孔结构,同时完成炭化和活化(通常在温度低于 650 ℃的条件下进行)。活化药剂是具有脱水性和氧化性的氯化锌、硫酸、磷酸、氢氧化钠、氢氧化钾、硫化钾等。含碳原料同含碳的黏合剂(例如木屑同木质胶的磺酸盐)和活化剂混合,并随之成型获得坚硬的活性炭,在转炉内运行 3 h,以磷酸和氯化锌作为活性添加剂进行炭的化学活化,加工成型,其产物强度不低于以水蒸气活化的炭。此法多用于制造粉状炭。

2. 物理(气体)活化法

粒状炭的制造一般以煤、木炭为原料,以水蒸气、CO_2 为活化气。气体活化过程包括干燥、炭化、活化三大步骤。粒状活性炭气体活化法制造工艺流程示意图如图6.1所示。

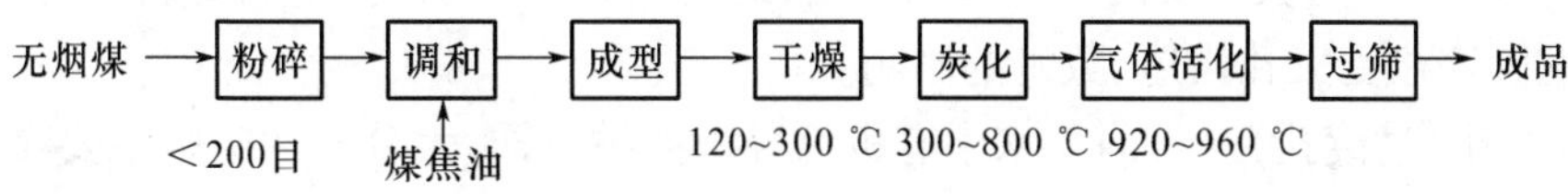

图6.1　粒状活性炭气体活化法制造工艺流程示意图

(1)干燥。要求原料在120~130 ℃温度下脱水。

(2)炭化。加热温度在170 ℃以上时,原料中有机物开始分解,到400~600 ℃时炭化分解完毕。

(3)活化。原料中的有机物炭化后,残留在炭基本结构的微孔中,使微孔堵塞。在920~960 ℃温度下通入活化气,在缺氧情况下使残留炭发生水煤气反应,使微孔扩大,得到多孔结构的活性炭。

任何碳质原料几乎都可以用来制造活性炭,包括木材、锯末、煤、泥炭、果壳、果核、沥青、皮革废物、纸厂废物等,天然煤和焦炭也是制造粒状活性炭的材料。原料中灰分含量是衡量其质量的重要因素,一般灰分含量越少质量越好。活性炭的制造可分为炭化及活化两步。炭化也称热解,是在隔绝空气条件下加热原材料,一般温度在600 ℃以下。有时原材料先经无机盐溶液处理后再炭化。炭化有多种作用,其一是使原材料分解放出水蒸气、一氧化碳、二氧化碳及氢气等气体;其二是使原材料分解成碎片,并重新集合成稳定的结构。这些碎片可能由一些微晶体组成,微晶体由两片以上的以六角晶格排列的片状结构碳原子堆积而成,但无固定的晶型。微晶体的大小与原材料成分和结构有关,并受炭化温度的影响,大致随炭化温度升高而增大。炭化后微晶边界原子上还附有一些残余的碳氢化合物。活化是在有氧化剂的作用下,加热炭化后的材料,以生产活性炭产品。在活化过程中,烧掉了炭化时吸附的碳氢化合物,把原有孔隙边上的碳原子烧掉,起到了扩大孔隙的作用,并把孔隙与孔隙之间烧穿,从而使活性炭变成良好的多孔结构。当氧化过程的温度在800~900 ℃时,一般以蒸汽或二氧化碳为氧化剂;当氧化温度在600 ℃以下时,一般用空气做氧化剂。活性炭呈黑色多孔颗粒状,化学稳定性好,可耐强酸及强碱,能经受水浸及高温等。

6.2.2　活性炭的性质

1. 物理性质

单位质量活性炭所具有的表面积称为比表面积(m^2/g),吸附剂和催化剂载体都应具有大的比表面积。活性炭由于其独特的微孔制造工艺而拥有巨大的比表面积,因而具有良好的吸附性能。一般活性炭的比表面积可达到 1 000 m^2/g 以上。

活性炭的重要特征是具有发达的孔隙结构,各种孔隙分布如图 6.2 所示。活性炭的孔隙可分为三类,即微孔、中孔和大孔,相关参数见表 6.1。活性炭的吸附量不仅与比表面积有关,而更主要的是与孔隙种类的匹配有关。对液相吸附,三种孔隙有其各自的作用。一般情况下:

(1)大孔——为吸附质的扩散提供通道,通过大孔再扩散到中孔和微孔中去,吸附质的扩散速度往往受大孔构造、数量的影响。

(2)中孔(过渡孔)——由于水中有机物分子大小不同,大分子的吸附主要靠中孔,同时中孔也是小分子有机物扩散到微孔的通道。

(3)微孔——微孔的表面积占活性炭总表面积的 95% 以上,小分子有机物的吸附主要靠微孔。微孔的容积及比表面积可标志活性炭吸附性能的优劣。

根据粒度大小可以将活性炭分为粒状炭和粉末炭。一般粉末炭的直径小于 0.074 mm(即 200 目),粒状炭的直径大于 0.1 mm(即 140 目)。粉末炭颗粒小,与吸附质接触充分,因而吸附速度快,吸附效果好。然而粒状炭有利于再生,而粉末炭由于其粒度太小,回收和再利用均比较困难。粒度分布是关于活性炭的另一个参数。粒度分布对于粒状炭的性能有一定的影响,一般情况下,粒径越小,吸附速度越快。因此,在实际中应根据需要,通过试验确定活性炭的粒度大小。

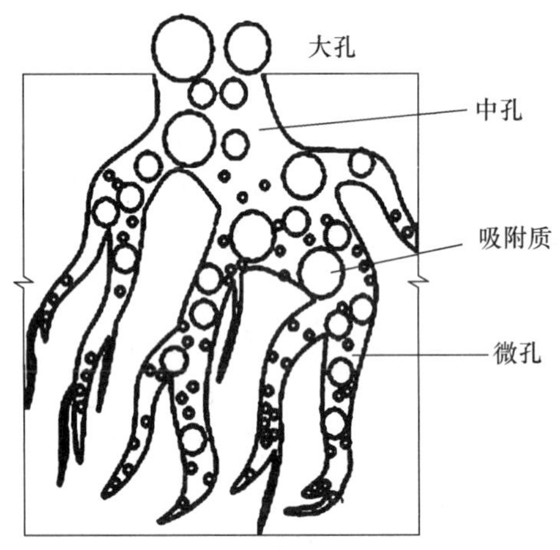

图 6.2　活性炭孔隙分布示意图

表 6.1　活性炭孔隙相关参数

孔隙名称	孔隙半径/nm	水蒸气活化活性炭		
		孔容积/($mL \cdot g^{-1}$)	比表面积/($m^2 \cdot g^{-1}$)	比表面积比率/%
微孔	<2	0.25 ~ 0.6	700 ~ 1 400	95
中孔	2 ~ 100	0.02 ~ 0.2	1 ~ 200	5
大孔	100 ~ 10 000	0.2 ~ 0.5	0.5 ~ 2	甚微

注:比表面积比率 = 孔隙比表面积/孔隙的全部比表面积 × 100%。

活性炭密度分为视密度和真密度。视密度(或称为堆密度)是包含堆放间隙在内的活性炭密度,典型的活性炭视密度范围在350~500 g/mL;真密度是去除了堆放间隙后活性炭本身的密度。活性炭自身孔隙中充满水时测得的密度称为湿密度,湿密度将决定活性炭在反冲洗过程中的膨胀或流化程度。粒状活性炭床反冲洗排干水后的床密度也是一个非常实用的参数,因为它将决定一个活性炭滤床或反应器所需要的活性炭量。

强度对于粒状炭也很重要。在反冲洗、运输及再生过程中,强度太小将会造成更多的损耗。由于强度不够造成的过度损耗会降低活性炭使用的经济性。

灰分表明了活性炭中无机成分的含量。一般优质活性炭的灰分比较低,在5%~8%之间。

2. 化学性质

活性炭的化学性质一般是指活性炭的表面性质。在活性炭生产过程中,由于氧化及活化作用,在活性炭中形成了复杂的孔状结构,同时还在活性炭表面形成了复杂的含氧官能团及碳氢化合物,包括羧基、酚羟基、醚类、酯及环状过氧化物。这些官能团的存在及相对数量,将决定活性炭的极性及吸附性能。从相似相溶原理看,具有弱极性、中性及非极性表面的活性炭对非极性的分子吸附能力比较强,而对极性分子及离子的吸附性能力比较弱。

一般把活性炭的表面氧化物分成酸性和碱性两大类,并按这种分类解释活性炭的吸附作用。酸性官能团有:羧酸基、酚羟基、醌型羧基、正内酯基、荧光型内酯基、羧酸酐基及环式过氧基等,其中羧酸基、内酯基及酚羟基为主要酸性氧化物。活性炭中氢和氧的存在对活性炭的吸附及其他特性有很大的影响。在炭化及活化的过程中,由于氢、氧与碳以化学键结合,使活性炭表面上形成各种有机官能团形式的氧化物及碳氢化合物,这些氧化物使活性炭与吸附质分子发生化学作用,显示出活性炭的选择吸附性。活性炭表面的这些氧化物主要是在活化和后处理(酸洗或碱洗)过程中产生的,活性炭在后处理时对酸、碱的吸附量,与活化温度有密切关系。因此,活性炭表面的氧化物成分主要受活化过程的影响。一般温度在300~500 ℃以下,用湿空气制造的活性炭中,酸性氧化物占优势;温度在800~900 ℃时,用空气、蒸汽或二氧化碳为活化氧化剂所制造的活性炭中,碱性氧化物占优势;温度在500~800 ℃之间制造的活性炭则具有酸碱两性。

酸性氧化物使活性炭具有极性,因之倾向于吸附极性较强的化合物。特别应该注意的是那些类似羧基的基团,这些带极性的基团易于吸附带有极性的水,因而阻碍了从水溶液中吸附非极性物质。但当水中含有极性更强的物质时,由于酸性基团与它们之间形成的氢键比和水之间所形成的氢键强,就可能置换水而被吸附。为了避免形成更多的类似羧基的基团,妨碍吸附非极性有机物,活化温度必须控制在900 ℃附近。活性炭表面的金属离子部位带有正电荷,对那些带有过剩电子部位的分子有吸引力,可以提高活性炭吸附速率。

3. 吸附性质

通常用来表示活性炭吸附性质的参数有碘值、糖蜜值等。碘值为在一定条件下活性炭吸附碘的量，一般表示活性炭对小分子物质的吸附性能；糖蜜值则表示活性炭对大分子物质的吸附性能。另外还有一些参数用来评价活性炭的吸附性能，如四氯化碳吸附值、亚甲基蓝指数、苯酚吸附值等。在应用活性炭过程中，如果能够结合与应用时相同或相似的条件，将目标污染物的吸附曲线测出来，那么所得到的参数是非常有用的。

BET(Brunauer - Emmet - Teller)面积是一个理论上非常有用的参数，其物理意义是在活性炭表面饱和吸附一层氮气分子时氮气分子所占据的活性炭表面积。在假定活性炭表面覆盖一层氮分子并已知单位数量氮气分子所占表面积的情况下，可以根据氮气吸附量来确定 BET 面积。BET 面积是针对氮气分子面言的，在水处理中，许多吸附质的分子尺度远远大于氮气分子，因此不是所有 BET 面积都可以在水处理过程中得到应用。

6.2.3 影响活性炭吸附性能的因素

1. 活性炭的性质

活性炭本身的性质是影响活性炭吸附性能的最重要因素，这包括上文所列的活性炭的物理性质、化学性质及吸附性质，不再赘述。

2. 吸附质的性质

吸附质的性质及活性炭的性质共同决定了活性炭对这种吸附质的吸附性能。对活性炭性能影响比较大的是分子极性、分子大小及构型。过大的分子不可能进入活性炭小孔中。分子的疏水性越强越容易被吸附。分子的疏水性由分子的极性及其大小共同决定，同系物的疏水性随着分子量的增加而增大，因此相同条件下的平衡吸附量随之增加。但是，当分子量增大到一定程度后，平衡吸附量将会由于分子过大、难以进入孔隙中而降低。根据相似相溶原理，分子的极性越大越不容易被吸附。由于分子构型造成的极性不同使大多数芳香族化合物在活性炭表面的吸附性能要好于脂肪族化合物。一般说来，活性炭对非极性分子及中性分子的吸附能力大于对极性分子的吸附能力。一些常见的易吸附和不易吸附的有机物见表 6.2。

表 6.2 易吸附的和不易吸附的有机物

易吸附的有机物	不易吸附的有机物
芳香族溶剂，如苯、甲苯、硝基苯等	低分子有机物，如酮、酸、醛
氯代芳香化合物，如氯酚	糖类，如淀粉
多环芳香化合物	大分子有机物或胶体
杀虫剂及除草剂，如莠去津； 氯化物，如四氯化碳、三氯乙烯、氯仿、溴仿等； 高分子烃类，如染料、汽油、胺类、腐殖质等	低分子脂肪化合物

3. 其他因素

活性炭及吸附质的性质决定着吸附质的吸附性能，而其他一些外界因素将会通过影响它们的性质来影响吸附质的吸附性能，这些外界因素包括溶液的 pH，无机离子组成及含量，还有无机沉淀等。很多有机物质的存在形态受 pH 影响。例如，当溶液 pH 大于有机物的 pKa 值时，有机物的某些基团会产生离解，这将造成有机物性质的改变。对苯酚而言，当 $pH < 6$ 时，苯酚很容易被活性炭吸附，而当 $pH > 10$ 时，苯酚大部分电离为离子状态而从活性炭表面上脱附下来。无机物对有机物的吸附也会产生影响。研究结果表明，水中增加了 $CaCl_2$ 后，会由于黄腐酸与钙离子的交联与络合而使黄腐酸的吸附容量增大。而有的无机盐类，如铁、镁、钙等，在活性炭表面可能形成沉淀，这些沉淀往往会阻碍吸附的进一步发生。

4. 活性炭与水处理化学药剂的反应

活性炭是一种具有还原性的物质，因此在水处理过程中，活性炭常常与氧化性物质，如氧、氯、二氧化氯、高锰酸盐反应。例如，活性炭与水中游离氯的反应可能是：

$$HClO + C^{*} \rightarrow C^{*}O + H^{+} + Cl^{-}$$

$$OCl^{-} + C^{*} \rightarrow C^{*}O + Cl^{-}$$

这些反应有时可以用于去除水中的余氯。在反渗透过程中，对游离氯敏感的反渗透膜之前常常设活性炭滤柱，在去除有机物的同时保证进入的余氯浓度控制在安全范围之内。

6.2.4 活性炭在水处理中的应用

1. 活性炭能去除原水中的部分有机微污染物

活性炭对常见的有机物吸附、去除性能如下。

(1)腐殖酸。腐殖酸是天然水中最常见的有机物，虽对人类的健康危害不大，但可与其他有机物一起，在氯化消毒过程中产生氯仿、四氯化碳等有害的有机氯化物。活性炭能有效去除水中腐殖酸，水体 pH 对其吸附性能几乎无影响。

(2)异臭。活性炭对植物性臭(藻臭和青草臭)、鱼腥臭、霉臭、土臭、芳香臭(苯酚臭和氨臭)这些异臭的处理有效。活性炭的除臭范围较广，几乎对各种发臭的原水都有很好的处理效果。

2－甲基异冰片和土臭是天然水中的两种主要发臭物质，当水中土臭质量浓度为 0.1 g/L时，1 g 活性炭对其的吸附量为 54 mg，约是对 2－甲基异冰片吸附量的 2 倍。但当发臭物质与其他有机物同时存在时，活性炭对发臭物质的吸附性能会有所下降。

当用臭氧和活性炭工艺时，对异臭的去除更为有效。

(3)色度。活性炭对由水生植物和藻类繁殖产生的色度具有良好的去除效果，根据已有资料，去除率至少在 50%。

(4)农药。含氯的农药经混凝沉淀和过滤只能被极微量地去除,但它能被活性炭有效地去除。

(5)烃类有机物。活性炭对烃类等石油产品具有明显的吸附作用。

(6)有机氯化物。活性炭对氯化消毒过程中产生的有机氯化物的去除情况不尽相同,其中对四氯化碳的去除效果要比对三氯甲烷的去除效果好。

(7)洗涤剂。有资料报告,当滤速为 17 m/h 时,活性炭对水中洗涤剂的去除率为 50%;当滤速为 12 m/h 时,活性炭对水中洗涤剂的去除率为 100%。

此外,由于活性炭对致突变物质及氯化致突变物质前体物具有良好的吸附能力,因而可进一步降低出水的致突变活性。其中三卤甲烷(THM)对人体健康具有潜在危害。生产三卤甲烷的前体物质主要是天然腐殖质和污水处理中新陈代谢的高分子有机物。因而倾向于将 THM 的前体物质在加氯前除去,以避免 THM 的生成。需要注意的是:这些物质的分子量通常介于 1000 ~40 000 之间,用活性炭处理时,活性炭的孔隙要大,否则很难进入(分子筛的作用)或进入速度相当慢。

2. 活性炭能去除水中部分无机污染物

(1)重金属。活性炭对某些重金属离子及其化合物有很强的吸附能力,如对锑(Sb)、铋(Bi)、六价铬(Cr^{6+})、锡(Sn)、银(Ag)、汞(Hg)、钴(Co)、锆(Zr)、铅(Pb)、镍(Ni)、钛(Ti)、钒(V)、钼(Mo)等均有良好的去除效果。但活性炭吸附重金属的效果与它们的存在形式和水的 pH 有很大的关系。

(2)余氯。活性炭可以脱除水处理中剩余的氯和氯胺。活性炭脱除氯和氯胺并不是单纯的吸附作用,而是在活性炭表面上的一种化学反应。

(3)氰化物。若在炭床中通入空气,则炭可起催化作用,将有毒的氰化物氧化为无毒的氰酸盐。

(4)放射性物质。某些地下水中含有放射性元素,如铀、钍、碘、钴等,虽浓度极低,但危害很大,可用活性炭吸附去除。

(5)氨氮。活性炭对 NH_3-N 几乎没有去除效果,但若与臭氧联合使用,当 $n(NH_3):n(O_3)>1$ 时效果很差,当 $n(NH_3):n(O_3)<1$ 时效果显著(n 为浓度)。

6.2.5 活性炭吸附过程

1. 传质过程

活性炭的吸附是一个复杂的动力学过程,其中包括吸附质在主体溶液中的传质、吸附质在活性炭表面水膜中的传递、吸附质分子在活性炭孔内的扩散及最终在活性炭表面的吸附。

吸附质在主体溶液中的传质是使吸附质达到活性炭表面上的过程,这一过程可以通过机械的混合或分子的扩散来实现。吸附质在活性炭表面水膜中的传质过程符合 Fick 第一定律,与浓度梯度及液膜的厚度有关:梯度越大、液膜越薄,传质速度越快。吸附质穿过水膜,在到达吸附位置之前的过程,是吸附质在活性炭孔内扩散到吸附位置的过程。吸附质分子到达吸附位置之后,由于其与活性炭表面的作用产生吸附,吸附过程结束。这些连续过程中的最慢者,将会成为整个传质过程的控制步骤。在水处理过程中,通常有机物在水膜中的扩散或在孔中的扩散是控制步骤。

2. 穿透曲线

对于粒状炭,当水连续地通过吸附装置时,随着时间的推移,出水中污染物质的浓度逐渐上升,这称作污染物的"穿透"现象。穿透达到一定时间后,污染物浓度上升很快:当吸附装置达到饱和后,出水中污染物浓度几乎完全与进水中相同,吸附装置失效。以时间 t 为横坐标、以出水中污染物浓度 C_t 为纵坐标,对出水中污染物浓度随时间变化作图,得到的曲线称为穿透曲线,如图6.3所示。图中 C_A 为允许的污染物出水最高浓度,该点称为穿透点;C_B 为进水浓度的90%,该点称为饱和点。累积通水量或比通水量(通水量体积/活性炭体积)可作为吸附穿透曲线的横坐标,其中比通水量更能够反映活性炭的吸附性能。

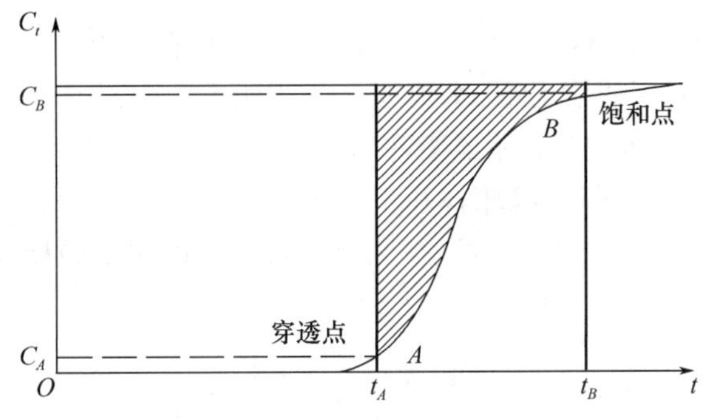

图6.3 穿透曲线示意图

3. 吸附带

吸附过程中在活性炭层内有一段特殊的位置,活性炭对污染物的吸附集中发生在该段中,该段前端(相对于水流方向)的活性炭可以看作未吸附的炭,而该段后端的活性炭都可以看作已经吸附饱和的炭,该段活性炭则被称为吸附带(Mass Transfer Zone,MTZ)。在吸附带中,活性炭的饱和程度从0~100%。当吸附装置开始过滤时,吸附带处于活性炭层上部;当表层吸附饱和后,吸附带逐渐下移;当吸附带移至活性炭层下沿时,出水浓度急剧增大,出水浓度增大到预定值时,炭层穿透。由于吸附带中炭不能被全部利用,所以吸附带的长度将影响整个活性炭层的使用率。吸附速度越快,吸附带的长度越短,活性炭层的利用率越高。

吸附带长度 h_{MTZ} 的计算方法很多,但在实际中都只能用来进行估算,可参照以下模型:

$$h_{MTZ} = \frac{H(V_E - V_B)}{[V_E - (1-f)(V_E - V_B)]} \tag{6.30}$$

式中 H——吸附柱高度,m;

V_E——滤柱完全耗尽时的产水体积,L(或 m^3);

V_B——滤柱穿透时的产水体积,L(或 m^3);

f——穿透曲线对称性的参数,对于活性炭,$f=0.5$。

f定义为

$$f = \int_0^1 \left(1 - \frac{C}{C_0}\right) d\left[\frac{(V - V_B)}{(V_E - V_B)}\right] = \int_{V_B}^{V_E} \frac{(C_0 - C)dV}{C_0(V_E - V_B)} \tag{6.31}$$

式中 V——产水体积,L(或 m^3);

C——吸附质出水质量浓度,mg/L;

C_0——吸附质进水质量浓度,mg/L;

V_E、V_B——含义同前。

4. 空床接触时间

空床接触时间(Empty Bed Contact Time,EBCT)是吸附接触装置的重要参数,物理意义是在假设没有添装滤床的情况下,水流通过滤床所占空间需要的时间。在已知滤床孔隙率的情况下,就可以根据滤床的孔隙率和空床接触的时间来推算出水流与滤床接触时间。例如:一滤床的孔隙体积为滤床体积的50%,那么水流与整个滤床的接触时间就等于空床接触时间的0.5倍。由此可见,空床接触时间可以用来间接描述固相与液相接触时间。其计算式为

$$\text{EBCT} = \frac{V}{Q} = \frac{H}{v} \tag{6.32}$$

式中 V——反应器的有效孔隙体积,m^3;

Q——进水流量,m^3/min;

H——吸附柱高度,m;

v——吸附柱床层表观流速,$m^3/(m^2 \cdot min)$。

由于 Q 已固定,EBCT 的大小决定于 V 的大小。在某处理水量下,空床接触时间将决定吸附装置的有效孔隙体积。从经济性上看,EBCT 越小越好;然而,从吸附效果上看,EBCT 越大越好。

5. 临界穿透浓度及吸附柱临界深度

临界穿透浓度(C_{cri})是指可以接受的污染物最大出水浓度。当出水浓度大于该值时,表明吸附装置已经失效,需要更换活性炭了。在定义临界穿透浓度的同时,也可以定义吸附柱的临界深度(L_{cri}),即运行一开始就导致出水浓度等于 C_{cri} 的吸附柱深度。一般来说,C_{cri} 是由处理要求决定的,而 L_{cri} 则由相对应的 C_{cri} 确定。同时,L_{cri} 和 EBCT 存在如下关系:

$$\text{EBCT} = \frac{L_{cri}}{Q/A} \tag{6.33}$$

式中 A——吸附柱截面积,m^2。

6. 活性炭的利用率(Carbon Usage Rate,CUR)

CUR 被定义为单位处理水量所需要的活性炭质量,即

$$\mathrm{CUR} = \frac{m_{\mathrm{GAC}}}{Q_t} \tag{6.34}$$

式中 m_{GAC}——活性炭质量,g;

Q_t——所处理的总水量,m^3。

由于总吸附量:

$$Q_e = m_{\mathrm{GAC}} \times q_e = Q_t(C_0 - C_e)$$

所以 CUR 又可以表示为

$$\mathrm{CUR} = \frac{m_{\mathrm{GAC}}}{Q_t} = \frac{C_0 - C_e}{q_e} \tag{6.35}$$

一般增大 CUR 值有利于降低活性炭吸附装置的成本。

7. Thomas 模型

用于描述和预测柱吸附性能动态行为的模型较多,常用于连续流条件的一个模型是 Thomas 模型,它可以写成

$$\frac{C_e}{C_0} = \frac{1}{(1 + \exp[k_T(q_T m - C_0 V)/\theta])} \tag{6.36}$$

式中 V——产水体积,L(或 m^3);

C_e——吸附质出水质量浓度,mg/L;

C_0——吸附质进水质量浓度,mg/L;

k_T——速率常数,L/(mg · h);

θ——出水流量,L/h;

q_T——总吸附质量比,mg/g;

m——吸附剂质量,g。

式(6.36)可转化为线性形式:

$$\ln\left[\left(\frac{C_e}{C_0}\right) - 1\right] = \left(\frac{k_T q_T m}{\theta}\right) - \left(\frac{k_T C_0 V}{\theta}\right) \tag{6.37}$$

以 $\ln\left[\left(\frac{C_e}{C_0}\right) - 1\right]$对 V 作图,可得出相关参数 k_T 和 q_T。

6.3 活性炭吸附的应用

1. 活性炭的功能

在水和废水处理中，活性炭有着广泛的应用。在饮用水处理中，活性炭的功能可以表现为以下几方面。

(1)臭和味的去除。

随着水源污染的加重，水中生物(如藻类)作用或工业废水中的一些能够产生强烈臭及味的物质常常会进入原水，致使水中产生臭味。为保证净水的感官指标，必须去除这些物质。活性炭吸附作为除臭、除味的有效手段，已经在水处理过程中广泛使用。通常，粒状活性炭和粉末活性炭都能满足去除臭和味，达到良好处理效果的目的。随着运行时间的延长，由于竞争吸附的作用，粒状活性炭吸附去除臭和味的容量会随着被活性炭吸附的天然有机物量的增加而逐渐降低。

(2)总有机碳(Total Organic Carbon，TOC)的去除。

一般水中有机物的含量可以用总有机碳(TOC)来衡量。活性炭对 TOC 有比较稳定的去除效果。虽然由于吸附条件(包括活性炭种类、吸附时间、水力负荷)及 TOC 组成物质和有机负荷的不同，活性炭对 TOC 的吸附容量不尽相同。有人认为，吸附容量的值为20% ~ 30%。天然水中不同的本底天然有机物往往也会对 TOC 的去除产生竞争吸附影响。

(3)消毒副产物(Disinfection By Products，DBPs)前驱物的去除。

自从大多数消毒副产物(DBPs)被确认为致癌物，或者被认为是可疑致癌物后，人们在不断寻求控制消毒副产物产生的有效方法，其中一种常用的方法就是对消毒副产物前致物的去除。美国国家环保署推荐了 3 种优先考虑的控制消毒副产物的方法，其中包括活性炭吸附技术。一般认为，原水中的天然有机物(Natural Organic Matters，NOM)是主要的消毒副产物前驱物。大部分胶体状态的 NOM 会在混凝过程中去除，剩余的 NOM 可以在氯化消毒以前通过活性炭吸附去除，这样就可以控制消毒副产物的生成。

(4)挥发性有机物(Volatile Organic Compounds，VOCs)的去除。

挥发性有机物(VOCs)包括的范围比较广，有的容易被活性炭吸附，如三氯乙烯和四氯乙烯；有的则较难被吸附，如氯仿和二氯乙烷等。粒状活性炭滤池可以直接用来去除受污染水中的 VOCs。

(5)人工合成有机物(Synthetical Organic Chemicals，SOCs)的去除。

近年来，随着工农业的不断发展，许多合成有机物如除草剂、杀虫剂等开始出现在水源水中。相当一部分合成有机物为致癌物、可疑致癌物或内分泌干扰物质。活性炭可有效地降低人工合成有机物在饮用水中的浓度。

在城市污水与工业废水中，活性炭吸附也有广泛的应用。在城市污水处理中，常采用活性炭吸附作为深度处理的单元过程。许多高浓度有机废水处理中也采用活性炭吸附作为回用或排放前的深度处理过程。活性炭由于对一些无机金属离子具有比较好的吸附性,也可以用在一些含有重金属离子的工业废水处理中。

2. 粉末活性炭的应用

粉末活性炭(粉末炭)由于粒度小、接触面积大,所以吸附速度快、吸附效果好。特别是在水质恶化的季节,应用粉末炭能够迅速去除水中的臭、味等。粉末炭投加所需要的基建费用比较低。与粒状炭相比,粉末炭的不足是再生困难,常常只能使用一次,所以运行费用较高。粉末炭在应用过程中,需要考虑以下因素。

(1)投加量。

粉末炭的投加量决定于特定粉末活性炭的吸附能力及水质情况。在给水处理中吸附臭味有机物时,通常的粉末炭投量范围是2~20 mg/L。烧杯实验可以用来确定粉末炭的投加量。将待处理水样置于烧杯中,投加一定量的粉末炭,然后尽量模拟水厂中的接触时间、混合及沉淀条件,在此基础上确定去除效果。一般烧杯实验的结果在现场往往需要修正。粉末炭的投加量通常需要在实际生产中最后确定。

(2)接触时间。

水中的有机物和粉末炭需要足够长的接触时间以保证吸附效果。对于不同类型化合物,采用粉末炭吸附所需要的接触时间是不同的。例如,水中大多数产生臭味有机物的去除,一般需要15 min的接触时间。然而,对于一些化合物如二甲基异莰醇(2 - methylisoborneol,2 - MIB),则需要更长的接触时间。

(3)投加点的选择。

在水的处理中,通常需要认真选择粉末炭的投加点。常用的投加点可能在水厂的吸水口、快速混合器前、沉淀池出水处或是滤池的进水处。这些投加点往往各有利弊,在选用的时候要仔细斟酌。在吸水口处投加,可以得到足够长的接触时间及良好的混合效果,但是活性炭的投加量比较大,因为很多可以通过混凝过程去除的有机物也会被吸附,所以运行费用较高。在快速混合器前投加混合效果也很好,但是有可能由于混凝剂的包裹作用而降低了吸附效率,同时,活性炭对于某些物质的吸附可能没有达到饱和因而不能得到完全去除。在沉淀池出口或滤池的入口投加粉末炭可以有效地利用粉末炭的吸附容量,但是由于部分粉末炭的粒度过小,可能会穿透滤池进入配水系统。在快速混合器之前新建一个带有搅拌装置的池体,并在该池中进行吸附,可以使粉末炭与水有良好的接触。此外,多点投加方式也应用比较广泛。据Graham等于1995年对99家使用PAC控制臭味的水厂的调查结果,在快速混合阶段投加粉末炭的水厂约占一半(49%),混凝反应阶段投加粉末炭的水厂占10%,沉淀前投加粉末炭的水厂占16%,沉淀阶段投加粉末炭的水厂占7%,滤池进水时投加粉末炭的水厂占10%,其中23%的水厂采用多点投加。有研究表明,应以絮凝池中絮体尺度发展到与分散的粉末活性炭颗粒尺度相近时(即刚刚形成微小絮体)的位置作为粉末炭最佳投加点。在该点投加粉末炭既可避免竞争吸附,又使絮体对粉末活性炭颗粒的包裹作用最小,可充分发挥粉末炭的吸附效率。

投加点的选择不仅要满足良好混合要求及足够的接触时间,同时要尽量使水处理药剂对粉末炭的干扰作用最小,降低活性炭的投加量,节约费用。

(4)投加方式及设备。

粉末炭有两种投加方法,即干投和湿投,一般湿投方法应用较多。

采用湿投法时,若使用时间比较长,则通常将粉末活性炭与水混合成炭浆,然后由射流泵打入投加点。湿投法通常需要:炭浆的储存池体、混合搅拌装置、粉末炭袋子的装卸装置、灰尘控制与收集装置、射流装置、取样点和压力表。一般宜使投加装置距离投加点尽可能近。输送管道要充分考虑可能产生的堵塞问题。用于间歇投加的设备在停止运行前要充分冲洗,在停用期间要定时检修,以保证系统的完好。

(5)粉末炭应用的其他方式。

哈贝雷(Haberer)工艺是一种有别于传统 PAC 应用方式的新工艺。这种工艺的主要设备包括一个以聚苯乙烯小球为填料的压力容器状过滤器,在聚苯乙烯小球填料层的上方是一道阻拦格网、防止小球在水上向流时流走,底部为承托层。该工艺的操作分为三步:①预处理过程,将粉末炭与水混合自下而上用泵注入滤池中反复循环,直到粉末炭黏附在聚苯乙烯小球上为止。②过滤过程,原水上向流过滤,起过滤及活性炭吸附作用,直到表面上的粉末炭达到吸附饱和为止。③反冲洗过程,反冲洗水自上而下流过,反洗下来的粉末炭可回收再生或排掉。在该过程中,活性炭的停留时间长,吸附作用充分,因此活性炭的使用量比较低。同时,Haberer 工艺能够有效地去除 THM 前体及 SOCs。

粉末炭还可以与一些其他技术联用,比如与微滤或超滤联用,可以有效地发挥活性炭的吸附作用,将溶解性有机物去除,降低膜的污染,并通过膜将水与粉末炭分离。粉末炭和高锰酸钾联用,能够有效地去除臭味,降低色度、浊度及 UV 吸光度值。有研究表明,高锰酸钾预氧化具有强化粉末活性炭吸附效能的作用。例如,高锰酸钾可以强化粉末活性炭吸附类化合物。先投加高锰酸钾进行预氧化对粉末活性炭吸附类化合物的增强作用强于高锰酸钾与粉末炭同时投加或后投加高锰酸钾的情况。预氧化时间延长到一定时间后,吸附强化作用幅度减小。

粉末炭-活性污泥工艺(Powdered Activated Carbon Treatment Process,PACT)是一种比较成熟的工艺。该工艺将活性炭的吸附作用和现有的活性污泥过程相结合,能够降低难以生物降解的有机物浓度以降低其毒性,在水质水量发生变化时提高系统的抗冲击负荷能力。该系统对色度和氨氮的去除效果都非常好。同时,后续的污泥沉降性能得到改善。图 6.4 所示为一个典型的 PACT 工艺流程。

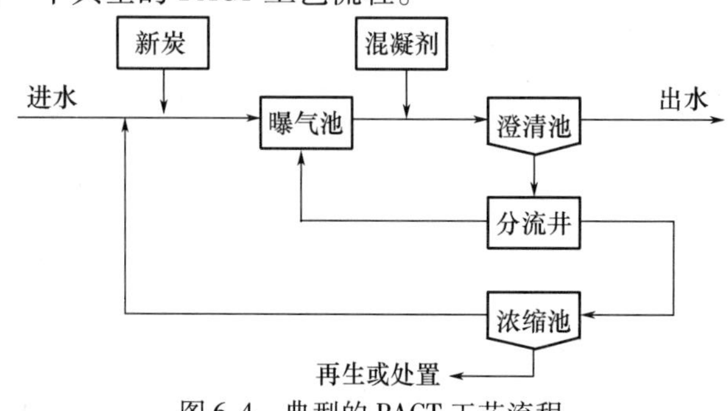

图 6.4　典型的 PACT 工艺流程

3. 粒状活性炭的应用

粒状活性炭(粒状炭)吸附装置的构造类似滤池,只是用粒状炭做滤料。粒状炭层下部也设置卵石垫层和排水系统,以便定期反冲洗。当需要长期使用活性炭处理严重污染的饮用水原水,或用活性炭处理废水时,常常由于粒状炭易于再生而采用粒状活性炭滤池。粒状活性炭处理一般作为一个单元处理过程用于水处理的某个环节。粒状炭的吸附根据使用可以分为3种,即滤前吸附、滤后吸附及过滤吸附,如图6.5所示。这3种方式往往具有不同的特点。放置在混凝沉淀以前的炭滤池,由于吸附量比较大,故再生的频率比较高并需另设吸附滤池。在滤池后建吸附滤池,也需要增加基建投资。吸附/过滤装置,即由砂滤池改造而成的活性滤池也是一种常用的方式。砂滤池改造成的活性炭滤池可以用活性炭代替砂滤池上部部分滤砂,也可以用活性炭代替全部滤砂。作为过滤兼吸附装置应用时,炭滤池的基建费用比较低,但它的反冲洗频率要比滤后吸附滤池的反冲洗频率大,跑炭量会由于反冲洗频繁而上升,同时操作的费用会由于活性炭的使用率降低而升高。

(1)吸附装置形式。

粒状活性炭吸附装置的形式是多种多样的,具体可采用的形式可以根据不同的要求和目的进行选择。现将一些主要的形式介绍如下。

一般粒状活性炭吸附装置可以分为重力式过滤吸附装置和压力式过滤吸附装置。压力式过滤吸附装置的流速可以在一个比较大的范围内进行调节;同时,压力过滤吸附装置可以在工厂预制,然后运抵现场;其不足是很难观察到过滤过程中粒状炭的变化情况,且压力吸附装置的尺寸较小,往往不能处理比较大的水量,一般用于产水量比较小的情况。当水量比较大且水量的变化不大时,比如在水厂中,往往采用的是重力式过滤吸附装置。

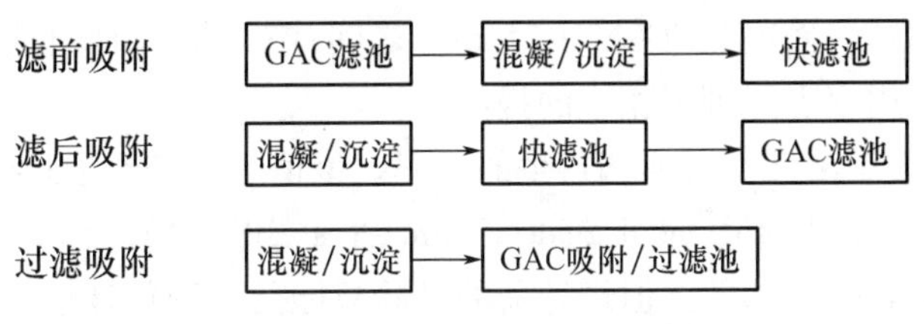

图6.5 粒状活性炭吸附的方式

从流程形式上,活性炭吸附器可以分为单个反应器和多个反应器。单个反应器中的活性炭使用率一般比较低。在这种运行方式下,当出水超出所需要的标准时,整个过滤装置中的活性炭都需要更换。但事实上并不是容器中的所有活性炭都已经达到饱和,因而导致了活性炭的使用率比较低。多个反应器同时使用则可以提高活性炭的利用率。

多个反应器的排列方式可以为并联或串联,活性炭吸附装置布置方式如图6.6所示。对于串联系统,当前面的炭床穿透以后,后面的炭床可以保证出水水质。当前面的炭床吸附容量完全饱和时,可以将其中的活性炭更换为新炭,然后安排在串联系统的最后。如此循环,既可以保证炭床中活性炭的吸附容量得到完全的应用,而且也可以保证出水的水质始终良好。对于并联系统，当一段炭床的出水穿透后，数个床出水的混合水水质仍然可能符合水质要求，这时穿透后的炭床仍可继续工作，直到混合水的水质不符合要求时为止，这样就使穿透炭床的活性炭利用率大为提高。

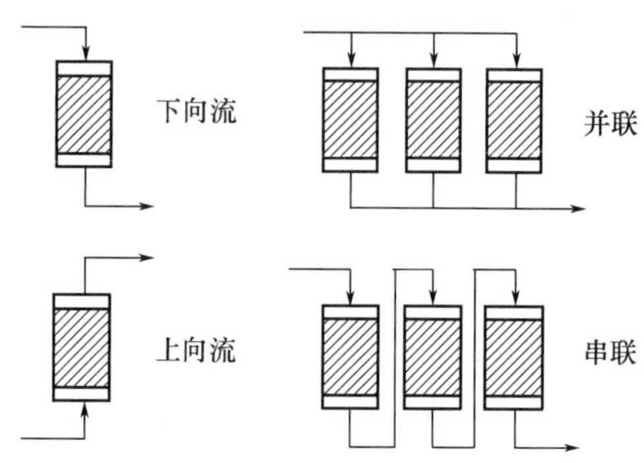

图6.6　活性炭吸附装置布置方式

从水的流向上，吸附装置可以分为上向流和下向流两种。一般的膨胀床采用上向流方式；重力式活性炭滤池及大部分压力过滤装置都采用下向流方式；还有一种移动式活性炭吸附装置，这种装置采用上向流方式，水从底部流入，新鲜的活性炭从上方加入，吸附饱和的活性炭从底部取出，从而不断地更新活性炭。移动式活性炭吸附装置占地面积小、操作管理方便，比较适合较大规模的水处理。

(2)设计参数。

粒状活性炭吸附滤池或其他吸附装置的设计过程，类似于快滤池的设计。这里比较重要的两个参数是空床接触时间和活性炭利用率。空床接触时间决定滤池的总体积，从而影响建设投资；活性炭利用率决定活性炭的更换频率，从而影响运行的费用。

对于空床接触时间，采用的值在 5 ~ 25 min 之间；空床接触时间越大，滤层越不容易穿透，同时活性炭利用率也得到了相应的提高。

活性炭利用率决定活性炭更换和再生的频率。该值一般需要通过生产性试验才能确定。一种快速小柱试验(Rapid Small Scale Column Test，RSSCT)可以有效地模拟整个生产系统的状况，从而确定一些参数。但设计前的试验只能是一种估计性的计算。

粒状活性炭滤池的水力表面负荷概念和普通快滤池中水力表面负荷的概念是一致的，即为单位时间单位表面积上的产水量，一般称为滤速。活性炭滤池的水力负荷采用的范围是 5 ~ 24 m/h，而最常用的范围是 5 ~ 15 m/h。

对于活性炭滤池，反冲洗的参数需要由活性炭的参数确定，也可由活性炭生产商提供。

炭床的深度等于空床接触时间与滤速的乘积。

4. 活性炭纤维的应用

活性炭纤维(Activated Carbon Fiber，ACF)近年来在水处理领域引起了越来越多的关注。

用来生产活性炭纤维的原料包括两部分:一部分是主料,或者称为原料;另一部分是辅料,或者称作添加剂。可以作为活性炭纤维原料的有聚丙烯腈、酚醛黏胶丝、沥青、聚乙酸乙烯等。一般的生产过程是:原料先经过处理使之纤维化;随后,含碳质的纤维在700~1 000 ℃的温度下,在水蒸气或二氧化碳的环境中进行活化。活化后的活性炭纤维即为具有吸附性的活性炭纤维。添加剂的作用一般是优化或强化活性炭纤维的生产过程或是活性炭的性质,比如降低活化的温度、提高活性炭纤维的强度或吸附容量等。

活性炭纤维具有许多粒状炭所没有的特点。活性炭纤维含碳量高,孔径分布窄,微孔发达,容易与吸附质接触。由于活性炭纤维的微孔发达,吸附质几乎可以只通过微孔到达吸附位置,这样,活性炭纤维吸附的动力学过程几乎不包括粒状炭吸附过程中通常为速度控制步骤的孔内扩散过程,所以吸附的速度比较快。

有研究表明,在相同状况下,活性炭纤维对一些芳香族化合物的吸附系数比粒状活性炭对这些芳香族化合物的吸附系数高5~10倍。活性炭纤维的导电性好,因此可以做成活性炭纤维电极。活性炭纤维再生比较容易,重复使用性好。一项用活性炭纤维处理洗衣废水的研究表明,在真空下加热活性炭纤维即可恢复其吸附性能。活性炭纤维的吸附性能经过10次再生后才开始逐渐下降。还有研究显示,一种原料为黏胶纤维的活性炭纤维,在对苯饱和蒸汽的吸附试验中,其吸附容量在反复吸脱过程中有所增加。除了纤维状以外,活性炭纤维制品可以加工成多种形状,如线状、纸状或毡状,然后制成各种形式的过滤器。尽管活性炭纤维具有许多优点,但目前活性炭纤维产品的价格还比较高。

由于其独特的性质,活性炭纤维在许多领域有着广泛的应用。这些用途包括溶剂回收、空气净化、水中脱氯、饮用水处理及空气过滤等。

5. 臭氧-生物活性炭技术的应用

生物活性炭技术来自于活性炭滤池工艺运行过程中的问题。长期运行的吸附滤池粒状炭的表面往往吸附大量有机物,这成为微生物繁殖的基质。随着时间的增加,滤池出水的细菌数增加,同时细菌在繁殖过程形成的代谢产物常常使滤池堵塞。为了解决这些问题,人们早期常常通过增加反冲洗次数、预投加臭氧的方法来控制微生物的繁殖。后来人们发现,臭氧与生物活性炭联用过程存在许多优点。

一般来讲,水处理使用的活性炭能比较有效地去除小分子有机物,但难以去除大分子有机物,而水中有机污染物以大分子居多,所以活性炭微孔的表面积将得不到充分的利用,势必缩短使用周期。但在活性炭前投加臭氧后,一方面氧化了部分有机物,另一方面使水中部分大分子有机物转化为小分子有机物,改变了其分子结构形态,提供了有机物进入较小孔隙的可能性,从而达到水质深度净化的目的。人们对臭氧和活性炭联用对水中腐殖酸和富里酸去除作用的研究结果也表明,原水中所含的高分子腐殖酸和富里酸不易被活性炭吸附,但经臭氧氧化分解后,变成了一些易被活性炭吸附的小分子物质,从而提高活性炭的吸附效能。

臭氧氧化在某种程度上改善了活性炭的吸附性能,而活性炭又可吸附未被臭氧氧化的有机物及一些中间产物,使臭氧和活性炭各自的作用得到更好的发挥。从臭氧-生物活性炭技术在 20 世纪 60 年代发明以来，该技术已经被欧洲、英国、日本等发达国家广泛采用。运行结果表明，此技术对氨氮（NH_3-N）和总有机碳（TOC）的去除比单独采用臭氧或活性炭处理要高出 70% ~80% 和 30% ~75%。

在研究臭氧和活性炭联用时，研究人员发现，水中有机物与臭氧反应的生成物比原来的有机物更易于被微生物降解，活性炭长期在富氧条件下运行时表面有生物膜形成，当臭氧处理后的水通过粒状活性炭滤层时，有机物在其上进行生物降解。在臭氧和粒状活性炭组合的情况下，粒状活性炭变成生物活性炭，对有机物产生吸附和生物降解的双重作用，使活性炭对水中溶解性有机物的吸附大大超过根据吸附等温线所预期的吸附负荷。在颗粒活性炭滤床中进行的生物氧化法也可有效地去除某些无机物。

臭氧－生物活性炭技术中，有时臭氧氧化所起到的作用不大，这有可能来自两个方面的原因：一是臭氧的浓度过低，二是大分子在氧化以前就容易被生物所降解。针对第一个原因，臭氧－生物活性炭应用中常用臭氧浓度一般为每克 DOC 需要的臭氧质量为 0.5 ~1.0 g。

生物活性炭系统受温度影响很大，当夏季温度在 25 ~35 ℃时，微生物活动非常活跃，但当冬季温度在 8 ~12 ℃时，微生物数量显著减少，因而生物氧化在低温地区难以四季运行。通常情况下，生物活性炭出水中微生物数量高于进水，因此需要对生物活性炭出水进行消毒。

生物活性炭是当前去除水中有机物的一种较为有效的深度处理方法。当然它也存在某些问题，如：耗电量较大；在处理过程中会有各种代谢产物及微生物进入水中，这些代谢产物包括内毒素、溶解性微生物代谢产物（Soluble Microbial Products，SMPs）及未完全分解的有机物等，我们对其中大多数物质的特性及其对人体健康的可能影响还知之甚少，尚需开展进一步的研究。

6.4　活性炭的再生

由于吸附容量有限，活性炭使用的时间是有限的。给水处理中活性炭的使用时间稍微长一些，污水处理中使用的活性炭很快就会达到吸附饱和。不管是粒状炭还是粉末炭，当吸附达到一定程度后，活性炭的吸附性能开始下降，直到吸附达到饱和，此时活性炭就需要更换了。更换下来的大量活性炭如果被废弃，将会使运行费用增加，因此往往通过再生使其吸附性能得到恢复以达到重复利用的目的。所谓再生，即采用一些特殊的方法，可以是物理方法、化学方法、生物方法等，将吸附在活性炭表面的吸附质除去，恢复活性炭吸附能力。一般粉末炭由于颗粒太小难于再生，再生的一般都是粒状炭。

目前粒状的再生方法有热再生法、化学药剂再生法、化学氧化再生法、生物再生法、湿式氧化再生法、超声波再生法等。

热再生法的原理是通过热分解的方法将吸附在活性炭孔隙中的吸附质去除掉。热再生法是目前技术比较成熟，应用最为广泛的再生方法。在再生过程中，往往采用不同的温度将不同的有机物去除。首先是干燥过程,温度一般控制在200 ℃左右,该过程同时可以去除容易挥发的有机物。当温度上升到200～500 ℃时,大部分挥发性有机物被挥发去除,同时一部分不稳定的物质转化为挥发性组分。当温度再升高时,不挥发性有机物被炭化残留在活性炭表面。最后,用水蒸气、惰性气体或二氧化碳对活性炭进行活化。

活性炭的热再生法可以在使用场所现场再生,也可以运至专门的再生地点再生。当每天需要热再生的活性炭量非常大,比如大于1 t时,现场再生在经济上是合理的。每天的再生量超过200 kg但不大于1 t时,一般都运输到固定地点进行再生。过少的用量对于再生来说是不经济的,往往运到指定地点废弃。

热再生的主要设备是再生炉,附属的部分主要是进料系统、干燥或脱水的设备。一个常见的活性炭再生装置示意图如图6.7所示。常见的再生炉的形式有转炉、流化床炉、多段炉,其中最常用的是多段炉。再生设备可以根据再生的要求选择。

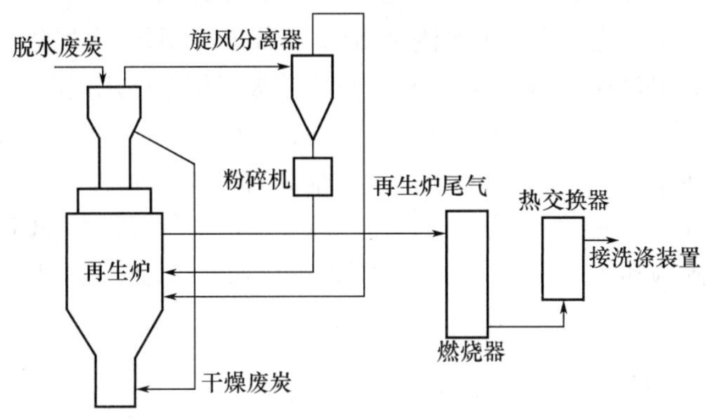

图6.7　活性炭再生装置示意图

一般对于特定活性炭存在最佳的再生温度。用于处理废水的活性炭所吸附的有机物量可达炭重的40%,常用的再生温度为960 ℃。但用于给水处理的活性炭,吸附的有机物量只有炭重的7.6%～8.2%,用960 ℃则太高,这个温度可能使吸附挥发性有机物所需的微孔受到严重破坏,同时削弱大孔的结构,从而产生较大的损耗;540 ℃的再生温度虽然无960 ℃时的这些缺点,但由于温度低,粒状炭可能会活化不完全。因此,850 ℃的再生温度可能是一个较好的折中再生温度。

活性炭再生过程中的活化时间和活化温度之间存在着一个近似平衡的关系,即活化所需要的温度越高,活化所需要的时间越短。活化时间过短,往往活化不完全,效果不好。活化时间过长,则再生的热损失率会太高。一般认为,活化的时间在20～40 min为最佳。但是,活性炭所吸附的有机物种类和数量影响着活化时间。一般典型的活化时间为20～60 min,但活化时间的范围可以很大,如5～125 min。

再生炭的损失来自于两方面,即运输过程的损失和活化炉里的损失(炉中损失)。一般炉中损失占大部分,但是如果运输系统设计不合理,将会造成运输过程的高损耗。每次再生的炭损耗为7%～10%,即经过10～14次再生,需换用新炭。同时,随着热再生次数的增加,活性炭的机械强度会下降。

热再生过程中要注意尾气的控制。再生过程中一般采用除尘器和在尾部添加燃烧器的方法以减少尾气的排放,因为在再生过程中产生的尾气往往会含有二噁英或呋喃类物质,如不加控制可能会污染大气。

化学药剂再生法也是一类常用的活性炭再生方法。简单的化学药剂再生即用无机的酸或碱洗涤吸附饱和的活性炭,由于 pH 的差异造成有机物的脱附,达到再生活性炭的目的,同时还能够回收有用的吸附质。比如,吸附苯酚达到饱和的活性炭,用浓的 NaOH 溶液再生,洗脱得到的酚盐可以被回收。

有机溶剂萃取再生也是常用的活性炭再生方法,并能够回收有用物质。常利用的有机溶剂包括甲醇、乙醇、苯、丙酮、醚类等。再生所采用的有机溶剂往往对所吸附的物质具有比较强的亲和性,所以容易使之脱附。

化学药剂再生过程中活性炭损耗得比较少,而且可以回收一些有用的物质,再生速度也比较快。当存在两个或两个以上吸附装置时,如图 6.8 所示,可以边吸附、边脱附,操作十分方便。但在吸附过程中,由于物理吸附与化学吸附两个作用同时存在,所以药剂再生时,随再生次数的增加,再生炭的吸附性能降低较为明显,再生的效率比较低,例如 NaOH 溶液的再生效率通常低于 70%。再生后的吸附装置往往需要补充一些新炭。同时所需脱附溶剂的专一性比较强,可以选择的余地比较窄。例如,少量的 NaOH 溶液可以很好地洗脱活性炭上吸附饱和的苯酚,但是对于饱和吸附邻甲酚的活性炭则需要大量的碱液。

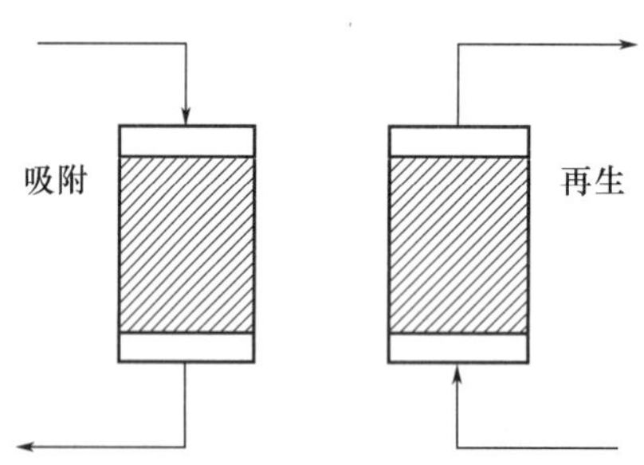

图 6.8　溶剂交替再生过程流程图

氧化法再生技术中比较有代表性的方法是湿式氧化再生法。湿式氧化再生法是 20 世纪 70 年代发展起来的一种新工艺。它是在液相状态下,用空气中的氧在高温、高压下将吸附的有机物氧化的过程,所以一般用于粉状活性炭再生。这种再生工艺,是在连续的、完全封闭的系统中进行的,因此操作要求较严格。同时,再生所使用的设备比较复杂。由于其再生机理主要是基于利用有机物和活性炭的氧化温度不同,所以选择适当的再生温度和再生压力,关系到活性炭的再生效率与再生损失率。目前催化湿式氧化再生法已开始应用于粉状炭-活性污泥系统。近些年为了更有效地氧化分解活性污泥,进一步提高粉状炭的再生效果,在湿式氧化再生过程中,添加 Cu^{2+}、NH_4^+ 等作为催化剂。

其余的可以用作再生氧化剂的包括高锰酸钾、过氧化氢、臭氧等。

超临界流体技术是近些年来兴起的一种新技术。在超临界状态下,流体具有常态所不具有的性质。二氧化碳由于临界温度、临界压力比较低,常常是超临界萃取研究的主要对象。超临界状态下的二氧化碳对有机物具有良好的溶解性,而且黏度小,表面张力低,在活性炭孔中的传质扩散速度快。研究表明,采用超临界二氧化碳对吸附苯达到饱和的活性炭具有良好的再生效果,在较温和的条件下就可达到较理想的再生效率,并且经多次循环使用再生后,活性炭仍能保持较高的吸附性能。超临界流体再生活性炭技术目前基本上仍处于研究阶段。

电化学再生法是一种既可以用于粒状活性炭,也可以用于废弃粉末活性炭再生的新方法。该方法是将吸附饱和的活性炭置于电解质溶液中,然后加以直流电场,使活性炭的吸附性能得到恢复。电化学再生过程是一个复杂的过程,其中包括电脱附、溶剂再生及氧化过程等。活性炭被填充在两个电极之间,在直流电场作用下,活性炭一端成阳极,另一端呈阴极,形成微电解槽,在活性炭的阴极部位和阳极部位可分别发生还原反应和氧化反应,吸附在活性炭上的物质大部分被氧化而分解,小部分因电场作用发生脱附。在特定条件下通过搅拌强化传质过程可以增大再生效率,使再生率达到80%。

生物再生法是对饱和炭接种经过驯化培养的菌种,在微生物的作用下,吸附在活性炭上的有机物解吸并被微生物分解,从而使得饱和炭得到再生。由于脱附速度和微生物增长速度的限制,尤其是难降解物质的存在,使得活性炭不可能完全得到再生,而且再生的速度很慢。但使用降解活性高的多种微生物,并加快增殖速度,有可能尽快使炭的吸附能力恢复到最大程度。有些有机物在好氧条件下降解比较慢或是几乎不能降解。在这种情况下,厌氧条件下的再生是可以考虑的。因为在好氧条件下难以降解的有机物往往在厌氧条件下可以降解去除。同时厌氧再生不需要供氧的动力设施以及能量消耗,所以其成本较好氧法的成本低。研究结果表明,当苯酚吸附量为137 mg/L时,经过155 h厌氧再生,酚吸附量可以恢复至74.5%,碘值再生率达到54.1%。生物再生法的优点是成本低,设备比较简单。但其缺点是需要的时间比较长,再生过程受温度影响比较大,而且再生的效率比较低。此外,在生物降解过程中,还有可能产生毒性更大的物质。

在超声波空化作用下水中可以形成瞬时的高温高压气泡,该过程已经在氧化分解有机物方面得到了比较深入的研究。超声波再生的特点是能量大多集中在活性炭表面的局部,能耗比较小,而且再生的设备较热再生设备简单得多,活性炭再生的损失小。超声波再生同样可以回收一些有用的吸附质。但是需要注意的是超声波再生的效率比较低。

高频脉冲再生活性炭也是一种活性炭再生方法,与高温再生所不同的是,高频脉冲法不需将活性炭先干燥,然后通过升温的方式来逐步去除挥发性及不挥发性有机物。其基本的原理是将含水的活性炭直接放在再生炉中,对再生炉施加以交替的电磁场作用。吸附在活性炭表面上的有机物分子在活性炭的孔内随着电磁场的交替而不断运动,运动的分子温度不断升高,于是在孔隙内产生局部的高温状态,使有机物分子产生分解作用。该种方法的设备也比较简单,能量消耗比较低,现在正处于研究阶段。

再生过程引起活性炭性能的变化是多方面的。从吸附性能上来讲,多数的再生对吸附性能的恢复很难达到完全。热再生方式对吸附性能恢复得比较好,但是费用及损耗比较大。其余的再生方法损耗比较小,但是普遍存在的问题是再生效率低或再生周期长。

再生方法的选择是一个很复杂的问题,需要综合考虑到技术性、经济性等因素。

6.5 水处理过程中的其他吸附剂

除了活性炭之外,水处理中常用的吸附剂还有许多,如沸石、硅藻土、粉煤灰、活性氧化铝等,分别简述如下。

1. 沸石

沸石是一类疏松的网架状硅酸盐矿物。沸石中含有移动性较大的阳离子和水分子,可进行阳离子交换。由于天然沸石所具有的离子交换和吸附性质,它可以被制成各种复合吸附剂或离子交换剂,用来处理含金属离子废水。但是天然沸石的吸附性能往往比较差,因为其孔道比较小,吸附量也比较小。

沸石分子筛的骨架是由硅氧(SiO_2)四面体和铝氧[$(AlO_2)^-$]四面体通过氧桥相互联结而形成的笼状(a 笼或 ά 笼)结构单元。其中 A 型沸石结构中 a 笼之间是通过 4 个氧原子相互联结形成 ά 笼,X 或 Y 型结构中 a 笼之间通过 6 个氧原子相互联结产生超笼。A 型和 X 型沸石拥有大孔体积和大自由孔径的结构,与 A 型沸石相比,X 型沸石具有更大的孔容和孔直径,在变压吸附过程中气体的吸附是发生在 ά 笼或超笼中。X 型沸石具体的超笼状结构单元如图 6.9 所示。对 X 型沸石骨架中阳离子的位置可划分为 SⅠ(位于连接八面体笼的六边棱柱的中心)、SⅠ′(位于八面体笼上六圆环中)、SⅡ(位于连接八面体笼外六圆环的超笼中)、SⅡ′(位于邻近六圆环的八面体笼中)和 SⅢ(位于邻近四圆环的超笼中)。

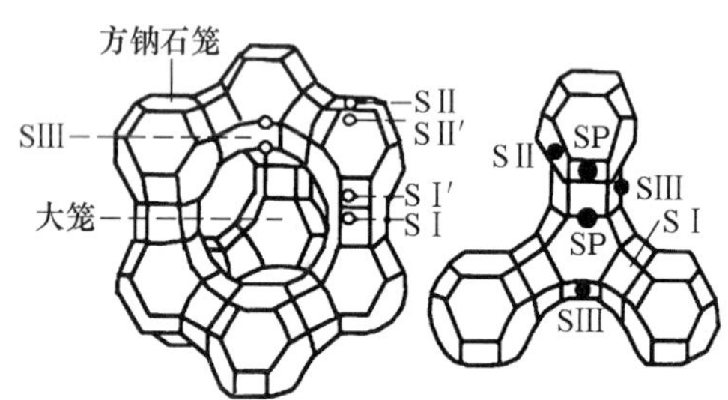

图 6.9 沸石骨架结构示意图

天然沸石由于其本身结构的局限使其应用受到限制,故常用的是经人工处理的沸石。为改善天然沸石的吸附特性,将它的粉体和易燃性微粉按一定比例混合,在高温下灼烧成多孔质高强度沸石颗粒,从而拓宽了其孔洞和通道,不仅增大了沸石颗粒的表面积,而且还使水溶液在沸石颗粒中的渗透性更加顺畅,提高了它对金属离子的吸附性能。

有研究将颗粒吸附剂经适当处理后,将其对铜离子的吸附性能及有关影响因素进行了实验。结果表明,多孔天然沸石颗粒对铜离子有较强的吸附性。

除了吸附金属离子以外,沸石作为水处理吸附剂还可以有以下作用。

(1)制备有机污染物吸附剂。利用沸石的高选择性和吸附性能,开发出有机污染物吸附剂。沸石对有机物的吸附能力取决于有机物分子的极性和大小。由于沸石本身的结构及性质,极性有机物分子更容易吸附。含有极性基团的有机物分子能够与沸石表面发生强烈的吸附作用,微小的非极性分子可以直接进入沸石的空穴内。

(2)作为氨氮去除剂。沸石因具有对阳离子的选择性交换能力及可再生能力,可以用来去除水中氨氮。

(3)作为离子交换剂。沸石具有优良的离子交换性能,因此可以用来作为硬水软化以及工业废水中重金属离子去除的离子交换剂。将天然沸石用食盐改性后可以作为优良的硬水软化离子交换剂。

(4)作为废水滤料。沸石表面粗糙、比表面积大、吸附能力强,属于天然轻质滤料,可以用来去除悬浮物、藻类等。

2. 硅藻土

硅藻土是一种硅质沉积岩,主要由古代硅藻及一部分放线虫类硅质遗骸所组成,其化学成分可以用 $SiO_2 \cdot H_2O$ 表示。矿石组分中以硅藻为主,其次是水云母和高岭石。纯净的硅藻土一般呈白色、土状,含杂质时呈灰白、黄、灰绿甚至黑色,有机质含量越高,湿度越大,颜色越深。大多数硅藻土质轻、多孔、固结差、易碎裂,手捏即成粉末。硅藻土的近似密度为 320 ~640 kg/m^2(干燥块状),80 ~256 kg/m^3(干燥粉状)。除氢氟酸以外,不溶于其他酸,但易溶于碱。硅藻土中的孔半径为 5 ~80 μm,孔隙度为 0.43 ~0.87 m^3/g。

由于硅藻土具有多孔性、低密度、比表面积大等特点,并且还具有相对不可压缩性和化学稳定性等特殊性质,而且价格低廉、资源丰富,因此被广泛地用于冶金、化工建材、石油、食品、环境保护等工业。

作为精滤剂,硅藻土广泛用于啤酒工业及医药业的过滤过程。

在水处理领域,硅藻土大多用在废水处理领域,如处理造纸废水、印染废水、部分重金属离子废水。

用过的硅藻土,用水冲洗即可再生,恢复其吸附性能。

3. 粉煤灰

粉煤灰是火力发电厂等燃煤锅炉排放出的废渣,我国年排放量约为 1.6 亿 t。粉煤灰是一种会对环境产生严重污染的工业固体废弃物。由于粉煤灰中含有大量以活性氧化物 SiO_2 和 Al_2O_3 为主的玻璃微珠,因此粉煤灰既具有很好的吸附性能,又是一个巨大的铝的二次资源宝库。所以,如何实现粉煤灰的综合利用、变废为宝的研究工作早已被人们所重视,并进行了较深入的研究。目前在利用粉煤灰开发制备各种新型水处理剂的研究已经取得了较大进展。

由于粉煤灰中含有许多不规则形状的玻璃状颗粒,这些颗粒中还含有不同数量的微小气泡和微小活性通道,因此粉煤灰表面呈多孔结构,其孔隙率一般为 60% ~70%,比表面积较大,且其表面上的原子力都呈未饱和状态,使得粉煤灰具有较高的比表面能和较好的表面活性。此外,粉煤灰中含有少量沸石、活性炭等具有交换特性的微粒,又富含铝和硅等元素,这样就使得粉煤灰具有了很强的物理吸附和化学吸附性能。粉煤灰对于阳离子特别是重金属离子具有很好的吸附效果。

研究表明,粉煤灰对废水中 Cr(Ⅵ)吸附速率与 Cr(Ⅵ)浓度呈线性关系,Cr(Ⅵ)的去除主要是利用粉煤灰的吸附作用。粉煤灰对于 Hg^{2+} 的吸附效果甚至比活性炭的优异。粉煤灰对阴离子的吸附以化学吸附为主,是一个放热过程,反应发生在阴离子与粉煤灰中高度活泼的活性 CaO、Fe_2O_3 和 Al_2O_3 颗粒间。粉煤灰对除磷和除氟等效果明显,符合 Langmuir 吸附等温式。粉煤灰中的 SiO_2 和具有弱酸性的 Al_2O_3 及 Fe_2O_3 可以与有机物羟基氧上的孤对电子形成很强的化学键,发生物理化学吸附。同时,粉煤灰具有较大的比表面积和静电吸附,还具有显著的去除 COD 和脱色效果。

第7章　地下水处理

地下水是一种重要的水源，特别是在村镇地区。地下水的污染主要包括铁、锰、氟、砷、硝酸盐等超标和有机污染等。

7.1　地下水除铁、除锰

7.1.1　地下水除铁

1. 含铁地下水特点

含铁地下水在我国分布甚广。铁在水中存在的形态，主要有二价铁和三价铁两种。三价铁在 pH > 5 的水中，溶解度极小，况且地层又有过滤作用，所以中性含铁地下水主要含二价铁，并且一般为重碳酸亚铁（$Fe(HCO_3)_2$）。

重碳酸亚铁是较强的电解质，它在水中能够离解：

$$Fe(HCO_3)_2 = Fe^{2+} + 2HCO_3^-$$

所以二价铁在地下水中主要是以二价铁离子（Fe^{2+}）形态存在。我国地下水的铁含量多在 5 ~ 15 mg/L 之间，超过 30 mg/L 的较为少见。在酸性的矿井水中，二价铁则常以硫酸亚铁（$FeSO_4$）形式存在，且含铁量很高。

当水中有溶解氧时，水中的二价铁易氧化为三价铁：

$$4Fe^{2+} + O_2 + 2H_2O = 4Fe^{3+} + 4OH^- \tag{7.1}$$

氧化生成的三价铁由于溶解度极小，因而以 $Fe(OH)_3$ 形式析出。所以，含铁地下水中不含溶解氧是二价铁离子能稳定存在的必要条件。

我国《生活饮用水卫生标准》（GB 5749—2022）规定铁含量不超过 0.3 mg/L。

2. 地下水除铁原理和方法

去除地下水中的铁质有多种方法，一般常用氧化的方法，即将水中的二价铁氧化成三价铁；由于三价铁在水中的溶解度极小，故能从水中析出，再用固液分离的方法将之去除，从而达到地下水除铁的目的。可用于地下水除铁的氧化剂有氧、氯和高锰酸钾等，其中以利用空气中的氧最为经济，在生产中广泛采用。以空气中的氧为氧化剂的除铁方法，习惯上称为曝气自然氧化法除铁。

含铁地下水与空气接触后，空气中的氧便迅速溶于水中。氧化反应见式（7.2），由该式计算可求得,每氧化 1 mg/L 的二价铁约需 0.14 mg/L 氧,但实际上所需溶解氧的质量浓度比理论值要高,因此除铁所需溶解氧的质量浓度(mg/L)须按下式计算:

$$[O_2] = 0.14a[Fe^{2+}] \tag{7.2}$$

$$a = \frac{实际需氧量}{理论需氧量} \tag{7.3}$$

式中 a——水中实际所需溶解氧的质量浓度与理论值的比值,称为过剩溶氧系数。一般取 $a=2 \sim 5$。

水中二价铁质量浓度对时间的变化率,便是水中二价铁的氧化速度。水中二价铁的氧化速度,一般与水中二价铁、溶解氧、氢氧根离子等的质量浓度有关,可表示为

$$-\frac{d[Fe^{2+}]}{dt} = K[Fe^{2+}] \times [O_2] \times [OH^-]^2 \tag{7.4}$$

式中,左端为二价铁的氧化速度,负号表示水中二价铁的浓度随时间而减少;右端的 K 称为反应速度常数。一般情况下,地下水中二价铁的氧化速度比较缓慢,所以地下水与空气接触(称为水的曝气过程)后,应有一段反应时间,这样才能保证水中二价铁的质量浓度降至要求的数值。另外,从式(7.4)可见,氧化速度与$[OH^-]$呈二次方关系,因此水的 pH 对氧化除铁过程有很大影响。氧化除铁过程只有在水的 pH 不低于 7 的条件下才能顺利进行。

加强水的曝气过程,可以使水中 CO_2 充分逸散,从而提高水的 pH,这是提高二价铁氧化速度的重要措施,特别是当 pH 小于 7.0 时。

氧化生成的三价铁,经水解后,先产生氢氧化铁胶体,然后逐渐凝聚成絮状沉淀物,可用普通砂滤池除去。

3.曝气自然氧化除铁

曝气自然氧化除铁的工艺系统一般如图 7.1 所示。

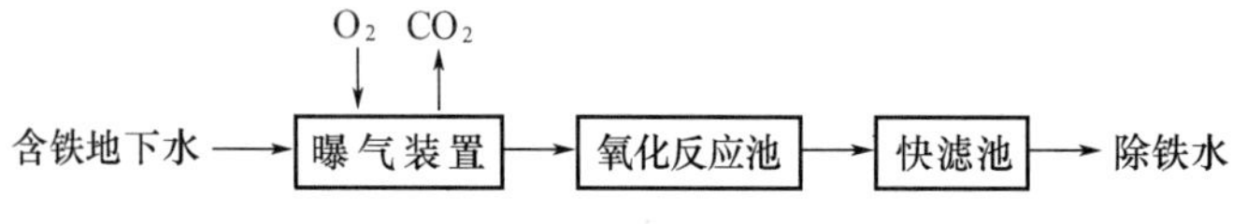

图 7.1 曝气自然氧化除铁的工艺系统

对含铁地下水曝气的要求,因除铁工艺不同而异。有的只要求向水中溶氧,由于溶氧过程比较迅速,所以可采用比较简易和尺寸较小的曝气装置,如跌水、压缩空气曝气器、射流泵等。有的除向水中溶氧外,还要求去除一部分 CO_2 以提高水的 pH,由于散除 CO_2 的量较大且速率较慢,需要较长时间进行充分曝气,所以常采用比较大型的曝气设备,如自然通风曝气塔、机械曝气塔、喷淋曝气、表面曝气等。

曝气后的水在氧化反应池中一般停留 1 h 左右。在氧化反应池中,水中二价铁除了被充分氧化成三价铁外,三价铁的水解产物 $Fe(OH)_3$ 还能部分地沉淀下来,从而减轻后续滤池的负荷。

氧化除铁的快滤池，对截留三价铁絮凝体的要求是很严格的。如果按照滤后水含铁质量浓度不超过0.3 mg/L来要求，这相当于水中氢氧化铁胶体的质量浓度不超过0.6 mg/L。所以，除铁用的砂滤池滤料粒度虽然和澄清滤池的一样，但却采用较厚的滤层以获得合格的过滤水质。曝气自然氧化法除铁一般能将水中的含铁量降至0.3 mg/L以下。

4. 铁质活性滤膜除铁

20世纪60年代，我国试验成功天然锰砂接触氧化除铁工艺，这是将催化技术用于地下水除铁的一种新工艺。试验表明，用天然锰砂做滤料除铁时，对水中二价铁的氧化反应有很强的接触催化作用，它能大大加快二价铁的氧化反应速度。将曝气后的含铁地下水经过天然锰砂滤层过滤，水中二价铁的氧化反应能迅速地在滤层中完成，并同时将铁质截留于滤层中，从而一次完成了全部除铁过程。所以，天然锰砂接触氧化除铁不要求水中二价铁在过滤除铁以前进行氧化反应，因此不需要设置反应沉淀构筑物，这就使得处理系统大为简化。天然锰砂接触氧化除铁工艺一般由曝气溶氧和锰砂过滤组成。因为天然锰砂能在水的pH不低于6.0的条件下顺利地进行除铁，而我国绝大多数含铁地下水的pH都大于6.0，所以曝气的目的主要是向水中溶氧，而不要求散除水中的CO_2以提高水的pH，这可使曝气装置大大简化。曝气后的含铁地下水，经天然锰砂滤池过滤完成除铁。在天然锰砂除铁系统中，水的总停留时间只有5~30 min，处理设备投资大为降低。

试验发现，旧天然锰砂的接触氧化活性比新天然锰砂的强；旧天然锰砂若反冲洗过度，则催化活性会大大降低，这表明锰砂表面覆盖的铁质滤膜具有催化作用，称为铁质活性滤膜。过去人们一直认为二氧化锰（MnO_2）是起催化剂作用的。铁质活性滤膜催化作用的发现，表明催化剂是铁质化合物，而不是锰质化合物，天然锰砂对铁质活性滤膜只起载体作用，这是对经典理论的修正。所以，在滤池中就可以用石英砂、无烟煤等廉价材料代替天然锰砂做接触氧化滤料。但是，新滤料对水中二价铁离子具有吸附去除能力，吸附容量因滤料品种不同而异，天然锰砂的吸附容量较大，石英砂、无烟煤的吸附容量很小。故天然锰砂的的优点是吸附容量大，投产初期的除铁水水质较好。

新鲜的滤膜具有最强的催化活性，随着运行时间的延长，滤膜脱水老化，催化活性也就逐渐降低。滤膜老化后最终生成FeOOH（或写成$Fe_2O_3 \cdot H_2O$）便丧失了催化活性，所以FeOOH不是催化剂。铁质活性滤膜的化学组成，经测定为$Fe(OH)_3 \cdot 2H_2O$或$Fe_2O_3 \cdot 7H_2O$。铁质活性滤膜接触氧化除铁的过程，目前已经基本明了。铁质活性滤膜首先以离子交换方式吸附水中的二价铁离子：

$$Fe(OH)_3 \cdot 2H_2O + Fe^{2+} = Fe(OH)_2(OFe) \cdot 2H_2O^+ + H^+$$

当水中有溶解氧时，被吸附的二价铁离子在活性滤膜的催化下迅速地氧化并水解，从而使催化剂得到再生：

$$Fe(OH)_2(OFe) \cdot 2H_2O^+ + \frac{1}{4}O_2 + \frac{5}{2}H_2O = 2Fe(OH)_3 \cdot 2H_2O + H^+$$

反应生成物又作为催化剂参与反应，因此铁质活性滤膜接触氧化除铁是一个自催化过程。

曝气接触氧化法除铁工艺系统如图7.2所示。

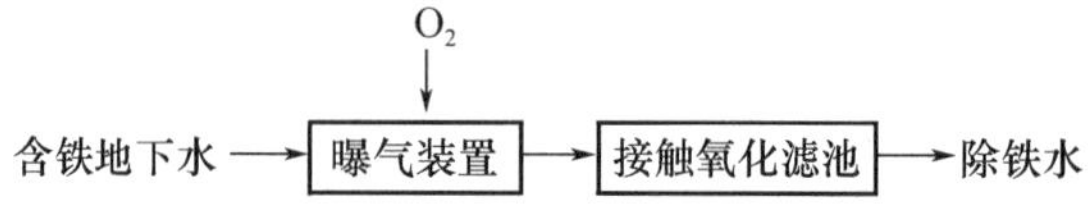

图 7.2　曝气接触氧化法除铁工艺系统

在曝气接触氧化除铁工艺中，曝气的目的主要是向水中充氧，但为保证除铁过程的顺利进行，过剩溶氧系数 a 应不小于 2。

曝气后地下水中二价铁浓度在接触氧化滤层中的变化速率为

$$-\frac{\mathrm{d}[Fe^{2+}]}{\mathrm{d}x}=\frac{\beta[O_2]T^n}{dv^p}[Fe^{2+}] \tag{7.5}$$

式中　$[Fe^{2+}]$——滤层深度 x 处的三价铁浓度；

d——滤料粒径；

v——滤速；

p——指数（当水在滤层中过滤流态为层流时，$p=1$；当流态为紊流时，$p=0$；当流态处于过渡区时，$0<p<1$）；

$[O_2]$——水中溶解氧的浓度；

T——过滤时间；

n——指数；

β——滤层的接触氧化活性系数。

其中，式(7.5)左端为滤层中二价铁的减小速率，其值与该处二价铁浓度、溶解氧浓度、过滤时间成正比，与滤料粒径、滤速成反比；β 与滤料积累的活性滤膜物质的数量有关。对于新滤料，滤料表面尚无活性滤膜物质，所以新滤料也没有接触氧化除铁能力，只能依靠滤料自身的吸附能力去除少量铁质，出水水质较差。滤池工作一段时间后，滤料表面活性滤膜物质积累数量逐渐增多，滤层的接触氧化除铁能力逐渐增强，出水水质也逐渐变好。当活性滤膜物质积累到足够数量，出水含铁量降低到要求值以下时，表明滤层已经成熟。新滤料投产到滤层成熟这一阶段称为滤层的成熟期，一般滤层的成熟期为数日至十数日不等。

在过滤过程中，由于活性滤膜物质在滤料表面不断积累，使滤层的接触氧化除铁能力不断提高，所以过滤水含铁量会越来越低，出水水质越来越好。所以，接触氧化除铁滤池的水质周期无限长，滤池总是因压力周期而进行反冲洗，这与一般澄清滤池不同。

在天然地下水的 pH 条件下，氯和高锰酸钾都能迅速地将水中二价铁氧化为三价铁，从而达到除铁目的。但这种用氧化药剂除铁的方法，药剂费用较高，且投药设备运行管理也较复杂，故只在必要时才采用。除铁、除锰滤池的相关参数见表 7.1。

表 7.1　除铁、除锰滤池的相关参数

序号	滤料种类	滤料粒径 /mm	冲洗方式	冲洗强度 /[L·(m^{-2}·s^{-1})]	膨胀率 /%	冲洗时间 /min
1	石英砂	0.5~1.2	水冲洗	10~15	30~40	>7

续表 7.1

序号	滤料种类	滤料粒径 /mm	冲洗方式	冲洗强度 /[L·(m^{-2}·s^{-1})]	膨胀率 /%	冲洗时间 /min
2	锰砂	0.6～1.2	水冲洗	12～18	30	10～15
3	锰砂	0.6～1.5	水冲洗	15～18	25	10～15
4	锰砂	0.6～2.0	水冲洗	15～18	22	10～15

注：表中所列冲洗强度是按锰砂滤料滤料相对密度为 3.4～3.6，冲洗水温为 8 ℃时数据。

7.1.2　地下水除锰

水中的锰可以有从 +2～+7 价的各种价态，但除了 +2 价锰（二价锰）和 +4 价锰（四价锰）以外，其他价态的锰在中性的天然水中一般不稳定，所以在一定情况下可以认为它们不存在。在 +2 价锰和 +4 价锰中，+4 价锰在天然水中溶解度甚低，所以在天然地下水中呈溶解状态的锰主要是二价锰，并且在中性天然地下水中主要为重碳酸亚锰 $Mn(HCO_3)_2$。我国地下水中锰的质量浓度一般不超过 2 mg/L。

地下水除锰也可以有多种方法，但仍以氧化法为主，即将水中的二价锰氧化成四价锰，四价锰能从水中析出，再用固液分离的方法将之去除，从而达到除锰的目的。

可用于地下水除锰的氧化剂有氧、氯和高锰酸钾等。用空气中的氧为氧化剂最经济，在生产中被广泛采用。

水中的二价锰被溶解氧氧化为四价锰，只在水的 pH＞9.0 时氧化速度才比较快，这比我国《生活饮用水卫生标准》（GB 5749—2022）要求的 pH＝8.5 要高，所以自然氧化法除锰难以在生产中应用。

20 世纪 50 年代，在哈尔滨建成了一座地下水除铁除锰水厂，处理效果良好。这是我国最早具有除锰效果的水厂，这座水厂采用曝气塔曝气、反应沉淀、石英砂过滤处理流程。滤池经长期运行后，在石英砂滤料表面自然形成了具有催化作用的锰质滤膜，水中的二价锰在锰质滤膜催化作用下，能迅速被溶解氧氧化而从水中除去，该方法称为曝气接触氧化法除锰。这种由于锰质滤膜的强烈接触催化作用，使二价锰被溶解氧氧化的除锰方法，能在 pH＝7.5 左右顺利进行。

作为催化剂的锰质活性滤膜的化学组成，经分析除主要含有锰以外，尚含有铁、硅、钙、镁等元素。过去人们认为，起催化作用的是二氧化锰。二氧化锰沉淀物的催化过程，首先是吸附水中的二价锰离子：

$$Mn^{2+} + MnO_2 \cdot xH_2O = MnO_2 \cdot MnO \cdot (x-1)H_2O + 2H^+$$

被吸附的二价锰在二氧化锰沉淀物表面被溶解氧氧化：

$$MnO_2 \cdot MnO \cdot (x-1)H_2O + \frac{1}{2}O_2 + H_2O = 2MnO_2 \cdot xH_2O$$

按上述计算，每氧化 1 mg Mn^{2+}，需溶解氧 0.29 mg。由于地下水中的含锰量一般较低，地下水只要略经曝气，就能满足氧化二价锰所需溶解氧的要求。

由于二氧化锰沉淀物的表面催化作用，使二价锰的氧化速度较无催化剂时的自然氧化显著加快。由于反应生成物是催化剂，所以二价锰的氧化是自催化反应过程。

近来有人认为催化剂不是二氧化锰，而是浅褐色的 α 型 Mn_3O_4（可写成 MnO_x，$x=1.33$），并发现它并非是一种单一物质，而可能是黑锰矿（$x=1.33\sim1.42$）和水黑锰矿（$x=1.15\sim1.45$）的混合物。水中二价锰在接触催化作用下的总反应式为

$$2Mn^{2+}+(x-1)O_2+4OH^- = 2MnO_2 \cdot zH_2O+2(1-z)H_2O$$

用石英砂做滤料，滤层的成熟期很长，有的长达数月。采用我国产的马山锰砂、乐平锰砂和湘潭锰砂（其主要成分为 Mn_3O_4）可使滤层的成熟期显著缩短。

锰和铁的化学性质相近，所以在含锰地下水中常含有铁。铁的氧化还原电位比锰的要低，二价铁对高价锰（三价锰和四价锰）便成为还原剂，因此二价铁能大大阻碍二价锰的氧化。所以，只有在水中基本上不存在二价铁的情况下，二价锰才能被氧化。故在地下水中铁、锰共存时，应先除铁后除锰。图7.3即为一种先除铁后除锰的两级曝气、两级过滤的除铁、除锰工艺系统。

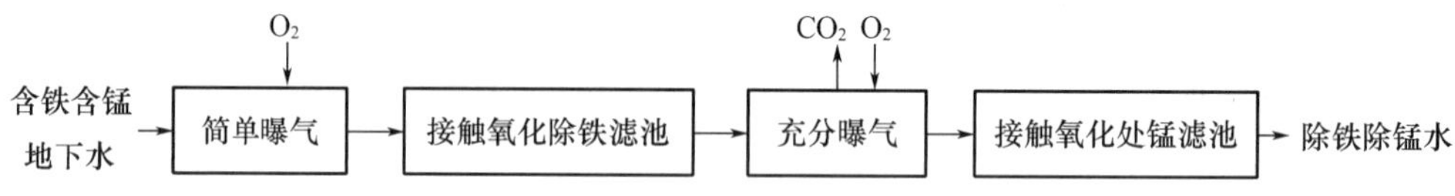

图7.3　两级曝气、两级过滤的除铁、除锰工艺系统

上述除铁、除锰工艺，在一定条件下可以得到简化。例如，当水中含铁量较低（质量浓度小于2 mg/L）时，有时只需一次曝气和一次过滤便可除铁除锰。这时铁被截留于滤层的上部，锰被截留于滤层的下部，即在一个滤层中仍是先除铁后除锰。当然，在这种工艺系统中曝气需满足将水的pH提高到7.5的要求。

用氯来氧化水中二价锰，氧化速度只在pH高于9.5时才足够快，所以实际上难以应用。当向水中投氯并经长时间过滤，在滤料上能生成具有催化作用的 $MnO_2 \cdot H_2O$ 膜，这时氯可在pH低至8.5时，将二价锰氧化为四价锰，从而达到除锰目的。

高锰酸钾能将水中二价锰迅速氧化为四价锰，除锰十分有效，但药剂费用较大，故只在必要时才采用。

除锰滤池的相关参数见表7.1。

7.1.3　生物法除铁、除锰

近年来，国内外都在进行生物法除铁、除锰的研究。在自然曝气地下水除铁除锰生产滤池中，能够检测出多种铁细菌。实际上，在土壤中就存在大量能够氧化二价铁和二价锰的微生物。铁细菌具有特殊的酶，能加速水中溶解氧对三价铁和二价锰的氧化。由于自然曝气接触氧化法除铁（化学法除铁）已经具有很高的除铁效率，所以生物法除铁暂时尚未引起人们的重视。而自然曝气接触氧化法除锰（化学法除锰）比除铁要困难得多，并且要求有比较高的pH，生物法除锰则能在较低pH条件下（pH为7.0左右）除锰，这是生物法的一个重要优点。

生物法除铁、除锰也是在滤池中进行的。将含铁、含锰地下水经曝气后送入滤池过滤，滤层中的铁细菌氧化水中的二价铁和二价锰，并进行繁殖。滤池除铁、除锰的效率，随着滤层中铁细菌的增多而提高，一般当滤层内每毫升水中铁细菌数达到约 10^6 个时，滤层便具有了良好的除铁、除锰能力，即滤层已经成熟。滤层的成熟期一般为数十日。用成熟滤池中的铁泥对新滤池接种，可以加快滤层的成熟速度。

我国研究者推荐的生物法除铁、除锰工艺系统如图 7.4 所示。该工艺系统适用于地下水同时含有二价铁和二价锰的情况，因为水中的二价铁对于除锰细菌的代谢是不可缺少的。对地下水进行弱曝气，可控制水中溶解氧不过高，一般为理论值的 1.5 倍。此外，弱曝气可控制曝气后水的 pH 不会过高，以免二价铁氧化为三价铁，对生物除锰不利。

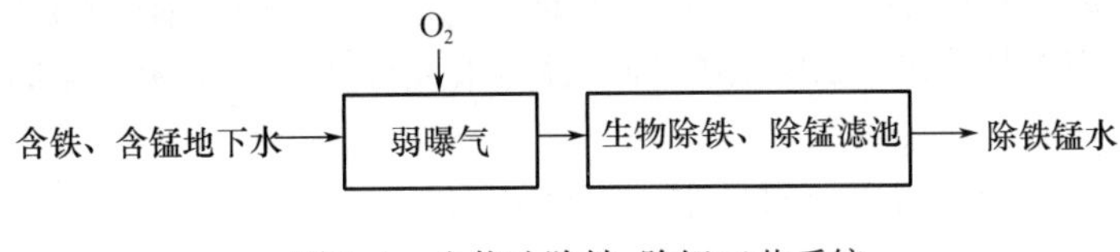

图 7.4　生物法除铁、除锰工艺系统

据国内文献资料，目前采用上述生物除铁、除锰工艺的水厂只有几座，其铁含量最高为 8 mg/L，锰含量最高为 3 mg/L，pH 为 6.9，水温为 8 ℃。该工艺适用的质量比、含锰量或铁、锰含量比的限值，以及 pH 和水温低至多少，有待积累更多的工程实践经验。

7.2　水的除氟和除砷

7.2.1　水的除氟

氟是广泛存在于地球环境中的一种元素。氟在地壳中的质量分数约为 0.03%，以氟化物形式存在于多种矿物中，如氟石、冰晶石、氟磷灰石等，其中氟化钠易溶于水，而铝、钙、镁的氟化物都难溶于水。天然水中都含有少量的氟，而氟在地下水中质量浓度较高。

氟是人体必需的元素之一。当饮水中氟的质量浓度低于 0.5 mg/L，会引起儿童龋齿症；当饮水中氟的质量浓度高于 1.5 mg/L 时，会引起氟斑牙；当饮水中氟的质量浓度为 3 ~ 6 mg/L 时，会引起骨氟中毒（骨结构出现不利改变）；当饮水中氟的质量浓度超过 10 mg/L时，会发展为致残性氟骨症。所以，我国《生活饮用水卫生标准》（GB 5749—2022）规定，水中氟的质量浓度应保持在 0.5 ~ 1.0 mg/L（以 F 计）范围内。我国许多地区的地下水含氟量过高，生活在高含氟地下水地区的人约有8 000万。当城市生活饮用水中氟的质量浓度低于0.5 mg/L时，可以向水中加氟。向城市生活饮用水中加氟，在国外比较普遍，但在我国尚鲜有实例。当原水氟化物含量超过现行国家标准《生活饮用水卫生标准》（GB 5749—2022）的规定时，应进行除氟。

饮用水除氟可采用吸附法、混凝沉淀法、反渗透法等。除氟工艺一般适用于原水氟含量为 1 ~ 10 mg/L、盐含量小于 10 000 mg/L、悬浮物质量浓度小于 5 mg/L、水温 5 ~ 30 ℃的条件。

1. 吸附法

吸附法是目前除氟使用最多的方法，常用的吸附剂有活性氧化铝、磷酸三钙或骨炭等，其中以活性氧化铝应用最广。

活性氧化铝是由氧化铝的水化物经 400 ~ 600 ℃灼烧而成，被制成颗粒状滤料，具有比较大的比表面积，可以通过离子交换进行除氟。活性氧化铝对水中阴离子的吸附亲和力顺序为 $OH^- > F^- > SO_4^{2-} > Cl^- > HCO_3^-$。

活性氧化铝的粒径应小于 2.5 mm，一般宜为 0.5 ~ 1.5 mm。在原水接触滤料之前，宜降低 pH，可采用投加硫酸、盐酸、醋酸等酸性溶液或投加二氧化碳气体的方法降低 pH，一般宜调整 pH 为 6.0 ~ 7.0。

吸附滤池的滤速和运行方式可按下列规定采用：

①当滤池进水 pH 大于≥7.0 时，应采用间断运行方式，其滤速宜为 2 ~ 3 m/h，连续运行时间为 4 ~ 6 h，间断 4 ~ 6 h。

②当滤池进水 pH 小于 <7.0 时，宜采用连续运行方式，其滤速宜为 6 ~ 8 m/h。

滤池滤料厚度可按下列规定选用：

①当原水氟含量小于 4 mg/L 时，滤料厚度宜大于 1.5 m；

②当原水氟含量大于等于 4 mg/L 时，滤料厚度宜大于 1.8 m。

对滤池滤料进行再生处理的再生液宜采用氢氧化钠溶液或硫酸铝溶液。采用氢氧化钠溶液再生时，再生过程可采用反冲—再生—二次反冲—中和 4 个阶段；采用硫酸铝溶液再生时，可省去中和阶段。

活性氧化铝吸附过程：

①先用硫酸铝对氧化铝进行活化，使之转变为硫酸盐型：

$$2ROH + SO_4^{2-} \longrightarrow R_2SO_4 + 2OH^-$$

②活化后的氧化铝可表示为 R_2SO_4，以 SO_4^{2-} 与 F^- 进行离子交换进行除氟：

$$R_2SO_4 + 2F^- = 2RF + SO_4^{2-}$$

$$R_2SO_4 + 2HCO_3^- = 2RHCO_3 + SO_4^{2-}$$

由此可以看出，活性氧化铝是一种弱碱性离子交换剂，以 SO_4^{2-} 交换水中的 F^- 和 HCO_3^-，交换后水中的 F^- 和 HCO_3^- 减少了，而 SO_4^{2-} 增多了，所以除氟后水的 pH 也会随之降低。活性氧化铝吸附饱和后，可用硫酸铝再生：

$$2RF + SO_4^{2-} = R_2SO_4 + 2F^-$$

此外，活性氧化铝还可以用硫酸再生。

活性氧化铝的除氟容量（质量比）为 1.2 ~ 2.2 mg/g。原水的 pH 和碱度对活性氧化铝的除氟能力影响很大，降低水的 pH 和碱度，可以减少水中 OH^- 和 HCO_3^- 的浓度，从而可使除氟能力显著提高。

活性氧化铝装填入吸附滤池中，一般采用下向流作业方式。

活性氧化铝再生时，先用原水对滤层进行反冲洗，反冲洗强度为 11 ~ 12 L/(m^2 · s)，冲洗 5 min，再用质量分数为 2% 的硫酸铝溶液以 0.6 m/h 滤速自上而下通过滤层对滤料进行循环再生，再生时间需 18 ~ 45 h。如果采用浸泡再生，约需 48 h。再生 1 mg 滤料约需 15 mg 硫酸铝。再生后，需用除氟水对滤层再进行反冲洗，冲洗时间为 8 ~ 10 min，以除净滤层中残留的硫酸铝再生液。

磷酸三钙吸附法除氟，常采用羟基磷灰石作为吸附滤料。羟基磷灰石的分子式为 $3Ca(PO_4)_2 \cdot Ca(OH)_2$，或可写为 $Ca_{10}(PO_4)_6 \cdot (OH)_2$。羟基磷灰石用分子中的羟基与水中氟离子进行离子交换，从而将氟从水中除去：

$$Ca_{10}(PO_4)_6 \cdot (OH)_2 + 2F^- \Longrightarrow Ca_{10}(PO_4)_6 \cdot F_2 + 2OH^-$$

这个反应是可逆的。当滤料吸附饱和后，用质量分数为 1% NaOH 溶液对滤料进行再生，这时水中 OH^- 的质量浓度大大升高，反应便由右向左反方向进行，使滤料上吸附的 F^- 解吸下来，从而使吸附剂得到再生。羟基磷灰石的除氟能力一般为 2 ~ 4 mg/g。

吸附滤料经 NaOH 再生后，滤层中残留的少量 NaOH 必须彻底清除，否则过滤时水中 OH^- 质量浓度的增大，将严重影响除氟效果，为此可用酸或酸性盐溶液对滤料进行浸泡，最后再用水进行清洗。

骨炭吸附法除氟的工作原理与磷酸三钙除氟的工作原理基本相同。由家畜骨骼制出的骨炭，含有磷酸三钙，可用以除氟，是一种比较廉价的除氟吸附剂。制作良好的骨炭，除氟能力约为1.3 mg/g。

2. 混凝沉淀法

混凝沉淀法适用于氟含量小于 4 mg/L 的原水；投加的药剂宜选用铝盐。药剂投加量(以 Al^{3+} 计)应通过试验确定，一般宜为原水含氟量的 10 ~ 15 倍。工艺流程宜选用：原水—混合—絮凝—沉淀—过滤。混合、絮凝和过滤的设计参数应符合给水处理相关规定，投加药剂后水的 pH 应控制在 6.5 ~ 7.5。沉淀时间应通过试验确定，一般宜为 4 h。

3. 反渗透法

反渗透装置一般由保安过滤器、高压泵、反渗透膜组件、清洗系统、控制系统等组成。进入反渗透装置原水的污染指数(Fouling Index，FI)应小于 4。若原水不能满足膜组件的进水水质要求，则应采取相应的预处理措施。

反渗透预处理水量可按下列公式计算：

$$Q = (Q_d + Q_n) \cdot a \tag{7.6}$$

式中　Q——预处理水量，m^3/h；

Q_d——淡水流量，m^3/h；

Q_n——浓水流量，m^3/h；

a——预处理设备的自用水系数，一般取 1.05 ~ 1.10。

设计反渗透装置时，设备之间应留有足够的操作和维修空间，设备不能安放在多尘、高温、震动的地方，宜放置室内且避免阳光直射；当环境温度低于 4 ℃时，必须采取防冻措施。

4. 电渗析法

电渗析法除氟:使含氟水通过电渗析装置,负电性的氟离子在电场作用下向正电极运动,穿过离子交换膜,由清水室进入浓水室,清水室出水中的氟便被去除。该方法需要将浓水室的出水排放掉,水量耗损很大。如果浓水室出水能被利用(生活杂用或某些生产用水),则用水效率会大大提高。如果于除氟的同时还要求去除水中的盐分,采用电渗析除氟除盐,将会是一个合理的技术方案。

7.2.2 水的除砷

砷以 -3、0、+3、+5 价的氧化态广泛存在于自然界中。砷在地壳中分布广泛,主要是以硫化物矿或金属砷酸盐、砷化物的形式存在。水中的砷来自于矿物、矿石的分解,以及工业废水和大气沉积。在地表水中,砷主要是 +5 价;在还原条件下的地下水、深层湖泊沉积物中,砷主要是 +3 价。我国地下水含砷量高的地区人口有千万。

砷对人体健康有害,长期摄入可引发各种癌症、心肌萎缩、动脉硬化、人体免疫系统削弱等疾病,甚至可以引起遗传中毒。我国目前实施的《生活饮用水卫生标准》(GB 5749—2022)规定饮用水中的含砷质量浓度应小于0.01 mg/L,小型集中式供水和分散式供水受条件限制时含砷质量浓度应小于0.05 mg/L。原水中砷含量过高应首先探讨替换水源,如无更适宜的水源则必须进行除砷处理。

除砷的方法较多,较为成熟的工艺有反渗透法、离子交换法、吸附法和混凝沉淀法4种,另外还有化学法(电解法等)、生物法(包括生物絮凝法、生物氧化法等)。在具体实施时,应根据除砷小型试验装置的运行参数和各种除砷工艺的技术经济比较来确定具体工艺。除砷方法对 As^{3+} 的去除效果较差,而对 As^{5+} 的去除效果较好,因此,去除 As^{3+} 时要先预氧化。目前,预氧化的方法有化学氧化法和生物氧化法。

1. 反渗透法

反渗透法除砷是4种除砷方法中造价最高的一种,其他的几种除砷法只适用于砷含量较低的原水,对于砷含量较高的原水只有采用反渗透法处理才能达到饮用水的标准。反渗透法除砷工艺对 As^{5+}(砷酸和 AsO_4^{3-})的去除率达99%;对含 As^{3+}(As_2O_3 和 AsO_4^{3-})的原水应进行预氧化,氧化剂可采用高锰酸钾或液氯,反渗透膜的进水 pH 宜控制在 6 ~ 9。反渗透法除砷工艺系统如图 7.5 所示。

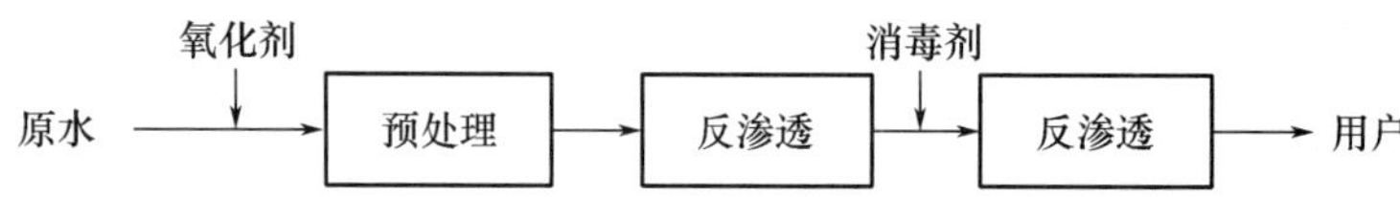

图 7.5　反渗透法除砷工艺系统

2. 离子交换法

离子交换法除砷宜用于含砷量小于0.5 mg/L、pH为6.5～7.5的原水。对pH不在此范围内的原水，应先调节pH后，再进行处理。

离子交换法除砷工艺系统如图7.6所示。

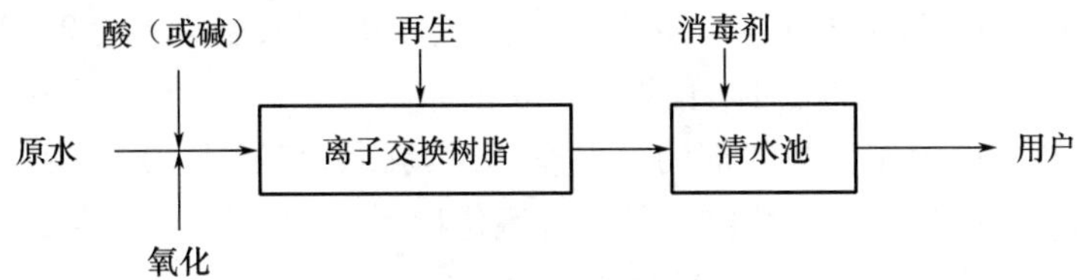

图7.6　离子交换法除砷工艺系统

离子交换树脂宜选用聚苯乙烯树脂。接触时间宜为1.5～3.0 min，层高宜为1 m。离子交换树脂的再生宜采用氯化钠再生法或酸碱再生法、CO_2再生离子交换法、电再生法、超声脱附法等。当选用聚苯乙烯树脂时，宜采用质量分数不小于3%的氯化钠溶液再生。用NaCl溶液再生时，每立方米树脂用盐量宜为87 kg，再生树脂可使用10次。含砷的废盐溶液可投加三氯化铁除砷，每去除1 kg As宜投加39 kg $FeCl_3$。另外，含砷的废盐溶液也可进行石灰软化处理。

3. 吸附法

吸附法除砷宜用于含砷量小于0.5 mg/L、pH为5.5～6.0的原水，对pH不在此范围内的原水，应先调节pH后，再进行处理。原水经吸附处理脱砷后，再加入NaOH，将pH调至6.8～7.5，以降低出水的腐蚀性。含As^{3+}的待处理水须先氧化成As^{5+}，否则除砷效果不佳。

吸附法除砷可采用图7.7所示的工艺系统。

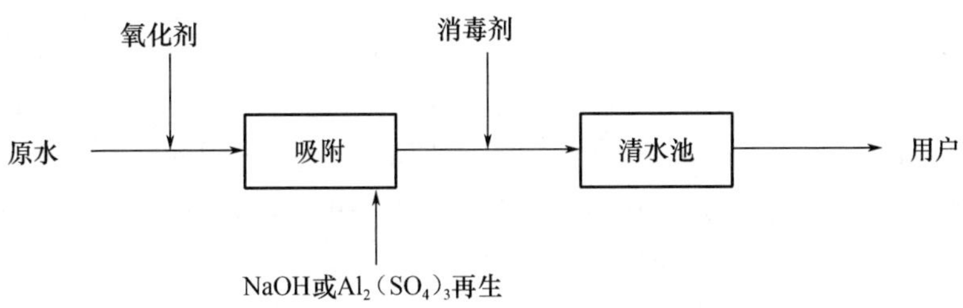

图7.7　吸附法除砷工艺系统

吸附剂宜选用活性氧化铝或活性炭。再生时可采用氯化钠或硫酸铝溶液。

当选用活性氧化铝吸附时，活性氧化铝的粒径应小于2.5 mm，宜为0.5～1.5 mm，空床流速宜为5～10 m/h，层高宜为1.5 m，空床接触时间宜为5 min。当选用活性氧化铝吸附时，可用 1.0 mol/L 的氢氧化钠溶液再生，所用体积应为 4 倍床体积；用 0.2 mol/L 的硫酸淋洗，所用体积应为 4 倍床体积；每次再生会损耗 2% 的 Al_2O_3。活性氧化铝在近中性水中其选择性吸附顺序为：$OH^- > H_2AsO_4^- > H_3AsO_4 > F^- > SO_4^{2-} > HCO_3^- > Cl^- > NO_3^-$。

当选用活性炭吸附时，宜采用压力式活性炭吸附器，吸附器的布置形式可采用单柱、多柱并联及多柱串联等布置形式。空床流速宜为 3 ~ 10 m/h，层高宜为 2 ~ 3 m，反冲洗强度宜为 4 ~ 12 L/(m^2 · s)，冲洗时间宜为 8 ~ 10 min。

除此之外，还可以用作砷吸附剂的材料有：天然珊瑚、膨润土、沸石、红泥、椰子壳、涂层砂，以及天然或合成的金属氧化物及其水合氧化物等，再生用的氢氧化钠溶液质量分数宜为 4%，每次再生损耗氧化铝的质量分数约为 2%。

活性炭吸附过滤器单柱适用于间歇运行，可以使用较长时间并无须经常换炭和再生。多柱并联系统适用于连续运行或处理的流量较大的情况，所用水泵扬程较低，动力较省。

4. 混凝沉淀法

混凝沉淀法除砷宜用于砷含量小于 1 mg/L、pH 为 6.5 ~ 7.8 的原水，对 pH 不在此范围内的原水，应先调节 pH 后，再进行处理。

对于含砷超过 1 mg/L 的原水应采用二级除砷，先用混凝沉淀法将砷的质量浓度降到 0.5 mg/L以下，再用离子交换法、反渗透法或吸附法进一步除砷。

混凝沉淀法除砷可采用下列工艺系统（图 7.8）。

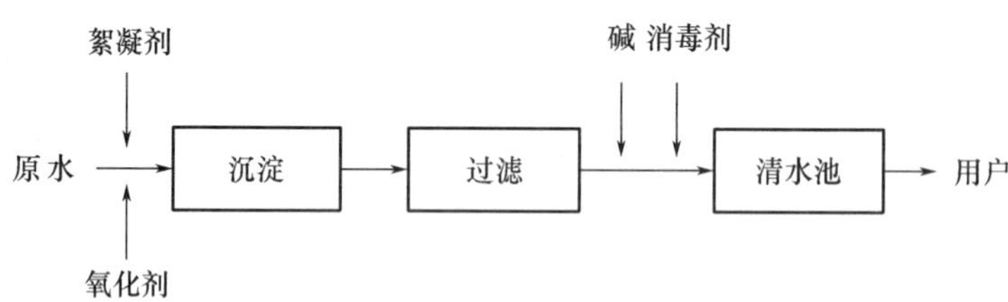

图 7.8　混凝沉淀法除砷工艺系统

混凝剂可选用 $FeCl_3$、$FeSO_4$ 或 $Al_2(SO_4)_3$、$AlCl_3$，但铁盐除砷效果一般好于铝盐，而且铝盐的投量大且沉降性能较差，因此推荐使用铁盐。

投加的药剂宜选用 $FeCl_3$ 或 $FeSO_4$。药剂投加量宜为 20 ~ 30 mg/L，可通过试验确定。沉淀宜选用机械搅拌澄清池，混合搅拌转速宜为 100 ~ 400 r/min；水力停留时间宜为 5 ~ 20 min。过滤选用多介质过滤器时，滤速宜为 4 ~ 6 m/h，过滤器反冲洗循环周期宜为 8 ~ 24 h。过滤选用微滤时，宜选用孔径为 0.2 μm 的微滤膜，混凝剂可采用 $FeCl_3$。多介质过滤法是根据复合介质的组合原理，依靠不同介质的协同吸附作用，通过过滤装置完成除砷的过程。吸附滤池空床接触时间与原水砷含量有关。采用多介质过滤法除砷时，吸附滤池空床接触时间宜为 2 ~ 5 min。

混凝沉淀对 As^{5+} 的去除效果可达 95%，对 As^{3+} 的去除效果为 50% ~ 60%。因此，为提高对含 As^{3+} 原水的处理效果，宜进行预氧化，氧化剂可采用高锰酸钾或液氯。

沉淀池设计参数：原水进入沉淀池前加过量的混凝剂调节 pH 至 6～7.5，As^{5+} 将和混凝剂在沉淀池内发生沉淀和共沉淀作用，而后经过滤处理除砷。

混凝沉淀法除砷过滤设备一般采用铁盐混凝－微滤工艺除砷。向水中投加铁盐混凝剂，如 $FeCl_3$，铁盐在水中水解生成氢氧化铁絮凝体，能吸附水中的砷，将水中生成的氢氧化铁沉淀过滤除去，便可获得除砷水。这种方法一般可将水中含砷量降至 50 μg/L 以下。用氧化剂将 As^{3+} 氧化成 As^{5+}，能显著提高混凝法除砷效果。例如，我国台湾某地将含砷水曝气后，加氯量为 12～30 mg/L，加 $FeCl_3$ 量为 2～50 mg/L，经混凝沉淀及慢速过滤可将水中含砷量由 0.6～2.0 mg/L 降至接近 0。此外，有人研究制作专用的除砷吸附剂，可用过滤吸附的方法除砷。

研究表明，铁盐混凝－微滤工艺除砷是一种经济高效的除砷方法，选用 0.2 μm 的微滤膜，混凝后直接过滤，浓缩倍率很高，对浓缩液的处理有利。

河南省郑州市东周水厂水源为黄河地下侧渗水。目前出厂水中砷的质量浓度为 0.007～0.008 mg/L。为了强化除砷示范研究，在水厂增加加药车间（按 10 万 m^3/d 处理量设计），提高出厂水质。采用曝气－接触氧化过滤工艺，药剂为 $FeCl_3$ 絮凝剂和 $KMnO_4$ 氧化剂的组合方式，出水砷质量浓度可降至 0.007 mg/L 以下，进一步降低了出厂水砷含量。

7.3　地下水硝酸盐污染的处理技术

20 世纪 60 年代以来，随着工农业生产的迅速发展，大量含氮化肥的使用及工业中含氮废水的不达标排放等，造成世界上许多国家和地区的饮用水受到不同程度的硝酸盐污染。硝酸盐被摄入人体后，在肠胃中可被还原成亚硝酸盐，亚硝酸盐会引起人体高铁血蛋白症，并诱发癌症，对婴幼儿的危害更甚。

目前针对地下水硝酸盐的污染，除了加大对污染源的控制和治理外，还应该进一步研究硝酸盐污染的修复处理技术。总体来说，地下水中硝酸盐氮的处理技术大致可分为三类：物理化学法、化学法和生物反硝化处理法。

1. 物理化学法

物理化学法主要包括蒸馏法、反渗透法、电渗析法和离子交换法等。

蒸馏法、反渗透法及电渗析法在去除 NO_3^- 的同时也去除了其他对人体有益的无机盐离子，不具有选择性且去除效率低、运行费用高，所以不适宜用于处理地下水硝酸盐。

离子交换法是利用阴离子交换树脂中的氯离子或重碳酸根离子与处理水中的硝酸根离子交换，从而去除水中的硝酸盐。离子交换法由于稳定、快速、易于自动化控制，且不受温度的影响，是物理方法去除硝酸盐的工艺中应用最普遍的一种，所以对于小型或中型水处理厂有很好的应用前景。

物理化学法将硝酸盐浓缩收集在废液或介质当中，只起到污染物的转移浓缩作用，同时还会产生浓度很高的再生废液，而这些再生废液同样也需要后续处理，所以这种方法在应用上受到了一些限制。

2. 化学法

化学法主要是利用还原剂将水中的硝酸盐还原。迄今为止,人们仅仅采用活泼金属、氢气及甲酸和甲醇等数种还原剂脱除饮用水中的硝酸盐氮。根据还原剂的不同,化学法分为活泼金属还原法和催化还原法两种。

由于铁来源广泛、价格低廉、反应速度快,因此在活泼金属还原法中,研究最多的课题是利用铁粉作为还原剂的还原方法。反应方程式如下:

$$Fe + 2H_3O^+ \longrightarrow Fe^{2+} + H_2(g) + 2H_2O$$

$$Fe + NO_3^- + 2H_3O^+ \longrightarrow Fe^{2+} + NO_2^- + 3H_2O$$

$$5Fe + 2NO_3^- + 12H_3O^+ \longrightarrow 5Fe^{2+} + N_2 + 18H_2O$$

$$4Fe + NO_3^- + 10H_3O^+ \longrightarrow 4Fe^{2+} + NH_4^+ + 13H_2O$$

在室温、好氧加压和 pH 缓冲液条件下,研究发现硝酸盐几乎完全被铁还原为氨。因此用铁作为还原剂,其主要缺点就是不能够将硝酸盐完全、彻底地还原成氮气,反应主要产物为氨氮,容易带来二次污染,而且反应过程中需要严格控制 pH,这样在很大程度上限制了该方法的实际应用。铝粉作为还原剂的化学法和铁粉一样,是一种高效去除地下水硝酸盐的新技术。

20 世纪 80 年代末,有学者开始研究用化学催化反硝化法去除水中的硝酸盐。目前,研究得比较多的是一种以氢气为还原剂,以 Pd - Cu 等复合金属为催化剂的催化还原方法。结果表明,其对 NO_3^- 催化还原的效果并不理想。

化学催化反硝化法的反应效率较高,反应器的结构比较简单,但是催化剂的活性和对氮气的选择性生成是该技术的难题。此外,催化剂的分离回收也是一个需要解决的问题。

3. 生物反硝化处理

生物反硝化是指硝酸盐氮(NO_3^- - N)或亚硝酸盐氮(NO_2^- - N),在缺氧或厌氧条件下,被微生物还原转化为氮氧化物或氮气(N_2)的过程。利用生物反硝化处理地下水硝酸盐氮污染的技术就是人为强化自然界中的反硝化作用,从而去除水中的硝酸盐氮。

(1)自养反硝化细菌。

自养反硝化细菌在生物处理法中应用时,需加 CO_2、CO_3^{2-}、HCO_3^- 等无机碳源做碳源。根据利用电子的不同,自养反硝化菌分为氢自养反硝化细菌和硫自养反硝化细菌,两者通过 H_2S 及其他硫化合物作为电子供体去除硝酸盐。

(2)异养反硝化细菌。

异养型反硝化细菌受有机碳源、温度、pH、溶解氧等因素影响,在应用过程中,以有机物作为反硝化作用的基质,碳氮比通常大于等于 2。地下水中有机碳有限,因此需要提供外加有机碳源,如乙醇、淀粉、聚乙烯醇、可降解餐盒、水稻秸秆和玉米芯等。当温度在 15 ~30 ℃之间时,反硝化速率随温度的升高而增加;当温度在 25 ~30 ℃之间时,反硝化速率最高;而 HRT(水力停留时间)在 6 h、7 h、10 h、20 h、40 h 内,硝酸盐的浓度随时间的增加而降低,亚硝酸盐的浓度也随之减少,产生的二次污染小。

自养反硝化细菌的反硝化速率是异养反硝化细菌的 2 倍,在除硝酸盐的过程中只产生少量的污泥,不需要另投有机碳源,但条件非常严苛。

异养反硝化菌的碳源可以利用易回收的水稻秸秆和玉米芯作为有机碳源,降低工艺成本,易维护管理,但存在加入有机碳源产生的二次污染问题。

第8章 离子交换

8.1 离子交换概述

离子交换过程被广泛地用来去除水中呈离子态的成分，例如 Ca^{2+}、Mg^{2+} 等离子，或者选择性地去除水中的重金属。离子交换是一类特殊的固体吸附过程，一般的离子交换剂是一种不溶于水的固体颗粒状物质，它能够从电解质溶液中吸取某种阳离子或阴离子，而把本身所含的另外一种带相同电荷符号的离子等当量地交换下来并释放到溶液中去。若以 R 代表离子交换剂的固定部分，则其所含的可离解基团与电解质溶液中的离子反应可用如下化学方程式表示：

$$RA + B^{\pm} \rightleftharpoons RB + A^{\pm} \text{ 或 } 2RA + B^{2\pm} \rightleftharpoons R_2B + 2A^{\pm}$$

离子交换剂包括无机离子交换剂、磺化煤和有机合成离子交换树脂等。

8.1.1 无机离子交换剂和磺化煤

无机离子交换剂主要为弱酸性阳离子交换剂，还有一部分是弱碱性阴离子交换剂。天然无机离子交换剂中最常见的有沸石和绿砂两类物质。

沸石是铝硅酸盐类矿物，分子式为 $Na_2O \cdot Al_2O_3 \cdot nSiO_2 \cdot mH_2O$。其结构是规则的空间晶格形态，晶格上的一部分 Si^{4+} 被 Al^{3+} 所代替从而缺少正电荷，此不足的电荷由 Na^+、Ca^{2+} 等补足而成为可交换的活动离子。沸石是弱酸性阳离子交换剂，不但交换容量较小而且不能吸取尺寸较大的离子。也正因为它的这种特性，沸石对不同大小的离子具有良好的选择性，可以用作分子筛。

绿砂是铁铝硅酸盐矿物，主要是无定形结构的凝胶体，也有一部分是晶体结构，其交换离子为 K^+，也是弱酸性阳离子交换剂，应用于 6.2 ~ 8.4 这一 pH 范围内。因为其离子交换大多在表面进行，交换容量也不大，在 100 ~ 150 mg/L 之间，一般约为人工合成树脂的 1/10。

磺化煤一般是通过发烟硫酸对褐煤、无烟煤等进行磺化处理而合成的。磺化煤中引入大量磺酸基团—SO_3H，同其原有的—COOH、—OH 基团，可同时进行离子交换，因而成为强酸性阳离子交换剂，它即使在强酸性溶液（pH = 2）中也能进行离子交换。磺化煤的交换容量约为合成树脂交换剂的 1/4 ~ 1/3。煤经过磺化后成为凝胶结构，其化学稳定性和机械强度都有一定提高，但并没有达到理想效果，其质量也不容易控制。

目前，天然无机离子交换剂和磺化煤已很少用。应用于水处理的主要是有机合成离子交换树脂。

8.1.2　有机合成离子交换树脂

1. 有机合成离子交换树脂的结构

有机合成离子交换树脂是一类带有活性基团的网状结构高分子化合物。它的分子结构可以分为两个部分：一部分为离子交换树脂的骨架，它是高分子化合物的本体；另一部分是带有可交换离子的活性基团，它结合在高分子骨架上，提供可交换的离子。其中的活性基团也由两部分组成：一部分与骨架牢固结合，不能自由移动，称为固定离子；另一部分是活动部分，遇水可以电离，可与周围水中的其他带同类电荷的离子进行交换反应，称为可交换离子。

2. 有机合成离子交换树脂的分类

(1)按活性基团性质分类。

根据活性基团（亦称交换基团或官能团）性质不同，有机合成离子交换树脂可分为两大类：凡与溶液中阳离子进行交换反应的树脂称为阳离子交换树脂，阳离子交换树脂中可电离的交换离子是氢离子及金属离子；凡与溶液中的阴离子进行交换反应的树脂，称为阴离子交换树脂，阴离子交换树脂中可电离的交换离子是氢氧根离子和酸根离子。

每种交换树脂可以含有一种或数种离子基团，按照离子基团电离的难易程度又可将交换树脂分为强性和弱性。

阳离子交换树脂的强弱顺序：

$$\underset{\text{磺酸基}}{R—SO_3H} > \underset{\text{次甲基磺酸基}}{R—CH_2SO_3H} > \underset{\text{磷酸基}}{R—PO_3H_2} > \underset{\text{羧酸基}}{R—COOH} > \underset{\text{酚基}}{R—OH}$$

（强酸性）　　　　（弱酸性）

一般认为，即使在相当低的 pH 时磺酸基也能电离，相反，如果 pH 稍有升高，例如在 pH 为 5～6 时，液相中的 H^+ 便明显地抑制羧酸基的电离，使其失去进行离子交换反应的能力。磺酸基的阴离子基团（$R—SO_3^-$）对多数阳离子都具有相当高的亲和力，这降低了此类阳离子交换树脂的选择性，同时也增加了再生时对再生剂的消耗。相反，羧酸基的阴离子基团（$R—COO^-$）对溶液中阳离子的亲和力受阳离子的电荷数和水合半径影响较大，因而大大提高了其对阳离子的选择性，并可明显地减少再生剂的消耗。

阴离子交换树脂的强弱顺序：

$$\underset{\text{季铵基}}{(R)_4N^+OH^-} > \underset{\text{伯胺基}}{R—NH_3^+OH^-} > \underset{\text{仲胺基}}{R═NH_2^+OH—} > \underset{\text{叔胺基}}{R≡NH^+OH^-}$$

（强碱性）　　　　（弱碱性）

强、弱碱性阴离子交换树脂中的强、弱碱性基团的选择性同样也有很大差别：强碱性阴离子交换树脂中的交换基团对溶液中所有阴离子都有不同程度的亲和力；弱碱性阴离子交换树脂中的交换基团只对溶液中的强酸根离子有交换吸附能力，对碳酸氢根、硫化氢等交换吸附能力微弱，对硅酸、苯酚、硼酸及氰酸等弱酸根则无交换吸附能力，但是对 OH^- 却有很强的交换吸附能力。这就是弱碱性阴离子交换树脂的选择性和再生能力比强碱性阴离子交换树脂好的原因。

(2)按结构特征分类。

由于制造工艺的不同，有机合成离子交换树脂内部可形成不同的孔型结构，常见的产品有凝胶型树脂、大孔型树脂和均孔型树脂。

①凝胶型树脂。

具有均相高分子凝胶结构的树脂统称凝胶型离子交换树脂。在它所形成的球体内部，由单体聚合成的链状大分子在交联剂的联结下，组成空间结构。离子交换基团就分布在孔道的各个部位。由孔道所构成的空隙是化学结构中的空隙，所以称为化学孔或凝胶孔。其孔径的大小与树脂的交联度或膨胀程度有关。交联度愈大，孔径愈小。当树脂处于水合状态时，大分子链舒伸，链间距离增大，凝胶孔扩大；树脂干燥失水时，凝胶孔缩小。交换离子的性质、溶液的浓度及 pH 的变化都会引起凝胶孔径的变化。

这类传统的凝胶型树脂在水处理中容易受到大分子量有机物的污染，该问题在阴离子交换树脂应用中尤为突出。有机物分子在树脂上的吸附力很强，一旦吸附后就不容易洗脱下来，使交换树脂再生后交换容量下降，这种现象一般称为交换树脂的中毒现象。凝胶型树脂容易产生中毒现象的原因在于所含孔隙过于微细，易被有机物等大型分子堵塞。

②大孔型树脂和均孔型树脂。

大孔型树脂在制造过程中，由于加入了致孔剂，因而形成大量的毛细孔道，所以称为大孔型树脂，是非均相凝胶结构，它同时存在着凝胶孔和毛细孔。由于这样的结构，大孔型树脂有利于直径较大的分子通行，所以用它去除水中高分子有机物具有良好的效果。

大孔型树脂具有很大的孔径，并具有很大的比表面积(每克可达数百平方米)，因而具有一般吸附剂的特征。所以，大孔型树脂除离子交换作用外，还具有吸附作用，用途更为广泛。另外，大孔型树脂的离子交换速度大约为凝胶型树脂的离子交换速度的 10 倍，其机械物理性能、化学稳定性能等也都优于凝胶型树脂。同时，大孔型交换树脂可以防止有机污染中毒，常常可以用于去除含有腐殖酸、表面活性物质、木质素、酚等杂质的水处理过程。但是，因其交换能力比凝胶型树脂的低，并需较多的再生剂来充分恢复其交换能力两方面缺点，导致装设离子交换设备的投资和运转费用增大。而且，这种树脂的价格也比较高，限制了推广使用。

均孔型树脂的出现解决了大孔型树脂应用中的问题。均孔型树脂制品的所有孔隙都有大致相近的尺寸，均在数百埃，因而它不仅保持了一般大孔型树脂的各种优点，而且还克服了在交换容量和再生方面的一些缺点，实际上是一种改良型的大孔型树脂。

(3)按单体种类分类。

按合成树脂的单体种类不同，有机合成离子交换树脂还可分为苯乙烯系、丙烯酸系等。

3. 有机合成离子交换树脂的命名

有机合成离子交换树脂产品的型号是根据国家标准《离子交换树脂产品分类、命名及型号》(GB 1631—2008)而制定的。

(1)名称。

有机合成离子交换树脂的全名称由分类名称、骨架(或基团)名称以及基本名称依次排列组成。其中基本名称即为有机合成离子交换树脂。大孔型树脂在全名称前加“大孔”两字。分类属酸性的在基本名称前加“阳”字;分类属碱性的,在基本名称前加“阴”字。

(2)型号。

有机合成离子交换树脂产品的型号以 3 位阿拉伯数字组成:第一位数字为分类代号,代表产品分类;第二位数字为骨架代号,代表骨架组成;第三位数字为顺序号,用以区分活性基团或交联剂。第一、二位代号数字的意义见表 8.1 和表 8.2。

凡属大孔型树脂,在型号前加“大”字的汉语拼音首位字母“D”;凡属凝胶型树脂,在型号前不加任何字母,交联度值可在型号后用“×”符号连接阿拉伯数字表示。

表 8.1　分类代号(第一位数字)

代号	0	1	2	3	4	5	6
活性基团	强酸性	弱酸性	强碱性	弱碱性	螯合性	两性	氧化还原性

表 8.2　骨架代号(第二位数字)

代号	0	1	2	3	4	5	6
骨架类别	苯乙烯系	丙烯酸系	酚醛系	环氧系	乙烯吡啶系	脲醛系	氯乙烯系

例如,常用的有机合成离子交换树脂——强酸性苯乙烯系阳离子交换树脂,型号为 001×7;大孔型树脂——弱酸性丙烯酸系阳离子交换树脂,型号为 D111、D113 等。

4. 几类常见的有机合成离子交换树脂

(1)阳离子交换树脂。

①苯乙烯磺酸型($R—SO_3H$)。

苯乙烯磺酸型是现在用得最广泛的一种阳离子交换树脂,是用苯乙烯和二乙烯苯在催化剂作用下进行共聚反应制得,其母体交联反应式如图 8.1 所示。

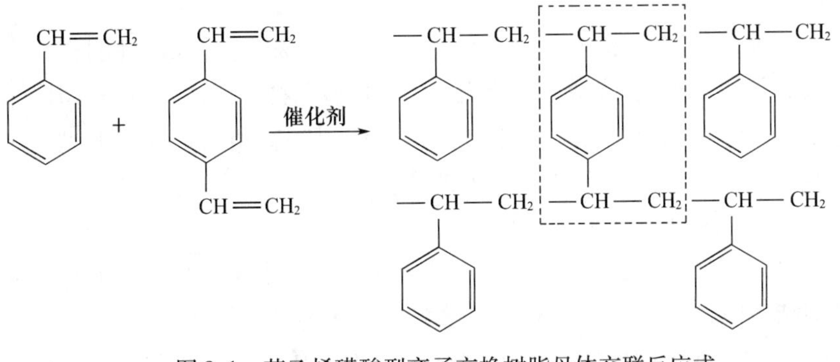

图 8.1　苯乙烯磺酸型离子交换树脂母体交联反应式

图中虚线框表示一个二乙烯苯分子。制得的高分子化合物聚苯乙烯树脂小球，还没有可交换离子的基团，是半成品，称为白球。对这些白球做进一步处理，引入带有可交换离子的—SO_3H 基团，即得到苯乙烯磺酸型阳离子交换树脂。苯乙烯磺酸型阳离子交换树脂结构示意图如图 8.2 所示。

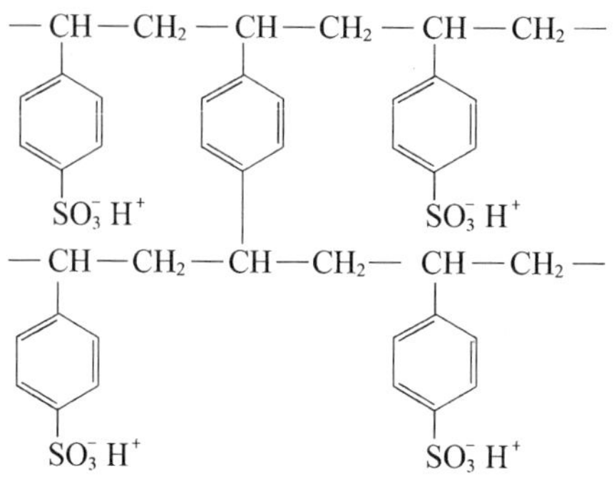

—CH—CH_2—CH—CH_2—CH—CH_2—

SO_3^- H^+　　　　SO_3^- H^+

—CH—CH_2—CH—CH_2—CH—CH_2—

SO_3^- H^+　　　　SO_3^- H^+

图 8.2　苯乙烯磺酸型阳离子交换树脂结构示意图

②苯酚磺酸型。

苯酚磺酸型阳离子交换树脂母体是酚醛树脂，由苯酚及甲醛经缩聚合成。磺酸基是在合成时通过硫酸处理导入的，酚基则是原料苯酚中含有的。这种交换树脂由于含有酚基，故酸性较苯乙烯磺酸型稍弱，因此这类树脂的总交换容量随 pH 有较大变化，总交换容量一般在 700 ~ 1 000 mmol/L。苯酚磺酸型树脂的各种性能都比苯乙烯磺酸型差，但制造方法比较简单，是早期应用的交换树脂。

③丙烯酸系羧酸型。

丙烯酸系树脂的基体是由丙烯酸甲酯（或甲基丙烯酸甲酯）和二乙烯苯共聚而成。当将上述所得基体在浓的氢氧化钾溶液作用下进行水解时，就可获得丙烯酸系羧酸树脂，可简写为：RCOOH。

（2）阴离子交换树脂。

①季铵型（R_4NX）。

季铵型阴离子交换树脂的母体是聚苯乙烯，经适量处理导入胺基，形成季铵基，就成为强碱性阴离子交换树脂。苯乙烯型交换树脂的化学性能良好，总交换容量为 1 000 ~ 1 200 mmol/L。

必须指出，季铵型阴离子交换树脂上的 OH^- 基很活泼，它是强碱性阴树脂。根据胺化时所用叔胺品种的不同，季铵型树脂分为 I 型和 II 型两种。如用三甲胺$(CH_3)_3N$ 胺化，所得产品称 I 型；如用二甲基乙醇胺$(CH_3)_2NC_2H_4OH$ 胺化，所得产品称 II 型。I 型的碱性比 II 型的碱性强，II 型的交换容量比 I 型的交换容量大。

②弱碱型（R—NH_2、R═NH、R≡N）。

通常，苯乙烯型和丙烯酸型交换树脂在合成过程中导入胺基形成弱碱性阴离子交换树脂。弱碱型结构中含有伯胺基 R—NH_2、仲胺基 R═NH、叔胺基 R≡N。它们水合后转化为 R—NH_2OH，R═NH_2OH，R≡NHOH 等离子基团，以 OH^- 基进行阴离子交换。其交换容量随 pH 有较大变化，总交换容量为 150 ~ 2 000 mmol/L。

8.1.3　离子交换树脂的性质

离子交换树脂在水处理中的应用非常广泛，这里仅介绍离子交换树脂的基本性质。

1. 离子交换树脂的物理性质

(1) 外观。

①颜色。离子交换树脂呈现的颜色因其组成不同而异。苯乙烯系骨架离子交换树脂均呈黄色，其他离子交换树脂呈赤褐色、黑色等；凝胶型树脂呈透明或半透明状态；大孔型树脂呈不透明状态。

②形状。离子交换树脂均呈球形，其圆球率(球状颗粒数占总颗粒数的百分率)应达 90% 以上。

(2) 粒度。

树脂粒度的大小对离子交换水处理有较大影响。粒度大，交换速度慢；粒度小，树脂的交换能力大，但树脂层的水流阻力大，反洗时清除所截留的悬浮杂质亦困难。树脂粒度一般用有效粒径和均一系数表示，有时还要限定大于或小于某粒径树脂的百分数。

有效粒径是指筛上保留 90%(体积)树脂样品的相应试验筛筛孔孔径(mm)，用符号 d_{90} 表示。均一系数是指筛上保留 40%(体积)树脂样品的相应试验筛筛孔孔径与保留 90%(体积)树脂样品的相应试验筛筛孔孔径的比值，用符号 k_{40} 表示。

显然，均一系数越趋于 1，树脂的颗粒越均匀。树脂的粒径通常在 0.3 ~ 1.2 mm 范围内。

(3) 交联度。

交联度是指交联剂在离子交换树脂内的质量分数，如上文所提到的，苯乙烯树脂的交联度就是指二乙烯苯的质量占苯乙烯和二乙烯苯总质量分数。交联度对树脂的许多性能将起到决定性的影响，如交联度越小，空隙率越大，含水率越高；交联度越大，聚合物结构越紧密，弹性越差，溶胀性越差。水处理过程中所使用的离子交换树脂的交联度以 7% ~ 10% 为宜。

(4) 密度。

离子交换树脂的密度可分为干态密度和湿态密度两种，而每一种密度又分为真密度和视密度。其中湿真密度和湿视密度的定义如下。

①湿真密度。

湿真密度是指在单位真体积(不包括树脂颗粒间空隙的体积)内湿态离子交换树脂的质量，单位是 g/mL 或 kg/L，即

$$\text{湿真密度} = \frac{\text{湿树脂质量}}{\text{树脂颗粒本身所占体积}}$$

离子交换树脂的反洗强度、分层特性与湿真密度有关，一般湿真密度在 1.04 ~ 1.30 g/mL(或 kg/L)之间，且阳树脂的湿真密度大于阴树脂的湿真密度。

②湿视密度。

湿视密度是指单位视体积内紧密无规律排列的湿态离子交换树脂的质量，单位是 g/mL或 kg/L，即

$$湿视密度 = \frac{湿树脂质量}{湿树脂堆积体积}$$

湿视密度是用来计算离子交换器中装载树脂时所需湿树脂量的主要数据。一般湿视密度在 0.6 ~0.85 g/mL(或 kg/L)之间。

(5)含水率。

离子交换树脂的含水率是指在水中充分膨胀的湿树脂中所含水分的百分数。含水率可以反映离子交换树脂的交联度和网眼中的孔隙率。树脂含水率愈大，表示树脂的孔隙率愈大，其交联度愈小。一般树脂的含水率在 40% ~60% 之间，故在贮存树脂时，冬季应注意防冻。

(6)溶胀性和转型体积改变率。

将干的离子交换树脂浸入水中时，其体积会膨胀，这种现象称为溶胀。造成离子交换树脂溶胀现象的基本原因是活性基团上可交换离子的溶剂化作用。离子交换树脂颗粒内部存在着很多极性活性基团，由于离子浓度的差别，在颗粒中与外围水溶液之间，产生渗透压，这种渗透压可使颗粒从外围水溶液中吸取水分来降低其离子浓度，表现出溶胀现象。因此，当树脂由一种离子型转为另一种离子型时，其体积就会发生改变，此时树脂体积改变的百分数称为树脂转型体积改变率。

(7)耐磨性。

树脂颗粒在使用中，由于相互摩擦和胀缩作用，会产生破裂现象，故耐磨性是影响其实用性能的指标之一。一般情况下，树脂每年的耗损应不超过 7% 。

2. 离子交换树脂的化学性质

(1)酸碱性离子交换树脂在水溶液中发生电离。

例如：

$$RSO_3H \rightarrow RSO_3^- + H^+$$

$$R{\equiv}NHOH \rightarrow R{\equiv}NHO^- + H^+$$

上述反应表明：离子交换树脂在水溶液中能发生电离使其呈酸性或碱性。其中强型离子交换树脂的离子交换能力不受溶液 pH 的影响；而弱型离子交换树脂的离子交换能力受溶液 pH 的影响很大。一般地，各类型离子交换树脂能有效进行交换电离反应的 pH 范围，见表 8.3。

表 8.3　各类型离子交换树脂能有效进行交换电离反应的 pH 范围

树脂类型	强酸性阳离子交换树脂	弱酸性阳离子交换树脂	强碱性阴离子交换树脂	弱碱性阴离子交换树脂
有效 pH 范围	0 ~ 14	4 ~ 14	0 ~ 14	0 ~ 7

(2)选择性。

离子交换树脂对各种离子具有不同的亲和力,它可以优先交换溶液中某种离子,这种现象称为离子交换树脂的选择性。一般化合价越大的离子被交换的能力越强;在同价离子中则优先交换原子序数大的离子。选择性也同样会影响离子交换树脂的再生过程。在常温低浓度水溶液中,各类型离子交换树脂对一些常见离子的选择性顺序如下。

强酸性阳离子交换树脂:$Fe^{3+} > Al^{3+} > Ca^{2+} > Mg^{2+} > K^{+} > NH_4^{+} > Na^{+} > H^{+} > Li^{+}$

弱酸性阳离子交换树脂:$H^{+} > Fe^{3+} > Al^{3+} > Ca^{2+} > Mg^{2+} > K^{+} > NH_4^{+} > Na^{+} > Li^{+}$

强碱性阴离子交换树脂:$SO_4^{2-} > NO_3^{-} > Cl^{-} > OH^{-} > F^{-} > HCO_3^{-} > HSiO_3^{-}$

弱碱性阴离子交换树脂:$OH^{-} > SO_4^{2-} > NO_3^{-} > Cl^{-} > F^{-} > HCO_3^{-} > HSiO_3^{-}$

(3)交换容量。

一定数量的离子交换树脂所具有的可交换离子的数量称为离子交换树脂的交换容量。它通常用单位质量或单位体积的树脂所能交换离子的摩尔数来表示。交换容量包括全交换容量和工作交换容量。

①全交换容量。

全交换容量指单位质量的离子交换树脂中全部离子交换基团的数量,此值决定于离子交换树脂内部组成,是一个固定常数。全交换容量可以通过滴定法测定,也可以通过理论计算得到。例如,对于交联度为10%的苯乙烯强酸性阳离子交换树脂,其单元结构为—$CH(C_6H_4SO_3H)CH_2$—,分子量为184.2,那么每184.2 g树脂中含有1 mol可以用于交换的H^+,其全交换容量为

$$\frac{1 \times 1\,000}{184.2} \times (1 - 10\%) \approx 4.89(\mathrm{mol/L})$$

由于受到运行条件的影响,很难使所有的交换容量都能发挥离子交换作用,所以在实际工作中还会遇到工作交换容量。

②工作交换容量。

工作交换容量指在一定的工作条件及水质条件下,一个固定周期中单位体积树脂实现的离子交换容量。这是实际工程运转中所利用的交换容量,与运行条件如再生方式、原水水质、原水流量及树脂层厚度等有关。

交换容量可以用质量或体积表示单位,交换容量的质量表示单位(E_m)和体积表示单位(E_v)之间存在如下关系:

$$E_v = E_m \times (1 - W) \times \rho_s \tag{8.1}$$

式中　E_v——单位体积湿树脂的交换容量,mmol/mL(湿树脂);

E_m——单位质量干树脂的交换容量,mmol/g(干树脂);

ρ_s——树脂湿视密度,g/mL;

W——树脂含水率。

(4)热稳定性。

热稳定性指在受热情况下,离子交换树脂保持理化性能不变的能力。强酸性阳离子交换树脂的最高使用温度是120 ℃;当温度高于150 ℃时,树脂上会发生磺酸基脱落现

象。弱酸性阳离子交换树脂的热稳定性相对来说最高,其工作温度甚至可达到 200 ℃。各种树脂的热稳定性顺序排列如下:

弱酸性 > 强酸性 > 弱碱性 > Ⅰ 型强碱性 > Ⅱ 型强碱性

8.2 离子交换反应

离子交换反应是一种可逆反应,但是这种反应并不发生在均相溶液中,而是在固态树脂和溶液接触的界面间发生。在实际操作中,离子交换反应可分为交换和再生两个互逆的反应过程。通过交换过程和再生过程的互逆反应,离子交换树脂就可以多次重复使用,这也是离子交换过程得以广泛应用的重要原因之一。

8.2.1 强型树脂的离子交换反应

强型树脂的离子交换反应是指强酸性阳离子交换树脂和强碱性阴离子交换树脂,与不同的盐可产生如下的交换反应。

(1)中性盐分解反应。

$$RSO_3H + NaCl \rightleftharpoons RSO_3Na + HCl$$

$$R_4NH_2OH + NaCl \rightleftharpoons R_4NH_2Cl + NaOH$$

上述离子交换反应致使溶液中生成游离的强酸或强碱。

(2)中和反应。

$$RSO_3H + NaOH \rightleftharpoons RSO_3Na + H_2O$$

$$R_4NOH + HCl \rightleftharpoons R_4NCl + H_2O$$

上述反应的结果是在溶液中形成电离极弱的水。

(3)复分解反应。

$$2RSO_3Na + CaCl_2 \rightleftharpoons (RSO_3)_2Ca + 2NaCl$$

$$2R_4NCl + Na_2SO_4 \rightleftharpoons (R_4N)_2SO_4 + 2NaCl$$

上述反应致使溶液中高价态离子交换成一价离子。

8.2.2 弱型树脂的离子交换反应

弱酸性阳离子交换树脂只能在 $pH > 4$ 时进行交换反应,弱碱性阴离子交换树脂只能在 $pH < 7$ 时才能进行交换反应,而中性盐分解反应会生成强酸或强碱,所以弱型树脂不能进行中性盐分解反应。

(1)非中性盐的分解反应。

$$2RCOOH + Ca(HCO_3)_2 \rightleftharpoons (RCOO)_2Ca + 2H_2CO_3$$

$$R = NH_2OH + NH_4Cl \rightleftharpoons R = NH_2Cl + NH_4OH$$

上述反应致使溶液中非中性盐转化为弱酸或弱碱。

(2)强酸或强碱的中和反应。

$$RCOOH + NaOH \rightleftharpoons RCOONa + H_2O$$

$$R = NH_2OH + HCl \rightleftharpoons R = NH_2Cl + H_2O$$

上述反应致使溶液中形成电离极弱的水。

(3)复分解反应。

$$2RCOONa + CaCl_2 \rightleftharpoons (RCOO)_2Ca + 2NaCl$$

$$R = NH_2Cl + NaNO_3 \rightleftharpoons R = NH_2NO_3 + NaCl$$

上述反应致使溶液中的盐变为更稳定的盐(按交换顺序)。

8.2.3　离子交换平衡

离子交换平衡是在一定温度下,经过一定时间,离子交换体系中固态的树脂相和溶液相之间的离子交换反应达到的平衡。离子交换平衡同样服从等物质量规则和质量作用定律。

以 A 型阳离子交换树脂与水中的一价阳离子 B 讨论交换为例,讨论离子交换平衡。

设离子交换反应如下:

$$RA + B^+ \rightleftharpoons RB + A^+$$

当离子交换反应达到平衡时,则有

$$K_A^B = \frac{[RB][A^+]}{[RA][B^+]} \tag{8.2}$$

式中　K_A^B——A 型树脂对 B 的选择性系数;

[RB]、[RA]——平衡时树脂相中 B^+ 和 A^+ 的浓度,mmol/L;

$[B^+]$、$[A^+]$——平衡时水中 B^+ 和 A^+ 的浓度,mmol/L。

若将选择性系数表达式中的各浓度用各相中离子的分率表示,则其选择性系数可表示为

$$K_A^B = \frac{y}{1-y} \cdot \frac{1-x}{x} \tag{8.3}$$

式中　K_A^B——A 型树脂对 B 的选择性系数;

y——平衡时,树脂相中 B 离子的分率,其值为:$y = [RB]/([RA]+[RB])$;

x——平衡时,水相中 B 离子的分率,其值为:$x = [B^+]/([A^+]+[B^+])$。

当进行交换的离子价态不同时,设一价离子对两价离子进行交换,以强酸性 Na 型阳离子树脂对水中 Ca^{2+} 进行交换为例,则其交换反应和选择性系数可表示为

$$2RNa + Ca^{2+} \rightleftharpoons R_2Ca + 2Na^+$$

$$K_{Na}^{Ca} = \frac{[R_2Ca][Na^+]^2}{[RNa]^2[Ca^{2+}]} \tag{8.4}$$

式中　K_{Na}^{Ca}——Na 型树脂对 Ca^{2+} 的选择系数;

$[R_2Ca]$、[RNa]——分别为平衡时树脂相中 Ca^{2+} 和 Na^+ 的浓度,mmol/L;

$[Ca^{2+}]$、$[Na^+]$——分别为平衡时水中 Ca^{2+} 和 Na^+ 的浓度，mmol/L。

写成通式的形式为

$$2RA + B^{2+} \rightleftharpoons R_2B + 2A$$

则其选择性系数有

$$K_A^{B*} = \frac{E}{C_0}K_A^B = \frac{y}{(1-y)^2} \cdot \frac{(1-x)^2}{x} \tag{8.5}$$

式中 K_A^{B*}——表观选择性系数；

E——树脂的全交换容量；

C_0——液相中两种交换离子的总浓度(均按一价离子计)，mol/L；

K_A^B、y、x——意义同式(8.3)，各种离子浓度均以一价离子作为基本单元计。

由式(8.5)可见，不等价离子间交换时，其表观选择性系数还与树脂全交换容量 E 和溶液中两种交换离子的总浓度 C_0 有关。

由上述讨论可知，对于两种离子的交换，其离子交换的选择性系数是平衡时液相和树脂相中两种离子量比值的函数。以等价离子交换为例，因为其离子分率不同，所以 K_A^B 的值就会有所不同。如果以树脂相中 B 离子的分率 y 为纵坐标，溶液相中 B 离子的分率 x 为横坐标，根据不同的值，用式(8.3)作图，即可得到等价离子交换的平衡曲线，如图 8.3 所示。

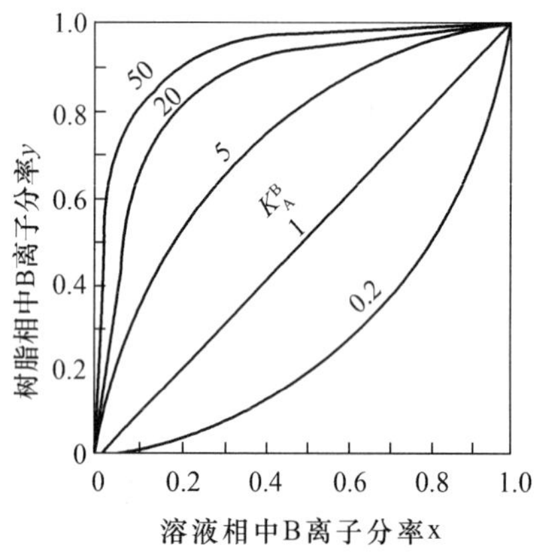

图 8.3 等价离子交换的平衡曲线

由平衡曲线可以清楚地看出，当树脂相中 B 的离子分率 y 相同时，K_A^B 值越大，则溶液相中 B 离子分率 x 越小，即水中的 B 离子的浓度越低，交换效果就越好。同样，上述讨论也适用于各种阴树脂对水中阴离子的交换。常见离子选择性系数见表 8.4。

表 8.4 常见离子选择性系数

K_H^{Li}	K_H^{Na}	$K_H^{NH_4}$	K_H^{K}	K_H^{Mg}	K_H^{Ca}
0.8	2.0	3.0	3.0	26	42

续表 8.4

$K_{Cl}^{NO_3}$	$K_{Cl}^{HSO_4}$	$K_{Cl}^{HCO_3}$	$K_{Cl}^{SO_4}$	$K_{Cl}^{CO_3}$	K_{OH}^{Cl}
3.5 ~ 4.5	2 ~ 3.5	0.3 ~ 0.8	0.11 ~ 0.13	0.01 ~ 0.04	10 ~ 20

从图 8.3 可以看出,树脂的除盐和再生实际上是离子平衡建立和移动的过程,随着旧的平衡不断被打破,新的平衡不断建立,水中 B 离子越来越少。

8.2.4　固定床离子交换原理

1. 水中含有 Na^+ 与 H^+ 交换剂的交换

为了简便起见,先研究水中只含有 Na^+ 通过 H^+ 型离子交换剂进行交换的情况。

当水从上部进入交换剂时,首先在表面层一定厚度的交换剂中与 Na^+ 进行交换。此层交换剂上的 H^+ 很快被交换完,成为失效层。在继续进水时,水通过失效层时水质不变,离子交换进入下一个与失效层厚度相同的交换剂层中,即工作层。水经过这一层时,水中 Na^+ 和交换剂上的 H^+ 进行交换,水离开此层时,离子交换已达平衡,出水质量不变。工作层以下的交换剂,称为尚未工作的交换剂层,如图 8.4(a)所示。当工作层在交换剂层中间移动时,出水质量基本不变。只有工作层的下缘移至与交换剂最底部重叠时,Na^+ 才出现在出水中(称为穿透或泄漏)。当出水中泄漏的 Na^+ 达一定值时,整个交换剂失效,必须停止运行。所以最后一层离子交换容量未能充分发挥,只起保证出水质量的作用,为保护层。如果保护层厚度大,则交换柱的工作交换容量就小;反之,交换柱的工作交换容量就大。图 8.5 所示即为两种不同保护层厚度下交换柱的工作交换容量。

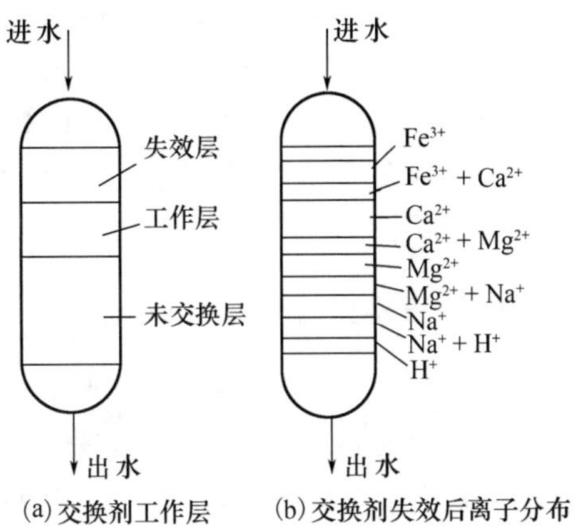

图 8.4　离子交换情况

影响交换柱保护层厚度的因素很多,运行流速大、要求出水的水质好、树脂对要除去离子的亲和力小等情况下,保护层都要相对厚一些。此外,树脂的颗粒、水温等因素都对保护层的厚度有一定的影响。

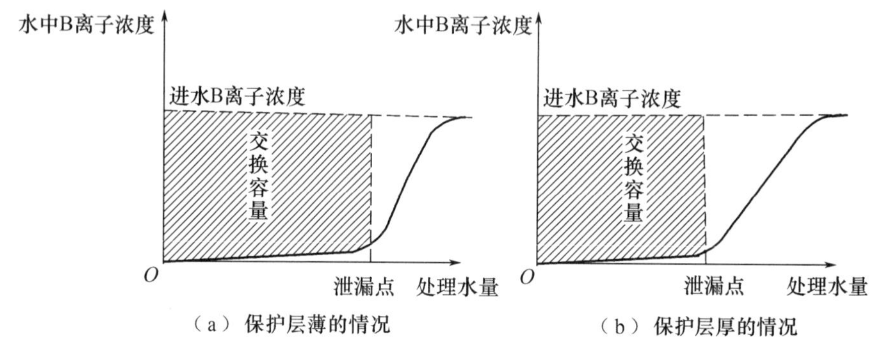

图 8.5　不同保护层厚度下交换柱的工作交换容量

2. 水中含有 Fe^{3+}、Ca^{2+}、Mg^{2+}、Na^{+} 时与 H^{+} 交换剂的交换

实际上，水中不只含有一种离子，而是含有多种离子，所以离子交换过程是很复杂的。下面讨论含有 Fe^{3+}、Ca^{2+}、Mg^{2+}、Na^{+} 的水，从上而下通过 H^{+} 交换剂层的交换情况。

进水初期，由于交换剂是 H 型的，水中各种阳离子与 H^{+} 交换剂进行离子交换，遵循离子交换的规律，即从上而下相互取代的过程。在此过程中，水中 Fe^{3+} 进入吸着 Ca^{2+} 的交换剂层取代交换剂上的 Ca^{2+}，使吸着 Fe^{3+} 的交换层不断下移。交换剂吸着离子的顺序为 Fe^{3+}、Ca^{2+}、Mg^{2+}、Na^{+}。在继续进水时，水经过吸着 Fe^{3+} 的交换剂层后水质不变，进入吸着 Ca^{2+} 层以后，离子交换就发生相互取代的过程，即水中 Fe^{3+} 进入吸着 Ca^{2+} 的交换剂层取代交换剂上的 Ca^{2+}，使吸着 Fe^{3+} 的交换层不断下移和扩大（增厚），取代出的 Ca^{2+} 与进水中的 Ca^{2+} 一起进入吸着 Mg^{2+} 交换剂层取代交换剂上的 Mg^{2+}，吸着 Ca^{2+} 的交换剂层也不断下移和扩大，这样依此类推，直至出水 Na^{+} 达一定值，停止运行。

在进水过程中，吸着 Fe^{3+}、Ca^{2+}、Mg^{2+}、Na^{+} 的交换剂层的高度，相当于进水中 4 种离子浓度与总离子浓度的比值，但这 4 种交换剂层不是截然分开的，有不同程度的混合现象。最后，交换剂失效后的状况，如图 8.4(b) 所示。

3. 保护层交换剂的形态与出水质量

离子交换剂进行离子交换时，保护层交换剂的底层树脂形态与出水质量的关系，如图 8.6 所示。从图 8.6 可知，[RNa]/([RNa] + [RH]) 比值越大，保护层交换剂中 H 型交换剂越少，出水质量就越差；反之，则出水质量就越高。因此，保护层交换剂再生是否彻底对出水质量好坏起决定性作用。

8.2.5　离子交换动力学过程及交换速度

离子交换平衡的建立需要一定时间，只有少数情况下可以瞬时完成，一般需要数分钟、数小时以至数天的时间。所以，离子交换速度即交换动力学问题，在工程应用中，同交换平衡问题一样有着重要的实践意义。

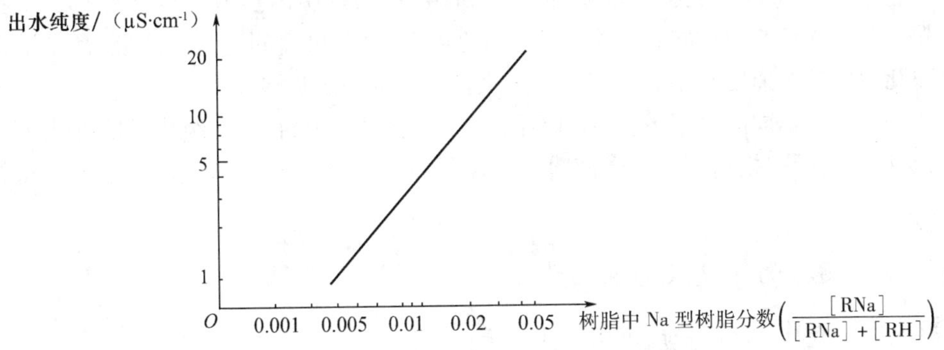

图 8.6　底层树脂形态与出水质量的关系

1. 离子的交换历程

离子交换不只在交换剂颗粒表面进行,而且在整个交换体内进行。一般认为,离子交换过程是树脂颗粒与水溶液接触时,有关的离子进行扩散和交换的过程。其动力学过程一般可分为以下 5 步,现以 H 型强酸性阳离子交换树脂对水中 Na^+ 进行交换为例来说明(图 8.7)。

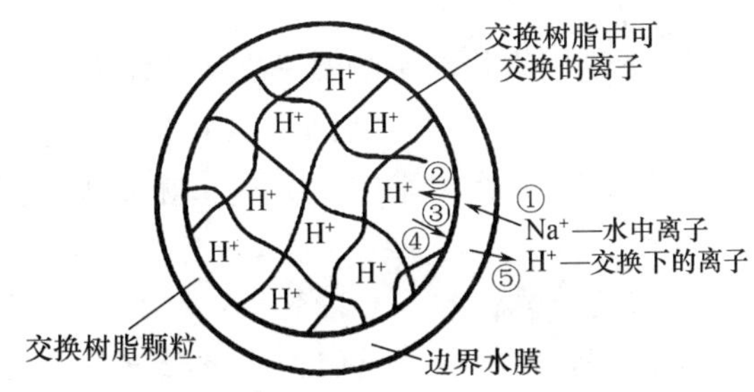

①—水膜内扩散;②—孔道内扩散;③—离子交换;④—孔道外扩散;⑤—水膜外扩散

图 8.7　离子交换过程示意图

(1)边界水膜内的向内扩散。水中 Na^+ 向树脂颗粒表面迁移,并扩散通过树脂表面的边界水膜层,到达树脂表面。

(2)交联网孔内的向内扩散(或称孔道内扩散)。Na^+ 进入树脂颗粒内部的交联网孔,并进行扩散,到达交换点。

(3)离子交换。Na^+ 与树脂交换基团上可交换的 H^+ 进行交换反应。

(4)交联网孔内的向外扩散(孔道外扩散)。被交换下来的 H^+ 在树脂内部交联网孔中向表面扩散。

(5)边界水膜内的向外扩散(孔道外扩散)。被交换下来 H^+ 扩散通过树脂表面的边界水膜层进入水溶液中。

上述(1)和(5)称为液膜扩散步骤;(2)和(4)称为树脂内扩散步骤;(3)称为交换反应步骤。其中 Na^+ 与 H^+ 的交换属于离子间的化学反应,可瞬间完成。所以,离子的液膜扩散和孔道扩散中速度较小者为控制离子交换速度的关键步骤。

离子交换在不同的过程中会受到不同步骤的限制。例如,在一级化学除盐水处理设备中,交换时离子交换速度一般受液膜扩散控制,而再生时离子交换速度一般受孔道扩散控制。

2. 离子交换的速度及影响因素

整个离子交换过程的速度可用下式表示:

$$\frac{\mathrm{d}E}{\mathrm{d}T} = D_0B(C_1 - C_2)(1 - p)/(\varphi\delta) \tag{8.6}$$

式中 $\frac{\mathrm{d}E}{\mathrm{d}T}$——单位时间内单位体积树脂的离子交换量;

D_0——总的扩散系数;

B——与粒度均匀程度有关的系数;

C_1、C_2——分别表示同一种离子在溶液相和树脂相中的浓度;

p——树脂的空隙率;

φ——树脂颗粒的粒径;

δ——扩散距离。

由上式(8.6)不难看出,下列因素将会影响离子交换的速度:

(1)树脂的交联度。

树脂的交联度大,其网孔就小,那么树脂的空隙率 p 就小,则其孔道扩散即颗粒内扩散就慢。

(2)树脂的粒径。

树脂的粒径越小,交换速度越快。

(3)树脂的空隙率。

树脂颗粒间的空隙率 p 越小,离子交换速度就越快。

(4)水中离子浓度。

由于扩散过程是由离子的浓度梯度推动的,当水溶液中离子浓度在 0.1 mol/L 以上时,离子在水膜中的扩散很快,整个离子交换速度受孔道扩散的控制;当水中离子浓度在 0.003 mol/L 以下时,则离子在水膜中的扩散很慢,整个离子交换速度受液膜扩散控制。

(5)水溶液的流速。

液膜扩散的速度随水溶液流速的增加而增大,这是由于随着水溶液流速的增大,表面水膜层将变薄,在水膜中的扩散过程所需时间将变短。

(6)水溶液的温度。

提高水溶液温度能同时加快液膜扩散和孔道扩散的速度。

同时,离子的水合半径及所带电荷量也会影响传质速度。离子水合半径越大或所带电荷越多,液膜扩散速度就越慢。

8.3　离子交换装置及运行操作

生产实践中,水的离子交换处理是在离子交换器中进行的。装有离子交换剂的离子交换器也称离子交换床,离子交换剂层也称离子交换床层。离子交换装置的种类很多,一般可分为固定床式离子交换器和移动床式离子交换器两大类,其中固定床式离子交换器是在各领域用得最广泛的一种装置。

8.3.1　固定床式离子交换器

所谓固定床式离子交换器是指离子交换剂在一个设备中先后完成制水、再生等过程的装置。

固定床式离子交换器按水和再生液的流动方向分为:顺流再生式、逆流再生式(包括固定床式离子交换器和浮床式离子交换器)和分流再生式。按交换器内树脂的状态又分为:单层(树脂)床、双层床、双室双层床、双室双层浮动床及混合床。按设备的功能又分为:阳离子交换器(包括钠离子交换器和氢离子交换器)、阴离子交换器和混合离子交换器。本节主要对最常用的顺流再生式离子交换器和逆流再生式离子交换器进行详细介绍,其他离子交换器做简要介绍。

1.顺流再生式离子交换器

顺流再生式离子交换器是离子交换装置中应用最早的床型。运行时,水流自上而下通过树脂层;再生时,再生液也是自上而下通过树脂层,即水和再生液的流向是相同的。

(1)顺流再生式离子交换器的结构。

顺流再生式离子交换器的主体是一个密封的圆柱形压力容器,器体上设有树脂装卸口和用以观察树脂状态的观察孔。容器设有进水装置、排水装置和再生液分配装置。交换器中装有一定高度的树脂,树脂层上面留有一定的反洗空间,如图8.8所示。外部管路系统如图8.9所示。

(2)顺流再生式离子交换器的运行。

顺流再生式离子交换器的运行通常分为5步,从交换器失效后算起为:反洗、进再生液、置换、正洗和制水。这5个步骤组成交换器的一个运行循环,称运行周期。

①反洗。

交换器中的树脂失效后,在进再生液之前,常先用水自下而上进行短时间的强烈反洗。反洗的目的:松动树脂层;清除树脂上层中的悬浮物、碎粒。反洗要一直进行到排水不浑为止,一般需10~15 min。

②进再生液。

先将交换器内的水放至树脂层以上100~200 mm处,然后使一定浓度的再生液以一定流速自上而下流过树脂层。

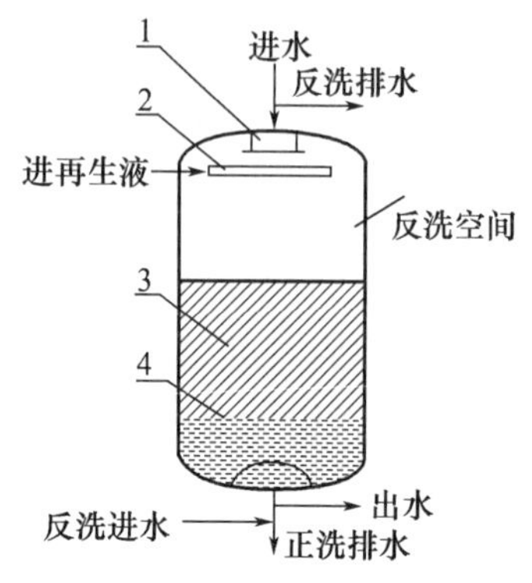

1—进水装置;2—再生液分配装置;
3—树脂层;4—排水装置

图 8.8 顺流再生式离子交换器的结构

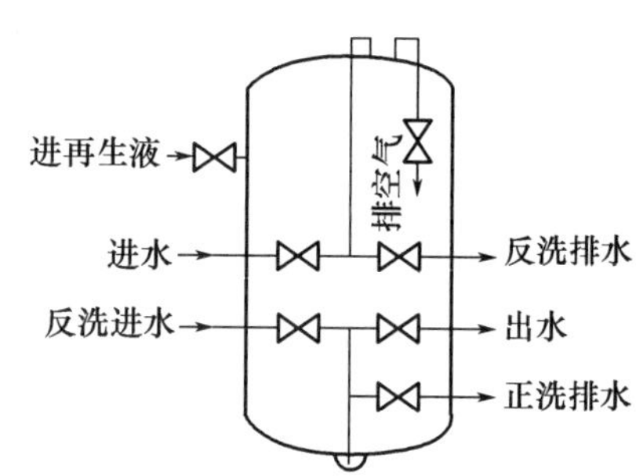

图 8.9 顺流再生式离子交换器的外部管路系统

③置换。

使水按再生液流过树脂的流程及流速通过交换器,这一过程称为置换,目的是使树脂层中仍有再生能力的再生液和其他部位残存的再生液得以充分利用。

④正洗。

置换结束后,为了清除交换器内残留的再生产物,应用运行时的出水自上而下清洗树脂层,流速为 10 ~ 15 m/h。正洗一直进行到出水水质合格为止。

⑤制水。

正洗合格后即可投入制水。

(3)顺流再生式离子交换器的工艺特点。

顺流再生式离子交换器运行失效后、再生前和再生后的树脂层态如图 8.10 所示。分析图 8.10(a)可知,当运行失效时,进水中离子依据树脂对它们的选择顺序依次沿水流方向分布,最下部树脂的交换容量未能得到充分利用,尚存在一部分 H 型树脂。顺流再生式离子交换器再生前树脂需进行反洗,试验表明,经反洗后各离子型树脂在床层中基本呈均匀分布状态,如图 8.10(b)所示。再生时,由于再生液由上而下通过树脂层,故上部树脂首先接触新鲜再生液得到较充分再生,由上而下树脂的再生度逐层降低,下部未得到再生的主要是 Ca、Mg 型树脂,也有少量 Na 型树脂,如图 8.10(c)所示。

在再生的初期,一部分被再生的高价离子流经下部树脂层时,会将下部树脂中的低价离子置换出来,使这部分树脂转为较难再生的高价离子型,底部未失效的 H 型树脂也会因再生产物通过而转成失效态,这就会使树脂再生困难,并多消耗再生剂。所以顺流再生工艺的再生效果差。

顺流再生式离子交换器的设备结构简单,运行操作方便,工艺控制容易,对进水悬浮物含量要求不是很严格(浊度不大于 5 NTU)。

这种交换器通常适用于下述情况:①对经济性要求不高的小容量除盐装置;②原水水质较好以及 Na^+ 浓度较低的水质;③采用弱酸树脂或弱碱树脂时。

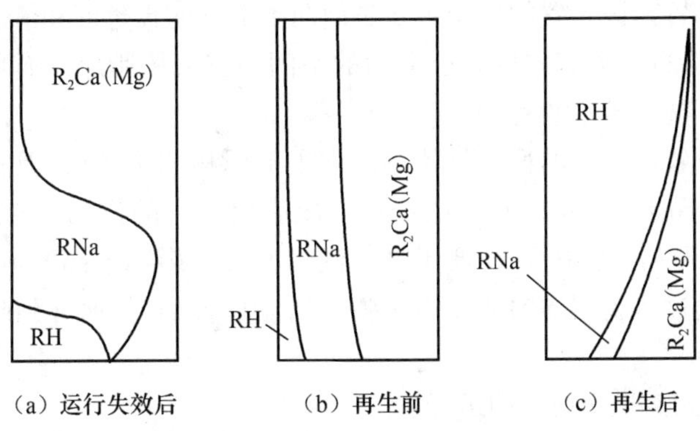

图 8.10　顺流再生式离子交换器的树脂层态

2. 逆流再生式离子交换器

为了克服顺流再生工艺出水端树脂再生度低的缺点，现在广泛采用逆流再生工艺，即运行时水流再生液方向和再生时再生液流动方向相反的水处理工艺。由于逆流再生工艺中再生液及置换水都是从下而上流动的，流速稍大时，就会发生和反洗那样使树脂层扰动的现象，使再生的层态被打乱，这通常称树脂乱层。因此，在采用逆流再生工艺时，必须从设备结构和运行操作上采取措施，以防止溶液向上流动时发生树脂乱层。

(1) 逆流再生式离子交换器的结构。

逆流再生式离子交换器的结构和外部管路系统与顺流再生式离子交换器的类似，如图8.11和图 8.12 所示。与顺流再生式离子交换器结构不同的地方是：在树脂层上表面处设有中间排液装置及在树脂层上面加设压脂层。

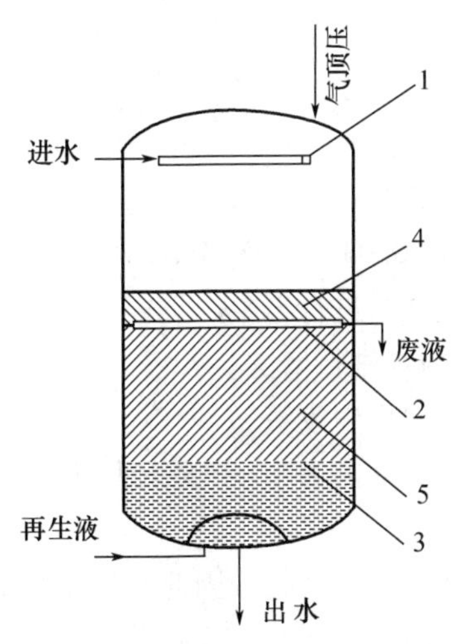

1—进水装置；2—中间排液装置；
3—排水装置；4—压脂层；5—树脂层

图 8.11　逆流再生式离子交换器结构

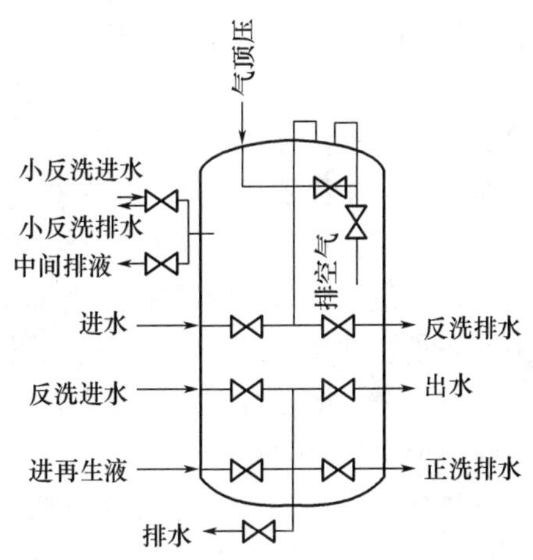

图 8.12　逆流再生式离子交换器的外部管路系统

①中间排液装置。该装置的作用主要是使向上流动的再生液和清洗水能均匀地从此装置排走，不会因为有水流流向树脂层上面的空间而扰动树脂层。而且它还兼作小反洗的进水装置和小正洗的排水装置。

②压脂层。设置压脂层的目的是使溶液向上流时树脂不乱层，但实际上压脂层所产生的压力很小，并不能靠自身起到压脂作用。压脂层真正的作用，一是过滤掉水中的浮物，使它不进入下部树脂层中，这样便于将其洗去而又不影响下部的树脂层态；二是可以使顶压空气或水通过压脂层均匀地作用于整个树脂层表面，从而起到防止树脂向上窜动的作用。

(2)逆流再生式离子交换器的运行。

在逆流再生式离子交换器的运行操作中，其制水过程和顺流再生式离子交换器的没有区别。再生操作随防止乱层措施的不同而异，下面以采用压缩空气预压防止乱层的方法为例说明其再生操作，如图 8.13 所示。

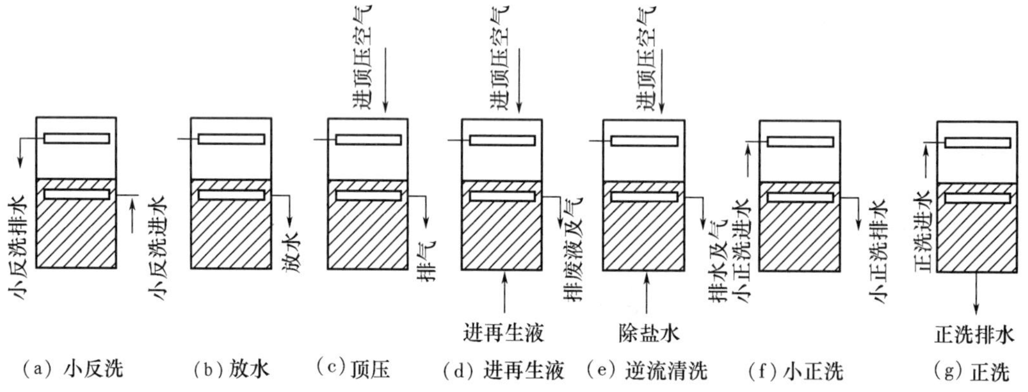

图 8.13　逆流再生操作过程示意(以采用压缩空气预压防止乱层的方法为例)

①小反洗。为了保持有利于再生的失效树脂层不乱，只对中间排液管上面的压脂层进行反洗，以冲洗掉运行时积聚在压脂层中的污物。

②放水。小反洗后，待树脂沉降下来，放掉中间排液装置以上的水。

③顶压。从交换器顶部送入压缩空气，使气压维持在 0.03～0.05 MPa。

④进再生液。在顶压的情况下，将再生液送入交换器内，进行再生。

⑤逆流清洗。当再生液进完后，继续用稀释再生剂的水进行清洗。

⑥小正洗。此步用以除去再生后压脂层中部分残留的再生废液。

⑦正洗。按一般运行方式用进水自上而下进行正洗，流速为 10～15 m/h，直到出水水质合格，即可投入运行。

交换器经过多周期运行后，下部树脂层也会受到一定程度的污染，因此必须定期地对整个树脂层进行大反洗。大反洗的周期应视进水的浊度而定，一般为 10～20 个周期。逆流再生操作除采用压缩空气预压的方法(气顶压法)外，还有水顶压法，水顶压法的操作与气顶压法基本相同。

(3)无顶压逆流再生。

如上所述,逆流再生式离子交换器为了保持再生时树脂层稳定,必须采用气顶压或水顶压,这不仅增加了一套顶压设备和系统,而且操作也比较麻烦。研究指出,如果将中间排液装置上的孔开得足够大,使这些孔的水流阻力较小,并且在中间排液装置以上仍装有一定厚度的压脂层,那么在无顶压情况下逆流再生操作时就不会出现水面超过压脂层的现象,因而树脂层就不会发生扰动,这就是无顶压逆流再生。

无顶压逆流再生的操作步骤与顶压再生操作步骤基本相同,只是不进行顶压。

(4)工艺特点。

逆流再生式离子交换器运行失效后,各离子在树脂层中的分布规律与顺流再生式离子交换器中基本一致,如图 8.14(a)所示,不同的是再生前的层态及再生后的层态。由于逆流再生离子交换器再生前仅对压脂层进行小反洗,所以树脂层仍保持着运行失效时的层态,即图 8.14(a)所示层态。这种层态对再生液由下而上通过树脂层的再生极为有利,由于再生液中的 H^+ 不是直接接触最难再生的 Ca 型树脂,而是先接触容易再生的 Na 型树脂并依次进行交换,这样就大大提高了 H 型树脂的转换率,所以相同条件下,再生效果比顺流再生式离子交换器好得多。由于出水端树脂的再生度最高(图 8.14(b)),所以运行时,可获得很好的出水水质。

与顺流再生相比,逆流再生工艺具有对水质适应性强、出水水质好、再生剂比耗低、自用水率低等优点。

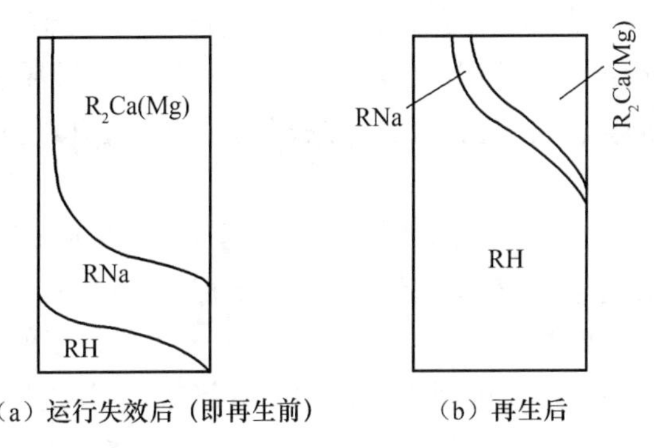

图 8.14 逆流再生式离子交换器树脂层态

3. 其他形式的离子交换器

(1)分流再生式离子交换器。

分流再生式离子交换器的结构和逆流再生式离子交换器基本相似,只是将中间排液装置设置在树脂层表面下 400 ~ 600 mm 处,不设压脂层;分流再生时流过上部的再生液可以起到顶压作用,所以无须另外用水或空气预压;中排管以上的树脂起到压脂层的作用,并且也能获得再生,所以该交换器中树脂的交换容量利用率较高。

另外,由于再生液由交换器的上、下端进入,所以两端树脂都能够得到较好的再生,最下端树脂的再生度最高，从而保证了运行出水的水质。

(2)浮床式离子交换器。

浮动床的运行是在整个树脂层被托起(称成床)的状态下进行的，离子交换反应是在水向上流动的过程中完成的。树脂失效后，停止进水，使整个树脂层下落(称落床)，于是可进行自上而下的再生。

浮动床的运行过程为：制水→落床→进再生液→置换→下向流清洗→成床→上向流清洗→制水。上述过程构成一个运行周期。

①落床。当运行至出水水质达到失效标准时，停止制水，靠树脂本身重力从下部起逐层下落，在这一过程同时还可起到疏松树脂层、排除气泡的作用。

②进再生液。一般采用水射器输送再生液。调整再生流速，再开启再生计量箱出口阀门，调整再生液浓度，进行再生。

③置换。待再生液进完后，关闭计量箱出口阀门，继续按再生流速和流向进行置换，置换水量为树脂体积的 1.5 ~2 倍。

④下向流清洗。置换结束后，开清洗水阀门，调整流速至 10 ~15 m/h 进行下流清洗，一般需 15 ~30 min。

⑤成床、上向流清洗。用 20 ~30 m/h 的较高流速进水将树脂层托起并进行上向流清洗，直至出水水质达到标准时，即可转入制水。

由于浮动床内树脂是基本装满的，没有反洗空间，故无法进行体内反洗。当树脂需要反洗时应将部分或全部树脂移至专用清洗装置内进行清洗。清洗后的树脂送回交换器后再进行下一个周期的运行。清洗周期取决于进水中悬浮物含量和设备在工艺流程中的位置，一般是 10 ~20 个周期清洗一次。清洗方法有水力清洗法和气 - 水清洗法两种。

浮床式离子交换器的工艺特点有：

①浮动床成床时，其流速应突然增大，不宜缓慢上升，以使成床状态良好。在制水过程中，应保持足够的水流速度，不得过低，以避免出现树脂层下落的现象。为了防止低流速时树脂层下落，可在交换器出口设回流管，当系统出水量较低时，可将部分出水回流到该级之前的水箱中。此外，浮动床制水周期中不宜停床，尤其是后半周期，否则会导致交换器提前失效。

②由于浮动床制水和再生时的液流方向相反，因此，与逆流再生离子交换器一样，可以获得较好的再生效果。

③浮动床除了具有逆流再生工艺的优点之外，还具有水流过树脂层时压头损失小的特点。这是因为树脂层的压实程度较小，因而水流阻力也小，这也是浮动床可以高流速运行和树脂层可以较厚的原因。

④浮动床体外清洗增加了设备和操作的复杂性，为了不使体外清洗过于频繁，因此对进水浊度要求严格，一般浊度应小于 2 NTU。

(3)双层床式离子交换器和双室双层床式离子交换器。

双层床式离子交换器和双室双层床式离子交换器都是属于强、弱型树脂联合应用的离子交换装置。在复床除盐系统中的弱型树脂总是与相应的强型树脂联合使用，为了简化设备可以将它们分层装填在同一个交换器中，组成双层床的形式。在双层床式离子交换器中，通常是利用弱型树脂的密度比相应的强型树脂小的特点，使其处于上层，强型树脂处于下层。在交换器运行时，水的流向自上而下先通过弱型树脂层，后通过强型树脂层；而再生时，恰恰相反。所以，双层床式离子交换器属逆流再生工艺，具备逆流再生工艺的特点。为了使双层床中强型树脂和弱型树脂都能发挥它们的长处，它们应能较好地分层，为此，对所用树脂的密度、颗粒大小都有一定要求。

双层床中的弱、强两种树脂虽然由于密度的差异，能基本做到分层，但要做到完全分层是很困难的。双室双层床式离子交换器是将交换器分隔成上、下两室，强、弱树脂各处一室，强型树脂在下室，弱型树脂在上室，这样就避免了因树脂混层带来的问题。

(4)混合床式离子交换器。

混合床式离子交换器结构示意图如图8.15所示。离子交换器内主要装置有：上部进水装置、下部配水装置、进碱装置、进酸装置及进压缩空气装置等，在体内再生混合床中部的阴、阳树脂分界处设有中间排液装置。有关混合床的其他特性将在8.4节中详细叙述。

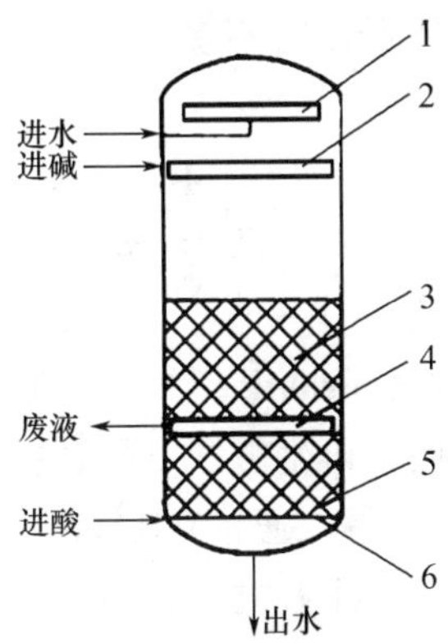

1—上部进水装置；2—进碱装置；3—树脂层；4—中间排液装置；
5—下部配水装置；6—进酸装置；7—进压缩空气装置

图8.15　混合床式离子交换器结构示意图

4.固定床式离子交换设备的设计计算

一般离子交换器都有定型产品，其主要尺寸、附属设备和树脂的装填高度都有相应的规定。在选择时可按如下步骤进行设计计算。

(1)交换器直径的确定。

交换器直径由处理水量和运行流速来确定，交换设备中的流速与进水中含盐量有关，应根据出水水质要求、运行经济性、生产班制等因素进行选用。

$$d = \sqrt{\frac{4Q_1}{\pi v}} \tag{8.7}$$

式中　d——单台设备的内径，m；

Q_1——单台设备的产水量，m^3/h；

v——运行流速，m/h。

一般一级复床正常流速应在15～20 m/h，为保障系统安全及正常运行，复床除盐系统的离子交换设备宜不少于2台。当一台设备再生或检修时，另一台的供水量应能满足正常的供水和自用水要求。

（2）单台设备一个周期离子交换容量的确定。

$$E_c = Q_1 c_0 T \times 1\ 000 \tag{8.8}$$

式中 E_c——单台设备一个周期离子交换容量，mmol；

Q_1——单台设备的产水量，m^3/h；

c_0——进水中需去除的（阴或阳）总离子浓度，mmol/L，$c_0 = (1/2) \cdot c(SO_4^{2-}) + c(Cl^-) + c(HCO_3^{2-}) + \cdots$ 或 $c_0 = (1/2) \cdot c(Ca^{2+}) + (1/2) \cdot c(Mg^{2+}) + c(Na^+) + \cdots$，即等于进水中总离子（阴或阳）浓度减去出水泄漏量；

T——设备运行一个周期的工作时间，h，一般一级复床正常运行时间按每昼夜再生一次考虑，当进水水质最差时不多于2次。

（3）交换器装载树脂高度的确定。

$$h_R = \frac{4E_c}{E_0 \times \pi d^2} \tag{8.9}$$

式中 h_R——变换器装载树脂高度，m；

E_0——树脂的工作交换容量，mmol/L。

树脂的工作交换容量一般根据其再生方式、原水的含盐量及其组成、再生剂种类及用量等来计算，也可以通过模拟试验求得。通常001×7苯乙烯系强酸阳离子交换树脂逆流再生工作交换容量在700～1 300 mmol/L之间，201×7苯乙烯系强碱阴离子交换树脂逆流再生工作交换容量在200～400 mmol/L之间。

由上式（8.9）计算的树脂层高度一般不应小于1.2 m，正常应在1.5～2.0 m之间。

8.3.2 移动床式离子交换器

移动床式离子交换器是指交换器中的离子交换树脂层在运行中是周期性移动的，即定期排出一部分已失效的树脂和补充等量再生好的树脂，被排出的已失效树脂在另一设备中进行再生。在移动床式离子交换器系统中，交换过程和再生过程是分别在不同设备中同时进行的，制水是连续的。

（1）运行过程及再生过程。

三种移动床式离子交换器的结构和运行过程如图8.16所示。

交换塔开始运行时，原水从塔下部进入交换塔，将配水装置以上的树脂托起，即成床。成床后进行离子交换，处理后的水从出水管排出，并自动关闭浮球阀。

运行一段时间后，停止进水并进行排水，使塔中压力下降，因而水向塔底方向流动，使整个树脂分层，即落床。与此同时，交换塔浮球阀自动打开，上部漏斗中新鲜树脂落入交换塔树脂层上面，同时排水过程中将失效树脂排出塔底部。落床过程中同时完成新树

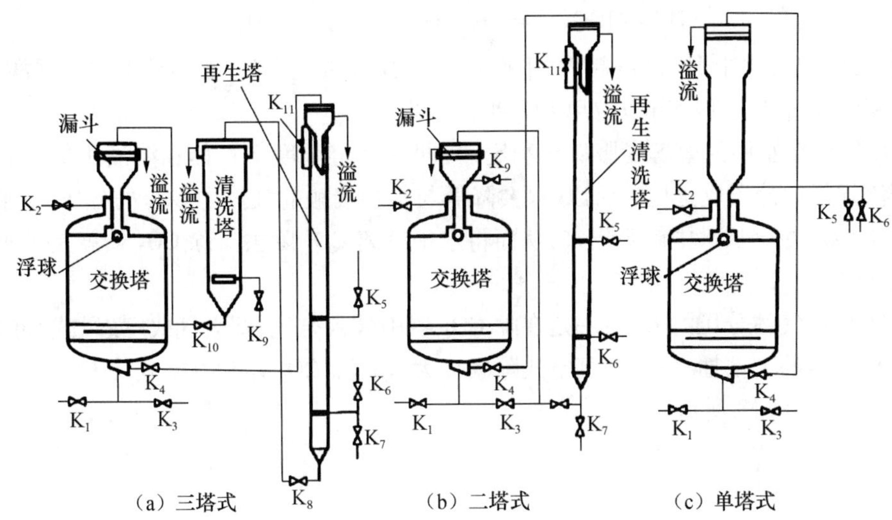

K_1—进水阀;K_2—出水阀;K_3—排水阀;K_4—失效树脂输出阀;K_5—进再生液阀;K_6—进置换水或清洗水阀;K_7—排水阀;K_8—再生后树脂输出阀;K_9—进清水阀;K_{10}—清洗好树脂输出阀;K_{11}—连通阀

图8.16 三种移动床式离子交换器的结构和运行过程

脂补充和失效树脂排出。两次落床之间交换塔的运行时间,称为移动床的一个大周期。

再生时,再生液在再生塔内由下而上流动进行再生,排出的再生废液经连通管进入上部漏斗,对漏斗中失效树脂进行预再生,这样充分利用再生剂,而后将再生液排出塔外。当再生进行一段时间后,停止进水和再生液并进行排水泄压,使再生塔树脂层下落,与此同时,打开再生塔内浮球阀,使漏斗中失效树脂进入再生塔,而再生好的下部树脂落入再生塔的输送段,并依靠进水水流不断地将此树脂输送到清洗塔中。两次排放再生好的树脂的间隔时间即为一个小周期。交换塔一个大周期中排放出来的失效树脂分成几次再生的方式,称为多周期再生。若对一次输入的失效树脂进行一次再生,则称为单周期再生。

清洗过程在清洗塔内进行,清洗水由下而上流经树脂层,清洗好的树脂送至交换塔中。

(2)移动床的优缺点。

移动床运行流速高,树脂用量少且利用率高,同时还具有占地面积小、能连续供水及减少设备备用量的优点。其缺点主要有以下几点:①运行终点较难控制;②树脂移动频繁,损耗大;③阀门操作频繁,易发生故障,自动化要求较高;④对原水水质变化适应能力差,树脂层易发生乱层;⑤再生剂比耗高。

8.3.3 除 CO_2 器

氢离子交换器出水中的游离 CO_2 会腐蚀设备,通常用除 CO_2 器将其除去。

(1)除 CO_2 原理。

水中碳酸化合物有下式的平衡关系:

$$H^+ + HCO_3^- \rightleftharpoons H_2CO_3 \rightleftharpoons CO_2 + H_2O$$

由上式可知,水中 H^+ 浓度越大,平衡越易向右移动。经 H^+ 交换后的水呈强酸性,因此水中碳酸化合物几乎全部以游离 CO_2 形式存在。

CO_2 气体在水中的溶解度服从亨利定律,即在一定温度下气体在溶液中的溶解度与液面上该气体的分压成正比。所以,只要降低与水相接触的气体中 CO_2 的分压,溶解于水中的游离 CO_2 便会从水中解吸出来,从而将水中游离 CO_2 除去。除 CO_2 器就是根据这一原理设计的。

降低 CO_2 气体分压的方法:一是在除 CO_2 器中鼓入空气,即大气式(鼓风式)除碳;二是从除 CO_2 器的上部抽真空,即真空式除碳。大气式除 CO_2 器和真空式除 CO_2 器的结构如图 8.17 和图 8.18 所示。

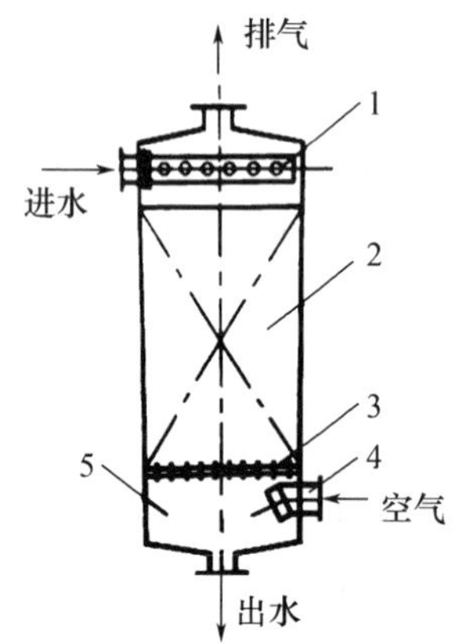

1—布水装置;2—填料层;3—填料支撑;4—风机接口;5—风室

图 8.17 大气式除 CO_2 器的结构

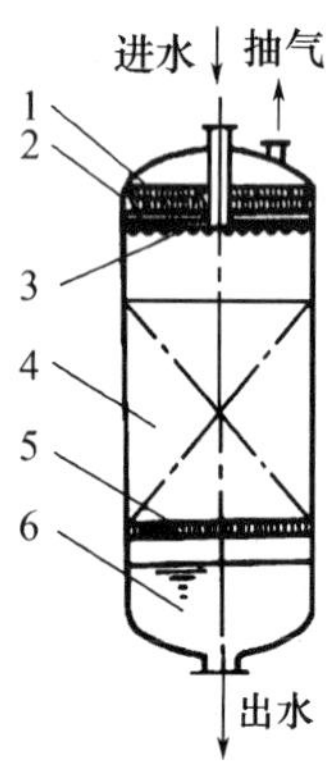

1—收水器;2—布水管;3—喷嘴;4—填料层;5—填料支撑;6—存水区

图 8.18 真空式除 CO_2 器的结构

(2)除 CO_2 器的设计计算。

以鼓风填料式为例,简要介绍除 CO_2 器的设计计算与选型。

①除 CO_2 器的有效直径 d(m)。

$$d = \sqrt{\frac{4Q}{\pi q}} \tag{8.10}$$

式中 Q——除 CO_2 器设计处理水量,m^3/h;

q——设计淋水密度,$m^3/(m^2 \cdot h)$,基准条件为 $q = 60\ m^3/(m^2 \cdot h)$。

②除 CO_2 器所需填料高度 h_0(m)及填料总体积 V_0(m^3)。

$$h_0 = \frac{G_C q}{KSQ\Delta C} \tag{8.11}$$

$$V_0 = \frac{G_C}{K\Delta CS} \tag{8.12}$$

$$G_C = Q(C_{C_1} - C_{C_2}) \times 10^{-3} \tag{8.13}$$

式中　G_C——设计所需脱除的 CO_2 量，m^3/h；

C_{C_1}——进水 CO_2 质量浓度，mg/L；该值可按下式计算：

当进水水质分析有 CO_2 值时：$C_{C_1} = 44H_Z + M_{CO_2}$(mg/L)；

当进水水质分析无 CO_2 值时：$C_{C_1} = 44H_Z + 0.268(H_Z)^3$(mg/L)；

C_{C_2}——出水残余 CO_2 质量浓度，mg/L，通常 C_{C_2} 按 5 mg/L 计算。

K——除 CO_2 器的解析系数，$\frac{kg}{h \cdot m^2(kg/m^3)}$或 m/h，即单位时间、单位接触面积、单位平均解析动力下去除 CO_2 的量，该值主要与水温有关，由图 8.19 求出；

S——单位体积填料所具有的工作表面积，m^2/m^3，由所选的填料品种和规格决定，例如，对于 25 mm×25 mm×3 mm 的瓷质拉希环，其值为 204 m^2/m^3；

ΔC——脱除 CO_2 的平均解析推动力，kg/m^3，可近似表达为：

$$\Delta C = \frac{(C_{C_1} - C_{C_2})}{1.06\ln(C_{C_1}/C_{C_2})} \times 10^{-3};$$

H_Z——进水碳酸盐碱度，mmol/L；

M_{CO_2}——进水中游离 CO_2 质量浓度，mg/L。

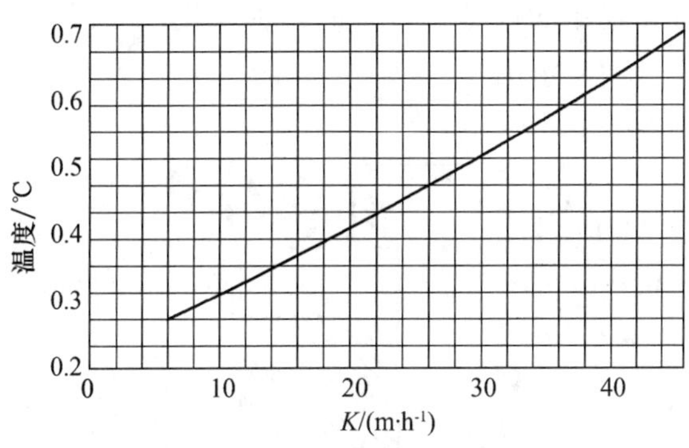

图 8.19　除 CO_2 器解析系数 K

注：使用填料为 25 mm×25 mm×3 mm 的瓷质拉希环，淋水密度 $q = 60\ m^3/(m^2 \cdot h)$

由以上计算可见，除 CO_2 器直径由所需处理的水量决定，而除 CO_2 器所需填料的高度取决于进水 CO_2 含量，其主要与原水碱度有关。

③除 CO_2 器所需鼓风量 W(m^3/h)及所需进风压力 p_0(kPa)。

$$W = (20 \sim 30)Q \tag{8.14}$$

式中　20～30——除 CO_2 器的气水比经验数据，即每处理 1 m^3 水通常需 20～30 m^3 的空气；

Q——除 CO_2 器设计处理水量，m^3/h。

$$p_0 = ah_0 + 0.4 \tag{8.15}$$

式中　0.4——塔内局部阻力总和的经验数值，kPa；

a——单位填料高度的空气阻力，kPa/m。

a 值随填料品种、淋水密度、气水比的不同而变化，25 mm×25 mm×3 mm 的瓷质拉希环在 q=60 $m^3/(m^2 \cdot h)$、气水比为 20～30 的条件下，a 值在 0.2～0.5 kPa/m 之间。

根据计算的风量和所需的风压选择合适的风机。

8.4 离子交换的应用

8.4.1 水的软化

离子交换软化水处理是利用阳离子交换树脂中可交换的阳离子(如 Na^+、H^+)把水中所含的 Ca^{2+}、Mg^{2+} 交换出来。这一过程称为水的软化过程，所得的水称之为软化水，在软化处理中，目前常用的有 Na^+ 交换软化法、H^+ 交换软化法和 H^+-Na^+ 交换脱碱软化法等。

1. Na^+ 交换软化法

Na^+ 交换软化法是最简单的也是最常用的一种软化方法，其去除水中暂时硬度和永久硬度的反应流程如图 8.20 所示。

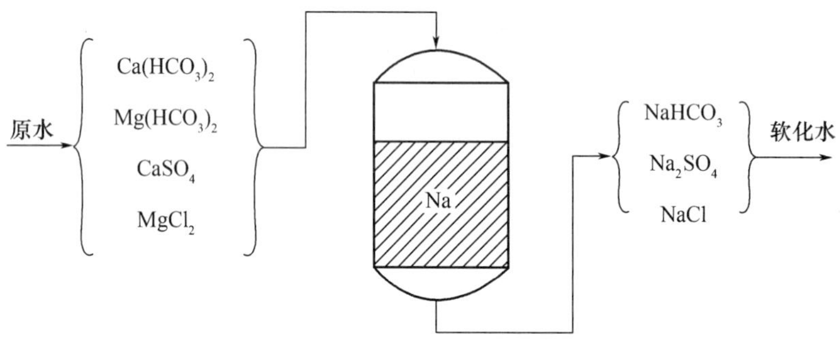

图 8.20　Na^+ 交换软化法的反应流程

由图 8.20 可见，水中 Ca^{2+}、Mg^{2+} 被 RNa 型树脂中的 Na^+ 置换出来后，就存留在树脂中，使离子交换树脂由 RNa 型变成 R_2Ca 或 R_2Mg 型树脂。Na^+ 交换软化法的优点是处理过程中不产生酸性水，再生剂为食盐，设备和防腐设施简单。经 Na^+ 交换后的水硬度可大大降低或基本消除，出水残留硬度可降至 0.03 mmol/L 以下，水中碱度则基本不变，但交换后水中含盐量略有增加。

2. H^+ 交换软化法

H^+ 强酸性阳离子交换树脂的软化反应如下：

$$2RH + Ca(HCO_3)_2 \longleftrightarrow R_2Ca + 2CO_2 + 2H_2O$$

$$2RH + Mg(HCO_3)_2 \longleftrightarrow R_2Mg + 2CO_2 + 2H_2O$$

$$2RH + CaCl_2 \longleftrightarrow R_2Ca + 2HCl$$

$$2RH + MgSO_4 \longleftrightarrow R_2Mg + H_2SO_4$$

$$RH + NaCl \longleftrightarrow RNa + HCl$$

由上述反应可以看出，原水中碳酸盐硬度（暂时性硬度）在交换过程中形成碳酸，故除了软化外还能去除碱度；非碳酸盐硬度（永久性硬度）在交换过程中除软化外还生成相应的酸，其软化后的水实际上是稀酸溶液。由于 H^+ 树脂交换阳离子的顺序为 $Ca^{2+} > Mg^{2+} > Na^+$，故 H^+ 交换器在 Na^+ 开始泄漏后，如果继续运行，最终将导致 Ca^{2+} 和 Mg^{2+} 的泄漏，H^+ 交换软化法的运行过程如图 8.21 所示。图中 a 点 Na^+ 开始泄漏，b 点 Ca^{2+}、Mg^{2+} 开始泄漏。由于 H^+ 交换出水经常为酸性，运行时一般总是和 Na^+ 交换联合使用或与其他措施（如加碱中和）相结合。

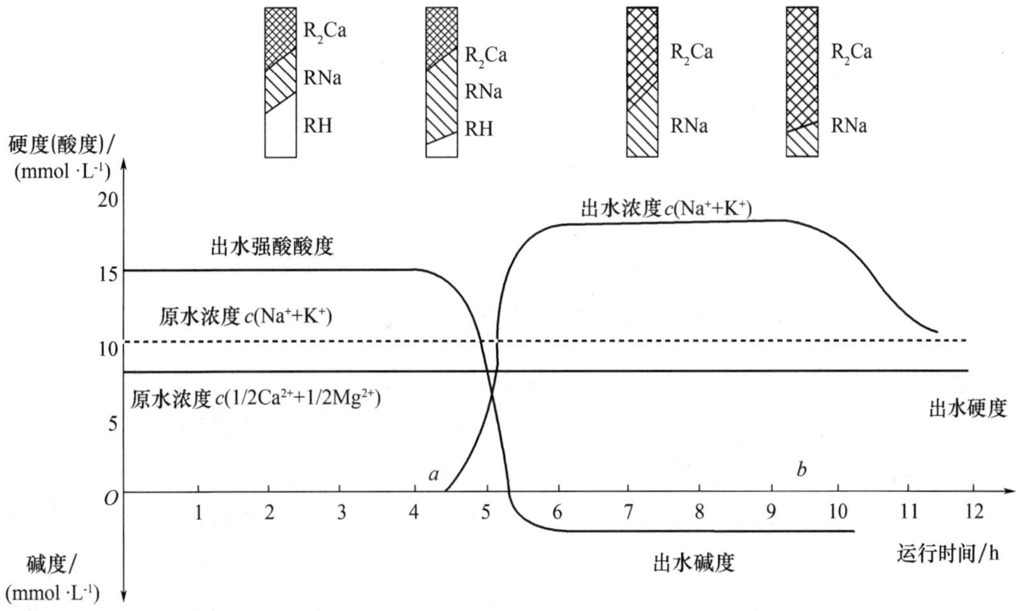

图 8.21　H^+ 交换软化法的运行过程

3. $H^+ - Na^+$ 交换脱碱软化法

强酸性 $H^+ - Na^+$ 交换脱碱软化法的反应如下：

$$2RNa + Ca(HCO_3)_2 \longleftrightarrow R_2Ca + 2NaHCO_3$$

$$2RNa + Mg(HCO_3)_2 \longleftrightarrow R_2Mg + 2NaHCO_3$$

$$2RNa + CaCl_2 \longleftrightarrow R_2Ca + 2NaCl$$

$$2RNa + MgSO_4 \longleftrightarrow R_2Mg + Na_2SO_4$$

由图 8.22 所示的反应过程不难看出，强酸性 $H^+ - Na^+$ 交换脱碱软化法中 H^+ 交换器出水含有游离酸，呈酸性，而 Na^+ 交换器出水是含碱度的水，若将这两部分水相混合，则将发生如下的中和反应：

$$HCl + NaHCO_3 \longleftrightarrow NaCl + CO_2 + H_2O$$

$$H_2SO_4 + 2NaHCO_3 \longleftrightarrow Na_2SO_4 + 2CO_2 + 2H_2O$$

中和后产生的 CO_2 可用除 CO_2 器去除。这样既降低了碱度，又可除去硬度，使水的含盐量有所降低，这就是强酸性 $H^+ - Na^+$ 交换软化和脱碱联合水处理系统的原理。

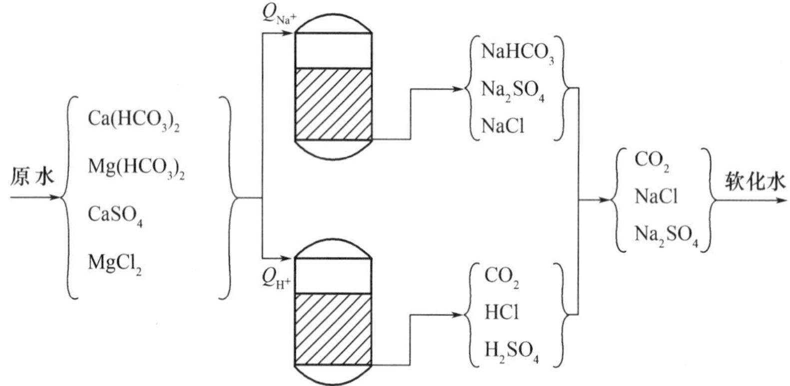

图 8.22　$H^+ - Na^+$ 交换脱碱和软化反应过程

4. 强酸性 $H^+ - Na^+$ 并联离子交换软化和脱碱系统

强酸性 $H^+ - Na^+$ 并联离子交换软化和脱碱系统如图 8.23 所示，进水分两部分：一部分流经 Na^+ 交换器 2，一部分流经 H^+ 交换器 1，排出 CO_2 后的软水贮存在中间水箱 8 中。因 H^+ 交换器用足量酸再生，故 H^+ 交换器的出水呈酸性。为保证最后的出水不呈酸性并保留一定的残留碱度，必须根据进水水质，适当调整流经两个不同离子交换器的水量比例。

并联系统的优点：H^+ 交换器以控制出水漏钠为运行终点，出水碱度低，使水的残留碱度降低至 0.5 mol/L 左右，可随水源水质变化而随时调整，设备费用低，投资少。

并联系统的缺点：再生剂消耗量大，这是由于交换器工作为一级软化。另外，运行控制要求高，否则出酸性水，致使供水系统腐蚀，H^+ 交换器及再生设备均需要采用耐酸材料进行覆盖层保护（如使用橡胶衬里），防止设备腐蚀。

5. 强酸性 $H^+ - Na^+$ 串联离子交换软化和脱碱系统

强酸性 $H^+ - Na^+$ 串联离子交换软化和脱碱系统如图 8.24 所示，进水也分成两部分，

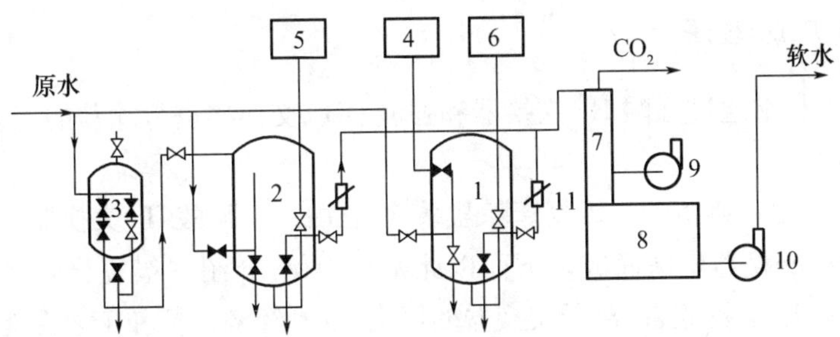

1—H^+交换器;2—Na^+交换器;3—盐溶解器;4—稀酸溶液箱;5、6—反洗水箱;
7—除CO_2器;8—中间水箱;9—离心鼓风机;10—中间水泵;11—水流量表

图8.23 强酸性H^+-Na^+并联离子交换软化和脱碱系统

一部分原水进入H^+交换器,其出水直接与另一部分原水混合,经H^+交换器后出水的酸度和原水中的碱度发生中和反应,中和反应所产生的CO_2由除CO_2器去除,再经Na^+交换器除去未经H^+交换器的另一部分原水的硬度,其出水即为除硬脱碱后的软化水。

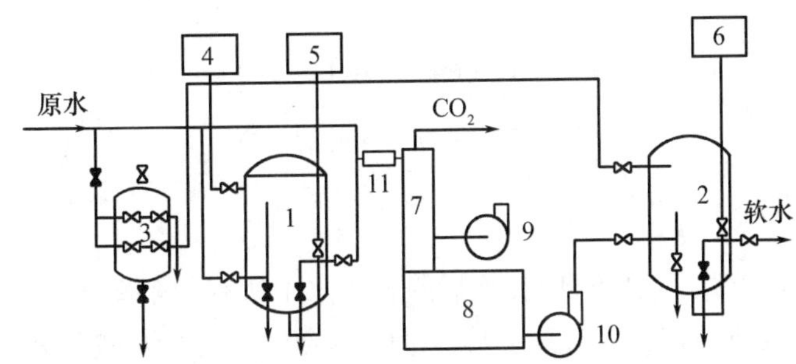

1—H^+交换器;2—Na^+交换器;3—盐溶解器;4—稀酸溶液箱;5、6—反洗水箱:
7—除CO_2器;8—中间水箱;9—离心鼓风机;10—中间水泵;11—混合器

图8.24 强酸性H^+-Na^+串联离子交换软化和脱碱系统

强酸性H^+-Na^+串联离子交换软化和脱碱系统中,必须把除CO_2器安装在Na^+交换器之前。否则,会使含有大量碳酸的水通过Na^+交换器,而导致出水中又重新出现碱度。

此外,还有弱酸性H^+-Na^+串联离子交换软化和脱碱系统等。

8.4.2 离子交换除盐

离子交换除盐是指把水中强电解质盐类的全部或大部分加以去除的处理过程。离子交换除盐过程可使水的含盐量降低到几乎不含离子的纯净程度,即它可作为深度的化学除盐方法,同时它亦可作为部分化学除盐的方法。

离子交换除盐一般是用阳离子氢交换的、阴离子羟交换的复床除盐法或者混合床除盐法,有各种不同的组合方式。

1. 一级复床除盐法

原水只一次相继通过强酸 H^+ 交换器和强碱 OH^- 交换器进行除盐的工艺称一级复床除盐法。

图 8.25 所示为一典型的一级复床除盐系统，它由一个强酸 H^+ 交换器、一个除 CO_2 器和一个强碱 OH^- 交换器串联而成。下面以此系统为例，介绍一级复床除盐原理，离子交换反应及水质变化、运行监督、离子交换器的再生、技术经济指标和工艺性能曲线等。

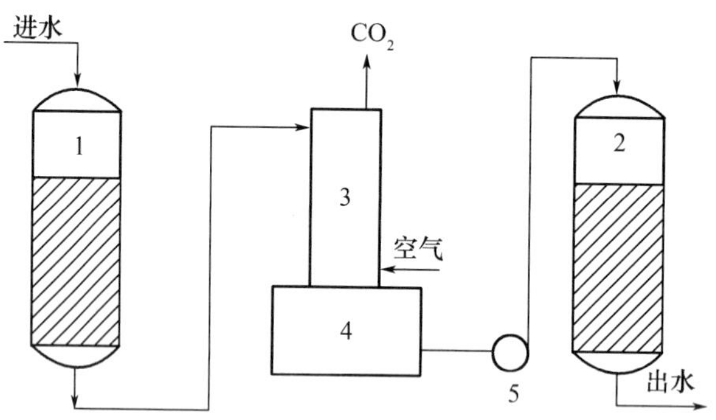

1—强酸 H^+ 交换器；2—强碱 OH^- 交换器；3—除 CO_2 器；4—中间水箱；5—中间水泵

图 8.25　一级复床除盐系统

(1)除盐原理。

原水在强酸 H^+ 交换器中经 H^+ 交换后除去了水中所有的阳离子。被交换下来的 H^+ 与水中的阴离子结合成相应的酸，其中与 HCO_3^- 结合生成的 CO_2 连同水中原有的 CO_2 在除 CO_2 器中被脱除。水进入强碱 OH^- 交换器后，以酸形式存在的阴离子与强碱阴树脂进行交换反应，除去了水中所有的阴离子，从而将水中溶解盐类全部除去，制得除盐水。

(2)运行中的离子交换反应及水质变化。

①除去水中阳离子的离子交换反应。

在一级复床除盐系统中，强酸阳离子交换器总是放在最前面，用以除去 H^+ 之外的所有阳离子。由前面所述的 H^+ 交换反应中可知，对于由 Ca^{2+}、Mg^{2+}、Na^+ 等阳离子和 HCO_3^-、SO_4^{2-}、Cl^- 等阴离子组成的水，其交换反应中既有离子交换，也有中和反应，显然水中碱度的存在有利于 H^+ 交换反应的进行。

含有多种离子的水通过强酸性 H^+ 型阳树脂层时，尽管通水初期水中阳离子都参与交换，但之后由于水中 Ca^{2+}、Mg^{2+} 等高价离子已在水流的上游处被交换，并等量转为 Na^+，所以沿水流方向最前沿的离子交换仍是 H^+ 型树脂与水中 Na^+ 的交换，即

$$RH + NaHCO_3 \longleftrightarrow RNa + H_2CO_3$$

$$2RH + Na_2SO_4 \longleftrightarrow 2RNa + H_2SO_4$$

$$RH + NaCl \longleftrightarrow RNa + HCl$$

经 H^+ 交换后，水中各种阳离子都被交换成 H^+，其中的碳酸盐转变成 H_2CO_3，中性盐

转变成相应的强酸。在生产实践中，树脂并未完全被再生成 H^+ 型，因此运行时出水中总还残留有少量阳离子。由于树脂对 Na^+ 的选择性最小，所以出水中残留的主要是 Na^+。

图 8.26 所示的是强酸 H^+ 交换器从正洗开始到运行失效之后的出水水质变化情况。在稳定工况下，制水阶段（ab）出水水质稳定，Na^+ 穿透（b 点）后，随出水 Na^+ 浓度升高，强酸酸度相应降低，电导率先略下降之后又上升。

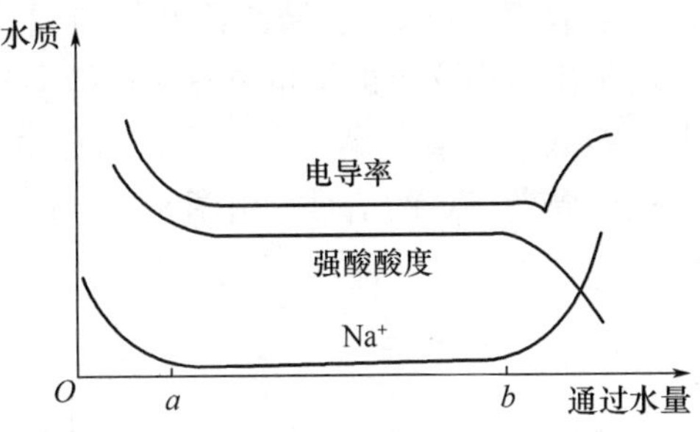

图 8.26 强酸 H^+ 交换器出水水质变化

上述电导率的这种变化是因为尽管随 Na^+ 浓度的升高，H^+ 浓度等量下降，但由于 Na^+ 的导电能力低于 H^+，所以共同作用的结果是水的电导率下降。当 H^+ 浓度降至与进水中 HCO_3^- 浓度等量时，出水电导率最低。之后，由于交换产生的 H^+ 不足以中和水中的 HCO_3^-，所以随 Na^+ 和 HCO_3^- 的升高，电导率又升高。因此，为了去除水中 H^+ 以外的所有阳离子，除盐系统中强酸 H^+ 交换器必须在 Na^+ 穿透时即停止运行，然后用酸溶液进行再生。

②脱除 CO_2。

水经 H^+ 交换后，阴离子转变成相应的酸，其中的 HCO_3^- 转变成游离 CO_2，连同进水中原有的游离 CO_2，可很容易地由除 CO_2 器除掉，以减轻 OH^- 交换器的负担，这就是在除盐系统中设置除 CO_2 器的目的。经脱碳处理后，水中游离 CO_2 的质量浓度一般都可降到 5 mg/L左右。

③除去水中阴离子的离子交换反应。

在一级复床除盐系统中，强碱 OH^- 交换器是用来除去水中 OH^- 以外所有阴离子的。强碱 OH^- 交换器总是设置在 H^+ 交换器和除 CO_2 器之后，此时水中阴离子以酸的形式存在，因此强碱 OH^- 交换实质上是 OH^- 型树脂与水中无机酸根离子的交换，其交换反应为

$$
\begin{aligned}
&HCl + ROH \longleftrightarrow RCl + H_2O \\
&H_2SO_4 + 2ROH \longleftrightarrow R_2SO_4 + 2H_2O \\
&H_2CO_3 + ROH \longleftrightarrow R_2HCO_3 + H_2O \\
&H_2SiO_3 + ROH \longleftrightarrow R_2HSiO_3 + H_2O
\end{aligned}
\tag{8.16}
$$

由于经 H^+ 交换的出水中含有微量的 Na^+，因此进入强碱 OH^- 交换器的水中除无机酸外，还有微量的钠盐，所以还有树脂与微量钠盐进行的可逆交换，其反应为

$$
\begin{aligned}
&ROH + NaCl \longleftrightarrow RCl + NaOH \\
&ROH + NaHCO_3 \longleftrightarrow RHCO_3 + NaOH \\
&ROH + NaHSiO_3 \longleftrightarrow RHSiO_3 + NaOH
\end{aligned}
\tag{8.17}
$$

强碱 OH^- 型树脂对水中常见阴离子的选择性顺序为

$$SO_4^{2-} > Cl^- > HCO_3^- > HSiO_3^-$$

图 8.27 为强碱阴离子交换器的运行过程曲线。清洗分为两步:①将清洗水排出,直到清洗排水总溶解固体等于进水总溶解固体;②将清洗水循环回收到阳离子交换器的入口,直到出水电导率符合要求,即开始正常运行。在运行阶段,出水电导率与硅含量均较稳定。当到达运行终点时,在电导率上升之前,硅酸已开始泄漏。而在硅酸泄漏过程中,电导率出现瞬时下降,这是由于出水中含有的微量氢氧化钠被突然出现的弱酸中和,生成硅酸钠和碳酸氢钠,其导电性能低于氢氧化钠。若阴床运行以硅酸开始漏泄作为失效控制点,则电导率瞬时下降可视作周期终点的信号。由图 8.27 看出,在开始漏泄之后,出水硅含量迅速上升。

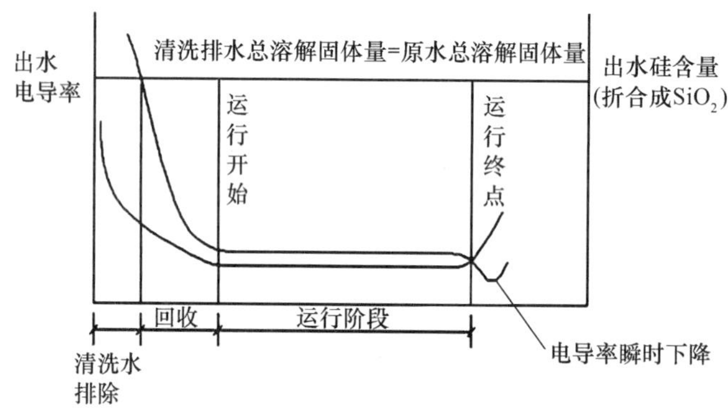

图 8.27　强碱阴离子交换器的运行过程曲线

由于强碱 OH^- 树脂对 $HSiO_3^-$ 的选择性最弱,所以 $HSiO_3^-$ 泄漏的可能性最大。要提高强碱 OH^- 交换器的出水水质,就必须创造条件提高除硅效果,以减少出水中硅的泄漏,这些条件包括水质方面的和再生方面的。综上所述,如果水中硅化合物呈 $NaHSiO_3$ 形式,则用强碱 OH^- 型树脂是不能将其去除完全的,因为交换反应的生成物是强碱 NaOH,逆反应很强,见式(8.18)。如果进水中阳离子只有 H^+,交换反应就像式(8.17)的中和反应那样生成电离度很小的水,故除硅较完全。因此,组织好强酸 H^+ 交换器的运行,减少出水中 Na^+ 泄漏量,即减少强碱 OH^- 交换器进水 Na^+ 含量,就可提高除硅效果。

(3)运行监督。

运行监督的项目主要有流量、离子交换器进出口压力差,进水水质和出水水质。

①流量、离子交换器进出口压力差。

离子交换器应在规定的流速范围内运行,流量大意味着流速高。离子交换器进出口压力差主要由水通过树脂层的压力损失决定,水流速度越高、水温越低或树脂层越厚,则水通过树脂层的压力损失越大。在正常情况下,进出口压力差有一定规律。当进出口压力差有不正常升高时,则往往同时伴有树脂层积污过多、进气或析出沉淀(如 H_2SO_4 再生时析出 $CaSO_4$)等不正常情况发生。

②进水水质。

进水中悬浮物应尽可能在水的预处理中清除干净。进入除盐系统的水，其浊度应小于5 NTU（当H^+交换器为顺流再生时）或小于2 NTU（当H^+交换器为逆流再生时）。此外，为了防止离子交换树脂被氧化和污染，还应满足以下一些条件：游离氯质量浓度应在0.1 mg/L以下，Fe^{3+}质量浓度应在0.3 mg/L以下，$KMnO_4$耗氧量应在2 mg/L以下。

③出水水质。

一般情况下强酸H^+交换器的出水中不会有硬度，仅有微量Na^+。当交换器接近失效时，出水中Na^+浓度增加，同时H^+浓度降低，并因此出现出水酸度和电导率下降及pH上升的现象。

但用流量、离子交换器进出口压力差，进水水质和出水水质这几个指标来确定交换器是否失效是很不可靠的，因为当进水水质或混凝剂加入量发生变化时，这几个指标的值也将相应发生变化。可靠的方法还是测定出水Na^+浓度，对出水Na^+进行监督。

强碱OH^-交换器一般用测定出水SiO_2含量和电导率的方法对其出水水质进行监督。

(4)离子交换器的再生。

①强酸H^+交换器的再生。

强酸H^+交换器失效后，必须用强酸进行再生，可以用HCl，也可以用H_2SO_4。当用H_2SO_4再生时，再生产物中有易沉淀的$CaSO_4$。因此在用H_2SO_4再生时，应采取以下再生方式，以防止$CaSO_4$的沉淀在树脂层中析出。

a. 用低浓度的H_2SO_4溶液进行再生。再生液质量分数通常为0.5%～2.0%，这种方法比较简单，但要用大量稀H_2SO_4，再生时间长，自用水量大，再生效果也较差。

b. 分步再生。先用低浓度的H_2SO_4溶液以高流速通过交换器，然后用较高浓度的H_2SO_4溶液以较低的流速通过交换器。先用低浓度H_2SO_4溶液的目的是降低再生液中$CaSO_4$的过饱和度，使它不易析出；而采用高流速的原因是$CaSO_4$从过饱和到析出沉淀物常需经过一段时间，故加快流速可以防止$CaSO_4$沉淀在树脂层中析出。

相对来说，由于HCl再生时不会有沉淀物析出，所以操作比较简单。其再生液质量分数一般为2%～4%，再生流速一般为5 m/h左右。

②强碱OH^-交换器的再生。

失效的强碱阴树脂一般都采用NaOH再生，为了有效除硅，强碱OH^-交换器除了再生剂必须用强碱（NaOH、KOH）外，还必须满足以下条件：再生剂用量应充足、提高再生液温度、增加接触时间。

强碱OH^-交换器再生液质量分数一般为1%～3%（浮动床时为0.5%～2%），流速一般小于5 m/h（浮动床时为4～6 m/h）。

(5)技术经济指标和工艺性能曲线。

离子交换器的出水水质、工作交换容量及再生剂比耗既是离子交换树脂的主要工艺性能，又是用于评价离子交换器的技术经济指标。

①出水水质。

强酸H^+交换器的出水水质是指周期平均出水的Na^+质量浓度。出水的Na^+质量浓度主要取决于树脂的再生度，所以逆流再生 H^+ 交换器出水 Na^+ 质量浓度都很低，一般小于 100 μg/L。强碱 OH^- 交换器出水水质是指周期平均出水 SiO_2 质量浓度。GB 12145—2016 规定的直流锅炉给水质量标准为：电导率小于 0.15 μS/cm、SiO_2 质量浓度小于 15 μg/L。逆流再生离子交换器的出水水质一般优于顺流再生离子交换器的出水水质。

②工作交换容量及再生剂比耗的影响因素。

由前述可知，生产实际中交换器运行终点时树脂并未完全失效，失效后的树脂也并非能彻底再生。因此，凡是影响残余交换容量和再生效果的因素都会影响工作交换容量，也都会影响再生剂比耗。对于强型树脂来说，再生效果的影响程度更大些。

影响强酸型阳离子交换树脂工作交换容量和再生剂比耗的因素有水质条件、运行条件、再生条件及树脂层高度。其中水质条件包括进水离子总浓度、强酸阴离子浓度分率（强酸阴离子浓度/阴离子总浓度）、进水硬度分率（总硬度/阳离子总浓度）及钙硬度与总硬度的比值；运行条件包括流速、水温及失效 Na^+ 浓度；再生条件包括再生剂用量、再生流速、再生液浓度等。上述诸因素中，再生剂用量和进水硬度分率是主要影响因素。

影响强碱型阴离子交换树脂工作交换容量和再生剂比耗的因素也是水质条件、运行条件、再生剂和再生条件及树脂层高度等几个方面。这里的水质条件是指进水阴离子总浓度（C_0）、SiO_2 浓度及 H_2SO_4 酸度的浓度分率；运行条件中失效离子浓度是指 SiO_2 的浓度；再生剂和再生条件中还包括再生剂纯度、再生温度及再生时间等。

2. 强弱型树脂联合应用的复床除盐法

在离子交换除盐系统中，除了使用强酸型阳离子交换树脂和强碱型阴离子交换树脂之外，还使用了弱酸型阳离子交换树脂和（或）弱碱型阴离子交换树脂。

在除盐系统中，强、弱型树脂联合应用有多种组合方式。图 8.28 中所示为强、弱型树脂联合应用的几种常见复合除盐工艺流程 。图中[H]表示强酸 H^+ 交换器，[H_w]表示弱酸 H^+ 交换器，[C]表示除 CO_2 器，[OH]表示强碱 OH^- 交换器，[OH_w]表示弱碱 OH^- 交换器。

原水→[H_w]→[H]→[C]→[OH]→除盐水

原水→[H]→[OH_w]→[C]→[OH]→除盐水

原水→[H_w]→[H]→[OH_w]→[C]→[OH]→除盐水

图 8.28　强、弱型树脂联合应用的几种常见复合除盐工艺流程

在上述流程中，强、弱型树脂是复床形式。此外，还可以是双层床、双室双层床、双室双层浮动床的联合应用床型。

OH^- 型弱碱树脂只能与强酸阴离子起交换作用，对弱酸阴离子 HCO_3^- 的交换能力很弱，对更弱的 $HSiO_3^-$ 则无交换能力。而且由于树脂上的活性基团在水中离解能力很低，若水的 pH 较高，则水中 OH^- 会抑制交换反应的进行，所以弱碱树脂对强酸阴离子的交换反应也只能在酸性溶液中进行，或者说只有这些阴离子呈酸状态时才能被交换。所以，用

弱碱树脂处理水时，一般都是在较低的 pH 条件下进行的。

弱碱树脂具有较高的交换容量，但交换容量发挥的程度与运行时流速及水温有密切的关系，流速过高或水温过低都会使工作交换容量明显降低。

由于弱碱树脂在对阴离子的选择性顺序中，OH^- 居于首位，所以这种树脂极容易用碱再生成 OH^- 型。另外，大孔型弱碱树脂具有抗有机物污染的能力，运行中吸着的有机物可以在再生时被洗脱下来。所以，若在强碱阴树脂之前设置大孔弱碱树脂，既可减轻强碱阴树脂的负担，又能减轻有机物污染。

图 8.29 所示为弱碱阴离子交换器的运行过程曲线。清洗分为两步。正常出水水质呈弱碱性，当 Cl^- 开始漏泄时，出水出现酸性，由于酸导电性能较碱强，因而出水电导率迅速上升，即为周期终点的信号。

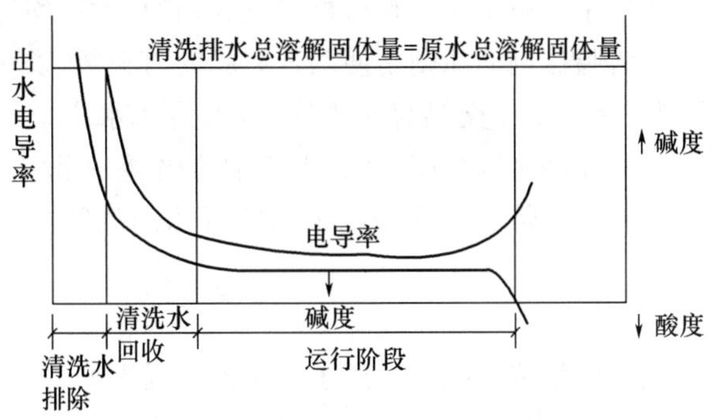

图 8.29　弱碱阴离子交换器的运行过程曲线

3. 混合床除盐法

所谓混合床就是将阴、阳树脂按一定比例均匀混合装在同一个离子交换器中，水通过混合床就能完成许多级阴、阳离子交换过程。混合床按再生方式分内部再生和外部再生两种。这里对内部再生并由强酸性树脂和强碱性树脂组成的混合床进行简要介绍。

(1)除盐原理。混合床离子交换除盐，就是把阴、阳离子交换树脂放在同一个交换器中，在运行前，先把它们分别再生成 OH^- 型和 H^+ 型，然后混合均匀。所以，混合床可以看作是由许多阴、阳树脂交错排列而组成的多级式复床。

在混合床中，由于运行时阴、阳树脂是相互混匀的，所以其阴、阳离子的交换反应几乎是同时进行的。或者说，水中阳离子交换和阴离子交换是多次交错进行的，因此经 H^+ 交换树脂所产生的 H^+ 和经 OH^- 交换树脂所产生的 OH^- 都不会累积起来，而是马上互相中和生成 H_2O，这就使交换反应进行得十分彻底，出水水质很好。其交换反应可用下式表示：

$$2RH + 2R'OH + \left.\begin{matrix} Ca \\ Mg \\ Na_2 \end{matrix}\right\} \begin{cases} SO_4 \\ Cl_2 \\ (HCO_3)_2 \\ (HSiO_3)_2 \end{cases} \rightarrow R_2 \begin{cases} Ca \\ Mg \\ Na_2 \end{cases} + R'_2 \begin{cases} SO_4 \\ Cl_2 \\ (HCO_3)_2 \\ (HSiO_3)_2 \end{cases} + 2H_2O \qquad (8.18)$$

为了区分阳树脂和阴树脂的骨架，式(8.18)中将阴树脂的骨架 R'_2 用表示，以示区别。

混合床中树脂失效后，应先将两种树脂分离，然后分别进行再生和清洗。再生和清洗后，再将两种树脂混合均匀，又投入运行。

(2)混合床中树脂。

为了便于混合床中阴、阳树脂分离，两种树脂的湿真密度差应大于15%。为适应高流速运行的需要，混合床使用的树脂应该是机械强度高、颗粒大小均匀的。

确定混合床中阴、阳树脂比例的原则是使两种树脂同时失效，以获得树脂交换容量的最大利用率。由于不同树脂的工作交换容量不同，以及进水水质条件和对出水水质要求的差异，所以应根据具体情况确定混合床中阴、阳树脂的比例，一般来说，混合床中阳树脂的工作交换量为阴树脂的2~3倍。目前国内采用的混床的强碱阴树脂与强酸阳树脂的体积比通常为2:1。

(3)运行操作。

由于混合床是将阴、阳树脂装在同一个离子交换器中运行的，所以在运行上有许多特殊的地方。下面讨论一个周期中各步操作。

①反洗分层。

如何反洗分层是混合床除盐装置运行操作中的关键问题之一，即如何将失效的阴阳树脂分开，以便分别通入再生液进行再生。在实际生产中，目前大都是用水力筛分法对阴阳树脂进行分层。由于阴树脂的密度较阳树脂小，分层后阴树脂在上，阳树脂在下。

②再生。

这里只介绍内部再生法，即树脂在离子交换器内进行再生的方法。根据进酸、进碱和清洗步骤的不同，可分为两步法和同时再生法，这里仅以两步法为例进行介绍。

两步法即指再生时酸、碱再生液不是同时进入交换器，而是分先后进入。它又分为碱液流过阴、阳树脂的两步法和碱、酸先后分别通过阴、阳树脂的两步法。

在大型装置中，一般采用碱、酸先后分别通过阴、阳树脂的两步法，其操作过程示意图如图8.30所示。

其具体做法是在反洗分层后，放水至树脂表面上约100 mm处，从上部送入碱液再生阴树脂，废液从阴、阳树脂分界处的中排管排出，接着按同样的流程清洗阴树脂，直至排水的 OH^- 浓度降至0.5 mmol/L以下。然后，由底部进酸再生阳树脂，废液也由中排管排出。同时，为防止酸液进入已再生好的阴树脂层中，需继续自上部通以小流量的水清洗阴树脂。阳树脂的清洗流程也和再生时相同，清洗至排水的酸度降到0.5 mmol/L以下为止。最后进行整体正洗，即从上部进水底部排水，直至出水电导率小于1.5 μS/cm为止。在正洗过程中，有时为了提高正洗效果，可以进行一次2~3 min的短时间反洗，以消除死角残液。

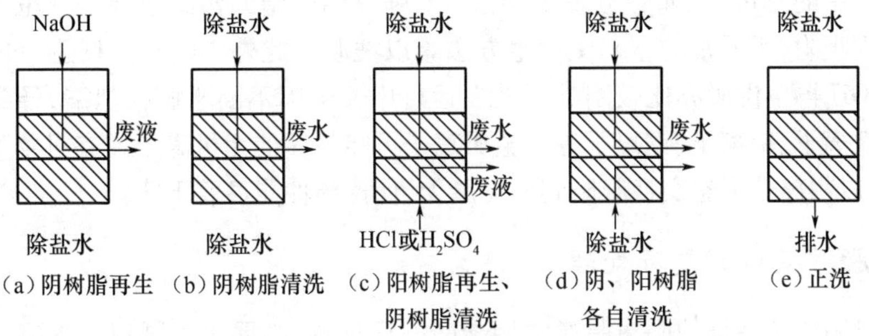

图8.30 碱、酸先后分别通过阴、阳树脂的两步法操作过程示意图

③阴、阳树脂的混合。

树脂经再生和清洗后，在投入运行前必须将分层的树脂重新混合均匀。通常用从底部通入经除油净化的压缩空气的办法搅拌混合。

压缩空气压力一般采用0.1～0.15 MPa，流量为2.0～3.0 $m^3/(m^2 \cdot s)$。混合时间主要视树脂是否混合均匀来确定，一般为0.5～1.0 min，时间过长会增加树脂磨损。

④正洗。

混合后的树脂，还要用除盐水以10～20 m/h的流速正洗，直至出水合格。

⑤制水。

混合床的运行制水与普通固定床相同，只是它可以采用更高的流速，通常对凝胶型树脂流速可取40～60 m/h，如用大孔型树脂，流速可高达100 m/h以上。

混合床通常按规定的失效水质标准来估算运行时间或产水量。此外，也有时按进出口压力差控制。

(4)混合床运行的特点。

①优点：出水水质优良；出水水质稳定；间断运行对出水水质影响较小；终点明显；混床设备较少。

②缺点：树脂交换容量的利用率低；树脂损耗率大；再生操作复杂，需要的时间长；为保证出水水质，常需投入较多的再生剂。

8.5 树脂的污染与复苏处理

1. 树脂的污染

树脂的污染主要是由进水中的悬浮物、微生物、各种无机物和有机物所致。污染的主要标志是树脂工作交换容量下降、颜色变深、出水水质恶化。

阳树脂的污染主要来自无机物，特别是Al^{3+}、Fe^{3+}等重金属离子，这些离子与阳树脂之间的静电作用力极强，使树脂上一部分活性基团转变成Al型和Fe型，导致工作交换容量逐渐减小。

天然水中的有机物(如腐殖酸、富里酸)对强碱阴树脂的污染主要是以范德瓦耳斯力为主的物理吸附,用通常的 NaOH 再生方法难以洗脱。此外吸附在阴树脂上的胶体二氧化硅用 NaOH 再生洗脱亦比较困难。而在运行中又会因不断水解而泄漏,导致出水漏硅提前。而铁离子、铝离子、铜离子等重金属离子可能与其他无机离子或有机物生成复杂的络合物,并以阴离子形态交换吸附到阴树脂上,使树脂性能显著下降。

2. 树脂污染后的复苏处理

受无机阳离子污染的阳树脂通常用盐酸酸洗处理,必要时可辅以压缩空气擦洗。受有机物污染的阳树脂可用质量分数为 5% 的 NaOH 溶液进行处理。提高再生液温度可增大有机物的洗脱率。

硅污染的阴树脂可用过量的再生液(温度约 40 ℃)进行再生。受铁离子、铝离子等金属离子污染的阴树脂可浸泡在质量分数为 10% ~15% 的 HCl 溶液中约 12 h,以获得较好的除铁效果。用碱性氯化钠混合复苏液(4% NaOH +10% NaCl,指质量分数)处理受有机物污染的强碱阴树脂时,复苏效果较为理想。

第9章　膜分离技术

9.1　膜与膜分离技术

1. 膜与膜分离的定义

所谓膜，最初的定义是两相之间的不连续区间。后来，国际理论与应用化学联合会(IUPAC)将膜定义为：一种三维结构，三维中的一度(如厚度方向)尺寸要比其余两度小得多，并可通过多种推动力进行质量传递。该定义强调了膜的维度和功能。我国的膜技术研究人员则强调膜的分离功能，认为膜的一般定义是分离两相和作为选择性传递物质的屏障。膜既可以是固态的，也可以是液态或气态的；既可以是均质的，也可以是非均质的；既可以是中性的，也可以是带电的；既可以是对称的，也可以是非对称的。其厚度一般从几微米(甚至0.1 μm)到几毫米。

所谓膜分离过程，是指以选择透过性膜为分离介质，当膜两侧存在压力差、温度差、浓度差或电位差等某种推动力时，原料侧组分可以选择性地透过膜，从而达到分离和提纯等目的。在水处理领域中，广泛使用的推动力为压力差和电位差，其中压力差驱动膜滤工艺主要有微滤、超滤、纳滤、反渗透等；电位差驱动膜滤工艺主要有电渗析。压力差驱动膜滤对水中的杂质去除范围如图9.1所示，在允许压力差范围内，去除能力随压力差的升高而增大。

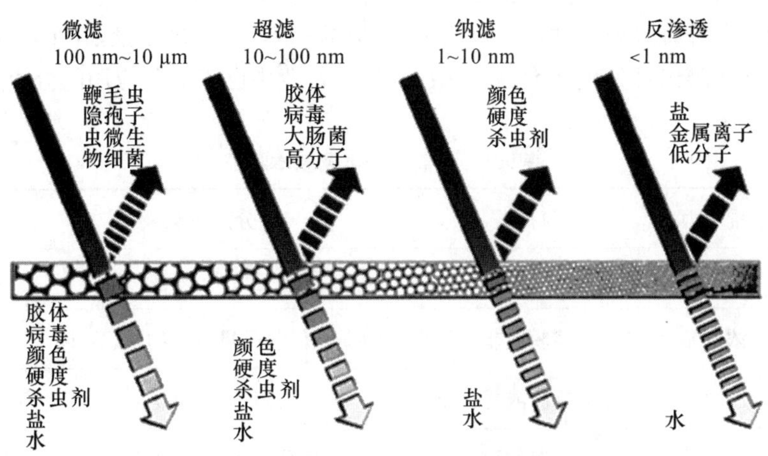

图9.1　各种压力差驱动膜的分离性能示意图

2. 膜的分类

膜的分类一般有以下几种：

①按膜的材料，主要分为天然膜（生物膜）和人工合成膜。人工合成膜主要为有机膜和无机膜。有机膜材料主要有纤维素、聚酰胺、聚砜、芳香杂环、聚烯烃等。无机膜材料主要有陶瓷、玻璃和金属等。

②按膜的结构，主要分为多孔膜、非多孔膜（致密膜）、液膜。

③按膜的用途，主要分为气相系统用膜、气－液系统用膜、气－固系统用膜、液－液系统用膜、液－固系统用膜、固－固系统用膜。

④按膜的作用机理，主要分为吸附性膜、扩散性膜、离子交换膜、选择渗透性膜、非选择性膜。

在水处理过程中，通常以有机膜为主。根据其制作方式和用途，可分为对称膜、非对称膜和薄层复合膜，如图9.2所示。在应用过程中，膜通常制备成不同的膜组件，主要有管式、毛细管式、中空纤维式、板框式和卷式等。膜的面积越大，单位时间透过量就越多。

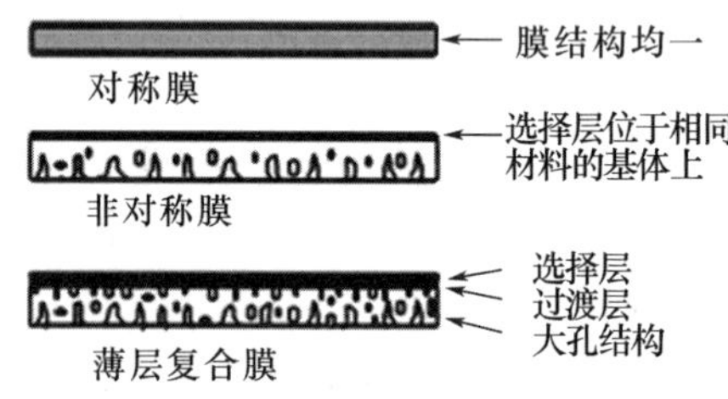

图9.2　三种不同形式聚合物膜

因此，在实际应用中，膜都被制成一定形式的组件作为膜滤装置的分离单元。管式膜组件、毛细管式膜组件、中空纤维式膜组件的区别：膜管直径大于10 mm的膜组件称为管式膜组件；直径在0.5～10 mm之间的膜组件称为毛细管式膜组件；直径小于0.5 mm的膜组件称为中空纤维式膜组件。一般情况下，板框式膜组件与管式膜组件处理量小，而中空纤维式和卷式膜组件处理量大。目前在水处理行业中已工业化应用的分离膜分类及基本特征见表9.1。

表9.1　分离膜分类及基本特征

膜分类	推动力	膜种类	分离对象	膜孔径/μm
电渗析(ED)	电位差	离子交换膜	电解质离子	—
渗析(D)	浓度差	离子交换膜或非对称膜	离子、低分子量有机物质、酸、碱	—
反渗透(RO)	压力差	非对称膜或复合膜	离子、小分子	0.000 1～0.001
纳滤(NF)	压力差	非对称膜	部分溶解离子、大分子	0.001～0.01

续表 9.1

膜分类	推动力	膜种类	分离对象	膜孔径/μm
超滤(UF)	压力差	非对称膜	胶体大分子、微粒	0.01~0.1
微滤(MF)	压力差	对称膜或非对称膜	微粒	>0.1

3. 膜的制备方法

有机膜的制备方法主要是相转化法、烧结法(纤维束,PTEE,PE,PP 膜等)、控制拉伸法(PTFE 膜)、控制热致裂法(碳膜)、轨迹蚀刻法、挤出法、涂覆法等。无机膜的制备方法主要有烧结法和溶胶/凝胶技术(金属醇盐水解化),也有报道以聚合物为基体,采用相转化法制备然后烧结制备无机膜。

目前水处理膜中的多孔膜及反渗透的基膜大多采用相转化法制备,最常见的为非溶剂致相分离法(浸没沉淀法)。而反渗透膜或纳滤膜的分离层一般用涂覆法制备。

相转化法是目前最广泛应用的制备方法,所谓的相转化法即使均一的高分子溶液在外部因素的影响下变得不稳定,然后分相成高分子富相和高分子贫相的方法。引发相分离的诱导因素有:体系温度的变化(热致相转化法),非溶剂(非溶剂致相分离法),蒸发(蒸发致相分离法),以及两种或两种因素的组合(如热助蒸发法)。

非溶剂致相分离法(Nonsolvent Induced Phase Separation,NIPS)又称为浸没沉淀法,自 20 世纪 60 年代初 Loeb 和 Sourirajan 成功制备不对称反渗透醋酸纤维素膜以来,该制膜方法逐渐成为现代主要制膜方法之一。所谓相转化法制膜,就是配制一定组成的均相聚合物溶液,高分子溶液浸没到非溶剂中,然后进行溶剂和非溶剂的传质交换,使其从均相的聚合物溶液发生相分离,最终转变成三维大分子网络式凝胶结构,这种结构构成分离膜。

该法制备微孔膜涉及聚合物、溶剂、非溶剂 3 种组分。常按照用途,在铸膜液中加入添加剂和非溶剂或在凝固浴中加入溶剂来调节微孔膜的结构和性能。该方法涉及诸多控制参数,因此用该方法制备的微孔膜的结构是多样的,主要有海绵状结构、晶粒状结构、双连续相结构、胶乳状结构和指状结构等。

涂覆法是一种非常重要的复合膜制备技术,浸涂法、界面聚合法和等离子体聚合法通常被用于在多孔支撑层上涂覆超薄层。浸涂法是一种简单而有效的复合膜制备技术,可形成很薄且致密的表层,这种方法用于反渗透、全蒸发和气体分离膜的制备。界面聚合法提供了另一种方法来形成基体上的超薄层。两相界面上两种活性单体间苯二胺和 1,3,5-三苯甲酰氯发生聚合反应,通过界面聚合法制备出芳香族聚酰胺反渗透膜,如图 9.3 所示。

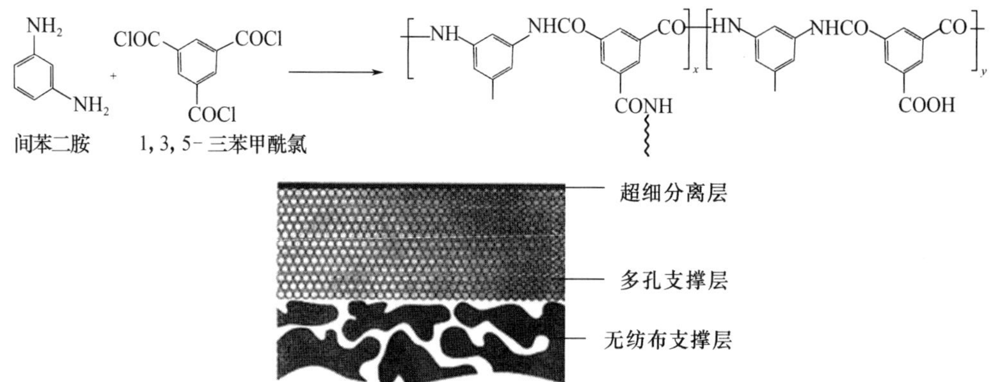

图9.3　界面聚合法制备的芳香族聚酰胺反渗透膜

9.2　膜分离过程和基本原理

9.2.1　膜分离传递过程

在膜分离过程中，通过膜相际有3种基本传质形式：被动传递、促进传递和主动传递（图9.4）。

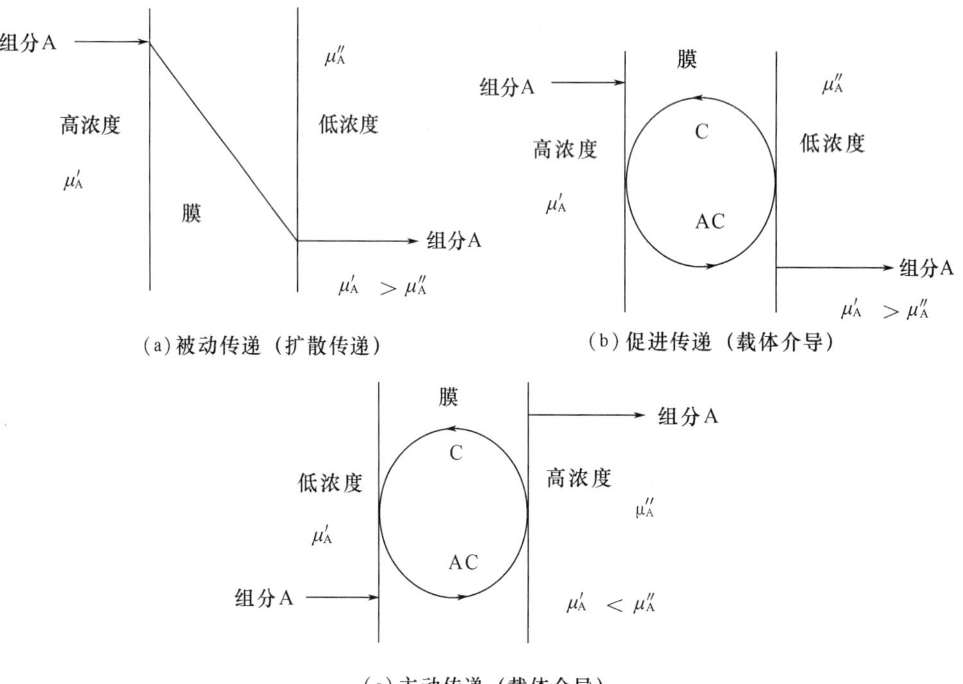

图9.4　通过膜相际的基本传质形式示意图

(1)被动传递(Passive Transport)为热力学“下坡”过程,其中膜的作用就像一物理的平板屏障。所有通过膜的组分均以化学位梯度为推动力。组分在膜中化学位梯度,可以是膜两侧的压力差、浓度差、温度差或电势差。

(2)促进传递(Facilitated Transport)过程中,各组分通过膜的传质推动力仍是膜两侧的化学位梯度。各组分由其特定的载体带入膜中。促进传递是一种具有高选择性的被动传递。

(3)主动传递(Active transport)与前两者情况不同,各组分可以逆其化学位梯度而传递,为热力学“上坡”过程。其推动力由膜内某化学反应提供,主要发现于生命膜。

现已工业化的主要膜分离过程只有9种,如气体渗透分离膜(GS)、渗透蒸发膜(PVAP)、渗析膜(D)、电渗析(ED)、反渗透(RO)、纳滤(NF)、超滤(UF)、微滤(MF)、液膜(ELM),均为被动传递过程。这些过程的推动力主要是浓度梯度、电势梯度和压力梯度,也可归结为化学位梯度。但在某些过程中这些梯度互有联系,形成一种新的现象,如温差不仅造成热流,也能造成物流,这一现象形成了热扩散或热渗透。静压差不仅造成流体的流动,也能形成浓度梯度,反渗透就是这种现象。在膜过程中通常多种推动力同时存在,称为伴生过程或耦合过程。此过程中各种组分的流动也有伴生(或耦合)现象,如反渗透过程中,溶剂透过膜时,伴随着部分溶质同时透过。

渗流率或渗透通量(J)与推动力(Δp,Δc 等)间以渗透系数 Q/l(Permeability Coefficient)来关联。渗透系数与膜和透过组分的化学性质、物理结构紧密相关。在均质高分子膜中,各种化学物质在浓度差或压力差下靠扩散来传递;这些膜的渗透速率 Q(Permeability)大多取决于各组分在膜中的扩散系数 D 和溶解度 S。通常这类渗透速率是相当低的。在多孔膜中,物质传递不仅靠分子扩散来传递,且同时伴有黏滞流动,渗透速率显著高,但选择性较低。在荷电膜中,与膜电荷相同的物质难以透过。因此,物质分离过程所需的膜类型和推动力取决于混合物中组分的特定性质。

除了上述已工业化的主要膜分离过程外,正在研究和开发的新膜分离过程也有不少,其中的一种为膜基平衡分离过程(Membrane-based Equilibrium Process)。在这种分离过程中除了传统的相际分离作用外,还利用膜来提供稳定的相际接触面,克服常规平衡分离中受到的限制和缺点,且很少受液泛、返混的影响,如膜萃取(Membrane Extraction)、膜吸收(Membrane Absorption)、真空膜蒸馏(Membrane Vacuum Distillation)、膜汽提(Membrane Stripping)等常在膜分离接触器(Membrane Contactor)中进行,主要依靠浓度梯度进行分离,在适当的条件下可达高纯分离。

其他开发中的新膜分离过程,还有膜蒸馏、渗透蒸馏、含液膜的中空纤维、促进传递等。促进传递膜过程中,利用络合剂或载体与渗透组分间产生可逆络合反应促进组分在膜内的选择性渗透,其选择性大于一般膜过程的选择性。过去促进传递只用于液膜中,现已用于固膜中,主要用于分离氧、氮气体,脱除酸性气体 H_2S、CO_2 等,分离饱和烃和不饱和烃等,发展前景很好。

此外还有膜基反应分离(Membrane-based Reactive Separation),如渗透汽化膜反应器(PWMR)。电驱动膜过程中,燃料电池(Fuel Cell)经多年研究在质子交换膜(PEM)技术上有所突破，成为当前的一个热点。

燃料电池技术被称为21世纪的一项关键技术。燃料电池是一种清洁能源，来自空气中的氧和氢（或来自天然气、甲烷或甲醇），通过电化作用产生电能、热能和水，不经过燃烧，没有污染，是便于携带的清洁能源，可供多方面应用。

除此之外，其他膜技术种类也很多，当前发展和应用甚受重视者有膜催化反应器、含酶膜反应器、控制释放系统、医用人造膜和膜传感器等。

9.2.2 膜分离过程推动力

如9.2.1节所述，当有某种作用力即化学位差或电位差作用于体系内各组分时，便会发生通过膜的传递。一般来说，化学位差是由压力、温度和浓度引起的，存在于中性膜相传递过程中，这些膜包括微孔膜或均质膜，相应的膜过程有超滤、微滤、反渗透、气体分离、液膜促进传质、渗透汽化或膜蒸馏等；对于带电的膜（荷电膜或离子交换膜），则既存在化学位差，又存在电位差，相应的膜过程有纳滤（压力差和电位差）、电渗析（浓度差和电位差）、扩散渗析（浓度差和电位差）。

大多数传递过程都是由化学位差引起的，为表示非理想性，浓度或组成以活度 a_i（$a_i = \gamma_i x_i$）表示。等温条件下（T 为常数），压力和浓度对组分 i 的化学位贡献为

$$\mu_i = \mu_i^0 + RT\ln a_i + V_i p \tag{9.1}$$

式中 μ_i^0——标准化学位（常数）；

a_i——活度；

R——气体常数；

T——绝对温度；

V_i——（偏）摩尔体积；

γ_i——活度系数；

x_i——摩尔分数。

对理想溶液，活度系数 $\gamma_i = 1$，因此活度就等于摩尔分数 x_i。

由式(9.1)可知，化学位差可进一步表示为组成差和压力差：

$$\Delta\mu_i = RT\Delta\ln a_i + V_i\Delta p \tag{9.2}$$

一般来说，对于膜过程，推动力主要表现为化学位差（压力差、浓度差）和电位差，在理想条件下，可认为 $a_i = x_i$ 及 $\Delta\ln x_i \approx \Delta x_i / x_i$，则平均推动力（位差/膜厚）可写成：

$$W_{平均} = \frac{RT}{d} \cdot \frac{\Delta x_i}{x_i} + \frac{z_i F}{d} \cdot \Delta E + \frac{V_i}{d} \cdot \Delta p$$

式中 F—— 法拉第常数；

z_i—— 离子电荷；

d—— 膜厚。

上式两侧同乘以 d/RT，将推动力无因次化：

$$W_{无因次} = \frac{\Delta x_i}{x_i} + \frac{\Delta E}{E^*} + \frac{\Delta p}{p^*} \quad \left(E^* = \frac{RT}{z_i F}, p^* = \frac{RT}{V_i}\right) \tag{9.3}$$

根据式(9.3)可以对压力差、电位差或浓度差等几种不同推动力的大小进行比较。浓度项 $\Delta x_i/x_i$ 通常等于1,而压力项取决于所含组分的种类(即取决于摩尔体积)。表9.2给出了一些常见物质或状态 p^* 的近似值。对于气体,$p^* = p$(假设为理想气体)。

表9.2 p^* 的近似值

组分	气体	大分子	液体	水
p^*/MPa	p	0.003~0.3	15~40	140

电位大小取决于带电粒子的价数 z_i,室温(27 ℃)下,E^* 的值为

$$E^* = \frac{RT}{z_i F} \approx \frac{8.3 \times 300}{10^5 z_i} \approx \frac{1}{40 z_i} \tag{9.4}$$

与压力差相比,电位差可带来很强的推动力。浓度差推动力项为1时,相当于1/40 V电位差($z_i = 1$),而对水传递要获得同样的推动力所需压力为 1.2×10^8 N/m^2(1 200 atm)。这表明对于致密膜中水的全蒸发,下游压力为零($p_2 = 0$)与上游压力无穷大($p_1 = \infty$)时的压力差渗透通量与1/40 V电位差所获得的通量相等。

9.2.3 膜传递传质过程

膜传递传质过程中,都是从膜的一侧进入另一侧,主要有以下步骤(图9.5为非对称膜分离溶质示意图)。

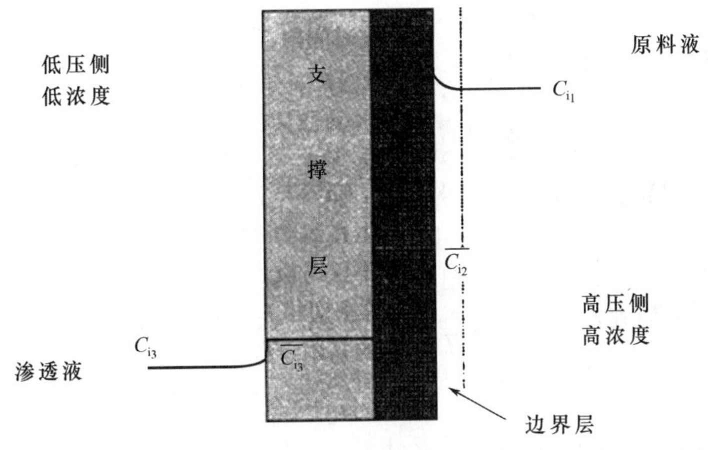

图9.5 非对称膜分离溶质示意图

①高压侧料液中溶质i通过对流传递到膜表面溶液中,由于溶剂透过膜,所以溶质i被留在边界层中,其浓度由主体浓度 C_{i_1} 上升到 C_{i_2},此即浓差极化现象。

②边界层溶液中i组分溶解或吸附于膜高压侧表面,其在膜内浓度 C_{i_2} 与在边界层 C_{i_2} 之比定义为分配系数 k_2。

③组分通过扩散透过表皮层,由于表皮层的分离作用,其浓度由 C_{i_2} 降至 C_{i_3}。

④多孔支撑层通常不具有分离作用,仅对渗透过程形成阻力,因此在多孔支撑层中溶

质浓度不变。

⑤从低压侧表面解吸,因多孔层无选择性,所以其分配系数接近于1,在低压侧边界层中也不存在浓差极化现象。

在上述这些过程中,其关键性(起分离作用)的步骤是膜表面传质过程(步骤①)和膜内传质过程(步骤②和③),其中膜表面传质涉及流动边界层和浓度边界层,而膜内传质过程涉及分子传质微分方程,感兴趣者可参阅相关书籍。

(1)传质基本方式。

质量传递的方式大致分为分子传质和对流传质两大类。分子传质又称分子扩散,是不依靠宏观的混合作用而发生的质量传递现象,这种传质在气相、液相和固相中均能发生。例如在气相混合物中,如果组分的浓度各处不均匀,则由于气体分子的不规则运动,单位时间内组分由高浓度区移至低浓度区的分子数目将多于由低浓度区移至高浓度区的分子数目,造成由高浓度区向低浓度区的净分子流动,而使该组分在两处的浓度趋于一致。

描述分子扩散通量或速率的基本定律为费克(Fick)第一定律。对于由两组分A和组分B组成的混合物,如不考虑主体流动,则根据费克第一定律,由浓度梯度所引起的扩散通量可表示为

$$J_{\mathrm{A}} = -D_{\mathrm{AB}}\frac{\mathrm{d}C_{\mathrm{A}}}{\mathrm{d}x} \tag{9.5}$$

式中 J_{A}——组分A的扩散摩尔通量(即单位时间内,组分A通过与扩散方向相垂直的单位面积的摩尔数),$\mathrm{kmol/(m^2 \cdot s)}$;

C_{A}——组分A的浓度,mol/L;

x——扩散方向的距离,m;

D_{AB}——组分A在组分B中的扩散系数,$\mathrm{m^2/s}$。

而对流传质,是发生在运动流体与固体表面之间或不互溶的两运动流体之间的质量传递行为。对流传质的速率不仅与质量传递的特性因素(如扩散系数)有关,而且与动量传递的动力学因素(如流速)等密切相关。

描述对流传质的基本方程与描述对流传热的基本方程(即牛顿冷却定律)相类似,可采用下式:

$$N_{\mathrm{A}} = k_{\mathrm{C}}\Delta C_{\mathrm{A}} \tag{9.6}$$

式中 N_{A}——组分A的对流传质摩尔通量,$\mathrm{kmol/(m^2 \cdot s)}$;

ΔC_{A}——组分A在界面处的浓度与流体主体平均浓度之差,mol/L;

k_{C}——对流传质系数,$\mathrm{m^3/(m^2 \cdot s)}$。

式(9.6)中的对流传质系数是以浓度差定义的,浓度差还可以采用其他单位,如质量浓度(密度)、分压(气相中)等表示。此外,在由A和B两组分组成的混合物中,组分A的扩散通量与组分B的扩散通量有关。因此根据不同的浓度差表示法及组分A和组分B扩散通量之间的关系,可定义出相应的多种形式的对流传质系数。一般说来,对流传质系数与界面的几何形状、流体的物性、流型及浓度差等因素有关,在后面将介绍膜表面传质

时对流传质系数的确定方法(9.2.3 节中的(3))。

(2)膜相中的扩散。

组分在膜相中的扩散同传递理论中组分在固体中的扩散类似。固体中的扩散包括气体、液体和固体在固体中的分子扩散这类传质问题:针对膜相而言,气体分离、渗析、渗透汽化、扩散渗析及膜控制释放等即属此类。一般来说,固体中的扩散可分为两种类型:一种是与固体结构基本无关的扩散(如致密膜);另一种是与固体内部结构有关的多孔介质(多孔膜)中的扩散。与固体结构无关的固体内部的分子扩散,多发生在扩散物质在固体内部能够溶解形成均匀溶液的场合,如气体在橡胶膜中的扩散,固体药物包裹在高分子基材中,随着水的渗透而逐渐溶解,并通过水溶液进行扩散或固体药物直接溶解在固体基材中进行扩散等,这类扩散过程的机理较为复杂并且因不同物质而异,但其扩散方式与物质在流体内部的扩散方式类似,仍遵循费克定律,上面的传质微分方程仍可适用这种情况。由费克第一定律可知,当溶质在厚度为 d 的膜相进行稳态扩散时,其传质通量的表达式为

$$J = \frac{D}{d}\Delta C \tag{9.7}$$

式中　J——通过单位膜截面积的扩散速率,kmol/(m^2 · s);

D——扩散系数,m^2/s;

ΔC——扩散组分在膜两侧的浓度差,mol/L。

在一定条件下,溶质在固体中的扩散系数一般为常数,由于目前固体中的扩散理论还不充分,还不能加以精确计算。

在多孔固体(或膜)中的扩散与固体内部的结构有非常密切的关系。扩散机理视固体内部毛细孔的形状、大小及流体的密度而定:①孔道直径较大,当液体或密度较大的气体通过孔道时,碰撞主要发生在流体的分子之间,而分子与孔道壁面碰撞的机会较少,这类扩散仍遵循费克定律;②孔道直径较小,当密度较小的气体通过孔道时,碰撞主要发生在流体分子与孔道壁面之间,而分子与分子之间的碰撞机会较少,这类扩散不遵循费克定律,称为努森(Kundsen)扩散;③介于两者之间的情况,即分子与分子之间的碰撞以及分子与孔道壁面之间的碰撞同等重要,这类扩散称为过渡型扩散。

这几类扩散的区分是依据流体分子运动的平均自由程与孔道的相对大小。分子平均自由程 λ 定义为气体分子在做无规则运动时,一个分子与另一个分子在碰撞以前所走过的距离。根据分子运动学说,λ 可用下式估算:

$$\lambda = \frac{3.2\eta}{p}\left(\frac{RT}{2\pi M}\right)^{1/2} \tag{9.8}$$

式中　η——黏度,N · s/m^2;

p——压力,N/m^2;

T——温度,K;

M——分子量,kg/kmol;

R——气体常数,$R=8.314$ N · m/(mol · K)。

当多孔固体内部孔道的平均直径 $d \geqslant 100\lambda$ 时,则扩散时各个分子间碰撞的机会远大于分子与壁面之间的碰撞机会,若孔道分布较均匀,气体或液体能贯通固体的空隙,这扩

散仍然遵循费克定律。当孔道内的液体为稀溶液时,溶质的扩散通量为

$$J_A = \frac{D_e}{z_2 - z_1}(C_{A1} - C_{A2}) \tag{9.9}$$

式(9.9)与式(9.7)的不同之处仅在于后者的扩散系数 D_e 称为有效扩散系数,它包含了固体的空隙率与扩散的路径等多种因素,与致密固体扩散系数 D 的关系为

$$D_e = \frac{\varepsilon}{\tau}D$$

式中 ε——多孔固体的空隙率或自由截面积,m^2/m^2;

τ——曲折因子,对扩散距离进行校正的系数。

(3)对流传质(膜表面的传质)。

如本节所述,运动流体与固体壁面之间会发生对流传质,这种现象在膜分离过程中是十分常见的。如图9.6所示,对于常见的压力驱动膜过程(MF、RO、UF、NF),当料液流经膜的一侧,在压力的作用下,渗透组分产生在膜的另一侧时,这个过程包含着膜表面的传质,渗透组分的透过速率不仅与膜内传质过程有关,还与膜表面的传质条件有关。

根据边界层有关理论,当流体流过固体壁面进行质量传递时,由于溶质组分在流体主体中与壁面处的浓度不同(对膜过程而言,由于溶剂透过膜,造成溶质浓度不同),故壁面附近的流体将建立组分A的浓度梯度,离开壁面一定距离的流体中,组分A的浓度是均匀的。因此可以认为质量传递的全部阻力局限于固体表面上一层具有浓度梯度的流体层中,该流体层即称为浓度边界层,其厚度与流体的流动状况即速度边界层有关。图9.6中,在速度边界层内,针对溶质A而言,既发生由于主体溶液的流动而产生的对流传质通量 JC_A,又发生由于边界层的浓度梯度而引起的从边界层返回主体溶液的传质速率 $D = \frac{dC_A}{dx}$ 以及透过膜的通量 JC_{A_3},稳态条件下,这些通量满足下面关系:

$$JC_{A_3} + D\frac{dC_A}{dx} = JC_A \tag{9.10}$$

将式(9.10)在以下边界条件下:$x=0, C_A = C_{A_1}$;$x=\delta, C_A = C_{A_2}$;积分得

$$J = \frac{D}{\delta}\ln\left(\frac{C_{A_2} - C_{A_3}}{C_{A_1} - C_{A_3}}\right) = k\ln\left(\frac{C_{A_2} - C_{A_3}}{C_{A_1} - C_{A_3}}\right) \tag{9.11}$$

式中 k——膜面传质时对流传质系数,与渗透速率(通量)具有相同的单位;

δ——浓度边界层厚度。

由于膜面的流动状况(错流)类似于流体在圆管中流动,对流传质系数可以根据化工传递理论由圆管内一些准数关联式求得,常见的一些准数关联式及其适用范围如下。

①在湍流状态($Re > 4\ 000$)时:

$$Sh = 0.023(Re)^{0.8}(Sc)^{0.33} \tag{9.12}$$

②在层流($Re < 1\ 800$)时,如果速度场已充分发展,浓度场正在形成中:

$$Sh = 1.86(Re \cdot Sc \cdot d_h/L)^{1/3} \tag{9.13}$$

③如果速度场和浓度场都在形成中:

$$Sh = 0.664(Re)^{0.5}(Sc)^{0.33}(d_h/L)^{0.3} \tag{9.14}$$

式中　Sh——Sherwood 数，$Sh = kd_h/D$；

d_h——当量长度；

Re——Reynolds 数，$Re = d_h u\rho/\eta$；

Sc——Schmit 数，$Sc = \eta/\rho D$。

根据上述准数关联式，可以找出对流传质系数与其他参数之间的关系，从而提高传质系数，强化膜表面的传质问题，感兴趣者可参阅有关化工传递过程方面的书籍。

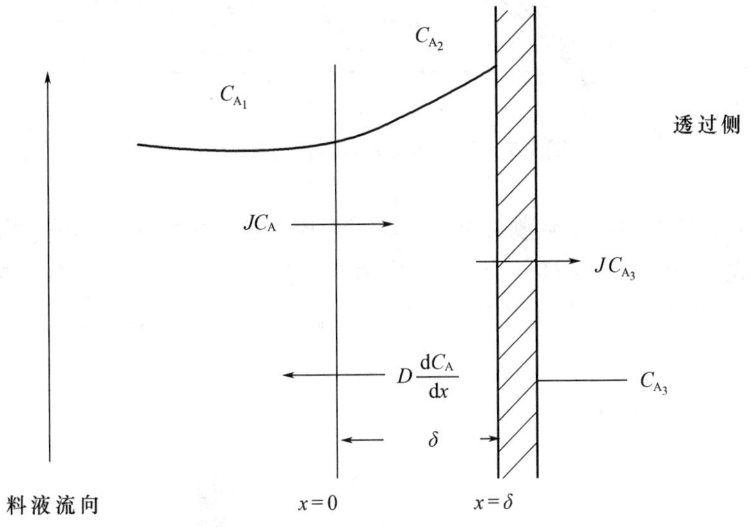

图9.6　浓度边界层内物质衡算示意图
（箭头表示传质方向）

还需提及的是，当透过液的浓度非常小时，式(9.11)可简化为

$$J = k\ln\frac{C_{A2}}{C_{A1}} = k\ln R_C \tag{9.15}$$

式中　R_C——浓差极化比，对于选择性高的膜，浓差极化比随着溶剂体积通量的增加而增大。

由于浓差极化使溶质透过膜的推动力增加，溶剂透过膜的推动力下降，这对分离过程是不利的。减少浓差极化时应减少浓差极化比，以强化膜表面的传质过程，提高传质系数。

上述结果只适用于膜表面没有形成凝胶层的情况。在试验中我们很容易观察到，对于压力驱动型膜过程，开始通量随压差的增大而增加，到一定时候再增加压差，通量没有明显增大（图9.7），这是由于形成了凝胶层，通量由压力控制变为由传质控制。

当膜表面形成凝胶时，$C_{A_3} = 0$，C_{A_2} 达到溶质 A 的饱和浓度，以 C_{A_G} 表示，则由式(9.11)可得

$$J = k\ln\frac{C_{A_G}}{C_{A_1}} \tag{9.16}$$

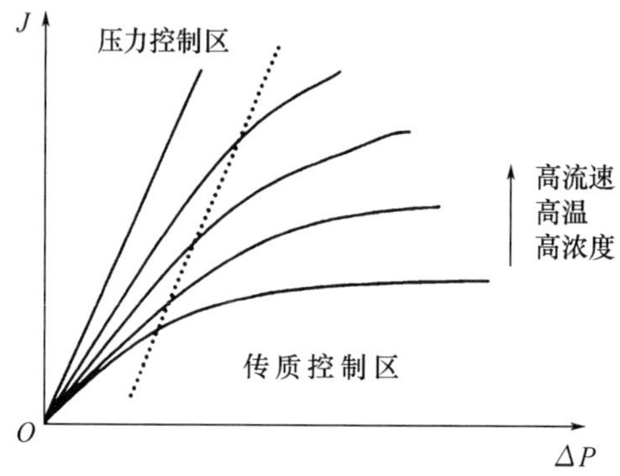

图 9.7　膜两侧压差对渗透流率的影响

此时通量只能通过增加传质系数来提高。对于形成凝胶层的情况,可以做更进一步分析:图 9.8 为形成凝胶层时膜传递示意图,从中可看出凝胶层控制时,膜料液侧表面浓度分布,此时多元体系中 j 组分在膜表面上的浓度超过其饱和溶解度,形成多孔的凝胶层。

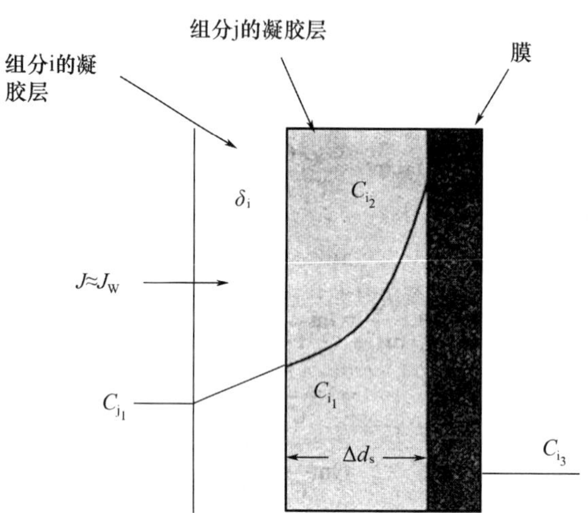

图 9.8　形成凝胶层时膜传递示意图

凝胶层对 i 组分的传质阻力可以下式定义的传质系数表示:

$$\frac{1}{k_{ig}} = \frac{\Delta d_g}{\varepsilon D_{ig}} \tag{9.17}$$

式中　Δd_g——凝胶层厚度;

ε——凝胶层空隙率;

D_{ig}——组分在凝胶层的扩散系数。

凝胶层控制时,凝胶层厚度 Δd_g、阻力 ΔP_g、产品浓度 C_{i_3} 等参数可以通过以下方程联立求出:

①i 组分在液体边界层和凝胶层中的浓度极化方程:

$$\frac{C_{i_2}-C_{i_3}}{C_{i_1}-C_{i_3}} \approx \exp\left[J_W\left(\frac{1}{k_i}+\frac{\Delta d_g}{\varepsilon D_{ig}}\right)\right] \tag{9.18}$$

②由 j 组分的饱和浓度计算的渗透通量：

$$J_{W_1} = k_j \ln\left(\frac{C_{jg}}{C_{j_1}}\right)_{C_{j_3}=0} \tag{9.19}$$

③溶剂在膜内的传质速率（A 为系数）：

$$J_{W_2} = A(\Delta P - \Delta P_g - \sum \Delta\pi) \tag{9.20}$$

④凝胶层阻力（m 为系数）：

$$\Delta P_g = m\Delta d_g J_W \tag{9.21}$$

⑤渗透压差（b_i 和 b_j 为系数）：

$$\sum \Delta\pi = \Delta\pi_i + \Delta\pi_j = b_j C_{jg} + b_i(C_{i2} - C_{i3}) \tag{9.22}$$

⑥ 溶解组分在膜内的传递通量方程（B_i 为系数）：

$$J_i = B_i(C_{i_2} - C_{i_3}) = J_V C_{i_3} \approx J_W C_{i_3} \tag{9.23}$$

式中　J_V——膜的体积通量。

在上述方程中，传质系数 k_i 和 k_j 与由相关传质理论方程估算求出，凝胶层的空隙率可由单独的实验求得。

9.2.4　几种有代表性的膜内传质模型

膜内传质模型可分为两类：一类以传质机理为基础，另一类以不可逆热力学为基础。前面几节已经对这两方面的理论进行了介绍，本节重点介绍以传质机理为基础的适用于膜过程的几种经验或理论方程及其计算方法。

（1）大孔模型（黏滞流－扩散模型）。

多孔模型适用于微滤和超滤过程，这些膜由聚合物本体构成，本体中存在 2 nm～10 μm的孔，孔的几何形状可以有很多种。图9.9是多孔膜中已发现的几种孔的几何形状示意图。

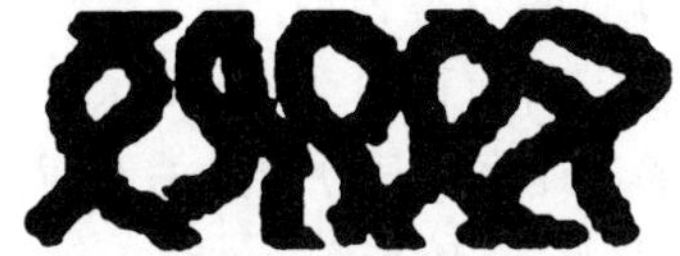

图9.9　多孔膜中已发现的几种孔的几何形状示意图

对于微滤膜，整个膜厚内均为这种结构，扩散阻力由整个膜厚来决定；对于超滤膜，通常为不对称结构,传递阻力由膜表层厚度($d_s < 1\ \mu m$)决定。描述这类问题时,一种常用的方法是将膜看成一系列垂直于或斜交于膜表面的平行圆柱孔,每个圆柱孔的长度等于或基本上等于膜厚,并假设所有孔径相同。这样,当流体通过膜孔流动作为毛细管内的层流时,其流速可用 Hagen – Poiseuille 定律表示:

$$J_V = \frac{\varepsilon r^2}{8\eta\tau} \cdot \frac{\Delta p}{\Delta x} \tag{9.24}$$

式中 J_V——膜的体积通量;

ε——膜的表面孔隙率,即孔面积分数(孔面积与膜面积之比再乘以孔的数目);

η——溶液黏度;

τ——曲折因子(对圆柱垂直孔,$\tau = 1$)。

Hagen – Poiseuille 方程很好地描述了由平行孔组成的膜传递过程。事实上,很少有膜具有这样的结构。对于有机和无机烧结膜或具有球状皮层结构的相转化膜,可能具有由紧密堆积球所构成的体系,这类膜可用 Kozeny – Carman 关系式很好地描述:

$$J_V = \frac{\varepsilon^3}{K\eta S^2(1-\varepsilon)^2} \cdot \frac{\Delta p}{\Delta x} \tag{9.25}$$

式中 ε——孔体积分数;

S——内表面积;

K——Kozeny – Carman 常数,其值取决于孔的形状和弯曲因子。

对于相转化膜,一般具有海绵状结构,这类膜的体积通量根据具体情况用 Poiseuille 或 Kozeny – Carman 关系式描述。

溶质的通量由流体主体流动引起的通量和溶质在流体主体中的扩散通量两部分组成。假使在膜的上、下游侧表面,溶质在膜内与膜外的浓度比是个常数,溶质在孔流中的扩散可用 Fick 定律表达,可得出下列溶质在多孔膜通量的表达式:

$$J_s = J_V C_R \frac{k_s^1 \exp(J_V \tau \Delta x / \varepsilon D_{sw})}{k_s^2 - \varepsilon[1 - \exp(J_V \tau \Delta x / \varepsilon D_{sw})]} \cdot \frac{\Delta p}{\Delta x} \tag{9.26}$$

式中 C_R——上游膜表面外侧溶质的浓度;

k_s^1、k_s^2——分别为膜表面处内、外侧的溶质浓度比;

D_{sw}——溶质在溶剂中的扩散系数。

(2)细孔扩散模型。

当膜孔很小时孔壁会对孔流中的组分扩散产生影响,此时扩散过程不能用 Fick 定律表达。对于孔流是液体的情况,体积通量仍可按照式(9.24)或式(9.25)计算,而溶质通量的计算时要考虑孔壁的影响,此时溶质通量的计算既要考虑 Knudsen 扩散,又要借助于非平衡热力学,结果参见本节“(4)摩擦模型”。

对于孔流是气体的情况,以前面介绍的 Kundsen 扩散反应中孔壁的影响,根据 Kundsen扩散理论可以导出渗透速率与其分子量关系为

$$J_i = K(M_i T)^{-1/2}(p_1 y_{1i} - p_2 y_{2i})/d \tag{9.27}$$

式中 J_i——组分透过膜的渗透速率;

K——决定膜性质的参数;

M_i——i 组分的分子量；

d——膜厚；

p_1、p_2、y_{1i}、y_{2i}——分别为膜上、下游总压和 i 组分在上、下游的摩尔分率。

特别是当 $p_1 >> p_2$ 且进料中两组分浓度相近时，则膜对该二组分的分离因子可表示为

$$\alpha = J_i / J_j = (M_j / M_i)^{1/2} \tag{9.28}$$

应用该模型可以粗略地估算气体通过微孔膜的分离程度。应该指出的是，在气体分离过程中，分子的大小大多处于同一数量级，如氧和氮、己烷和庚烷、一氧化碳和甲烷等，此时必须使用无孔膜，然而无孔膜的概念是很含糊的，意味着只有存在分子级的孔才能发生通过膜的传递过程，因此多用“自由体积理论”来描述，并且认为气体的分离过程为双方式吸着再加上扩散的过程，并因橡胶态膜和玻璃态膜而异，渗透系数为气体在膜相中的溶解度与扩散系数的乘积，因此分离系数既取决于气体本身的物性和操作条件，又取决于气体与膜之间的相互作用参数。这类模型很多，但多数不能得到解析解。

(3)溶解扩散模型。

溶解扩散模型是描述致密膜传递的常用模型，由 Lonsdale 等人首先提出。该模型假设待分离混合物的各个组分都能溶解于均质的无孔膜表面，然后在化学位梯度下扩散通过膜，再从膜下游解吸，混合物的不同组分因膜的选择性不同而得以分离，这种选择性体现于组分在膜中溶解能力和扩散能力的不同。该模型适于均相的、高选择性的膜，如反渗透膜、致密的气体分离膜和渗透汽化膜，并针对具体的情况进行简化。如对于反渗透过程来说，假设溶剂在膜表面的溶解达到平衡，在膜相的扩散服从 Fick 定律，溶剂的渗透通量 J_V 和溶质的渗透通量 J_S 分别为

$$J_V = A(\Delta p - \Delta\pi) \tag{9.29}$$

$$J_S = K_S \Delta C \tag{9.30}$$

式中　A、K_S——分别为溶剂和溶质的渗透系数；

Δp、$\Delta\pi$、ΔC——分别为膜两侧的压力差、渗透压差和溶质浓度差。

对于致密膜的气体渗透过程，假设气体在膜中的溶解服从 Herry 定律，在膜中的扩散服从 Fick 定律，可得到 i 组分的渗透通量为

$$J_i = L_i \Delta p_i \tag{9.31}$$

式中　L_i——i 组分的渗透系数；

Δp_i——i 组分的分压差。

对于渗透汽化过程，假设溶液中组分在膜相的分配系数为常数，在膜内的扩散满足 Fick 定律，膜的透过侧处于高真空状态，可得到 i 组分的渗透通量为

$$J_i = L_i C_{i1}^s \tag{9.32}$$

式中　C_{i1}^s——i 组分在膜上游主体溶液中的浓度。

上述一些模型都是在一些特定的情况下进行了大量简化，主要解决溶质和溶剂的通量问题，此外还有大量的更为复杂的模型及一些经验模型。例如对于反渗透脱盐过程来说，Dytnerskij 以 Sourirajan 的工作为基础，在下列假设下：

①非对称反渗透膜的材料为亲水性(如 CA),其活性表皮层上有许多孔径为纳米级的细孔。

②水优先吸附在亲水性膜的表面和孔内表面,形成结合水。

③假设②中的结合水不同于普通结合水,不溶解盐离子,阻碍水合离子的通过。
建立了可用于反渗透操作和实际设计的经验方程来表示膜的截留率 R 与离子水合焓之间的经验关系模型:

$$\lg(1-R)=K_1-K_2\lg[F(\Delta H_{hy})] \tag{9.33}$$

式中 K_1、K_2——膜的特性参数;

$F(\Delta H_{hy})$——离子水合焓,kcal/mol。

该函数可以从组成盐的阴阳离子的水合焓,按下列计算得到:

$$F(\Delta H_{hy})=\Delta H_{hy,1}\cdot(\Delta H_{hy,2})^m \tag{9.34}$$

式中 $\Delta H_{hy,1}$——较低离子水合焓,kcal①/mol;

$\Delta H_{hy,2}$——较高离子水合焓,kcal/mol;

m——与离子价数有关的指数。

常见离子的水合焓 ΔH_{hy} 数据和离子价数对 m 的影响见表 9.3 和表 9.4。

表 9.3 常见离子水合焓 ΔH_{hy} 数据

离子	$\Delta H_{hy}/(\text{kcal}\cdot\text{mol}^{-1})$	离子	$\Delta H_{hy}/(\text{kcal}\cdot\text{mol}^{-1})$	离子	$\Delta H_{hy}/(\text{kcal}\cdot\text{mol}^{-1})$
Li^+	152	Cs^+	68	Br^-	72
Na^+	108	Ca^{2+}	386	I^-	65
K^+	87	F^-	107	NO_3^-	74
Rb^+	80	Cl^-	78	SO_4^{2-}	250

表 9.4 离子价数对 m 的影响

离子对类型 (阳离子-阴离子价数)	1-1	1-2	2-1	2-2	3-2
m	0.51	0.51	0.47	0.33	0.33

该模型的方便之处在于,能由两组实验体系的数据预测膜对其他体系的分离效果,举例说明如下。

【设计计算举例 9.1】在反渗透过程中通常用细孔毛细管模型评价膜对离子的截留率。①试参照常见离子的水合焓数据,分别计算 NaCl、K_2SO_4 和 $CaCl_2$ 的 $F(\Delta H_{hy})$;②若已知某种膜对 NaCl 的截留率为 0.70,对 K_2SO_4 的截留率为 0.81,试初步估算该种膜对

① 1 kcal = 4.186 kJ。

$CaCl_2$ 的截留率。

【解】由表 9.3 和表 9.4 中的数据并结合上述的经验方程可以求得:

①$NaCl$:$F(\Delta H_{hy}) = 78 \times 108^{0.51} \approx 849.5$(kcal/mol)

$CaCl_2$:$F(\Delta H_{hy}) = 78 \times 386^{0.47} \approx 1\ 281.7$(kcal/mol)

K_2SO_4:$F(\Delta H_{hy}) = 87 \times 250^{0.51} \approx 1\ 453.7$(kcal/mol)

②将 Na 的截留率 0.70,K_2SO_4 的截留率 0.81 代入方程(9.33)可得:

$$NaCl:\lg(1-0.70) = K_1 - K_2 \lg 849.5$$

$$K_2SO_4:\lg(1-0.81) = K_1 - K_2 \lg 1\ 453.7$$

解得 $K_1 = 1.85, K_2 = 0.814$,则对于该膜,其经验方程为

$$\lg(1-R) = 1.85 - 0.814 \lg[F(\Delta H_{hy})]$$

将 $CaCl_2$ 的离子焓数据代入上式得

$$R_{CaCl_2} = 0.79$$

(4)摩擦模型。

当膜孔很小,即溶质分子不能自由通过孔时,溶质与孔壁之间、溶剂与孔壁之间及溶质与溶剂之间会发生摩擦和碰撞,使溶质或溶剂的扩散受阻,阻碍的程度用摩擦系数(每摩尔的摩擦力与相对速度的比值)来衡量,这样一种模型称为摩擦模型。该模型认为溶质或溶剂通过膜的方式为黏性流(即 Poisseuille 流)和扩散,并将膜作为参照物($v_m = 0$)来讨论溶剂和溶质通过膜的渗透,并假设每摩尔的摩擦力 F 与相对速度呈线性关系。

在此基础上,应用不可逆热力学概念(通量与力之间的线性关系)和有关扩散理论,可以推导出如下截留率和溶剂通量的表达式:

$$\frac{C_f}{C_p} = \frac{b}{K} + (1 - b/K)\exp\left(-\frac{\tau l J_V}{\varepsilon D_{sw}}\right) \tag{9.35}$$

式中　C_f、C_p——分别为原料和渗透物中溶质的浓度;

K——溶质在液相主体和膜孔之间的分配系数;

b——关联溶质与膜之间摩擦系数 f_{sm} 和溶质与溶剂(水)之间摩擦系数 f_{sw} 的一个参数,即 $b = 1 + f_{sm}/f_{sw}$;

D——溶质在稀溶液中的扩散系数;

τ——膜厚;

其余符号——含义同前。

以 C_f/C_p(与选择性有关)对指数上的渗透通量 $\tau l/\varepsilon \cdot J_V/D_{sw}$ 作图,结果如图 9.10 所示。

该图表明,C_f/C_p 逐渐增大至极限值 b/K。当溶质与膜之间的摩擦力 f_{sm} 大于溶质与溶剂间摩擦力 f_{sw} 时,摩擦系数 b 大;当膜对溶质的吸收能力小于溶剂(水)对溶质的吸收能力时,溶质分配系数 K 小。b 越大,K 越小,则 b/K 越大。

由式(9.29)可知,溶质的最大留率($J_V \to \infty$)为

$$R_{max} = (1 - C_f/C_p)_{max} = \sigma = 1 - K/b = 1 - K/(1 + f_{sm}/f_{sw}) \tag{9.36}$$

该式表明了截留率与动力学项(摩擦系数 b)和热力学平衡项(参数 K)之间的定量

关系。

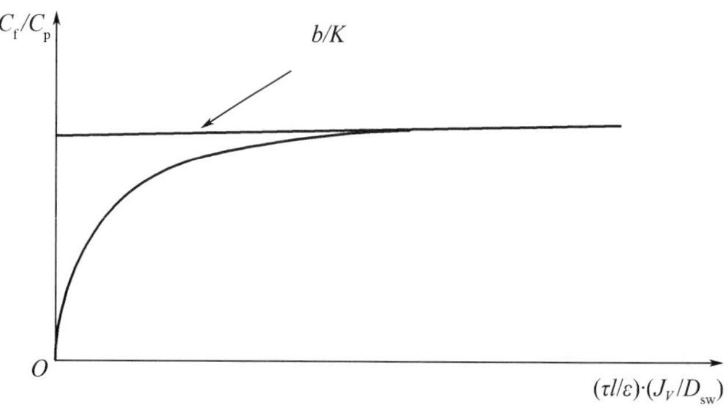

图 9.10　式(9.35)所示的浓度比(C_f/C_p)与渗透通量的关系

9.3　压力驱动膜

水处理过程中最常用的微滤(MF)、超滤(UF)、纳滤(NF)与反渗透(RO)都是以压力差(也称透膜压差)为推动力的膜分离过程,当在膜两侧施加一定的压差时,可使一部分溶剂及小于膜孔径的组分透过膜,而微粒、大分子、盐等被膜截留下来,从而达到分离的目的。四个过程的主要区别在于被分离物粒子或分子的大小和所采用膜的结构与性能。以电位差为推动力的膜分离有电渗析、双极膜水解离电渗析、膜电解三大类。此类膜技术是在直流电场的作用下使溶液中离子透过选择性离子交换膜,使咸水淡化、硬水软化、溶液脱盐、水解离及生成酸或碱等。下面针对这几种膜分离过程进行介绍。

9.3.1　微滤

微滤是利用微孔膜孔径的大小,以压差为推动力,将滤液中大于膜孔径的微粒、细菌及悬浮物质等截留下来,达到除去滤液中微粒与澄清溶液的目的。通常,微滤过程所采用的微孔膜孔径在 0.05 ~ 10 μm 范围内,一般认为微滤过程用于分离或纯化含有直径近似在 0.02 ~ 10 μm 范围内的微粒、细菌等液体。膜的孔数及孔隙率取决于膜的制备工艺,分别可高达 10^7 个/cm^2 及 80%。由于微滤所分离的粒子通常远大于用反渗透和超滤分离溶液中的溶质及大分子,基本上属于固液分离,不必考虑溶液渗透压的影响,过程的操作压差为 0.01 ~ 0.2 MPa,而膜的渗透通量远大于反渗透和超滤。而对以更高压差为推动力的反渗透、纳滤、超滤则主要用于均相分离,从溶液中去除溶质。此外,微滤膜的孔径一般小于 10 μm,微滤过程所去除的细粒为 10 μm 以下。然而,目前传统过滤与微滤之间的差别已越来越小,如错流微滤有时也采用传统过滤器——滤布。

微滤与常规过滤一样,滤液中微粒的浓度可以是 10^{-6}级的稀溶液,也可以是质量分数高达 20% 的浓浆液。根据微滤过程中微粒被膜截留在膜的表面层或膜深层的现象,可将微滤分成表面过滤(Surface Filtration)和深层过滤(Depth Filtration)两种。当料液中的微粒直径与膜的孔径相近时,随着微滤过程的进行,微粒会被膜截留在膜表面并堵塞膜孔,称为表面过滤。根据 Grace 的过滤理论,表面过滤可进一步细分为 4 种模式:微粒通过膜的微孔时,微粒孔被堵塞,使膜的孔数减少的完全堵塞式(Complete Pore Plugging Model);随着过程的进行,小于微孔内径的微粒被堵塞在膜孔中,使滤膜的孔截面积减小,造成通量呈比例下降的逐级堵塞式(Gradual Pore Plugging Model);当微粒的粒径大于孔径时,微粒被膜截留并沉积在膜表面上的滤饼过滤式(Cake Filtration Theory Model);介于逐级堵塞式和滤饼过滤式之间的中间堵塞式。当过程所采用的微孔膜孔径大于被滤微粒的粒径时,在微滤进行过程中,流体中微粒能进入膜的深层并被除去,这种过滤称为深层过滤。

微滤过程有两种操作方式:死端微滤(Dead-end Microfiltration)和错流微滤(Cross-flow Microfiltration)。如图 9.11(a)所示,在死端微滤操作中,待澄清的流体在压差推动力下透过膜,而微粒被膜截留,截留的微粒在膜表面上形成滤饼,并随时间而增厚。滤饼增厚的结果使微滤阻力增加,若维持压降不变,则会导致膜通量下降;若保持膜通量一定,则压降需增加。因此,终端微滤通常为间歇式,在过程中必须周期性地清除滤饼或更换滤膜。

在过去 20 余年里,错流微滤得到了充分发展。类似于超滤和反渗透,错流微滤也以膜表面过滤的筛分机理为支配地位,操作形式是用泵将滤液送入具有多孔膜壁的管道或薄层流道内,滤液沿着膜表面的切线方向流动,在压差的推动力下,使渗透液错流通过膜。如图 9.11(b)所示,对流传质将微粒带到膜表面并沉积形成薄层。与终端微滤不同的是,错流微滤过程中的滤饼层不会无限增厚。相反,由料液在膜表面切线方向流动产生的剪切力能将沉积在膜表面的部分微粒冲走,故在膜面上积累的滤饼层厚度相对较薄。

由于错流微滤操作能有效地控制浓差极化和滤饼形成,因此在较长周期内能保持相对高的通量,如图 9.11(b)所示,一旦滤饼层厚度稳定,那么通量也达到稳态或拟稳态。

实际情况中,有时滤饼形成后,仍发现在一段时间内通量缓慢下降,这种现象大多是由滤饼和膜的压实作用或膜的污染所致。

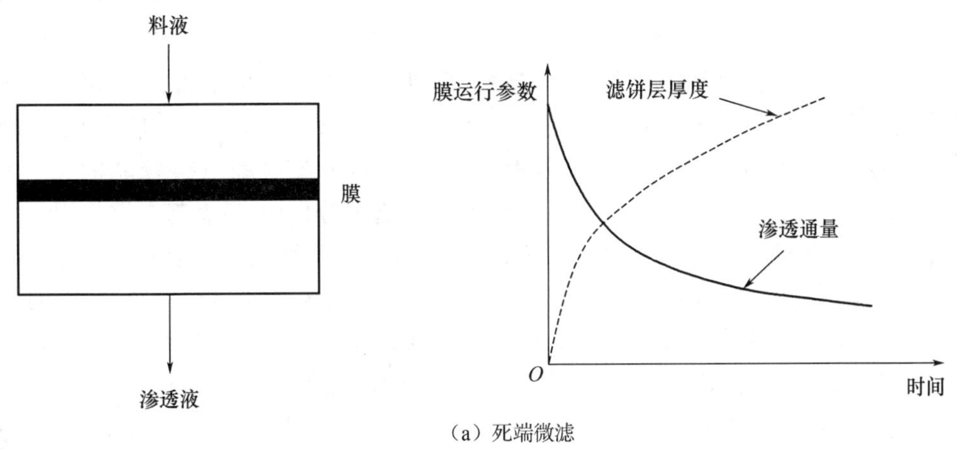

(a)死端微滤

图 9.11　两种微滤过程的通量与滤饼厚度随时间的变化关系

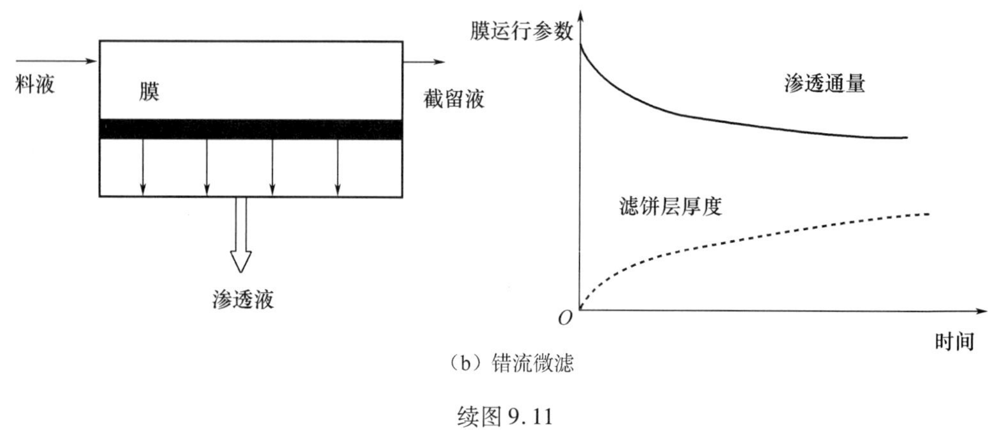

（b）错流微滤

续图 9.11

近十年来无机膜越来越被人们所接受,因为它们具有化学稳定性好,耐高温,可以使用较强的化学清洗剂和可在较高温度下清洗等优点,透膜压差可达到 0.1 ~2 MPa。但是目前无机膜在价格上还是比高分子膜贵得多。

微滤与传统过滤在许多方面相似,可以用传统过滤的数学模型描述微滤过程。几乎所有常压微滤过程中,通量常以某种方式下降;如微粒仅沉结在膜表面的表面微滤,则通量大致为常数;如果在微滤过程中微粒沉结并进入膜孔内的深度微滤,则通量随滤膜孔隙率的降低和阻力的增大而衰减会很明显。

9.3.2 超滤

超滤同微滤类似,也是利用膜的"筛分"作用进行分离的膜过程。在静压差的作用下,小于膜孔的粒子通过膜,大于膜孔的粒子则被阻拦在膜的表面上,使大小不同的粒子得以分离。由于其过滤精度更高,因而膜孔更小,实际的操作压力也比微滤略高,一般为 0.1 ~0.5 MPa。

超滤主要用于从液相物质中分离大分子化合物(蛋白质、核酸聚合物、淀粉、天然胶、酶等)、胶体分散液(黏土、颜料、矿物料、乳液粒子、微生物)及乳液(润滑脂、洗涤剂、油水乳液)。采用先与适合的大分子结合的方法也可以从水溶液中分离金属离子、可溶型溶质和高分子物质(如蛋白质、酶、病毒),以达到净化、浓缩的目的。超滤膜一般为非对称膜,由一层极薄的(通常为 0.1 ~1 μm)具有一定孔径的表皮层和一层较厚的(通常为 125 μm)具有海绵状或指状结构的多孔层组成,前者起筛分作用,后者起支撑作用。一般认为超滤过程的分离机理为筛孔分离过程,但膜表面的化学性质也是影响超滤分离的重要因素,即超滤过程中溶质的截留包括在膜表面上的机械截留(筛分)、在膜孔中的停留(阻塞)、在膜表面及膜孔内的吸附3 种方式。超滤的操作模式和微滤类似,基本上是死端过滤和错流过滤两种,但超滤的功能与微滤有所不同:微滤多数是除杂,产物是过滤液;而超滤着重于分离,产物既可是渗透液,也可是截留液或者二者兼而有之。因此在这两种基本模式的基础上又发展出了多种操作模式,其特点及适用范围见表 9.5。

表 9.5　超滤操作模式的特点及适用范围

<table>
<tr><th colspan="2">操作模式</th><th>操作简图</th><th>过程描述</th><th>特点</th><th>适用范围</th></tr>
<tr><td rowspan="2">死端过滤</td><td>间歇</td><td> 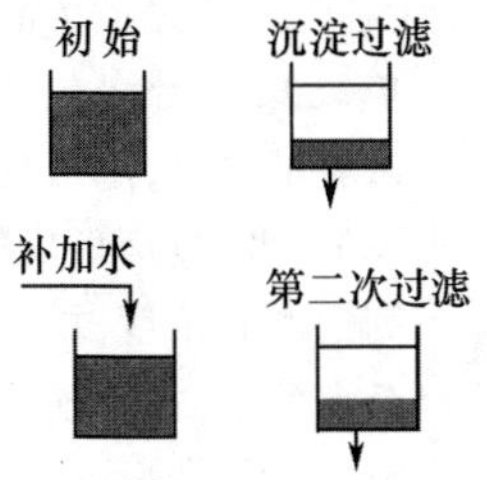初始　沉淀过滤
补加水　第二次过滤</td><td>将料液加在储罐里，在压力下进行过滤，料液逐步变浓，浓缩到一定体积时，再补充水稀释，重复上述过程</td><td rowspan="2">设备简单，能耗低，适宜去除渗透组分；但浓差极化和膜污染严重，对膜的截留率要求高</td><td rowspan="2">适用于大分子蛋白质和酶类的提纯</td></tr>
<tr><td>连续</td><td> 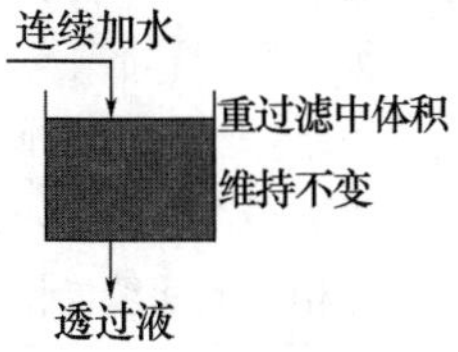连续加水
重过滤中体积维持不变
透过液</td><td>同上，水连续加入，并保持料液罐中液位恒定</td></tr>
<tr><td rowspan="2">间歇错流</td><td>截留液全循环</td><td> 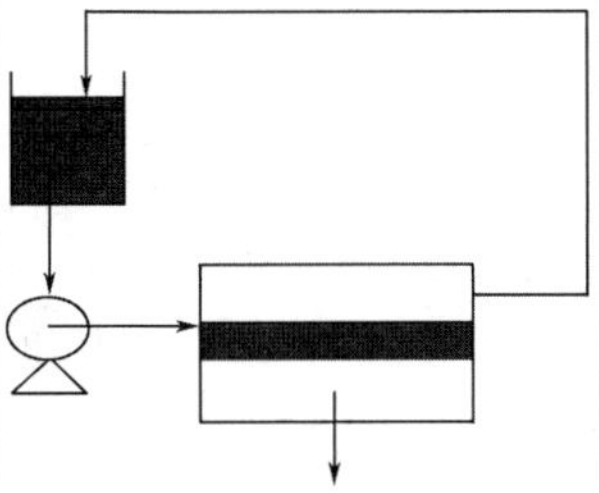</td><td>一次将料液加入到储罐中，截留液再循环至料液槽，浓缩到一定浓度时操作停止</td><td rowspan="2">操作简单，浓缩速度快，所需膜面积小；但全循环时，泵的能耗高，采用部分循环可适当降低能耗</td><td rowspan="2">适用于实验室研究或中试规模试验以及生产</td></tr>
<tr><td>截留液部分循环</td><td> 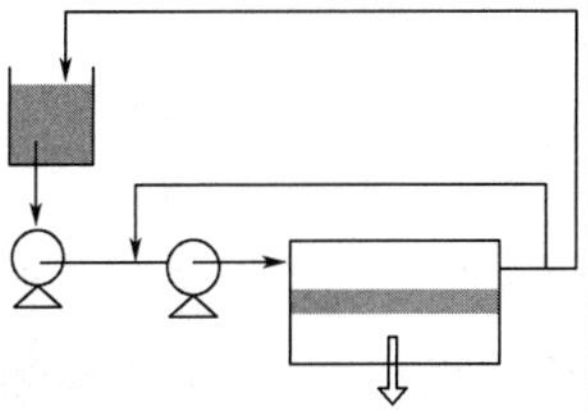</td><td>同上，截留液一部分返回料液槽或通过另一泵返回超滤器</td></tr>
<tr><td>连续错流</td><td>单级无循环</td><td> 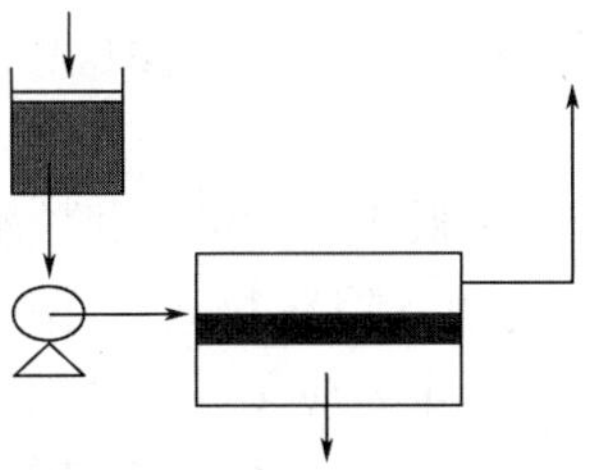</td><td>料液不断地加入到储罐中，并在超滤系统中进行分离，渗透液与截留液均不循环，加料和出料的流量保持平衡</td><td>浓缩比低，达到与间歇操作相同的浓缩效果时，所需膜面积更大。组分在系统中停留时间短</td><td>实际超滤中应用不多，仅在中空纤维生物反应器、水处理等领域中使用</td></tr>
</table>

续表 9.5

操作模式		操作简图	过程描述	特点	适用范围
连续错流	单级部分循环		同上，通过另一个泵在系统中进行部分循环，进出系统的料液保持平衡	同上，不过截留液单级操作始终在高浓度下进行，渗透流率低；多级可获得较高的产品浓度，提高分离效率，在相同分离效果的情况下，所需总膜面积小于单级操作，与间歇操作接近，但停留时间、所需储槽体积均小于相应的间歇操作	大规模生产时普遍采用，特别是在食品工业领域中
	多级部分循环		采用两个或两个以上的单级操作，每级在一个固定浓度下操作，截留液浓度随级的增加而增加，需要多个泵进行料液循环	—	—

9.3.3 纳滤

纳滤(Nanofiltration)是一种介于反渗透和超滤之间的压力驱动膜分离过程，纳滤膜的孔径范围在几个纳米左右。与其他压力驱动型膜分离过程相比，纳滤出现较晚，可追溯到20世纪70年代末J E Cadotte的NS－300膜的研究。之后，纳滤发展得很快，膜组器于20世纪80年代中期商品化。纳滤膜大多从反渗透膜衍化而来，如CA膜、CTA膜、芳族聚酰胺复合膜和磺化聚醚砜膜等。但与反渗透相比，其操作压力更低，因此纳滤又被称作低压反渗透或疏松反渗透。

与超滤或反渗透相比，纳滤过程对单价离子和分子量低于200的有机物截留较差，而对二价或多价离子及分子量介于200～500之间的有机物有较高脱除率，图9.12形象地给出了纳滤膜的分离性能范围。基于这一特性，纳滤过程主要应用于水的软化、净化及相对分子质量在百级的物质的分离、分级和浓缩(如染料、抗生素、多肽、多醣等化工和生物工程产物的分级和浓缩)、脱色和去异味等。

与超滤膜相比，纳滤膜有一定的荷电容量，对不同价态的离子存在唐南(Donnan)效应；与反渗透膜相比，纳滤膜又不是完全无孔的，因此其分离机理在存在共性的同时，也存

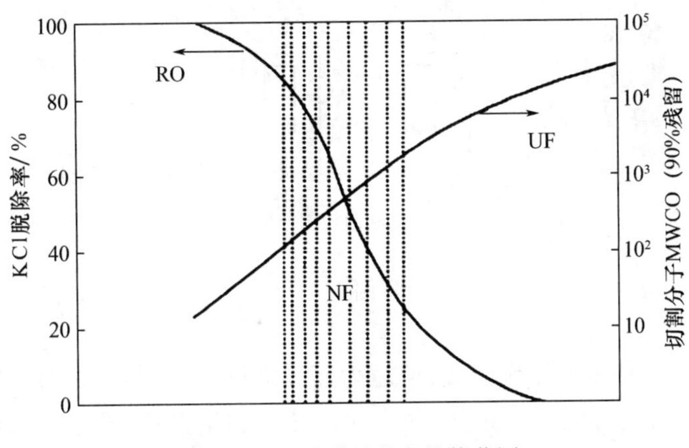

图9.12 纳滤膜的分离性能范围

在差别。其对大分子的分离机理与超滤相似,但对无机盐的分离行为不仅由化学势梯度(溶解扩散机理)控制,也受电势梯度的影响,即纳滤膜的分离行为与其荷电特性、溶质荷电状态及二者的相互作用均有关系。在现存的文献报道中,关于纳滤膜的分离机理模型有空间位阻-孔道模型、溶解扩散模型、空间电荷模型、固定电荷模型、静电排斥和立体位阻模型、Donnan平衡模型等。在上述一些模型的基础上,人们对一些体系的试验及计算表明纳滤过程的分离规律如下:

①对于阴离子,截留率递增的顺序为 NO_3^-、Cl^-、OH^-、SO_4^{2-}、CO_3^{2-};

②对于阳离子,截留率递增的顺序为 H^+、Na^+、K^+、Ca^{2+}、Mg^{2+}、Cu^{2+};

③纳滤尤其适用于截留分子量在200~1 000间、分子大小为1 nm左右的溶解组分的分离。

由于纳滤膜的孔径比超滤膜小得多,因此在实际使用时须严格控制膜的通量,否则膜极易受到污染,考虑到这一点,通常纳滤过程主要采用图9.13所示的三种操作模式。

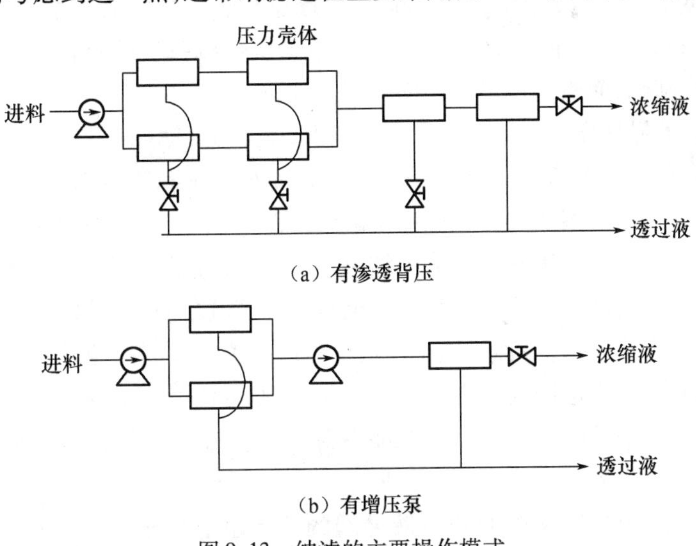

图9.13 纳滤的主要操作模式

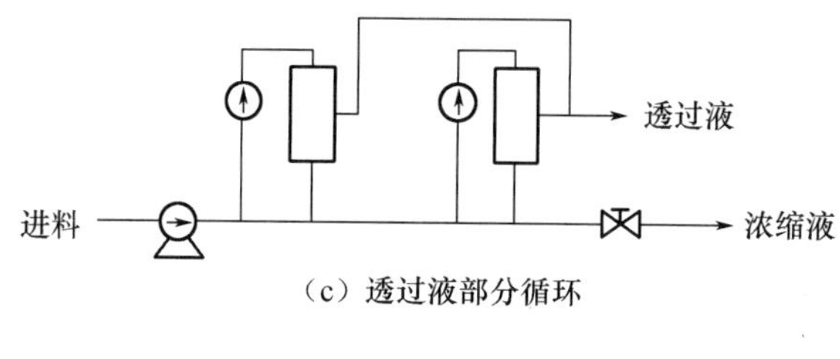

(c) 透过液部分循环

续图 9.13

图 9.13(a)是一种多级操作模式,但压力逐级降低,当产物是透过液时较常采用;图 9.13(b)的操作方式也可以是多级的,每一级的压力逐渐升高,透过液可以合并,也可以不合并,适宜于多组分的分离(若要透过液)或浓缩;图 9.13(c)的操作模式是透过液部分循环,主要使用于产品在浓缩液中的情况,以获得较大的产品收率。除了这几种操作模式外,也有其他一些操作模式,但通常纳滤的使用不是单一的,会与其他压力膜分离过程如微滤、超滤和反渗透结合起来使用,操作模式会根据具体情况而定。

9.3.4 反渗透

与其他的压力驱动膜过程相比,反渗透是最精细的过程,因此又称高滤(Hyperfiltration),它是利用反渗透膜选择性地只能透过溶剂而截留离子物质的性质,以膜两侧静压差为推动力、克服溶剂的渗透压,使溶剂通过反渗透膜而实现对液体混合物进行分离的过程。反渗透过程的操作压差一般为 1.0 ~ 10.0 MPa,截留组分中直径为 0.1 ~ 1 nm 小分子溶质。水处理是反渗透用得最多的场合,包括水的脱盐、软化、除菌除杂等,此外其应用也扩展到化工、食品、制药、造纸工业中某些有机物和无机物的分离等。

反渗透应该是最早认识的过程,它以 1748 年 Abbe Nollet 发表的动物膜的实验为起点,以 Van't Hoff 的渗透压定律、J W Gibbs 的渗透压与热力学性能关系等理论为基础,以 1900 年 S Leob 和 S Sourirajan 制得的第一张高脱盐率、高通量的不对称乙酸纤维素(CA)反渗透膜为物质基础,而逐步由理论转向实际工业化。

理解反渗透的操作原理必须从理解 Van't Hoff 的渗透压定律开始。如图 9.14(a)所示,当用半透膜(能够让溶液中一种或几种组分通过而其他组分不能通过的选择性膜)隔开纯溶剂和溶液时,由于溶剂的渗透压高于溶液的渗透压,纯溶剂通过膜向溶液相有一个自发的流动,这一现象称为渗透。渗透的结果是溶液侧的液柱上升,直到溶液的液柱升到一定高度并保持不变,两侧的静压差就等于纯溶剂与溶液之间的渗透压,此时系统达到平衡,溶剂不再流入溶液中,此时称渗透平衡(图 9.14(b))。若在溶液侧施加压力,就会减少溶剂向溶液的渗透,当增加的压力高于渗透压时,便可使溶液中的溶剂向纯溶剂侧流动(图 9.14(c)),即溶剂将从溶质浓度高的一侧向浓度低的一侧流动,这就是反渗透的原理。

必须指明的是,上述针对溶剂和溶液之间的分析也适用于两种不同浓度的盐溶液。另外,渗透压是溶剂与溶液之间或不同浓度溶液之间的一个特性参数,与膜无关。渗透压

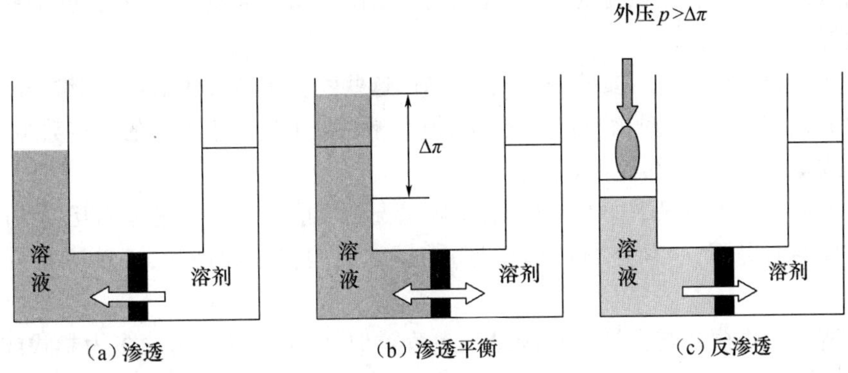

(a)渗透　(b)渗透平衡　(c)反渗透

图 9.14　渗透与反渗透

的大小可以根据 Van't Hoff 渗透压公式计算($\pi = RT/M\sum C_{si}$),浓溶液的渗透压比稀溶液高,因此反渗透过程要施加的外压也就越高,一般为计算出的渗透压的几至几十倍。

反渗透的分离机理与其他压力驱动膜过程有所不同,分离行为除与孔的大小有关外,极大程度地取决于透过组分在膜中的溶解、吸附和扩散,因此与膜的化学、物理性质以及透过组分与膜之间的相互作用有密切关系,因此该过程的理论模型研究较多,至少可以归纳为以下几个方面:

①现象学(非可逆热力学)模型:如 Kedem - Katchasky 模型、Spiegler - Kedem 模型和带电离子迁移模型等。

②溶解 - 扩散模型和不完全溶解 - 扩散模型。

③优先吸附 - 毛细孔流动模型。

④摩擦模型。

⑤孔道扩散模型等。

前面已经对上述部分模型进行了介绍。醋酸纤维素反渗透膜是人们研究较多的膜品种之一,在大量的理论和实验研究基础上,人们总结出该膜对一些常见体系的分离规律:

①对无机离子而言,分离率随离子价数的增高而增高,绝大多数含二价离子的盐基本上能够脱除;价数相同时,分离率随水合离子半径而变化,如:$Li^+ > Na^+ > K^+ < Rb^+ < Cs^+$;$Mg^{2+} > Ca^{2+} > Sr^{2+} > Ba^{2+}$。

②对多原子单价阴离子的分离顺序是:$IO_3^- > BrO_3^- > ClO_3^-$。

③对同分异构体的分离顺序是:叔(ter -) > 异(iso -) > 仲(sec -) > 原(pri -)。

④对极性有机物的分离顺序是:醛 > 醇 > 胺 > 酸,叔胺 > 仲胺 > 伯胺,柠檬酸 > 酒石酸 > 苹果酸 > 乳酸 > 醋酸。

⑤对同一族系的化合物,分离率随着分子量的增加而增大。

⑥对有机物的钠盐分离效果好,对苯酚和苯酚的衍生物则显示了负分离。对极性或非极性、离解或非离解的有机溶质的水溶液进行分离时,溶质、溶剂和间的相互作用力决定了膜的选择透过性,这些作用力包括静电力、氢键结合力、疏水性和电子转移 4 种类型。

⑦对碱式卤化物的脱除率随周期表次序下降,对无机酸则趋势相反。

⑧硝酸盐、高氯酸盐、氯化物、硫代氯酸盐的脱除效果不如氯化物好，铵盐的脱除效果不如钠盐好。

⑨许多低分子量非电解质的脱除效果不好，这些物质包括气体溶液（如铵、氯、二氧化碳和硫化氢）、硼酸之类的弱酸和有机分子；但对相对分子量大于150的大多数组分，不管是电解质或是非电解质，都能很好脱除。

上述是一些具体情况下的经验规则，实际情况中可能有许多情况是相互制约的，因此在理论指导的前提下，必须进行试验验证，掌握物质的特性和规律，正确应用反渗透膜技术。

反渗透的操作模式与上述其他膜分离过程类似，但由于反渗透膜多为卷式或中空纤维结构，通常是单元组件（膜胞）形式，因此实际应用时为了达到设计所要求的处理能力和分离效果，需进行多个膜胞的串联或并联，为此引出了“段”和“级”的概念。所谓“段”，指膜组件的浓缩液不经过泵而流到下一组件进行处理，流经 n 组膜组件称为 n 段；所谓“级”，指膜组件的透过液（产品水）再经过泵到下一组件进行处理，透过液经 n 次膜组件处理称为 n 级。需注意的是，这与后面电渗析过程中讲到的“段”与“级”的概念有所不同。按照“级”和“段”的概念，反渗透的操作模式有以下几种。

（1）一级一段连续式（图9.15）：经过膜组件的透过水和浓缩液被连续引出系统，该方式水的回收率不高，在实际工业中较少采用。

（2）一级一段循环式（图9.16）：经过膜组件的浓缩液部分返回进料槽与原有的料液混合再通过组件进行分离，由于浓缩液中溶质浓度比进料液高，透过水的水质有所下降。

（3）一级多段连续式（图9.17）：这种方式适合大处理量的场合，能得到高的水回收率。图9.17所示为最简单的一级多段连续式反渗透操作，它把第一段的浓缩液作为第二段的进料液，再把第二段的浓缩液作为下一段的进料液，而各段的透过液连续排出，这种方式浓缩液的量少，浓缩液中溶质浓度较高。

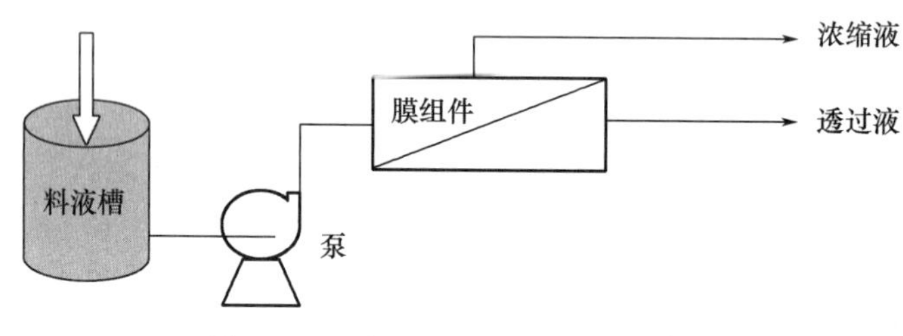

图9.15　一级一段连续式反渗透操作

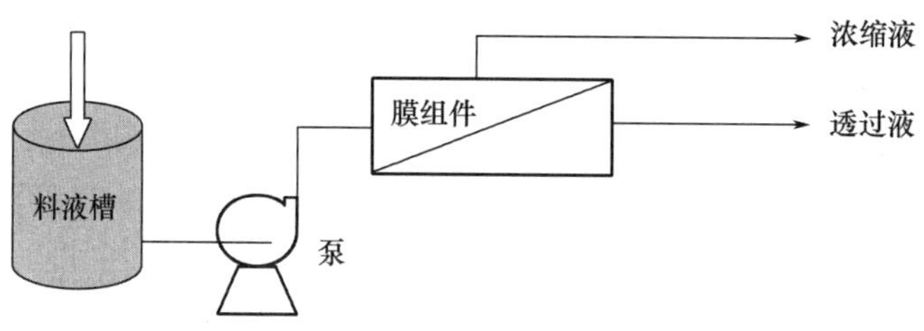

图9.16　一级一段循环式反渗透操作

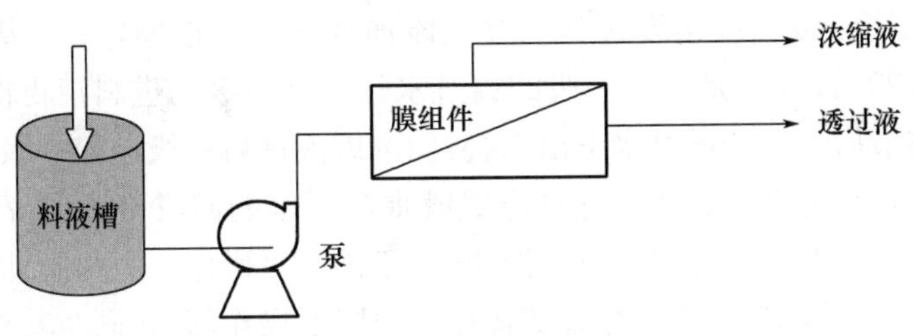

图9.17　一级多段连续式反渗透操作

(4)一级多段循环式(图9.18):这种方式能获得高浓度的浓缩液。它把后一段的透过液重新返回前一段作为进料液,再进行分离。这是因为后一段的进料液浓度较前一段高,因而后一段的透过水质较前一段差。浓缩液经多段分离后,浓度得到很大提高,因此该模式适用于以浓缩为重要目的的分离,产品收率高。

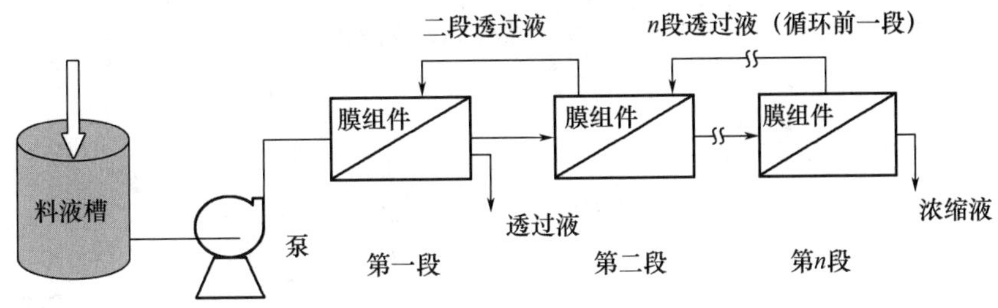

图9.18　一级多段循环式反渗透操作

(5)一级多段连续式反渗透操作的锥形排列(图9.19):为了达到给定的回收率,同时保证水在系统内的每个组件处于相同的流动状态,以减少浓差极化,而把膜组件排列成锥形的多段结构,其中段内组件以并联方式连接,段间组件以串联方式连接。

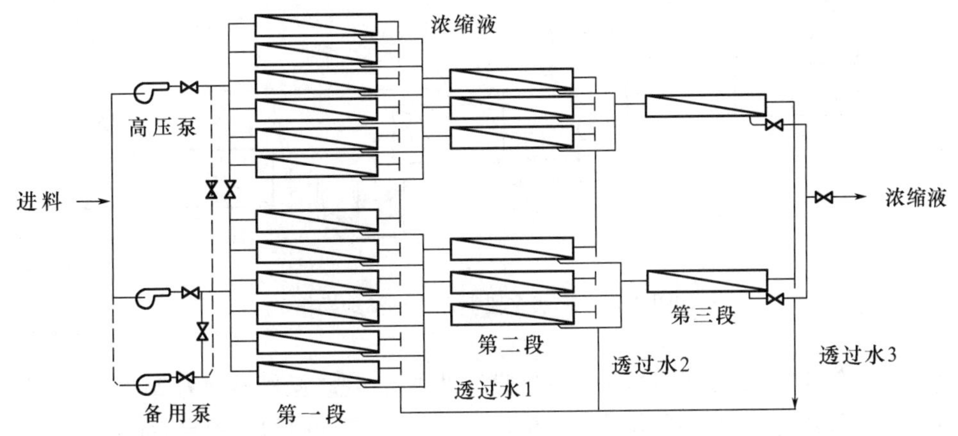

图9.19　一级多段连续式反渗透操作的锥形排列

(6)组件的多级多段配置:组件的多级多段也有连续式和循环式两种,图9.20和

图9.21分别示出了二级二段连续式和二级五段连续式反渗透操作。多级多段循环式反渗透操作如图9.22所示，它是将第一级的透过水作为下一级的进料液再次进行反渗透分离，如此延续，将最后一级的透过水引出系统；而浓缩液从后一级向前一级返回，与前一级的进料液进行混合后再进行分离。这种方式既提高了水的回收率，又提高了透过水的水质，但泵的能耗加大，对某些过程如海水淡化，由于前一级操作压力很高，因此在技术上有很高的要求。不过，采用多级多段循环式操作可以降低操作压力，同时其对膜的脱盐性能要求也较低，有较高的实用价值。

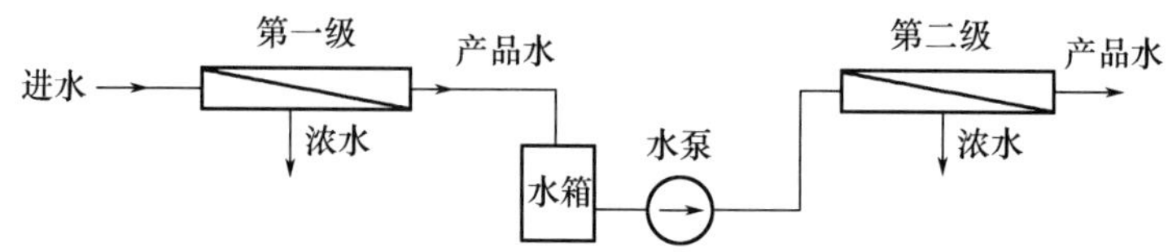

图9.20　二级二段连续式反渗透操作

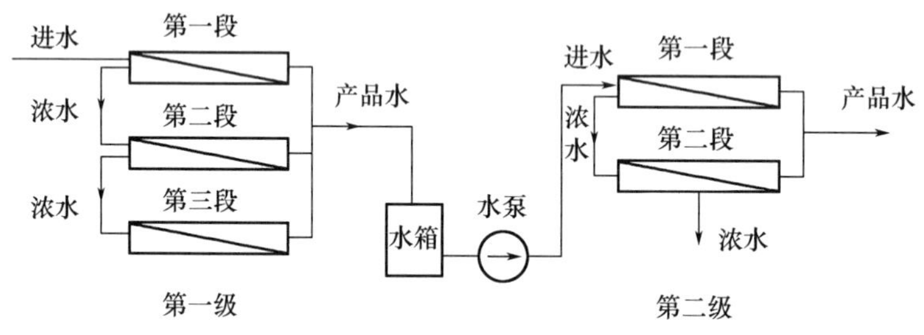

图9.21　二级五段连续式反渗透操作

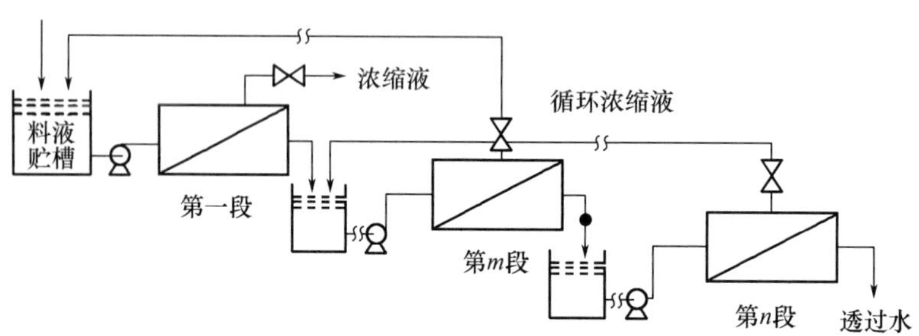

图9.22　多级多段循环式反渗透操作

【设计计算举例9.2】利用卷式反渗透膜组件进行脱盐，操作温度为25 ℃。进料侧水中NaCl质量分数为1.8%，操作压力为6.896 MPa，在渗透侧的水中含NaCl质量分数为0.05%，操作压力为0.345 MPa。所采用的特种膜，水和盐的渗透系数分别为1.0859×10^{-4} g/(cm^2·s·MPa)和16×10^{-6} cm/s。假设膜两侧的传质阻力可忽略，对水的渗透压可用$\pi=RT\sum m_i$计算，m_i为水中溶解离子或非离子物质的浓度，请分别计算出水和盐的通量。

【**解**】进料侧盐浓度为 1.8% ×1 000/(58.5 ×98.2%)≈0.313 (mol/L)。

透过侧盐浓度为 0.05% ×1 000/(58.5 ×99.95%)≈0.008 55 (mol/L)。

压差 $\Delta p = (6.896 - 0.345) = 6.551$ MPa。

若不考虑过程的浓差极化，则

$$\pi_{进料侧} = 8.314 \times 298 \times 2 \times 0.313/1\,000 \approx 1.551\ (\text{MPa})$$

$$\pi_{透过侧} = 8.314 \times 298 \times 2 \times 0.008\,55/1\,000 \approx 0.042\ (\text{MPa})$$

所以

$$J_{H_2O} = \frac{p_{M_{H_2O}}}{\delta_M}(\Delta p - \Delta\pi) = 1.085\,9 \times 10^{-4} \times [6.551 - (1.551 - 0.042)] \approx 5.48 \times 10^{-4}(\text{g}/(\text{cm}^2 \cdot \text{s}))$$

$$J_{NaCl} = \frac{p_{M_{NaCl}}}{\delta_M}\Delta C = 16 \times 10^{-6} \times (0.313 - 0.008\,55) \times 10^{-3} = 4.87 \times 10^{-9}(\text{mol}/(\text{cm}^2 \cdot \text{s}))$$

【**设计计算举例 9.3**】采用地表水为 RO 系统的给水，要求产水量为 10 m³/h。该反渗透系统采用美国 DOW 公司生产的 BW 30—400 型 ϕ 8′ mm ×40′ mm(ϕ 203 mm ×1 016 mm)常规复合膜组件。已知采用该膜元件处理地表水的最大回收率为 15%，最大透水通量为 27 m³/d，设工程的最高给水流量为 15 m³/h，最低浓水流量为 3.6 m³/h。试求回收率分别为 60% 和 70% 时，该反渗透系统的排列组合。

【**解**】①按产水量为 10 m³/h 的 RO 装置，设膜元件的透水系数为 0.75(按最大透水量计)，求得膜元件的个数为 $m_e = 10 \times 24/(27 \times 0.75) \approx 11.85$ (个)。

设每个组件内放置 4 个膜元件，则系统的组件数为 $m_m = 11.85/4 \approx 2.96$。

取整数 3，系统需要 4 个膜组件，共计 12 个膜元件。

当回收率为 60% 时，采用第一段 2 个膜组件、第二段 1 个膜组件的“2 - 1”排列方式。采用有关计算软件可算出每段各膜元件的回收率、给水流量和浓水流量分别见表 9.6。

表 9.6　回收率为 60% 时各膜元件的回收率、给水流量和浓水流量计算表

系统段序号	第一段				第二段			
膜元件顺序号	1	2	3	4	1	2	3	4
回收率/%	11.9	12.9	13.9	15.1	8.0	8.1	8.2	8.2
给水流量/(m³ · h⁻¹)	8.5	7.5	6.5	5.6	9.6	8.8	8.1	7.4
浓水流量/(m³ · h⁻¹)	7.5	6.5	5.6	4.8	8.8	8.1	7.4	6.8

②当回收率为 70% 时，仍按“2 - 1”方式排列，则通过计算可知，在第一段的第 2、3、4 个膜元件的回收率超过规定值，同时第 4 个膜元件的浓水流量也低于规定值，也即在连续给水的操作方式下，此时的排列不能达到设计要求。但若采用浓水循环的操作方式，设浓水循环流量为 2.5 m³/h，则求得各膜元件的相应参数见表 9.7。

表 9.7　回收率为 70% 时各膜元件的回收率、给水流量和浓水流量计算表

系统段序号	第一段				第二段			
膜元件顺序号	1	2	3	4	1	2	3	4
回收率/%	12.4	13.3	14.2	15.1	8.0	7.9	7.9	7.7
给水流量/($m^3 \cdot h^{-1}$)	8.5	7.5	6.5	5.6	9.5	8.7	8.0	7.4
浓水流量/($m^3 \cdot h^{-1}$)	7.5	6.5	5.6	4.7	8.7	8.0	7.4	6.8

由上表 9.7 可知，采用适当量的浓水循环操作方式，“2－1”排列方式的反渗透系统仍能满足生产需求。

9.4　电　渗　析

电渗析是 20 世纪 50 年代发展起来的一项膜法水处理技术，适用于饮用水、工业用水、低压锅炉补给水、机床用水的脱盐、脱碱、脱硬等。一般可将水中的电解质质量浓度由 3 500 mg/L 脱至 10 mg/L 以下。

电渗析用于水的联合脱盐和软化时，应根据当地的具体情况，通过经济比较确定。当采用离子交换法酸、碱来源困难或含盐废水排放受到限制时，宜采用电渗析脱盐方法，以减少大量的废酸、碱、盐的排放量；对于高含盐量的海水和苦咸水的脱盐应与反渗透、蒸馏法进行技术经济比较后选用。

9.4.1　电渗析原理

1. 电渗析

电渗析（Electrodialysis，ED）是以直流电为推动力，利用阴、阳离子交换膜对水溶液中的阴、阳离子的选择透过性，使一个水体中的离子通过膜转移到另一水体中的物质分离过程。图 9.23 为电渗析原理示意图，在两电极间交替放置着阴膜和阳膜，并用特制的隔板将其隔开，组成脱盐（淡化）和浓缩两个系统。当向隔室通入盐水后，在直流电场作用下，阳离子向阴极迁移，阴离子向阳极迁移，但由于离子交换膜的选择透过性，而使淡室中的盐水淡化，浓室中盐水被浓缩，实现脱盐目的。电极反应：

①阴极：

还原反应：$2H^+ + 2e^- \rightarrow H_2\uparrow$

阴极室溶液呈碱性，结垢。

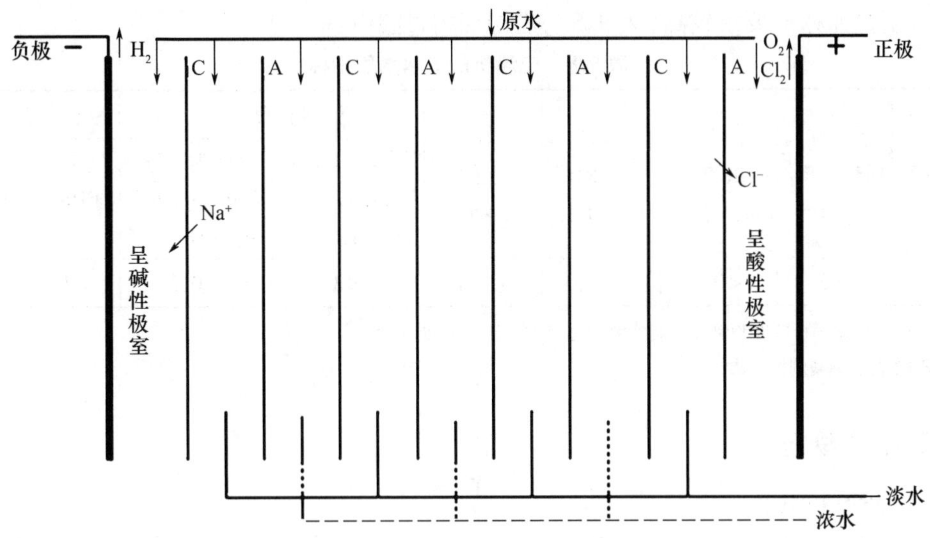

图9.23 电渗析原理示意图

②阳极：

氧化反应：$4OH^- \rightarrow O_2 \uparrow + 2H_2O + 4e^-$

或 $2Cl^- \rightarrow Cl_2 \uparrow + 2e^-$

阳极室溶液呈酸性，腐蚀。

电渗析给水处理的主要特点如下。

(1)与离子交换水处理相比，电渗析水处理具有以下优点。

①能量消耗少。电渗析器在运行中不发生相的变化，只是用电能来迁移水中已解离的离子，其所耗电能一般与水中的含盐量成正比。

②药剂耗量少，环境污染小，仅酸洗时需要少量酸。

③设备简单，操作方便。

④设备规模和脱盐浓度范围的适用性大，可用于小至每天几十吨的小型生活饮用水淡水站，大至几千吨的大、中型淡水站。

⑤以电为动力，运行成本较低。

(2)电渗析的缺点。

①由于电渗析以离子形式进行分离，所以不解离的物质不能分离，解离度小的物质难以分离。如水中的硅酸盐和不解离的有机物等难以去除；对碳酸根的迁移率较小。在海水淡化中，硼的去除率仅为盐度去除率的1/5，溴的去除率也较小，这是电渗析逊于其他淡化方法的主要方面之一。

②电渗析器由几十到几百张较薄的隔板和膜组成，部件多，对组装技术要求比较高，往往会因为组装不好而影响运行配水的均匀性。

③易产生极化结垢现象，这是电渗析技术中较难掌握又需重视的问题。

④虽然采取极水全部回收、浓水部分回收或降低浓水与进水比例等措施，但电渗析本身的浓水排水量较大。

⑤对进水水质要求较高(表9.8),需增加精过滤设备。

表9.8　电渗析的进水水质指标

水温/℃	COD_{Mn}质量浓度/($mg \cdot L^{-1}$)	游离氯质量浓度/($mg \cdot L^{-1}$)	铁质量浓度/($mg \cdot L^{-1}$)	锰质量浓度/($mg \cdot L^{-1}$)	浊度		污染指数(SDI)	
					厚度为1.5~2.0 mm的隔板/NTU	厚度为0.5~0.9 mm的隔板/NTU	EDR	ED
5~40	<3	<0.2	<0.3	<0.1	<3	<0.3	<7	3~5

注:①一般应根据隔板厚度和倒极时间实测出适宜的SDI,一般小于10。

②EDR表示频繁倒极电渗析。

2.基本概念

(1)膜对和膜堆。

膜对是由一张阳膜、一张浓(或淡)室隔板、一张阴膜、一张淡(或浓)室隔板组成的一个淡水室和一个浓水室构成的电渗析的基本脱盐单元。

膜堆是将许多膜对组装在一起而构成的。

(2)级。

电渗析器设置的电极对数称为级,如一台电渗析器设一个阳极和一个阴极时,则称其为一级。

(3)段。

一台电渗析器中浓、淡水隔板水流方向一致的膜堆称为一段。水流方向每改变一次,段数就增加一。

(4)台。

用夹紧装置将各部件组成一个电渗析器,称其为一台。它可以是一级一段、一级多段、多级一段或多级多段等形式。

(5)系列。

把多台电渗析器串联起来成为一次除盐流程整体,称其为系列。如将两台电渗析串联为一组称为一系列;如果有两组电渗析即称为两系列。

电渗析器装置主要由电渗析器本体和辅助设备两部分组成。电渗析器本体包括压板、电极托板、电极、板框、阴膜、阳膜、浓水隔板、淡水隔板等部件。这些部件按一定顺序组装并压紧,组成一定形式的电渗析器。整个本体可以分为膜堆、极区、紧固装置三部分。

3.电渗析的进水水质指标

电渗析的进水水质指标见表9.8。

水质指标的讨论:

(1)水温。

进水温度限定在5~40 ℃,这是由国产离子交换膜的性能所决定的。目前国内在水处理中通用苯乙烯系异相膜。阳膜可耐较高的温度,能在50~60 ℃下长期应用。但阴膜耐温性能差，在 45 ℃以上长期应用会加速降解与老化，使膜性能下降，使用寿命缩短。采用较高电流密度的多级电渗析脱盐装置的进出口水温可相差 5 ℃左右。还必须明确：电渗析器的出口水温不得高于 45 ℃，应从控制进口水温来控制出口水温的上限。温度低，则膜和溶液的电导率降低，膜堆电阻升高，极限电流下降，脱盐率下降，所以电渗析不应在较低温度下运行，限定最低的进水温度以 5 ℃为宜。就电渗析的其他部件来说，是可以允许在大于 45 ℃的温度条件下运行的。另外，国外电渗析脱盐中所提出的水温指标也大都在 5 ~ 45 ℃范围内。

(2)浊度。

浊度表征水中所含机械杂质的多少。产生浊度的物质可能是无机物或有机物，这些物质可能处于悬浮状态也可能呈胶体存在。产生浊度的物质在进入电渗析器以后，可能阻塞隔板布水槽区，引起层间配水不匀；可能滞留在狭窄的隔室内部，引起水流压降上升；也可能附着在离子交换膜膜面上，引起膜的污染。

在电渗析应用初期，电渗析器隔板厚度为 2 mm 左右，如以自来水的浊度指标 5 NTU 作为电渗析进水指标，常发现膜堆有堵塞现象。至 20 世纪 70 年代中期，0.9 mm 和 0.5 mm隔板电渗析器投入应用，采用较低的浊度指标才能保持电渗析器的运行，即对于网状隔板电渗析器，隔板厚度为 1.5 ~ 2.0 mm 时要求浊度小于 3 NTU；隔板厚度为 0.5 ~ 0.9 mm 时要求浊度小于 0.3 NTU。冲格式隔板电渗析器，国内也有少量生产与应用，它对浊度要求较低，1 mm 冲格式隔板电渗析器在浊度不大于 3 NTU 时，就能满足进水要求。

日本及欧洲许多国家生产或应用网式隔板电渗析器时，浊度指标多在 0.1 ~ 1 NTU。美国、苏联等应用冲格式隔板电渗析器时，浊度指标多在 2 ~ 5 NTU。

(3)耗氧量。

耗氧量主要表示水中有机物的含量，以高锰酸钾耗氧量 COD_{Mn} 计。天然水中通常都含有有机物，尤其是地表水含量较多，这些有机物大都处于胶体状态。这些带负电荷的胶体和大分子的阴离子能够与阴离子交换膜进行交换并吸附于阴膜表面，同时也会进入膜的微孔结构中降低膜的交换容量。此外，这些阴性微颗粒也会与溶液中的 Ca^{2+}、Fe^{2+} 等离子结合，在膜面上形成沉积，增加了附加电阻。水中的细菌、微生物往往带有负电荷，在阴膜上产生沉积，形成黏液层，并在电渗析器内繁殖，使水流阻力和膜电阻增加，影响电渗析的运行稳定性和效率。所有这些现象一般称之为膜的污染。

我国提出的电渗析进水耗氧量小于 3 mg/L(COD_{Mn})的指标同我国提出的离子交换树脂设备的进水耗氧量指标相一致。

(4)淤塞密度指数。

淤塞密度指数(Silt Density Index，SDI)是国内近年来才提出作为电渗析器进水指标的，它表征水中胶体物和悬浮物含量。

我国提出的电渗析进水 SDI 的数据和美国 Ionics 公司提出的数据基本一致，即对于 ED，SDI 为 3 ~ 5；对于 EDR，SDI < 7。

(5)游离氯。

即使浊度达到电渗析的进水指标,电渗析也未必能正常运行。细菌在膜面上的长仍会引起水流阻力与电阻的增加。根据多年的试验,目前我国提出电渗析进水游离氯质量浓度小于0.2 mg/L。电渗析处理地表水时一般都应采用氯化措施,预处理出水游离氯质量浓度可维持在0.1 ~0.5 mg/L,以抑制细菌或微生物的生长。在进入电渗析器前,若游离氯质量浓度大于0.2 mg/L,可采用添加 Na_2SO_3 或以活性炭过滤的方法予以部分去除,确保进水游离氯质量浓度小于0.2 mg/L。

9.4.2 离子交换膜

离子交换膜又称离子选择性透过膜,是指对离子具有选择透过性的高分子材料形成的薄膜,它是电渗析装置的关键部件。

离子交换膜的性能要求:

①离子选择透过性要大,这是衡量离子交换膜优劣的主要指标。

②离子的反扩散速度要小。

③膜的渗水性应尽量小。

④具有较低的膜电阻。在电渗析器中,膜电阻应小于溶液的电阻。如果膜的电阻太大,则电渗析器中膜本身引起的电压降就很大,这不利于最佳电流条件,使电渗析的效率下降。

⑤为使膜在一定的压力和拉力下不发生变形或裂纹,离子交换膜必须具有一定的强度和韧性。

⑥膜的结构要均匀,能耐一定温度,并具有良好的化学稳定性。

⑦膜应当是低价的。

离子交换膜分为异相离子交换膜、均相离子交换膜、半均相离子交换膜3种,通常在水处理中采用异相离子交换膜。异相离子交换膜是用离子交换树脂通过与黏合剂混炼、拉片、加网热压制成的。异相离子交换膜的制备采用热压成型法。先将粉状(约250目)的离子交换树脂和惰性黏合剂按一定比例混合,在双筒(或三筒)滚压机上混炼,再拉出一定厚度(约0.5 mm)的膜片,然后在膜的上下两面各加一层网布,热压成膜。阳膜采用阳离子交换树脂;阴膜采用阴离子交换树脂。惰性黏结剂是采用热塑性的线性高分子聚合物,一般是聚烯烃或其衍生物,如聚乙烯、聚氯乙烯、聚丙烯、聚乙烯醇、聚四氟乙烯、氯乙烯丙烯腈等,天然或合成橡胶也可做黏合剂。网布起增强作用,一般可使用锦纶、丙纶、氯纶、无纺布或玻璃纤维织物等。

异相离子交换膜的名称以大写字母“Y、L、M”简单表示。“Y”“L”“M”分别为“异相”“离子交换”“膜”3个词汉语拼音的字首。膜的品种和型号由3位阿拉伯数字组成:第1位数字代表产品分类;第2位数字代表骨架分类;第3位数字为产品序号,这主要根据适用于电渗析的膜产品(不含试制品、试销品)投产的先后而定。分类的代号参见第8章。示例:YLM 001 表示强酸性苯乙烯系异相阳离子交换膜;YLM 201 表示强碱性苯乙烯系异相阴离子交换膜。

均相离子交换膜的制备方法可以归纳为以下 3 类:单体的聚合或缩聚,其中至少有一个单体必须含有可引入阴离子或阳离子交换基团的结构;在预先制备的基膜中引入功能基团;聚合物先功能基化,然后溶解流涎(浇铸)成膜。但目前实现产业化的较少。

9.4.3　极化与极限电流密度的推导

1. 极化

在电渗析过程中,由于膜内反离子的迁移数大于溶液中的迁移数,从而造成淡水隔室中在膜与溶液的界面处形成离子亏空现象。当操作电流密度增大到一定程度时,主体溶液内的离子不能迅速补充到膜的界面上,从而迫使水分子电离产生 H^+ 和 OH^- 来负载电流,这就是电渗析的极化现象。电流密度是指单位面积膜通过的电流,使水分子产生离解反应时的操作电流密度称为极限电流密度。

电渗析的极化现象对电渗析的运行有很大的影响,主要表现在:

①极化时一部分电能消耗在水的电离与 H^+ 和 OH^- 的迁移上,使电流效率下降。

②正常运行时,淡水和浓水的 pH 为中性;极化时,OH^- 透过阴膜进入浓水室,这时阳膜迁移过来的 Mg^{2+}、Ca^{2+} 因受阴膜的阻挡,在浓水侧的阴膜界面上与 OH^- 发生反应:

$$Mg^{2+} + 2OH^- \rightarrow Mg(OH)_2 \downarrow$$

$$Ca^{2+} + OH^- + HCO_3^- \rightarrow CaCO_3 \downarrow + H_2O$$

$Ca(OH)_2$、$Mg(OH)_2$、$CaCO_3$ 的沉淀会堵塞水流通道,增加水流阻力,增加电耗,影响出水水质、水量和电渗析器的安全运行。

③由于沉淀、结垢的影响,膜的性能发生了变化,导致膜易裂、机械强度下降,膜电阻增大,缩短了膜的使用寿命。

为了避免极化和结垢的影响,目前主要采取的措施有:

①控制工作电流密度在极限电流密度以下运行,以避免极化现象的产生,减缓水垢的生成。

②定时倒换电极,使浓、淡室随之相应变换,这样阴膜两侧表面上的水垢溶解与沉淀相互交替,处于不稳定状态。

③定期酸洗。电渗析在运行一段时间后,总会有少量的沉淀物生成,累积到一定程度时,倒换电极也不能有效去除,此时可用酸洗,视具体情况而定。

2. 极限电流密度的推导

以阳膜淡室一侧为例(图 9.24 为其浓差极化示意图),膜表面存在着一层厚为 δ 的界面层(或称滞流层)。当电流密度为 i,阳离子在阳膜内的迁移数为 $\bar{t}_+$ 时,其迁移量为 $\frac{i}{F} \times \bar{t}_+$,相当于单位时间、单位面积所迁移的物质的量。阳离子在溶液中的迁移数为 t_+,其迁移量为 $\frac{i}{F} \times t_+$,由于 $\frac{i}{F} \times t_+ > \frac{i}{F} \times \bar{t}_+$,造成膜表面处阳离子的亏空,使界面层两侧出现浓度差,从而产生了离子扩散的推动力。此时,离子迁移的亏空量由离子扩散的补充量来补

偿。根据费克定律,扩散物质的通量表示为

$$\varphi = D(c - c')/\delta \cdot 1\ 000$$

式中 φ——单位时间、单位面积通过的物质的量,mmol/(cm^2 · s);

D——扩散系数,cm^2/s;

c、c'——分别表示界面层两侧溶液的浓度,mmol/L;

δ——界面层厚度,cm。

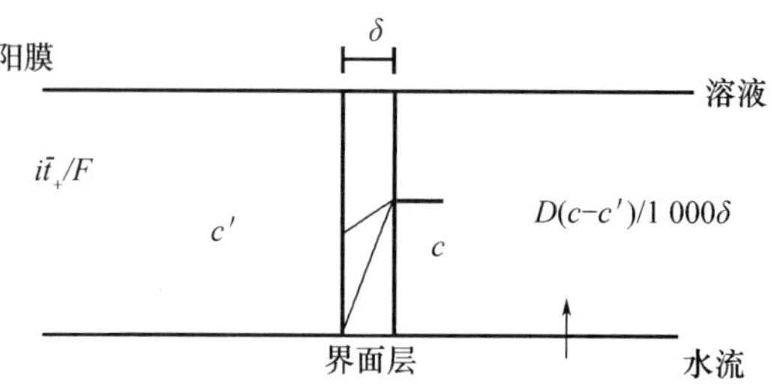

图 9.24　浓差极化示意图

当处于稳定状态时,离子的迁移与扩散之间存在着如下的平衡关系:

$$\frac{i}{F}(\bar{t}_+ - t_+) = D\frac{c - c'}{1\ 000\delta}$$

式中 i——电流密度,mA/cm^2。

若逐渐增大 i 值,则膜表面的离子浓度 c' 必将逐渐降低。当 i 达到某一数值时,$c' \to 0$;如若再提高 i 值,由于离子扩散不及,在膜界面处引起水的离解,H^+ 透过阳膜来传递电流,这种膜界面现象称为浓差极化。此时,电流密度称为极限电流密度 $i_{\lim}$,有

$$i_{\lim} = \frac{FD}{\bar{t}_+ - t_+} \times \frac{c}{1\ 000\delta}$$

实验表明,δ 值主要与水流速度有关,可由下式表示:

$$\delta = \frac{k}{v^n}$$

其中,n 值在 0.3~0.9 之间,n 值越接近于 1,说明隔网造成水流紊乱的效果越好。系数 k 与隔板形式及厚度等因素有关。将上面二式整理得

$$i_{\lim} = \frac{FD}{1\ 000(\bar{t}_+ - t_+)k}cv^n$$

在水沿隔板流水道流动过程中,水的离子浓度逐渐降低。其变化规律系沿流向按指数关系分布,式中 c 值一般采用对数平均值表示,即

$$c = \frac{c_1 - c_2}{2.3\lg c_1/c_2}$$

这样,极限电流密度与流速、平均浓度之间的关系最后可写成

$$i_{\lim} = Kcv^n \tag{9.37}$$

式中 v——淡水隔板流水道中的水流速度,cm/s;

c——淡室中水的对数平均离子浓度,mmol/L;

K——水力特性系数，$K=\dfrac{FD}{1\,000(\bar{t}_{+}-t_{+})k}$，主要与膜的性能、隔板形式与厚度、隔网形式、水的离子组成、水温等因素有关。

上式(9.37)称为极限电流密度公式。在给定条件下，式中 K 和 n 可通过试验确定。

极限电流密度的测定通常采用电压－电流法。其测定步骤为：①在进水浓度稳定的条件下，固定浓、淡水和极室水的流量与进口压力；②逐次提高操作电压，待工作稳定后，测定与其相应的电流值；③以膜对电压对电流密度作图，并从曲线两端分别通过各试验点作一直线，如图 9.25 所示，从两直线交点 P 引垂线交曲线于点 C，点 C 的电流密度和膜对电压即为极限电流密度和与其相对应的膜对电压。这样，对应于每一流速 v，可得出相应的值及淡室中水的对数平均离子浓度 c，再用图解法即可确定 K 和 n。

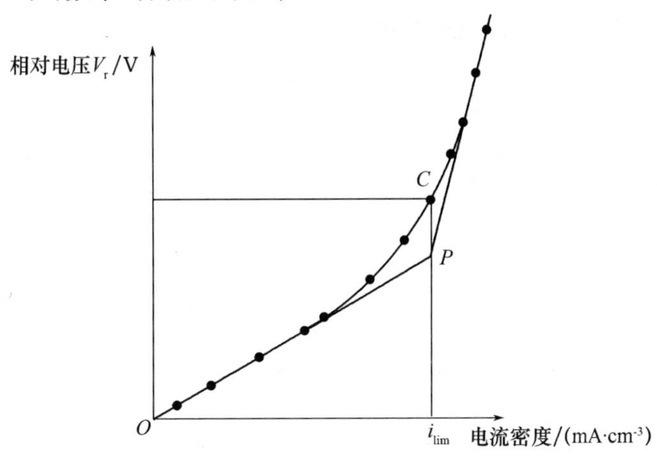

图 9.25　极限电流密度的确定

9.4.4　电渗析器工艺设计计算

1. 电流效率

电渗析器用于水的淡化时，一个淡室（相当于一对膜）实际去除的盐量(g)为

$$m_1 = q(c_1 - c_2)tM_B/1\,000 \tag{9.38}$$

式中　q——一个淡室的出水量，L/s；

c_1、c_2——分别表示进、出水含盐量，计算时均以当量粒子作为基本单元，mmol/L；

t——通电时间，s；

M_B——物质的摩尔质量，以当量粒子作为基本单元，g/mol。

依据法拉第定律，应析出的盐量(g)为

$$m = \frac{ItM_B}{F} \tag{9.39}$$

式中　I——电流，A；

F——法拉第常数，$F=96\,500$ C/mol。

电渗析器电流效率等于一个淡室实际去除的盐量与应析出的盐量之比，即

$$\eta = \frac{m_1}{m} = \frac{q(c_1 - c_2)F}{1\,000 \times I} \tag{9.40}$$

电流效率与膜对数无关，电压随膜对增加而增大，而电流则保持不变。

2. 电渗析器总流程长度的计算

电渗析器总流程长度即在给定条件下需要的脱盐流程长度。对于一级一段或多级一段组装的电渗析器，脱盐流程长度也就是隔板的流水道长度。

设隔板厚 d(cm)，隔板流水槽宽度为 b(cm)，隔板流水道长度为 L(cm)，膜的有效面积为 bL(cm^2)，则平均电流密度 i(mA/cm^2)为

$$i = \frac{1\,000 I}{bL} \tag{9.41}$$

一个淡室的流量(L/s)可表示为

$$q = \frac{dbv}{1\,000} \tag{9.42}$$

式中　v——隔板流水道中的水流速度，cm/s。

将上面式(9.41)、式(9.42)代入式(9.40)，得出所需要的脱盐流程长度(cm)为

$$L = \frac{vd(c_1 - c_2)F}{1\,000\eta i} \tag{9.43}$$

将式(9.37)代入上式，得出在极限电流密度下的脱盐流程长度(cm)表达式：

$$L_{\lim} = \frac{2.3Fd \cdot v^{1-n}}{1\,000\eta K}\lg\frac{c_1}{c_2} \tag{9.44}$$

电渗析器并联膜对数 n_p 可由下式求出：

$$n_p = 278\frac{Q}{dbv} \tag{9.45}$$

式中　Q——电渗析器淡水产量，m^3/h；

278——单位换算系数。

3. 电流、电压及电耗的计算

(1)电流计算。

$$I = 1\,000\, iA \tag{9.46}$$

式中　I——电流，A；

A——膜的有效面积，cm^2；

i——平均电流密度，mA/cm^2。

工作电流一般为极限电流的 70% 左右。

(2)电压计算。

$$U = U_j + U_m \tag{9.47}$$

式中 U———一级的总电压降,V;

U_j——极区电压降,为15~20 V;

U_m——膜堆电压降,V。

(3)电耗计算。

电渗析器直流电耗:

$$W = \frac{UI}{Q} \times 10^{-3}$$

考虑到整流器的效率($\eta_{整}$),其耗电量((kW·h)/m³)为

$$W = \frac{UI}{Q\eta_{整}} \times 10^{-3} \tag{9.48}$$

9.5 膜污染、劣化及其预防方法

膜滤技术的核心部位是膜。一种性能良好的膜具有如下特点:①良好的渗透性;②高效的选择性;③一定的化学稳定性和机械强度;④耐污染且使用寿命长;⑤易制备和加工;⑥良好的抗压性。然而所有的膜在使用过程中都不可避免地会受到污染和劣化,主要表现为出水水质变差或膜的渗透通量随时间而减少,从而使膜的使用寿命缩短,加大处理费用,所以有必要了解膜污染(Membrane Fouling)和劣化(Membrane Deterioration)产生的原因,并掌握膜污染和劣化的预防方法。

1. 膜污染和劣化

膜污染是指膜在过滤过程中,水中的微粒、胶体粒子或溶质大分子与膜发生物理化学作用或机械作用而引起的在膜表面或膜孔内吸附、沉积造成膜孔径变小或堵塞等,使膜产生透过通量与分离特性不可逆变化的现象。膜的劣化是指膜自身的结构发生了不可逆变化。图9.26概括地列出了膜组件的性能变化分类及其产生原因。

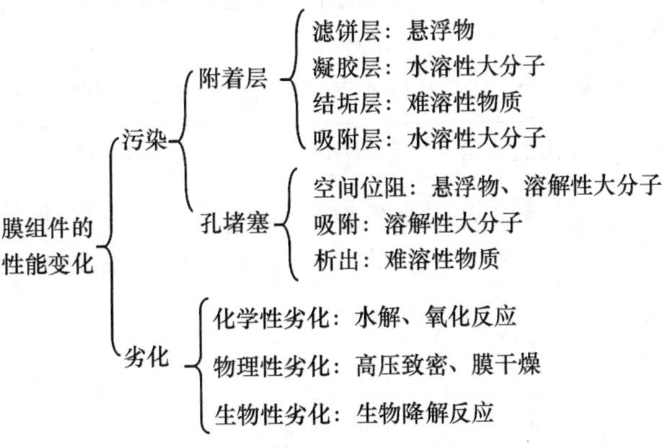

图9.26 膜组件的性能变化分类及其产生原因

对于膜污染来说,膜本身的结构并没有发生变化,只要通过适当的清洗就可以使膜的性能恢复或部分恢复到原来的状态。膜的劣化则使膜自身发生了不可逆的变化。因此要根据具体情况采用有效措施。在实际应用中,膜性能的变化常常是由两种或三种原因引起的。有时一种污染可以加快另一种污染的发生。对于这样复杂的实际应用体系应认真识别造成污染的原因,以便更好地消除影响,延长膜的使用寿命。

2. 膜污染、劣化对膜性能的影响

表 9.9 列出了膜组件性能随膜劣化所发生的变化。一般化学性劣化或生物性劣化使膜孔径变大,膜的渗透通量增加,而截留率一般来说减少。当发生物理性劣化时,膜的渗透通量减少,但截留率反而增加,这是因压密作用使膜的孔径减少。

表 9.9　膜组件性能随膜劣化所发生的变化

劣化	成因	膜渗透通量	截留率	存在问题的膜
化学性劣化	水解反应	增加	减少	醋酸纤维素膜
	氧化反应	增加	减少	各种高分子膜
物理性劣化	致密化	减少	增加	干燥反渗透膜、纳滤膜
	干燥	减少	增加	反渗透膜、超滤膜
生物性劣化	降解	增加	减少	醋酸纤维素膜

表 9.10 列出了膜组件性能随着膜污染所发生的变化。所有类型的膜污染都使膜渗透通量减少。其通量降低的主要原因有两个:一是浓差极化的影响,主要是膜表面局部溶质浓度增加引起边界层流体阻力增加(或局部渗透压增加),导致传质推动力下降而引起通量下降,这种影响是可逆的,通过降低料液浓度或改善膜面附近料液侧的流体力学条件,如提高流速、采用湍流促进器和设计合理的流通结构等方法,可以减轻已经产生的浓差极化现象,使膜的分离特性得以部分恢复;二是膜表面吸附溶质(尤其是大分子)形成的膜污染,包括膜的孔道被大分子溶质堵塞引起膜过滤阻力增加,溶质在孔内壁吸附,膜面形成凝胶层增加传质阻力。

表 9.10　膜组件性能随着膜污染所发生的变化

污染	成因	膜渗透通量	截留率	存在问题的膜分离法
附着层	滤饼层	减少	减少	微滤、超滤、纳滤、反渗透
	凝胶层	减少	增加	微滤、超滤、纳滤、反渗透
	结垢层	减少	减少	反渗透
	吸附层	减少	—	超滤
膜孔堵塞	空间位阻	减少	增加	超滤
	吸附	减少	增加	超滤
	析出	减少	增加	超滤

3. 膜污染和劣化的预防方法

(1)原料液预处理。

预处理是膜滤过程的一个重要环节，主要指在原料液过滤前向其中加入一种或几种物质，或去除一种或几种物质，使原料液的性质或溶质的特性发生变化。如通过调整料液的pH或加入抗氧化剂等防止膜的化学性劣化；通过预先除去或杀死料液中的微生物等防止膜的生物性劣化；利用混凝、沉淀去除水中的大颗粒物质；添加阻垢剂，如HCl和六偏磷酸钠及其他新型阻垢剂等。不同的膜滤过程，对预处理的要求差别很大。

(2)膜组件的合理设计。

膜分离过程中，膜组件内流体力学条件对防止膜的污染有重要作用。为改善膜面附近的传递条件，可设计不同形状的组件结构来增加流体的雷诺数，增加传质。

(3)操作方式的优化。

操作条件的优化可通过下列方式实现：控制初始渗透通量（先低压操作，然后逐渐增加到指定的压力）；增加进料流速以增大膜面料液流动速度；调节水温、加大分子速率、增加滤速等；采用反向操作模式；脉动流；鼓泡；振动膜组件；超声波照射等。

(4)膜组件的清洗。

膜组件的清洗大致分为化学清洗和物理清洗两大类型。

化学清洗通常根据膜表面的附着层性质不同，选择不同的清洗方法。一般常用的清洗剂：酸碱液，如稀NaOH溶液；表面活性剂，如SDS、吐温80、Triton、X－100（一种非离子型表面活性剂）等；氧化剂，如用氯配制的200～400 mg·L^{-1}活性氯；酶等。

物理清洗方法一般有：①水力清洗方法，降低操作压力，提高保留液循环量有利于增加其产生的剪切力从而提高渗透通量。②气－液脉冲，向膜过滤装置间隙中通入高压气体（空气或氮气）就形成气－液脉冲，气体脉冲使膜上的孔道膨胀，从而使污染物能被液体冲走。③反冲洗，用清洁的清洗液反向通过膜，除去沉积在上的污垢。④循环清洗，关闭渗滤液出口，利用进料液和渗滤液来清洗，由于进料液在中空纤维内腔的流速高，因而流动压力较大。关闭渗滤液出口后，纤维间的压力大致等于纤维内压力的平均值，在中空纤维的进口段内压较高，产生滤液；在纤维的出口段外压较高，滤液反向流入纤维内腔，渗滤液在中空纤维内外作循环流动。返回的滤液流加上高速的料液流可以清除沉积的污垢。

(5)抗污染及劣化膜的制备。

膜的亲疏水性、荷电性会影响到膜与溶质间的相互作用。通常认为亲水膜及膜材料电荷与溶质荷电性相同的膜较耐污染，为了获得永久性耐污染膜，常在膜表面改性时引入亲水基团，或用复合膜手段复合一层亲水性分离层，或用阴极喷镀法在膜表面镀一层碳。

9.6　膜滤技术在水处理领域中的应用

随着水体污染的加剧以及人们对水质要求越来越高，寻找和开发新的水处理工艺已成为研究的热点。膜滤技术具有节能、高效、经济、简单方便、无二次污染等一系列优点而被广泛地应用于苦咸水淡化、海水淡化、工业给水处理、纯水及超纯水制备、废水处理、污水回用等。

9.6.1 超滤膜用于饮用水的净化

水中致病生物的尺寸:病毒 20 nm 至数百纳米,细菌数百纳米至数微米,原生动物数微米至数十微米,藻类数微米至数百微米。微滤膜孔径为 100 ~ 200 nm,不足以完全截留细菌和病毒。超滤膜孔径为数纳米至数十纳米,纳滤膜孔径为 1 nm 左右,能将水中微生物几乎全部除去,是提高生物安全性最有效的方法。纳滤膜价格贵,能耗高;超滤膜价格已降至可接受的水平,目前最适于城市水厂大规模应用。

采用超滤可以几乎完全去除水中的微生物,极大地提高水的生物安全性,这必将引起饮用水净化工艺的重大变革。超滤能去除颗粒性物质包括微生物,但对溶解性物质(中小分子有机物、无机物如氨氮等)去除效果较差,需增设膜前处理和膜后处理单元,构成组合工艺。针对水中不同污染物,膜前可采用混凝、吸附、化学氧化、生物处理等不同处理方法。由于超滤能将水中微生物几乎全部去除,所以原则上对膜出水不必再进行消毒,但为防止二次污染,尚需向水中投加少量消毒剂,从而使消毒副产物的生成量显著减少。目前超滤工艺已成为第三代饮用水处理工艺的技术核心,如图 9.27 所示。

原水 → 膜前处理单元 → 超滤膜处理单元 → 膜后处理单元 → 优质水

图 9.27 第三代饮用水处理工艺

对浊度较低的原水,超滤可直接取代第一代工艺。出水浊度低于 0.1 NTU 时,工艺为:原水→超滤→出水。

我国有 1/4 以上水厂以湖、库低浊水为水源,此外南方部分河水浊度也较低,所以超滤的应用意义重大。

在上述工艺中增设混凝单元,可优化超滤参数,图 9.28 所示工艺可称为短流程超滤工艺。

原水 → 混凝 → 超滤 → 出水

图 9.28 短流程超滤工艺

对浊度较高的原水,在膜前增设混凝沉淀单元,能大大拓展超滤对原水浊度的适用范围(图 9.29)。

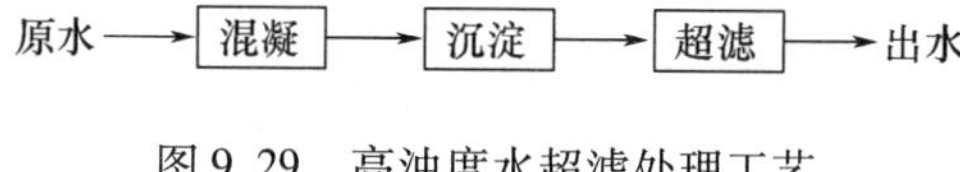

图 9.29 高浊度水超滤处理工艺

对浊度较低的微污染原水，可由混凝、预氧化、吸附和膜生物反应器组合成短流程工艺（图 9.30）。

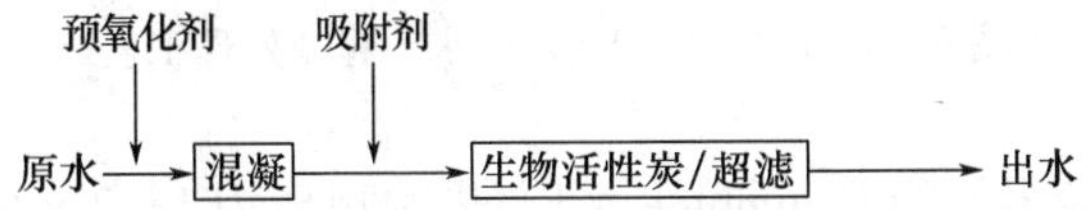

图 9.30　低浊度微污染原水超滤处理工艺（短流程工艺）

图 9.30 所示工艺中的混凝能去除水中大分子有机物；粉末活性炭能吸附去除中等分子量有机物；生物活性炭能生物降解小分子量有机物，并可去除氨氮；预氧化能强化混凝、吸附及生物降解作用；超滤对有机物也有一定去除作用，从而获得优质水。

对浊度较高的原水，应增设混凝沉淀预处理单元。

超滤－混凝－吸附生物反应器由于可通过曝气不断向水中补充溶解氧，故可氧化去除很高浓度的氨氮。试验表明，当原水氨氮质量分数突增至 8 ~ 10 mg · L^{-1}时，对此冲击负荷，反应器对氨氮的去除率也能达到 90% ~ 95%，是迄今去除水中氨氮最有效的方法。同时，该反应器对有机物也有较高的去除效率，与第二代工艺（深度处理工艺）相当，反应器还可使水中溶解性磷酸盐的浓度降至痕量，显著增强生物稳定性。

将第三代工艺用于常规工艺升级换代有巨大发展前景。若在常规工艺后设置超滤单元，其流程如图 9.31 所示。

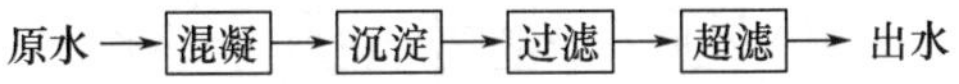

原水 → 混凝 → 沉淀 → 过滤 → 超滤 → 出水

图 9.31　常规工艺后设置超滤单元用于常规工艺升级

原工艺中没有可兹利用的水头，需增设加压泵或抽吸泵，这将使运行费增加。此外，增设超滤单元，会增加建设费。

用超滤取代常规工艺中的过滤单元，可得到图 9.32 所示流程。此方法不增设新的大型净水构筑物，建设费较低，可利用原过滤水头（2 ~ 3 m），有利于降低运行费用；在提高出水水质的同时，还有可能提高出水水量。

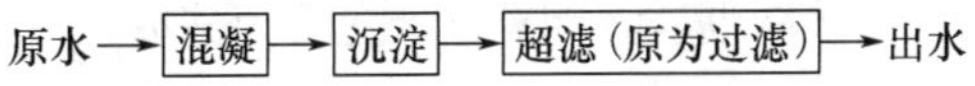

原水 → 混凝 → 沉淀 → 超滤（原为过滤） → 出水

图 9.32　超滤取代常规工艺中的过滤单元

如位于美国的 Columbia Heights 水厂供水规模为 $26.5 \times 10^4\ m^3/d$，是目前北美运行规模最大的超滤水厂。面对美国水质法规的压力，该水厂对老水厂进行了改造，将传统的砂滤工艺改建为超滤工艺（图 9.33），以去除两虫，保障饮用水的微生物安全。

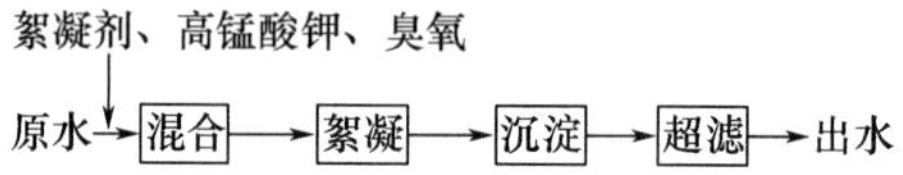

絮凝剂、高锰酸钾、臭氧
原水
混合
絮凝
沉淀
超滤
出水

图 9.33　Columbia Heights 水厂超滤处理工艺

如位于美国科罗拉多州的 Columbine 水厂，供水规模为 $18.7\times10^4\ m^3/d$，水厂原有工艺存在产水水质较差、供水量不足的问题，采用二级过滤系统对老水厂进行改造，将砂滤池改为超滤工艺(图 9.34)，水回收率高达 99%。

絮凝剂
超滤
原水
混合
絮凝
沉淀
超滤
出水

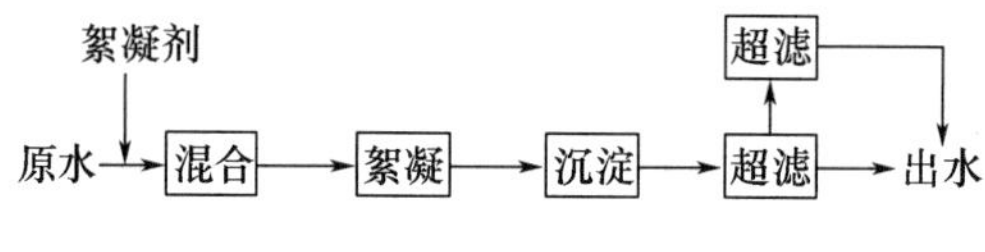

图 9.34　Columbine 水厂超滤处理工艺

用超滤取代常规工艺中的沉淀和过滤单元：

原水→混凝→超滤(原为沉淀和过滤)→出水

如位于新加坡的 Chestnut Avenue 水厂，一期供水规模为 $27.3\times10^4\ m^3/d$，是目前世界上已投入运行的超滤水厂中规模最大的。超滤工艺的目的是控制浊度、色度和有机物，超滤出水采用虹吸工艺(图 9.35)，大大降低了运行成本。

絮凝剂
原水
混合
絮凝
超滤
出水

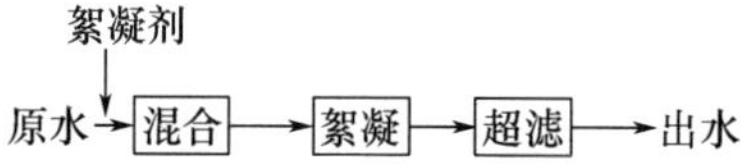

图 9.35　Chestnut Avenue 水厂超滤处理工艺

如位于加拿大的 City of Kamloops 水厂，供水规模为 $16\times10^4\ m^3/d$。采用两级超滤系统，将一级超滤反洗水回收后再进行二级超滤处理(图 9.36)，工艺的产水率达到 99% 以上。该水厂的工艺可充分利用原工艺中的沉淀和过滤空间，建设费较低，并有可能大幅提高产水量；利用原工艺大部分水头，可降低运行费用。

絮凝剂
超滤
原水
混合
絮凝
超滤
出水

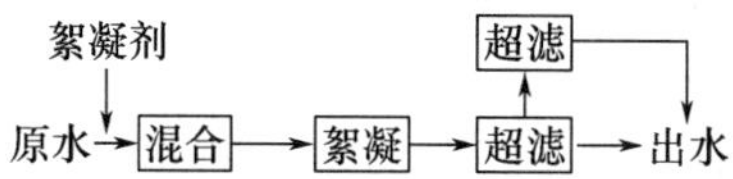

图 9.36　City of Kamloops 水厂超滤处理工艺

超滤也可以作为深度处理工艺，用于去除水中的有机微污染物：如位于加拿大的 Lakeview 水厂，供水规模为 $26.1\times10^4\ m^3/d$，是目前最大的臭氧活性炭耦合超滤的两级深度处理系统(图 9.37)。超滤工艺主要是扩大传统制水工艺的产水规模并提高水质。

超滤还可以用于滤池反洗水回收利用。

絮凝剂

原水→混合→絮凝→沉淀→过滤→臭氧活性炭→超滤→出水

图 9.37　Lakeview 水厂臭氧活性炭耦合超滤的两级深度处理系统

自来水厂滤池反洗水一般占水厂处理水量的 2% ~5%。采用常规工艺(沉淀、调节、浓缩、脱水等几道工序)回收滤池反洗水,占地面积大,一次性投资大,回收效率低,而且具有一定的回用风险,特别是铁、锰等常规指标和微生物指标(贾第鞭毛虫和隐孢子虫等)易不达标。

我国常规工艺多种多样,需要根据该水厂常规工艺特点选择最优方案。

天津市自来水公司采用混凝 - 超滤膜工艺进行了中试研究,通过优化和控制混凝条件,在提高有机物去除率的同时,缓解了膜污染。混凝 - 超滤工艺在中试试验中效果很好,该工艺省去了沉淀过滤预处理工序,流程短,占地面积小,一次性投资少;运行费用与传统工艺接近,但出水水质得到明显提升。

东营南郊水厂采用引黄水库水作为水源,水中臭味、总氮超标,夏季高温高藻,冬季低温低浊,采用传统工艺时臭味超标,COD_{Mn}、消毒副产物等时而超标,因此采用膜法工艺进行改造(图 9.38)。

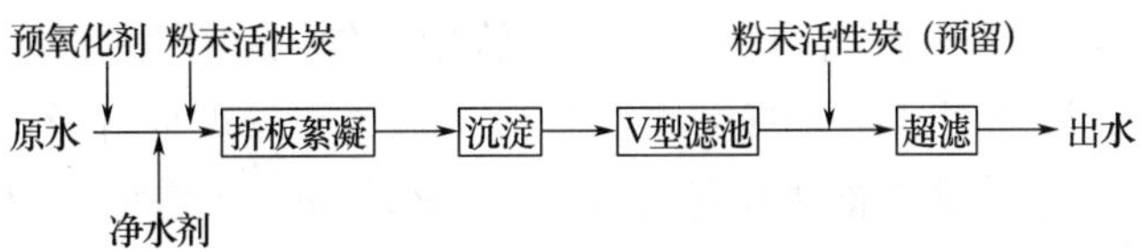

图 9.38　东营南郊水厂超滤处理工艺

该厂供水规模为 $10\times10^4 m^3/d$,主要运行参数:超滤车间共设膜池 12 格,每格面积为 31.9 m^2,设计水深为 3.2 m,整个膜车间的总过滤面积约为 15×10^4 m^2。超滤膜设计通量为 30 L/(m^2·h),冬季水温在 2 ~4 ℃时,膜通量一般控制在 28 L/(m^2·h)左右运行;春季水温在 6 ~8 ℃时,膜通量一般控制在 30 ~32 L/(m^2·h)运行;夏、秋两季水温在 10 ℃以上时,膜通量一般控制在 32 ~37 L/(m^2·h)运行。春、冬季跨膜压差在 1.9 ~4.0 m 变化,膜通量为 28.8 ~37 L/(m^2·h)。膜池的自动化控制系统的运行一直较为稳定可靠。运行初期,膜组的反冲洗周期为 6 h,运行 3 个月后,反冲洗周期调整为 5 h,每次反冲洗时间为 10 min,反冲洗程序为:先曝气擦洗 90 s,然后气水同时反洗 60 s;气洗强度以膜池面积计,为 60 m^3/(m^2·h),水洗强度以膜面积计,为 60 L/(m^2·h);设计超滤膜的恢复性化学清洗周期为 4 ~6 个月,采用 0.25% 次氯酸钠、1% 氢氧化钠和 1% 盐酸(均指质量分数)清洗,每次清洗时间为 4 ~6 h。

9.6.2　纳滤和反渗透膜用于海水和苦咸水淡化

世界范围内的淡水资源缺乏已成为制约全球经济持续增长的原因之一,不少国家成立了专门机构,投入了大量资金来研究海水与苦咸水淡化技术。目前,已经实用化的淡化技术有热法(包括多级闪蒸(MSF)、多效蒸发(MED)和压汽蒸馏(VC)等)和膜法(主要有反渗透(RO)和电渗析(ED))。与蒸发相比,膜滤法淡化有投资省、能耗低、占地少、建造周期短、操作方便、易于自动控制、启动运行快等优点,因而发展迅速。中东不少国家用反渗透技术进行海水淡化,世界五大海水淡化工厂有四家在中东的沙特。我国分别在浙江省和辽宁省兴建了大型的海水反渗透淡化装置。国家海洋局杭州水处理技术开发中心开发的适用于苦咸水与海水淡化、流动性作业的行业集装式水处理移动车已经在全国推广。我国利用纳滤进行高硬度海岛苦咸水软化已获得成功,并于 1997 年在山东省长岛南隍城建成了 144 m^3/d 高硬度海岛苦咸水软化示范工程,其中的技术关键是纳滤膜技术。整个系统连续运行正常,所产的软化水达到国家规定的饮用水标准。图 9.39 为万 t 级反渗透海水淡化工程的工艺流程示意图。

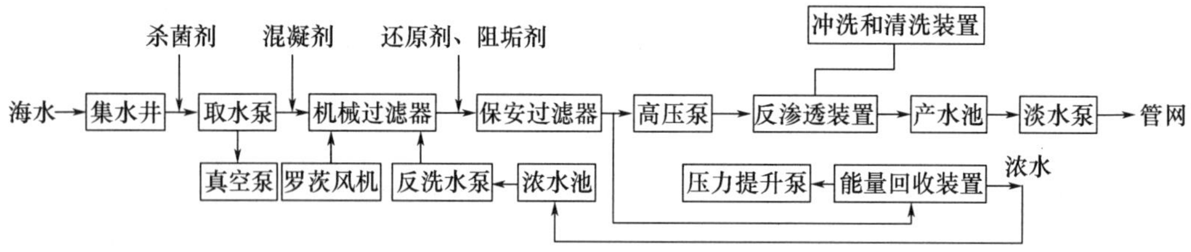

图 9.39　万 t 级反渗透海水淡化工程的工艺流程示意图

纳滤对特定的溶质具有很高的脱除率。在饮用水领域用于脱除三卤甲烷中间体、异味、色度、农药、合成洗涤剂、可溶性有机物、Ca 和 Mg、铊等硬度成分及蒸发残留物。法国 Méry-sur-Oise 水厂为了将处理能力由原来的 13.3×10^4 m^3/d 增加到 34×10^4 m^3/d,采用纳滤膜工艺对该水厂进行扩建,于 1999 年 10 月正式投产运行,改造后的水净化工艺流程如图 9.40 所示。新的处理流程的原水由 Oise 河经水泵提升进入自然沉淀水库后,进入预处理单元,处理能力为 17.7×10^4 m^3/d,分预处理、预过滤、纳滤、后处理 4 个阶段。该特大型膜法水处理系统使用了 9 120 支卷式纳滤膜元件,每支压力容器装 6 支元件,共有 1 520 支压力容器,分成 8 个系列。单个纳滤系列组成示意图如图 9.41 所示,每个系列进水量为 860 m^3/h,每个系列均采用变频器驱动,根据原水水温的不同,所提供的膜进口压力变化范围为 5 ~ 15 bar①(72 ~ 217 psi),通过在第三段浓水管线上设置的自动控制阀恒定系统的回收率为 85%。

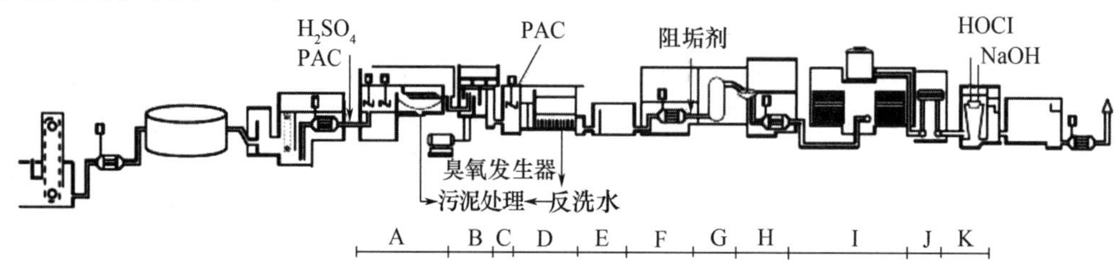

A—沉淀池(微砂加重沉淀池);B—臭氧接触池;C—凝结剂混合池;D—双层滤料滤池;E—中间水池;F—低压泵;G—微孔烧结筒式预滤器;H—高压泵;I—纳滤设备;J—UV 反应器;K—后处理

图 9.40　法国 Méry-sur-Oise 水厂改造后的水净化工艺流程示意图

① 1 bar = 100 kPa。

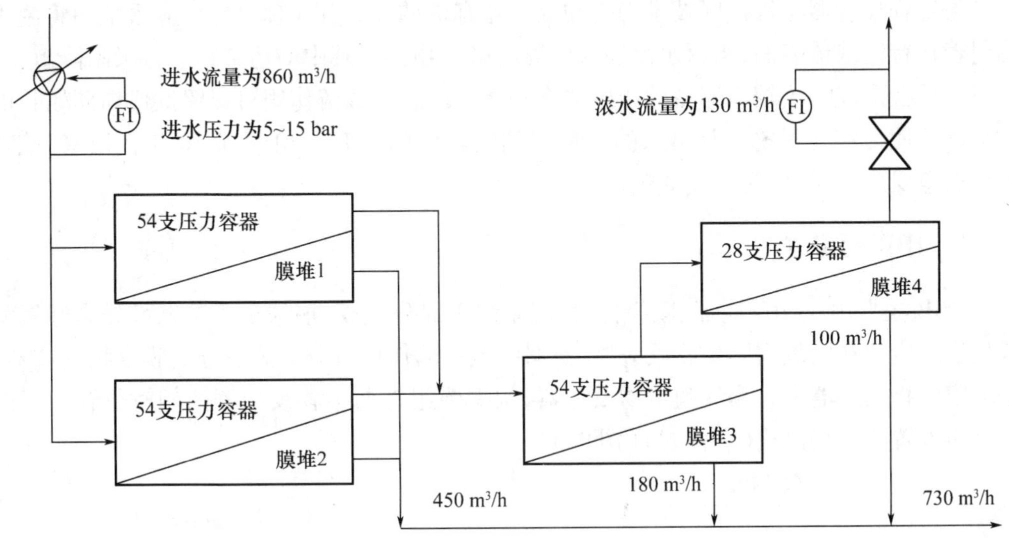

图 9.41　法国 Méry-sur-Oise 水厂单个纳滤系列组成示意图(FI 代表流量显示)

9.6.3　超/微滤在污水处理中的应用 –膜生物反应器(MBR)技术

膜生物反应器(MBR)技术是在传统活性污泥工艺基础上发展起来的,克服了传统活性污泥工艺的不足:受重力固液分离效果的限制,曝气池内的污泥浓度有限,致使容积负荷低,装置占地面积大;处理水质不够理想和稳定;管理操作复杂,有时会出现污泥膨胀;污泥产生量大。MBR 技术是 21 世纪最有发展前途的高新污水处理技术之一,与传统活性污泥工艺比较,具有以下优势:污染物去除率高,出水水质好且稳定;有利于后续深度处理;污泥浓度高,占地面积小;剩余污泥产量低,节省污泥处理费;污染物降解能力可得到强化;受污泥膨胀等问题的影响小;运行灵活简便。传统活性污泥工艺与 MBR 工艺比较如图 9.42 所示。

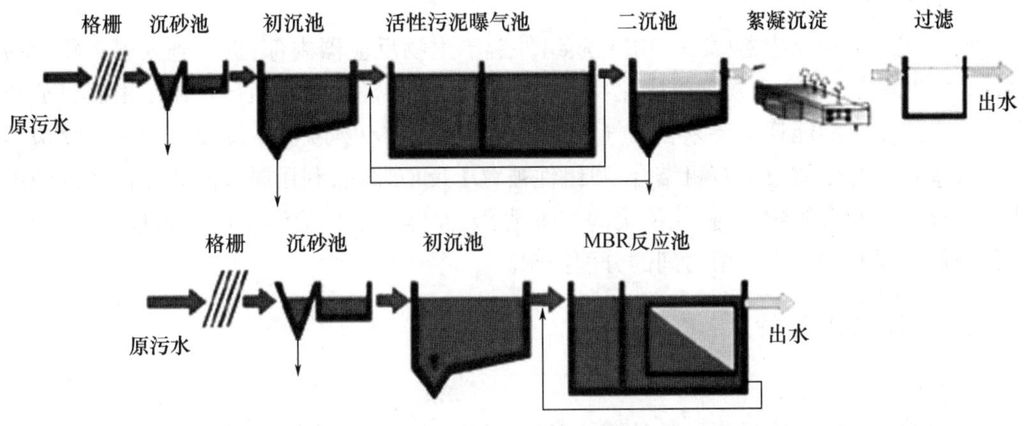

图 9.42　传统活性污泥工艺与 MBR 工艺比较("→"表示排泥)

膜生物反应器将现代膜技术与生物反应器有机结合。其原理是在反应系统中将微生物附着在特定载体表面,当污水流经反应器时微生物会对其中的污染物进行吸附降解,一段时间后会形成一个较为完备的微生物降解体系。膜的截留作用可保留世代周期较长的微生物并使污水处理效率及出水的质量得到大幅度的提升。20 世纪 80 年代以来,该技术愈来愈受到重视,成为研究的热点之一。

1. MBR 的分类

MBR 主要由生物反应器、膜组件、控制系统 3 部分组成,根据是否需氧可分为好氧型膜生物反应器和厌氧型膜生物反应器,根据膜组件的作用可分为固液分离膜生物反应器、萃取膜生物反应器和膜曝气膜生物反应器,根据膜组件与生物反应器的相对位置的不同可分为外置式和浸没式(一体式)(图 9.43)。

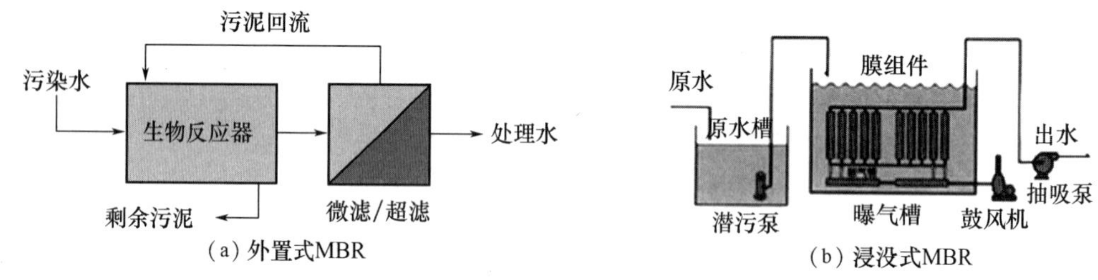

图 9.43　外置式 MBR 和浸没式 MBR 工艺

(1)外置式 MBR。

外置式膜生物反应器(R - MBR),生物反应器与膜单元相对独立,生物反应器内的混合液经循环泵增压后进入膜组件,在压力作用下混合液中的液体透过膜成为系统处理水,固体、大分子物质等则被膜截留,随浓缩液回流到生物反应器内。一般地,为减少污染物在膜表面的沉积,延长膜的清洗周期,需要用循环泵提供较高的膜面错流流速。外置式工艺的能耗主要来自错流速度和操作压力,曝气仅占运行总能耗的 20% ~40% 。

(2)浸没式 MBR。

浸没式膜生物反应器(S - MBR),膜组件置于生物反应器内部,进水进入膜生物反应器后,其中的大部分污染物通过生化反应得到降解去除,随后再在负压作用下由膜过滤出水。浸没式工艺的能耗主要来自曝气,占运行总能耗的 90% 以上。浸没式膜生物反应器将膜分离技术与生物技术有机结合,膜组件被置于反应器内,利用膜分离装置截留反应池中的活性污泥和有机物质,替代传统的二沉池,大大提高了反应池中的生物量,并实现了对污泥停留时间和水力停留时间的分别控制。

2. MBR 的工艺特点

(1)出水水质高。

污水在经过膜生物反应器的处理之后,含 COD 和 BOD 的量、水的浊度均显著降低,水质达到了生活用水的水质标准。

(2)分离效果好、排污能力强。

MBR技术中,膜的分离作用可使系统对游离细菌及污染物进行有效拦截,使得固液分离效果较传统的二沉池重力沉降分离效果更好,不会由于污泥膨胀导致出水水质恶化。同时,可根据实际需要对结构进行增筑,增加膜组数量,提高污水处理效率。

(3)自动化程度高。

设备操作维护容易,可实现自动化控制,占地面积小,便于管理。

3. MBR中膜污染的形成机理及控制对策

MBR在持续运行的过程中,污染物会不断在膜组件中沉积,造成膜堵塞,形成膜污染。有研究表明,膜污染已成为制约MBR工艺发展的最主要因素。在MBR运行过程中,膜过滤阻力随过滤时间的变化曲线分为3个阶段(图9.44):第一阶段和第三阶段为急剧上升阶段,第二阶段为缓慢上升阶段。在膜生物反应器开始运行的一段时间内,在抽吸作用下,胶体等悬浮颗粒移动速度较快,在通过膜组件时部分胶体悬浮颗粒会堵塞膜孔,污水中的部分溶质也会因吸附作用被吸附在膜上,使膜过滤压力急剧上升。随着过滤时间的变长,污水中的污泥絮体会吸附在膜表面,但由于其直径较大,使得吸附过程变得十分缓慢。在污泥絮体在膜表面形成污泥层的过程中,这些污泥絮体在很大程度上阻挡了胶体颗粒与膜的吸附,因此表现为第二阶段膜过滤阻力随过滤时间的增加而缓慢增加。在抽吸力的不断作用下,附着在膜表面的污泥层会被不断压密、压实,进而导致膜过滤阻力的急剧上升,形成第三阶段。

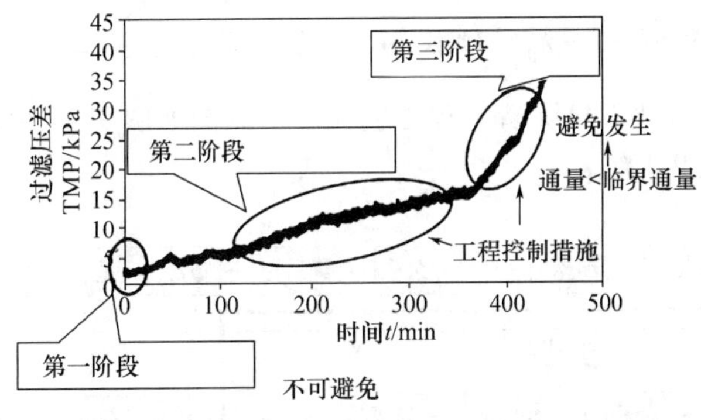

图9.44　膜过滤阻力随过滤时间的变化曲线

影响膜污染的因素可划分为3类:膜组件(膜材料、膜孔径、膜构造、膜表面特性)、操作条件(错流与紊流,压力)、污泥混合液特性。降低和减缓膜污染,要从优化改进膜组件、改变悬浮液特性、降低入膜活性污泥混合液质量浓度和膜上污染物的脱落清除4方面入手。

(1)优化改进膜组件。

膜组件的优化设计应充分考虑膜组件的放置方式与水力形态的关系、中空纤维膜的管径与长度的关系。通常人们习惯将中空纤维膜组件浸没在生物反应器中利用重力作用和真空抽吸获取稳定膜通量。通过中空纤维膜获取稳定膜通量的效果取决于以下因素:气泡的数量和特性、膜丝的放置方式(横向或轴向于气泡流)、膜丝长度、装填密度、污泥质量浓度等。试验表明:没有曝气时,膜丝横向放置优于轴向放置;有曝气时,轴向放置效果更好。膜丝直径试验结果表明在错流系统中,无论是否曝气,细膜丝均优于粗膜丝。活塞流可有效提高膜通量。

(2)改变悬浮液特性。

膜污染物主要来自于活性污泥混合液,对其进行预处理,改变其过滤特性,可有效降低和减缓膜污染。具体方法:向生物反应器中加入少量絮凝剂,使细小微粒发生絮凝和凝聚,减少其在膜面沉积;向 MBR 中持续加入活性炭粉末维持一定浓度,一方面可降低混合液中含 COD 量,另一方面,活性炭粉末可在膜表面沉积起到疏松滤饼、提高过滤效率的作用。

(3)降低入膜活性污泥混合液质量浓度。

降低入膜活性污泥混合液质量浓度的具体方法为向生物反应器中加入填料,使悬浮微生物在填料上附着,这样既能加快微生物对污染物的分解速率,又可有效降低入膜活性污泥混合液浓度,或控制膜的工作通量低于临界通量,延缓污染物在膜上的沉积速率,延长膜的寿命,控制膜污染。

(4)膜上污染物的脱落清除。

设置曝气装置增大曝气量,在膜表面产生水流剪切作用,引起膜组件附近膜丝振动,加速膜表面沉积污染物的脱落。采用间歇出水方式,在停止出水期间吹落膜表面的沉积污染物。对于分置式 MBR,可通过回流加大膜表面的错流速率,降低膜污染。当膜污染达到一定程度时,要对膜组件进行清洗,保障系统的正常运行,常用的清洗方法有水力清洗、化学清洗、超声清洗。

4. MBR 应用实例——无锡硕放 MBR 强化脱氮除磷工程

无锡硕放 MBR 强化脱氮除磷工程工艺流程示意图如图 9.45 所示,工艺参数见表 9.11,处理效果见表 9.12。

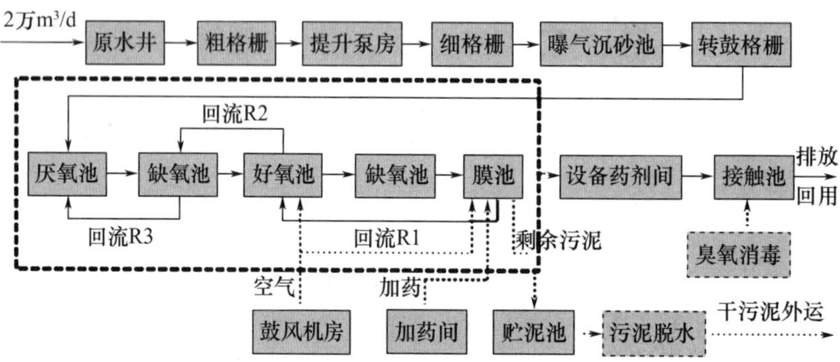

图 9.45　无锡硕放 MBR 强化脱氮除磷工程工艺流程示意图

表 9.11　无锡硕放 MBR 强化脱氮除磷工程工艺参数

项目	厌氧段	缺氧段	好氧段	后缺氧段
平均 HRT/h	2.08	4.1	8.04	5.4

表9.12 无锡硕放MBR进出水质量浓度

项目	COD质量浓度/$(mg\cdot L)^{-1}$	NH_4^+-N质量浓度/$(mg\cdot L)^{-1}$	TN质量浓度/$(mg\cdot L^{-1})$	TP质量浓度/$(mg\cdot L^{-1})$
进水	482 ±253.8	24.69 ±6.18	44.61 ±11.74	8.69 ±7.71
出水	21 ±10	1.16 ±0.75	5.9 ±2.72	0.19 ±0.09

MBR可以与传统生物处理技术组合,见表9.13。表9.14为MBR常用工艺参数。MBR在工业废水处理中的典型应用,见表9.15。

从MBR日益广泛的应用状况来看,目前MBR的发展趋势表现在:

①进行新型膜组件集装式、密集式模块化的优化设计。

②研究新的制膜方法,研制性能优越的膜材料。

③研制新型的MBR,对MBR能长期稳定运行研究适宜的运行工艺条件。

表9.13 MBR与传统生物处理技术组合工艺

基本类别	目标污染物	主体工艺流程	工艺特点	工程案例
O-MBR	BOD、氨氮	—O—M—	MBR基本形式	北京密云,4.5万t/d,2006
AO-MBR	BOD、TN	—A_2—O—M—	反硝化MBR基本形式	济南奥体中心,1.3万t/d,2010
AAO-MBR	BOD、TN、TP	—A_1—A_2—O—M—	AAO-MBR:同步脱氮除磷基本形式	—
		—A_2—A_2—O—M—	倒置AAO-MBR:节省碳源,减轻好氧回流对厌氧区影响	合肥塘西河,3万t/d,2011
		—A_1—A_2—O—M—	UCT-MBR:减轻好氧回流对厌氧区的影响	北京北小河,6万t/d,2008
		—A_1—A_2—O—M—	分流型UCT-MBR:节省反硝化碳源	无锡梅村二期,3万t/d,2009
		—A_1—A_2—A_2—O—M—	MUCT-MBR:增设缺氧区,强化内源反硝化	无锡城北四期,5万t/d,2010
		—A_1—A_2—O—A_2—M—	多级AO-MBR:强化内源反硝化	无锡硕放二期,2万t/d,2009
		—A_1—A_2—O—X—M—	设置缺氧/好氧可切换的反应池,增加脱氮灵活性	昆明第四污水厂,6万t/d,2010

注:A_1—缺氧;A_2—厌氧;O—好氧;M—MBR。

表 9.14　MBR 常用工艺参数

名称	单位	典型范围
MLSS	g MLSS/L	6～15②
MLVSS/MLSS	kg MLVSS/kg MLSS	0.4～0.7
污泥负荷	kg BOD_5/(kg MLSS · d)	0.03～0.1
总 SRT	d	15～30
缺氧池至厌氧池混合液回流比	—	1～2
好氧池至缺氧池混合液回流比	—	3～5
膜池至好氧池混合液回流比	—	4～6
污泥总产率系数	kg MLSS/kg BOD_5	0.2～0.4(有初沉池)； 0.5～0.7(无初沉池)
污泥理论产率系数①	kg MLVSS/kg BOD_5	0.3～0.6
污泥内源呼吸衰减系数①	1/d	0.05～0.2
硝化菌最大比增长速率①	1/d	0.2～0.9
最大比硝化速率①	kg NH_4^+ - N/(kg MLSS · d)	0.02～0.1
硝化作用中氨氮去除的半速常数①	mg NH_4^+ - N/L	0.5～1
反硝化脱氮速率①	kg (NO_3^- - N)/(kg MLSS · d)	0.02～0.1
单位污泥的含磷量	kg P/kg MLVSS	0.03～0.07

注:①20 ℃条件下的取值;

②对于平板膜 MBR,可增加至 20 g/L。

表 9.15　MBR 在工业废水处理中的典型应用

废水类型	工艺流程	应用案例
炼油废水	进水→调节→隔油→气浮→调节→MP - MBR→出水	中海油惠州,1.5 万 t/d,2008
石化废水	进水→格栅→沉淀→生物选择→MBR→NF→消毒→ UASB→沉淀→A/O - MBR→出水	大亚湾,2.5 万 t/d,2006; 蓬威 PTA,1 万 t/d,2009
煤化工废水	进水→格栅→沉淀→调节→气浮→A/O - MBR→ 消毒→出水	晋丰煤化工,3 000 t/d,2008
精细化工	进水→调节→混凝→沉淀→MP - MBR→消毒→调节→ 水解酸化→接触氧化→沉淀→MBR→PAC→出水	泰兴工业园,3 万 t/d,2008; 小虎岛化工区,1 万 t/d,2007
电子废水	进水→pH 调节→混凝→沉淀→pH 调节→MBR→出水	梅州工业园,1.2 万 t/d,2010
造纸废水	进水→调节→水解酸化→MBR→消毒→出水	昆山钞票纸厂,9 000 t/d,2011
烟草废水	进水→格栅→调节→沉淀→水解酸化→MBR→出水	中烟徐州,2 000 t/d,2007
食品废水	进水→厌氧→格栅→A/O - MBR→RO→出水	河北梅花集团,2 000 t/d,2009

续表 9.15

废水类型	工艺流程	应用案例
屠宰废水	进水→调节→隔油→格栅→A_1/A_2/O - MBR→出水	山东凤祥集团,8 000 t/d,2007
制药废水	进水→水解酸化→A/O - MBR→O_3→BAC→NF→出水	托克托工业园,2 万 t/d,2011
医院废水	进水→格栅→调节→MBR→消毒→ 出水	天津医科大学,1 000 t/d,2005
垃圾渗滤液	进水→厌氧→A/O - MBR→NF→RO→ UASB→A/O - MBR→DTRO→ 调节→A/O/A/O - MBR→RO→ (浓缩液→NF→RO→)(二次浓缩液→蒸发)→出水	北京阿苏卫,600 t/d,2008; 广州李坑,800 t/d,2013; 广州兴丰,1 540 t/d,2012

注:MP—多相组合;VASB—升流式厌氧污泥反应器。

随着膜技术的产业化及膜在各行各业应用的扩大,今后 MBR 应用可能获得迅速发展的重点领域和方向如下:

①应用于高浓度、有毒、难降解工业污水的处理。如高浓度有机废水是一种较普遍的污染源,全国造纸、制糖酒精、皮革、合成脂肪酸等行业每年高浓度有机物水的排放量很大,这类污水采用常规活性污泥法处理尽管有一定作用,但是出水水质难以达到排放标准的要求。而 MBR 在技术上的优势决定了它可以对常规方法难以处理的污水进行有效的处理,并且出水可以回用。

②现有城市污水处理厂的更新升级。特别是出水难以达标或处理流量剧增而占地面积无法扩大的情况。

③应用于有污水回用需求的地区和场所等,充分发挥膜生物反应器占地面积小、设备紧凑、自动控制、灵活方便的优势。

④垃圾填埋渗滤液的处理及回用。

⑤在小规模污水处理厂的应用,这由膜的价格决定。

⑥应用于无排水管网系统的地区,如小居民点、度假区、旅游风景区等。

第 10 章　给水厂设计

10.1　给水工程建设程序

1. 工程项目建设程序

我国的工程项目建设程序如图 10.1 所示。

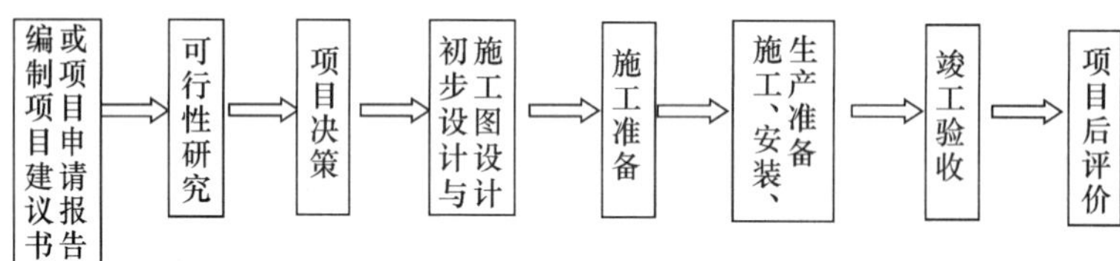

图 10.1　工程项目建设程序

编制项目建议书、可行性研究和项目决策又可称为项目前期工作。根据 2007 年 9 月国家发改委发布的《国务院关于投资体制改革的决定》，政府投资项目和非政府投资项目分别实行审批制、核准制或登记备案制。

对于政府投资项目，项目建议书按要求编制完成后，应根据建设规模和限额分别报送有关部门审批。对于采用直接投资和资金注入方式的政府投资项目，政府需要从投资决策的角度审批项目建议书和可行性研究报告(除特殊情况外不再审批开工报告)，同时还要严格审批其初步设计和概算；对于采用投资补助、转贷和货款贴息方式的政府投资项目，则只审批资金申请报告。

对于不使用政府资金投资建设的项目，一律不再实行审批制，区别不同情况实行核准制或登记备案制。企业投资建设《政府核准的投资项目目录》中的项目时，仅需向政府提交项目申请报告，不再经过批准项目建议书、可行性研究报告和开工报告的程序；对于《政府核准的投资项目目录》以外的企业投资项目，实行登记备案制，除国家另有规定外，由企业按照属地原则向地方政府投资主管部门备案。采用核准制或登记备案制的项目，企业不需要编制项目建议书而可直接编制可行性研究报告。

设计阶段包括初步设计和施工图设计。如果初步设计提出的总概算超过可行性研究报告总投资的 10%，可行性研究报告需要重新审批。施工图设计成果应由建设行政主管部门委托有关审查机构，进行结构安全和强制性标准、规范执行情况等内容的审查。施工图一经审查批准,不得擅自进行修改,如遇特殊情况需要进行涉及审查主要内容的修改时,必须重新报请原审批部门,由原审批部门委托审查机构审查后再批准实施。

2. 项目申请报告

项目申请报告是为获得项目核准机关对拟建项目的行政许可,按核准要求报送的项目论证报告。项目申请报告应重点阐述项目的外部性、公共性等事项,包括维护经济安全、合理开发利用资源、保护生态环境、优化重大布局、保障公众利益、防止出现垄断等内容。编写项目申请报告时,应根据政府公共管理的要求对拟建项目从规划布局、资源利用、征地移民、生态环境、经济和社会影响等方面进行综合论证,为有关部门对企业投资项目进行核准提供依据。至于项目的市场前景、经济效益、资金来源、产品技术方案等内容不必在项目申请报告中进行详细分析和论证。

项目申请报告通用文本包括以下主要内容:

①申报单位及项目概况。

②发展规划、产业政策和行业准入分析。

③资源开发及综合利用分析。

④节能方案分析。

⑤建设用地、征地拆迁及移民安置分析。

⑥环境和生态影响分析。

⑦经济影响分析。

⑧社会影响分析。

3. 项目建议书

项目建议书(又称立项申请)是项目建设单位或项目法人,根据国民经济的发展、国家和地方中长期规划、产业政策、生产力布局、国内外市场、所在地的内外部条件,提出的某一具体项目的建议文件,是对拟建项目提出的框架性的总体设想。项目建议书的编写是项目发展周期的初始阶段,也是可行性研究的依据。涉及使用外资的项目,在项目建议书获批后方可开展对外工作。

给水工程项目建议书一般应包括以下内容:

①建设项目提出的必要性和依据。

②供水规模、供水水质目标和建设地点的初步设想。

③水资源情况、建设条件、协作关系的初步分析。

④投资估算和资金筹措设想。

⑤项目的进度安排。

⑥经济效果、社会效益和环境影响等的初步估计。

4. 可行性研究

工程可行性研究的主要任务:在充分调查研究、评价预测和必要的勘察工作基础上,对项目建设必要性、经济合理性、技术可行性、实施可能性进行综合性的研究和论证，对不同建设方案进行比较，提出推荐建设方案。

可行性研究的工作成果是提出可行性研究报告，批准后的可行性研究报告是编制设计任务书和进行初步设计的依据。可行性研究报告应满足设计招标及业主向主管部门送审的要求。

给水工程可行性研究一般包括以下主要内容：

①项目背景和建设必要性。

②需水量预测和供需平衡计划。

③工程规模和目标。

④工程方案和评价。

⑤推荐方案的工程组成和内容。

⑥环境保护、劳动保护、消防、节能。

⑦项目实施计划。

⑧投资估算和资金筹措。

⑨财务评价和工程效益分析。

⑩结论和存在问题。

⑪附件、附图。

5. 初步设计

初步设计应根据批准的可行性报告展开，要明确工程规模、建设目的、投资效益、设计原则和标准，深化设计方案，确定拆迁、征地范围和数量，提出设计中存在的问题、注意事项及有关建议，其深度应能控制工程投资，满足施工图设计、主要设备订货、招标及施工准备的要求。

给水工程初步设计文件应包括：设计说明书、设计图纸、主要工程数量、主要材料设备数量和工程概算。

6. 施工图设计

施工图设计应根据批准的初步设计展开，其设计文件应能满足施工、安装、加工及编制施工图预算的要求。

给水工程施工图设计文件应包括设计说明书、设计图纸、工程数量、材料设备表、修正概算或施工预算。

施工图设计文件应满足施工招标、施工安装、材料设备订货、非标设备制作等工作的需求，并可以作为工程验收依据。

10.2　给水处理工艺系统的选择原则

1. 给水处理的任务

给水处理的任务，是对不符合用户要求的原水加以处理，使之符合用户对水质的需求。

各种用水水质标准反映出，不同用户对用水水质的要求不同，如第 1 章所述。

原水可以是天然水源水，也可以是其他来源的水。城市生活饮用水都以清洁的天然水源水为原水。位于城区的工业企业一般使用城市自来水作为工业用水，当城市自来水水质不能满足某些工业用水水质要求时可进行进一步处理。在城区楼宇和居住小区，供应的城市自来水常因设置贮水及二次供水设施而受到二次污染，故有的楼宇和居住小区，以城市自来水为原水，对水进行深度处理，制备优质饮用水供人们直接饮用。工业企业为节约用水，常常对水进行重复利用，即水被一种生产工艺使用后，经过适当处理再供另一种生产工艺使用，这时第一种生产工艺使用后的水，便是第二种生产工艺的原水了。所以原水水质因来源不同会有很大区别。

原水的水质，有的比较稳定，例如地下水，有的则变化较大，例如地表水。原水水质变化较大时，应了解其变化的全部情况，特别是对选择处理工艺有重要影响的水质参数值，例如最高值或最低值等。

选择给水处理工艺的依据，就是原水水质与用户对水质要求两者的差别，找出原水中不符合用水要求的水质项目，选择一种或几种水处理方法，将不符合要求的水质项目处理得符合用水水质标准。

每一种单元处理方法都有多种处理水中杂质的功能，同时水中一项杂质也可有多种处理方法，此外有的杂质需要多种方法联合处理才能达到要求。所以，应针对具体原水中所有不符要求的水质项目，选择多种单元处理方法并将之有机地组合起来，形成一个水处理工艺系统，以达到使处理水的水质符合用水要求的目的。所形成的水处理工艺系统是多种多样的，为最终确定选用哪一种，必须进行试验和优选，通过方案比较来决定。

2. 给水处理工艺系统的选择

给水处理工艺系统应该在技术上是可行的，在经济上是合理的，在运行上是安全可靠和便于操作的。

给水处理工艺系统应通过试验来检验。强调试验检验的重要性，是由于每一原水水质都不尽相同，原则上不存在完全相同的水处理工艺系统。通过试验可以了解哪种工艺系统可以达到处理要求，可以优化单元处理方法的组合，优化工艺参数，以及了解各影响因素与水处理效果的关系等，从而为水处理工艺系统的确定提供依据。水处理试验对新的水处理工艺系统特别重要，因为新工艺系统的实践比较少，对原水水质的适应性应通过试验来检验。水处理试验对大型水厂工艺系统的选择也尤为重要，因为大型水厂出水水质的优劣对用户的影响比较大，并且无论建设总费用还是运行总费用都比较高，所以通过试验可以优化工艺组合和工艺参数，能节省大量资金。

水处理工艺系统的技术可行性，除了通过试验验证以外，也可以参考与已建的原水水质相近的水处理工艺系统的运行经验。但即使在两种原水水质相近的情况下，相同的水处理工艺系统的组成和工艺参数，也不可能同时都是最适用和最优化的，所以不同水厂的水处理工艺在技术上有差别应是一种普遍现象，这也是给水处理的一个特点。

由于原水水质和水量常常是不断变化的，水处理工艺系统对水质、水量变化的适应性，即抗冲击性能，也是评价技术可行性的重要指标。水处理工艺系统的抗冲击性，也是其安全性和可靠性的内容之一。

水处理工艺系统的经济合理性，是在保证处理水质满足用户要求的前提下，使在资金偿还期限内建设费用和运行费用之和为最低。工艺系统的经济合理性涉及的因素很多，如水资源、用地、环境、交通、供电、工程地质等客观条件，节水、节药、节能等环保需求及它们在该项目中需要优先考虑的排序，所以是比较复杂的问题，这在水工程经济相关资料中有专门论述。

3. 地面水的常规处理工艺系统

地面水的常规处理工艺系统是在以天然地面水为原水的城市自来水厂中采用最广的一种工艺系统，主要是以去除水中的悬浮物和杀灭致病细菌为目标而设计的。它形成于20世纪初，并在整个20世纪里不断得到完善和发展。

以去除悬浮物（浊度）为目标的地面水常规处理工艺系统，主要由混凝、沉淀和过滤三个单元处理方法组成，如图10.2所示。

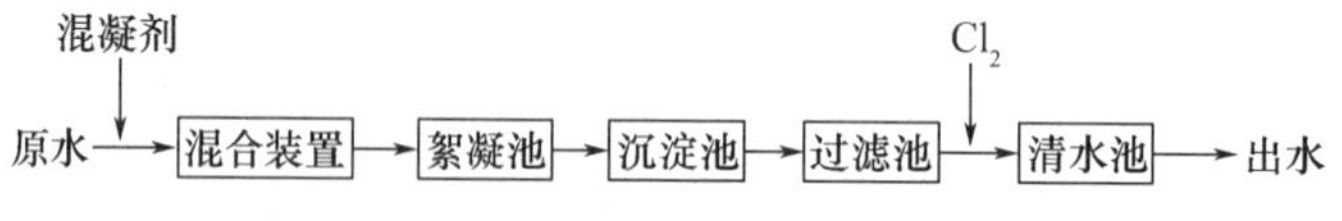

图10.2　地面水常规处理工艺系统

原水中的悬浮物，特别是难于沉降的胶体，与投入水中的混凝剂混合接触脱稳后，在絮凝池中生成足够大的絮凝体，进而在沉淀池中被沉淀除去，剩余的细小絮凝体进一步在滤池中被过滤除去，从而得到浊度符合要求的处理水。一般常规处理工艺比较适用于浊度几十至几百NTU的地面水。

原水中的致病细菌（病菌）为水中悬浮物的一种，大部分可被混凝、沉淀、过滤的常规工艺所去除。水中剩余的病菌再经投加消毒剂（常用Cl_2）杀菌，从而达到饮用水卫生标准的要求。水的细菌学指标达到饮用水卫生标准，是保障饮用水安全性的首要目标，否则将会导致水介传染病的暴发，后果极为严重。由常规处理工艺可知，投氯消毒只是去除和杀灭水中病菌的最后一级处理措施。使消毒后水中细菌含量降至标准，必须使消毒前水中细菌含量减至较低的水平，为此必须使滤池能截留进水中大部分细菌；要使滤后（即消毒前）水中的细菌含量降至较低的水平，就必须使滤前水中的细菌含量不得过高，为此沉淀池应能截留其进水中的大部分细菌；沉淀池的沉淀效率，有赖于混凝的好坏，为此需要准确地投药，快速混合，充分进行絮凝反应，以便生成颗粒粗大易于下沉的絮凝体。所以，水中的致病细菌在常规工艺是被逐级去除的，只有在每一级单元处理中都获得相应的去除率和杀灭率，才能保证最终出水在细菌学指标上达到饮用水卫生标准，这即为多级屏障的概念。

但是，在城市生活饮用水的细菌学指标符合卫生标准的情况下，也曾经暴发过水介病毒性疾病，这表明过去常规工艺及氯消毒不能有效地灭活病毒，以总大肠菌群和细菌总数为指标的水质细菌学卫生标准也不能（完全准确）反映水中病毒的微生物学安全性。人们进一步的研究表明，水的浑浊度与病毒性疾病的发病率有关，具体见表 10.1，亦即降低水的浑浊度就能减少病毒的含量，降低发病率。从此，浑浊度在水质中得到了极大重视。美国已将原来作为感官性指标的浑浊度，作为微生物学指标列入卫生标准中。其他各国的饮用水卫生标准也都对浑浊度提出了更高的要求。西方发达国家要求饮用水的浑浊度降至 1.0 NTU 以下，实际一般多控制在 0.5 NTU 以下，甚至达到 0.1 NTU。我国 1976 年制定的《生活饮用水卫生标准（试行）》，要求浑浊度不超过 5 NTU，1985 年修订时改为不超过3 NTU，1998 年在国家标准《城市给水工程规划规范》（GB 50282—98）中规定最高日供水量超过 100 万，同时为直辖市、对外开放城市、重要旅游城市，且由城市统一供给的生活饮用水，水的浑浊度不超过 1 NTU。2001 年我国卫生部颁布的《生活饮用水水质卫生规范》（卫法监发［2001］161）和 2022 年修订的《生活饮用水卫生标准》（GB 5749—2022）也规定水的浑浊度不超过 1 NTU。

表 10.1　滤后水浑浊度与病毒性疾病的关系

城市代号	平均浑浊度/NTU	肝炎/（病例·(10 万人)$^{-1}$）	小儿麻痹病例/（病例·(10 万人)$^{-1}$）
1	0.1	4.7	3.7
2	0.15	3.0	
3	0.2	8.6	7.9
4	0.25	4.9	
5	0.3	31.0	
6	0.66	13.3	10.2
7	1.0	13.0	

降低处理水浑浊度对常规工艺的发展产生了巨大影响。过去追求的主要是高负荷、高产水率（如高的沉淀池表面负荷、高滤速、短的絮凝反应时间等），并以之来评价一项技术的先进性。而现在已向降低浑浊度、提高水质的方向转变。

为了降低处理水的浑浊度，需要降低负荷，增加絮凝反应时间，使絮凝更完善；需要增加沉淀时间，使沉后水的浑浊度更低；需要降低滤速，以便获得更低浑浊度的滤后水。为了降低水的浑浊度、提高水质，还必须采用新技术，如新型混凝剂、絮凝剂、助凝剂和助滤剂等；采用投药自动控制技术，使投药量准确恰当，不受水质、水量变化的影响；对沉后水和滤后水浑浊度进行监测，以对沉淀池排泥和滤池冲洗进行控制等。

经常规工艺和氯消毒处理的水，即使出水浑浊度低至 0.1 ~0.2 NTU，也曾暴发过致病原生动物疾病。最早发现水介传染的致病原生动物为痢疾内变形虫，以后又相继发现贾第虫和隐孢子虫，前两种是通过胞囊传播的，后一种是通过卵囊传播的。这些胞囊和卵囊具有很强的抗药性，一般氯消毒无法将其杀死，它们一旦进入饮用水中，将致病。用常规工艺处理时，这些胞囊和卵囊能被混凝、沉淀、过滤所除去，因为痢疾内变形虫的胞囊为 10 ~20 μm 的球形，贾第虫胞囊为尺寸为(8 ~12) μm×(7 ~10) μm 的卵形到椭圆体，隐孢子虫的卵囊为平均直径为 4 ~5 μm 的球形或微卵形，可见它们都比胶体大得多，属悬浮物颗粒范围，经混凝、沉淀特别是过滤是可以将它们除去的。所以，进一步完善过滤处理单元操作、提高过滤水质、避免泄漏，对保障饮用水的安全性至关重要。正常的混凝、沉淀和过滤，虽不能百分之百截留致病原生动物的胞囊和卵囊，但一般去除率是比较高的，滤后水中胞囊和卵囊含量较低，在大多情况下可以认为是安全的。但是，如果混凝投药中断或欠投药，则去除率降低，胞囊和卵囊便能穿透滤层进入饮用水中。一般快滤池都有滤池反冲洗后排放初滤水的操作程序。我国过去曾因强调节水而取消了排放初滤水的程序，结果水质较差的初滤水进入清水池，使胞囊和卵囊进入饮用水的机会增大。从提高水质、提高饮水的安全性角度，应恢复排放初滤水的程序。有一些滤池，其工艺构造和操作程序都不排放初滤水，如移动罩滤池、虹吸滤池、无阀滤池、单阀滤池等，这类滤池宜用于工业用水的处理，而不宜用于饮用水处理。还有一些滤池是在不排放初滤水的思想指导下设计出来的，如四阀快滤池、双阀快滤池、V 型滤池等，宜经过改造，增设初滤水排放管，并恢复排放初滤水的操作程序。

有的天然地面水源水有机物含量较高，有的水源水因受污染而致有机物含量增高，甚至产生臭味。水中有机物在氯化消毒过程中会生成对人体有毒害作用的卤代烃，有机物含量高还会对混凝除浊产生不良影响，所以近年来人们都十分关注水中有机物的去除，水厂也开始将有机物的去除作为水处理的一个新的目标。一般，常规工艺去除水中有机物是有一定效果的，去除率多为 20%~40%。为了提高去除效果，可以采取强化常规工艺的方法，特别是强化混凝的方法。为了强化混凝，可加大混凝剂的投加量、调节水的 pH、完善混凝单元操作过程、控制有利于去除有机物的混凝条件、选择除有机物效果好的新型混凝剂和助凝剂、投加能提高有机物去除率的氧化剂等。一般，混凝对去除分子量高(如分子量 10 000 Da(道尔顿)以上)的有机物比较有效，但强化混凝不仅能提高大分子量有机物的去除率，对小分子量有机物也有一定效果。强化混凝也可以提高对浊质的去除率。事实上，许多有机物本身就是浊质的组成部分之一，有的有机物吸附于浊质颗粒表面，随浊质的去除而去除。水的浊度与有机物存在一定量的关系，所以除浊与除有机物是相关的。

提高处理水的水质，深度除浊，有效去除和杀灭水中的致病微生物、特别是病毒和致病原生动物，提高水中有机物的去除率，这些都使常规处理工艺面临新的挑战，并必将推动常规工艺向高新技术方向发展。

10.3　水厂总体布置

1. 水厂组成

水厂总体布置主要是将水厂内各项构筑物进行合理的组合和布置，以满足工艺流程、操作管理和物料运输等方面的要求。水厂总体布置应以节约用地为原则，根据水厂各建筑物、构筑物的功能和工艺要求，结合厂址地形、气象和地质条件等因素，做到流程经济合理、节约能源，并应便于施工、维护和管理。由于地下水厂内无大量生产构筑物，布置较为简单，本章着重介绍地表水厂布置。地表水厂通常由下列 4 个基本部分组成。

(1) 生产构筑物。

直接与生产有关的构筑物，如预处理设施、絮凝池、沉淀池、澄清池、滤池、臭氧接触池、活性炭吸附池、清水池、冲洗设施、二级泵房、变配电室、加药间、排污泵房、排泥水处理和供电及配电设施等。

(2) 辅助及附属建筑物。

为生产服务所需要的建筑物，如生产控制室、化验室、检修车间、材料仓库、危险品仓库、值班宿舍、办公室、食堂、锅炉房、车库及浴室等。

(3) 各类管道。

净水构筑物间的生产管道（或渠道）、加药管道（管沟）、水厂自用水管、排污管道、雨水管道、排洪沟（或渠）及电缆沟槽等。

(4) 其他设施。

厂区道路、绿化布置、照明、围墙及大门等。

2. 工艺流程布置

(1) 布置原则。

水厂的工艺流程布置是水厂布置的基本内容，由于厂址地形和进出水管方向等的不同，流程布置可以有各种方案，但必须考虑下列主要原则：

①流程力求简短，避免迂回重复，使净水过程中的水头损失最小。构筑物应尽量靠近，便于操作管理。

②尽量适应地形，因地制宜地考虑流程，力求减少土石方量。地形自然坡度较大时，应尽量顺等高线布置，必要时可采用台阶式布置。在地质变化较大的厂址中，构筑物应结合工程地质情况布置。

③注意构筑物朝向。净水构筑物一般无朝向要求，但如滤池的操作廊、二级泵房、加药间、化验室、检修间、办公室则有朝向要求，尤其散发大量热量的二级泵房对朝向和通风的要求更应注意。实践表明，水厂建筑物以接近南北向布置较为理想。

④考虑近远期的协调。当水厂明确分期进行建设时，流程布置应统筹兼顾，既要有近

期的完整性，又要有分期的协调性，布置时应避免近期占地过早、过大。一般分期实施的水厂，各系列净水构筑物系统应尽量采用平行布置。

(2)布置类型。

水厂流程布置，通常有 3 种基本类型：直线型、折角型、回转型，如图 10.3 所示。

①直线型。直线型为最常见的布置方式，从进水到出水流程呈直线，如图 10.3(a)(b)所示。这种布置的生产联络管线短，管理方便，有利于日后逐组扩建，特别适用于大型水厂的布置。

②折角型。当进出水管受地形条件限制时，可将流程布置为折角型。折角型的转折点一般选在清水池或吸水井，如图 10.3(c)(d)所示。由于沉淀(澄清)池和滤池间工作联系较为密切，因此布置时应尽可能靠近，成为一个组合体。采用折角型流程时应注意与日后水厂扩建时的衔接。

③回转型。回转型流程布置如图 10.3(e)所示，适用于进出水管在一个方向的水厂。回转型可以有多种方式，但布置时近远期结合较为困难。

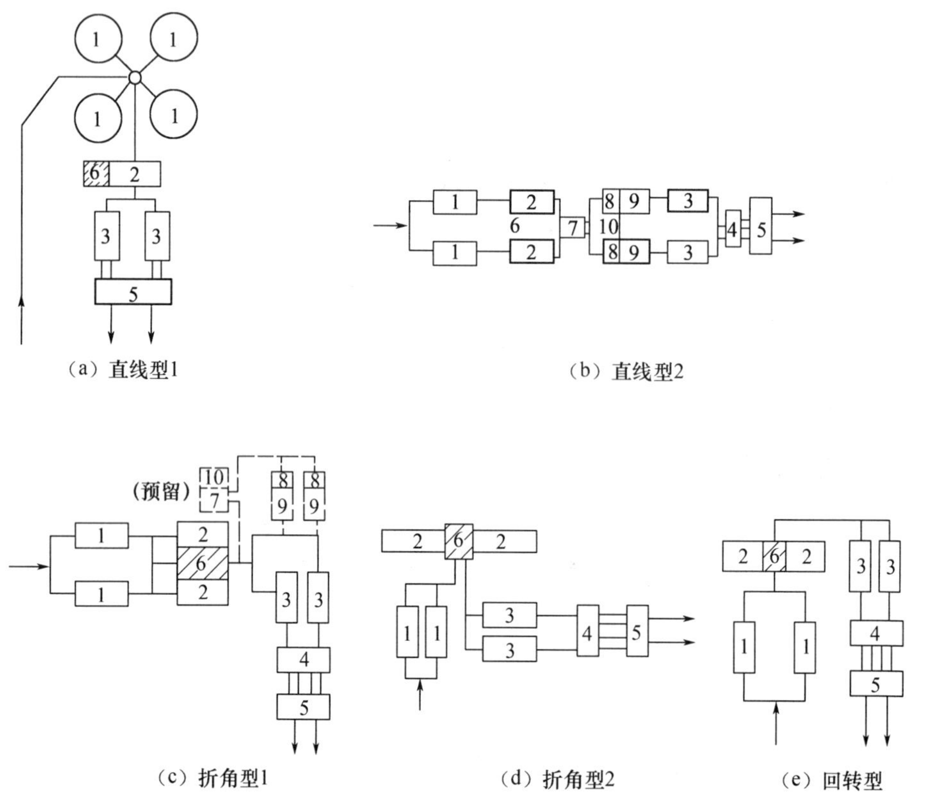

1—沉淀(澄清)池；2—滤池；3—清水池；4—吸水井；5—二级泵房；6—冲洗泵房；7—提升泵房；8—臭氧接触池；9—活性炭吸附池预浓缩池；10—臭氧发生器间

图 10.3 水厂流程布置

10.4　平面布置

当水厂主要构筑物的流程布置确定以后，即可进行整个水厂的总平面设计，将各项生产和辅助设施进行组合布置，布置时应注意下列要求。

(1)按照功能，分区集中。

将工作上有直接联系的辅助设施尽量靠近，以便管理。一般水厂可分为以下 3 区。

①生产区。生产区是水厂布置的核心，除按系统流程布置要求外，尚需对有关辅助生产构筑物进行合理安排。

加药间(包括投加混凝剂、助凝剂、粉末活性炭、碱剂、氯、氨的加药间和相应的药剂仓库)应尽量靠近投加点，一般可设置在沉淀池附近，形成相对完整的加药间。冲洗泵房和鼓风机房宜靠近滤池布置，以减少管线长度和便于操作管理。

当采用投加臭氧时，臭氧车间应接近臭氧接触池。当采用外购纯氧作为臭氧发生气源时，纯氧储罐位置还应符合消防要求。

②附属生产建筑物区。维修车间、仓库等组合为一个区，这一区占用场地较大、堆放配件杂物较乱，最好与生产系统有所分隔，而独立为一个区块。

③生活区。生产管理建筑物和生活设施(办公楼、值班宿舍、食堂厨房、锅炉房等)宜集中布置，力求位置和朝向合理，并与生产构筑物分开布置。生活区尽可能放置在进门附近，便于外来人员的联系，而使生产系统少受外来干扰。化验室可设在生产区，也可设在生活区的办公楼内。

(2)注意净水构筑物扩建时的衔接。

净水构筑物一般可逐组扩建，但二级泵房、加药间及某些辅助设施不宜分组过多，一般宜一次建成。在布置平面时，应慎重考虑远期净水构筑物扩建后的整体性。

(3)考虑物料运输、施工和消防要求。

日常交通、物料运输和消防通道是水厂设计的主要内容，也是水厂平面设计的主要组成。一般在主要构筑物附近必须有道路到达，为了满足消防要求和避免施工的影响，建筑物之间必须留有一定间距。

水厂道路可按下列要求设计：

①水厂宜设置环形道路，大型水厂可设双车道，中、小型水厂可设单车道。

②主要道路宽度：单车道为 3.5 m，双车道为 6 m，支道和车间引道不小于 3 m，人行步道为 1.5～2.0 m。

③车行道路转弯半径为 6～10 m，其中消防通道转弯半径应不小于 9 m。

④车行道尽头处和材料装卸处应根据需要设置回车道。

(4)因地制宜和节约用地。

水厂布置应避免点状分散，以防增加道路、多用土地。为了节约用地，水厂布置应根据地形，尽量将构筑物或辅助建筑物采用组合或合并的方式，以便于操作联系，节约造价。

10.5 高程布置

水厂的高程布置应根据所用净水工艺的水力流程、厂址地形、地质条件、周围环境及进厂水位标高确定。

由于净水构筑物高程受流程限制，因此各构筑物之间的高差应按流程计算决定。辅助建筑物及生活设施可根据具体场地条件灵活布置，但应保持总体的协调。

水厂的高程布置应充分利用原有地形条件，在满足生产流程的前提下，降低水头损失，节约能耗；减少土方挖填方量，节约工程造价。

1. 水力流程计算

为了确定水厂各净水构筑物及泵房、清水池的流程标高，应做整个水厂的流程计算。以常规处理水厂为例，主要计算内容如下：

①原水最低水位。

②一级泵房在最低水位、额定供水量时的吸水管路水头损失。

③水泵轴心标高。

④出水管路的水头损失。

⑤一级泵房出水管至沉淀池（澄清池）的水头损失。

⑥沉淀池内的水头损失。

⑦沉淀池至滤池间管道的水头损失。

⑧滤池本身的工作水头损失。

⑨滤池至清水池的水头损失。

⑩由清水池最低水位计算至二级泵房的轴心标高。

（1）净水构筑物的水头损失。

水厂净水构筑物的水头损失见表10.2。

表10.2 净水构筑物的水头损失

构筑物名称	水头损失/m	构筑物名称	水头损失/m
进水井格栅	0.15～0.3	快滤池（普通）	2.0～2.5
生物接触氧化池	0.2～0.4	V型滤池	2.0～2.5
生物滤池	0.5～1.0	接触滤池	2.5～3.0
水力絮凝池	0.4～0.6	无阀滤池/虹吸滤池	1.5～2.0
机械絮凝池	0.05～0.1	翻板滤池	2.0～2.5
沉淀池	0.15～0.3	臭氧接触池	0.7～1.0

续表 10.2

构筑物名称	水头损失/m	构筑物名称	水头损失/m
澄清池	0.6～0.8	活性炭吸附池	1.5～2.0

注:无阀滤池用作接触过滤时,水头损失为 2.0～2.5 m。

(2)连接管线的水头损失。

管线水头损失的计算可参见《给水排水设计手册》(第三版)第 1 册《常用资料》。由于连接管道局部阻力占较大比例,计算中必须加以重视。

计算常用的公式为

$$h = h_1 + h_2 = \sum il + \sum \xi \frac{v^2}{2g} \tag{10.1}$$

式中　h_1——沿程水头损失,m;

h_2——局部水头损失,m;

i——单位管长的水头损失,根据管径和流速查《给水排水设计手册》(第三版)第 1 册《常用资料》。

l——连通管段长度,m;

ξ——局部阻力系数,查《给水排水设计手册》(第三版)第 1 册《常用资料》;

v——连通管中流速,m/s。

连接管道设计流速应通过经济比较决定,当有地形高差可以利用时,可采用较大流速。一般情况下采用的连接管道设计流速参见表 10.3。

表 10.3　连接管道设计流速

连接管道	设计流速/($m \cdot s^{-1}$)	备注
一级泵房至混合池	1.0～1.2	—
混合池至絮凝池	1.0～1.5	—
絮凝池至沉淀池	0.10～0.15	防止絮粒破坏
混合池至澄清池	1.0～1.5	—
沉淀池或澄清池至滤池	0.6～1.0	流速宜取下限以留有余地
滤池至清水池	0.8～1.2	流速宜取下限以留有余地
滤池冲洗水的压力管道	2.0～2.5	因间隙运用,流速可大些
排水管道(排除冲洗水)	1.0～1.2	—

在水厂流程中装有计量设备时,应计算其水头损失;当装有文氏管或孔板时,其计算如下:

①通过文氏管的水头损失(m)。

$$h = 0.14H[1 - (d_2/d_1)^2] \tag{10.2}$$

式中　d_1——管道直径,m;

d_2——喉管直径,m;

H——文氏管进口与喉管处的压力差(9.8 kPa)。

②通过孔板的水头损失(m)。

$$h = 0.14H'_e[1-(d_2/d_1)^2] \tag{10.3}$$

式中 H'_e——流量记录仪表以水柱为单位的临界压力差(9.8 kPa),$H'_e=(\rho'-1)H_e$;

H_e——流量记录仪表的临界压力差(133.3 Pa);

ρ'——汞密度(13.6 t/m^3)。

(3)计算实例。

【设计计算举例 10.1】某水厂的流程布置如图 10.4 所示。已知:设计水量 $Q=100\ 000\times1.05=105\ 000$(m^3/d),其中考虑 5% 的水厂自用水量。

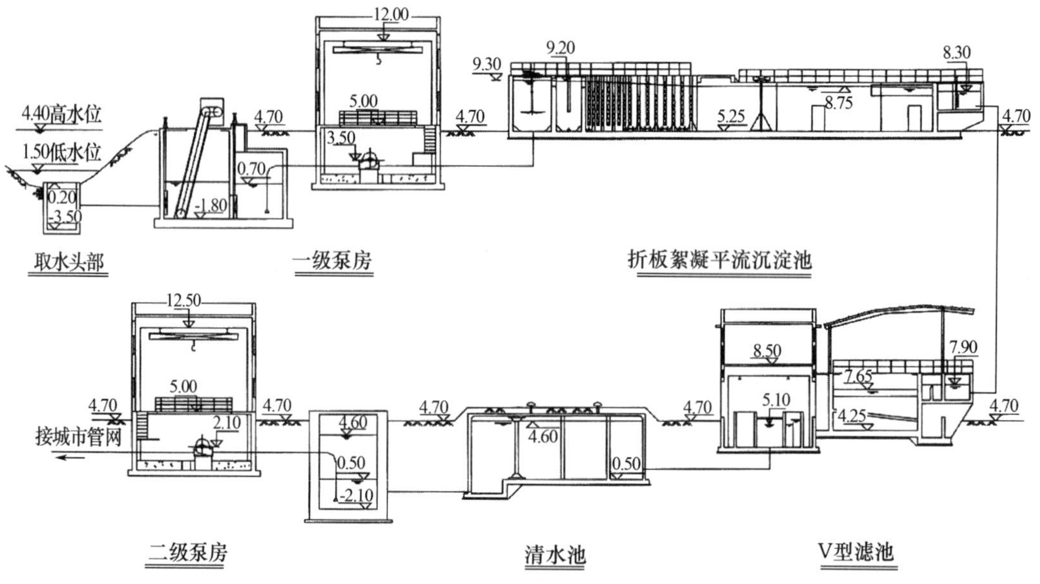

图 10.4 某水厂的流程布置(单位:m)

【解】①取水泵房标高计算。

a. 一级泵房吸水井自流管水头损失 h_1 计算。

共设置 2 根自流管,每根管道设计水量:$q=Q/2=105\ 000/(2\times24)=2\ 187.5$(m^3/h)。

采用管径 $D=900$ mm;管长 $l=200$ m。

查《给水排水设计手册》(第三版)第 1 册《常用资料》水力计算表得 $i=0.00\ 115$。

浑水管沿程损失:$H_L=\sum il=0.00\ 115\times200=0.23$(m)。

管路局部水头损失见表 10.6,$H_w=0.57$(m)。

总计水头损失:$h_1=0.23+0.57=0.80$(m)。

根据河流的最低水位 1.50 m 计算,则一级泵房吸水井最低水位:1.50 - 0.80 = 0.70(m)。

b. 吸水管路水头损失 h_2 计算。

设计采用 5 台水泵,4 用 1 备,每台水泵吸水管设计水量:

$$q = Q/4 = 105\ 000/(4\times24)\approx 1\ 094(\mathrm{m^3/h})$$

采用吸水管管径：$D=600$ mm；管长 $l=20$(m)。

查《给水排水设计手册》第 1 册《常用资料》水力计算表得 $i=0.00227$。

浑水管长 20 m 算得沿程损失：$H_L=\sum il=0.00227\times20\approx0.05$(m)。

管路局部水头损失见表 10.4，$H_w=0.46$(m)。

总计水头损失：$h_2=0.05+0.46=0.51$(m)。

表 10.4　管路局部水头损失

名称	管径/mm	数量/个	局部阻力系数 ξ	流速/($m\cdot s^{-1}$)	局部阻力/m
DN 1 000 mm 自流管					
粗格栅	—	1	—	—	0.20
自流管进出口	900	1	1.5	0.95	0.07
细格栅	—	1	—	—	0.30
合计	—	—	—	—	0.57
DN 600 mm 吸水管					
喇叭口进口	600	1	0.50	1.04	0.03
90° 弯头	600	1	1.01	1.04	0.06
阀门及伸缩接头	600	1	0.51	1.04	0.03
偏心渐缩管	600 ~ 400	1	0.20	2.36	0.06
水泵进口	400	1	1.00	2.36	0.28
合计	—	—	—	—	0.46

c. 水泵轴心标高 h_3(m)计算。

$$h_3=2Z_1+0.85H_s-h_2$$

式中　Z_1——吸水井最低水位；

H_s——水泵最大允许真空吸水高度，取 4.5 m。

$h_3=0.70+0.85\times4.5-0.51\approx4.02$(m)

考虑到吸水安全留有余地，采用水泵轴中心标高为 3.50 m。

d. 取水水泵扬程计算。

$$H=(9.30-0.70)+h_2+h_5+h_6$$

式中　H——水泵全扬程，m；

h_2——一级泵吸水管路总水头损失，m；

h_5——一级泵至配水井管路损失，m(计算方式同 h_2，其值为 1.85 m)；

h_6——富余水头，m，考虑为 1.0 m。

$H=(9.30-0.70)+0.51+1.85+1.0=11.96$(m)，选取水泵扬程为 12 m。

②各构筑物水位标高计算过程略，其结果列于表 10.5。流程布置如图 10.4 所示。

表 10.5　各构筑物水位标高计算结果

名称		水头损失/m		水位标高/m
连接管段	构筑物	沿程及局部	构筑物	
混合池进水				9.30
	混合池		0.10	9.20
	絮凝池		0.45	8.75
	沉淀池		0.45	8.30
沉淀池至滤池		0.40		
	滤池	0.45	2.35	5.10
滤池至清水池		0.50		
	清水池			4.60

2. 高程布置方式

净水构筑物的高程布置一般有图 10.5 所示的四种类型。

(1)高架式(图 10.5(a))。

主要净水构筑物池底埋设于地面下较浅位置,构筑物大部分高出地面。高架式适用于厂区原地形较为平坦时,是目前采用最多的一种布置形式。

(2)低架式(图 10.5(b))。

净水构筑物大部分埋设在地面以下,池顶离地面约 1 m。这种布置操作管理较为方便,厂区视野开阔,但构筑物埋深较大,增加造价且带来排水困难。当厂区采用高填土或上层土质较差时,可考虑采用低架式。

(3)斜坡式(图 10.5(c))。

当厂区原地形高差较大、坡度又较平缓时,可采用斜坡式布置。设计地面高程从进水端坡向出水端,以减少土石方工程量。

(4)台阶式(图 10.5(d))。

当厂区原地形高差较大,而其落差又呈台阶时,可采用台阶式布置。台阶式布置要注意道路交通的畅通。

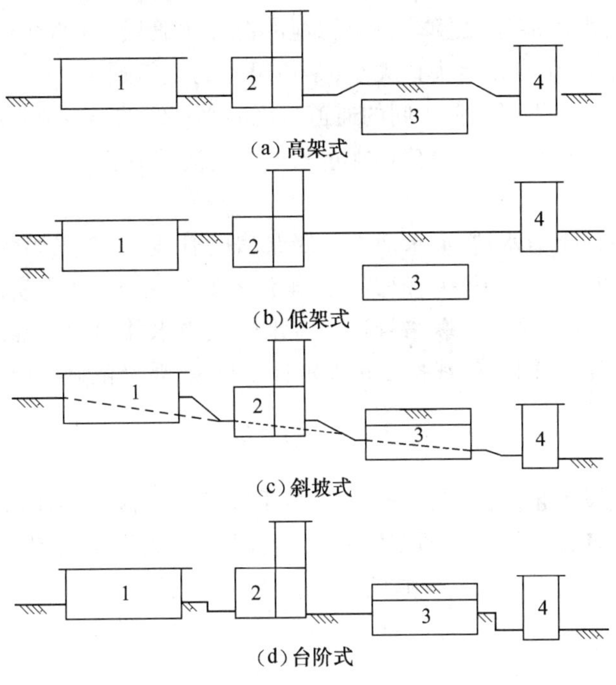

1—沉淀池;2—滤池;3—清水池;4—二级泵房

图10.5　净水构筑物的高程布置类型

10.6　水厂管线设计

水厂的生产过程主要是水体的传送,因此水厂生产构筑物需由各类管道、渠道连通。在构筑物定位之后,应对厂区管道做平面和高程的综合布置。厂区管线一般包括给水、排水(泥)管线,加药管线、厂内自用水管线,以及动力电缆、控制电缆等。

1. 给水管线

给水管线包括从进厂的浑水管开始至出厂的清水管为止的所有工艺流程中的主要管道及各构筑物阀相应的联络管道。以常规处理水厂为例,主要管道包括以下4种。

(1)浑水管线。

浑水管线指进入沉淀(澄清)池或配水井之前的管线,一般为2根,接入方式应考虑与远期的接口。由于阀门、管配件等较多,浑水管线一般采用钢管或球墨铸铁管,管线上要设置必要的阀门,以保证任一设施维修时仍能满足供水的要求;浑水管线管径的确定应考虑运行中可能出现的超负荷因素,适当留有余地;管线布置还应考虑设置计量仪表的要求。

(2)沉淀水管线。

沉淀水管线指由沉淀池(澄清池)至滤池的沉淀水管线,有两种布置方式:一种为架空管道或混凝土渠道,优点是水头损失小,渠道可作为人行通道,也有利于操作人员的巡检;另一种是埋地式,可不影响池子间的通道。沉淀水管线的通过流量应考虑沉淀池超负荷运转的可能(如一部分沉淀池维修而加重其他沉淀池的荷载)。

(3)清水管线。

清水管线指滤池至清水池、清水池至二级泵房的管线,一般采用管道,大型水厂也可采用混凝土渠道,以减少水头损失,但需注意雨污水的渗入。二级泵房应尽可能采用吸水井,以减少清水池与泵房之间的联络管道。清水池至吸水井的管径确定应考虑时变化系数。清水出厂管道常为2根,管线按要求设置计量仪表,管径的确定应考虑远期或超负荷的因素,适当留有余地。

(4)超越管线。

管线设计时应设有超越措施,以便水厂某环节事故检修或停用时,水厂仍能正常运行,图10.5所示为各种超越管线的布置方式。如水厂设有预处理设施或深度处理设施,亦应考虑预处理设施或深度处理设施的超越管道。

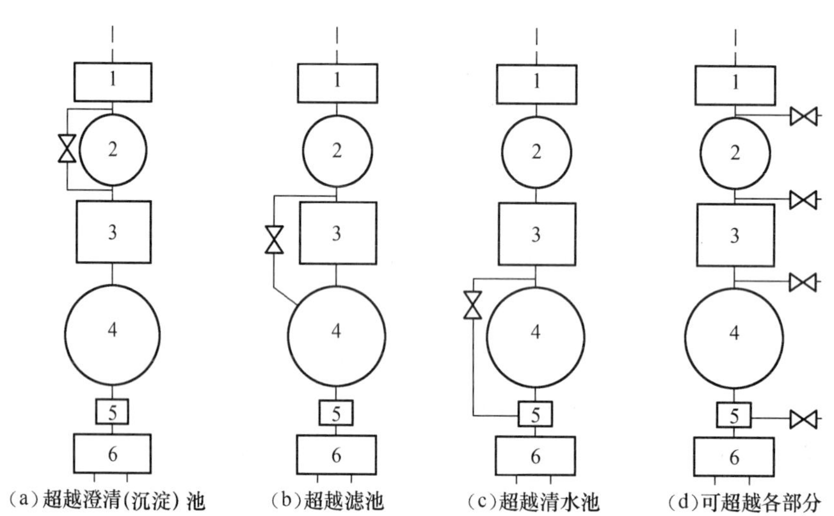

1—一级泵房;2—澄清(沉淀)池;3—滤池;4—清水池;5—吸水井;6—二级泵房

图10.5 超越管线的布置方式

2. 排水(泥)管线

水厂的排水(泥)管线包括3部分内容:厂区雨水排放、生活污水排放及水厂生产废水排放。

水厂的雨水系统应按当地的暴雨强度及重现期要求进行设计。当厂区附近有城市雨水系统时，应尽量考虑将厂区雨水接入城市雨水系统。当厂区雨水排入河道时，应了解河道的水位变化情况，如不能满足厂区雨水自流排放，应设置雨水池和提升泵房。在丘陵地区或山区建设水厂时，还必须按照百年一遇的重现期进行水厂的防洪设计，一般防洪沟宜布置在水厂周围，避免在水厂内通过。

在厂区附近有城市污水系统时，水厂的生活污水可直接接入；若无城市污水系统，则可设置小型污水处理装置集中处理后排入厂区雨水管道。

水厂生产废水的管线布置与排泥水处理工艺有关，可以与排泥水系统的设计一并考虑。

3. 加药管线

根据净水工艺，水厂内可有各种加药管道，例如加矾管、加氯管、加氨管、加酸加碱管等，这些管道均需从药剂制备间敷设到投加点。由于不同药剂可能造成不同的腐蚀影响，因此在管材选用上要注意防腐的要求，一般多选用塑料管，臭氧用管线可采用不锈钢或耐腐蚀的聚四氟乙烯管。为便于维修，加药管一般均敷设于管槽内。

4. 厂内自用水管线

厂内自用水管线主要提供厂内生活用水、药剂制备、水池清洗及消防等用水，一般由二级泵房出水管上接出。管材一般采用球墨铸铁管、PE 管等。

厂内自用水管口径应满足自用水和消防水量要求，在需要地点设置室外消火栓。为保证用水的安全并满足消防要求，干管应尽量布置成环网。

5. 电缆

水厂内的电缆包括动力电缆、控制电缆及照明电缆等，数量较多，因此在水厂平面布置时应进行综合考虑。水厂的电缆敷设可采用直埋，也可设置电缆沟，电缆沟断面可根据埋设电缆数量确定，沟底应设一定坡度，每隔 50 ~ 100 m 设排水管排除积水。

10.7 附属建筑

水厂的附属建筑一般包括生产管理及行政办公用房、化验室、维修车间（机修、电修、仪表修理、泥木工厂等）、车库、仓库、食堂、浴室及锅炉房、传达室、值班宿舍、露天堆场等。

水厂的附属建筑标准应根据建设规模、城市性质、功能等区别对待，符合经济实用、有利生产的原则。建筑物造型应简洁，并应使建筑物和构筑物的建筑效果与周围环境相协调。在满足使用功能和安全生产的条件下，宜集中布置附属建筑。

生产建筑应与附属建筑的建筑风格相协调，生产构筑物不宜进行特殊的装修。在中华人民共和国住房和城乡建设部和中华人民共和国国家发展和改革委员会 2009 年颁布的《城市给水工程项目建设标准》（建标 120—2009）中，提出了不同规模水厂和泵站附属建筑面积的参考值。

10.8 水厂的仪表和自控设计

净水厂实施自动控制的主要目的在于促进水厂的技术进步,提高管理水平,以取得降低能耗、药耗,节省人力,获得安全优质供水的效果。

水厂的自动控制系统随着控制技术、通信技术、仪表检测技术的发展,以及工艺与相关设备的发展而不断演进。从初期的简单手工操作(对自动化基本无要求),到净水处理工艺越来越复杂及处理负荷不断加大,生产过程对处理稳定性及节能降耗等要求在提高,这使得对控制及自动化水平的要求也随之增高。特别是在整个供水行业处于原水水质持续下降、原水供给不足,但供水需求持续增长、出水水质要求不断提高的现状条件下,自动控制系统作为现代化水厂的重要组成部分,是提高供水水质、保证供水安全、降低能耗、降低漏耗、降低药耗、进行科学管理的重要手段,其作用及地位也越来越重要。

根据水厂生产运行对人民群众的生活及社会经济活动的重要影响,应全面考虑设置相关的安全防护及管理系统,用于保障水厂正常运行所需的安全环境。

1. 自动控制系统基本要求

(1)设计原则。

①实用性:选择性价比高、实用性强的自动控制系统及设备。

②先进性:系统设计要有一定的超前意识;硬件的选择要符合技术发展趋势,选择主流产品。

③可扩展性:针对净水厂工程一次规划、分期实施的特点,自动控制系统设计需充分考虑可扩展性,满足净水厂工程规模分期扩建时对自动控制系统的需求。

④经济性:在满足技术和功能的前提下,系统应简单实用并具有良好性价比。

⑤易用性:系统操作简便、直观,利于各个层次的工作人员使用。

⑥可靠性:根据水厂的重要程度、停产或局部停产所会造成的影响程度及出现故障时应采取的措施进行设计;应采取必要的保全和备用措施,必要时对控制系统关键设备进行冗余设计。

⑦可管理性:系统设计、器件、设备等的选型应重视可管理性和可维护性。

⑧开放性:应采用符合国际标准和国家标准的方案,保证系统具有开放性特点。

(2)系统结构。

水厂的自控系统结构根据处理规模、处理工艺的复杂程度、管理需求、投资规模的不同,大致可分为大中型控制系统和小型控制系统两大类。自控系统按分散控制、集中管理的原则设置,采用分层递阶结构的分布式集散型控制系统。

大中型系统一般适用于常规处理规模在 10 万 m^3/d 以上或处理工艺复杂,同时存在预处理、深度处理、污泥处理等新工艺的水厂。

自控控制系统一般按功能分为 4 个层次，由上到下依次为：管理信息层、中央控制层、现场层、设备层。信息自下向上逐渐集中，同时控制程度又自上而下逐渐分散。监控系统的各层通过通信网络连接起来，通信网络分为 3 级：管理级、监控级、数据传输级。

中小型系统适用于常规水处理规模在 10 万 m^3/d 以下的中小型水厂。其控制结构基本同大型系统，但由于考虑投资、管理等原因，常将管理信息层与中央控制层合并或设备配置相对简化。

水厂受控设备的控制模式一般分为 3 级，即中央控制级、就地（车间）控制级和基本（机旁）控制级。三级控制选择可通过设于设备现场的控制箱或控制柜（MCC）上手动/自动转换开关实现。上、下控制级之间，下级控制的优先权高于上级控制。

2. 检测仪表基本要求

（1）常用仪表的分类。

检测仪表直接关系到水处理系统自动化的效果，相同或类似的仪表，由于制造工艺生产管理等不同，在精度、稳定性等方面也可能存在着较大的差别。因此在工程设计过程中，必须从仪表的性能、质量、价格、维护工作量、备件情况、售后服务、工程应用情况等进行多方比较。水厂及泵站在线检测仪表一般可分为两大类：热工量仪表、物性及成分量仪表。

①热工量仪表，主要包括流量仪表、压力仪表、液位仪表、温度仪表。

a. 流量仪表。

根据被测参数的要求，流量仪表可分为质量流量仪和容积式流量仪两种。质量流量仪除测量容积流量外还能检测相关介质的密度、浓度等参数。

容积式流量仪根据管路特性分为明渠流量仪及管道流量仪。明渠流量仪一般采用堰式或文丘里槽流量仪。管道流量仪根据测量原理分为电磁流量仪、超声波流量仪、涡街流量仪、差压式流量仪、热式流量仪等不同形式；根据安装方式分为管段式流量仪、插入式流量仪、外夹式流量仪等多种形式。

b. 压力仪表。

常用压力仪表有机械式压力表和电动式压力（差压）变送器。机械式压力表主要有弹簧管式、波纹管式、膜片式 3 种：电动式压力（差压）变送器主要有电容式、扩散硅式等。

c. 液位仪表。

常用液位仪表根据仪表结构、测量原理可分为超声波式、浮筒（球）式、差压式、投入式、静电电容式等几种主要形式。

d. 温度仪表。

温度仪表由测温元件和温度变送器组成。测温元件根据金属丝自身电阻随温度改变的特性常分为铜热电阻 Cu 50 和铂热电阻 Pt 100。温度变送器与不同特性的测温元件配合将电阻变化转换为 4 ~ 20 mA 标准信号。

②物性及成分量仪表，主要包括水质分析仪表、气体分析仪表。

a. 水质分析仪表，主要种类有：pH/ORP（氧化还原电位）、电导率、溶解氧、固体悬浮物/污泥浓度(MLSS/SS)、浊度、COD(化学需氧量)、NH_4-N(氨氮)、NO_3(硝氮)、TP(总磷)、锰、余氯等。

b.气体分析仪表,主要种类有:H_2S(硫化氢)、Cl_2(氯气)、NH_3(氨气)等测量仪,采用电化学测量原理。

(2)基本性能指标。

①精确度。

精确度是指在正常使用条件下,仪表测量值与实际值之间的差值(即误差),一般以差值与实际值的百分比表示。误差越小,精确度越高。

一般来说,生产过程的热工量仪表的一般精确度为不大于±1%。物性及成分量仪表根据测量原理的不同,一般精确度为±2% ~ ±5%。

②响应时间。

响应时间是指仪表指示时间与检测时间之间的差值,表示仪表能否快速反映参数变化的性能。

常用热工量仪表的响应时间一般要求为毫秒级;物性及成分量仪表的响应时间根据被测变量的测量原理、数据变化频度及控制需求等条件提出要求。除特殊仪表外,一般响应时间考虑控制在3 ~ 10 min范围内。

③灵敏度。

灵敏度用来表示测量仪表对被测参数变化的敏感程度,常以仪表输出变化量与被测参数变化量之比表示。有时也采用分辨率表示仪表的灵敏度,分辨率指仪表感受并发生动作的输入量的最小值。一般情况下选用仪表的灵敏度大于其控制精度。

10.9 水厂制水成本计算

给水项目的总成本费用采用生产要素估算法估算,具体内容包括水资源费或原水费、原材料费、动力费、职工薪酬、固定资产折旧费、修理费、管理费用、销售费用、其他费用和财务费用的估算。

(1)水资源费或原水费E_1。

水资源费或原水费指供水企业利用水资源或获取原水的费用,一般按各地有关部门的规定计算。其计算公式为

$$E_1 = 365Qk_1e/k_2 \tag{10.4}$$

式中 Q——最高日供水量,m^3/d;

k_1——考虑水厂自用水的水量增加系数;

e——水资源费费率或原水单价,元/m^3;

k_2——日变化系数。

(2)动力费E_2。

动力费可根据设备功率和设备运行时间计算,或近似按总扬程计算。其计算公式为

$$E_2 = 1.05 \frac{QHD}{\eta k_2} \tag{10.5}$$

式中　H——工作全扬程，包括一级泵房、二级泵房及增压泵房的全部扬程，m；

D——电费单价，元/(kW·h)；

η——水泵和电动机的效率，一般采用70%～80%；

Q、k_2——同式(10.4)。

(3)药剂材料费 E_3。

药剂材料费指制水过程中所耗用的各种药剂费用，包括净水材料(如活性炭)、混凝剂、助凝剂和消毒剂等。其计算公式为

$$E_3 = \frac{365\ Qk_1}{k_2 \times 10^6}(a_1 b_1 + a_2 b_2 + a_3 b_3 + \cdots) \tag{10.6}$$

式中　a_1、a_2、a_3——各种药剂(包括混凝剂、助凝剂、消毒剂等)的平均投加量，/(mg·L^{-1})；

b_1、b_2、b_3——各种药剂的相应单价，元/t；

Q、k_1——同式(10.4)。

(4)职工薪酬 E_4。

职工薪酬指企业在一定时间内支付给职工的劳动报酬总额，包括工资、奖金、津贴和福利等。其计算公式为

$$E_4 = \text{职工每人每年的平均职工薪酬} \times \text{职工定额} \tag{10.7}$$

(5)固定资产折旧费 E_5。

其计算公式为

$$E_5 = \text{固定资产原值} \times \text{综合折旧率} \tag{10.8}$$

(6)修理费 E_6。

修理费包括大修理费用和日常维护费用。其计算公式为

$$E_6 = \text{固定资产原值(不含建设期利息)} \times \text{修理费率} \tag{10.9}$$

(7)无形资产和其他资产摊销费 E_7。

其计算公式为

$$E_7 = \text{无形资产和其他资产值} \times \text{年摊销率} \tag{10.10}$$

(8)其他费用 E_8。

其他费用包括管理和销售部门的办公费、取暖费、租赁费、保险费、差旅费、研究试验费、会议费、成本中列支的税金(如房产税、车船使用税等)，以及其他不属于以上项目的支出等。根据有关资料，其他费用可按以上各项总和的10%～15%计算：

$$E_8 = (E_1 + E_2 + E_3 + E_4 + E_5 + E_6 + E_7) \times (10\% \sim 15\%) \tag{10.11}$$

(9)财务费用 E_9。

财务费用指为筹集与占用资金而发生的各项费用，包括在生产经营期应归还的长期借款利息、短期借款利息和流动资金借款利息、汇兑净损失及相关的手续费等。

(10)年总成本 YC。

其计算公式为

$$YC = \sum_{j}^{9} E_j \tag{10.12}$$

(11)年经营成本 E_c。

其计算公式为

$$E_c = E_1 + E_2 + E_3 + E_4 + E_6 + E_8 + E_9 \tag{10.13}$$

(12)单位制水成本 AC。

其计算公式为

$$AC = YC/\sum Q \tag{10.14}$$

式中 $\sum Q$——全年制水量。

(13)固定成本 E_{10}和可变成本 E_{11}。

其计算公式为

$$E_{10} = E_1 + E_2 + E_3 \tag{10.15}$$

$$E_{11} = E_4 + E_5 + E_6 + E_7 + E_8 + E_9 \tag{10.16}$$

10.10 水厂布置示例

水厂平面布置一般均需提出几个方案进行比较,以便确定在技术经济上较为合理的方案。图 10.6 所示为一水厂平面布置图。该水厂设计水量为 10 万 m^3/d,分两期建造。第一期和第二期工程各 5 万 m^3/d。第一期工程建一座隔板絮凝加平流式沉淀池(合建)和一座普通快滤池(双排布置、共 6 个池),冲洗水箱置于滤池操作室屋顶上。第二期工程同第一期工程。主体构筑物分期建造,水厂其余部分一次建成。全厂占地面积约 25 333 m^2(38 亩),生产区和生活区分开。水处理构筑物按工艺流程呈直线布置,整齐、紧凑。

图 10.7 为图 10.6 中构筑物的高程布置图。各构筑物间水面高差由计算确定。

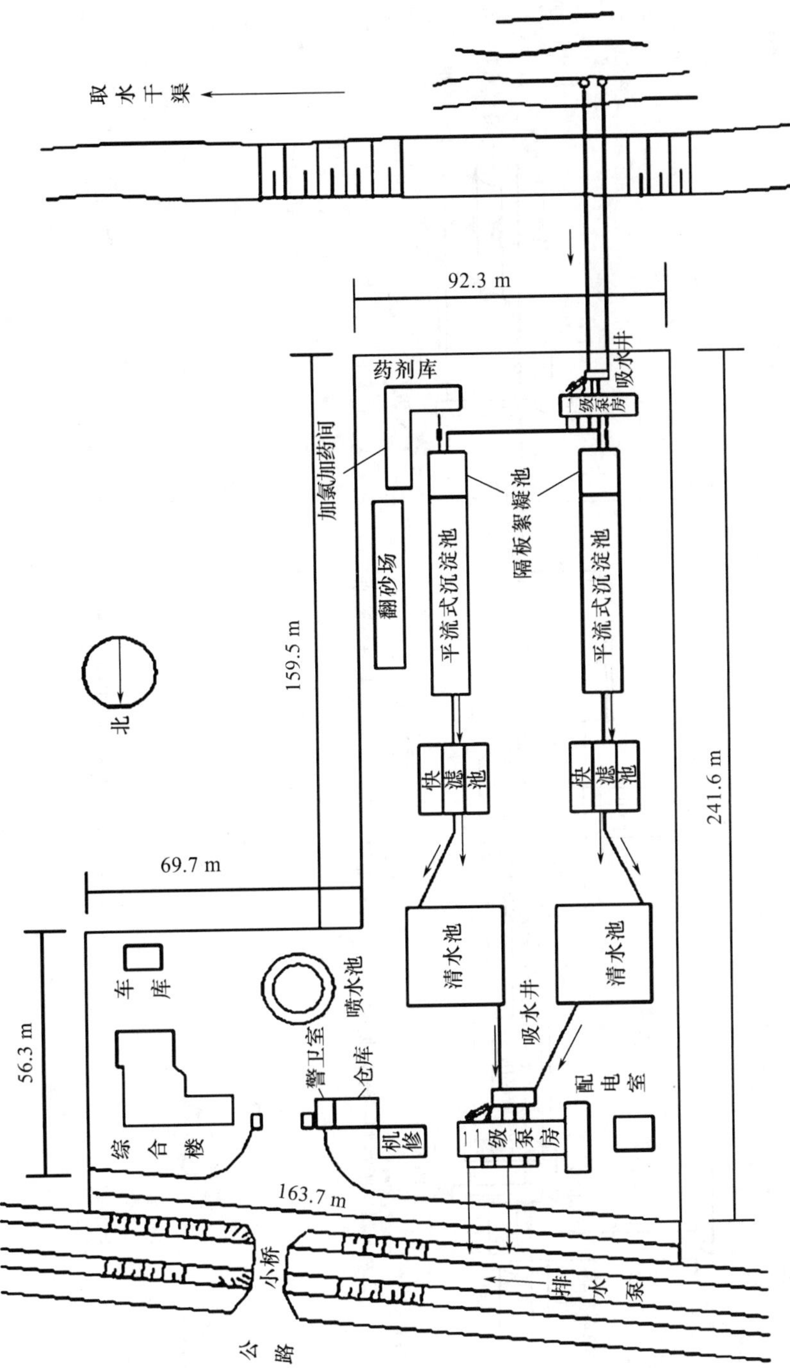

图10.6 水厂平面布置图

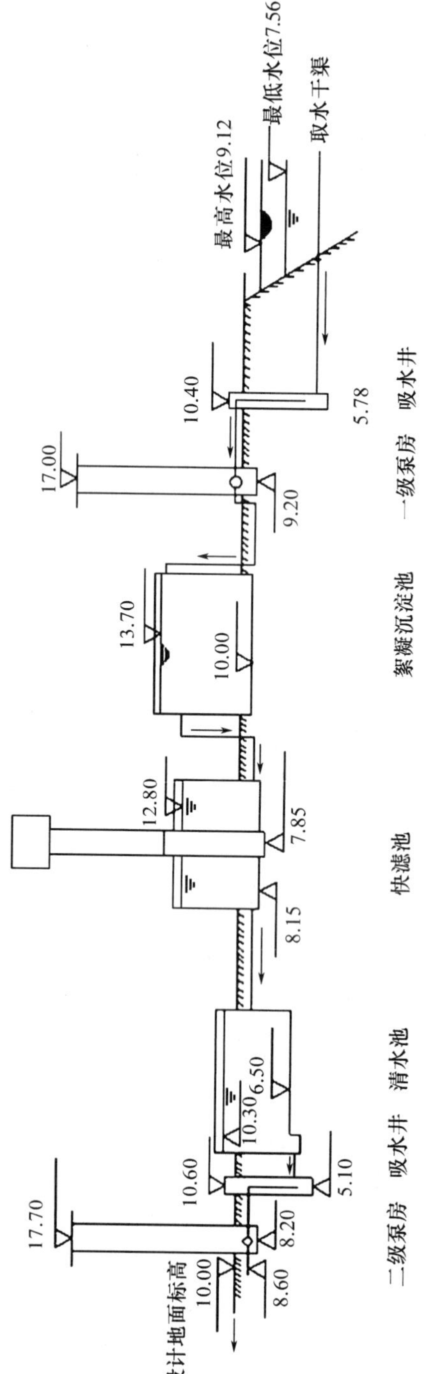

图10.7 水厂构筑物高程布置图（单位：m）

第 11 章　特种水源水处理

在实际水处理过程过程中，常存在各种复杂的水污染问题：高浊水、含藻类水、有机污染和氨氮含量高的水等。特种水源水处理还包括对工业生产所需的软化水和除盐水的处理，甚至包括海水淡化和污水资源回用等补充水资源的有效措施。

11.1　高浊度水预处理

1. 高浊度河水及其水质特点

我国高浊度水主要指流经黄土高原的黄河干、支流的河水。我国黄土高原沟壑地区，植被差，汛期暴雨集中，降雨强度大，水土流失极为严重，成为黄河干、支流泥沙的主要来源。以黄河龙门监测站为例，水中含沙量在一年中是变化的，见表 11.1，其多年最高月平均含沙量为 284 kg/m^3，历年最大含沙量达 933 kg/m^3。所以黄河水的含沙量堪称世界之最。

由于黄河含沙量太高，已难以用浑浊度进行准确测量，所以工程上都以单位体积水中含泥沙质量来进行测量，习惯上采用 kg/m^3 这一单位。

表 11.1　黄河龙门测站多年月平均水的含沙量　　$kg \cdot m^{-3}$

月份	1	2	3	4	5	6	7	8	9	10	11	12
含沙量	2.41	3.32	1.48	8.07	10.2	20.6	74.5	76.8	284	15.2	8.30	3.82

高浊度河水的含沙量变化与暴雨有关。一场暴雨之后，大量泥沙泄入河中，河水含沙量会迅速增大，随着暴雨的结束，河水含沙量又会逐渐减少，所以高浊度河水的含沙量具有沙峰的特点，如图 7.1 所示，在黄河的中上游及其支流更是如此。在黄河中下游，由于干、支流多个沙峰相互重叠，使沙峰持续时间延长，含沙量波动减小，从而具有持续不断的特点。

黄河高浊度水中来源于黄土高原的泥沙，各沙峰颗粒组成并不相同，但总的特点是粒径小于 0.05 mm 的细泥沙所占比例很大，一般占 50% 以上，所以当含沙量大于 10 kg/m^3 时，一般都具有拥挤沉降的特点，沉淀十分缓慢。黄河高浊度水由于含沙量极高，给水处理带来很大困难。中华人民共和国成立以来，以黄河高浊度水为水源已建起大量水厂，也为处理高浊度水积累了丰富的经验。

前已述及，高浊度水沉淀时属拥挤沉降形式，浑液面沉降缓慢，且泥沙浓度愈高沉速愈小。为加速沉降，可向高浊度水中投加混凝剂或絮凝剂。高浊度水不论是沉淀或是絮凝沉淀，沉淀分离出的清水可供使用，沉淀下来的淤泥需排出沉淀池。辐流式沉淀池的排泥质量浓度在自然沉淀时为150~300 kg/m³,在絮凝沉淀时为150~350 kg/m³。

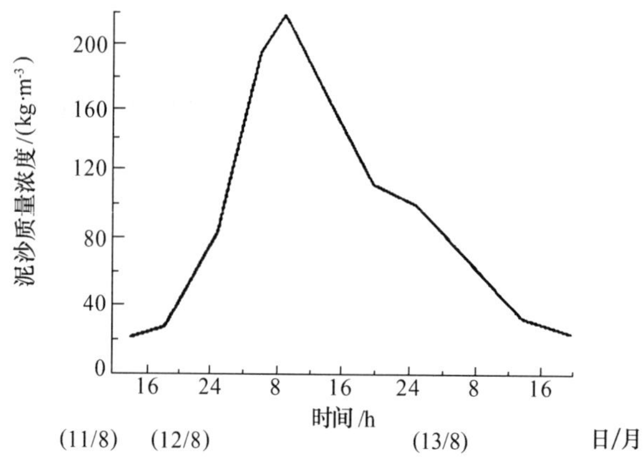

图11.1　黄河高浊度水泥沙浓度的变化

由黄河中上游流下来的泥沙,在黄河下游河床中淤积,使河床每年抬高约0.1 m。数百年来,黄河下游河床不断淤积抬高,使花园口以下黄河河床已高于两岸地面,而形成“悬河”。为了不再加重黄河下游的淤积,黄河水利委员会规定,由黄河取水的水厂不得将沉下的泥沙再排回黄河。所以,黄河水厂必须对沉淀下来的泥沙进行处置。

在黄河下游,特别是龙门以下的河段,属于游荡性河流,河水主流经常摆动,特别是洪水过后,主流会有大幅度摆动,常招致取水口脱流,取不上水。为了保证取水,在取水口脱流期,应贮有足够的水以供所需。

2. 高浊度水的处理工艺系统

高浊度水处理的特点是在常规处理工艺前增加预处理工艺。对高浊度水进行预处理,就是先用沉淀的方法将水中绝大部分泥沙除去,使沉淀处理后的水的浑浊度(泥沙含量)降低到几百 NTU 以下,再用常规工艺对之做进一步处理,从而获得符合我国《生活饮用水卫生标准》(GB 5749—2022)水质的水。高浊度水的处理工艺如图11.2所示。

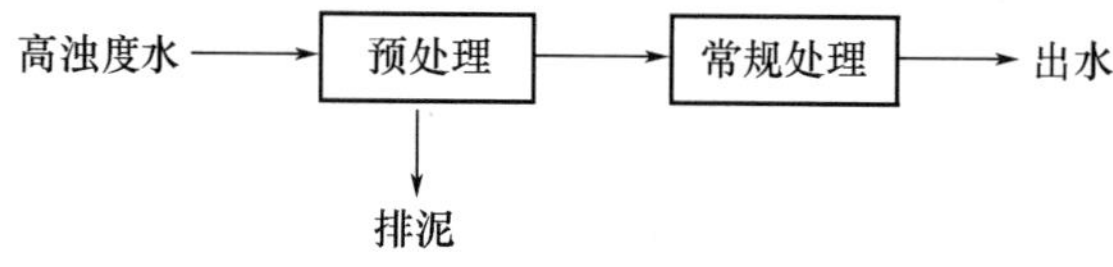

图11.2　高浊度水的处理工艺

对高浊度水进行预沉淀处理的方法主要有条渠沉砂池、平流式沉淀池、辐流式沉淀池、斜管沉淀池、澄清池、旋流式沉淀池等。

条渠沉砂池多用于引黄灌区,亦用于城市供水工程,例如山东青岛引黄供水工程。其沉砂效果可达40%以上,沉砂池出口泥砂粒径在0.005~0.04 mm之间。条渠沉砂池是一条狭长的渠道,其长度可达数公里。此种形式的沉砂池,不仅能沉淀粗、中颗粒的泥砂,而且可沉淀部分细颗粒泥砂。条渠内沉积下来的泥砂，一是用挖泥船挖砂，保持原条渠过水断面不变，长期运行；二是让其自然淤积，待泥砂淤积量达一定高度后，条渠出水含砂量不能满足设计要求时，可加高条渠两侧围堤，提高运行水位，继续使用或停止运营、另建新渠。条渠沉砂池泥砂沉速的计算都以单颗粒自由沉降为依据。由于沉砂池内水流脉动的影响，泥砂沉速将减缓，所以在计算过程中常引入一修正系数。而高浊度水泥砂则以界面形式沉降，二者的沉速相差颇大，因此在条渠用于高浊度水处理时，应通过模型试验确定各设计参数或参照实际运营工程对各设计参数进行修正，以期达到设计的沉砂效果。

图 11.3 所示为一高浊度水处理工艺示例。高浊度水先经辐流式沉淀池沉淀。辐流式沉淀池既可用于高浊度水的自然沉淀，也可用于絮凝沉淀。由于辐流式沉淀池皆为钢筋混凝土结构，造价较高，故较多地用于效率较高的絮凝沉淀。当采用絮凝沉淀时，在高浊度水流入沉淀池以前向进水管中投加高分子絮凝剂（如阴离子型聚丙烯酰胺，HPAM），水与药剂在进水管道中混合，流经设于池中心的布水管，进入沉淀池进行沉淀。沉淀后的水浑浊度可降至几百 NTU 甚至几十 NTU，这时再用常规工艺处理，即向水中投加混凝剂（如聚合铝，PAC），经混合、絮凝、沉淀、过滤、投氯消毒，即可获得合格的处理水。

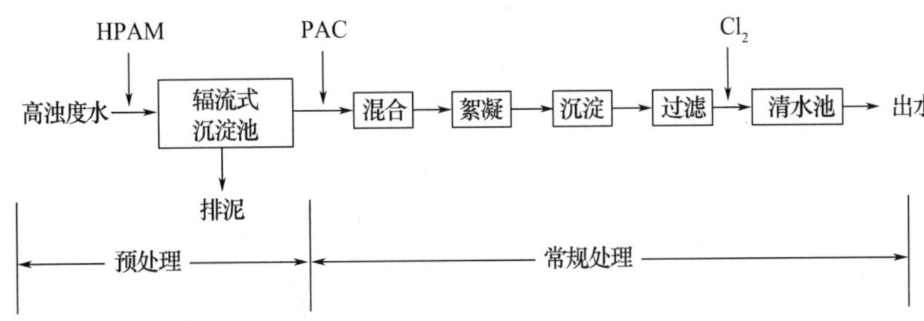

图 11.3　高浊度水处理工艺示例

当有较大的土地可以利用来做沉淀池时，也可采用自然沉淀的方法来对高浊度水进行预处理。由于高浊度水的沉淀比较慢，所以自然沉淀池的容积比较大，为了降低造价，自然沉淀池常修建成长方体的由土堤围成的池子。水在自然沉淀池中常沉淀数十小时，沉淀池出水的浑浊度一般可降至几十 NTU。自然沉淀池的排泥多采用挖泥船的方法。

前已述及，高浊度水沉淀池的排泥浓度一般只有几百千克每立方米，如果进池高浊度水的含沙量比排泥浓度还高，那么进池原水将全部被排出而不会产生任何效益，反而白白地浪费了许多抽水和排泥的电能。按照沉淀池进水和排泥的泥沙平衡关系（忽略出流清水中的泥沙含量），可写出排泥流量与进水流量之比，如下式所示：

$$\frac{Q_u}{Q_0} = \frac{C_0}{C_u} \tag{11.1}$$

式中　Q_u——排泥流量；

Q_0——进水流量；

C_0——进水泥沙浓度；

C_u——排泥泥沙浓度。

由此式可见，进水泥沙浓度愈高，排泥流量所占比例就愈大。显然，排泥流量所占比例过大是不经济的。实际工程中一般认为，进水泥沙质量浓度超过 100 kg/m^3（有的选取更低的限值）便不经济了。为了能经济地运行，许多水厂在高浊度河水含沙量超过上述限值时便暂停取水，直到沙峰过后、进水泥沙浓度降至限值以下时再恢复取水，即"躲避沙峰"。在躲避沙峰期间，水厂仍需不间断地向用户供水，这就需要贮存数日的水。

此外，在黄河中下游，如果取水口处有脱流的现象发生，也需要贮存数日至数十日的水。在黄河下游曾出现过断流现象，许多由黄河取水的水厂需要贮存数月甚至一年的水，以保证黄河断流时不间断供水。

一般都将贮水与自然沉淀结合起来，即将自然沉淀池扩大为贮水池。水在贮水池中经长时间的沉淀可使沉淀效果进一步提高，使后续的常规处理更好地进行。这种用贮水池做预处理的高浊度水处理工艺如图 11.4 所示。

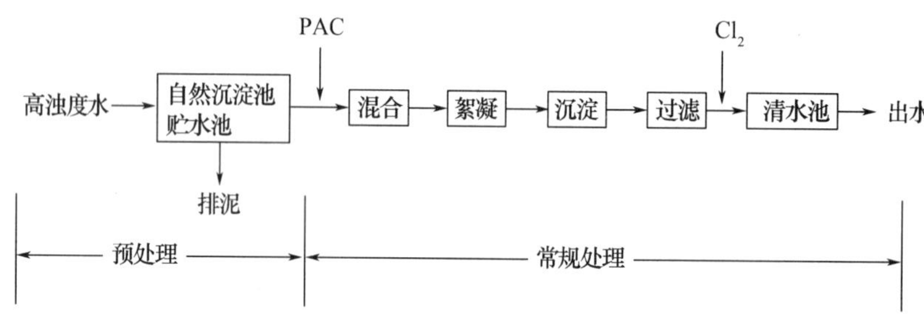

图 11.4　用贮水池做预处理的高浊度水处理工艺

在辐流式沉淀池和平流式沉淀池中，也可安设斜板或斜管，以提高沉淀效果。在高浊度水沉淀池中，由于浑水密度流的影响显著，所以上向流斜板（管）沉淀装置比较适用。

为了减少水中的泥沙，还可在取水构筑物头部安设斜板沉沙装置，它可去除水中部分粗沙，防止在管渠中沉淀。

有的水厂在河边修建斗槽取水构筑物。斗槽可沉淀部分泥沙，还可防止冰凌堵塞取水口，对保障取水安全起重要作用。

对于中小水厂，当高浊度水的含沙量不是很高时，也可采用适用于高浊度水处理的澄清池，它将预处理和常规沉淀集合于一个净水构筑物，从而简化了处理流程，降低了建设费用。采用澄清池的高浊度水处理工艺流程如图 11.5 所示。

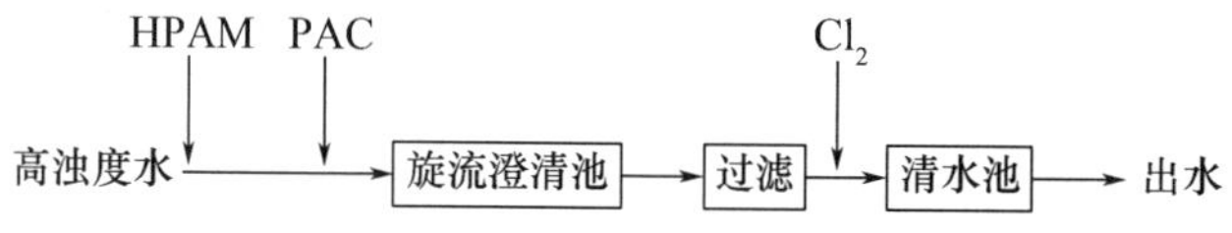

图 11.5　采用澄清池的高浊度水处理工艺流程

高浊度水处理厂排出的泥量很大，必须妥善处置。水厂排出的泥沙有多方面的用途。如在黄河岸边淤坝，高浊度水的预处理沉淀池一般都建于黄河岸边取水口旁，由水厂排出的泥水可直接抽送至黄河堤坝进行沉淀淤积，以加高、加宽堤坝。又如在岸边空地沉淀淤积、干化泥沙，供制砖厂使用。此外，还可利用泥沙在水厂附近淤田造田：黄河高浊度水含有大量细粒泥沙，泥沙上吸附了有机物和营养元素，故用于淤田可以提高农田肥力；使排泥水在河边沙石地带淤积，可造田用于农业。当然，水厂排泥水在每一项目上的应用都有其相应的技术要求，并存在相应的工程技术问题，所以对每一项目都需进行专门的论证和设计。

11.2　水的除藻

天然地表水体受到城市污水、工业废水及农田排水的污染，水中营养物质大量增加，会导致水体的富营养化，特别是在水交换过程缓慢的湖泊和水库中，藻类等浮游植物会异常繁殖，夜间藻类呼吸会消耗水中溶解氧，藻类尸体及有机物的分解也会大量消耗水中的溶解氧，甚至使水生物窒息死亡、水环境恶化、水生态系统遭到破坏。

藻类的大量繁殖使水的感官性状不良，因为藻类会产生许多臭味物质，使水产生异臭和异味；某些藻类在一定环境下会产生藻毒素，对人体健康有害；藻类及其分泌物与氯作用，还会生成氯化消毒副产物；藻类的密度小，不易沉淀除去，进入滤池后会堵塞滤池，使滤池运行周期缩短，反冲洗水量增加，严重时甚至会导致水厂停运；藻类及其分泌物不利于混凝，使混凝剂等投药量增大；未被去除的藻类进入输配管网，成为可被细菌利用的可同化有机物，从而降低了水的生物稳定性等。

可以采用向水体投加硫酸铜或柠檬酸铜的方法控制海藻类的繁殖，因为铜对藻类有毒性。但是铜对鱼类也有毒性，是其缺点。还可采取由水体不同深度取水的方法，以避开高藻水层，减少取水中藻类的含量。

对于进入水厂的含藻水，可以采用预氧化杀藻的方法。常用的预氧化剂有氯、臭氧、高锰酸钾等。用氯杀藻效果好，但会生成大量对人体有害的氯化副产物；臭氧杀藻效果也很好；高锰酸钾杀藻效果不如氯和臭氧，但与氯联用能获得很高的杀藻效果。

混凝是提高除藻效果的重要方法。藻类一般带负电，经混凝后可显著提高沉淀和过滤的除藻效率。

气浮用于除藻特别有效，因为藻类密度小，混凝后不易沉淀，但用气浮法使之上浮比较适宜，所以气浮除藻效率一般都比沉淀高得多。但是气浮池排出的藻渣有机物含量高，在气温高时易于腐败，使水厂环境恶化，所以藻渣处理是有待解决的问题。

向水中投加粉末活性炭或采用颗粒活性炭过滤吸附除藻，也有一定作用，但一般只于同时除臭、除味时使用。

在常规工艺之前设置生物处理构筑物，也有一定除藻作用，可以减轻后续工艺的除藻负荷。

在常规工艺前设置微滤机除藻，在国外曾是一种使用较多的除藻方法。微滤机是一种物理筛滤装置，其中设有用极细不锈钢丝纺织的滤网，网孔直径为 10～40 μm，含藻水经滤网过滤能获得一定除藻效果，特别是对体型较大的藻类（如硅藻）去除效果较好，可减轻藻类对滤池的堵塞。微滤机除藻在我国用得较少。

各种除藻方法对不同水体水的除藻效果也不同,需通过试验来选定。

11.3 水的除臭除味

水源中的异臭和异味常常由藻类及其分泌物所致。含藻水常具有其优势种属的特殊臭和味,如霉味、青草味、老鹳草味、豆味、鱼腥味等。水中的放射菌属及其分泌物则具有泥土味或霉味。此外,水中有的异臭、异味由土壤中植物和有机物分解所致。当水源水受到工业废水和城市污水污染时,也常产生异臭、异味。

在水处理过程中,由于药剂与水中物质发生化学反应,也会使水产生异臭、异味。例如,氯与水中的酚类化合物作用,能生成具有药味的氯酚;氯与含氮化合物作用,能生成具有老鹳味的三氯化氮等。

活性炭吸附是有效的除臭、除味方法。一般由藻类大量繁殖引起的臭味具有季节性,比较适宜用粉末活性炭去除。因水污染引起的臭味一般持续时间很长,甚至终年不断,比较适合用颗粒活性炭去除。

臭氧氧化除臭、除味效果很好。当水的臭味比较浓时,常用臭氧与活性炭联用。当臭氧与粉末炭联用时,常在常规工艺前投加粉末活性炭,在滤池后再用臭氧氧化;当臭氧与颗粒炭联用时,常于滤池后投臭氧,再经颗粒炭吸附过滤。臭氧除臭、除味受水温影响较大,当水温低于 5 ℃时,效果变差。臭氧氧化产物有时也有异臭、异味,可被活性炭除去。

高锰酸钾是有效的除臭、除味药剂。在常规工艺前,于投加混凝剂同时(或前或后)向水中投加高锰酸钾,常可显著提高除臭、除味效果。当水的臭味浓时,高锰酸钾与活性炭联用可获得更好的除臭、除味效果。高锰酸钾复合药剂的除臭、除味效果,常比单独投高锰酸钾又有提高。

用折点加氯的方法,可有效地去除水中的臭和味。二氧化氯除臭、除味也比较有效,但对三氯化氮无效。当水因含硫化氢而有臭味时,采用曝气的方法除臭、除味也比较有效。

由于水中致臭、致味物质多种多样,每一种方法的除臭、除味效果都不相同,所以需要通过试验选用有效的处理方法。

11.4 微污染水处理

我国水源污染的情况是严重的,由于废(污)水处理率和处理程度不高,排入江河湖泊后,导致优质的水源越来越少,也对饮用水处理工艺的选用造成很大的困难。

目前全国地表水源普遍受到不同程度的污染,并且有加剧的趋势。大部分江段的水质可作为工业用水水源和生活饮用水水源。珠江流域水质,在广西境内的大多数河段可作为生活饮用水水源,但进入广州后只能作为一般工业用水的水源。松花江大多数河段的水质只能作为工业用水的水源,江水的有机物污染在冬季特别是冰冻期比夏季为严重。

至于其余水系因污染严重导致水质很差，有的河段甚至已失去使用功能。

据统计资料，全国 94 条河流的城市段中，已有 65 条河流受到不同程度的污染，有的河道严重到发黑、发臭。湖泊、水库的污染也不容忽视，如太湖、滇池、巢湖等，主要是富营养化严重，其中藻型富营养化问题比较突出，对城市给水产生不利的影响。近年来我国地下水污染也在加剧，从总体看来，北方城市比南方城市更为严重，根据 118 个城市的监测资料表明，地下水严重污染的城市约占 64%，污染较轻的城市占 33%，只有 3% 城市的地下水污染较为轻微。我国地下水污染情况见表 11.2。

表 11.2　我国地下水污染情况

污染物	所占城市数/个	超标率/%	其中较严重城市数/个
总硬度	85	12 ~ 100	22
氨氮(NH_3-N)	69	20 ~ 60	24
硝酸盐(NO_3^-)	72	20 ~ 60	17
亚硝酸盐(NO_2^-)	64	15 ~ 40	22
酚	79	2 ~ 100	33

微污染水源是指水的物理、化学和微生物指标已不能达到《地面水环境质量标准》(GB 3838—2002)中作为生活饮用水源水的水质要求。污染物的种类很多，有引起浑浊度、色度和臭味的物质，硫、氮氧化物等无机物，各种各样有害、有毒的有机物，重金属如汞、锰、铬、铅、砷等，放射性物质及病原微生物等，但是微污染水源主要是指受到有机物污染的水源。这类水源往往显示下列特点：

①氨氮(NH_3-N)浓度升高。

②表示有机物的综合指标，如 COD、BOD、TOC 等值升高。水源水的这些指标值越大，说明水中有机物越多，污染越严重。例如，水源水的溶解氧一般在 5 ~ 10 mg/L 之间，降低到 5 mg/L 以下时，作为饮用水源已不合适。溶解氧小于 1 mg/L 时，由于有机物的分解，可使水源水开始发生恶臭。当水源水的 BOD 小于 3 mg/L 时，水质较好；到 7.5 mg/L 时，水质较差；超过 10 mg/L 时水质极差，此时水中溶解氧已接近于 0。

③臭味明显，严重时水质发黑、发臭。

④致突变性的 Ames 试验结果呈阳性，而水质良好的水源应呈阴性。

各地微污染水源的污染程度并不相同，要求的处理后水质也不一样，因此应根据各地具体条件选用水处理工艺。

当常规处理(混凝、沉淀或澄清、过滤、消毒)难以使微污染原水达到饮用水水质标准时，一般可以采取下列措施：

①加强常规处理，如加强混凝。

②增加预处理，如生物预处理。

③增加后处理，如活性炭吸附、生物活性炭法、膜处理等。

上述这些措施可以采用一种或同时采用多种，取决于技术经济条件和要求的水质，分述如下。

1. 加强常规处理

对于微污染的原水，适当增加凝聚剂投加量，保持絮凝、沉淀、过滤等构筑物在良好运行状态，控制过滤水的浊度在1 NTU以下，都可以提高常规处理工艺的净水效果。这时只需要少量建设投资，对原有处理构筑物进行改造，并适当增加投药量，就可达到提高水质的方法。但是采取预氯化以去除氨氮和有机物的措施，可能会在水厂出厂水中出现有机氯化物，以致增加水的致突变性，应用时须加考虑。

增加生物预处理和活性炭后处理固然可以收到一定的处理效果，但是基建投资较大，运行成本高，只有在条件允许时可考虑采用。因此适度加强常规处理以减轻水源污染所带来的影响是一个很现实的问题。如江苏某水厂水源受造纸废水严重污染，色度达70～80度，耗氧量为15 mg/L，氨氮为2 mg/L，后来采用下述措施：①根据情况适当削减进水量以延长沉淀和过滤的时间；②预加氯；③投加粉末活性炭；④增加凝聚剂投加量等，出水水质得以改善，暂时解决问题。

1998年美国制定的《消毒/消毒副产物法规》(D/DBPR)，对常规处理中有机物的去除做出规定，必须采取强化混凝的方法以去除水中总有机碳(TOC)，其要求的去除率根据原水的TOC和碱度而定，见表11.3。

表11.3 常规水处理中加强混凝或软化对TOC的处理要求

TOC质量浓度/($mg \cdot L^{-1}$)	水中碱度(以$CaCO_3$计)/($mg \cdot L^{-1}$)		
	0～60	60～120	>120
2.0～4.0	35%	25%	15%
4.0～8.0	45%	35%	25%
>8.0	50%	40%	30%

20世纪90年代，研究发现高锰酸钾在一定条件下具有良好的除污染性能。高锰酸钾除污染技术可在较小投资下，有效地去除饮用水中许多有机污染物和致突变物，其优点是无须改变常规处理流程，不要添建大型处理设备，运行费用较低。高锰酸钾可与凝聚剂一起投加。经高锰酸钾处理后的水，在氯化消毒时生成的有机物量明显下降。以大庆市为例，水源取用微污染的水库水，水中含有多种有机污染物，经过常规处理的滤后水和消毒后水中，有机物种类和总浓度比原水还高。但投加1～2 mg/L的高锰酸钾后，在加氯消毒后水中的COD_{Mn}和有机物量大幅度降低，水的致突变性也有所降低。

投加粉末活性炭(PAC)也是加强常规处理的一种方法。粉末活性炭和凝聚剂同时投加在处理构筑物的头部，如一级泵站吸水井、混合池或絮凝池中，然后炭粉和絮体在沉淀池中沉淀或截留于滤池中，在排泥或反冲洗时排除。

根据水源的污染程度，可以经常投加粉末活性炭，或为了临时控制臭味在需要时投加；一般只是作为季节性水源恶化或偶发性污染时的应急措施，临时投加。投加粉末活性炭 15～20 mg/L 后，水的臭味基本消失，色度下降，Ames 试验呈强阳性的原水可转化为弱阳性，但去除氨氮的效果不明显。

由于水源水中污染物浓度经常变化，因此粉末活性炭投加量不易控制且操作时粉末飞扬，此外下沉在沉淀池中的活性炭无法重复利用，又会增加污泥处理的困难等因素，所以应用受到限制。

加强常规处理的工艺流程如图 11.6 所示。

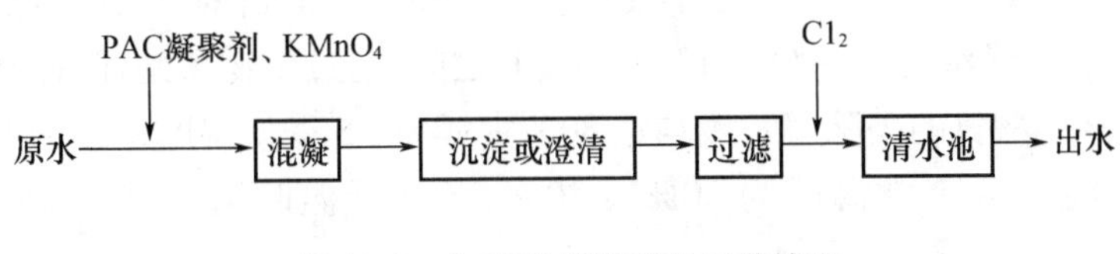

图 11.6　加强常规处理的工艺流程

2. 增加生物预处理

生物预处理是微污染原水的可行处理方案之一。微污染原水与废水相比，尽管污染物的种类和浓度有所不同，但水的生物可处理性是相接近的，所以废水生物处理中的生物膜法，如生物滤池、生物转盘、生物接触氧化池和生物流化床等，均可用来处理微污染原水，但因原水中的基质浓度比废水中低，两者的设计和运行参数应有差别。

在常规处理基础上增设生物预处理时的工艺流程如图 11.7 所示。

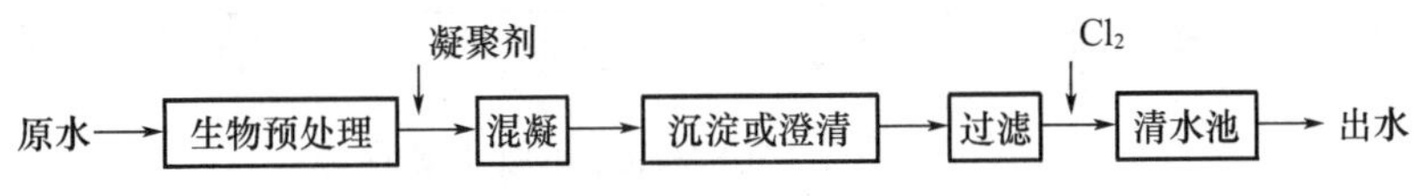

图 11.7　增设生物预处理时的工艺流程

常规水处理工艺虽在保证饮用水水质方面起重要作用，但并不能去除水源水中的天然有机物和微量有机污染物。而生物预处理可以去除常规处理时不易去除的污染物，如氨氮、合成有机物和溶解性可生物降解有机物等。不过，常规处理工艺不管有无生物预处理，并不能改变水源水的致突变性，处理前后水的致突变性没有明显的差别。个别水厂在常规处理之前设置生物预处理池的工艺。

生物预处理去除微污染技术，在国内有代表性的处理构筑物有生物接触氧化池和淹没式颗粒填料生物接触氧化池（简称生物陶粒滤池）两类。

(1) 生物接触氧化池。

宁波市梅林水厂进行了用生物接触氧化池的除污染物研究。设计水量为 360 m^3/d，池长为 4.8 m、宽为 1.4 m、高为 4.8 m，停留时间 $t=2$ h，采用弹性立体填料和微孔曝气器。气水比为 0.5∶1～0.7∶1。

根据原水浊度低的特点，采用图 11.8 所示的生物接触氧化池预处理工艺流程。

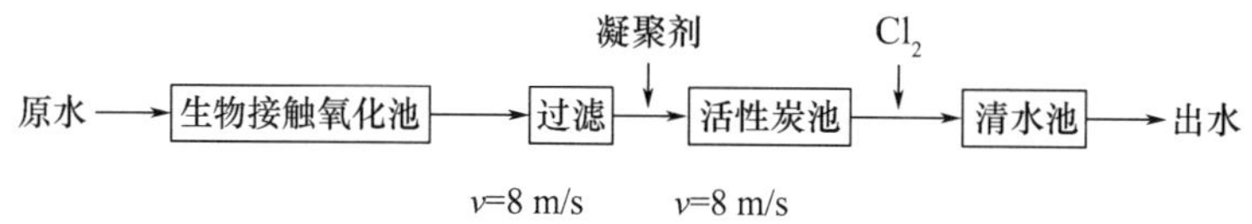

图 11.8　生物接触氧化池预处理工艺流程

原水污染严重，氨氮质量浓度常超过 1.5 mg/L，亚硝酸氮质量浓度有时超过 0.1 mg/L，COD_{Mn}质量浓度在 5.90～13.95 mg/L 之间，通过生物预处理后的效果如下：

①氨氮和亚硝酸氮的去除率一般均达 80%～90%，冬季低温时的效果只有常温时的 50%左右；COD_{Mn}去除率常温时为 20%～30%，冬季低温时为 13%～25%（t = 1.5～2.0 h）。

②TOC 去除率大于 20%。

③色度去除率为 15%～30%。

经 Ames 试验，致突变性为强阳性的原水经过全流程后转为弱阳性，但是生物预处理池对水的致突变性改变不大。

（2）生物陶粒滤池。

蚌埠自来水公司二水厂进行了生物陶粒滤池预处理的生产性试验，处理水量为 1 万 m^3/d。工艺流程如图 11.9 所示。

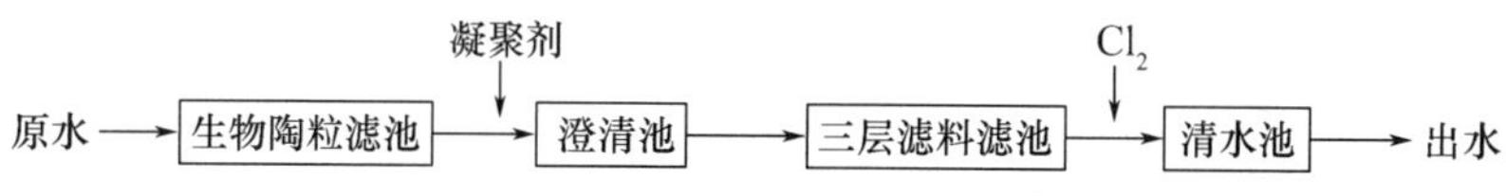

图 11.9　设置生物陶粒滤池的工艺流程

生物陶粒滤池高为 4.5 m，单池平面积为 25 m^2，陶粒滤料粒径为 4～5 mm，滤层高度为 2 m，气水比为 1。

根据过滤时的水流方向，有上向流和下向流两种布置方式，如果水源水的浊度和悬浮物浓度高、污染较严重，最好采用下向流过滤。

水源为淮河水，污染严重。氨氮质量浓度平均为 0.1～13.0 mg/L，最大为 18 mg/L；COD_{Mn}质量浓度平均为 5.26～9.37 mg/L，最大为 21.7 mg/L；TOC 质量浓度为 4.2～12.7 mg/L；高锰酸钾耗氧量月平均为 5.26～9.39 mg/L，最大为 21.7 mg/L。生物陶粒滤池（v = 3.6～6.0 m/h）的处理效果如下：

①TOC 去除率为 5.48%～12.46%（未曝气），13.81%～20.57%（曝气）。

②COD_{Mn}去除率为 2.52%～35.8%。

③氨氮去除率为 5.48%～12.46%（未曝气），90%以上（曝气）。

呈现致突变性的水源水，经过全流程处理后，出厂水的 Ames 试验结果仍为阳性，但其致突变性低于无生物处理时的常规处理出水。

对于污染严重的水源水，在常规处理之前增加生物预处理，对水质有一定的改善，而

运行费用比臭氧 - 活性炭法低得多，在经济条件受到制约时，生物预处理是一种较适宜的处理工艺。如果水质要求高且投资允许时，可再增加臭氧 - 活性炭后处理。

生物预处理在生产实践中的应用经验还不多，设计时宜进行必要的试验，以便根据原水水质选用合适的生物处理构筑物和设计参数。

3. 增加后处理

后处理也称深度处理，主要有臭氧处理、活性炭处理、膜处理等。

水源受到污染的水厂，世界各国较多采用的处理工艺为氧化和吸附工艺，主要是应用臭氧和活性炭，以弥补常规处理的不足，使多种多样的污染物，尤其是有机污染物得以去除。美国较多地应用活性炭吸附，方法是在快滤池内同时放入石英砂和颗粒活性炭，组成双层滤料滤池；也有时在快滤池之后设置活性炭吸附池，通常采用后一种方式。法国以采用臭氧化工艺为主。德国则以臭氧和活性炭结合使用的生物活性炭法为主。这是各国根据自身条件和经验，采用技术上有效和经济上可行的微污染水处理工艺。因为有些国家的城市规模小、人口少、水厂供水量不大，所以采用臭氧和活性炭工艺在经济上不致构成过大的负担。

现将后处理单元工艺分述如下。

(1)颗粒活性炭(GAC)池。

颗粒活性炭可以去除产生臭味的有机物，还可去除烃类、芳烃类、酯类、胺类、醛类、醚类等多种有机物。对微污染原水所进行的各种水处理流程的试验证明，凡是含有活性炭吸附的工艺流程，出水的 Ames 试验结果均为阴性，而没有设置活性炭吸附的流程，出水 Ames 试验结果均为阳性；此外，前者出水的 TOC 都远低于没有活性炭吸附的流程。

颗粒活性炭池在水处理流程中的位置，有以下 3 种形式：

①放在常规处理之前，作为预过滤吸附。

②位于常规处理之后，作为后过滤吸附。

③过滤和 GAC 吸附在同一滤池内完成。

最常用的是第②种，因这时原水在进入 GAC 池以前，已经过混凝、沉淀、过滤等过程，成为质量较高的水，进入 GAC 池后，唯一目标是去除溶解有机物。活性炭吸附工艺流程如图 11.10 所示，可使炭的利用率达到最大，而再生频率可降到最低。

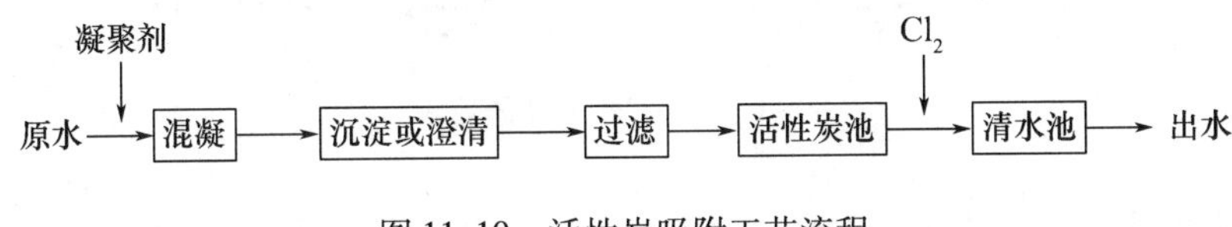

图 11.10　活性炭吸附工艺流程

无论 GAC 池在工艺流程中的位置如何，设计时须考虑的主要因素均为：设计流量、GAC 的品种、滤速、空床接触时间(EBCT)、重力式或压力式、上向流或下向流、池数和每池尺寸、反冲洗要求、炭的运输和储存系统等。

活性炭吸附池的设计并不复杂，基本上和普通快滤池相类似。和快滤池相比，活性炭池的滤速可以较高，过滤时水头损失较小，反冲洗强度较低，冲洗水量较少。

(2)生物活性炭(BAC)法。

目前对于微污染水源的处理方法并不多，不外乎在常规处理之前增设生物预处理，之后增加臭氧和活性炭深度处理。

经过生物预处理和常规处理后，并不能去除水源水中的全部有害物质，如低分子量有机物、农药、致癌物质等。经济条件允许时，可后续生物活性炭池，它以臭氧为氧化剂，臭氧投加点可视具体情况，设在混合池、沉淀池或滤池之前。生物活性炭池出水的 Ames 试验为阴性，但该法投资较大，日常运行费用也高。

生物活性炭法源于德国鲁尔区的缪尔汉姆城水厂，产水量为 3 000 m^3/h，工艺流程如图 11.11 所示。活性炭可以吸附水中有机物，当炭床中有微生物生长繁殖时，可将已吸附在炭粒上的有机物进行生物降解，从而延长了活性炭的再生周期，无须像一般活性炭池那样频繁再生。

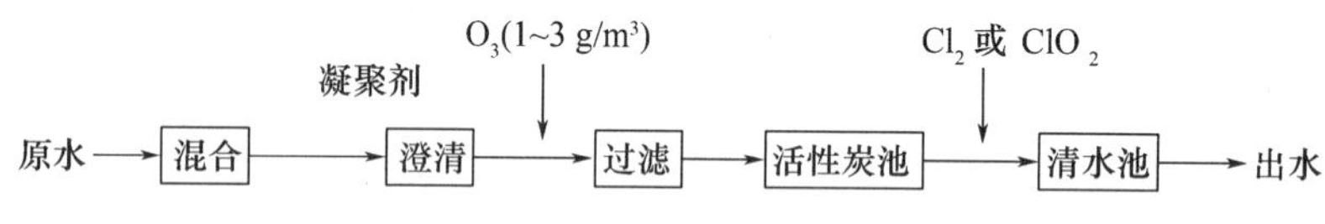

图 11.11　生物活性炭法工艺流程

北京田村山水厂是国内采用臭氧氧化－活性炭吸附的现代化水厂。由于作为水源的水库水污染较严重，臭味、色度、有机物和氨氮含量较高，因此在常规处理后增加了生物活性炭深度处理，使出水色度小于 5 度，无臭味和异味，浊度低于 2 度，NO_2-N 由0.03 mg/L 降低到 0.01 mg/L，COD_{Mn} 由 4 mg/L 降至 3 mg/L 左右。设计数据为：臭氧投加量为 2 mg/L，活性炭层厚 1.5 m，滤速为 10 m/h。

(3)膜处理。

大庆油田应用超滤膜技术进行饮用水的深度处理，以经过常规处理后的自来水为原水，深度处理后的水供饮用，其超滤膜处理工艺流程如图 11.12 所示。

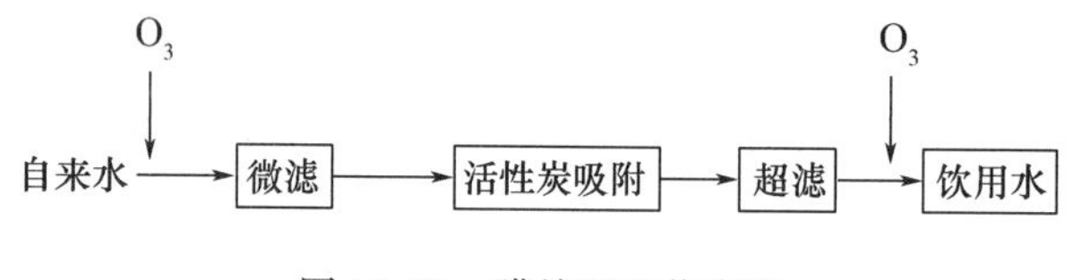

图 11.12　膜处理工艺流程

通过膜处理的水可以较完全地去除微污染物，包括有机污染物和消毒副产物，改善了色度、浊度、臭味和微生物等多项指标。

目前国内外已经建成大量的膜处理水厂，具体工艺可见第 9 章。

11.5　软化、除盐及锅炉水处理工艺系统

11.5.1　概述

天然水中含有多种离子，锅炉用水中往往需要去除某些离子。水中 Ca^{2+}、Mg^{2+} 含量的总和一般叫作水的总硬度。如果锅炉用水硬度高，会在锅炉受热面上生成水垢，影响锅炉运行的经济性和安全性。降低水中 Ca^{2+}、Mg^{2+} 含量的处理叫作水的软化。水中 HCO_3^- 的含量称重碳酸根碱度，如果锅炉用水碱度高，会发生苛性脆化腐蚀。故锅炉用水不仅需要软化，还应降低碱度。水中全部阳离子和阴离子含量的总和为含盐量，在高压锅炉给水中如果含盐量高会加重受热面的结垢与腐蚀状况，因此需要降低锅炉用水中的含盐量，该过程被称为除盐处理。除盐的目的在于减少水中溶解盐类的总量，Ca^{2+} 和 Mg^{2+} 一般会在除盐过程中得到去除，但除盐的工艺过程较软化过程经济费用高。一般对低压锅炉要求软化处理，对于中、高压锅炉要求进行水的软化及除盐处理。下面简要介绍软化与除盐的基本工艺系统。

11.5.2　软化的基本工艺系统

1. 药剂软化工艺系统

水的药剂软化就是投加某些药剂（如石灰、纯碱等），使原水中的 Ca^{2+}、Mg^{2+} 生成可沉淀物质 $CaCO_3$ 和 $Mg(OH)_2$，去除绝大部分 Ca^{2+}、Mg^{2+}，达到软化的目的。由于 $CaCO_3$ 和 $Mg(OH)_2$ 在水中仍然有很小的溶解度，所以经药剂软化法处理后的水还会含有少量的 Ca^{2+}、Mg^{2+}，这部分硬度称为残余硬度，它仍然会产生结垢问题。

目前，常用的药剂软化法有石灰软化法、石灰－苏打法、磷酸盐法及掩蔽剂法。

(1)石灰软化法（Lime Softening Process）。

当原水的非碳酸盐硬度含量比较少时，可以采用石灰软化法。石灰是 CaO 的工业产品，它溶于水中生成消石灰，反应如下：

$$CaO + H_2O \longrightarrow Ca(OH)_2$$

水中的 CO_2 和 HCO_3^- 会与 OH^- 生成 CO_3^{2-}，反应如下：

$$CO_2 + Ca(OH)_2 \longrightarrow CaCO_3\downarrow + H_2O$$

$$Ca(HCO_3)_2 + Ca(OH)_2 \longrightarrow 2CaCO_3\downarrow + 2H_2O$$

$$Mg(HCO_3)_2 + Ca(OH)_2 \longrightarrow CaCO_3\downarrow + MgCO_3 + 2H_2O$$

$Mg(OH)_2$ 在水中比 $MgCO_3$ 的溶解度更小，$MgCO_3$ 会进一步与 $Ca(OH)_2$ 反应生成 $Mg(OH)_2$：

$$MgCO_3 + Ca(OH)_2 \longrightarrow CaCO_3\downarrow + Mg(OH)_2\downarrow$$

当水中的碱度大于硬度（即出现过剩碱度）时，假想水中存在化合物为 $NaHCO_3$，它与

$Ca(OH)_2$ 存在如下反应：

$$2NaHCO_3 + Ca(OH)_2 \longrightarrow CaCO_3\downarrow + Na_2CO_3 + 2H_2O$$

可见 $NaHCO_3$ 转化为 Na_2CO_3，过剩碱度并没有得到去除。

图 11.13 为石灰软化法的工艺流程图。

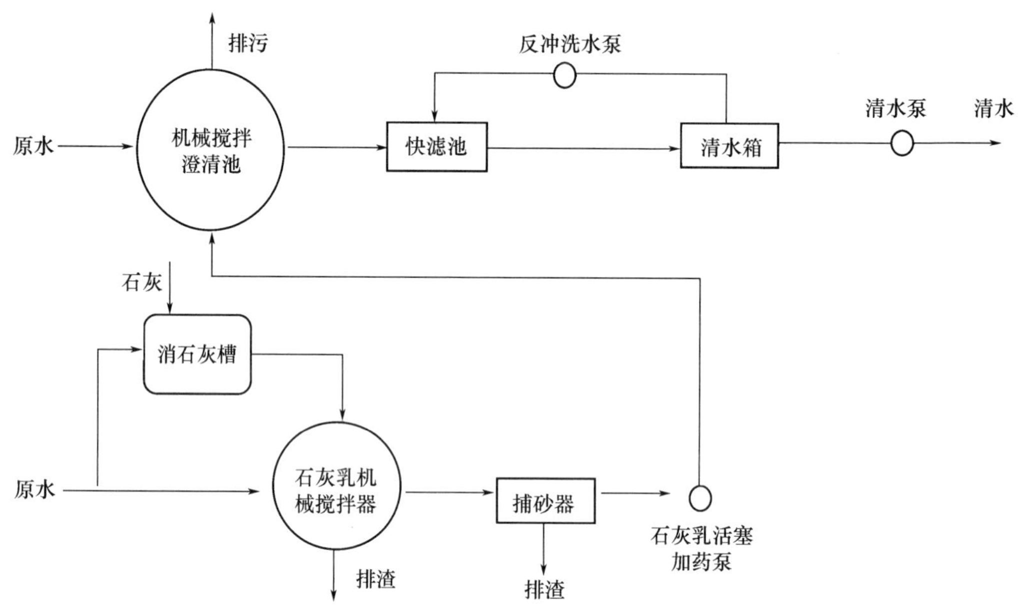

图 11.13　石灰软化法的工艺流程图

(2)石灰 - 苏打法(Lime - Soda Softening Process)。

根据石灰软化的主要反应可知，石灰软化只能降低水中碳酸盐硬度，而不能降低水中非碳酸盐硬度，所以石灰软化法只适用于碳酸盐硬度较高、非碳酸盐硬度较低的水质条件。对于非碳酸盐硬度较高的水，应采用石灰 - 苏打法，即同时投加石灰和苏打(Na_2CO_3)，软化反应如下：

$$CaSO_4 + Na_2CO_3 \longrightarrow CaCO_3\downarrow + Na_2SO_4$$

$$CaCl_2 + Na_2CO_3 \longrightarrow CaCO_3\downarrow + 2NaCl$$

$$MgSO_4 + Na_2CO_3 \longrightarrow MgCO_3 + Na_2SO_4$$

$$MgCl_2 + Na_2CO_3 \longrightarrow MgCO_3 + 2NaCl$$

$$MgCO_3 + Ca(OH)_2 \longrightarrow CaCO_3\downarrow + Mg(OH)_2\downarrow$$

经石灰 - 苏打软化后的水，剩余硬度可降低到 0.3 ~ 0.4 mmol/L。该法适于非碳酸盐硬度高的水质。

(3)磷酸盐法(Phosphate Softening Process)。

理论上，在石灰 - 苏打软化后，水中残余硬度能降低到 $CaCO_3$ 和 $Mg(OH)_2$ 的溶解度，但是由于 $CaCO_3$ 和 $Mg(OH)_2$ 的溶解度相对较大，所以在石灰 - 苏打软化后，水中的残余硬度仍然较大，为了进一步降低硬度，通常采用磷酸盐软化法。

常温(15 ℃)下 $Ca_3(PO_4)_2$ 的溶度积为 1.0×10^{-25},溶解度很小,所以如果水中硬度生成磷酸盐,则剩余硬度将很低。磷酸盐法反应式为

$$3CaCO_3 + 2Na_3PO_4 \rightarrow Ca_3(PO_4)_2\downarrow + 3Na_2CO_3$$

这时残余硬度为 0.02 ~ 0.04 mmol/L。

2. 离子交换软化工艺系统(Ion Exchange Softening Process)

利用离子交换剂将水中的 Ca^{2+}、Mg^{2+} 转换成 Na^+,也可以达到软化目的。这个方法能够比较彻底地去除水中 Ca^{2+} 和 Mg^{2+} 等,效果优于药剂软化法。

离子交换软化系统主要根据原水水质和处理要求来选择,目前常用的有 Na^+ 交换软化系统和 H－Na 联用离子交换脱碱软化系统,具体过程已在第 8 章讲述。

如果原水碱度不高,软化的目的只是降低水中的 Ca^{2+}、Mg^{2+} 的含量,则可采用 Na^+ 交换软化系统。含有 Ca^{2+}、Mg^{2+} 的原水经 Na^+ 交换软化系统后,水中 Ca^{2+}、Mg^{2+} 被置换为 Na^+,成为软化水。单级 Na^+ 交换软化系统出水可作为低压锅炉补给水。对于中、高压锅炉,需要在单级 Na^+ 交换软化系统后再设置一台 Na^+ 交换器,即组成双级 Na^+ 交换软化系统,以保证水质。

单级(双级)Na^+ 交换软化系统基本不能去除水中的碱度,如水中的碱度比较高,可采用 H－Na 联用离子交换除碱软化系统,该系统可以同时去除水中的硬度和碱度,原水分为两部分,分别流经 H^+、Na^+ 交换器,利用 H^+ 交换器出水中的 H_2SO_4、HCl 中和 Na^+ 交换器出水中的 HCO_3^-,反应会产生 CO_2,经后续的除二氧化碳器除去。

在 H－Na 串联离子交换除碱软化系统中,原水分为两部分,一部分流经 H^+ 交换器,另一部分与 H^+ 交换器流出液混合,利用 H^+ 交换器出水中的 H_2SO_4、HCl 来中和原水中的 HCO_3^-,产生的 CO_2,经后续的除碳器除去,然后再经 Na^+ 交换器除去水中剩余硬度。这样既降低了原水的碱度和硬度,也减轻了 Na^+ 交换器的负荷。

11.5.3　除盐的基本工艺系统

除盐就是减少水中溶解盐类(包括各种阳离子和阴离子)的总量。除盐的方法也很多,如电渗析法、反渗透法、离子交换法、电除盐(EDI)、电容吸附去离子技术(CDI)、电容析去离子技术(MCDI)、膜蒸馏(MD)、蒸馏法(低温多效、多级闪蒸)等。

1. 离子交换法除盐工艺系统(Ion Exchange Desalting Process)

高温、高压锅炉及某些电子工业用水对纯度要求很高,一般要用除盐水甚至高纯水。

(1)复床除盐(Combined Bed Desalination)工艺系统。

复床即 H 型阳离子交换器与 OH 型阴离子交换器串联使用的系统。进水首先通过阳床,去除 Ca^{2+}、Mg^{2+}、Na^+ 等阳离子,出水为酸性水,随后通过除二氧化碳器去除 CO_2,最后通过阴床去除水中的 SO_4^{2-}、Cl^-、HCO_3^-、$HSiO_3^-$ 等阴离子。为了减轻阴床的负荷,除二氧化碳器设置在阴床之前。复床除盐工艺系统中,一般阴床设置在阳床之后,一是因为如果阴床设置在阳床前,阴树脂层中有析出 $CaCO_3$ 和 $Mg(OH)_2$ 等沉淀物的可能;二是因为阴

树脂在酸性条件下更有利于进行离子交换;三是因为强酸型阳树脂抗污染能力比阴树脂的抗污染能力要强一些。

(2)混合床除盐(Mixed Bed Desalination)工艺系统。

复床式除盐工艺系统处理水通常达不到非常纯的程度,其主要原因是位于系统之前的 H^+ 交换器的出水是强酸性,离子交换逆反应倾向比较显著,使出水中含有一定量的 Na^+,而采用混合床除盐工艺系统可以得到高纯水。

混合床是把 H^+ 型阳树脂和 OH^- 型阴树脂置于同一台交换器中,所以它相当于许多个 H^+ 型交换器和 OH^- 型交换器交错分布的多级复床除盐系统,在混床中 H^+ 型阳树脂交换下来的 H^+ 与 OH^- 型阴树脂交换下来的 OH^- 会及时地生成 H_2O,基本上消除了逆反应的影响,这是其出水水质好的原因。

为充分发挥各种交换器的特点,可以将阳离子交换器、阴离子交换器和混床式离子交换器等组成各种交换系统。表 11.4 列出了一些常规离子交换除盐工艺系统和它们的适用情况。

表 11.4　常规离子交换除盐工艺系统

序号	系统组成	出水水质		适用的原水水质	备注
		电导率/($\mu s \cdot cm^{-1}$)	SiO_2 质量浓度/($mg \cdot L^{-1}$)		
1	H-D-OH	<10	<0.10	碱度、盐含量、硅酸含量不高	系统简单
2	H-OH′-D-OH	<10	<0.10	SO_4^{2-}、Cl^- 含量高,碱度、硅酸含量不高	系统性好
3	H′-H-D-OH	<10	<0.10	碱度高、过剩碱度低、盐含量和硅酸含量低	经济性好
4	H′-H-D-OH′-OH	<10	<0.10	碱度高,SO_4^{2-}、Cl^- 含量高,硅酸含量不高	经济性好,设备多
5	H/OH	1~5	<0.10	碱度、盐含量和硅酸含量低	系统简单
6	H-D-OH-H/OH	<0.2	<0.02	碱度、盐含量低,硅酸含量高	出水稳定
7	H-OH′-D-H/OH	<10	<0.1	碱度、硅酸含量不高,SO_4^{2-}、Cl^- 含量高	经济性好
8	H′-D-H/OH	1~5	<0.10	碱度高、盐含量和硅含量低	经济性好
9	H′-H-OH′-D-OH-H/OH	<0.2	<0.02	碱度、盐含量和硅含量均高	设备多

注:①H 和 OH 分别表示强酸阳离子交换器和强碱阴离子交换器;H′和 OH′分别表示弱酸阳离子交换器和弱碱阴离子交换器;D 为除二氧化碳器;H/OH 为混床交换器。
②各种设备均为顺流式。

2. 电渗析除盐(Electrodialysis Desalination)工艺系统

电渗析除盐工艺系统由阴、阳离子交换膜,电极和夹紧装置 3 部分组成。离子交换膜对电解质离子具有选择透过性：阳离子交换膜（简称阳膜，CM）只能透过阳离子，阴离子交换膜（简称阴膜，AM）只能透过阴离子。在外加电场作用下，水中离子做定向迁移以达到淡化的目的。ED 在海水淡化市场的份额约占 5%。

3. 反渗透除盐（Reverse Osmosis Desalination）工艺系统

反渗透是在高于溶液渗透压的作用下，依据溶质不能透过半透膜的性质而将溶质和水分离的工艺。反渗透膜的膜孔径非常小，因此能够有效地去除水中的溶解盐类、胶体、微生物、有机物等。高压型反渗透系统除盐率一般为 98% ~99%，这样的除盐率一般可以满足电子工业、超高压锅炉补给水。

反渗透除盐工艺系统一般由预处理部分、反渗透部分、终端部分组成。

（1）预处理部分包括源水增压泵、砂石过滤器、活性炭过滤器、系统管路、系统压力表等。

（2）反渗透部分包括保护过滤器、多级高压泵、反渗透膜机组、低压保护开关、进水调节、出水调节阀、低压表、高压表、进水电磁阀、排放电磁阀、纯水流量计、废水流量计、电导仪、电器控制系统、高压管路部分、系统管路部分等。

（3）终端部分包括纯水传输泵、终端纯水箱、紫外光灭菌器、终端过滤器等。

图 11.14 所示是典型的反渗透除盐工艺系统。

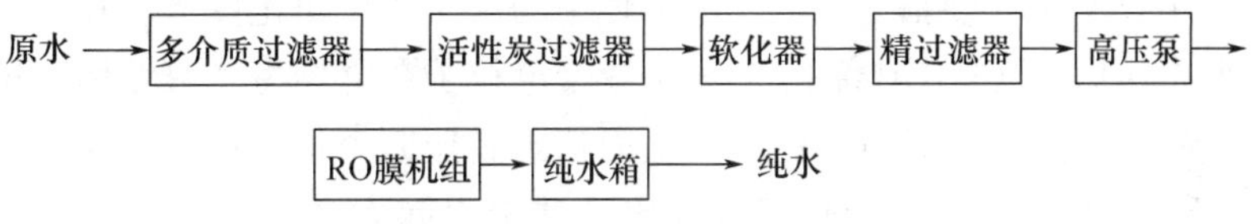

图 11.14　典型的反渗透除盐工艺系统

现在的纯水制备通常是将反渗透、离子交换及超滤进行组合，图 11.15 所示即为组合除盐工艺系统。

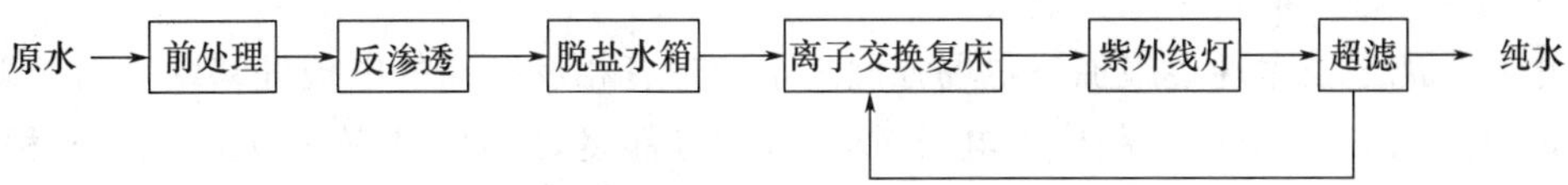

图 11.15　组合除盐工艺系统

该处理工艺的前处理（预处理）是指混凝、沉淀、过滤及调整 pH。反渗透主要用于去除水中的离子、微粒、微生物的大部分，然后再由离子交换复床以及混合床完全去除水中的残留离子。所以在该系统中，利用反渗透预脱盐可以大大减轻离子交换的负荷。又由于考虑到来自树脂本身的溶解物、碎粒及细菌的繁殖，在终端设有紫外线灯与超滤装置。这样整个系统的可靠性更高，完全可以满足电子工业对超纯水的水质要求。

RO 在海水淡化市场的份额约占 45%。

4. 电除盐(Electrodeionization,EDI)工艺系统

电除盐技术是20世纪80年代以来逐渐兴起的净水新技术,进入2000年以来已经在北美及欧洲占据了超纯水设备相当部分的市场,电除盐工艺系统代替传统的离子交换混合树脂床,生产去离子水。与离子交换不同,电除盐不会因为补充树脂或者化学再生而停机,因此电除盐产水水质稳定。同时,电除盐也最大限度地降低了设备投资和运行费用。

电除盐技术是将两种已经很成熟的水净化技术(电渗析和离子交换技术)相结合,即将离子交换树脂填充在阴、阳离子交换膜之间形成电除盐单元,又在这个单元两边设置阴、阳电极,在直流电作用下将离子从其给水(通常是反渗透纯水)中进一步清除,通过这样的技术更新,溶解盐可以在低能耗的条件下被去除,生产出高质量的除盐水。

离子交换膜和离子交换树脂的工作原理相近,可以选择透过特定离子。阴离子交换膜只允许阴离子透过,不允许阳离子透过;而阳离子交换膜只允许阳离子透过,不允许阴离子透过。

生产中通常把电除盐与反渗透及其他的净化装置结合在一起去除水中离子。电除盐组件可持续地生产超纯水,电阻率高达18.2 MΩ/cm,既可以持续地运行,也可以间歇性地运行。

5. 电容去离子技术(Capacitive Deionization,CDI)工艺系统

电容去离子技术是一种基于双电层电容理论的水质淡化净化技术。其基本原理是在电极上施加低电压后,溶液中阳离子、阴离子或带电粒子在电场力和浓度梯度作用下分别向两极迁移,吸附于电极表面形成双电层,从而达到脱盐或净化的目的。

电容去离子技术于20世纪60年代提出后并未引起太多关注。到了20世纪90年代,碳气凝胶材料被应用于电极,使得脱盐量有显著提升。之后兴起的纳米概念和相关材料推动CDI技术质的飞跃发展。因为纳米尺度大大提升了电极的比表面积,从而使得该技术的应用成为较现实的话题,且该技术存在先天的低能耗优势。这些引起国内外研究人员的大量关注和研究。目前,CDI在改进技术(如MCDI、FCDI)、电极材料应用和能量循环利用等方面均取得了重要进展。

电容去离子技术通过施加静电场强制离子向带有相反电荷的电极处移动。由于碳材料,如活性炭和碳气凝胶等制成的电极,不仅导电性能良好,而且具有很大的比表面积,置于静电场中时会在其与电解质溶液界面处产生很强的双电层。双电层的厚度只有1~10 nm,却能吸引大量的电解质离子并储存一定的能量。一旦除去电场,吸引的离子被释放到本体溶液中,溶液中的浓度升高。这样便完成了吸附与解吸附的过程。

与传统的水溶液去离子方法相比,电容去离子具有几方面重要的优势。例如,离子交换是目前工业上从水溶液中去除阴阳离子,包括重金属和放射性同位素的主要手段,但这一过程产生大量的腐蚀性二次废水,必须经过再生装置处理。而电容去离子与离子交换不同,系统的再生不需要使用任何酸、碱和盐溶液,只是通过电极的放电完成,因此不会有额外的废物产生,也就没有污染。此外,同蒸发这种热过程相比,电容去离子技术具有很高的能量利用率;与电渗析和反渗透相比,该方法还具有操作简便的优势,不需要提供高

电势和额外压力驱动。

因为具有能耗低、污染小、易操作等优点，电容去离子在很多方面都有着很大应用潜力，包括家庭和工业用水软化、废水净化、海水脱盐、水溶性的放射性废物处理、核能电厂废水处理、半导体加工中高纯水的制备和农业灌溉用水的除盐等。

6. 电容析去离子技术(MCDI)工艺系统

电容析去离子技术(MCDI)是 2015 年最新的水处理技术，该技术是可简单而有效地去除水中溶解性总固体(TDS)的电化学技术。在电场作用下通过电极和溶液之间形成的双电层，极性分子或离子被储存在双电层中被去除，当电极饱和后可以通过加上一反向电场使离子脱离电极进行再生。与传统的除盐方法相比，电容析能耗小、成本低，且再生容易，无需化学药剂，是一种既经济又有效的方法。

电容析采用石墨电极与离子膜结合的形式，称为膜电极。膜电极既有电容吸附的优点，又具有离子膜渗析的作用，所以称为电容析去离子技术。水中含有的砷、硝酸盐、氟化物、高氯酸盐、氨氮、硫酸盐、金属离子及其他离子性化合物均可用电容析去离子技术来处理。

MCDI 工艺系统有两种设计方案可供选择。一种是去除所有带电荷的溶解性盐类；另一种是选择性去除一价离子，例如硝酸盐和氟化物。

MCDI 工作原理：需要处理的废水通过进水口进入装置，通过布水板均匀分布在处理模块组件四周，采用周边进水形式，被处理的废水一层一层漫过膜碳电极片进行吸附。该处理模块组件最大的好处是拆卸容易，可以随时根据需要调整膜碳电极片的对数，而且膜碳电极片之间距离很近，使其在通过较大流速溶液时对离子仍然有较好的吸附能力。吸附后的水由中央流出，通过集水板从出水口流出，实现去离子目的。本装置运行的吸附 - 脱附更替，通过电源的短接、反接完成，通过电磁阀切换倒极实现。

以同一种含离子废水的处理为例，该废水分别通过蠕动泵进入电容析去离子装置(MCDI)和传统的电容吸附去离子装置(CDI)，两个装置的主要区别一个是膜碳电极，一个是碳电极，其他所有的工艺条件相近，进行连续进、出水电吸附实验。同时，在线监测瞬间电导率，直至电吸附平衡。再生时用原水冲洗，倒极脱附，收集浓缩废水。实验结果表明，电容析去离子装置(MCDI)脱盐效率远高于传统的电容吸附装置(CDI)近 50%，三次吸附—脱附循环后，脱附彻底，几乎可以达到原有电极的吸附能力；而传统的电容吸附装置(CDI)的吸附能力在下降。

电容析去离子装置(MCDI)与传统的电容吸附装置(CDI)实验数据对比见表 11.5。

表 11.5　MCDI 与 CDI 实验数据对比

指标	进水	出水	
		MCDI	CDI
电导率/($\mu S \cdot cm^{-1}$)	1 000	37	422
盐浓度/($mg \cdot L^{-1}$)	664	4.06	267.81
电导率去除率/%	—	96.3%	57.80%
盐去除率/%	—	99.39%	59.67%

MCDI 可应用于市政废水处理、工业废水处理、饮用水净化、苦咸水淡化、反渗透技术的预处理、EDI 的预处理等领域。

7. 膜蒸馏(MD)工艺系统

膜蒸馏(Membrane Distillation,MD)是近年来出现的一种新的膜分离工艺。它是使用疏水的微孔膜对含非挥发溶质的水溶液进行分离的一种膜技术。由于水的表面张力作用,常压下液态水不能透过膜的微孔,而水蒸气则可以。当膜两侧存在一定的温差时,由于蒸汽压的不同,水蒸气分子透过微孔则在另一侧冷凝下来,使溶液逐步浓缩。这一工艺可充分利用工厂热或太阳能等能源,加上过程易自动化、设备简单,正成为一种有实用意义的分离工艺。

膜蒸馏是一种采用疏水微孔膜、以膜两侧蒸汽压力差为传质驱动力的膜分离过程,可用于水的蒸馏淡化,对水溶液去除挥发性物质。例如当不同温度的水溶液被疏水微孔膜分隔开时,由于膜的疏水性,两侧的水溶液均不能透过膜孔进入另一侧,但由于暖侧水溶液与膜界面的水蒸气压高于冷侧,水蒸气就会透过膜孔从暖侧进入冷侧而冷凝,这与常规蒸馏中的蒸发、传质、冷凝过程十分相似,所以称其为膜蒸馏过程。

膜蒸馏可应用于海水淡化、超纯水的制备、废水处理及共沸混合物的分离等领域。

膜蒸馏技术有很多优点:①膜蒸馏过程几乎是在常压下进行,设备简单、操作方便,在技术力量较薄弱的地区也有实现的可能性;②在非挥发性溶质水溶液的膜蒸馏过程中,因为只有水蒸气能透过膜孔,所以蒸馏液十分纯净,可望成为大规模、低成本制备超纯水的有效手段;③该过程可以处理极高浓度的水溶液,如果溶质是容易结晶的物质,可以把溶液浓缩到过饱和状态而出现膜蒸馏结晶现象,是目前唯一能从溶液中直接分离出结晶产物的膜过程;④膜蒸馏组件很容易设计成潜热回收形式,并具有以高效的小型膜组件构成大规模生产体系的灵活性;⑤在该过程中无须把溶液加热到沸点,只要膜两侧维持适当的温差,该过程就可以进行,有可能利用太阳能、地热、温泉、工厂的余热和温热的工业废水等廉价能源。

8. 蒸馏法工艺系统

在目前世界已实用化的 3 个主要淡化方法(蒸馏、反渗透、电渗析)中,蒸馏法仍是海水淡化最主要的方法。蒸馏法淡化是使海水受热汽化,再使蒸汽冷凝而得淡水的一种淡化方法。蒸馏法又区分有多效蒸发(Multi-Effect Distillation,MED)、多级闪蒸(Multi-stage Flash Distillation,MSF)、压汽式蒸馏以及太阳能蒸馏等方法,其中以多级闪蒸(MSF)使用最为广泛。海水淡化目前主要的技术是蒸馏法和膜法,以多级闪蒸(MSF)蒸馏法为主,另有低温多效(LT-MED)蒸馏法等;膜法以反渗透(SWRO)为主。目前世界上脱盐水产量超过 $3.7\times10^{7}\ m^{3}/d$, MSF 和 RO 各占市场的 45% 左右,海水淡化水能耗已降到 3 (kW·h)/t以下,淡化水成本在 3.5 元/t 左右。

(1)多效蒸发。

在密闭的容器内装有纯水,当容器内压力等于或低于与水温相应的蒸汽压时,水即沸腾而汽化。纯水的蒸汽压见表 11.6。在同一温度下海水的蒸汽压比纯水的蒸汽压低 1.8%。

表 11.6　纯水的蒸汽压

温度/℃	10	15	20	25	30	35	40	45	50	55
蒸汽压/kPa	1.23	1.71	2.33	3.16	4.22	5.60	7.34	9.56	12.3	15.7
温度/℃	60	65	70	75	80	85	90	95	100	105
蒸汽压/kPa	19.9	25.0	31.1	38.5	47.3	57.8	70.1	84.5	101.3	120.8

为了提高热效能，将多个蒸发器串联操作，称为多效蒸发，串联个数称为效数。图 11.16 为三效蒸发流程示意图。海水进入一效蒸发器，由加热蒸汽（100 ℃）把海水加热到 95 ℃，在器内压力保持 83 kPa 的情况下，海水即沸腾，产生的蒸汽（95 ℃，即二次蒸汽）引入二效蒸发器，作为加热蒸汽使用，经过预热的海水也被引入二效蒸发器再次进行蒸发，在蒸发器内，海水在 90 ℃下不断沸腾（压力保持在 68.8 kPa），产生的蒸汽（90 ℃）又进入三效蒸发器用于加热，在压力 56.8 kPa 下，海水生成的蒸汽（85 ℃）引入冷凝器凝结成淡水。冷凝器内真空度应小于 56.8 kPa。所以，实现多效蒸发必须是后一效蒸发器的操作压力低于前一效蒸发器的操作压力，否则不存在传热温度差，蒸发无法进行。为此，需要配备一套减压装置。实际运转表明，每吨蒸汽在单效、二效、三效、四效和五效的蒸馏系统中生产的淡化水量相应为 0.9 t、1.75 t、2.5 t、3.2 t 和 4.0 t。效数增多，热能利用效率随之提高，但亦有限度。

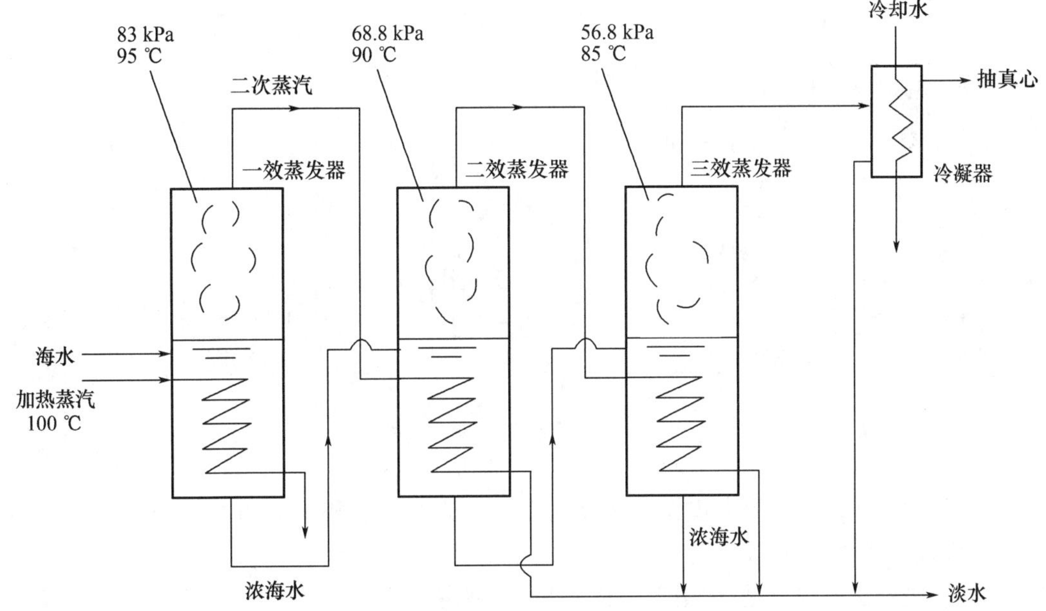

图 11.16　三效蒸发流程示意图

多效蒸发的优点主要是不受水的含盐量的限制，适用于有废热利用的场合；缺点是设备费用高，防腐要求高，结垢危害较严重。

MED 自 1975 商品化以来，至今市场占有份额仍不足 10%。低温多效(LT－MED)操作温度在 60～70 ℃，使结垢和腐蚀有所减缓，可使用较廉价的材料，以降低成本。一些改进工作有：装置规模大型化，使用较廉价的新材料和新设备、强化传热管、提高最高盐水温度和增加效数、使用高效的热泵等，可有效提高造水比和利用末效热、水电联产和热膜耦合联产，有效降低海水淡化的成本；塔式设计，混凝土外壳等。通常能耗在 6.8 kW·h/m^3(淡水)，该技术在利用低品位热能造水方面有一定的市场。LT－MED 在海水淡化市场的份额约占 4%。

(2)多级闪蒸。

多级闪蒸是 20 世纪 50 年代开发的海水淡化技术。海水加热到一定温度后依次引入各闪蒸室，在各室中部分汽化，汽化物冷凝后则得淡水。由于加热面和蒸发面分开、加热面上结垢轻这一优点，使多级闪蒸在 1957 年问世后，迅速得到发展。

多级闪蒸是针对多效蒸发结垢较严重而改进的一种新的蒸馏方法。多级闪蒸流程示意图如图 11.17 所示。预热海水经蒸汽加热后，进入一级闪蒸室，由于室内压力相对较低海水急速汽化，产生的蒸汽在冷海水管道外冷凝而成为淡水，而冷海水在管内被顶热。这样，加热的海水依次引入压力逐级降低的闪蒸室中，逐级进行闪蒸与冷凝，至最末级，浓海水即行排放。闪蒸所需热量由加热海水本身的温度降低来提供，例如海水从 100 ℃降到 60 ℃，可汽化海水约 7%。闪蒸室内压力的逐级降低则由减压装置(如蒸汽喷射泵)来完成。

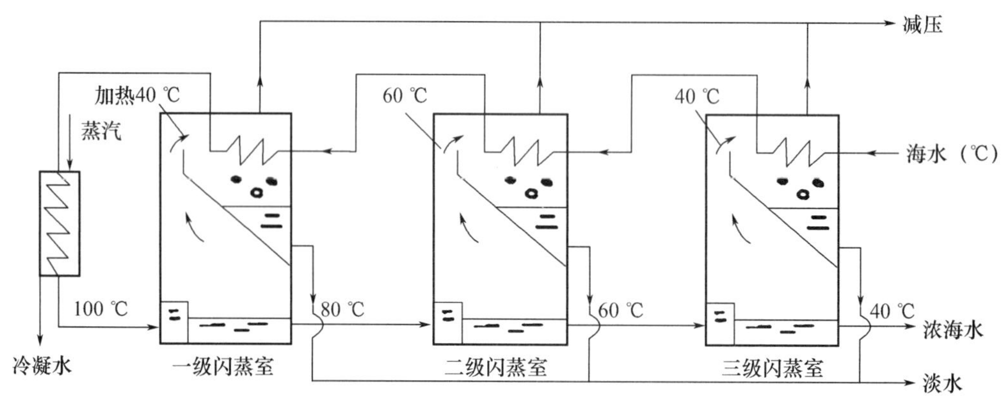

图 11.17　多级闪蒸流程示意图

多级闪蒸是目前世界大规模海水淡化的最主要方法，大型装置可日产淡水 10 万 t 以上，其级数可达 20～30 级。

多级闪蒸法的优点是：适用于淡化海水，可利用低位热能或废热；由于加热面与蒸发面分开，结垢危害较轻，适用于大型淡化装置。其缺点是：海水循环量大，浓缩比较低。

MSF 技术近年来虽有所进展，但无重大突破。主要进展：单机容量进一步扩大，最高可达 7.9 万 m^3/d；多级闪蒸与电厂一体化；过程集成如热膜耦合；采用新的管及蒸发室材料，试用高级奥氏不锈钢代替镍基合金；工艺改进有采用新型聚羧酸酯防垢剂，该剂兼抑垢和分散作用，可使 MSF 在 95 ~ 110 ℃下运行，用量少，对环境影响小；提高最高盐水温度，增加级数和比热交换面积及盐水循环流量；改进热回收和排热段以提高蒸发量；提高快速除雾功能和排放冷却器功能等；运行管理方面开发了 DROPS 软件，可协调运行参数，使系统最佳化，并降低运行费用；延长服务期限，提高运行可靠性，减少停车维修，降低成本等。目前 MSF 的能耗在 10 kW · h/m^3（淡水）以上，其在海水淡化市场的份额约占 42%。

第12章 应急供水

12.1 水源污染事故与应急供水

水是人类生活和生产活动中不可或缺的基本资源之一，水资源的状况直接影响着经济社会发展和人民生活水平，是综合国力的有机组成部分。随着经济的高速发展、人口的爆炸式增长和城市化进程的加快，世界各地对水的需求日益增长，引发了水资源的短缺和不断加重的水污染问题。近年来，化学品和石油泄漏，工业事故、交通事故等造成的突发性水污染的发生频率不断上升，与工业污水、生活废水、农业面源等常规污染一起，成为威胁城市饮用水安全的主要来源。

水体污染是指进入水体中的污染物在数量上超过该物质在水体中的本底含量和水体的环境容量，从而导致水的物理、化学及微生物性质发生变化，使水体固有的生态系统和功能受到破坏。当受污染的水体作为饮用水水源时，就会对人体健康产生危害。突发性水污染是相对于持续性污染（长时间持续性地向水中排放污染物造成的水体污染）而提出的，主要由于事故（交通、污染物储存设施破坏、污水管道破裂、污水处理厂事故排放等）、人为破坏和极端自然现象（地震、大暴雨等）引起的一处或者多处污染泄漏，使得短时间内大量污染物进入水体，导致水质迅速恶化，影响水资源的有效利用，严重影响经济、社会的正常活动和破坏水生态环境。

饮用水水源地水质安全直接关系广大人民群众身体健康和经济社会可持续发展。党中央、国务院高度重视饮用水安全保障工作。国务院 2015 年印发《水污染防治行动计划》，将防范环境风险、保障饮用水安全纳入工作目标，要求“稳妥处置突发水环境污染事件。地方各级人民政府要制定和完善水污染事故处置应急预案，落实责任主体，明确预警预报与响应程序、应急处置及保障措施等内容，依法及时公布预警信息”。事实上，有些地方在饮用水突发环境事件管理方面仍存在不足。2008 ~ 2017 年，原环境保护部调度处置突发环境事件 1 222 起，其中涉水源地事件 125 起，约占总数的 10%。涉水源地事件中，有 1 起特别重大事件、19 起重大事件、46 起较大事件。江苏盐城自来水厂出水异味造成部分城区停水事件、甘肃陇星锑业有限公司选矿厂尾矿库溢流井破裂致尾砂泄漏事件等涉水源地事件，处置难度大、持续时间长、影响范围广、社会关注度高，动辄影响数万甚至数十万群众供水，严重影响社会和谐稳定。为此，原环境保护部组织制定了《集中式地表水饮用水水源地突发环境事件应急预案编制指南（试行）》（生态环境部公告 2018 年第 01 号）。2017 年 10 月，中华人民共和国住房和城乡建设部决定在山东济南、江苏南京、辽宁抚顺、湖北武汉、广东广州、四川绵阳、陕西西安、新疆乌鲁木齐 8 个城市建立国家应急供水救援中心,2019 年开始投入使用。建成后的应急供水救援中心可在多种突发事件下实现快速响应,配备移动式应急净水车、水质监测车、应急保障车等,满足灾后或事故后的紧急供水和水质检测工作。

为了减少突发性水污染问题,一方面要加强水源地保护法律法规的制定和突发性水污染的监测;另一方面要在现有工艺设施能力的基础上,考虑增加必要的应急设施。

发达国家已经建立了一套完善的水源地保护法律法规,并且经常开展水源水质监测工作,减少发生突发性环境污染事故影响水源地和供水系统的可能性,因此污染事故只是偶发。应急处理工作多通过调度、组织管理实现,国际上也并没有系统完整的突发污染物处理技术和工艺参数。1986 年发生的莱茵河剧毒化学品污染事件和 2000 年的多瑙河氰化物、铅、汞污染事件,由于各国政府在污染事故发生后反应迅速,在预警、管理等方面的措施得力,虽然造成沿岸几乎所有的水生生物迅速死亡,河流两岸陆地动物、植物大量死亡,但是没有发生人员受害的情况。

由于自然灾害和污染事故时有发生,应急供水将成为我国大部分水厂的一项长期工作。在松花江、北江、无锡水危机等重大事件的处理过程中,通过有关各方的共同努力,城市应急供水工作取得了胜利,但从全国范围看,城市供水行业在应对突发性水污染事件的应急供水方面仍然存在很多问题:①目前城市供水行业普遍不具备应对水源突发性污染事件的应急处理能力。传统上,饮用水厂工艺系统都是按常规情况设计的,以常规除浊工艺为主。当水源受到有机物污染时,常规工艺对有机物的去除率较低,一般在 20%～30%,难以满足要求。近年来,随着水源水污染的加重,许多水厂采用了预处理或深度处理技术,提高了对有毒有害物质的去除能力。但仍然存在一些问题:a. 这些水厂一般可应对持续性的、常规的、微污染的水源水质情况,但对突发性的特定污染物去除能力较差,没有足够的技术储备应对突发污染。b. 突发的污染物往往具有爆发时间短、作用强度大、难处理的特点,一般来说现有水厂工艺体系是难以应对的。②缺乏系统全面的应对突发性水源污染的城市供水应急处理技术。应急处理技术必须与水厂现有工艺与设备相结合,便于紧急实施,反应速度快,其技术体系与正常条件下长期采用的水处理技术相比,有其独特的技术特点。饮用水标准涉及的污染物指标有一百余种,对各种污染物缺乏适于应急供水处理的应急处理技术和工艺参数。

12.2　应急供水对策

城镇给水系统应对水源突发污染的应急处置应包括水源水质监测与预警、水源调度和应急净水等设施。城镇常用供水水源必须建立水质监测和预警系统,对水源中可能出现的重要特征污染物宜具备在线监测条件。应急供水可采用应急净水、原水调度和清水调度的供水模式,也可根据具体条件,采用三者相结合的应急供水模式。采用应急净水应急供水时,给水系统应具有应急净水的相应设施;采用原水调度应急供水时,应急水源应有与常用水源或给水系统快速切换的工程设施;采用清水调度应急供水时,城镇配水管网系统应有满足应急供水期间的应急水量调入的能力。对于水源存在较高突发污染风险、原水输送设施存在安全隐患、供水安全性要求高的集中水水源工程和重要水厂,应设有应对水源突发污染的应急净化设施。条件具备时,应充分利用和发挥自水源到水厂的管(渠)、调蓄池及水厂常用净化设施的应急净化能力。

应急供水时,应按先生活、后生产、再生态的顺序,逐渐降低供应。应急供水期间的供水量首先应满足城市居民基本生活用水需求,居民基本生活用水指标不宜低于80 L/(人·d)。此外,还应根据城市特性及特点确定其他必要的供水量需求。极端条件下,仅保证居民基本生命用水量为80~2 580 L/(人·d),包括饮用和厨用。

12.2.1 应急水源

应急水源的建设应考虑城市的近远期应急供水需求,为远期城市发展留有余地,并应协调好城市常用供水水源和应急水源的关系。可选用地下水或地表水作为应急水源,应急水源的规划水量可按照规划期总需水量的一定比例计算,也可根据各城市的水源实际情况进行规划,但应该考虑到城市未来的发展需求。

当本地建设应急水源条件不能满足时,应急水源的选择可突破行政区划的限制,采用异地应急调水的方式。当城市本身水资源贫乏,不具备应急水源建设条件时,应考虑域外建设应急水源,考虑几个城市之间的相互备用。当城市采用外域应急水源或几个城市共用一个应急水源时,应根据区域或流域范围的水资源综合规划和专项规划进行综合考虑,以满足整个区域或流域内的城市用水需求平衡。

应急水源可选用地下水或地表水,可取水量应满足应急供水量的需求。水源水质宜尽可能不低于常用水源水质,或水厂处理工艺通过采取应急处理可适应的水质。应急水源水质可能和常规水源有较大的差别,供水风险期进行水源切换后,应能够保证水厂出水水质的达标,因此要求水厂处理工艺能够适应不同水源水质的要求。

12.2.2 应急净水

在应急水源水质复杂或者没有应急水源的情况下,水厂针对具体污染应有相应的水处理应对方案。为提高水厂应对突发性水源污染的能力,应通过收集城市供水总体情况及水源地、水厂潜在风险及现有应急设施的基础资料,分析城市突发性水源污染风险,并对城市供水系统应对突发性水源污染的风险能力进行评估,确定所需应对的突发污染物的种类。潜在风险主要包括:点源污染源(主要是使用大量化学品的工业企业、储存仓库等)、面源污染源(主要是农田、缺乏污水固废处理设施的生活区)和移动源(主要是水运、公路、铁路、管道)等。

突发性污染物种类繁多、性质千差万别,在我国目前与饮用水相关的4个水质标准[《生活饮用水卫生标准》(GB 5749—2022)、《城市供水水质标准》(CJ/T 206—2016)、《地表水环境质量标准》(GB 3838—2002)、《地下水环境质量标准》(GB/T 14848—2017)]中,规定的项目共计166个,其中可能引起环境污染事故的污染物有约140种。一项应急处理技术不可能处理所有的污染物,因此必须针对污染物的性质选取相应的应急处理技术。

应根据水源突发污染的特点,在取水口、水厂设置相应的应急净水设施。条件具备时,应充分利用和发挥自取水口到水厂的管(渠)、调蓄池及水厂常用净化设施的应急净化能力。

根据特征污染物的种类,可以下列条件选用相应的应急净水技术:

①应对可吸附有机污染物时,可采用粉末活性炭吸附技术。

②应对金属、非金属污染物时,可采用化学沉淀技术。

③应对还原性污染物时,可采用化学氧化技术。

④应对挥发性污染物时,可采用曝气吹脱技术。

⑤应对微生物污染时,可采用强化消毒技术。

⑥应对藻类暴发引起水质恶化时,可采用综合应急处理技术。

1. 活性炭吸附技术

活性炭可由含碳物质(如木材、锯末、椰壳、果壳、煤及焦炭等)经炭化和活化制成,经高温炭化和活化的活性炭具有稳定的化学性能,能耐强酸或强碱,能经受住水浸、高温、高压的作用,且不易破碎。根据其外观形状、制造方法及用途等不同,有多种分类方法。从外观形状上,活性炭可分为粉末活性炭、颗粒活性炭、破碎状炭等。作为多孔性吸附剂的活性炭基本上是非结晶性物质,它由微细的石墨状微晶和碳氢化合物构成。其固体部分之间的间隙形成孔隙,给予活性炭所特有的吸附性能。活性炭具有多种机能的最主要原因在于其多孔性结构。活性炭中具有各种孔隙,不同的孔隙直径能够发挥出与其相应的功能。微孔(孔隙直径小于 2 nm)比表面积很大,呈现出很强的吸附作用;中孔(孔隙直径为 2 ~ 50 nm)可以起通道和吸附的作用;大孔(直径大于 50 nm)主要是溶质到达活性炭内部的通道,还可以通过微生物在其中的繁殖,使无机的碳材料发挥生物质功能。

自 1929 年美国芝加哥市一水厂用粉末活性炭去除臭味开始,粉末活性炭用于给水处理已有近百年的历史,是水处理中最常用的吸附剂。其对水中的色、臭、味去除效果明显,对农药、酚类和卤代烃等消毒副产物及其前体物均有较强的吸附能力,特别适合受突发性水污染影响及原水水质季节性变化较大的水厂。美国环保署有关饮用水标准的有机污染物指标中,有 51 项将活性炭应用列为最有效处理技术。

粉末活性炭吸附水中溶质分子是一个十分复杂的过程,是由分子间力、化学键力和静电引力所形成的物理吸附、化学吸附和离子交换吸附综合作用的结果。活性炭对污染物质的吸附过程主要是物理吸附,其受活性炭的物理结构影响很大,如微孔数量的发达程度等。物理吸附是一个放热过程,不需要活化能,可在低温下进行,可以形成单分子层或多分子层吸附,在吸附的同时被吸附的分子由于热运动还会离开活性炭表面,出现解吸现象。活性炭在制造过程中形成的官能团使活性炭也具备了化学吸附的性能,此过程需要大量的活化能,需要在较高的温度下进行。化学吸附具有选择性,只能形成单分子层吸附,不易出现解吸现象。在吸附过程中伴随着等量离子的交换,由静电引力引起的离子交换吸附主要由离子的电荷决定。

随着水源污染的日益严重，粉末活性炭在水处理工艺上的应用范围不断扩大，国外对粉末活性炭的研究已经深入到了具体污染物的程度。投加粉末活性炭可以与强化混凝形成互补，提高工艺对腐殖酸、苯酚等的去除效果，将 DOC 的最大去除率由单独使用混凝时的 45% 提高到 76%，使 UV_{254} 和 COD_{Mn} 的去除率分别达到 99% 和 89%。Maria 等发现，先混凝后投加粉末活性炭进行吸附的效果比混凝剂与粉末活性炭同时投加的效果要好。天然有机物（NOM）、浊度和絮体大小对粉末活性炭去除痕量目标有机物有重要的影响。随着浊度和铝盐混凝剂投加量的增加，形成了大尺寸的絮体，将粉末活性炭包裹，导致 2－甲基异冰片（2－MIB）的去除效果下降，而天然有机物的特性对粉末活性炭吸附效果的影响比絮体结构的影响更大，主要是因为对活性炭吸附点位的竞争和孔隙堵塞，粉末活性炭中大孔和中孔比例的提高有助于解决孔隙堵塞的问题。

我国自 20 世纪 60 年代末期开始活性炭吸附技术的研究，已取得大量的研究成果，并在实际应用中取得了成功。粉末活性炭具有设备投资少，价格便宜，吸附速度快，对突发性水质污染适应能力强的特点。应用粉末活性炭吸附技术应对突发性有机物水污染事件，保障城市饮用水安全，有着广阔的前景。在使用时处理好炭种选择、投加点设置、投加方式选择等问题，可较好地提高出厂水水质。在水处理中，对于不同的水质采用的最佳活性炭的炭种可能不同，应该在大量试验的基础上，选择适合该水源水质的高效、经济的炭种。选择活性炭最佳投加点的原则是与混凝相互干扰程度最低、被絮体包裹的可能性小和有足够的炭水接触时间，还应根据具体的情况由试验决定。所以，对于某一特定的水源水，最佳粉末活性炭处理工艺的确定，主要应通过试验模拟手段或根据已有相似水质水量的现有工艺的经验获得。

粉末活性炭吸附技术可以去除饮用水相关标准中农药、芳香族和其他有机物等 61 种污染物。农药类：滴滴涕、乐果、甲基对硫、磷、对硫磷、马拉硫磷、内吸磷、敌敌畏、敌百虫、百菌清、莠去津（阿特拉津）、2,4－滴、灭草松、林丹、六六六、七氯、环氧七氯、甲草胺、呋喃丹、毒死蜱。芳香族：苯、甲苯、乙苯、二甲苯、苯乙烯、一氯苯、1,2－二氯苯、1,4－二氯苯、三氯苯（以偏三氯苯为例）、挥发酚（以苯酚为例）、五氯酚、2,4,6－三氯苯酚、2,4－二氯苯酚、四氯苯、六氯苯、异丙苯、硝基苯、二硝基苯、2,4－二硝基甲苯、2,4,6－三硝基甲苯、硝基氯苯、2,4－二硝基氯苯、苯胺、联苯胺、多环芳烃、苯并芘、多氯联苯。其他有机物：五氯丙烷、氯丁二烯、六氯丁二烯、阴离子合成洗涤剂、邻苯二甲酸二（2－乙基己基）酯、邻苯二甲酸二丁酯、邻苯二甲酸二乙酯、石油类、环氧氯丙烷微囊藻毒素、土臭素、二甲基异莰醇、双酚 A、松节油、苦味酸。

采用粉末活性炭吸附时，应符合下列要求：

①当取水口距水厂有较长输水管道或渠道时，粉末活性炭的投加设施宜建设在取水口处。

②不具备上述条件时，粉末活性炭的投加点应设置在水厂混凝剂投药点处。

③粉末活性炭的设计投加量一般可按 20～40 mg/L 计，并适度留有一定的富裕能力。

2. 化学沉淀技术

重金属一般具有很高的稳定性、难降解性、可蓄积性和毒性，广泛分布在河流、湖泊、水库等水源地，如不经过处理，通过食物链富集进入人体后，会对人的各种器官造成伤害。如：①镉浓度过高对肾脏有严重损害，并代替骨骼中的钙而使骨骼变得松软，还可与肌肉中各种含硫基的酶结合使肌肉萎缩、关节变形，而且其作为已经筛选出的环境激素的一个重要组成部分，还有致癌的风险。②含铬化合物对黏膜和皮肤有局部作用，可引起耳中隔穿孔、皮炎等疾病，且六价铬化合物是公认的致癌物。③镍能激活或抑制一系列的酶从而发生毒性作用，容易在生物体内累积，同样具有致癌作用。重金属污染主要是由电镀、采矿、冶炼等工业活动引发，近几年来重金属污染水体、威胁饮用水安全的问题，逐渐引起人们的广泛关注。比较典型的有2005年广东北江的镉污染事件、2006年湖南湘江镉污染事件、2012年广西龙江镉污染事件和2015年湖北宜昌长阳化工排污水污染事件等，都给当地的生产和生活带来了重大的影响。目前，对含有重金属污染水体已开发应用的处理方法主要有化学法、物理化学法和生物法，包括生物技术修复、化学沉淀、离子交换、吸附絮凝等。

当水体发生突发性重金属污染事件时，其在爆发时间、作用强度上，有不同于一般性水污染的特点，常规工艺很难保证出水水质。为保障饮用水安全需要一种能快速启动的、有效的水处理技术。结合国内绝大多数水厂仍采用常规水处理技术的现实情况，并考虑水厂的经济承受能力，比较可行的应急处理技术是与现行处理工艺相结合的化学沉淀法。化学沉淀法是基于溶度积原理，通过投加化学试剂，使目标污染物形成难溶解的物质从水中分离的方法。因其具有成本低廉、工艺简单、沉降速度快、处理效果好等特点而被广泛应用。

化学沉淀法包括中和沉淀法和硫化物沉淀法等。在含有重金属的水体中加入碱进行中和反应，使重金属生成不溶于水的氢氧化物沉淀的形式进行分离的方法称为中和沉淀法，其特点是加入的碱沉淀剂无毒，不会造成二次污染，但中和沉淀后，水体的 pH 会升高，需要加酸调整。加入硫化物沉淀剂使污染水体中重金属离子生成硫化物沉淀从而将重金属去除的方法称为硫化物沉淀法，重金属硫化物溶解度比其氢氧化物溶解度更低，且反应的 pH 在 7 ~ 9 之间，一般不需后续调值，但是硫化物沉淀剂在水中残留，容易造成二次污染，因此在废水处理中采用较多。由于饮用水处理中所采用的沉淀剂必须无害，处理后水中不能增加新的有害成分，因此饮用水重金属处理中应以中和沉淀法为主，硫化物沉淀法应用时须注意二次污染的问题，可作为处理方法的备选方案。

在实际应用中，有时形成的重金属沉淀颗粒细小，沉降速度慢，加入混凝剂可促进沉淀，在去除水中原有的悬浮物和胶体颗粒物的同时，使化学沉淀法产生的重金属沉淀得以从水中有效的分离。

采用化学沉淀技术时，应根据污染物的具体种类，按如下条件选择具体的适用技术；

①弱碱性化学沉淀法适用于镉、铅、锌、铜、镍等金属污染物。在水厂混凝剂投加处加碱（液体氢氧化钠），调整水的 pH 至弱碱性，生成不溶于水的沉淀物，通过混凝沉淀过滤

去除，再在过滤后加酸(盐酸或硫酸)调整至中性。混凝剂可以采用铝盐或铁盐，在较高pH条件下运行应优先采用铁盐，以防止出水铝超标。水厂需设置相应的酸、碱药剂投加设备和pH监测控制系统，其中加碱设备的容量一般按pH最高调整到9.0考虑，加酸设备按回调pH至原出厂水pH考虑。

②弱酸性铁盐沉淀法适用于锑、钼等污染物。混凝剂采用铁盐(聚合硫酸铁或三氯化铁)，在水厂混凝剂投加处加酸(对应为盐酸或硫酸)，调整水的pH至弱酸性，在弱酸性条件下用氢氧化铁矾花吸附污染物，通过混凝沉淀去除，再在过滤前加碳酸钠，调整至中性，以保持水质的化学稳定性。当高投加量混凝剂带入杂质二价锰较多时，需在过滤前增加氯化除锰措施。水厂需设置相应的酸、碱药剂投加设备和pH监测控制系统，其中加酸设备的容量一般按pH最低调整到5.0考虑，加碱设备按回调pH至原出厂水pH考虑。

③硫化物化学沉淀法适用于镉、汞、铅、锌等污染物。沉淀剂采用硫化钠，投加点设在混凝剂投加处，把水中污染物处理成难溶于水的化合物，在后续的混凝沉淀过滤中去除，多余的硫化物在清水池中用氯分解成无害的亚硫酸根和硫酸根。水厂需设置硫化钠投加设施，最大投加量一般按1.0 mg/L设计。

④预氧化化学沉淀法适用于铊、锰、砷等污染物。预氧化剂采用高锰酸钾、氯或二氧化氯，投加点设在混凝剂投加处，把水中的一价铊氧化为三价铊、二价锰氧化为四价锰，从而生成难溶于水的化合物，在后续的混凝沉淀过滤中去除。除砷必须采用铁盐混凝剂，原水中的三价砷需先氧化为五价砷，如原水中的砷主要为五价砷可以不用预氧化。水厂需设置预氧化的氧化剂投加设施，高锰酸钾最大投加量一般按1.0 mg/L设计。

⑤预还原化学沉淀法适用于六价铬污染物。还原剂可采用硫酸亚铁、亚硫酸钠、焦亚硫酸钠等，投加点设在混凝剂投加处，把六价铬还原成难溶于水的三价铬，在混凝沉淀过滤中去除。

应急处置时，应根据现场情况进行试验验证，确定运行的工艺条件和药剂投加量。

在实际操作过程中，应注意在应对特征污染物的同时，必须确保供水系统安全运行，保障其他水质指标达标，且保持管网水质的化学稳定性。应急处理过程中，投加药剂的计量可能会与平时差别较大，因此在使用中，应根据药剂的作用，合理安排药剂的投加次序和剂量。对于采用酸性或碱性化学沉淀法的，还需特别关注出厂水化学稳定性指标的变化，如pH、碱度、腐蚀性阴离子浓度、拉森指数等，保持出厂水的化学稳定。

3. 化学还原技术

化学还原技术是借氧化还原反应将有毒、有害的物质转化为无毒、无害的物质使其从水中分离的技术。在使用二氧化氯做消毒剂对饮用水进行消毒时，由于在二氧化氯的制备过程、二氧化氯自身歧化及二氧化氯与水中其他还原性物质的反应，往往会产生亚氯酸盐、氯酸盐等消毒副产物，这些副产物及二氧化氯本身对人体的神经系统等有毒害作用。因此，一方面应采取必要措施减少消毒副产物的生成；另一方面，有毒、有害的副产物一旦生成，应采取相应的处理技术将其去除。

一般条件下，氯酸盐很难与常见的还原剂反应，目前还没有找到一种经济有效的方法来去除水中的氯酸盐。不过,氯酸盐的产生量通常远小于亚氯酸盐的产生量,并且其毒性也远比亚氯酸盐小。因此,对二氧化氯消毒副产物的还原法研究多集中在亚氯酸盐上。Gordon 等利用二氧化硫 - 亚硫酸盐溶液($SO_2 - SO_3^{2-}$)在酸性条件下成功将水体中的亚氯酸盐去除,但当水中有溶解氧存在时,二氧化硫能使亚氯酸盐转化成氯酸盐副产物。此外,硫代硫酸钠和亚铁盐也都是有效去除亚氯酸盐的还原剂。

4. 强化消毒技术

对于水源存在微生物污染风险的,可采用强化消毒技术。强化消毒技术可通过加大消毒剂量和多点消毒(预氯化、过滤前、过滤后、出厂水)的方法实施,但应控制好消毒副产物含量。发生水源大规模微生物污染时,特别是在发生地震、洪涝、流行病疫情暴发、医疗污水泄漏等情况下,水中的致病微生物浓度会大大增加,此时需采用强化消毒技术。采用强化消毒技术时,应关注消毒副产物的生成量,避免消毒副产物超标。

自科赫于 1881 年发现了氯的消毒作用,并于 1908 年首次在美国芝加哥 Bubbley Creek 水厂作为消毒剂进行常规处理以来,经过一代代科研人员的努力,越来越多的消毒方式被开发出来。这些消毒方式一般是通过投加化学消毒剂或采用物理手段来完成的。

由于氯具有经济、易操作管理和技术成熟等优点,到目前为止,世界上绝大多数国家仍然以氯作为主要的消毒剂,其中美国约有 94.5% 的水厂采用氯消毒;据估计我国 99.5% 以上的自来水厂也采用氯作为消毒剂。在发现氯消毒所产生的三卤甲烷等对人体有三致作用的消毒副产物后,寻找高效、安全的替代消毒剂便成了消毒研究的一个方向。氯胺的消毒能力虽然远低于氯,但是其具有不产生氯臭和氯酚臭,消毒副产物少,消毒时间长等优点。自来水厂正是利用氯胺消毒时间长的特点通常在出厂时投加氨与氯形成氯胺以保持管网中有足够的剩余消毒剂。有报道称,由于我国的水源水大部分呈微污染状态,原水中有一定量的氨氮,水厂在投加氯后与其反应生成氯胺,因此我国很多水厂的消毒实际上是氯胺消毒,这也是我国大多水厂消毒副产物少的原因。二氧化氯(ClO_2)是 WHO 确认的 A1 级高效、广谱、安全的杀菌消毒剂,也是国际社会公认的氯系列消毒剂最理想的换代产品。二氧化氯在 1811 年首先由 Humphrey Davey 制得,并于 1944 年开始应用于水处理中。在美国有 400 多家水厂应用二氧化氯,欧洲已有数千家水厂在应用,在我国的小规模给水厂和农村中亦有应用。研究人员在生产制备和保存方法、有害消毒副产物、水厂投加工艺的选择和运行成本等方面对二氧化氯的应用进行了总结,认为二氧化氯是一种理想的消毒剂。另外,膜技术通过筛分作用和吸附作用达到去除水中微生物的目的,由于其具有出水水质优良、稳定、操作简单、占地小等优点,也被认为是一种很有前景的消毒方式。

单独一种消毒剂无法达到理想的消毒效果时,可以用两种或两种以上的消毒剂通过连续投加等不同的联合方式发挥各自的优势,达到协同消毒的作用,能在困难的条件下得到满意的结果。臭氧 + 自由氯、臭氧 + 氯胺和紫外线(UV) + 自由氯的连续消毒方式,其协同作用程度都依赖于第一消毒剂即臭氧或 UV 的水平,如果投加得当,都可以比单独的消毒剂更为有效地去除抗氯性较强的微生物。此协同作用可解释为由于臭氧或 UV 的作用导致了细胞表面的破坏,进而使氯可以在细胞内部引起更强的扩散从而强化了消毒。二氧化氯+氯/氯胺连续消毒工艺能有效灭活水体中的致病微生物,且生成新的二氧化氯,可延长或保证管网水中的消毒作用,比单独使用氯时有更强的持续消毒能力。陈超、张晓健等研究了短时游离氯后转氯胺的顺序氯化消毒工艺,该工艺综合利用了游离氯消毒灭活微生物迅速彻底、氯胺消毒副产物生产量低的特点,不仅在对微生物的灭活效果上优于游离氯消毒,且在消毒副产物的控制方面也具有优势,大大减少了三卤甲烷和卤乙酸的生成量。Hyunju Sony 等研究了在相同的氯浓度下,通过投加少量的辅助氧化剂(臭氧、二氧化氯、过氯化氢或亚氯酸盐)到自由氯中制成的混合氧化剂对枯草芽孢杆菌孢子的消毒效果,结果显示混合氧化剂 Cl_2+O_3,Cl_2+ClO_2 和 $Cl_2+ClO_2^-$ 与氯单独作用时相比,效率提高了52%左右。

微生物本身特性及水质条件等的不同会对消毒剂的灭活效果产生影响。升高反应温度或减小反应的pH,都有助于自由氯消毒效果的提高。pH对二氧化氯灭活的影响则正好相反,随着pH的升高,达到相同灭活效果所需的CT值逐渐变小,这可能因为高pH条件下产生的 OH^- 的催化作用促进了二氧化氯的消毒作用。但也有试验发现,pH在其所研究的范围内对消毒效果没有明显的影响。降低微生物的培养温度、增加培养基的稀释度及向培养基中添加无机盐都会增加消毒所需的CT值。贾第鞭毛虫每年感染人数约为2.5亿,隐孢子虫每年感染人数有2.5亿~5亿,自由氯对这两种原生动物的消毒效果不佳,采用二氧化氯、臭氧、紫外及臭氧/氯胺、二氧化氯/氯等的联合消毒对隐孢子虫和贾第鞭毛虫的消毒效果则较好;原水中有原生动物存在时,要维持相同的消毒效果,需要100倍的氯胺。Ridgway Olson 通过扫描电镜观察指出配水管网水样中单个悬浮颗粒物上平均吸附10~100个细菌,颗粒物对微生物起到了保护作用,影响了消毒效果,且这种保护作用随着颗粒物的增加而增加。有机物对微生物的保护作用不但体现在有机物对消毒剂的高需求量,还可能是来自微生物自身细胞结构的稳定性。随着有机物浓度的增大,消毒效果变差。水中氨氮和有机氮的存在会影响余氯的测定,高估氯胺的消毒效果。

5. 其他处理技术

(1)对于存在氰化物、硫化物等还原性污染物风险的可采用化学氧化技术。氧化剂可采用氯(液氯或次氯酸钠)、高锰酸钾、过氧化氢等。设有臭氧氧化工艺或水厂二氧化氯消毒工艺的水厂也可采用臭氧或二氧化氯做氧化剂。

(2)对于水源存在难于吸附或氧化去除的挥发性污染物(如卤代烃类)等,可采用曝气吹脱技术。曝气吹脱技术可通过在取水口至水厂的取水、输水管(渠道)或调蓄设施设置应急曝气装置实施。曝气装置通常包括鼓风机、输气管道和布气装置。

(3)对于水源存在藻类暴发风险的,可采用藻类暴发综合应急处理技术,并应根据污染物的具体种类,按如下条件选择具体的适用技术:

①除藻时,可采用预氧化(用氯、二氧化氯、高锰酸钾、臭氧等)、强化混凝、气浮、加强过滤等。

②除藻毒素时,可采用预氯化、粉末活性炭吸附等。

③除藻类代谢产物类致臭时,可采用臭氧、粉末活性炭吸附。当水厂有臭氧氧化工艺时,也可采用臭氧预氧化。

④除藻类腐败致臭物质时,主要采用预氧化技术。

⑤同时存在多种特征污染物的情况,应综合采用上述技术。

(4)对于水源存在油污染风险的水厂,应在取水口处设置拦阻浮油的围栏、吸油装置,并在取水口或水厂内设置粉末活性炭投加装置。

(5)设有应急净水设施的水厂,其排泥水处理系统如设有回用系统,回用系统应设置应急排放设施。

12.3 应急处理技术的集成及工程应用

集成的思想最早源于CIM(Computer Integrated Manufacturing)这一概念。近年来,系统集成(System Integration)一词应用日益频繁。系统集成确实反映了信息时代各种技术和产品不断涌现的环境下,应付灵活应变市场和满足不同应用需求的一种哲理,它又是一种思想、观念,是指导信息系统总体规划、分步实施的方法和策略,它可提供一体化的解决方案。目前,多个领域进行了系统集成的研究。在饮用水处理方面的供水管网、加药的自动控制上也逐渐实现了系统集成技术。在整个饮用水处理工艺方面,通过对众多的单元处理技术、组合工艺进行分析评价,合理地选择相关工艺运行参数和策略,形成了饮用水处理工艺完整集成方案。

目前饮用水应急处理技术大多是在单个污染物的层次上进行独立研究,系统间的综合集成研发薄弱,缺乏有机联系、系统协同。随着突发性污染物种类的增多和频率的上升,单个污染物层面的研究已不能满足实际的需求,因此对于饮用水应急处理技术进行技术集成的研究十分必要。饮用水应急处理技术系统集成的目标是在保障饮用水水质安全的前提下,针对不同的突发污染物特性,在大量试验研究基础上,对各单项应急处理技术进行分析评价,合理地选择相关工艺运行参数和策略,形成技术上可行、运行上安全可靠、管理操作方便的完整集成方案。

根据研究目标确定系统集成的原则如下:

①实用性原则。能够最大限度地满足实际要求,选择优化的处理技术和运行参数,提出不同突发污染物条件下指导实际水处理系统的运行解决方案。

②针对性原则。突发性水污染有着不同于一般水污染的特点,针对不同污染物特点,通过选择适合的应急处理技术达到水质目标要求。

③易理解、易操作性原则。饮用水应急处理技术集成系统是一个开放体系,是应用性很强的技术支持体系,易理解、易操作,便于在各城市推广应用。对饮用水应急处理技术的集成将为国家供水体系建设提供技术支持,为饮用水行业提供应急供水处理技术,为供水企业提供应急供水工艺与设计规范、推动饮用水行业应急供水能力建设、有效应对突发性污染事故、提高城市供水的安全保障。

面对日益频繁和多变的突发性水源污染，饮用水常规工艺的处理显得力不从心，难以满足应对突发性水污染的要求，这就需要研究开发具有针对性的应急处理关键技术。在对各单项应急处理技术进行整理和分析之后，需要进一步对应急处理技术进行提炼与升华。通过深入分析各种典型污染物质及去除技术之间的特点和内在联系，进行应急处理技术的集成，并在集成中创新和发展，推动饮用水应急处理技术体系的建立，使其更加系统化、规范化，指导城市供水应急处理能力的建设，全方位、多层次地有效应对突发性水源污染事故，提高城市供水的安全保障能力。

在进行应急建设时，一方面要新建或改造水厂的处理工艺，使之能符合应急处理的要求；另一方面，这些新建和改造的工艺还必须与现有水厂的常规处理工艺相结合，在发挥应急处理作用的同时有助于提升常规处理效果。此外，常规处理工艺良好的运行往往也可促进应急处理工艺应对突发性污染物的去除效果，如何发挥好两者的协同作用是应急处理技术集成的关键。

为了克服湿法粉末活性炭加药装置中混合不均匀、易堵塞泵和管道的缺陷，采用粉末活性炭干法投加。粉末活性炭经双螺旋计量、高速射流混合器（水射器）混合后，经管道输送至加药点。整套设备由 PLC 控制器控制，粉末活性炭投加机有定量投加和根据水量变化的随动比例投加两种投加方式。粉末活性炭工艺流程如图 12.1 所示。

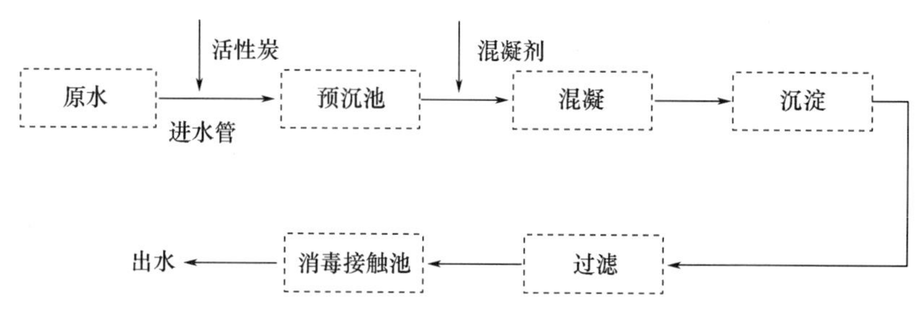

图 12.1　粉末活性炭工艺流程

较好的粉末活性炭投加方案是在取水口处提前投加，利用从取水口到净水厂的管道输送时间完成吸附过程。对于取水口距净水厂很近、只能在水厂投加的情况，也可以在净水厂内与混凝剂共同投加。这里将粉末活性炭的投加点选在预沉池 DN 2 200 mm 进水管进水口处，粉炭投加间紧邻该投加点。在与混凝剂共同投加的情况下，由于吸附时间短，与混凝剂形成矾花絮体后影响了粉末活性炭与水中污染物的接触，粉末活性炭的吸附能力发挥不足。对此，可采用适当增加粉末活性炭投加量的办法来解决。

根据试验所得成果，化学沉淀所用的氢氧化钠等药剂的投加点适宜选在混凝剂投加前，先调 pH。由于大部分化学沉淀法处理对 pH 要求较严格，需要精确控制，并且应急处理时间紧迫，短期内无法积累运行操作经验，因此在需要调整 pH 的饮用水化学沉淀应急处理中，应设置 pH 在线监测仪和自动加药设备。由于混凝剂的水解作用会产生 H^+，投加混凝剂后水的 pH 一般要下降。对于要求控制 pH 的化学沉淀混凝处理，pH 的理论控制点是过滤之后，以确保对污染物的化学沉淀去除效果。在线 pH 计的安装位置可以设在加混凝剂之前或混合池的出口处，便于及时反馈调整加碱量，但需留出混凝反应使 pH 降低的余量。在线 pH 计也可以设在滤池出水处，以精确控制所要求的 pH。化学沉淀工艺流程如图 12.2 所示。

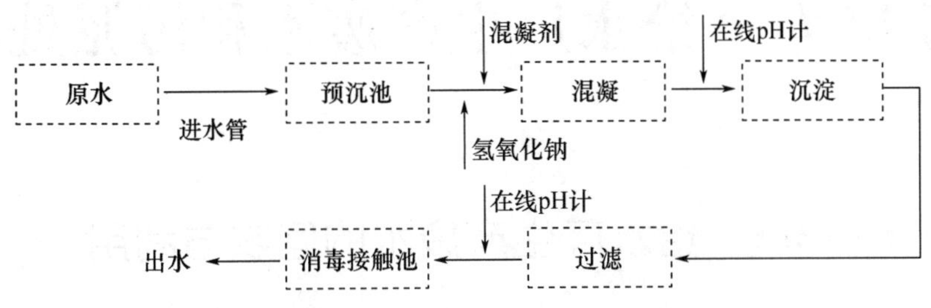

图 12.2　化学沉淀工艺流程

化学还原所用的硫酸亚铁等还原剂本来可作为混凝剂使用，而且在与氧化性物质反应的过程中，二价铁被氧化为三价铁，提高了混凝效果。所以还原剂的投加点可设置在混凝剂投加处，且不用再投加三氯化铁等混凝剂。化学还原工艺流程如图 12.3 所示。

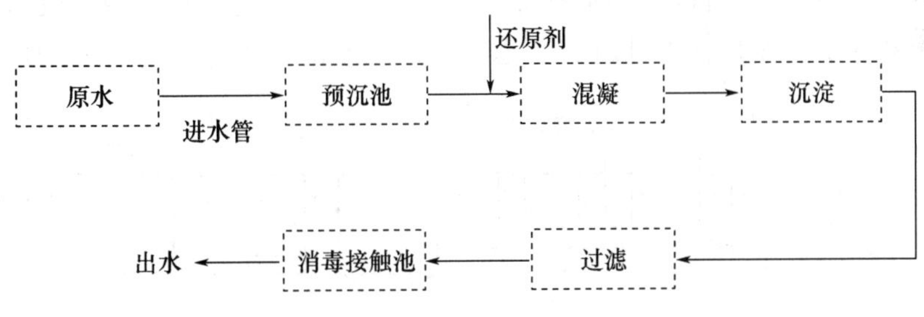

图 12.3　化学还原工艺流程

强化消毒工艺的投加点可选在混凝前和过滤后两点。消毒剂投加在混凝前应注意消毒副产物的问题，如果条件允许，尽量将投加点选在过滤后。水中的有机物和颗粒物会影响消毒剂的灭活作用，良好的混凝沉淀和过滤运行状态有助于后面的强化消毒效果，因此最佳的消毒效果需要整个水处理工艺的配合来实现。强化消毒工艺流程如图 12.4 所示。

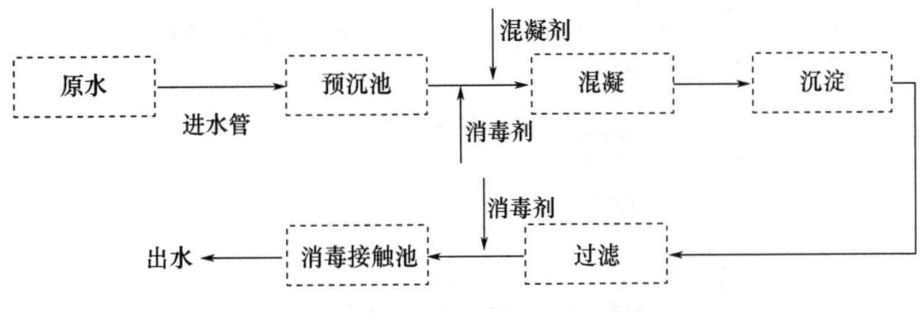

图 12.4　强化消毒工艺流程

第13章　给水厂生产废水和污泥处理

13.1　给水厂生产废水的回收与利用

1. 概述

给水处理厂的生产废水主要来自沉淀池或澄清池的排泥水和滤池反冲洗废水。净水厂工艺废水排放如图13.1所示。这部分废水占整个水厂日产水量的3% ~7%，对这部分水进行回收和利用，不仅可以节约水资源，提高水厂的运营能力，还可减少废水的排放量。目前国内外很多大型水厂在设计时都考虑了生产废水的回收与利用措施，但由于水质问

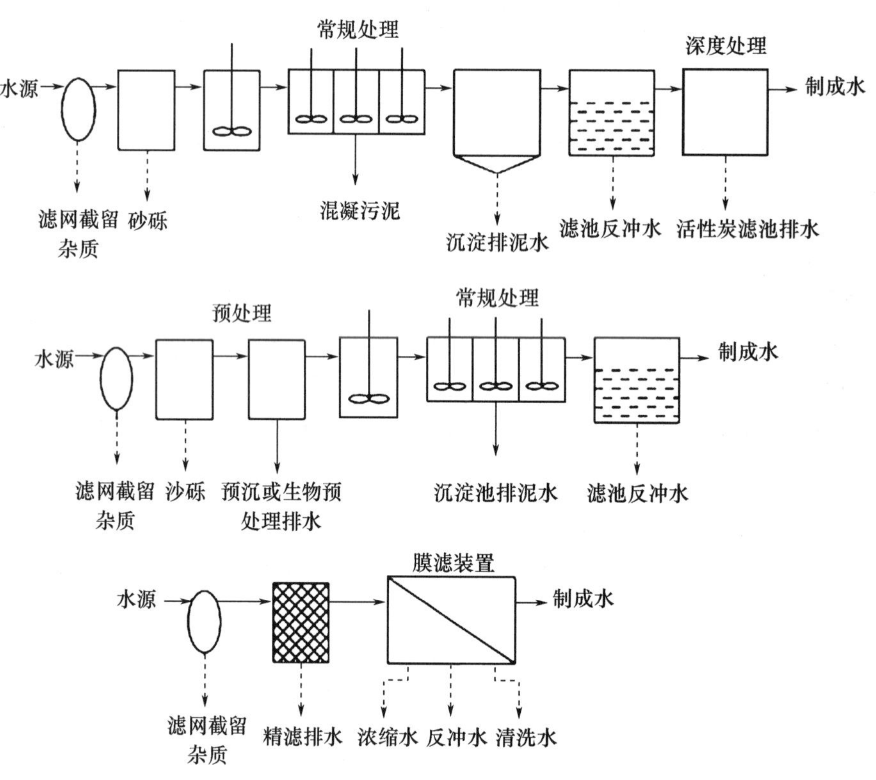

图13.1　净水厂工艺废水排放

题，也有相当大部分水厂没有或不常回收与利用生产废水，主要考虑这部分废水中不仅富集了原水中几乎所有的杂质，而且还包含了生产工艺中投加的各种药剂，让这些物质重新回到生产系统中，同时再加上由此产生的生物因素，的确具有一定的风险，因此在考虑回收利用时必须要仔细研究。

2. 给水厂废水的直接回用

在国内，多数的给水厂将滤池反冲洗废水直接回收利用，将其抽送至反应池起端。曾有人以湘江原水为研究对象，对滤池的反冲洗废水的回用进行试验，结果表明，采用滤池反冲洗废水直接回收至反应池，不仅可以回收废水，而且还能提高反应沉淀效果，具有较好的经济效益和环境效益。研究结果还表明，回收反冲洗废水后的沉淀池及滤池出水中，铝、铁、镁、钙、铅、锌、镉、汞、锰等金属元素及有机物指标并没有增加，即没有形成无机物和有机物累积；这些杂质主要从沉淀池排泥水中排出，即直接回收滤池反冲洗废水至反应沉淀池，不会对水处理过程造成“二次污染”。

图 13.2 所示为某给水厂排泥水浓缩回用、反冲洗水直接回用工艺。

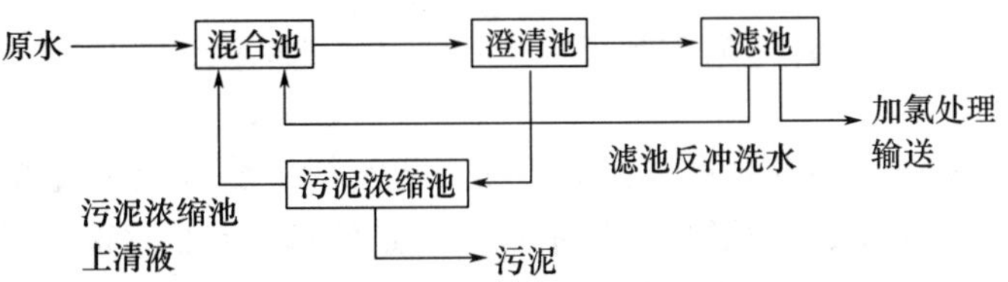

图 13.2　某给水厂排泥水浓缩回用、反冲洗水直接回用工艺

3. 给水厂废水处理后回用

在给水厂生产废水回用的过程中，需要注意铁、锰等常规指标及微生物指标（贾第鞭毛虫和隐孢子虫）的控制。贾第鞭毛虫和隐孢子虫这两项生物指标近年来越来越受到人们的重视。发达国家当前的主要控制措施是降低出厂水浊度，但浊度低并不能保证隐孢子虫等原生动物被去除。想要安全地去除贾第鞭毛虫和隐孢子虫等原生动物，可采用微滤、超滤或臭氧消毒等方法。

目前，国外多采用膜分离技术对给水厂生产废水进行处理回用。

在德国，一些法规中明确要求加强水的回用以减少生产废水。德国的给水厂生产废水一般储存在沉淀槽中。1997 年以前，沉淀槽中的清水直接返回到原水中，后来环境联盟机构饮用水委员会要求禁止回用未经深度处理的水，对于拟进行回用的生产废水要求实现固液分离并去除水中微生物和寄生虫。

德国的 Hitfeld 给水厂的年处理水量为 270 万 m^3，滤池反冲洗水相当于 10% 的处理水量，为了避免废水资源的浪费，回收利用很有意义。该厂经过多项试验，于 1999 年 2 月投入运行了一个生产性的超滤工艺。反冲洗水在沉淀槽中沉淀后，再经膜处理回到原水中，超滤膜处理工艺中截留的浓缩物与沉淀槽的污泥一起处理，每 3 ~ 4 个月，必须对膜上截留的化学物质进行清洗。该给水厂生产废水回用水处理工艺如图 13.3 所示。

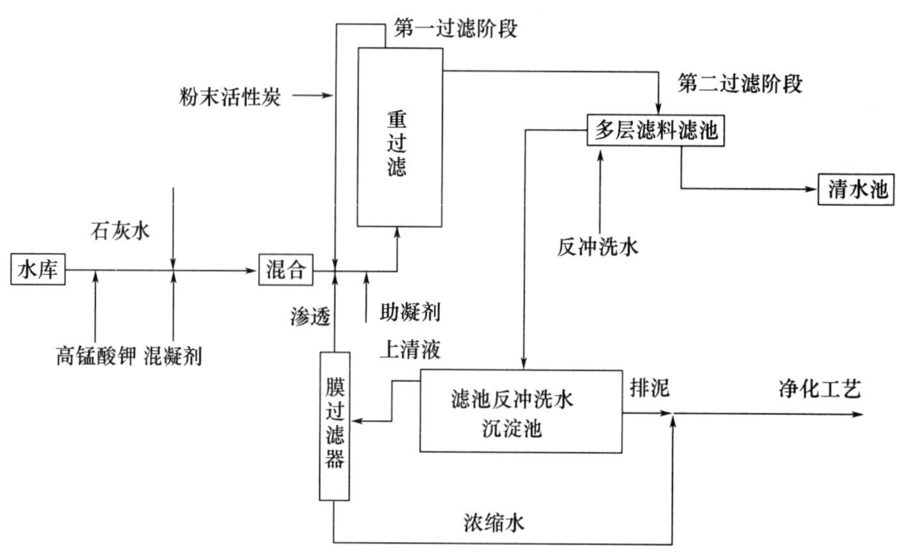

图 13.3　给水厂生产废水回用水处理工艺

在美国,有将近 50% ~60% 的地表水处理工艺实行了滤池反冲洗废水的回收利用。美国大多数给水处理系统,滤池的反冲洗水量大约是处理水量的 2% ~5%。通常反冲洗废水经过储存、平衡、混合,不经处理直接进行回用。一般情况下,人们都认为滤池主要去除隐孢子虫和其他病原体,因此回用滤池反冲洗水可能会造成生产废水中隐孢子虫的富集。

13.2　给水厂污泥的处理与处置

1. 概述

给水处理厂在生产出符合国标要求的净化水的同时,也产生了大量的沉淀池或澄清池排泥水和滤池反冲洗废水。近年来,随着世界城市给水厂数目和规模的日益增多和扩大,给水厂集中排入水体的排泥水越来越多,不仅淤积河床,妨碍航运,而且还严重地污染了水体。

早在 20 世纪 30 年代,发达国家就开始注意给水厂的污泥处理问题,目前已有 80% 左右的给水厂污泥得到处理。美国、日本及欧洲等国家中较大规模的给水厂一般均配置有较完善的、自动化程度很高的污泥处理与处置设施。我国 20 世纪 80 年代开始实施污泥的自然干化和探索污泥机械脱水。1996 年石家庄市润石水厂率先建成带式压滤机污泥脱水车间,而后北京、深圳、上海、杭州等城市的一些给水厂也相继建造了污泥脱水车间。

2. 给水厂的污泥处理

给水厂污泥处理的目的是降低污泥的含水率，以达到便于运输、堆放和最终处置的要求。因此给水厂的污泥脱水设施建设十分重要，在设计时必须注意以下几个方面的问题。

(1)污泥量的确定。

污泥量将直接影响建设的规模，其主要影响因素是原水中的悬浮固体和混凝剂的投加量。给水厂常年只监测和记录原水浊度(NTU)，要确定浊度和悬浮固体的相应关系，需要做大量的对比测定，然后根据历史记录的浊度、色度和投加混凝剂、助凝剂的量，选择合适的频率，并根据环保要求、污泥浓缩能力、浓缩污泥的储存能力、脱水机械设备的备用能力、干污泥的储存和外运能力综合确定设计干污泥量。

(2)排泥水的收集。

排泥水包括沉淀池的排泥水和滤池反冲洗废水，其中沉淀池排泥水的含固率比较高，达0.1%～2%甚至更高，而滤池反冲洗废水含固率则比较低，平均在0.03%～0.05%。一般这两种排泥水分开收集，滤池反冲洗废水先经预浓缩后再与沉淀池的排泥水一起浓缩。这样能提高浓缩效率，不过也增加了设备和管理的复杂性。两种排泥水一起收集还是分开收集，应通过试验经综合比较后确定。

一般地，水厂设调节池来收集排泥水，一方面对给水厂的间断来泥起到调节作用，另一方面回收上清液，对污泥起到一定的浓缩、储存作用。

(3)排泥水的浓缩。

浓缩是将收集到的排泥水含固率提高至3%左右，含固率越高对机械脱水越有利。污泥的浓缩方法有重力浓缩、气浮浓缩、微孔浓缩、隔膜浓缩和生物浮选等。重力浓缩工艺简单、运行稳定、成本低廉，给水厂的排泥水浓缩一般采用重力浓缩。连续式重力浓缩池的设计理论很多，最常用的是固体通量理论。如受场地限制，常通过增设斜板等措施提高浓缩效率。

(4)污泥的机械脱水。

污泥脱水的目的是去除排泥水中所含的全部自由水和部分毛细水，使污泥含固率进一步提高。目前国内外比较常用的脱水机械有板框压滤机、离心脱水机、带式压滤机。脱水机械的选择涉及污泥的脱水特性、工程的造价、经常运行的费用、设备维修的复杂程度、对环境的影响程度、占地面积、脱水污泥含固率要求等，需要经过综合比较后确定。

(5)干泥量的确定。

净水厂排泥水处理系统的污泥处理系统设计规模应按设计处理干泥量确定，水力系统设计应按设计处理流量确定。设计处理干泥量应满足多年75%～95%日数的全量完全处理要求。设计处理干泥量可按下列公式计算：

$$S_0 = (K_1 C_0 + K_2 D)(1 + K_0) Q \times 10^{-6} \tag{13.1}$$

式中　S_0——设计处理干泥量，t/d；

C_0——原水设计浊度取值，NTU；

K_1——原水浊度单位NTU与悬浮固体单位mg/L的换算系数，应经过实测确定；

D——药剂投加量,mg/L,当投加几种药剂时,应分别计算后迭加;

K_2——药剂转化成干泥量的系数,当投加几种药剂时,应分别取不同的转化系数计算后迭加;

Q——水厂设计规模,m^3/d;

K_0——水厂自用水量系数。

净水厂排泥水处理系统的设计应做水量和干泥量的平衡计算分析。原水设计浊度取值应根据全量完全处理保证率达到75% ~95% 这一条件,采用数理统计方法求出。当原水浊度系列资料不足时,可根据下列经验公式计算:

$$C_0 = k_p \bar{C} \tag{13.2}$$

式中 $\bar{C}$——原水多年平均浊度,NTU;

k_p——取值倍数,可根据全量完全处理保证率查表13.1。

表13.1 不同保证率的取值倍数

保证率	95%	90%	85%	80%	75%
k_p	4.00	2.77	2.20	1.63	1.39

(6)排泥水处理系统要求。

除脱水机分离液外,排泥水处理系统产生的废水,经技术经济比较可考虑回用或部分回用。但应符合下列要求:不影响净水厂出水水质;回流水量尽可能均匀;回流到混合设备前,与原水及药剂充分混合。

若排泥水处理系统产生的废水不符合回用要求,经技术经济比较,也可经处理后回用。

排泥水处理系统应具有一定的超设计保证率的富裕能力,并设置应急超越系统和排放口。排泥水处理各类构筑物的个数或分格数不宜少于2个,按同时工作设计,并能单独运行,分别泄空。排泥水处理系统的平面位置宜靠近沉淀池,并尽可能位于净水厂地势较低处。当净水厂面积受限制而排泥水处理构筑物需在厂外择地建造时,应尽可能将排泥池和排水池建在水厂内。

(7)排泥水处理工艺流程。

水厂排泥水处理工艺流程应根据水厂所处环境、自然条件及净水工艺确定,由调节、浓缩、平衡、脱水及泥饼处置四道工序或其中部分工序组成。调节、浓缩、平衡、脱水及泥饼处置各工序的工艺流程选择(包括前处理方式)应根据总体工艺流程及各水厂的具体条件确定。

当沉淀池排泥水平均含固率大于3%时,经调节后可直接进入平衡工序而不设浓缩工序。当水厂排泥水送往厂外处理时,水厂内应设调节工序,将排泥水匀质、匀量送出。当水厂排泥水送往厂外处理时,其排泥水输送可设专用管渠或用罐车输送。当浓缩池上清液回用至净水系统且脱水分离液进入排泥水处理系统进行循环处理时,浓缩和脱水工序使用的各类药剂必须满足涉水卫生要求。

3.给水厂的污泥处置

(1)污泥处置方法。

给水厂污泥处理的重点是污泥的最终处置,污泥最终处置费用高,环境影响大,处置方法多。污泥的处置方法有如下几种:

①排入下水道由城市污水厂处理。

若给水厂附近有城市污水处理厂,且在污水厂处理能力许可的情况下,污泥可以直接排入下水道同城市污水一道处理并处置。这种情况只适合于某些中小型水厂,否则污水厂将不堪重负。采用这种方法时还必须认真考虑污泥在下水道中可能沉积阻塞的问题。

据克拉萨奥克斯(Krasauakas)1969年的一份报告,美国有8.3%的给水厂采用将污泥排入下水道的方法进行处置。并有人做实验证明:给水厂污泥的混入对城市污水处理并无明显的不利影响,相反还有一定的促进作用。给水厂的污泥大部分会在初沉池中沉淀下来,因而提高了初沉污泥量,大大降低了初沉污泥中有机物含量的比例,从而使其更易沉降,这也是加入给水污泥后初沉池出水悬浮固体和浊度降低的原因。

还有一种做法是通过专门管路输送到污水厂后,不经过污水处理工艺,而直接与污水厂污泥混合,一起处置。由于给水污泥脱水性能远优于污水污泥,可以起调节作用,提高污泥的可脱水性。

②脱水泥饼的陆上埋弃。

泥饼的陆上埋弃应遵循有关法律法规。目前大部分是利用附近较充裕的空地、荒漠、土坑、洼地、峡谷或是废弃的矿井等来埋置泥饼。如果水厂附近没有适宜的泥饼埋置地或不允许在附近埋弃,就需要考虑将泥饼运到适宜的地方埋弃。

③泥饼的卫生填埋。

所谓泥饼的卫生填埋,就是将给水厂内的脱水泥饼同城市垃圾处理场中的生活垃圾一起填埋,用作垃圾处理场的覆土。该法也是给水厂污泥处置的一个被广泛采用的方法。垃圾填埋场对覆土的土质要求,一是要达到卫生填埋的要求,二是要兼顾填埋垃圾土地的最终利用,恢复土地的利用价值。给水厂的脱水泥饼土质一般能够满足垃圾填埋场的覆土要求。但是城市垃圾填埋场往往远离市区,如何经济地解决脱水泥饼的运输问题是实施卫生填埋的关键。

④泥饼的海洋投弃。

靠近海滨的城市,脱水泥饼的海洋投弃也是污泥处置的一种选择。可将沉淀池排出的泥水不做任何浓缩脱水处理,直接通过管道排入海中;也可以将污泥脱水后,用船将泥饼运到海中投弃。进行海洋投弃时要注意遵守有关的法规。经脱水处理的污泥和未经脱水处理的污泥海洋投弃时,对海水的污染情况是不同的。脱水泥饼将不再吸水而分散开来,对海水的污染程度低,但污泥的脱水处理需要很高的费用。

(2)给水厂污泥的综合利用。

给水厂污泥处理的初衷是减少对自然水体的污染。污泥处理的费用贵,会大大增加水厂的投资和制水成本。因而,如何在污泥处理过程中综合利用污泥处理中的各种副产物、回收部分污泥,是一个极有益的课题。

①再生铝盐。

大概有 70% 的给水厂使用硫酸铝作为混凝剂,而混凝剂的费用在制水成本中占很大的比重。沉淀池底泥中一般都含有较多的氢氧化铝沉淀物,它的存在往往给污泥脱水带来困难。从污泥中回收铝盐可以使污泥更容易浓缩和脱水,同时可以大大减少污泥的总固体量,降低后续污泥脱水设备的规模,减少投资。回收的铝盐可以用作给水处理的混凝剂,从而抵消部分污泥处理运转费用。

②再生铁盐。

在给水处理中,铁盐也常被用作混凝剂。铁盐经使用后,基本上变成沉淀物,混合在沉淀污泥中。同铝盐的回收一样,其对给水厂污泥处理具有相似的优越性。

③从石灰苏打软化工艺处理过的污泥中再生石灰。

石灰苏打软化工艺是一种较为经济的软化原水硬度的工艺。我国水质标准对水的硬度要求不高,因而采用石灰苏打软化工艺的给水厂不多见,而在西方国家的给水厂石灰苏打软化工艺的使用却相当普遍。石灰苏打软化工艺也会产生较多的污泥,但同给水厂的其他污泥相比,该污泥较稳定、纯度高、密度大。由于其中 $CaCO_3$ 含量高,用这种工艺回收污泥中的石灰是可行的。

④将污泥作为建筑材料等的原料。

将污泥作为建筑材料等的原料,从而实现污泥的资源化是可行的,但是目前仍存在以下一些问题:制砖和建筑材料的原料有一定的技术要求,因而对污泥要求较高,多数情况下需要加入一定量的添加剂才能满足要求;污泥的性质会不断变动,给制造质量稳定的产品带来困难;制造过程复杂,成本较高;用给水厂脱水污泥制作产品时,水厂污泥的数量常显得不足,不能形成规模生产,在价格上和市场上与现有的同类产品无法竞争;另外,还需注意产品的市场性,以及在加工过程中是否会产生二次污染。

4. 给水厂的污泥处理与处置实例

上海市自来水公司在闵行水厂(处理规模为 1×10^4 t/d)进行了排泥水处理技术和工程生产性研究,投入运行后取得良好效果。该水厂根据 1994 ~ 1996 年原水浊度统计,一车间平均日产干污泥量为 11.96 t,最低日产干污泥量为 2.36 t,最高日产干污泥量为 40.99 t。根据排泥水沉降特性试验和污泥粒径大小测试,确定的污泥处理与处置工艺流程,如图 13.4 所示。

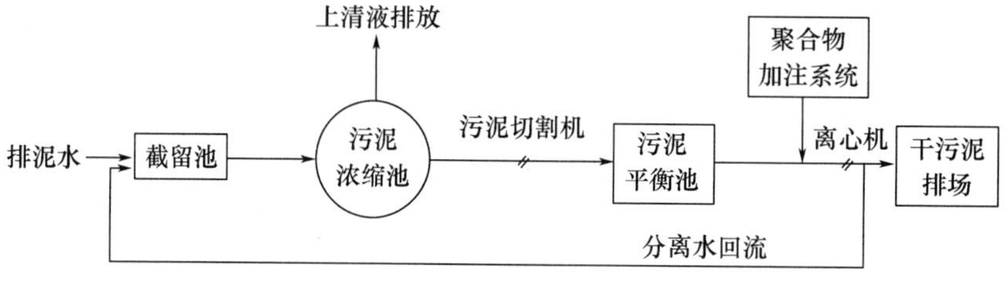

图 13.4　上海闵行水厂污泥处理与处置工艺流程

从图中可以看到,处理工艺流程主要由 5 部分组成:截留池、污泥浓缩池、污泥平衡池、聚合物加注系统、离心机。该系统有 2 个物料进口,即截留池的排泥水进口和高分子絮凝剂 PAM 加注口;有 2 个物料出口,即污泥浓缩池上清液排放口和螺旋输送器的泥饼出口。离心机分离水回收至排泥水截留池。

(1)沉淀池排泥水的收集。

沉淀池排泥水收集主要由虹吸式吸泥机或经穿孔排泥管排出,靠重力流向截留池。池内装有搅拌机(达到一定水位开始搅拌)以防止污泥沉淀。截留池出水选用两台潜水泵提升(一用一备),其中一台由变频控制并能相互切换。截留池内安装液位仪,控制搅拌机的开启和传送水位信号至程序逻辑控制器(PLC)控制中心。潜水泵出口处安装电磁流量仪,既可现场观测,又可传送信号至 PLC 控制中心。

(2)排泥水的浓缩。

污泥浓缩池为地面式现浇钢筋混凝土结构,设计流量为 160 m^3/h,设计输出污泥质量分数不小于 5% 干污泥(DS),进入浓缩池排泥水质量分数不大于 1% DS。污泥浓缩池底部设有刮泥机一台,用于收集底部浓缩污泥。污泥浓缩池的主要处理部分是斜板浓缩装置,其有效沉淀面积为 356 m^2。污泥浓缩池担负着双重使命,即清浊分流和污泥浓缩。当底部污泥浓度计测得含固率达到一定控制指标时,通过 PLC 接收一定信号,指令污泥切割机和污泥泵开启,将污泥排入平衡池;当污泥浓度低于某一数值时,PLC 指令污泥切割机和污泥泵停止工作。随着截留池排泥水不断进入浓缩池,其上清液不断外排。对污泥浓缩池进行了连续测试,结果表明连续稳定运行有利于提高浓缩池的清污分离效果。

(3)污泥的平衡。

斜板浓缩后的污泥经安装在管道上的污泥切割机(用于打碎颗粒较大的固体,保护后续处理设备的安全),由 3 台偏心螺旋泵(两用一备)送至污泥平衡池。为防止污泥沉降,平衡池内设有搅拌机一台,同时安装液位仪(控制搅拌机的启动和停止)和污泥浓度计(作为脱水机污泥处理量和 PAM 加注量的依据)等在线控制检测仪表。

(4)离心机脱水。

闵行水厂一车间的原水取自黄浦江上游,浊度较高,污泥中无机成分含量高,无明显的亲水性,污泥离心脱水较容易。根据排泥水污泥颗粒粒径大小的分析,选用 DSNX - 4550 离心机作为固液分离主要脱水机械。

(5)工艺的自动化控制。

该厂在项目进行过程中,对如何自动控制整个系统进行了研究,提出了可行的自控模式,使系统在 PLC 中央控制下达到无人自动运行的程度。

附录 A　供水水源水质标准

地表水环境质量标准(GB 3838—2002)集中式生活饮用水地表水源地补充项目标准限值和特定项目标准限值见附表 A－1、A－2。

附表 A－1　集中式生活饮用水地表水源地补充项目标准限值　mg/L

序号	1	2	3	4	5
项目	硫酸盐(以 SO_4^{2-} 计)	氯化物(以 Cl^-)	硝酸盐(以 N 计)	铁	锰
标准值	250	250	10	0.3	0.1

附表 A－2　集中式生活饮用水地表水源地特定项目标准限值　mg/L

序号	项目	标准值	序号	项目	标准值	序号	项目	标准值
1	三氯甲烷	0.06	18	三氯乙醛	0.01	35	2,4－二硝基氯苯	0.5
2	四氯化碳	0.002	19	苯	0.01	36	2,4－二氯苯酚	0.093
3	三溴甲烷	0.1	20	甲苯	0.7	37	2,4,6－三氯苯酚	0.2
4	二氯甲烷	0.02	21	乙苯	0.3	38	五氯酚	0.009
5	1,2－二氯乙烷	0.03	22	二甲苯①	0.5	39	苯胺	0.002
6	环氧氯丙烷	0.02	23	异丙苯	0.25	40	联苯胺	0.000 2
7	氯乙烯	0.005	24	氯苯	0.3	41	丙烯酰胺	0.000 5
8	1,1－二氯乙烯	0.03	25	1,2－二氯苯	1.0	42	丙烯腈	0.1
9	1,2－二氯乙烯	0.05	26	1,4－二氯苯	0.3	43	邻苯二甲酸二丁酯	0.003
10	三氯乙烯	0.07	27	三氯苯②	0.02	44	邻苯二甲酸二(2－乙基己基)酯	0.008
11	四氯乙烯	0.04	28	四氯苯③	0.02	45	水合肼	0.01
12	氯丁二烯	0.002	29	六氯苯	0.05	46	四乙基铅	0.000 1
13	六氯丁二烯	0.000 6	30	硝基苯	0.017	47	吡啶	0.2
14	苯乙烯	0.02	31	二硝基苯④	0.5	48	松节油	0.2
15	甲醛	0.9	32	2,4－二硝基苯	0.000 3	49	苦味酸	0.5
16	乙醛	0.05	33	2,4,6－三硝基苯	0.5	50	丁基黄原酸	0.005
17	丙烯醛	0.1	34	硝基氯苯⑤	0.05	51	活性氯	0.01

续附表 A－2

mg/L

序号	项目	标准值	序号	项目	标准值	序号	项目	标准值
52	滴滴涕	0.001	62	百菌清	0.01	72	钴	1.0
53	林丹	0.002	63	甲萘威	0.05	73	铍	0.002
54	环氧七氯	0.000 2	64	溴氰菊酯	0.02	74	硼	0.5
55	对硫磷	0.003	65	阿特拉津	0.003	75	锑	0.005
56	甲基对硫磷	0.002	66	苯并(α)芘	2.8×10^{-6}	76	镍	0.02
57	马拉硫磷	0.05	67	甲基汞	1.0×10^{-6}	77	钡	0.7
58	乐果	0.08	68	多氯联苯⑥	2.0×10^{-5}	78	钒	0.05
59	敌敌畏	0.05	69	微囊藻毒素－LR	0.001	79	钛	0.1
60	敌百虫	0.05	70	黄磷	0.003	80	铊	0.000 1
61	内吸磷	0.03	71	钼	0.07			

注:①二甲苯:指对－二甲苯、间－二甲苯、邻－二甲苯。

②三氯苯:指 1,2,3－三氯苯、1,2,4－三氯苯、1,3,5－三氯苯。

③四氯苯:指 1,2,3,4－四氯苯、1,2,3,5－四氯苯、1,2,4,5－四氯苯。

④二硝基苯:指对－二硝基苯、间－二硝基苯、邻－二硝基苯。

⑤硝基氯苯:指对－硝基氯苯、间－硝基氯苯、邻－硝基氯苯。

⑥多氯联苯:指 PCB－1016、PCB－1221、PCB－1232、PCB－1242、PCB－1248、PCB－1254、PCB－1260。

附录 B 《生活饮用水卫生标准》（GB 5749—2022）

1. 生活饮用水水质要求

(1)生活饮用水水质应符合下列基本要求，保证用户饮用安全：

①生活饮用水中不应含有病原微生物。

②生活饮用水中化学物质不应危害人体健康。

③生活饮用水中放射性物质不应危害人体健康。

④生活饮用水的感官性状良好。

⑤生活饮用水应经消毒处理。

生活饮用水水质应符合表 B－1 和表 B－3 要求。出出厂水和末梢水余量均应符合表 B－2 要求。当发生影响水质的突发性公共事件时，经风险评估，感官性状和一般化学指标可暂时适当放宽。

注：当饮用水中含有附录 B－a 所列指标时，可参考附表 B－a 中该指标的限值评价。

附表 B－1　水质常规指标及限值

序号	指标	限值	序号	指标	限值
一、微生物指标			6	铬/(六价)/(mg · L^{-1})	0.05
1	总大肠菌群/(MPN · (100 mL)$^{-1}$)或 CFU · (100 mL)$^{-1}$)[a]	不应检出	7	铅/(mg · L^{-1})	0.01
2	大肠埃希氏菌/(MPN · (100 mL)$^{-1}$)或 CFU · (100 mL)$^{-1}$)[a]	不应检出	8	汞/(mg · L^{-1})	0.001
3	菌落总数/(CFU · mL)	100	9	氰化物/(mg · L^{-1})	0.05
二、毒理指标			10	氟化物/(mg · L^{-1})[b]	1.0
4	砷/(mg · L^{-1})	0.01	11	硝酸盐(以 N 计)/(mg · L^{-1})[b]	10
5	镉/(mg · L^{-1})	0.005	12	三氯甲烷/(mg · L^{-1})[c]	0.06

续附表 B－1

序号	指标	限值
13	一氯二溴甲烷/(mg·L^{-1})[c]	0.1
14	二氯一溴甲烷/(mg·L^{-1})[c]	0.06
15	三溴甲烷/(mg·L^{-1})[c]	0.1
16	三卤甲烷(三氯甲烷、一氯二溴甲烷、二氯一溴甲烷、三溴甲烷的总和)[c]	该类化合物中各种化合物的实测浓度与其各自限值的比值之和不超过1
17	二氯乙酸/(mg/L)[c]	0.05
18	二氯乙酸/(mg/L)[c]	0.1
19	溴酸盐/(mg/L)[c]	0.01
20	亚氯酸盐/(mg·L^{-1})[c]	0.7
21	氯酸盐/(mg·L^{-1})[c]	0.7
三、感官性状和一般化学指标[d]		
22	色度(铂钴色度单位)	15
23	浑浊度(散射浊度单位)/NTU[b]	1
24	臭和味	无异臭、异味

序号	指标	限值
25	肉眼可见物	无
26	pH	不小于6.5且不大于8.5
27	铝/(mg·L^{-1})	0.2
28	铁/(mg·L^{-1})	0.3
29	锰/(mg·L^{-1})	0.1
30	铜/(mg·L^{-1})	1.0
31	锌/(mg·L^{-1})	1.0
32	氯化物/(mg·L^{-1})	250
33	硫酸盐/(mg·L^{-1})	250
34	溶解性总固体/(mg·L^{-1})	1 000
35	总硬度(以 $CaCO_3$ 计)/(mg·L^{-1})	450
36	高锰酸盐指数(以 O_2 计)/(mg·L^{-1})	3
37	氨(以N计)/(mg·L^{-1})	0.5
四、放射性指标[e]		
38	总α放射性/(Bq·L^{-1})	0.5(指导值)
39	总β放射性/(Bq·L^{-1})	1(指导值)

[a] MPN表示最可能数;CFU表示菌落形成单位。当水样检出总大肠菌群时,应进一步检验大肠埃希氏菌;当水样未检出总大肠菌群时,不必检验大肠埃希氏菌。

[b] 小型集中式供水和分散式供水因水源与净水技术受限时,菌落总数指标限值按500 MPN/mL或500 CFU/mL执行,氟化物指标限值按1.2 mg/L执行,硝酸盐(以N计)指标限值按20 mg/L执行,浑浊度指标限值按3 NTU执行。

[c] 水处理工艺流程中预氧化或消毒方式:

——采用液氯、次氯酸钙及氯胺时,应测定三氯甲烷、一氯二溴甲烷、二氯一溴甲烷、三溴甲烷、三卤甲烷、二氯乙酸、三氯乙酸;

——采用次氯酸钠时,应测定三氯甲烷、一氯二溴甲烷、二氯一溴甲烷、三溴甲烷、三卤甲烷、二氯乙酸、三氯乙酸、氯酸盐;

——采用臭氧时,应测定溴酸盐;

——采用二氧化氯时,应测定亚氯酸盐;

——采用二氧化氯与氯混合消毒剂发生器时,应测定亚氯酸盐、氯酸盐、三氯甲烷、一氯二溴甲烷、二氯一溴甲烷、三溴甲烷、三卤甲烷、二氯乙酸、三氯乙酸;

——当原水中含有上述污染物,可能导致出厂水和末梢水的超标风险时,无论采用何种预氧化或消毒方式,都应对其进行测定。

[d] 当发生影响水质的突发性公共事件时,经风险评估,感官性状和一般化学指标可暂时适当放宽。

[e] 放射性指标超过指导值(总β放射性扣除^{40}K后仍然大于1 Bq/L),应进行核素分析和评价,判定能否饮用。

附表 B－2　生活饮用水消毒剂常规指标及要求

编号	消毒剂名称	与水接触时间/min	出厂水中限值/$(mg \cdot L^{-1})$	出厂水余量/$(mg \cdot L^{-1})$	末梢水余量/$(mg \cdot L^{-1})$
40	游离氯[a]	≥30	≤2	≥0.3	≥0.05
41	总氯[b]	≥120	≤3	≥0.5	≥0.05
42	臭氧[c]	≥12	≤0.3	—	≥0.02 如采用其他协同消毒方式，消毒剂限值及余量应满足相应要求
43	二氧化氯[d]	≥30	≤0.8	≥0.1	≥0.02

[a] 采用液氯、次氯酸钠、次氯酸钙消毒方式时，应测定游离氯。

[b] 采用氯胺消毒方式时，应测定总氯。

[c] 采用臭氧消毒方式时，应测定臭氧。

[d] 采用二氧化氯消毒方式时，应测定二氧化氯；采用二氧化氯与氯混合消毒剂发生器消毒方式时，应测定二氧化氯和游离氯。两项指标均应满足限值要求。至少一项指标应满足余量要求。

附表 B－3　生活饮用水水质扩展指标及限值

序号	指标	限值	序号	指标	限值
一、微生物指标			56	二氯甲烷/$(mg \cdot L^{-1})$	0.02
44	贾第鞭毛虫/(个·$(10\ L)^{-1}$)	<1	57	1,2－二氯乙烷/$(mg \cdot L^{-1})$	0.03
45	隐孢子虫/(个·$(10\ L)^{-1}$)	<1	58	四氯化碳/$(mg \cdot L^{-1})$	0.002
二、毒理指标			59	氯乙烯/$(mg \cdot L^{-1})$	0.001
46	锑/$(mg \cdot L^{-1})$	0.005	60	1,1－二氯乙烯/$(mg \cdot L^{-1})$	0.03
47	钡/$(mg \cdot L^{-1})$	0.7	61	1,2－二氯乙烯(总量)/$(mg \cdot L^{-1})$	0.05
48	铍/$(mg \cdot L^{-1})$	0.002	62	三氯乙烯/$(mg \cdot L^{-1})$	0.02
49	硼/$(mg \cdot L^{-1})$	1.0	63	四氯乙烯/$(mg \cdot L^{-1})$	0.04
50	钼/$(mg \cdot L^{-1})$	0.07	64	六氯丁二烯/$(mg \cdot L^{-1})$	0.000 6
51	镍/$(mg \cdot L^{-1})$	0.02	65	苯/$(mg \cdot L^{-1})$	0.01
52	银/$(mg \cdot L^{-1})$	0.05	66	甲苯/$(mg \cdot L^{-1})$	0.7
53	铊/$(mg \cdot L^{-1})$	0.000 1	67	二甲苯(总量)/$(mg \cdot L^{-1})$	0.5
54	硒/$(mg \cdot L^{-1})$	0.01	68	苯乙烯/$(mg \cdot L^{-1})$	0.02
55	高氯酸盐/$(mg \cdot L^{-1})$	0.07	69	氯苯/$(mg \cdot L^{-1})$	0.3

续附表 B－3

序号	指标	限值	序号	指标	限值
70	1,4－二氯苯/($mg \cdot L^{-1}$)	0.3	85	乙草胺/($mg \cdot L^{-1}$)	0.02
71	三氯苯(总量)/($mg \cdot L^{-1}$)	0.02	86	五氯酚/($mg \cdot L^{-1}$)	0.009
72	六氯苯/($mg \cdot L^{-1}$)	0.001	87	2,4,6－三氯酚/($mg \cdot L^{-1}$)	0.2
73	七氯/($mg \cdot L^{-1}$)	0.000 4	88	苯并(a)芘/($mg \cdot L^{-1}$)	0.000 01
74	马拉硫磷/($mg \cdot L^{-1}$)	0.25	89	邻苯二甲酸二(2－乙基己基)酯/($mg \cdot L^{-1}$)	0.008
75	乐果/($mg \cdot L^{-1}$)	0.006	90	丙烯酰胺/($mg \cdot L^{-1}$)	0.000 5
76	灭草松/($mg \cdot L^{-1}$)	0.3	91	环氧氯丙烷/($mg \cdot L^{-1}$)	0.000 4
77	百菌清/($mg \cdot L^{-1}$)	0.01	92	微囊藻毒素－LR(藻类爆发情况发生时)/($mg \cdot L^{-1}$)	0.001
78	呋喃丹/($mg \cdot L^{-1}$)	0.007	三、感官性状和一般化学指标[a]		
79	毒死蜱/($mg \cdot L^{-1}$)	0.03	93	钠/($mg \cdot L^{-1}$)	200
80	草甘膦/($mg \cdot L^{-1}$)	0.7	94	挥发酚类(以苯酚计)/($mg \cdot L^{-1}$)	0.002
81	敌敌畏/($mg \cdot L^{-1}$)	0.001	95	阴离子合成洗涤剂/($mg \cdot L^{-1}$)	0.3
82	莠去津/($mg \cdot L^{-1}$)	0.002	96	2－甲基异莰醇/($mg \cdot L^{-1}$)	0.000 01
83	溴氰菊酯/($mg \cdot L^{-1}$)	0.02	97	土臭素/($mg \cdot L^{-1}$)	0.000 01
84	2,4－滴/($mg \cdot L^{-1}$)	0.03			

[a] 当发生影响水质的突发性公共事件时,经风险评估,感官性状和一般化学指标可暂时适当放宽。

2. 生活饮用水水源水质卫生要求

(1)采用地表水为生活饮用水水源时应符合 GB 3838 要求。

(2)采用地下水为生活饮用水水源时应符合 GB/T 14848—2017 中第 4 章的要求。

(3)水源水质不能满足上述(1)(2)要求时,不宜作为生活饮用水水源。但限于条件限制需加以利用时,应采用相应的净水工艺进行处理,处理后的水质应满足本文件要求。

3. 集中式供水单位卫生要求

集中式供水单位卫生要求应符合《生活饮用水集中式供水单位卫生规范》规定。

4. 二次供水卫生要求

二次供水的设施和处理要求应符合 GB 17051 规定。

5. 涉及饮用水卫生安全的产品卫生要求

(1)处理生活饮用水采用的絮凝、助凝、消毒、氧化、吸附、pH 调节、防锈、阻垢等化学处理剂不应污染生活饮用水,应符合 GB/T 17218—1998 中第 3 章的规定。消毒剂和消毒设备应符合《生活饮用水消毒剂和消毒设备卫生安全评价规范(试行)》规定。

(2)生活饮用水的输配水设备、防护材料和水处理材料不应污染生活饮用水,应符合 GB/T 17219—1998 中第 3 章的规定。

6. 水质检验方法

各指标水质检验的基本原则和要求按照 GB/T 5750.1 执行,水样的采集与保存按照 GB/T 5750.2 执行,水质分析质量控制按照 GB/T 5750.3 执行,对应的检验方法按照 GB/T 5750.4 ~ GB/T 5750.13 执行。

附录　B－a

(资料性)

生活饮用水水质参考指标及限值见附表 B－a。

附表 B－a　生活饮用水水质参考指标及限值

编号	指标	限值	编号	指标	限值
1	肠球菌/(CFU·(100 mL)$^{-1}$)或 MPN·(100 mL)$^{-1}$)	不应检出	16	西草净/(mg·L^{-1})	0.03
2	产气荚膜梭状芽孢杆菌/(CFU·(100 mL)$^{-1}$)	不应检出	17	乙酰甲胺磷/(mg·L^{-1})	0.08
3	钒/(mg·L^{-1})	0.000 1	18	甲醛/(mg·L^{-1})	0.9
4	氯化乙基汞/(mg·L^{-1})	0.000 1	19	三氯乙醛/(mg·L^{-1})	0.01
5	四乙基铅/(mg·L^{-1})	0.000 1	20	氯化氰(以 CN$^-$ 计)/(mg·L^{-1})	0.07
6	六六六(总量)/(mg·L^{-1})	0.005	21	亚硝基二甲胺/(mg·L^{-1})	0.000 1
7	对硫磷/(mg·L^{-1})	0.003	22	碘乙酸/(mg·L^{-1})	0.02
8	甲基对硫磷/(mg·L^{-1})	0.009	23	1,1,1－三氯乙烷/(mg·L^{-1})	2
9	林丹/(mg·L^{-1})	0.002	24	1,2－二溴乙烷/(mg·L^{-1})	0.000 05
10	滴滴涕/(mg·L^{-1})	0.001	25	五氯丙烷/(mg·L^{-1})	0.03
11	敌百虫/(mg·L^{-1})	0.05	26	乙苯/(mg·L^{-1})	0.3
12	甲基硫菌灵/(mg·L^{-1})	0.3	27	1,2－二氯苯/(mg·L^{-1})	1
13	稻瘟灵/(mg·L^{-1})	0.3	28	硝基苯/(mg·L^{-1})	0.017
14	氟乐灵/(mg·L^{-1})	0.02	29	双酚 A/(mg·L^{-1})	0.01
15	甲霜灵/(mg·L^{-1})	0.05	30	丙烯腈/(mg·L^{-1})	0.1

续附表 B－a

编号	指标	限值	编号	指标	限值
31	丙烯醛/(mg·L^{-1})	0.1	44	β－萘酚/(mg·L^{-1})	0.4
32	戊二醛/(mg·L^{-1})	0.07	45	二甲基二硫醚/(mg·L^{-1})	0.000 03
33	二(2－乙基己基)己二酸酯/(mg·L^{-1})	0.4	46	二甲基三硫醚/(mg·L^{-1})	0.000 03
34	邻苯二甲酸二乙酯/(mg·L^{-1})	0.3	47	苯甲醚/(mg·L^{-1})	0.05
35	邻苯二甲酸二丁酯/(mg·L^{-1})	0.003	48	石油类(总量)/(mg·L^{-1})	0.05
36	多环芳烃(总量)/(mg·L^{-1})	0.002	49	总有机碳(TOC)/(mg·L^{-1})	5
37	多氯联苯(总量)/(mg·L^{-1})	0.000 5	50	碘化物/(mg·L^{-1})	0.1
38	二噁英(2,3,7,8－四氯二苯并对二噁英)/(mg·L^{-1})	0.000 000 03	51	硫化物/(mg·L^{-1})	0.02
39	全氟辛酸/(mg·L^{-1})	0.000 08	52	亚硝酸盐(以N计)/(mg·L^{-1})	1
40	全氟辛烷磺酸/(mg·L^{-1})	0.000 04	53	石棉(>10 μm)/(万个·L^{-1})	700
41	丙烯酸/(mg·L^{-1})	0.5	54	铀/(mg·L^{-1}))	0.03
42	环烷酸/(mg·L^{-1})	1.0	55	镭226/(Bq·L^{-1})	1
43	丁基黄原酸/(mg·L^{-1})	0.001			

附录 C 管道沿程水头损失水力计算参数(n、C_n、Δ)值

管道沿程水头损失水力计算参数(n、C_n、Δ)值见附表 C－1。

附表 C－1 管道沿程水头损失水力计算参数(n、C_n、Δ)值

管道种类		粗糙系数 n	海曾－威廉系数 C_n	当量粗糙度 Δ /mm
钢管、铸铁管	水泥砂浆内衬	0.011～0.012	120～130	—
	涂料内衬	0.010 5～0.011 5	130～140	—
	旧钢管、旧铸铁管(未做内衬)	0.014～0.018	90～100	—
混凝土管	预应力混凝土管(PCP)	0.012～0.013	110～130	—
	预应力钢筒混凝土管(PCCP)	0.011～0.0125	120～140	—
矩形混凝土管道	—	0.012～0.014	—	—
塑料管材(聚乙烯管、聚氯乙烯管、玻璃纤维增强树脂夹砂管等),内衬塑料的管道	—	—	140～150	0.010～0.030

附录 D　埋地给水管与其他管线及建(构)筑物之间的最小水平净距

埋地给水管与其他管线及建(构)筑物之间的最小水平净距见附表 D－1。

附表 D－1　埋地给水管与其他管线及建(构)筑物之间的最小水平净距　m

<table>
<tr><th rowspan="2">序号</th><th rowspan="2" colspan="3">建(构)筑物或管线名称</th><th colspan="2">与给水管线的最小水平净距</th></tr>
<tr><th>$D \leqslant 200$ mm</th><th>$D > 200$ mm</th></tr>
<tr><td>1</td><td colspan="3">建筑物</td><td>1.0</td><td>3.0</td></tr>
<tr><td>2</td><td colspan="3">污水、雨水排水管</td><td>1.0</td><td>1.5</td></tr>
<tr><td rowspan="3">3</td><td rowspan="3">燃气管</td><td>中低压</td><td>$p \leqslant 0.4$ MPa</td><td colspan="2">0.5</td></tr>
<tr><td rowspan="2">高压</td><td>0.4 MPa $< p \leqslant 0.8$ MPa</td><td colspan="2">1.0</td></tr>
<tr><td>0.8 MPa $< p \leqslant 1.6$ MPa</td><td colspan="2">1.5</td></tr>
<tr><td>4</td><td colspan="3">热力管</td><td colspan="2">1.5</td></tr>
<tr><td>5</td><td colspan="3">电力电缆</td><td colspan="2">0.5</td></tr>
<tr><td>6</td><td colspan="3">电信电缆</td><td colspan="2">1.0</td></tr>
<tr><td>7</td><td colspan="3">乔木(中心)</td><td rowspan="2" colspan="2">1.5</td></tr>
<tr><td>8</td><td colspan="3">灌木</td></tr>
<tr><td rowspan="2">9</td><td rowspan="2">地上杆柱</td><td colspan="2">通信照明小于 10 kV</td><td colspan="2">0.5</td></tr>
<tr><td colspan="2">高压铁塔基础边</td><td colspan="2">3.0</td></tr>
<tr><td>10</td><td colspan="3">道路侧石边缘</td><td colspan="2">1.5</td></tr>
<tr><td>11</td><td colspan="3">铁路钢轨(或坡脚)</td><td colspan="2">5.0</td></tr>
</table>

附录 E　埋地给水管与其他管线最小垂直净距

埋地给水管与其他管线最小垂直净距见附表 E－1。

附表 E－1　埋地给水管与其他管线最小垂直净距

<table>
<tr><th>序号</th><th colspan="2">管线名称</th><th>与给水管线的最小垂直净距/m</th></tr>
<tr><td>1</td><td colspan="2">给水管线</td><td>0.15</td></tr>
<tr><td>2</td><td colspan="2">污、雨水排水管线</td><td>0.40</td></tr>
<tr><td>3</td><td colspan="2">热力管线</td><td>0.15</td></tr>
<tr><td>4</td><td colspan="2">燃气管线</td><td>0.15</td></tr>
<tr><td rowspan="2">5</td><td rowspan="2">电信管线</td><td>直埋</td><td>0.50</td></tr>
<tr><td>管块</td><td>0.15</td></tr>
<tr><td>6</td><td colspan="2">电力管线</td><td>0.15</td></tr>
<tr><td>7</td><td colspan="2">沟渠（基础底）</td><td>0.50</td></tr>
<tr><td>8</td><td colspan="2">涵洞（基础底）</td><td>0.15</td></tr>
<tr><td>9</td><td colspan="2">电车（轨底）</td><td>1.00</td></tr>
<tr><td>10</td><td colspan="2">铁路（轨底）</td><td>1.00</td></tr>
</table>

参 考 文 献

[1]李圭白,张杰. 水质工程学[M]. 北京:中国建筑工业出版社,2007.
[2]严煦世,范瑾初. 给水工程[M]. 4 版. 北京:中国建筑工业出版社,1999.
[3]许保玖. 给水处理理论[M]. 北京:中国建筑工业出版社,2000.
[4]张自杰. 废水处理理论与设计[M]. 北京:中国建筑工业出版社,2003.
[5]上海市政工程设计研究总院(集团)有限公司. 给水排水设计手册:第 3 册 城镇给水[M]. 3 版. 北京:中国建筑工业出版社,2017.
[6]徐铜文. 膜化学与技术教程[M]. 合肥:中国科学技术大学出版社,2003.
[7]朱长乐. 膜科学与技术[M]. 北京:高等教育出版社,2004.
[8]中华人民共和国住房和城乡建设部. 室外给水设计标准:GB 50013—2018[S]. 北京:中国计划出版社,2018.
[9]崔玉川,员建,陈宏平. 给水厂处理设施设计计算[M]. 北京:化学工业出版社,2003.
[10]韩洪军, 杜茂安. 水处理工程设计计算[M]. 北京:中国建筑工业出版社,2004.
[11]聂梅生, 戚盛浩,严煦世, 等. 水工业工程设计手册:水资源及给水处理[M]. 北京:中国建筑工业出版社,2001.
[12]李荣光. 饮用水应急处理技术集成研究[D]. 西安:西安建筑科技大学,2011.
[13]韩宏大. 安全饮用水保障集成技术研究[D]. 北京:北京工业大学,2006.
[14]DAVIS M L. Water and wastewater Engineering[M]. New York:McGraw-Hill Higher Education,2010.